Strukturdynamik diskreter Systeme

von
Prof. Dr.-Ing. Friedrich U. Mathiak

Oldenbourg Verlag München

Prof. Dr.-Ing. Friedrich U. Mathiak war nach seinem Studium des Bauingenieurwesens an der Technischen Universität Berlin Wissenschaftlicher Assistent am 2. Institut für Mechanik. Dort promovierte er über Einflussflächen isotroper schubelastischer Rechteckplatten. Es folgten Forschungstätigkeiten in der Bundesanstalt für Materialforschung und -prüfung (BAM) in Berlin auf dem Gebiet des Strahlungsaustausches schwarzer isothermer Flächen und der dynamischen Untersuchung von Kernkraftwerken. In der sich anschließenden Tätigkeit in der Automobilindustrie war er schwerpunktmäßig auf dem Gebiet der Simulation der Blechumformung tätig. Im Jahre 1994 folgte der Ruf an die Hochschule Neubrandenburg, an der er eine Professur für Technische Mechanik und Bauinformatik inne hat.

Bibliografische Information der Deutschen Nationalbibliothek

Die Deutsche Nationalbibliothek verzeichnet diese Publikation in der Deutschen Nationalbibliografie; detaillierte bibliografische Daten sind im Internet über <http://dnb.d-nb.de> abrufbar.

© 2010 Oldenbourg Wissenschaftsverlag GmbH
Rosenheimer Straße 145, D-81671 München
Telefon: (089) 45051-0
oldenbourg.de

Lektorat: Anton Schmid
Herstellung: Anna Grosser
Coverentwurf: Kochan & Partner, München
Gedruckt auf säure- und chlorfreiem Papier
Gesamtherstellung: Grafik + Druck GmbH, München

ISBN 978-3-486-59738-7

Vorwort

Dieses Buch ist vorgesehen zum Gebrauch in Lehrveranstaltungen der Ingenieurwissenschaften, etwa der Technischen Mechanik, des Bauwesens, des Maschinenbaus, der Elektrotechnik und der Luft- und Raumfahrt. Der Inhalt orientiert sich dabei an den klassischen Schwerpunkten dieser Veranstaltungen. Es gibt zunächst eine gründliche Darstellung der Kinematik des Massenpunktes und der allgemeinen Bewegung des starren Körpers. Im Kapitel Grundlagen der Kinetik erfolgt die Behandlung von Schwerpunktsatz, Drallsatz und Impuls. Anschließend werden die Begriffe Arbeit und Energie eingeführt sowie der Arbeitssatz für starre Körper und die wichtigen Lagrangeschen Bewegungsgleichungen vorgestellt. Beispiele zum mathematischen und physikalischen Einfach- und Doppelpendel zeigen die Herleitung der Schwingungsdifferenzialgleichungen und deren Linearisierung durch Anwendung der abgeleiteten Sätze.

Ein wesentlicher Teil der Ingenieurtätigkeit besteht in der Modellbildung technischer Systeme, die dann mittels mathematischer Methoden einer Lösung zugeführt werden. Um hier unterstützend zu wirken, werden die linearen Grundmodelle Feder, viskoser Dämpfer und deren Reihen- und Parallelschaltungen ausführlich behandelt. Mit diesen Konzepten erfolgt die Herleitung der Grundgleichungen der freien Schwingungen für ungedämpfte und gedämpfte Systeme mit einem und mehreren Freiheitsgraden, die durch eine Fülle von Beispielen abgerundet werden.

Die erzwungenen Schwingungen, die wieder ungedämpft oder gedämpft ablaufen können, nehmen einen breiten Rahmen ein. Spezielle Systemerregungen, dazu gehören der Stoß und die Erregung durch nichtharmonische periodische Kräfte, sind ausführlich abgehandelt. In diesem Zusammenhang ist die Darstellung der äußeren Erregung durch Fourierreihen und die nummerische Berechnung der Fourierkoeffizienten von großer Bedeutung. Die Algebraisierung der Bewegungsgleichungen erfordert Integraltransformationen, von denen in der Schwingungslehre die Fouriertransformation und die Laplacetransformation von großer Bedeutung sind. Sie werden deshalb eingehend behandelt und deren Handhabung an Beispielen erklärt.

Das Kapitel Schwingungsisolierung von Gebäuden und Maschinen enthält die beiden Aufgabenstellungen der Quellen- und Empfängerisolierung. Bei sehr kurzen Einwirkungszeiten nichtperiodischer Belastungen, die durch das Versagen von Bauteilen oder den Aufprall eines Festkörpers auf ein Bauwerk entstehen, wird von Stoß- oder Schockbelastungen gesprochen. Diese plötzlich einsetzenden Einwirkungen können zu hohen Beanspruchungen der Konstruktion führen und werden deshalb gesondert betrachtet.

Eine spezielle Systemstruktur bilden die Schwingerketten, die im gesamten Ingenieurwesen von großer praktischer Bedeutung sind. In diesem Zusammenhang wird ein Blockschaltbild zur nummerischen Abarbeitung der Bewegungsgleichungen in einem blockorientierten grafischen Simulationssystem für dynamische Systeme entwickelt.

Bei den gedämpften Bewegungen ist aus rechentechnischen Gründen die Entkopplung der Bewegungsgleichungen von Nutzen, da in diesem Fall die Eigenschwingungsformen des ungedämpften Systems erhalten bleiben. Es wird gezeigt, unter welchen Bedingungen eine solche Entkopplung überhaupt möglich ist und sodann an Beispielen zur Modalanalyse dokumentiert. Für den Praktiker sind die Ausführungen zur näherungsweisen Berücksichtigung der Dämpfung von Bedeutung.

Neben der Schwingungsisolierung besteht durch Anbringung eines Absorbers eine weitere Möglichkeit, Systeme vor unerwünschten Schwingungen zu schützen. In diesem Zusammenhang erfolgt die Bemessung eines Tilgers sowie eines Schwingungsdämpfers. Für die Bemessung von Torsionswellen und deren Schwingungsreduzierung ist die Wirkung des viskosen Dämpfers von Interesse. Für die Aufgabengebiete der Restaurierung und Modernisierung von Maschinenfundamenten, der elastischen Aufstellung von Gas- und Dieselaggregaten, der Aufstellung von Pressen und Druckmaschinen und der Gründung von Pfahlrostplatten des Bauwesens, stellt das Kapitel Fundamentschwingungen die allgemeinen Grundgleichungen bereit, die unmittelbar in einem Computerprogramm Verwendung finden können. Neben den räumlichen Systemen wird auch das ebene Problem behandelt.

Die Schwingungsuntersuchungen kontinuierlicher Systeme wie Stäbe, Balken und Platten sind nicht Bestandteil des vorliegenden Buches. Allerdings gestatten die für die diskreten Strukturen entwickelten Grundgleichungen eine näherungsweise Untersuchung von Kontinuumsproblemen. Am Beispiel des Balkens wird ein vielseitig einsetzbares Diskretisierungsverfahren hergeleitet und dessen Güte an Beispielen getestet.

Das Buch schließt mit einem Kapitel zur nummerischen Behandlung der Bewegungsgleichungen. Neben der Herleitung einiger erforderlicher Differenzenquotienten werden die für die Strukturdynamik wichtigen Integrationsalgorithmen bereitgestellt und beispielhaft getestet. Die Auflistung der in ihrer Grundstruktur relativ einfach zu programmierenden Integrationsalgorithmen, kann den Studierenden als Anregung zur Erstellung von Parameterstudien dienen.

Da die Aufgaben der Strukturdynamik i. Allg. sehr rechenintensiv und damit überaus fehleranfällig sind, wird den Studierenden empfohlen, sich in ein Computeralgebraprogramm (CAP) einzuarbeiten, was übrigens der Autor auch getan hat. Diese Systeme haben mittlerweile einen hohen Reifegrad erreicht und gestatten dem Anwender, neben der Erzeugung analytischer Lösungen, auch die grafische Ausgabe der Ergebnisse, womit grundsätzliche Einsichten in die Problemstellung vermittelt werden können. Außerdem gestatten sie die für die praktische Anwendung wichtige nummerische Bearbeitung von Schwingungsproblemen mittleren Schwierigkeitsgrades. Viele der hier vorgestellten Beispiele, einschließlich der zugehörigen Abbildungen, sind mit einem CAP bearbeitet worden.

Neubrandenburg, den 15.08.2010   Friedrich U. Mathiak

Inhalt

1 Die Bewegung des Massenpunktes

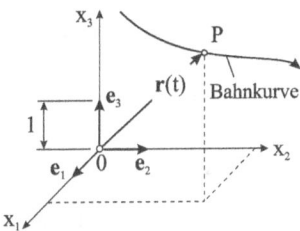

Abb. 1.1 *Punktbewegung im Raum*

Die Kinematik oder Bewegungslehre beschäftigt sich, im Unterschied zur Dynamik und Kinetik, mit der Untersuchung und Beschreibung von Bewegungen, ohne Bezug auf ihre Ursachen zu nehmen, nämlich die sie bewirkenden Kräfte. Die einfachste Körperstruktur im Bereich der Kinematik ist der Massenpunkt, eine abstrahierte Form eines Volumens ohne räumliche Ausdehnung. Die Beschreibung der Lage eines Punktes P im Raum erfolgt durch einen Vektor, der relativ zu einem festen Punkt 0 gemessen wird (Abb. 1.1). Beim Durchlaufen des Parameters t beschreibt die Spitze des Ortsvektors $\mathbf{r}(t)$ eine Raumkurve, die Bahnkurve genannt wird. Zur Festlegung von Betrag und Richtung wird eine Basis benötigt, die rechtwinklig (orthogonal) oder auch schiefwinklig sein kann. Im Fall orthogonaler Einheitsvektoren $\mathbf{e}_j$ ($j = 1, 2, 3$) sprechen wir von einer kartesischen Basis. Die Lage des Punktes P, und damit auch seine Bewegung, ist für alle Zeiten t bekannt, wenn beispielsweise seine kartesischen Koordinaten $x_j(t)$ bekannt sind. Der Ortsvektor erscheint dann in der Darstellung

$$\mathbf{r} = \mathbf{r}(t) = \sum_{j=1}^{3} x_j(t)\,\mathbf{e}_j = x_1(t)\,\mathbf{e}_1 + x_2(t)\,\mathbf{e}_2 + x_3(t)\,\mathbf{e}_3 = [x_1(t), x_2(t), x_3(t)]^T$$

Den Betrag des Vektors $\mathbf{r}$, also seine Länge, ermitteln wir bei einer orthonormalen Basis zu $r(t) = |\mathbf{r}(t)| = \sqrt{\mathbf{r}(t) \cdot \mathbf{r}(t)} = \sqrt{x_1^2(t) + x_2^2(t) + x_3^2(t)}$. Seine Richtung können wir festlegen, indem wir die Winkel α_j angeben, die $\mathbf{r}$ mit den Basisvektoren $\mathbf{e}_j$ einschließt. Wir erhalten mit $\mathbf{r} \cdot \mathbf{e}_j = x_j = r\cos\alpha_j$ und unter Beachtung von $r^2 = \mathbf{r} \cdot \mathbf{r} = \sum_{j=1}^{3} x_j^2 = r^2 \sum_{j=1}^{3} \cos^2\alpha_j$ die Bedingung $\cos^2\alpha_1 + \cos^2\alpha_2 + \cos^2\alpha_3 = 1$, womit die drei Winkel α_j nicht unabhängig voneinander sind.

1.1   Die Bogenlänge

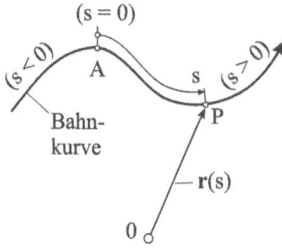

Abb. 1.2   Die Bogenlänge

Eine weitere Möglichkeit zur Beschreibung der Bewegung eines Punktes besteht darin, den Parameter t (die Zeit) in der Beschreibung der Bahnkurve durch die Bogenlänge s zu ersetzen (Abb. 1.2), die von einem beliebigen Anfangspunkt (A) gemessen werden kann. Die Bewegung ist dann durch die Vorgabe der Weg-Zeit-Funktion $s = s(t)$ eindeutig festgelegt. Die Herstellung des Zusammenhangs zwischen den Parametern t und s erfolgt mathematisch durch die Parametertransformation $t = t(s)$, wobei immer $dt/ds \neq 0$ unterstellt wird. Die neue Darstellung der Kurve lautet dann $\mathbf{r}(t(s)) = \hat{\mathbf{r}}(s)$. Die Verbindung des abgeleiteten Vektors $d\hat{\mathbf{r}}(s)/ds = \hat{\mathbf{r}}'(s)$ mit dem Vektor der Geschwindigkeit $d\mathbf{r}(t)/dt = \dot{\mathbf{r}}(t)$ gelingt mithilfe der Kettenregel

$$\frac{d\hat{\mathbf{r}}}{ds} = \frac{d}{ds}\mathbf{r}(t(s)) = \frac{d\mathbf{r}}{dt}\frac{dt}{ds} = \dot{\mathbf{r}}\frac{dt}{ds}, \quad \text{also} \quad d\hat{\mathbf{r}}(s) = \dot{\mathbf{r}}dt = d\mathbf{r}(t),$$

womit das 1. Ortsvektordifferenzial parameterinvariant ist. Beachten wir $d\mathbf{r}(t) = \dot{\mathbf{r}}(t)dt$ und $d\hat{\mathbf{r}}(s) = \hat{\mathbf{r}}'(s)ds$, dann folgt $\dot{\mathbf{r}}^2(t)dt^2 = \hat{\mathbf{r}}'^2(s)ds^2$. Der ausgezeichnete Parameter s, für den $\hat{\mathbf{r}}'^2(s) = 1$ gilt, heißt Bogenlänge der Bahnkurve. Der Tangentenvektor $\hat{\mathbf{r}}'$ hat die feste Länge 1, und für das Quadrat des Bogendifferenzials folgt $ds^2 = \dot{\mathbf{r}}^2(t)dt^2$ und damit $ds = |\dot{\mathbf{r}}|dt$. Durch Summation aller Linienelemente ds zwischen den Zeitpunkten t_0 und t erhalten wir die Länge der Bahnkurve

$$s = \int_{t_0}^{t} |\dot{\mathbf{r}}(\tau)|\, d\tau = s(t) \tag{1.1}$$

Der Punkt t_0 bezeichnet den willkürlich festgelegten Anfangspunkt (Punkt A in Abb. 1.2) der Kurve, womit die Bogenlänge s nur bis auf eine Konstante festgelegt ist.

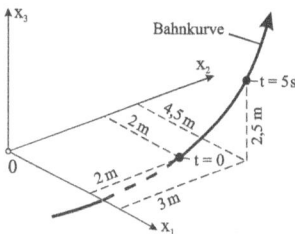

Abb. 1.3   Beispiel zur Bogenlänge

Die abgeleiteten Vektoren $\dot{\mathbf{r}}$ und $\hat{\mathbf{r}}'$ haben die geometrische Bedeutung des Tangentenvektors an die Bahnkurve. Wird also die Bogenlänge s als Parameter gewählt, so hat $\hat{\mathbf{r}}'$ bereits den Betrag 1. Ist $\mathbf{r}(t)$ oder auch $\hat{\mathbf{r}}(s)$ für alle Zeiten t bekannt, so kann die (relative) Lage des Punktes P zu jeder Zeit ermittelt werden.

Beispiel 1-1:

Die Bewegung eines Punktes P wird durch den Ortsvektor $\mathbf{r}(t) = [a + bt^2 \quad a + ct \quad bt^2]^T$ mit $a = 2,0\,\text{m}$, $b = 0,1\,\text{ms}^{-2}$, $c = 0,2\,\text{ms}^{-1}$ beschrieben. Gesucht wird die Bogenlänge s zur Zeit $t = 5\,\text{s}$, wenn wir diese bei $t = 0$ zu zählen beginnen. Mit $\dot{\mathbf{r}}(t) = [2bt \quad c \quad 2bt]^T$ ist

$$s(t) = \int_{t_0}^{t} |\dot{\mathbf{r}}(\tau)|\, d\tau = \int_{0}^{t} \sqrt{8b^2\tau^2 + c^2}\, d\tau = c \int_{0}^{t} \sqrt{\left(\sqrt{8}\,b\tau/c\right)^2 + 1}\, d\tau = \frac{c}{\kappa} \int_{0}^{\kappa t} \sqrt{\tilde{\tau}^2 + 1}\, d\tilde{\tau};$$

$$\tilde{\tau} = \kappa\tau;\ \kappa = \frac{\sqrt{8}\,b}{c} = 1{,}41\,\mathrm{s}^{-1};\ s(t) = \frac{c}{2\kappa}\left[\kappa t\sqrt{(\kappa t)^2 + 1} + \operatorname{arcsinh}(\kappa t)\right]$$

und mit den Werten des Beispiels folgt $s(t = 5\,\mathrm{s}) = 3{,}76\,\mathrm{m}$.

1.2   Geschwindigkeit und Beschleunigung

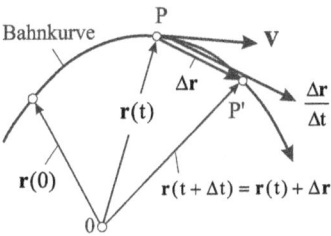

Bahnkurve

Abb. 1.4 Die Geschwindigkeit

Im Zeitintervall Δt gelangt der Punkt P (Abb. 1.4) von der durch $\mathbf{r}(t)$ gekennzeichneten Stelle zum durch den Ortsvektor $\mathbf{r}(t + \Delta t) = \mathbf{r}(t) + \Delta\mathbf{r}$ beschriebenen Punkt P'. Der Ortsvektor $\mathbf{r}$ ändert dabei nicht nur seinen Betrag, sondern auch seine Richtung. Der Differenzenquotient $\overline{\mathbf{v}} = \Delta\mathbf{r}/\Delta t$ wird Vektor der mittleren Geschwindigkeit genannt, und der dem Zeitpunkt t zugeordnete Geschwindigkeitsvektor $\mathbf{v}$ ist durch den Grenzwert

$$\mathbf{v}(t) = \lim_{\Delta t \to 0} \overline{\mathbf{v}} = \lim_{\Delta t \to 0} \frac{\Delta\mathbf{r}}{\Delta t} = \frac{d\mathbf{r}}{dt} = \dot{\mathbf{r}}$$

definiert, wobei wir die Zeitableitung im Folgenden durch einen aufgesetzten Punkt kennzeichnen. Der Geschwindigkeitsvektor $\mathbf{v}$ ist also ein Maß für die zeitliche Lageänderung von P. Er tangiert die Bahnkurve im Punkte P. Geometrisch ist dann sofort einleuchtend, dass

$$\mathbf{e}_t = \dot{\mathbf{r}}/|\dot{\mathbf{r}}| \qquad\qquad (1.2)$$

den Tangenteneinheitsvektor an die Bahnkurve darstellt. Für $v = |\mathbf{v}| = \text{konst.}$ liegt eine gleichförmige Bewegung vor. Hat der Geschwindigkeitsvektor $\mathbf{v}$ während des Bewegungsvorganges eine konstante Richtung, so handelt es sich um eine geradlinige Bewegung.

$[\mathbf{r}] = \text{Länge}$, Einheit: m; $\quad [\mathbf{v}] = \text{Länge}/\text{Zeit}$, Einheit: ms^{-1}

Bei Zunahme der Zeit t um Δt ändert mit $\mathbf{v}(t + \Delta t) = \mathbf{v}(t) + \Delta\mathbf{v}$ der Geschwindigkeitsvektor $\mathbf{v}$ i. Allg. sowohl seinen Betrag als auch seine Richtung. Wir definieren zunächst den Vektor der mittleren Beschleunigung $\overline{\mathbf{b}} = \Delta\mathbf{v}/\Delta t$, aus dem durch Grenzübergang $\Delta t \to 0$ der dem Zeitpunkt t zugeordnete Beschleunigungsvektor

$$\mathbf{b}(t) = \lim_{\Delta t \to 0} \overline{\mathbf{b}} = \lim_{\Delta t \to 0} \frac{\Delta\mathbf{v}}{\Delta t} = \frac{d\mathbf{v}}{dt} = \dot{\mathbf{v}} = \ddot{\mathbf{r}} = \frac{d^2\mathbf{r}}{dt^2}$$

hervorgeht. Der Beschleunigungsvektor $\mathbf{b}(t)$ ist definiert als die zeitliche Änderung des Geschwindigkeitsvektors $\mathbf{v}(t)$. Er tangiert die Bahnkurve i. Allg. nicht. Ist $\mathbf{r}(t)$ gegeben, so ist auch $\mathbf{b}(t)$ bekannt. Geschwindigkeit und Beschleunigung eines Punktes können nun in verschiedenen Koordinatensystemen dargestellt werden.

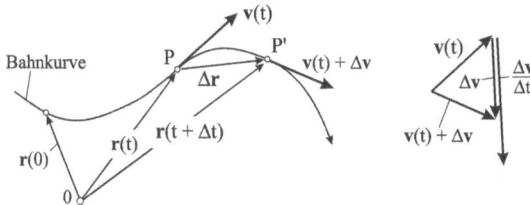

Abb. 1.5   *Die Beschleunigung*

1.2.1   Kartesische Koordinaten

Wir beziehen uns auf eine Orthonormalbasis $\mathbf{e}_j$ ($j = 1, 2, 3$), deren Einheitsvektoren zeitlich konstant sind, dann gilt für den Ortsvektor

$$\mathbf{r} = x_1(t)\,\mathbf{e}_1 + x_2(t)\,\mathbf{e}_2 + x_3(t)\,\mathbf{e}_3 = \left[x_1(t) \quad x_2(t) \quad x_3(t)\right]^T$$

Geschwindigkeit und Beschleunigung folgen daraus durch Ableitung nach der Zeit t

$$\mathbf{v} = \frac{d\mathbf{r}}{dt} = \dot{x}_1\mathbf{e}_1 + \dot{x}_2\mathbf{e}_2 + \dot{x}_3\mathbf{e}_3 = \left[\dot{x}_1 \quad \dot{x}_2 \quad \dot{x}_3\right]^T$$

$$\mathbf{b} = \frac{d\mathbf{v}}{dt} = \ddot{x}_1\mathbf{e}_1 + \ddot{x}_2\mathbf{e}_2 + \ddot{x}_3\mathbf{e}_3 = \left[\ddot{x}_1 \quad \ddot{x}_2 \quad \ddot{x}_3\right]^T$$

1.2.2   Natürliche Koordinaten (Begleitendes Dreibein)

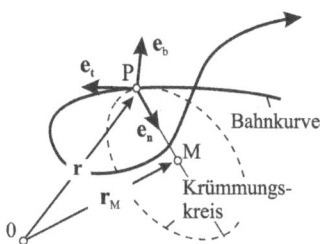

Abb. 1.6   *Natürliche Koordinaten*

Um bei einer allgemeinen räumlichen Bewegung eine Vorstellung von der Lage des Beschleunigungsvektors zur Bahnkurve zu bekommen, beziehen wir uns auf die spezielle Orthonormalbasis $\mathbf{e}_t, \mathbf{e}_n, \mathbf{e}_b$ (Abb. 1.6). Diese Einheitsvektoren sind mit dem sich auf der Bahnkurve bewegenden Punkt P fest verbunden. Wie wir sehen werden, erscheinen dann Geschwindigkeit und Beschleunigung in einer sehr einfachen Form. Der Geschwindigkeitsvektor $\mathbf{v} = \dot{\mathbf{r}}$ tangiert bekanntlich im Punkt P die Bahnkurve. Durch Normierung auf den Betrag 1 folgt daraus der Tangenteneinheitsvektor

$\mathbf{e_t} = \dot{\mathbf{r}}/|\dot{\mathbf{r}}|$. Beachten wir $d\mathbf{e_t^2}/dt = \dot{1} = 0 = 2\mathbf{e_t} \cdot \dot{\mathbf{e}}_t$, dann folgt mit $\dot{\mathbf{e}}_t \perp \mathbf{e_t}$ unmittelbar $d\mathbf{e_t} \perp \mathbf{e_t} dt$, und damit ergibt sich wegen $d\mathbf{e_t} = \dot{\mathbf{e}}_t dt$ der Hauptnormaleneinheitsvektor $\mathbf{e_n} = \dot{\mathbf{e}}_t / |\dot{\mathbf{e}}_t|$.

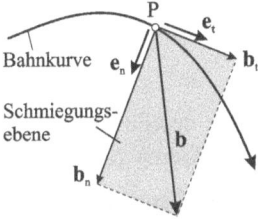

Bahnkurve

Schmiegungs-
ebene

Abb. 1.7   Der Beschleunigungsvektor

Die Vektoren $\mathbf{e_t}$ und $\mathbf{e_n}$ liegen in der Schmiegungsebene. Der Binormaleneinheitsvektor $\mathbf{e_b}$ soll nun senkrecht auf $\mathbf{e_t}$ und $\mathbf{e_n}$ stehen, was durch $\mathbf{e_b} = \mathbf{e_t} \times \mathbf{e_n}$ erreicht wird, und die Basisvektoren $\mathbf{e_t}, \mathbf{e_n}, \mathbf{e_b}$ bilden dann in dieser Reihenfolge ein Rechtssystem. Aus dem Betrag des Geschwindigkeitsvektors

$$v = |\mathbf{v}| = |\dot{\mathbf{r}}| = \left|\frac{d\mathbf{r}}{dt}\right| = \frac{ds}{dt} = \dot{s}$$

folgt mit der Kenntnis, dass $\mathbf{v}$ die Bahnkurve tangiert der Geschwindigkeitsvektor $\mathbf{v} = \dot{s}\,\mathbf{e_t}$. Durch Ableitung nach der Zeit erhalten wir daraus zunächst $\mathbf{b} = \dot{\mathbf{v}} = \ddot{s}\,\mathbf{e_t} + \dot{s}\,\dot{\mathbf{e}}_t$. Die Darstellung von $\dot{\mathbf{e}}_t$ durch die Einheitsvektoren selbst, gelingt mittels der Frénetschen Formeln

$$\frac{d\mathbf{r}}{ds} = \mathbf{e_t}; \quad \frac{d\mathbf{e_t}}{ds} = \kappa\,\mathbf{e_n}; \quad \frac{d\mathbf{e_b}}{ds} = -\tau\,\mathbf{e_n}; \quad \frac{d\mathbf{e_n}}{ds} = \tau\,\mathbf{e_b} - \kappa\,\mathbf{e_t}$$

$$\kappa = \frac{|\dot{\mathbf{r}} \times \ddot{\mathbf{r}}|}{|\dot{\mathbf{r}}|^3}; \quad \tau = \frac{(\dot{\mathbf{r}} \times \ddot{\mathbf{r}}) \cdot \dddot{\mathbf{r}}}{|\dot{\mathbf{r}} \times \ddot{\mathbf{r}}|^2} \tag{1.3}$$

Sie beschreiben die Änderungen der Basisvektoren $\mathbf{e_t}, \mathbf{e_n}, \mathbf{e_b}$ mit der Bogenlänge s.

κ: Krümmung, ein Maß für die Änderung des Tangentenvektor $\mathbf{e_t}$

τ: Torsion, ein Maß für die Änderung des Binormaleneinheitsvektor $\mathbf{e_b}$

Beachten wir $\dfrac{d\mathbf{e_t}}{dt} = \dfrac{d\mathbf{e_t}}{ds}\dfrac{ds}{dt} = \dot{s}\,\kappa\,\mathbf{e_n}$, dann folgen für Geschwindigkeit und Beschleunigung

$$\mathbf{v} = \dot{s}\,\mathbf{e_t}, \qquad \mathbf{b} = \ddot{s}\,\mathbf{e_t} + \kappa\dot{s}^2\,\mathbf{e_n} \tag{1.4}$$

Während der Geschwindigkeitsvektor $\mathbf{v}$ die Bahnkurve tangiert, liegt der Beschleunigungsvektor $\mathbf{b}$ zwar in der durch die Einheitsvektoren $\mathbf{e_t}$ und $\mathbf{e_n}$ aufgespannten Schmiegungsebene (Abb. 1.7), er tangiert jedoch die Bahnkurve i. Allg. nicht. Man nennt die Komponenten

$\mathbf{b_t} = \ddot{s}\,\mathbf{e_t} = \dot{v}\,\mathbf{e_t}$ Tangentialbeschleunigung

$\mathbf{b_n} = \kappa\dot{s}^2\,\mathbf{e_n} = \kappa v^2\,\mathbf{e_n}$ Normal- oder Zentripetalbeschleunigung

Da κv^2 stets positiv ist, zeigt der Vektor der Normalbeschleunigung $\mathbf{b}_n$ immer zur konkaven Seite der Bahnkurve, er ist also stets im Sinne von $\mathbf{e}_n$ zum momentanen Krümmungsmittelpunkt M (Abb. 1.6) hin gerichtet. Dagegen zeigt $\mathbf{b}_t$ in Richtung von $\mathbf{t}$ oder entgegengesetzt, je nachdem ob $b_t > 0$ oder < 0 ist.

1.2.3   Zylinderkoordinaten

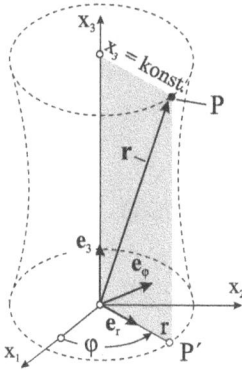

Abb. 1.8   Zylinderkoordinaten

Das Basissystem der Koordinaten r, φ, z des Punktes P besteht aus den drei orthogonalen Einheitsvektoren $(\mathbf{e}_r, \mathbf{e}_\varphi, \mathbf{e}_z)$.

Die Koordinaten r und φ entsprechen den ebenen Polarkoordinaten des Punktes P′, die wir aus der Projektion von P in die (x_1, x_2)-Ebene erhalten. Die Flächen r = konst. sind Kreiszylinder mit einer gemeinsamen Zentralachse x_3. Damit ist $\mathbf{r}(P,t) = r(t)\,\mathbf{e}_r(t) + x_3(t)\,\mathbf{e}_3$ wobei noch $\varphi = \varphi(t)$ zu beachten ist. Formales differenzieren liefert unter Beachtung von $\dot{\mathbf{e}}_3 = 0$ und $\ddot{\mathbf{e}}_3 = 0$

$$\mathbf{v} = \dot{r}\,\mathbf{e}_r + r\,\dot{\mathbf{e}}_r + \dot{x}_3\,\mathbf{e}_3; \quad \mathbf{b} = \ddot{r}\,\mathbf{e}_r + 2\dot{r}\,\dot{\mathbf{e}}_r + r\,\ddot{\mathbf{e}}_r + \ddot{x}_3\,\mathbf{e}_3$$

Wegen $\mathbf{e}_r = \cos\varphi\,\mathbf{e}_1 + \sin\varphi\,\mathbf{e}_2$, $\mathbf{e}_\varphi = -\sin\varphi\,\mathbf{e}_1 + \cos\varphi\,\mathbf{e}_2$ und $\varphi = \varphi(t)$ sind diese Einheitsvektoren ebenfalls Funktionen der Zeit, und es gelten die folgenden Differenziationsregeln

$$\dot{\mathbf{e}}_r = \frac{d\mathbf{e}_r}{dt} = \frac{d\mathbf{e}_r}{d\varphi}\frac{d\varphi}{dt} = \dot\varphi(-\sin\varphi\,\mathbf{e}_1 + \cos\varphi\,\mathbf{e}_2) = \dot\varphi\,\mathbf{e}_\varphi$$

$$\dot{\mathbf{e}}_\varphi = \frac{d\mathbf{e}_\varphi}{dt} = \frac{d\mathbf{e}_\varphi}{d\varphi}\frac{d\varphi}{dt} = \dot\varphi(-\cos\varphi\,\mathbf{e}_1 - \sin\varphi\,\mathbf{e}_2) = -\dot\varphi\,\mathbf{e}_r$$

$$\ddot{\mathbf{e}}_r = \ddot\varphi\,\mathbf{e}_\varphi + \dot\varphi\,\dot{\mathbf{e}}_\varphi = \ddot\varphi\,\mathbf{e}_\varphi - \dot\varphi^2\,\mathbf{e}_r, \qquad \ddot{\mathbf{e}}_\varphi = -\ddot\varphi\,\mathbf{e}_r - \dot\varphi^2\,\mathbf{e}_\varphi$$

Damit erhalten wir $\mathbf{v} = \dot{r}\,\mathbf{e}_r + r\dot\varphi\,\mathbf{e}_\varphi + \dot{x}_3\,\mathbf{e}_3$, $\mathbf{b} = \ddot{r}\,\mathbf{e}_r + 2\dot{r}\dot\varphi\,\mathbf{e}_\varphi + r(\ddot\varphi\,\mathbf{e}_\varphi - \dot\varphi^2\,\mathbf{e}_r) + \ddot{x}_3\,\mathbf{e}_3$ und in Komponenten

$$\mathbf{v} = [v_r \quad v_\varphi \quad v_3]^T = [\dot{r} \quad r\dot\varphi \quad \dot{x}_3]^T$$

$$\mathbf{b} = [b_r \quad b_\varphi \quad b_3]^T = [\ddot{r} - r\dot\varphi^2 \quad r\ddot\varphi + 2\dot{r}\dot\varphi \quad \ddot{x}_3]^T$$

(1.5)

1.2.4   Die Kreisbewegung

Bewegt sich ein Punkt P auf einer ebenen Bahn (Normalenvektor e_3) mit konstanten Werten für x_3 und $r = a$ (Abb. 1.9), dann handelt es sich um eine Kreisbewegung, für die $\dot{x}_3 = \ddot{x}_3 = 0$ und $\dot{r} = \ddot{r} = 0$ gelten. Von (1.5) verbleiben

$$\mathbf{v} = [v_r \quad v_\varphi \quad v_3]^T = [0 \quad a\dot{\varphi} \quad 0]^T, \quad \mathbf{b} = [b_r \quad b_\varphi \quad b_3]^T = [-a\dot{\varphi}^2 \quad a\ddot{\varphi} \quad 0]^T$$

Die zeitliche Änderung des Winkels φ, also $\dot{\varphi} = d\varphi/dt$, heißt Winkelgeschwindigkeit.

$[\dot{\varphi}] = 1/\text{Zeit}$, Einheit: s^{-1}.

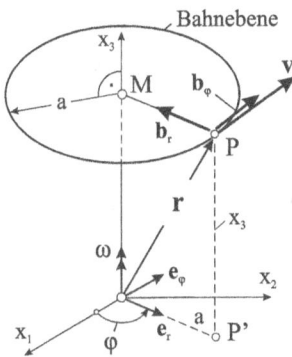

Abb. 1.9   Kreisbewegung eines Punktes P

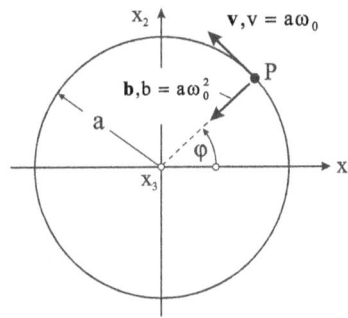

Abb. 1.10   Kreisbewegung mit ω_0 = konst.

Sie wird auch mit ω bezeichnet. Die Geschwindigkeit von P ist dann

$$\mathbf{v} = a\dot{\varphi}\,\mathbf{e}_\varphi = a\omega\,\mathbf{e}_\varphi = v_\varphi \mathbf{e}_\varphi$$

$v_\varphi = a\dot{\varphi} = a\omega$ heißt Bahngeschwindigkeit des Punktes P. Durch Einführung des Winkelgeschwindigkeitsvektors $\boldsymbol{\omega} = \omega\mathbf{e}_3$, der senkrecht auf der Bahnebene steht (Abb. 1.9), lässt sich die Geschwindigkeit des Punktes P auch wie folgt schreiben

$$\mathbf{v} = \boldsymbol{\omega} \times \mathbf{r} = \omega\mathbf{e}_3 \times (a\,\mathbf{e}_r + x_3\,\mathbf{e}_3) = a\omega\,\mathbf{e}_\varphi$$

und für die Beschleunigung ergibt sich

$$\mathbf{b} = \dot{\mathbf{v}} = a\dot{\omega}\,\mathbf{e}_\varphi + a\omega\,\dot{\mathbf{e}}_\varphi = a\dot{\omega}\,\mathbf{e}_\varphi - a\omega^2\mathbf{e}_r$$

Die zeitliche Änderung der Winkelgeschwindigkeit, also $\ddot{\varphi} = d\dot{\varphi}/dt = d^2\varphi/dt^2 = \dot{\omega}$, heißt Winkelbeschleunigung.

$[\ddot{\varphi}] = 1/(\text{Zeit})^2$, Einheit: s^{-2}

Für den Sonderfall $\dot{\varphi} = \omega_0 = $ konst. und damit $\ddot{\varphi} = 0$ verbleiben

$$\mathbf{v} = [v_r \quad v_\varphi \quad v_3]^T = [0 \quad a\omega_0 \quad 0]^T, \mathbf{b} = [b_r \quad b_\varphi \quad b_3]^T = [-a\omega_0^2 \quad 0 \quad 0]^T \quad (1.6)$$

Der Quotient $f = n/t$ aus der Anzahl n der Umläufe und der dazu benötigten Zeit t, wird Frequenz genannt. Die Umlaufdauer $T = t/n$ einer Kreisbewegung ist der Kehrwert der Frequenz. Für die Bahngeschwindigkeit einer gleichförmigen Kreisbewegung erhalten wir $v = 2\pi a/T = 2\pi af$. Für die Winkelgeschwindigkeit gilt $\omega = 2\pi/T = 2\pi f$, und ist n die minütliche Drehzahl, dann können wir dafür auch $\omega = \pi n/30$ schreiben.

1.2.5   Die geradlinige Bewegung

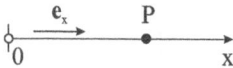

Abb. 1.11   Geradlinige Bewegung

Obwohl sie die einfachste Form der Bewegung darstellt, so kommt ihr doch eine große praktische Bedeutung zu. Bewegt sich ein Punkt auf einer Geraden, beispielsweise der x-Achse (Abb. 1.11), dann hat der Ortsvektor $\mathbf{r} = x(t)\mathbf{e}_x$ nur eine Komponente, und wir können in diesem Fall auf den Vektorcharakter von Geschwindigkeit und Beschleunigung verzichten. Wir erhalten $v = \dot{x}$ und $b = \dot{v} = \ddot{x}$. Ist das Weg-Zeit-Gesetz $x = x(t)$ gegeben, dann können Geschwindigkeit und Beschleunigung durch Ableitungen nach t ermittelt werden. Ist die Beschleunigung vorgegeben, dann lassen sich folgende Grundaufgaben stellen:

1. $\boxed{b = 0}$

Aus $b = 0$ folgt wegen $b = dv/dt = 0$ durch Integration sofort $v = $ konst. $= v_0$. Eine geradlinige Bewegung mit konstanter Geschwindigkeit wird gleichförmige Bewegung genannt. Zur Ermittlung des Weges gehen wir von $dx/dt = v_0$ aus. Diese einfache Differenzialgleichung wird durch Integration gelöst. Dazu benötigen wir Aussagen über den Anfangszustand der Bewegung. Die Anfangsbedingungen werden mit dem Index 0 bezeichnet. So wird zum Zeitpunkt $t = t_0$ der Ort $x = x_0$ festgelegt. Nach Trennung der Veränderlichen erhalten wir aus $dx/dt = v_0$ den Zuwachs $dx = v_0 dt$, und eine unbestimmte Integration ergibt

$$\int dx = \int v_0 dt \qquad \rightarrow x = v_0 t + C_1$$

Die Konstante C_1 ermitteln wir aus dem Anfangswert für den Weg x

$$x(t = t_0) = x_0 = v_0 t_0 + C_1 \quad \rightarrow C_1 = x_0 - v_0 t_0$$

Damit folgt der gesuchte Weg $x = x_0 + v_0(t - t_0)$.

2. $\boxed{b = b_0}$

Eine geradlinige Bewegung mit konstanter Beschleunigung $b = b_0$ wird gleichmäßig beschleunigte Bewegung genannt. Wir beginnen die Zeitzählung bei $t = t_0 = 0$ und gehen von folgenden Anfangswerten aus: $x(t = 0) = x_0$; $v(t = 0) = v_0$. Trennung der Veränderlichen und Integration ergibt

$$dv = b_0 dt \qquad \rightarrow \int dv = \int b_0 dt \qquad \rightarrow v = b_0 t + C_1$$

$$dx = v dt = (b_0 t + C_1) dt \qquad \rightarrow \int dx = \int (b_0 t + C_1) dt \qquad \rightarrow x = b_0 \frac{t^2}{2} + C_1 t + C_2$$

Mit den Anfangsbedingungen erhalten wir $v = b_0 t + v_0$, $x = b_0 \dfrac{t^2}{2} + v_0 t + x_0$.

Beispiel 1-2:

Körper K

g

h

z

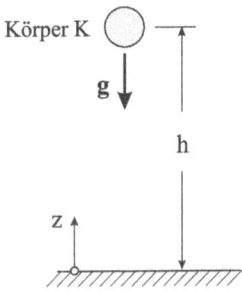

Abb. 1.12   Der freie Fall

Der freie Fall eines schweren Körpers K stellt bei Vernachlässigung des Luftwiderstandes eine gleichmäßig beschleunigte Bewegung dar. Die Beschleunigung ist hier die Erdbeschleunigung g mit näherungsweise $g = 10\ \text{ms}^{-2}$. Unter Beachtung des Vorzeichens von g (g zeigt in die negative z-Richtung) folgt

$$\ddot{z} = b = -g, \quad \dot{z} = v = -gt + v_0, \quad z = -\frac{gt^2}{2} + v_0 t + z_0.$$

Wird der Körper K zum Zeitpunkt $t = 0$ aus der Höhe $z_0 = h$ ohne Anfangsgeschwindigkeit ($v_0 = 0$) losgelassen, dann ist

$b = -g$, $v = -gt$; $z = -\dfrac{gt^2}{2} + h$. Wenn wir zusätzlich die Zeit T berechnen wollen, die der Körper zum Durchfallen der Höhe h benötigt, dann müssen wir in das Weg-Zeit-Gesetz $z = 0$ einsetzen und nach T auflösen, also

$$z = 0 = -gT^2/2 + h \quad \rightarrow T = \sqrt{2h/g}$$

Beim Aufschlag bei $z = 0$ hat der Körper dann die Geschwindigkeit

$$v(t = T) = -gT = -g\sqrt{2h/g} = -\sqrt{2gh}$$

3. $\boxed{b = b(t)}$

Geschwindigkeit und Beschleunigung lassen sich durch bestimmte Integration ermitteln. Mit den Anfangsbedingungen $v(t = t_0) = v_0$, $x(t = t_0) = x_0$ erhalten wir

$$dv = b(t)dt \quad \rightarrow v = v_0 + \int_{\tau=t_0}^{t} b(\tau)d\tau, \quad dx = v(t)dt \quad \rightarrow x = x_0 + \int_{\tau=t_0}^{t} v(\tau)d\tau$$

4. $\boxed{b = b(v)}$

Ist die Beschleunigung eine Funktion der Geschwindigkeit, dann erfolgt die Lösung durch Trennung der Veränderlichen $b(v) = \dfrac{dv}{dt} \rightarrow dt = \dfrac{dv}{b(v)}$ und bestimmte Integration liefert

$$\int_{\tau=t_0}^{t} d\tau = \int_{v_0}^{v} \frac{d\overline{v}}{b(\overline{v})} \quad \rightarrow t = t_0 + \int_{v_0}^{v} \frac{d\overline{v}}{b(\overline{v})} = f(v)$$

Damit ist die Zeit t in Abhängigkeit von der Geschwindigkeit v bekannt. Durch Invertierung kann die obige Gleichung nach $v = F(t)$ aufgelöst werden, woraus durch Integration

$$x(t) = x_0 + \int_{\tau=t_0}^{t} F(\tau)\,d\tau$$

folgt. Damit ist auch der Weg als Funktion der Zeit bekannt.

Beispiel 1-3:

Die Bewegung eines Körpers in einer reibungsbehafteten Flüssigkeit erfolgt nach dem Gesetz $b(v) = \ddot{x}(v) = -\kappa v$. Die Proportionalitätskonstante κ hängt von der Masse und der Form des Körpers sowie der Viskosität der Flüssigkeit ab. Als Anfangsbedingungen sollen zum Zeitpunkt $t_0 = 0$ die Auslenkung $x(0) = x_0$ und die Geschwindigkeit $v(0) = v_0$ vorgegeben

sein. Dann gilt $t = \displaystyle\int_{v_0}^{v} \frac{d\overline{v}}{b(\overline{v})} = \int_{v_0}^{v} \frac{d\overline{v}}{-\kappa\overline{v}} = -\frac{1}{\kappa} \ln \overline{v} \Big|_{v_0}^{v} = -\frac{1}{\kappa} \ln \frac{v}{v_0} = f(v)$. Die Auflösung dieser

Gleichung nach der Geschwindigkeit v ergibt $v = v_0 \exp(-\kappa t) = F(t)$ und damit

$$x(t) = x_0 + \int_{\tau=t_0}^{t} F(\tau)\,d\tau = x_0 + \int_{\tau=t_0}^{t} v_0 \exp(-\kappa\tau)\,d\tau = x_0 + \frac{v_0}{\kappa}[1 - \exp(-\kappa t)]$$

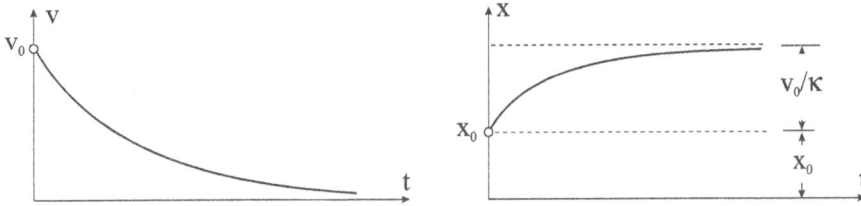

Abb. 1.13 *Bewegung eines Körpers in einer viskosen Flüssigkeit*

5. $\boxed{b = b(x)}$

Ist die Beschleunigung eine Funktion des Ortes, dann gilt nach der Kettenregel

$$b = \frac{dv}{dt} = \frac{dv}{dx}\frac{dx}{dt} = \frac{dv}{dx}v$$

und die Trennung der Variablen ergibt $v\,dv = b(x)\,dx$. Mit den Anfangsbedingungen $v(t = t_0) = v_0$; $x(t = t_0) = x_0$ liefert die Integration

$$\int_{\overline{v}=v_0}^{v}\overline{v}\,d\overline{v} = \int_{\overline{x}=x_0}^{x}b(\overline{x})\,d\overline{x} \rightarrow \frac{1}{2}v^2 = \frac{1}{2}v_0^2 + \int_{\overline{x}=x_0}^{x}b(\overline{x})\,d\overline{x} = f(x) \rightarrow v(x) = \sqrt{2f(x)}$$

Damit ist die Geschwindigkeit in Abhängigkeit vom Weg x bekannt. Um die Zeit t als Funktion des Weges x zu ermitteln, beachten wir $v = dx/dt$ und trennen die Veränderlichen

$$dt = \frac{dx}{v(x)} = \frac{dx}{\sqrt{2f(x)}} \rightarrow t = t_0 + \int_{\overline{x}=x_0}^{x}\frac{d\overline{x}}{\sqrt{2f(\overline{x})}} = h(x)$$

Beispiel 1-4:

Wir betrachten einen Punkt, der sich nach dem Beschleunigungsgesetz $b(x) = -\omega^2 x$ mit $\omega^2 = $ konst. bewegt. Die Anfangsbedingungen lauten $x(t_0 = 0) = x_0$, $v(t_0 = 0) = v_0 = 0$.

Dann folgt $\frac{1}{2}v^2 = \int_{\overline{x}=x_0}^{x}-\omega^2\overline{x}\,d\overline{x} = \frac{1}{2}\omega^2(x_0^2 - x^2) = f(x)$, $v(x) = \pm\sqrt{2f(x)} = \pm\omega\sqrt{x_0^2 - x^2}$ und

durch Umkehrung mit $t_0 = 0$

$$t(x) = \pm\int_{\overline{x}=x_0}^{x}\frac{d\overline{x}}{\omega\sqrt{x_0^2 - \overline{x}^2}} = \pm\frac{1}{\omega}\arcsin\frac{\overline{x}}{x_0}\Big|_{x_0}^{x} = \pm\frac{1}{\omega}\left(\arcsin\frac{x}{x_0} - \frac{\pi}{2}\right) = \pm\frac{1}{\omega}\arccos\frac{x}{x_0}$$

Die Auflösung nach x liefert das Weg-Zeit-Gesetz, das hier einer harmonischen Schwingung

$$x(t) = x_0 \cos \omega t$$

entspricht. Geschwindigkeit und Beschleunigung erhalten wir durch Ableitung nach t

$$v = \dot{x} = -\omega x_0 \sin \omega t, \quad b = \ddot{x} = -\omega^2 x_0 \cos \omega t$$

Um die Geschwindigkeit als Funktion des Weges darzustellen, quadrieren wir x(t) und v(t) und addieren dann beide Ausdrücke. Das Ergebnis ist die Gleichung der Phasenkurve einer harmonischen Schwingung

$$\left(\frac{x}{x_0}\right)^2 + \left(\frac{v}{\omega x_0}\right)^2 = 1, \quad \rightarrow v(x) = \pm\omega\sqrt{x_0^2 - x^2}$$

1.2.6   Freiheitsgrade

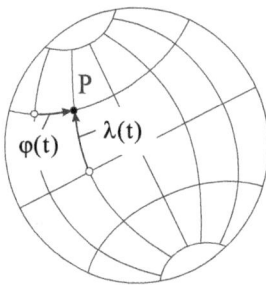

Abb. 1.14 *Punktbewegung auf einer Fläche*

Die Zahl der Koordinatenangaben, die benötigt werden, um die Lage eines Punktes P zu einer bestimmten Zeit t festzulegen, ist die Zahl seiner Freiheitsgrade. Ein Punkt hat n Freiheitsgrade, wenn seine Lage durch n voneinander unabhängige skalare Angaben (z.B. Koordinatendifferenzen, Winkel usw.) festgelegt ist. Die Lage eines frei im Raum beweglichen Punktes ist durch drei Koordinaten, etwa die kartesischen Koordinaten festgelegt. Der frei im Raum bewegliche Punkt hat also n = 3 Freiheitsgrade.

Abb. 1.15 *Punktbewegung auf einer Kurve*

Werden dagegen die Bewegungsmöglichkeiten eines Punktes eingeschränkt, so reduziert sich die Anzahl der Freiheitsgrade auf n < 3. Wir sprechen in diesen Fällen von geführten Bewegungen. Ein sich auf einer Fläche (gekrümmt oder eben) bewegender Punkt besitzt n = 2 Freiheitsgrade. Bewegt sich ein Punkt P auf einer beliebigen Kurve, dann hat er einen Freiheitsgrad (n = 1). Es kann also nur noch eine skalare Größe gewählt werden, beispielsweise die Bogenlänge s.

2 Die Bewegung des starren Körpers

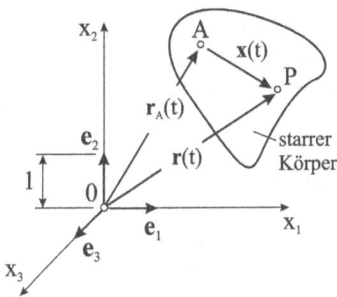

x_2
A
$\mathbf{x}(t)$
P
$\mathbf{r}_A(t)$
e_2
starrer Körper
$\mathbf{r}(t)$
1
0
e_1
x_1
x_3
e_3

Abb. 2.1 Bewegung eines starren Körpers

Bei der räumlichen Bewegung beschreibt jeder Punkt des Körpers eine Raumkurve, wobei jedem Punkt ein Geschwindigkeits- und Beschleunigungsvektor zugeordnet werden kann. Der Bewegungsvorgang eines Körpers ist dann bekannt, wenn die Bewegung jedes einzelnen Körperpunktes P bekannt ist. Unterstellen wir, dass die Geschwindigkeit eines beliebigen Punktes A des Körpers bekannt ist, das kann zum Beispiel der Schwerpunkt des Körpers sein, dann stellt sich die Frage, welche zusätzlichen Informationen erforderlich sind, um die Bewegung eines beliebigen anderen Körperpunktes festlegen zu können. Bezeichnet $\mathbf{r}(t)$ den Ortsvektor zum Punkt P und $\mathbf{x}(t)$ die Lage von P relativ zu A (Abb. 2.1), dann sind $\mathbf{r}(t) = \mathbf{r}_A(t) + \mathbf{x}(t)$ und

$$\mathbf{v} = \dot{\mathbf{r}} = \dot{\mathbf{r}}_A + \dot{\mathbf{x}} = \mathbf{v}_A + \dot{\mathbf{x}} \tag{2.1}$$

Die zeitliche Änderung des Verbindungsvektors $\mathbf{x}$, also $\dot{\mathbf{x}}$, kann beim starren Körper wegen $d|\mathbf{x}|/dt = 0$ nur aus einer reinen Drehung um A herrühren und mit $d\mathbf{x}^2/dt = 2\mathbf{x} \cdot \dot{\mathbf{x}} = 0$ muss $\mathbf{x} \perp \dot{\mathbf{x}}$ erfüllt sein. Es ist deshalb sinnvoll

$$\dot{\mathbf{x}} = \boldsymbol{\omega} \times \mathbf{x} \tag{2.2}$$

zu schreiben. Dabei ist $\boldsymbol{\omega}$ der Vektor der Winkelgeschwindigkeit, der mit $\boldsymbol{\omega} = \omega \mathbf{e}_\omega$ zwar i. Allg. zu jedem Zeitpunkt einen anderen, aber für alle Körperpunkte denselben Wert hat. Damit ist $\boldsymbol{\omega}$ am starren Körper ein freier Vektor. Das können wir uns auch wie folgt klarmachen. Wählen wir statt A einen anderen Punkt A' mit dem Winkelgeschwindigkeitsvektor $\boldsymbol{\omega}'$, dann erhalten wir die Geschwindigkeit des Punktes P zu $\mathbf{v} = \mathbf{v}_{A'} + \boldsymbol{\omega}' \times \mathbf{x}'$, die selbstverständlich unabhängig vom Bezugspunkt sein muss, was einerseits $\mathbf{v}_{A'} + \boldsymbol{\omega}' \times \mathbf{x}' = \mathbf{v}_A + \boldsymbol{\omega} \times \mathbf{x}$ und andererseits $\mathbf{v}_{A'} = \mathbf{v}_A + \boldsymbol{\omega} \times (\mathbf{x} - \mathbf{x}')$ erfordert.

Aus der ersten Beziehung resultiert $v_{A'} - v_A = \omega \times x - \omega' \times x'$ und aus der zweiten folgt

$v_{A'} - v_A = \omega \times (x - x')$, was bei Gleichheit beider Beziehungen $\omega' = \omega$ erfordert und mit (2.1) zur Geschwindigkeit

$$v = \dot{r} = \dot{r}_A + \dot{x} = v_A + \omega \times x \tag{2.3}$$

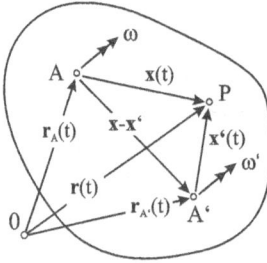

Abb. 2.2 *Wechsel des Bezugspunktes*

des Punktes P führt. Die Geschwindigkeit von P setzt sich also zusammen aus der Geschwindigkeit eines anderen beliebig gewählten Körperpunktes A und einem zusätzlichen Anteil, der eine Drehung um A darstellt. Diese Geschwindigkeitsformel für starre Körper geht auf d'Alembert und Euler zurück. Aus (2.3) erhalten wir mit $\omega = \dot{\varphi} e_\omega$ nach Multiplikation mit dt

$$dr = dr_A + d\varphi\, e_\omega \times x$$

die berühmte Eulersche Formel, die besagt, dass sich eine infinitesimale Lageänderung eines starren Körpers additiv aus einer Translation dr_A und einer Drehung $d\varphi\, e_\omega \times x$ um die durch e_ω festgelegte Drehachse zusammensetzen lässt. Weiterhin ermitteln wir mit (2.3) unter Beachtung von (2.2) die Beschleunigung

$$b = \dot{v} = \frac{d}{dt}(v_A + \omega \times x) = \dot{v}_A + \frac{d}{dt}(\omega \times x) = \dot{v}_A + \dot{\omega} \times x + \omega \times \dot{x} = \dot{v}_A + \dot{\omega} \times x + \omega \times (\omega \times x)$$

und nach Zusammenfassung folgt

$$b = \dot{v}_A + \dot{\omega} \times x + \omega \times (\omega \times x) \tag{2.4}$$

Der Term $\dot{\omega} \times x = \frac{d}{dt}(\omega e_\omega) \times x = (\dot{\omega} e_\omega + \omega \dot{e}_\omega) \times x$ enthält im ersten Glied mit $\dot{\omega} e_\omega \times x$ die Tangentialbeschleunigung der Kreisbewegung des Punktes P um eine Achse durch den Punkt A mit dem Richtungsvektor e_ω, und das zweite Glied berücksichtigt mit $\dot{e}_\omega$ die zeitliche Änderung der Drehachse. Zerlegen wir gemäß $x = x_\perp + x_{\parallel}$ den Vektor x, was immer möglich ist, in Komponenten senkrecht und parallel zum momentanen Winkelgeschwindigkeitsvektor ω, dann ist

$$v = v_A + \omega \times (x_\perp + x_{\parallel}) = v_A + \omega \times x_\perp \tag{2.5}$$

Wir können noch die Frage anschließen, ob für den starren Körper eine ausgezeichnete Achse existiert, zu der der Geschwindigkeitsvektor v und der Winkelgeschwindigkeitsvektor ω

parallel sind (Abb. 2.3). Dann ist $\boldsymbol{\omega} \times \mathbf{v} = \mathbf{0} = \boldsymbol{\omega} \times (\mathbf{v}_A + \boldsymbol{\omega} \times \mathbf{x}_\perp)$ und aufgelöst nach $\mathbf{x}_\perp$

ergibt sich $\mathbf{0} = \boldsymbol{\omega} \times \mathbf{v}_A + \boldsymbol{\omega} \times (\boldsymbol{\omega} \times \mathbf{x}_\perp) = \boldsymbol{\omega} \times \mathbf{v}_A - \mathbf{x}_\perp \underbrace{(\boldsymbol{\omega} \cdot \boldsymbol{\omega})}_{= \omega^2} + \boldsymbol{\omega} \underbrace{(\boldsymbol{\omega} \cdot \mathbf{x}_\perp)}_{= 0}$ und damit

$$\mathbf{x}_\perp = \frac{\boldsymbol{\omega} \times \mathbf{v}_A}{\omega^2} \tag{2.6}$$

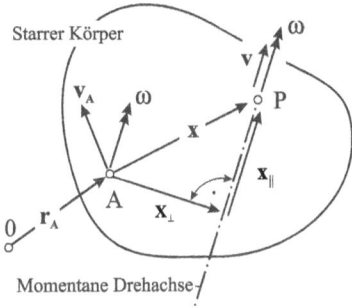

Abb. 2.3   *Momentanachse*

Mit (2.6) ist diejenige Achse festgelegt, deren Punkte nur eine Geschwindigkeit in Richtung dieser Achse aufweisen. Die Bewegung des Körpers lässt sich als inkrementelle Abfolge einer Drehung um die Momentanachse und Verschiebung in Richtung dieser Achse darstellen. Diese räumliche Bewegung wird in der Kinematik als Schraubung bezeichnet.

Wir wollen abschließend noch die Frage untersuchen, ob es einen ausgezeichneten Punkt P des starren Körpers gibt, für den momentan die Geschwindigkeit verschwindet, und es muss dann $\mathbf{v} = \mathbf{0} = \mathbf{v}_A + \boldsymbol{\omega} \times \mathbf{x}$ erfüllt sein. Fassen wir diese Beziehung als Bestimmungsgleichung für die Koordinaten von $\mathbf{x}$ auf, dann erhalten wir mit $\boldsymbol{\omega} = [\omega_1, \omega_2, \omega_3]^T$, $\mathbf{x} = [x_{1AP}, x_{2AP}, x_{3AP}]^T$ und $\mathbf{v}_A = [v_{1A}, v_{2A}, v_{3A}]^T$ das lineare inhomogene Gleichungssystem

$$\begin{bmatrix} 0 & -\omega_3 & \omega_2 \\ \omega_3 & 0 & -\omega_1 \\ -\omega_2 & \omega_1 & 0 \end{bmatrix} \cdot \begin{bmatrix} x_{1AP} \\ x_{2AP} \\ x_{3AP} \end{bmatrix} = - \begin{bmatrix} v_{1A} \\ v_{2A} \\ v_{3A} \end{bmatrix}$$

oder symbolisch $\mathbf{A} \cdot \mathbf{x} = -\mathbf{v}_A$,

das wegen $\det \mathbf{A} = 0$ nur dann eine nichttriviale Lösung besitzt, wenn sämtliche Zählerdeterminanten verschwinden. Das ist der Fall für eine

1.) Kreiselbewegung um den festen Punkt A mit $\mathbf{v}_A = \mathbf{0}$, oder eine

2.) Ebene Bewegung, etwa in der (1,2)-Ebene mit $\omega_1 = \omega_2 = 0$ und $v_{3A} = 0$.

2.1   Ebene Bewegungen

In diesem Fall bewegt sich der starre Körper parallel zu einer festen Ebene. Der Abstand eines jeden Körperpunktes von dieser Ebene ist zeitlich konstant. Ist beispielsweise die (x_1, x_2)-Ebene diese Bewegungsebene (Abb. 2.4), dann besitzt der Winkelgeschwindigkeitsvektor mit $\boldsymbol{\omega} = \omega_3 \mathbf{e}_3$ nur eine Komponente. Wie im räumlichen Fall, so ist auch dieser Vektor ein freier Vektor. Betrachten wir neben dem Punkt P einen weiteren Punkt A, der von P, aufgrund der vorausgesetzten Starrheit des Körpers, den zeitlich konstanten Abstand $x = |\mathbf{x}|$ besitzt, dann hat der Punkt P die Geschwindigkeit $\dot{\mathbf{r}} = \mathbf{v} = \mathbf{v}_A + \boldsymbol{\omega} \times \mathbf{x}$ und mit

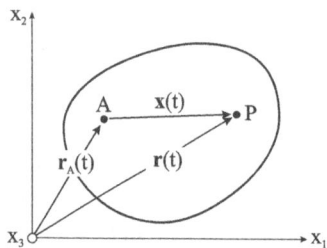

Abb. 2.4   *Ebene Bewegung*

$$\mathbf{v}_A = \begin{bmatrix} \dot{x}_{1A} & \dot{x}_{2A} & 0 \end{bmatrix}^T, \quad \boldsymbol{\omega} = \begin{bmatrix} 0 & 0 & \omega_3 \end{bmatrix}^T,$$

$$\mathbf{x} = \mathbf{r} - \mathbf{r}_A = \begin{bmatrix} x_1 - x_{1A} & x_2 - x_{2A} & x_3 - x_{3A} \end{bmatrix}^T$$

erhalten wir mit (2.3) die Komponenten der Geschwindigkeit des Punktes P in kartesischen Koordinaten

$$\dot{x}_1 = \dot{x}_{1A} - \omega_3 (x_2 - x_{2A})$$

$$\dot{x}_2 = \dot{x}_{2A} + \omega_3 (x_1 - x_{1A})$$

$$\dot{x}_3 = 0$$

2.1.1   Der Satz vom Momentanzentrum

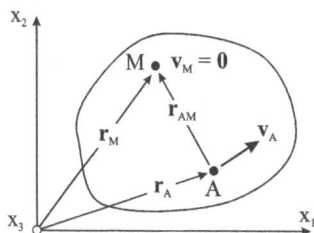

Abb. 2.5   *Das Momentanzentrum M*

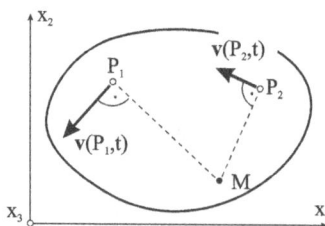

Abb. 2.6   *Konstruktion des Momentanzentrums*

Dieser Satz besagt, dass die ebene Bewegung eines starren Körpers momentan als reine Drehung um eine zur Bewegungsrichtung senkrechte Achse aufgefasst werden kann. Diese Achse wird Momentanachse genannt. Zur Bestätigung zeigen wir, dass ein Punkt M existiert (Abb. 2.5), der momentan die Geschwindigkeit null besitzt und Momentanzentrum heißt. Gehen wir von (2.3) aus, dann ist $\mathbf{v}_M = \mathbf{0} = \mathbf{v}_A + \boldsymbol{\omega} \times \mathbf{r}_{AM}$. Zur Auflösung dieser Vektorgleichung nach $\mathbf{r}_M$ multiplizieren wir zunächst von links vektoriell mit $\boldsymbol{\omega}$ und erhalten

$$\mathbf{0} = \boldsymbol{\omega} \times \mathbf{v}_A + \boldsymbol{\omega} \times (\boldsymbol{\omega} \times \mathbf{r}_{AM}) = \boldsymbol{\omega} \times \mathbf{v}_A + \boldsymbol{\omega} \underbrace{(\boldsymbol{\omega} \cdot \mathbf{r}_{AM})}_{= 0} - \omega^2 \mathbf{r}_{AM} \text{ sowie mit } \mathbf{r}_{AM} = \mathbf{r}_M - \mathbf{r}_A$$

$$\mathbf{r}_M = \mathbf{r}_A + \frac{\boldsymbol{\omega} \times \mathbf{v}_A}{\omega^2} \tag{2.7}$$

und in Komponenten hinsichtlich einer kartesischen Basis

$$x_{1M} = x_{1A} - \frac{v_{2A}}{\omega_3}, \quad x_{2M} = x_{2A} + \frac{v_{1A}}{\omega_3} \tag{2.8}$$

Ohne Anwendung von (2.8) können wir das Momentanzentrum im Falle der ebenen Bewegung eines starren Körpers auch dadurch finden, indem wir in 2 Punkten auf die dort vorhandenen Geschwindigkeitsvektoren **v** das Lot errichten. Der Schnittpunkt der beiden Geraden ist das Momentanzentrum M (Abb. 2.6), das bei einer reinen Translationsbewegung im Unendlichen liegt. Wählen wir also als Bezugspunkt anstelle von A das Momentanzentrum M, so gilt für die Geschwindigkeit des Punktes P mit M statt A

$$\mathbf{v} = \boldsymbol{\omega} \times \mathbf{m} \quad \text{und} \quad v = |\boldsymbol{\omega}||\mathbf{m}| \sin \varphi_{\omega M} = \omega\, m \quad \text{oder in Komponenten}$$

$$\dot{x}_1 = -\omega_3 (x_2 - x_{2M}), \quad \dot{x}_2 = \omega_3 (x_1 - x_{1M}); \quad \dot{x}_3 = 0 \tag{2.9}$$

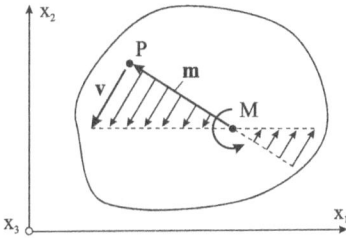

Abb. 2.7 *Geschwindigkeitsfeld*

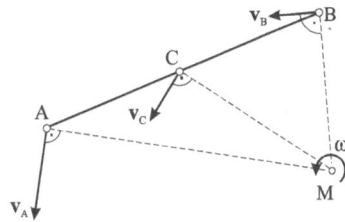

Abb. 2.8 *Geschwindigkeit des Punktes C*

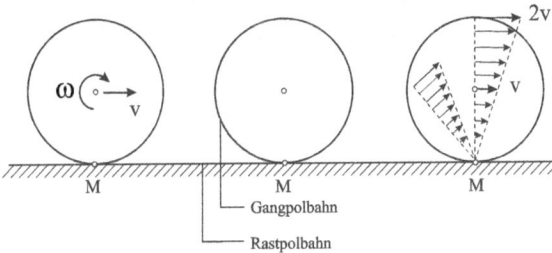

Abb. 2.9 *Rollendes Rad, Rastpolbahn und Gangpolbahn*

Mit den obigen Beziehungen steht uns eine elegante Methode zur Beschreibung der Bewegung von Starrkörpern zur Verfügung (Abb. 2.8). Sind die Geschwindigkeitsvektoren v_A und v_B der beiden Punkte A und B bekannt, dann liegt auch das Momentanzentrum fest, womit dann der Betrag der Geschwindigkeit von C mit $v_C = \omega \overline{MC}$ folgt. Das Momentanzentrum kann, wie bereits erwähnt, auch außerhalb des Körpers liegen und ist i. Allg. kein fester Punkt, sondern verändert seine Lage während der Bewegung. Sein geometrischer Ort im raumfesten Koordinatensystem wird Spurkurve oder Rastpolbahn (Polhodie) genannt, während der geometrische Ort von M im körperfesten System als Rollkurve oder Gangpolbahn (Herpolhodie) bezeichnet wird. Bei einer ebenen Bewegung rollt die Rollkurve ohne zu gleiten auf der Spurkurve ab, da M momentan stets in Ruhe ist.

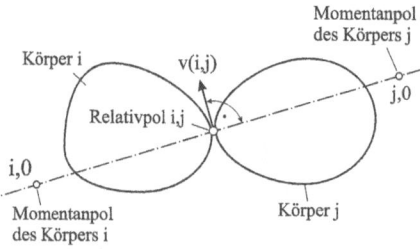

Abb. 2.10   Der Dreipolsatz

Im Zusammenhang mit der Bewegung von Starrkörpersystemen ist der folgende Satz von Bedeutung, der als Dreipolsatz in der Statik zur Ermittlung von Einflusslinien benutzt wird. Dieser Satz besagt, dass die Pole (i,0), (i,j) und (j,0) des in Abb. 2.10 skizzierten Körpersystems auf einer Geraden liegen müssen. Die Körper (i) und (j) sind im Punkt (i,j), der als Relativpol bezeichnet wird, gelenkig miteinander verbunden. Da der Gelenkpunkt (i,j) sowohl zum Körper (i) als auch zum Körper (j) gehört, muss die Bewegung des Gelenkes (i,j) senkrecht auf den Polstrahlen $\overline{i,0-i,j}$ sowie $\overline{j,0-i,j}$ stehen. Abb. 2.11 zeigt die Anwendung des Dreipolsatzes auf ein Gelenkviereck.

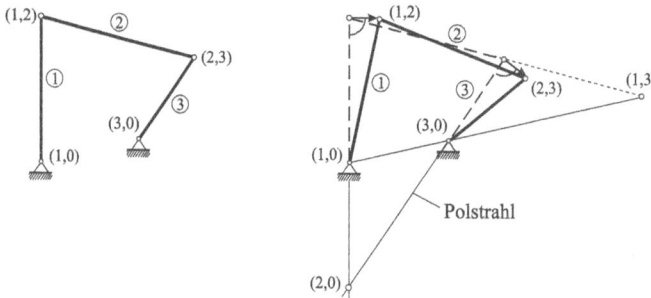

Abb. 2.11   Gelenkviereck, Anwendung des Dreipolsatzes

Wir können hier noch zwei Sonderfälle betrachten. Rotiert ein starrer Körper um eine feste Achse, dann beschreibt jeder Punkt des Körpers eine Kreisbahn, und daher gilt das zur Kreisbewegung eines Punktes Gesagte. Die Bewegung ist durch den Freiheitsgrad $\varphi(t)$ gekennzeichnet.

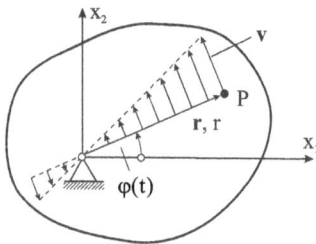

Abb. 2.12   Rotation um eine feste Achse

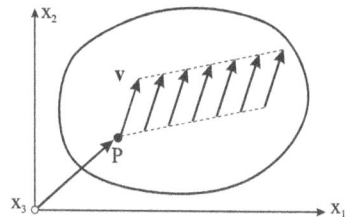

Abb. 2.13   Translation

Der Geschwindigkeitsvektor $\mathbf{v} = \boldsymbol{\omega} \times \mathbf{r}$ eines jeden Punktes P des Körpers steht senkrecht zum Ortsvektor $\mathbf{r}$ und hat den Betrag $v = r\dot{\varphi}$ (Abb. 2.12).

Die Translation einer starren Körpers ist durch $n = 2$ Freiheitsgrade gekennzeichnet. Das können beispielsweise die beiden Lagekoordinaten $x_1(t)$, $x_2(t)$ oder auch $r(t)$, $\varphi(t)$ eines beliebigen Punktes P sein. Alle Punkte des Körpers haben den selben Geschwindigkeits- und Beschleunigungsvektor (Abb. 2.13).

2.2   Die Kinematik der Relativbewegung eines Punktes

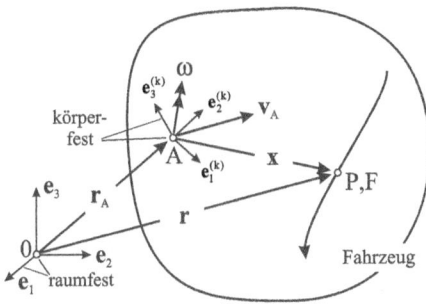

Die folgenden Untersuchungen beschäftigen sich mit dem Problem, den Bewegungsablauf eines Punktes P in einem bewegten Bezugssystem darzustellen. Ist A ein körperfester Punkt, dann wird die relative Lageänderung zwischen P und A durch den Vektor $\mathbf{x}$ beschrieben (Abb. 2.14). Im Körperpunkt A wird eine körperfeste, und damit mitbewegte, orthogonale Einheitsvektorbasis $\mathbf{e}_j^{(k)}$ $(j = 1, 2, 3)$ befestigt. Wir beobachten nun die Bewegung eines Punktes P. Dazu können wir zwei Beobachterstandpunkte einnehmen:

Abb. 2.14   Relativbewegung eines Punktes P

1.) Befinden wir uns im Punkt 0, also im Ursprung eines raumfesten Inertialbasissystems $\mathbf{e}_j$ $(j = 1, 2, 3)$, dann wird die Lage des Punktes P durch die Absolutkoordinaten des Vektors $\mathbf{r}(P, t)$ beschrieben.

2.) Nehmen wir auf dem Körper den Beobachtungsstandpunkt A ein, dann registrieren wir als mitbewegte Beobachter lediglich die Relativbewegung zwischen A und P.

Die Lage des Punktes P hinsichtlich des raumfesten Punktes 0 beschreiben wir durch

$$\mathbf{r}(t) = \mathbf{r}_A(t) + \mathbf{x}(t) \tag{2.10}$$

wobei nun aber i. Allg. $d|\mathbf{x}| / dt \neq 0$ ist. Differenzieren wir nach t, dann folgt $\mathbf{v} = \dot{\mathbf{r}} = \mathbf{v}_A + \dot{\mathbf{x}}$. Um die Relativbewegung zwischen den Punkten A und P aufzudecken, muss der Verbindungsvektor $\mathbf{x}(P,t) = x_1^{(k)}\mathbf{e}_1^{(k)} + x_2^{(k)}\mathbf{e}_2^{(k)} + x_3^{(k)}\mathbf{e}_3^{(k)} = \sum_{j=1}^{3} x_j^{(k)}\mathbf{e}_j^{(k)}$ in Komponenten hinsichtlich der mit dem Fahrzeug mitbewegten Basis $\mathbf{e}_j^{(k)}$ dargestellt werden. Bei der Bildung der zeitlichen Änderung von $\mathbf{x}$ ist die Produktregel zu beachten: $\dot{\mathbf{x}} = \sum_{j=1}^{3} \dot{x}_j^{(k)}\mathbf{e}_j^{(k)} + \sum_{j=1}^{3} x_j^{(k)}\dot{\mathbf{e}}_j^{(k)}$. Da die

Einheitsvektoren jeweils konstante Längen besitzen, kann die zeitliche Änderung der körperfesten Basis $e_j^{(k)}$ nur aus einer Drehung bestehen, also

$$\dot{e}_j^{(k)} = \omega \times e_j^{(k)} \tag{2.11}$$

ω bedeutet hier die im raumfesten Bezugssystem e_j registrierte Winkelgeschwindigkeit des in A installierten Basissystems $e_j^{(k)}$. Beachten wir diesen Zusammenhang, dann folgt

$$\dot{x} = \sum_{j=1}^{3} \dot{x}_j^{(k)} e_j^{(k)} + \sum_{j=1}^{3} x_j^{(k)} \omega \times e_j^{(k)} = \sum_{j=1}^{3} \dot{x}_j^{(k)} e_j^{(k)} + \omega \times \sum_{j=1}^{3} x_j^{(k)} e_j^{(k)}$$

und zusammengefasst

$$\dot{x} = \overset{\circ}{x} + \omega \times x \tag{2.12}$$

Der erste Summand

$$\overset{\circ}{x} = \sum_{j=1}^{3} \dot{x}_j^{(k)} e_j^{(k)} = v_r \tag{2.13}$$

beschreibt die zeitliche Änderung der Koordinaten bei zeitlich konstanter Basis, also die von A aus zu beobachtende Relativgeschwindigkeit v_r. Der zweite Term

$$\omega \times x = \sum_{j=1}^{3} x_j^{(k)} \dot{e}_j^{(k)} \tag{2.14}$$

berücksichtigt die Drehung des körperfesten Basissystems $e_j^{(k)}$. Handelt es sich bei dem Fahrzeug um einen starren Körper, dann ist ω dessen Winkelgeschwindigkeit. (2.12) ist die allgemeine Differenziationsregel für Vektoren, die in einem mitbewegten Basissystem dargestellt sind, und für die wir symbolisch

$$\frac{d}{dt}() = ()^{\circ} + \omega \times () \tag{2.15}$$

schreiben können. Insbesondere gilt für die Ableitung des Vektors ω

$$\frac{d}{dt}\omega = \dot{\omega} = \overset{\circ}{\omega} + \omega \times \omega = \overset{\circ}{\omega} \tag{2.16}$$

Wir bekommen dann für die Absolutgeschwindigkeit des sich auf dem Fahrzeug bewegenden Punktes P

$$\mathbf{v} = \mathbf{v_A} + \dot{\mathbf{x}} = \mathbf{v_A} + \boldsymbol{\omega} \times \mathbf{x} + \overset{\circ}{\mathbf{x}} \tag{2.17}$$

Ist F ein fester und P derjenige Punkt des Fahrzeuges, in dem sich der die Relativbewegung ausführende Punkt P gerade befindet (Abb. 2.14), dann ist

$$\mathbf{v_f} = \mathbf{v_A} + \boldsymbol{\omega} \times \mathbf{x} \tag{2.18}$$

die allein aus der Fahrzeugbewegung herrührende Führungsgeschwindigkeit und

$$\mathbf{v_r} = \overset{\circ}{\mathbf{x}} \tag{2.19}$$

die vom Beobachter im Punkt A allein registrierte Relativgeschwindigkeit. Entsprechend erhalten wir durch formales Differenzieren die Beschleunigung

$$\mathbf{b} = \ddot{\mathbf{r}} = \frac{d}{dt}(\mathbf{v_A} + \boldsymbol{\omega} \times \mathbf{x} + \mathbf{v_r}) = \dot{\mathbf{v}}_A + \dot{\boldsymbol{\omega}} \times \mathbf{x} + \boldsymbol{\omega} \times \dot{\mathbf{x}} + \frac{d}{dt}\mathbf{v_r} \tag{2.20}$$

Im Folgenden benötigen wir die Teilergebnisse

$$\dot{\mathbf{x}} = \overset{\circ}{\mathbf{x}} + \boldsymbol{\omega} \times \mathbf{x} = \mathbf{v_r} + \boldsymbol{\omega} \times \mathbf{x}; \quad \boldsymbol{\omega} \times \dot{\mathbf{x}} = \boldsymbol{\omega} \times (\mathbf{v_r} + \boldsymbol{\omega} \times \mathbf{x}) = \boldsymbol{\omega} \times \mathbf{v_r} + \boldsymbol{\omega} \times (\boldsymbol{\omega} \times \mathbf{x}); \quad \frac{d}{dt}\mathbf{v_r} = \overset{\circ}{\mathbf{v}}_r + \boldsymbol{\omega} \times \mathbf{v_r}$$

Damit erhalten wir die Absolutbeschleunigung des Punktes P

$$\mathbf{b} = \mathbf{b_A} + \dot{\boldsymbol{\omega}} \times \mathbf{x} + \boldsymbol{\omega} \times (\boldsymbol{\omega} \times \mathbf{x}) + \overset{\circ}{\mathbf{v}}_r + 2\boldsymbol{\omega} \times \mathbf{v_r} = \mathbf{b_f} + \mathbf{b_r} + \mathbf{b_c} \tag{2.21}$$

mit den Einzeltermen der auf die raumfeste Basis $\mathbf{e_j}$ bezogenen

Führungsbeschleunigung $\mathbf{b_f} = \mathbf{b_A} + \dot{\boldsymbol{\omega}} \times \mathbf{x} + \boldsymbol{\omega} \times (\boldsymbol{\omega} \times \mathbf{x})$ \hfill (2.22)

und der vom Punkt A aus zu beobachtenden

Relativbeschleunigung $\mathbf{b_r} = \overset{\circ}{\mathbf{v}}_r = \overset{\circ\circ}{\mathbf{x}}$ \hfill (2.23)

sowie der

Coriolisbeschleunigung[1] $\mathbf{b_c} = 2\boldsymbol{\omega} \times \mathbf{v_r}$ \hfill (2.24)

<u>Hinweis:</u> Die Coriolisbeschleunigung verschwindet immer dann, wenn entweder $\boldsymbol{\omega} = \mathbf{0}$ oder $\mathbf{v_r} = \mathbf{0}$ sowie auch $\boldsymbol{\omega}$ parallel zu $\mathbf{v_r}$ ist.

---

[1]   Gaspard Gustave de Coriolis, frz. Ingenieur und Physiker, 1792-1843

Beispiel 2-1:

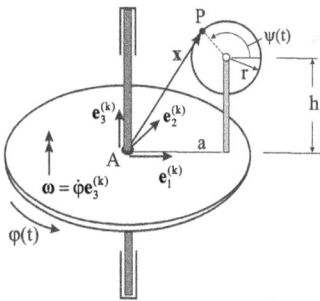

Abb. 2.15   Fahrgeschäft

Für das in Abb. 2.15 skizzierte Fahrgeschäft sind unter der Voraussetzung konstanter Winkelgeschwindigkeiten $\dot\varphi$ und $\dot\psi$ Geschwindigkeit und Beschleunigung des Punktes P zu berechnen. Den Ursprung des raumfesten und auch des körperfesten Koordinatensystems legen wir in den Punkt A. Damit sind $r_A = \dot r_A = \ddot r_A = 0$. Mit

$$x = (a + r\cos\psi t)e_1^{(k)} + (h + r\sin\psi t)e_3^{(k)}$$

erhalten wir unter Beachtung von $\omega = \dot\varphi\, e_3^{(k)}$ nach (2.18) die Führungsgeschwindigkeit $v_f = \omega \times x = \dot\varphi(a + r\cos\psi t)e_2^{(k)}$

sowie mit (2.19) die Relativgeschwindigkeit $v_r = \overset{\circ}{x} = -r\dot\psi\,(\sin\psi t\, e_1^{(k)} - \cos\psi t\, e_3^{(k)})$ und daraus mit (2.17) die Absolutgeschwindigkeit

$$v = v_f + v_r = -r\dot\psi\sin\psi t\, e_1^{(k)} + \dot\varphi(a + r\cos\psi t)\, e_2^{(k)} + r\dot\psi\cos\psi t\, e_3^{(k)}$$

Die Beschleunigungskomponenten errechnen sich unter Beachtung von $\ddot\varphi = 0$ und $\ddot\psi = 0$ zu

$$b_f = \omega \times (\omega \times x) = \omega(\omega \cdot x) - x(\omega^2) = -\dot\varphi^2(a + r\cos\psi t)e_1^{(k)}$$

$$b_r = \overset{\circ}{v_r} = -r\dot\psi^2(\cos\psi t\, e_1^{(k)} + \sin\psi t\, e_3^{(k)})\,,\quad b_c = 2\omega \times v_r = -2r\dot\varphi\dot\psi\sin\psi t\, e_2^{(k)}$$

$$b = b_f + b_r + b_c = -[a\dot\varphi^2 r(\dot\varphi^2 + \dot\psi^2)\cos\psi t\, e_1^{(k)} + 2r\dot\varphi\dot\psi\sin\psi t\, e_2^{(k)} + r\dot\psi^2\sin\psi t\, e_3^{(k)}]$$

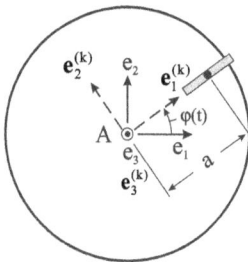

Abb. 2.16   Fahrgeschäft, Draufsicht

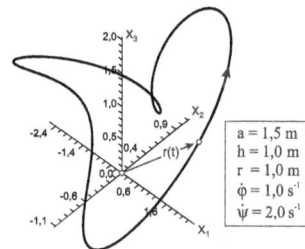

a = 1,5 m
h = 1,0 m
r = 1,0 m
$\dot\varphi = 1,0\ \text{s}^{-1}$
$\dot\psi = 2,0\ \text{s}^{-1}$

Abb. 2.17   Raumkurve r(t)

Für einen Beobachter, der sich im Ursprung A des raumfesten Inertialbasissystems e_j befindet, wird die Lage des Punktes P durch die raumfesten Koordinaten des Vektors $r(P,t)$ beschrieben. Mit $e_1^{(k)} = \cos\varphi t\, e_1 + \sin\varphi t\, e_2$ und $e_3^{(k)} = e_3$ erhalten wir

$$r(t) = (a + r\cos\psi t)\cos\varphi t\, e_1 + s(a + r\cos\psi t)\sin\varphi t\, e_2 + h + r\sin\psi t\, e_3$$

In Abb. 2.17 ist die Raumkurve $\mathbf{r}(t)$ aufgezeichnet. Die Zeit t erscheint in dieser Darstellung nur als Parameter. Zum Zeitpunkt $t = 0$ ist $\mathbf{r}(t = 0) = (a + r)\,\mathbf{e}_1 + h\,\mathbf{e}_3$.

2.3 Drehtransformationen

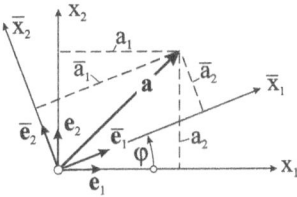

Abb. 2.18 *Drehung des Basissystems, ebener Fall*

Aus rechentechnischen Gründen ist es oft zweckmäßig, eine Drehung des ursprünglichen Koordinatensystems vorzunehmen. Um eine vektorielle Größe, etwa den Vektor

$$\mathbf{a} = a_1\,\mathbf{e}_1 + a_2\,\mathbf{e}_2$$

in Abb. 2.18 im gedrehten Koordinatensystem darzustellen, bedarf es einer Koordinatentransformation. Wir veranschaulichen uns diesen Vorgang am Beispiel der Drehung des Koordinatensystems in der (1,2)-Ebene um den Winkel φ. Dazu stellen wir $\mathbf{a}$ in beiden orthonormalen Basissystemen $\mathbf{e}_j$ und $\overline{\mathbf{e}}_j$ dar:

$$\left.\begin{array}{l} \mathbf{a} = a_1\,\mathbf{e}_1 + a_2\,\mathbf{e}_2 \\ \mathbf{a} = \overline{a}_1\,\overline{\mathbf{e}}_1 + \overline{a}_2\,\overline{\mathbf{e}}_2 \end{array}\right\} \rightarrow a_1\,\mathbf{e}_1 + a_2\,\mathbf{e}_2 = \overline{a}_1\,\overline{\mathbf{e}}_1 + \overline{a}_2\,\overline{\mathbf{e}}_2$$

Um die Koordinaten $\overline{a}_1$ und $\overline{a}_2$ im gedrehten System zu berechnen, multiplizieren wir die letzte Gleichung nacheinander skalar mit $\overline{\mathbf{e}}_1$ sowie $\overline{\mathbf{e}}_2$ und erhalten

$$\begin{array}{l} a_1\,\mathbf{e}_1 \cdot \overline{\mathbf{e}}_1 + a_2\,\mathbf{e}_2 \cdot \overline{\mathbf{e}}_1 = \overline{a}_1 \\ a_1\,\mathbf{e}_1 \cdot \overline{\mathbf{e}}_2 + a_2\,\mathbf{e}_2 \cdot \overline{\mathbf{e}}_2 = \overline{a}_2 \end{array} \qquad \text{oder} \qquad \begin{bmatrix} \overline{a}_1 \\ \overline{a}_2 \end{bmatrix} = \begin{bmatrix} \mathbf{e}_1 \cdot \overline{\mathbf{e}}_1 & \mathbf{e}_2 \cdot \overline{\mathbf{e}}_1 \\ \mathbf{e}_1 \cdot \overline{\mathbf{e}}_2 & \mathbf{e}_2 \cdot \overline{\mathbf{e}}_2 \end{bmatrix} \cdot \begin{bmatrix} a_1 \\ a_2 \end{bmatrix}$$

Die obige Beziehung können wir symbolisch in der Form

$$\overline{\mathbf{a}} = \boldsymbol{\Lambda} \cdot \mathbf{a} \tag{2.25}$$

schreiben. Mit $\mathbf{e}_1 \cdot \overline{\mathbf{e}}_1 = \cos\varphi;\ \mathbf{e}_2 \cdot \overline{\mathbf{e}}_1 = \cos(\pi/2 - \varphi) = \sin\varphi;\ \mathbf{e}_1 \cdot \overline{\mathbf{e}}_2 = \cos(\pi/2 + \varphi) = -\sin\varphi;\ \mathbf{e}_2 \cdot \overline{\mathbf{e}}_2 = \cos\varphi$ ist dann $\boldsymbol{\Lambda} = \begin{bmatrix} \cos\varphi & \sin\varphi \\ -\sin\varphi & \cos\varphi \end{bmatrix}$ und das Ausrechnen von (2.25) ergibt

$$\overline{a}_1 = a_1\cos\varphi + a_2\sin\varphi; \quad \overline{a}_2 = -a_1\sin\varphi + a_2\cos\varphi$$

Die Drehmatrix $\boldsymbol{\Lambda}$ ist eine orthogonale Matrix, für die $\boldsymbol{\Lambda}^T = \boldsymbol{\Lambda}^{-1}$ und $\det\boldsymbol{\Lambda} = 1$ gilt. Damit vereinfacht sich die Rücktransformation

$$\mathbf{a} = \mathbf{\Lambda}^{\mathrm{T}} \cdot \overline{\mathbf{a}} \tag{2.26}$$

erheblich.

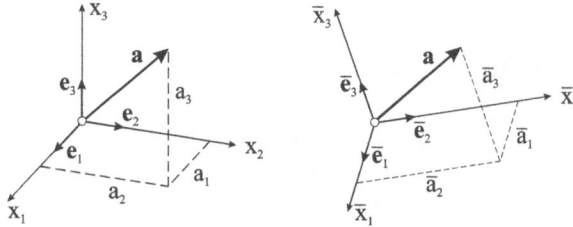

Abb. 2.19   *Drehung des Basissystems, räumlicher Fall*

Erweitern wir formal auf den räumlichen Fall (Abb. 2.19), dann ist

$$\mathbf{\Lambda} = \begin{bmatrix} \mathbf{e}_1 \cdot \overline{\mathbf{e}}_1 & \mathbf{e}_2 \cdot \overline{\mathbf{e}}_1 & \mathbf{e}_3 \cdot \overline{\mathbf{e}}_1 \\ \mathbf{e}_1 \cdot \overline{\mathbf{e}}_2 & \mathbf{e}_2 \cdot \overline{\mathbf{e}}_2 & \mathbf{e}_3 \cdot \overline{\mathbf{e}}_2 \\ \mathbf{e}_1 \cdot \overline{\mathbf{e}}_3 & \mathbf{e}_2 \cdot \overline{\mathbf{e}}_3 & \mathbf{e}_3 \cdot \overline{\mathbf{e}}_3 \end{bmatrix} \tag{2.27}$$

und für den ebenen Fall der Drehung um die 3-Achse mit dem Winkel φ verbleibt

$$\mathbf{\Lambda}_3 = \begin{bmatrix} \mathbf{e}_1 \cdot \overline{\mathbf{e}}_1 & \mathbf{e}_2 \cdot \overline{\mathbf{e}}_1 & 0 \\ \mathbf{e}_1 \cdot \overline{\mathbf{e}}_2 & \mathbf{e}_2 \cdot \overline{\mathbf{e}}_2 & 0 \\ 0 & 0 & 1 \end{bmatrix} = \begin{bmatrix} \cos\varphi & \sin\varphi & 0 \\ -\sin\varphi & \cos\varphi & 0 \\ 0 & 0 & 1 \end{bmatrix}.$$

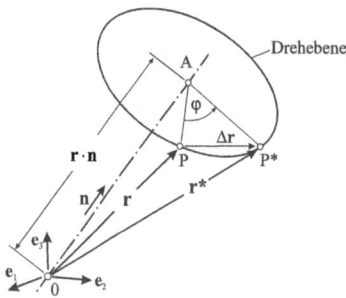

Abb. 2.20   *Drehung eines starren Körpers um eine Raumachse mit dem Winkel φ*

In einem weiteren Schritt soll die Drehung eines starren Körpers um eine raumfeste Achse mit dem Winkel φ untersucht werden (Abb. 2.20). Infolge dieser Drehung wandert der Körperpunkt P mit dem Ortsvektor $\mathbf{r}$ auf einer Kreisbahn mit dem Radius $\overline{AP}$ von P nach P*. Die Drehachse verläuft durch den Punkt 0 und deren Orientierung wird durch den Einheitsvektor $\mathbf{n}$ festgelegt, der senkrecht auf der Drehebene steht. Der Drehvektor kann dann im Sinne der Rechtsschraubenregel in der Form $\boldsymbol{\varphi} = \varphi \mathbf{n}$ angegeben werden. Für den Vektor $\mathbf{r}*$ folgt nach etwas längerer Rechnung $\mathbf{r}^* = \mathbf{R} \cdot \mathbf{r}$ mit

$$\mathbf{R} = \begin{bmatrix} n_1^2 + (1 - n_1^2)\cos\varphi & n_1 n_2 (1 - \cos\varphi) - n_3 \sin\varphi & n_1 n_3 (1 - \cos\varphi) + n_2 \sin\varphi \\ n_1 n_2 (1 - \cos\varphi) + n_3 \sin\varphi & n_2^2 + (1 - n_2^2)\cos\varphi & n_2 n_3 (1 - \cos\varphi) - n_1 \sin\varphi \\ n_1 n_3 (1 - \cos\varphi) - n_2 \sin\varphi & n_2 n_3 (1 - \cos\varphi) + n_1 \sin\varphi & n_3^2 + (1 - n_3^2)\cos\varphi \end{bmatrix}$$

Auch die Drehmatrix $\mathbf{R}$ erweist sich als orthogonale Matrix, was $\mathbf{r} = \mathbf{R}^{\mathrm{T}} \cdot \mathbf{r}*$ ermöglicht.

Für kleine Drehwinkel $\varphi = \Delta\varphi \ll 1$ und damit $\cos\Delta\varphi \approx 1$ sowie $\sin\Delta\varphi \approx \Delta\varphi$ erhalten wir eine linearisierte Form der Drehmatrix

$$\mathbf{R}_{lin} = \begin{bmatrix} 1 & -n_3\Delta\varphi & n_2\Delta\varphi \\ n_3\Delta\varphi & 1 & -n_1\Delta\varphi \\ -n_2\Delta\varphi & n_1\Delta\varphi & 1 \end{bmatrix}$$

Damit können Lageänderungen $\Delta\mathbf{r} = \mathbf{r}^* - \mathbf{r} = (\mathbf{R}_{lin} - \mathbf{I})\cdot\mathbf{r}$ als Folge kleiner Drehungen immer als Kreuzprodukt $\Delta\mathbf{r} = \mathbf{r} \times \Delta\boldsymbol{\varphi}$ geschrieben werden, wobei zu beachten ist, dass im Falle endlicher Drehungen die Verschiebungen nicht Komponenten eines Vektors sein können.

Wir wollen noch einige Sonderfälle betrachten.

Drehung um die 1-Achse ($\varphi = \alpha$)

$(\mathbf{n} = \mathbf{e_1}, n_1 = 1, n_2 = 0, n_3 = 0)$
$$\mathbf{R}_1 = \begin{bmatrix} 1 & 0 & 0 \\ 0 & \cos\alpha & -\sin\alpha \\ 0 & \sin\alpha & \cos\alpha \end{bmatrix}$$

Drehung um die 2-Achse ($\varphi = \beta$)

$(\mathbf{n} = \mathbf{e_2}, n_1 = 0, n_2 = 1, n_3 = 0)$
$$\mathbf{R}_2 = \begin{bmatrix} \cos\beta & 0 & \sin\beta \\ 0 & 1 & 0 \\ -\sin\beta & 0 & \cos\beta \end{bmatrix}$$

Drehung um die 3-Achse ($\varphi = \gamma$)

$(\mathbf{n} = \mathbf{e_3}, n_1 = 0, n_2 = 0, n_3 = 1)$
$$\mathbf{R}_3 = \begin{bmatrix} \cos\gamma & -\sin\gamma & 0 \\ \sin\gamma & \cos\gamma & 0 \\ 0 & 0 & 1 \end{bmatrix}$$

Die Winkel (α, β, γ) heißen Cardanwinkel. Werden die Drehungen um die Achsen (1, 2, 3) aufeinanderfolgend ausgeführt, dann ergibt die Matrizenmultiplikation die Drehmatrix als Funktion der Cardanwinkel

$$\mathbf{R}_K = \mathbf{R}_3 \cdot \mathbf{R}_2 \cdot \mathbf{R}_1 = \begin{bmatrix} \cos\gamma\cos\beta & \cos\gamma\sin\beta\sin\alpha - \sin\gamma\cos\alpha & \cos\gamma\sin\beta\cos\alpha + \sin\gamma\sin\alpha \\ \sin\gamma\cos\beta & \sin\gamma\sin\beta\sin\alpha + \cos\gamma\cos\alpha & \sin\gamma\sin\beta\cos\alpha - \cos\gamma\sin\alpha \\ -\sin\beta & \cos\beta\sin\alpha & \cos\beta\cos\alpha \end{bmatrix}$$

Für kleine Drehwinkel kann wieder linearisiert werden

$$\mathbf{R}_{K,lin} = \begin{bmatrix} 1 & -\gamma & \beta \\ \gamma & 1 & -\alpha \\ -\beta & \alpha & 1 \end{bmatrix}$$

Ein Vergleich zeigt, dass zwischen den Koordinaten der allgemeinen Drehmatrix und den Cardanwinkeln folgender Zusammenhang besteht

$$\sin\beta = -R_{3,1}; \quad \sin\alpha = R_{3,2}/\cos\beta; \quad \cos\gamma = R_{1,1}/\cos\beta.$$

(2.28)

Beispiel 2-2:

Ein starrer Körper wird um die Raumdiagonale $\mathbf{n_0} = 1/\sqrt{3}\begin{bmatrix}1 & 1 & 1\end{bmatrix}^T$ mit dem Drehwinkel $\varphi_0 = \pi/3 = 60°$ ($\sin\varphi_0 = 1/2\sqrt{3}$, $\cos\varphi_0 = 1/2$) gedreht. Die Drehachse verläuft durch den Ursprung. Es sind die Cardanwinkel (α,β,γ) zu bestimmen. Wir gehen in Schritten vor. Bei Drehung um die Raumdiagonale ist

$$\mathbf{R(n_0)} = \frac{1}{3}\begin{bmatrix} 1+2\cos\varphi & 1-\cos\varphi-\sqrt{3}\sin\varphi & 1-\cos\varphi+\sqrt{3}\sin\varphi \\ 1-\cos\varphi+\sqrt{3}\sin\varphi & 1+2\cos\varphi & 1-\cos\varphi-\sqrt{3}\sin\varphi \\ 1-\cos\varphi-\sqrt{3}\sin\varphi & 1-\cos\varphi+\sqrt{3}\sin\varphi & 1+2\cos\varphi \end{bmatrix}$$

und speziell mit $\varphi = \varphi_0 = \pi/3$ folgt

$$\mathbf{R(n_0,\varphi_0)} = \frac{1}{3}\begin{bmatrix} 2 & -1 & 2 \\ 2 & 2 & -1 \\ -1 & 2 & 2 \end{bmatrix}.$$

Eine eindeutige Lösung erhalten wir mit:

$\beta = \arcsin(1/3) = 0{,}3398\ (19{,}47°) \quad \rightarrow \cos\beta = 0{,}9428,\ \sin\beta = 0{,}3333$,

$\alpha = \arcsin[2/(3\cos\beta)] = 0{,}7854\ (45°) \quad \rightarrow \cos\alpha = \sin\alpha = 0{,}7071$,

$\gamma = \arccos[2/(3\cos\beta)] = 0{,}7854\ (45°) \quad \rightarrow \cos\gamma = \sin\gamma = 0{,}7071$.

3 Grundlagen der Kinetik

Die Kinematik hat die Aufgabe, die Bewegung eines Punktes oder eines ausgedehnten Körpers zu untersuchen. Dabei wird nicht nach der Ursache der Bewegung gefragt. Aus der Erfahrung ist bekannt, dass Kräfte für die Bewegung und die Bewegungsänderung verantwortlich sind. Die Kinetik beschäftigt sich mit der Wechselwirkung zwischen dem Bewegungszustand eines Körpers und den vorgegebenen Kräften. Die in den Grundlagen der Statik behandelten Begriffe behalten auch in der Kinetik ihre Gültigkeit. Da aber die charakteristische Größe aller kinematischen und kinetischen Probleme die Zeit ist, können viele dieser Größen jetzt auch zeitabhängig sein, beispielsweise die Kräfte $\mathbf{F}(t)$, Momente $\mathbf{M}(t)$ und Verschiebungen $\mathbf{u}(t)$. Einige Begriffe, die sich speziell auf die Kinetik beziehen, kommen allerdings noch zu den Grundlagen der Statik hinzu und sollen nun formuliert werden.

3.1 Newtons Gesetze

Neben dem Gravitationsgesetz gehören die drei als Axiome ausgesprochenen Bewegungsgesetze Isaac Newtons zu seinen bedeutendsten Beiträgen auf dem Gebiete der Mechanik.

1. Gesetz: Jeder Körper verharrt in seinem Zustand der Ruhe oder der gleichförmig geradlinigen Bewegung, solange er nicht von eingeprägten Kräften zur Änderung seines Zustandes gezwungen wird.

Bei einer translatorischen Bewegung ist entweder $\mathbf{v}$ = konst. oder im Sonderfall auch $\mathbf{v} = \mathbf{0}$.

2. Gesetz: Die Änderung der Bewegung ist der bewegenden eingeprägten Kraft proportional und erfolgt in der Richtung, in der jene Kraft ausgeübt wird.

Unter Bewegung verstand Newton das Produkt mv, das heute Impuls genannt wird. Die skalare Größe m bezeichnet die (träge) Masse des Körpers, die ein Maß für den Widerstand gegenüber einer Änderung seines Bewegungszustandes ist. Dieses Gesetz, das sich ebenfalls nur auf die Translation eines Körpers bezieht, wird heute in der Form

$$\mathbf{F} = \frac{d}{dt}(m\mathbf{v}) = \dot{m}\mathbf{v} + m\dot{\mathbf{v}}$$

angegeben, woraus bei der Annahme zeitlich unveränderlicher Masse m

$$\mathbf{F} = m\dot{\mathbf{v}} = m\mathbf{b} \tag{3.1}$$

folgt. (3.1) wird kurz als Newtonsches Grundgesetz bezeichnet, und für $\mathbf{F} = \mathbf{0}$ geht daraus wieder das Trägheitsgesetz hervor, denn dann ist $\mathbf{v} = \mathbf{0}$ oder $\mathbf{v} = $ konst.

3. Gesetz: Der Wirkung ist die Gegenwirkung stets gleich und entgegengerichtet, oder die wechselseitigen Wirkungen zweier Körper aufeinander sind immer gleich und entgegengerichtet.

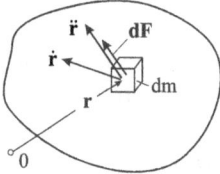

Abb. 3.1   *Schnittprinzip*

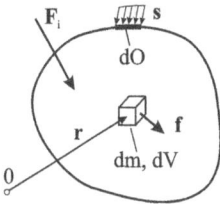

Abb. 3.2   *Einwirkende Kräfte*

Diese Axiome bilden die Grundlagen zur Formulierung der Bewegungsgesetze eines beliebig bewegten Körpers, was allerdings erst Leonhard Euler gelang. Euler zeigte, wie man das Newtonsche Grundgesetz auf ein nach seinem Schnittprinzip freigelegtes Element des Körpers mit der Masse dm anwenden kann (Abb. 3.1). Das Ergebnis ist $d\mathbf{F} = dm\,\ddot{\mathbf{r}}$, wobei $d\mathbf{F}$ die am Volumenelement angreifende resultierende äußere Kraft bezeichnet, die sich aus Volumen- und Oberflächenkraft zusammensetzt, und $\ddot{\mathbf{r}}$ ist die Beschleunigung des Teilchens mit der Masse dm. Durch Integration von $d\mathbf{F} = dm\,\ddot{\mathbf{r}}$ über den gesamten Körper gelangt man zu den Bewegungsgesetzen eines beliebig bewegten Körpers, wobei wir uns im Folgenden ausschließlich mit der Kinetik des <u>starren</u> Körpers beschäftigen. Die Ursache für die Bewegung eines Körpers sind die auf ihn einwirkenden äußeren Kräfte. Das können Einzelkräfte $\mathbf{F}_i$, Oberflächenkräfte $d\mathbf{K}^O = s\,dO$ und Volumenkräfte $d\mathbf{F}^V = f\,dV$ sein (Abb. 3.2). Für einen derart belasteten starren Körper werden nun die Bewegungsgesetze formuliert.

3.2   Der Schwerpunktsatz

Durch Integration von $d\mathbf{F} = dm\,\ddot{\mathbf{r}}$ über den gesamten Körper folgt $\int_{(m)} d\mathbf{F} = \int_{(m)} \ddot{\mathbf{r}}\,dm$. Dabei ist $\int_{(m)} d\mathbf{F} = \int_{(m)} d\mathbf{F}^V + \int_{(m)} d\mathbf{F}^O = \mathbf{F}^a$ die resultierende äußere Kraft aus Volumen- und Oberflächenkräften, denn diejenigen Kräfte, die aus den Oberflächenspannungen der Elementarwürfel resultieren, heben sich bei der Summation, unter Beachtung des Reaktionsprinzips, gegenseitig auf. Auf den Randelementen verbleiben lediglich die Kräfte aus den Oberflächenspannungen. Mit der Definition des Massenmittelpunktes

$$\mathbf{r}_M = \frac{1}{m} \int_{(m)} \mathbf{r}\,dm \tag{3.2}$$

schreiben wir für $\int_{(m)} \ddot{\mathbf{r}}\,dm = \dfrac{d^2}{dt^2}\int_{(m)} \mathbf{r}\,dm = \dfrac{d^2}{dt^2}(m\mathbf{r}_M) = m\ddot{\mathbf{r}}_M$. Damit ist zunächst $\mathbf{F}^a = m\,\ddot{\mathbf{r}}_M$. In einem homogenen Schwerefeld, in dem die Beschleunigung als konstant angesehen werden kann, fallen Massenmittelpunkt und Schwerpunkt zusammen, womit der Schwerpunktsatz

$$\mathbf{F}^a = m\ddot{\mathbf{r}}_S \tag{3.3}$$

folgt. In Worten besagt dieser Satz, dass der Schwerpunkt eines ausgedehnten Körpers, oder eines Systems solcher Körper, eine Beschleunigung erfährt, als ob sämtliche äußeren Kräfte an ihm angreifen würden.

Hinweis: Die Bewegung des Schwerpunktes eines Körpers wird nicht durch innere, sondern nur durch äußere Kräfte bestimmt. So kann ein Turner nach dem Absprung vom Boden die etwa parabolische Bahn seines Schwerpunktes nicht mehr durch irgendwelche Bewegungen beeinflussen, da als äußere Kräfte (abgesehen vom Luftwiderstand) nur Gewichtskräfte auf seine einzelnen Körperteile wirken.

Die Vektorgleichung (3.3) zerfällt im räumlichen Fall in drei skalare Gleichungen. Beispielsweise folgt für die Koordinaten hinsichtlich einer kartesischen Basis

$$F^a_{x_1} = m\ddot{x}_{1S}; \quad F^a_{x_2} = m\ddot{x}_{2S}; \quad F^a_{x_3} = m\ddot{x}_{3S} \tag{3.4}$$

Greifen nicht alle äußeren Kräfte im Schwerpunkt S an, so erfolgt noch eine Drehung des Körpers um S, über die der Schwerpunktsatz nichts aussagt. Hierzu benötigen wir einen weiteren Satz.

3.3 Der Drallsatz

Wir gehen wieder von $d\mathbf{F} = dm\,\ddot{\mathbf{r}}$ aus. Die vektorielle Multiplikation von links mit $\mathbf{r}$ liefert zunächst $\mathbf{r} \times d\mathbf{F} = \mathbf{r} \times \ddot{\mathbf{r}}\,dm$, und anschließende Integration über den gesamten Körper ergibt $\int_{(m)} \mathbf{r} \times d\mathbf{F} = \int_{(m)} \mathbf{r} \times \ddot{\mathbf{r}}\,dm$. Links ist $\int_{(m)} \mathbf{r} \times d\mathbf{F} = \mathbf{M}^a_0$ das resultierende Moment aller Volumen- und Oberflächenkräfte bezogen auf den raumfesten Punkt 0, denn die von den Kräften aus den Oberflächenspannungen am Element herrührenden Anteile heben sich nach dem Reaktionsprinzip gegenseitig auf. Für die Normalspannungen ist das ohne weiteres ersichtlich, für die Schubspannungen verbleibt jedoch ein Versetzungsmoment, das nur dann verschwindet, wenn wir nach Boltzmann auch in der Dynamik das Axiom von der Symmetrie des Spannungstensors als gültig unterstellen. Die rechte Seite ergibt

$$\int_{(m)} \mathbf{r} \times \ddot{\mathbf{r}}\,dm = \int_{(m)} \frac{d}{dt}(\mathbf{r} \times \dot{\mathbf{r}})\,dm = \frac{d}{dt}\int_{(m)} \mathbf{r} \times \mathbf{v}\,dm = \frac{d\mathbf{D}_0}{dt} = \dot{\mathbf{D}}_0$$

und somit lautet der auf den festen Punktes 0 bezogene Drallsatz

$$\mathbf{M}_0^a = \dot{\mathbf{D}}_0 = \frac{d}{dt} \int_{(m)} \mathbf{r} \times \mathbf{v}\, dm \tag{3.5}$$

In (3.5) ist

$$\mathbf{D}_0 = \int_{(m)} \mathbf{r} \times \mathbf{v}\, dm \tag{3.6}$$

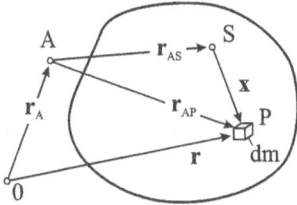

der auf den Punkt 0 bezogene Drallvektor. Wählen wir als Bezugspunkt für den Momenten- und Drallvektor nicht den raumfesten Punkt 0, sondern mit Abb. 3.3 einen im Inertialsystem beliebig bewegten Punkt A, dann gilt mit

$$\mathbf{r}(t) = \mathbf{r}_A(t) + \mathbf{r}_{AP}(t)$$
$$\mathbf{v}(t) = \dot{\mathbf{r}}(t) = \dot{\mathbf{r}}_A(t) + \dot{\mathbf{r}}_{AP}(t) = \mathbf{v}_A(t) + \dot{\mathbf{r}}_{AP}(t)$$

Abb. 3.3   *Wechsel des Bezugspunktes*

und unter Beachtung von (3.5)

$$\mathbf{M}_0^a = \frac{d}{dt} \int_{(m)} [\mathbf{r}_A(t) + \mathbf{r}_{AP}(t)] \times [\mathbf{v}_A(t) + \dot{\mathbf{r}}_{AP}(t)]\, dm$$

$$= \frac{d}{dt} [m\mathbf{r}_A \times \mathbf{v}_A + \mathbf{r}_A \times \underbrace{\int_{(m)} \dot{\mathbf{r}}_{AP}\, dm}_{m\dot{\mathbf{r}}_{AS}} - \mathbf{v}_A \times \underbrace{\int_{(m)} \mathbf{r}_{AP}\, dm}_{m\mathbf{r}_{AS}} + \int_{(m)} \mathbf{r}_{AP} \times \dot{\mathbf{r}}_{AP}\, dm]$$

$$= \frac{d}{dt} [m(\mathbf{r}_A \times \mathbf{v}_A + \mathbf{r}_A \times \dot{\mathbf{r}}_{AS} - \mathbf{v}_A \times \mathbf{r}_{AS}) + \mathbf{D}_A] = m\left[\frac{d}{dt}(\mathbf{r}_A \times \mathbf{v}_A) + \frac{d}{dt}(\mathbf{r}_A \times \dot{\mathbf{r}}_{AS} - \mathbf{v}_A \times \mathbf{r}_{AS})\right] + \dot{\mathbf{D}}_A$$

In der obigen Beziehung ist

$$\mathbf{D}_A = \int_{(m)} \mathbf{r}_{AP} \times \dot{\mathbf{r}}_{AP}\, dm \tag{3.7}$$

der auf den Punkt A bezogene Drallvektor. Beachten wir weiterhin

$$\frac{d}{dt}(\mathbf{r}_A \times \mathbf{v}_A) = \dot{\mathbf{r}}_A \times \mathbf{v}_A + \mathbf{r}_A \times \dot{\mathbf{v}}_A = \mathbf{r}_A \times \dot{\mathbf{v}}_A = \mathbf{r}_A \times \mathbf{b}_A$$

dann können wir folgt zusammenfassen

$$\mathbf{M}_0^a = m\left[\mathbf{r}_A \times \mathbf{b}_A + \frac{d}{dt}(\mathbf{r}_A \times \dot{\mathbf{r}}_{AS} - \mathbf{v}_A \times \mathbf{r}_{AS})\right] + \dot{\mathbf{D}}_A \tag{3.8}$$

Bezeichnet $\mathbf{M}_A^a$ das Moment der äußeren Belastung bezogen auf den Punkt A, dann ermitteln wir unter Berücksichtigung des Versetzungsmomentes und des Schwerpunktsatzes das Moment bezogen auf den Punkt 0

$$\mathbf{M}_0^a = \mathbf{M}_A^a + \mathbf{r}_A \times \mathbf{F}^a = \mathbf{M}_A^a + m\mathbf{r}_A \times \ddot{\mathbf{r}}_S \tag{3.9}$$

Einsetzen dieses Sachverhaltes in (3.8) ergibt mit $\ddot{\mathbf{r}}_S = \mathbf{b}_S$

$$\mathbf{M}_A^a = m\left[\mathbf{r}_A \times (\mathbf{b}_A - \mathbf{b}_S) + \frac{d}{dt}(\mathbf{r}_A \times \dot{\mathbf{r}}_{AS} - \mathbf{v}_A \times \mathbf{r}_{AS})\right] + \dot{\mathbf{D}}_A \qquad (3.10)$$

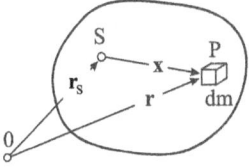

Aus dieser Beziehung lassen sich spezielle Formen des Drallsatzes herleiten. Befindet sich beispielsweise der Punkt A in Ruhe oder in einer geradlinig gleichförmigen Bewegung, dann ist $\mathbf{b}_A = 0$ und es verbleibt

$$\mathbf{M}_A^a = \dot{\mathbf{D}}_A = \frac{d}{dt}\int_{(m)} \mathbf{r}_{AP} \times \dot{\mathbf{r}}_{AP}\,dm$$

Abb. 3.4 Bezugnahme auf den Schwerpunkt S

Ist der Punkt A speziell der beliebig bewegte Schwerpunkt S des Körpers (Abb. 3.4), für den $\int_{(m)} \mathbf{x}\,dm = 0$ gilt, dann ist

mit $\mathbf{r}_A = \mathbf{r}_S$ und $\mathbf{r}_{AS} = 0$

$$\mathbf{M}_S^a = \dot{\mathbf{D}}_S = \frac{d}{dt}\int_{(m)} \mathbf{x} \times \dot{\mathbf{x}}\,dm \qquad (3.11)$$

eine zu (3.5) formal gleichwertige Darstellung. Schwerpunktsatz und Drallsatz gelten in dieser Form auch für deformierbare Körper.

3.3.1 Der Drallsatz für starre Körper bei reiner Drehung um einen raumfesten Punkt

Vollzieht der starre Körper mit $\mathbf{v} = \boldsymbol{\omega} \times \mathbf{r}$ eine reine Drehung um den Punkt 0, dann folgt aus (3.5)

$$\mathbf{M}_0^a = \dot{\mathbf{D}}_0 = \frac{d}{dt}\int_{(m)} \mathbf{r} \times \mathbf{v}\,dm = \frac{d}{dt}\int_{(m)} \mathbf{r} \times (\boldsymbol{\omega} \times \mathbf{r})\,dm$$

$$= \frac{d}{dt}\int_{(m)} [\boldsymbol{\omega}(\mathbf{r}^2) - \mathbf{r}(\mathbf{r} \cdot \boldsymbol{\omega})]\,dm \qquad (3.12)$$

Zur Darstellung des Drallvektors

$$\mathbf{D}_0 = \int_{(m)} \mathbf{r} \times \mathbf{v}\,dm = \int_{(m)} [\boldsymbol{\omega}(\mathbf{r}^2) - \mathbf{r}(\mathbf{r} \cdot \boldsymbol{\omega})]\,dm \qquad (3.13)$$

können verschiedene Koordinatensysteme eingeführt werden.

Bezugnahme auf ein ruhendes Koordinatensystem

Wir führen ein im Inertialraum ruhendes kartesisches Koordinatensystem mit dem Ursprung im Punkt 0 ein (Abb. 3.5). Für den Drallvektor $\mathbf{D}_0$ in (3.13) gilt dann mit $\mathbf{r} = [x_1, x_2, x_3]^T$

$$\mathbf{D}_0 = \int_{(m)} [\boldsymbol{\omega}(\mathbf{r}^2) - \mathbf{r}(\mathbf{r} \cdot \boldsymbol{\omega})] dm = \sum_{j=1}^{3} D_{0,j} \mathbf{e}_j = \begin{bmatrix} \omega_1 \Theta_{11}^0 - \omega_2 \Theta_{12}^0 - \omega_3 \Theta_{13}^0 \\ \omega_2 \Theta_{22}^0 - \omega_1 \Theta_{12}^0 - \omega_3 \Theta_{23}^0 \\ \omega_3 \Theta_{33}^0 - \omega_1 \Theta_{13}^0 - \omega_2 \Theta_{23}^0 \end{bmatrix} \qquad (3.14)$$

Mit der Matrix des Massenmomententensors $\boldsymbol{\Theta}^0$ und dem Winkelgeschwindigkeitsvektor $\boldsymbol{\omega}$

$$\boldsymbol{\Theta}^0 = \begin{bmatrix} \Theta_{11}^0 & -\Theta_{12}^0 & -\Theta_{13}^0 \\ -\Theta_{12}^0 & \Theta_{22}^0 & -\Theta_{23}^0 \\ -\Theta_{13}^0 & -\Theta_{23}^0 & \Theta_{33}^0 \end{bmatrix} \qquad \boldsymbol{\omega} = \begin{bmatrix} \omega_1 \\ \omega_2 \\ \omega_3 \end{bmatrix} \qquad (3.15)$$

können wir (3.14) auch symbolisch in der Form

$$\mathbf{D}_0 = \boldsymbol{\Theta}^0 \cdot \boldsymbol{\omega} \qquad (3.16)$$

schreiben. In (3.14) wurden mit (s.h. auch Abb. 3.5)

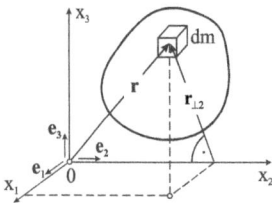

$$\Theta_{jk}^0 = \int_{(m)} x_j x_k \, dm; \quad x_j = \mathbf{r} \cdot \mathbf{e}_j \quad (j = 1, 2, 3 \neq k)$$

$$\Theta_{jj}^0 = \int_{(m)} (\mathbf{r}^2 - x_j^2) \, dm = \int_{(m)} \mathbf{r}_{\perp j}^2 \, dm$$

die Massenmomente 2. Grades eingeführt. Beispielsweise ist

$$\Theta_{22}^0 = \int_{(m)} (\mathbf{r}^2 - x_2^2) \, dm = \int_{(m)} (x_1^2 + x_3^2) \, dm = \int_{(m)} \mathbf{r}_{\perp 2}^2 \, dm$$

Abb. 3.5   *Ruhendes Koordinatensystem in 0*

Die axialen Massenträgheitsmomente Θ_{jj}^0 sind stets größer oder gleich null. Die Zentrifugal- oder Deviationsmomente Θ_{jk}^0 können dagegen größer, kleiner oder auch gleich null sein.

$[\Theta] = \text{Masse (Länge)}^2$, Einheit: kgm^2

Der Drallsatz lautet dann in Komponenten

$$M_{0,1}^a = \frac{d}{dt} (\omega_1 \Theta_{11}^0 - \omega_2 \Theta_{12}^0 - \omega_3 \Theta_{13}^0); \quad M_{0,2}^a = \frac{d}{dt} (\omega_2 \Theta_{22}^0 - \omega_1 \Theta_{12}^0 - \omega_3 \Theta_{23}^0)$$

$$M_{0,3}^a = \frac{d}{dt} (\omega_3 \Theta_{33}^0 - \omega_1 \Theta_{13}^0 - \omega_2 \Theta_{23}^0) \qquad (3.17)$$

oder symbolisch

$$\mathbf{M}_0^a = \dot{\mathbf{D}}_0 = \frac{d}{dt}(\boldsymbol{\Theta}^0 \cdot \boldsymbol{\omega}) \tag{3.18}$$

Bei der Ableitung der rechten Seite von (3.18) ist darauf zu achten, dass die Massenmomente $\boldsymbol{\Theta}^0$ Funktionen der Zeit sind.

Bezugnahme auf ein körperfestes Koordinatensystem

Um den Nachteil der zeitabhängigen Massenmomente zu umgehen, installieren wir im Punkt 0 ein körperfestes Koordinatensystem mit der kartesischen Basis $\mathbf{e}_j^{(k)}$ ($j = 1, 2, 3$). In diesem Koordinatensystem hat der Drallvektor formal die gleiche Darstellung wie in (3.14)

$$\mathbf{D}_0 = \int_{(m)} \mathbf{r} \times (\boldsymbol{\omega} \times \mathbf{r})\, dm = \sum_{j=1}^{3} D_{0,j}^{(k)} \mathbf{e}_j^{(k)} = \begin{bmatrix} \omega_1^{(k)}\Theta_{11}^{0(k)} - \omega_2^{(k)}\Theta_{12}^{0(k)} - \omega_3^{(k)}\Theta_{13}^{0(k)} \\ \omega_2^{(k)}\Theta_{22}^{0(k)} - \omega_1^{(k)}\Theta_{12}^{0(k)} - \omega_3^{(k)}\Theta_{23}^{0(k)} \\ \omega_3^{(k)}\Theta_{33}^{0(k)} - \omega_1^{(k)}\Theta_{13}^{0(k)} - \omega_2^{(k)}\Theta_{23}^{0(k)} \end{bmatrix} \tag{3.19}$$

oder

$$\mathbf{D}_0 = \begin{bmatrix} \Theta_{11}^{0(k)} & -\Theta_{12}^{0(k)} & -\Theta_{13}^{0(k)} \\ -\Theta_{12}^{0(k)} & \Theta_{22}^{0(k)} & -\Theta_{23}^{0(k)} \\ -\Theta_{13}^{0(k)} & -\Theta_{23}^{0(k)} & \Theta_{33}^{0(k)} \end{bmatrix} \begin{bmatrix} \omega_1^{(k)} \\ \omega_2^{(k)} \\ \omega_3^{(k)} \end{bmatrix} = \boldsymbol{\Theta}^{0(k)} \cdot \boldsymbol{\omega}^{(k)} \tag{3.20}$$

Die Massenmomente

$$\Theta_{jk}^{(k)} = \int_{(m)} x_j^{(k)} x_k^{(k)}\, dm \quad (j \neq k); \quad \Theta_{jj}^{(k)} = \int_{(m)} (r^2 - x_j^{(k)2})\, dm = \int_{(m)} r_{\perp j}^2\, dm \tag{3.21}$$

sind nun, aufgrund der vorausgesetzten Starrheit des Körpers, zeitlich konstant. Bei der Ableitung des Drallvektors ist aber darauf zu achten, dass die Basisvektoren körperfest sind und dadurch i. Allg. während der Bewegung ihre Richtungen ändern. Mit der Differenziationsvorschrift für Vektoren in mitbewegten Koordinaten erhalten wir

$$\dot{\mathbf{D}}_0 = \overset{\circ}{\mathbf{D}}_0 + \boldsymbol{\omega} \times \mathbf{D}_0 = \begin{bmatrix} \dot{D}_{0,1}^{(k)} + \omega_2^{(k)}D_{0,3}^{(k)} - \omega_3^{(k)}D_{0,2}^{(k)} \\ \dot{D}_{0,2}^{(k)} + \omega_3^{(k)}D_{0,1}^{(k)} - \omega_1^{(k)}D_{0,3}^{(k)} \\ \dot{D}_{0,3}^{(k)} + \omega_1^{(k)}D_{0,2}^{(k)} - \omega_2^{(k)}D_{0,1}^{(k)} \end{bmatrix} \tag{3.22}$$

In (3.22) sind

$$\dot{D}_{0,1}^{(k)} = \dot{\omega}_1^{(k)}\Theta_{11}^{0(k)} - \dot{\omega}_2^{(k)}\Theta_{12}^{0(k)} - \dot{\omega}_3^{(k)}\Theta_{13}^{0(k)}$$

$$\dot{D}_{0,2}^{(k)} = \dot{\omega}_2^{(k)}\Theta_{22}^{0(k)} - \dot{\omega}_1^{(k)}\Theta_{12}^{0(k)} - \dot{\omega}_3^{(k)}\Theta_{23}^{0(k)} \tag{3.23}$$

$$\dot{D}_{0,3}^{(k)} = \dot{\omega}_3^{(k)}\Theta_{33}^{0(k)} - \dot{\omega}_1^{(k)}\Theta_{13}^{0(k)} - \dot{\omega}_2^{(k)}\Theta_{23}^{0(k)}$$

Beachten wir in (3.22) noch (3.20), dann führt das auf eine sehr komplizierte Darstellung des Drallsatzes. Eine wesentliche Vereinfachung der obigen Beziehung lässt sich erreichen, wenn wir die körperfesten Koordinaten so wählen, dass sie parallel zu den Hauptachsen mit den Basisvektoren $\widetilde{\mathbf{e}}_j$ ($j = 1, 2, 3$) verlaufen. In diesem Hauptachsensystem gilt

$$\widetilde{\Theta}_{jk}^{(k)} = \int_{(m)} \widetilde{x}_j^{(k)} \widetilde{x}_k^{(k)} dm = 0, \qquad \widetilde{x}_j^{(k)} = \mathbf{r} \cdot \widetilde{\mathbf{e}}_j^{(k)} \quad (j \neq k)$$

$$\widetilde{\Theta}_{jj}^{(k)} = \int_{(m)} (\mathbf{r}^2 - \widetilde{x}_j^{(k)2}) dm \tag{3.24}$$

Die Deviationsmomente $\widetilde{\Theta}_{jk}^{(k)}$ verschwinden also, und die Trägheitsmomente $\widetilde{\Theta}_{jj}^{(k)}$ nehmen extremale Werte an. Berücksichtigen wir diesen Sachverhalt in (3.22), dann ist

$$\dot{\mathbf{D}}_0 = \begin{bmatrix} \dot{\omega}_1^{(k)} \widetilde{\Theta}_{11}^{(k)} - \omega_2^{(k)} \omega_3^{(k)} (\widetilde{\Theta}_{22}^{(k)} - \widetilde{\Theta}_{33}^{(k)}) \\ \dot{\omega}_2^{(k)} \widetilde{\Theta}_{22}^{(k)} - \omega_3^{(k)} \omega_1^{(k)} (\widetilde{\Theta}_{33}^{(k)} - \widetilde{\Theta}_{11}^{(k)}) \\ \dot{\omega}_3^{(k)} \widetilde{\Theta}_{33}^{(k)} - \omega_1^{(k)} \omega_2^{(k)} (\widetilde{\Theta}_{11}^{(k)} - \widetilde{\Theta}_{22}^{(k)}) \end{bmatrix} \tag{3.25}$$

und der Drallsatz geht über in die Eulerschen Kreiselgleichungen

$$\begin{bmatrix} \widetilde{M}_{01}^{(k)} \\ \widetilde{M}_{02}^{(k)} \\ \widetilde{M}_{03}^{(k)} \end{bmatrix} = \begin{bmatrix} \dot{\omega}_1^{(k)} \widetilde{\Theta}_{11}^{(k)} - \omega_2^{(k)} \omega_3^{(k)} (\widetilde{\Theta}_{22}^{(k)} - \widetilde{\Theta}_{33}^{(k)}) \\ \dot{\omega}_2^{(k)} \widetilde{\Theta}_{22}^{(k)} - \omega_3^{(k)} \omega_1^{(k)} (\widetilde{\Theta}_{33}^{(k)} - \widetilde{\Theta}_{11}^{(k)}) \\ \dot{\omega}_3^{(k)} \widetilde{\Theta}_{33}^{(k)} - \omega_1^{(k)} \omega_2^{(k)} (\widetilde{\Theta}_{11}^{(k)} - \widetilde{\Theta}_{22}^{(k)}) \end{bmatrix} \tag{3.26}$$

Mit (3.26) liegen drei gekoppelte, inhomogene, nichtlineare Differenzialgleichungen 1. Ordnung zur Berechnung des Winkelgeschwindigkeitsvektors $\boldsymbol{\omega}$ vor. Verschwinden die Momente $\widetilde{M}_0^{(k)}$ der äußeren Kräfte bezüglich des Punktes 0, dann sprechen wir von einem kräftefreien Kreisel und erhalten

$$\begin{bmatrix} \dot{\omega}_1^{(k)} \widetilde{\Theta}_{11}^{(k)} - \omega_2^{(k)} \omega_3^{(k)} (\widetilde{\Theta}_{22}^{(k)} - \widetilde{\Theta}_{33}^{(k)}) \\ \dot{\omega}_2^{(k)} \widetilde{\Theta}_{22}^{(k)} - \omega_3^{(k)} \omega_1^{(k)} (\widetilde{\Theta}_{33}^{(k)} - \widetilde{\Theta}_{11}^{(k)}) \\ \dot{\omega}_3^{(k)} \widetilde{\Theta}_{33}^{(k)} - \omega_1^{(k)} \omega_2^{(k)} (\widetilde{\Theta}_{11}^{(k)} - \widetilde{\Theta}_{22}^{(k)}) \end{bmatrix} = \begin{bmatrix} 0 \\ 0 \\ 0 \end{bmatrix} \tag{3.27}$$

Unter bestimmten Bedingungen lassen sich die obigen Gleichungen entkoppeln. Ist der Kreisel beispielsweise mit $\widetilde{\Theta}_{22}^{(k)} = \widetilde{\Theta}_{33}^{(k)}$ symmetrisch, dazu braucht er übrigens keine geometrische Rotationssymmetrie aufzuweisen, dann erfordert dies $\omega_1^{(k)} = \omega_{10}^{(k)} = \text{konst}$. Aus der zweiten Gleichung in (3.27) folgt durch Ableitung nach der Zeit t und unter Beachtung der dritten Beziehung

$$\ddot{\omega}_2^{(k)} = \frac{\dot{\omega}_3^{(k)} \omega_{10}^{(k)}}{\widetilde{\Theta}_{22}^{(k)}} (\widetilde{\Theta}_{33}^{(k)} - \widetilde{\Theta}_{11}^{(k)}) = \frac{\omega_{10}^{(k)2} \omega_2^{(k)}}{\widetilde{\Theta}_{22}^{(k)} \widetilde{\Theta}_{33}^{(k)}} (\widetilde{\Theta}_{11}^{(k)} - \widetilde{\Theta}_{22}^{(k)})(\widetilde{\Theta}_{33}^{(k)} - \widetilde{\Theta}_{11}^{(k)}) = -\lambda^2 \omega_2^{(k)}$$

wobei zur Abkürzung $\lambda^2 = [\omega_{10}^{(k)}(\widetilde{\Theta}_{11}^{(k)} - \widetilde{\Theta}_{22}^{(k)})/\widetilde{\Theta}_{22}^{(k)}]^2$ gesetzt wurde. Mit $\ddot{\omega}_2^{(k)} + \lambda^2\omega_2^{(k)} = 0$
liegt eine Schwingungsdifferenzialgleichung mit der Lösung $\omega_2^{(k)} = A_1\cos(\lambda t) + A_2\sin(\lambda t)$
vor. Aus der dritten Beziehung folgt mit $\dot{\omega}_3^{(k)} = \omega_{10}^{(k)}\omega_2^{(k)}(\Theta_{11}^{(k)} - \Theta_{22}^{(k)})/\Theta_{33}^{(k)} = \lambda\omega_2^{(k)}$ durch
Integration $\omega_3^{(k)} = A_1\sin(\lambda t) - A_2\cos(\lambda t) + C$.

3.3.2   Der Drallsatz bei einer allgemeinen Bewegung des starren Körpers

Zur Beschreibung der allgemeinen Bewegung eines Körpers, die also weder eine ebene noch
eine Bewegung um einen festen Punkt ist, wird in der Regel der beliebig bewegte Schwerpunkt S als Bezugspunkt gewählt. Handelt es sich um einen starren Körper, dann kann die
zeitliche Änderung des Vektors $\mathbf{x}$ wegen $d|\mathbf{x}|/dt = 0$ nur aus einer reinen Drehung bestehen,
was $\dot{\mathbf{x}} = \boldsymbol{\omega} \times \mathbf{x}$ bedingt und mit dem Drallvektor

$$\mathbf{D_S} = \int_{(m)} \mathbf{x} \times \dot{\mathbf{x}}\,dm = \int_{(m)} \mathbf{x} \times (\boldsymbol{\omega} \times \mathbf{x})\,dm = \int_{(m)} [\boldsymbol{\omega}(\mathbf{x}^2) - \mathbf{x}(\mathbf{x} \cdot \boldsymbol{\omega})]\,dm \qquad (3.28)$$

zur Spezifizierung

$$\mathbf{M_S^a} = \dot{\mathbf{D}}_S = \frac{d}{dt}\int_{(m)} \mathbf{x} \times (\boldsymbol{\omega} \times \mathbf{x})\,dm = \frac{d}{dt}\int_{(m)} [\boldsymbol{\omega}(\mathbf{x}^2) - \mathbf{x}(\mathbf{x} \cdot \boldsymbol{\omega})]\,dm \qquad (3.29)$$

des Drallsatzes führt. (3.29) stimmt formal mit (3.12) überein, wir haben dort lediglich $\mathbf{r}$
durch $\mathbf{x}$ zu ersetzen. Damit bleiben alle für die reine Drehbewegung abgeleiteten Beziehungen erhalten, wenn wir noch den Index 0 durch S ersetzen.

3.3.3   Der Drallsatz für die ebene Bewegung eines starren Körpers

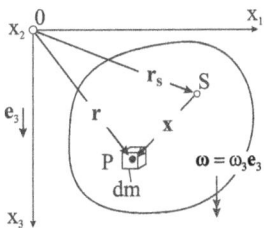

Abb. 3.6 *Der Drall, ebene Bewegung*

Im Fall der ebenen Bewegung, etwa parallel zur (1,2)-Ebene
(Abb. 3.6), besitzen Geschwindigkeit und Beschleunigung
nur Komponenten parallel zur Bewegungsebene, und vom
Winkelgeschwindigkeitsvektor verbleibt mit $\boldsymbol{\omega} = \omega_3\mathbf{e_3}$ nur
eine Komponente senkrecht dazu. Wir beschränken uns
zunächst auf den Fall der Drehung eines starren Körpers um
eine raumfeste Achse durch den Punkt 0. Dann reduziert
sich der Drallvektor bei Bezugnahme auf eine raumfeste
Einheitsvektorbasis $\mathbf{e_j}$ ($j = 1, 2, 3$) mit (3.13) gemäß

$$\mathbf{D_0} = \int_{(m)} [\omega_3 \mathbf{e_3}(\mathbf{r}^2) - \mathbf{r}(\mathbf{r} \cdot \omega_3 \mathbf{e_3})] dm = \sum_{j=1}^{3} D_{0,j} \mathbf{e_j} = \begin{bmatrix} -\omega_3 \Theta_{13}^0 \\ -\omega_3 \Theta_{23}^0 \\ \omega_3 \Theta_{33}^0 \end{bmatrix} \tag{3.30}$$

Beziehen wir die Vektoren auf ein im Punkt 0 installiertes körperfestes Koordinatensystem mit der kartesischen Basis $\mathbf{e}_j^{(k)}$, dann erhalten wir in formaler Übereinstimmung

$$\mathbf{D_0} = \int_{(m)} [\omega_3 \mathbf{e_3}(\mathbf{r}^2) - \mathbf{r}(\mathbf{r} \cdot \omega_3 \mathbf{e_3})] dm = \sum_{j=1}^{3} D_{0,j}^{(k)} \mathbf{e}_j^{(k)} = \begin{bmatrix} -\omega_3 \Theta_{13}^{0(k)} \\ -\omega_3 \Theta_{23}^{0(k)} \\ \omega_3 \Theta_{33}^{0(k)} \end{bmatrix} \tag{3.31}$$

Gleichwertige Beziehungen erhalten wir auch, wenn wir den Drall auf den beliebig bewegten Schwerpunkt S beziehen.

$$\mathbf{D_S} = \int_{(m)} [\omega_3 \mathbf{e_3}(\mathbf{x}^2) - \mathbf{x}(\mathbf{x} \cdot \omega_3 \mathbf{e_3})] dm = \sum_{j=1}^{3} D_{S,j} \mathbf{e_j} = \begin{bmatrix} -\omega_3 \Theta_{13}^S \\ -\omega_3 \Theta_{23}^S \\ \omega_3 \Theta_{33}^S \end{bmatrix} \tag{3.32}$$

und bei Bezug auf körperfeste Koordinaten

$$\mathbf{D_S} = \int_{(m)} [\omega_3 \mathbf{e_3}(\mathbf{x}^2) - \mathbf{x}(\mathbf{x} \cdot \omega_3 \mathbf{e_3})] dm = \sum_{j=1}^{3} D_{Sj}^{(k)} \mathbf{e}_j^{(k)} = \begin{bmatrix} -\omega_3 \Theta_{13}^{S(k)} \\ -\omega_3 \Theta_{23}^{S(k)} \\ \omega_3 \Theta_{33}^{S(k)} \end{bmatrix} \tag{3.33}$$

Die zeitliche Änderung des Drallvektors in mitbewegten Koordinaten lautet dann

$$\dot{\mathbf{D}}_S = \overset{\circ}{\mathbf{D}}_S + \boldsymbol{\omega} \times \mathbf{D}_S = \begin{bmatrix} -\dot{\omega}_3 \Theta_{13}^{S(k)} + \omega_3^2 \Theta_{23}^{S(k)} \\ -\dot{\omega}_3 \Theta_{23}^{S(k)} - \omega_3^2 \Theta_{13}^{S(k)} \\ \dot{\omega}_3 \Theta_{33}^{S(k)} \end{bmatrix} \tag{3.34}$$

und für den Drallsatz bezogen auf den beliebig bewegten Schwerpunkt S erhalten wir in Komponenten

$$\begin{bmatrix} M_{S1}^{(k)} \\ M_{S2}^{(k)} \\ M_{S3}^{(k)} \end{bmatrix} = \begin{bmatrix} -\dot{\omega}_3 \Theta_{13}^{S(k)} + \omega_3^2 \Theta_{23}^{S(k)} \\ -\dot{\omega}_3 \Theta_{23}^{S(k)} - \omega_3^2 \Theta_{13}^{S(k)} \\ \dot{\omega}_3 \Theta_{33}^{S(k)} \end{bmatrix} \tag{3.35}$$

Ist die 3-Achse eine Hauptträgheitsachse, dann verschwinden die Deviationsmomente $\Theta_{13}^{S(k)}$ und $\Theta_{23}^{S(k)}$, und es verbleibt mit $M_{S1}^{(k)} = 0$ und $M_{S2}^{(k)} = 0$

$$M_{S3}^{(k)} = \dot{\omega}_3 \Theta_{33}^{S(k)} \tag{3.36}$$

Schwerpunktsatz und Drallsatz liefern zusammen 6 skalare Gleichungen, die es gestatten, die räumliche Bewegung eines starren Körpers zu berechnen. Bei einem deformierbaren Körper kommen noch weitere Bedingungsgleichungen hinzu, die sein Deformationsverhalten beschreiben. Für den Fall der Ruhe oder der gleichförmig geradlinigen Bewegung sind die Gleichgewichtsbedingungen $\mathbf{F}^a = 0$ und $\mathbf{M}^a = 0$ der Statik als Spezialfall in den Bewegungsgleichungen enthalten.

Beispiel 3-1:

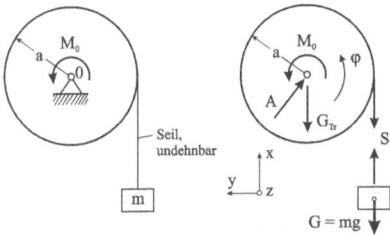

Abb. 3.7   Förderkorb der Masse m

Der Förderkorb eines Aufzugs mit der Masse m wird aus der Ruhelage heraus durch ein konstantes Antriebsmoment M_0 aufwärts bewegt (Abb. 3.7). Gesucht werden der Bewegungszustand der Masse m, die Lagerkraft **A** der Trommel und die Seilkraft S. Geg.: M_0, m, m_{Tr}, a, Θ_0.

Zur Lösung des Problems stehen uns Schwerpunktsatz und Drallsatz zur Verfügung. Wie wir gesehen haben, gehen in diese Sätze nur äußere Kraftgrößen ein. Um die Lagerkraft **A** und die Seilkraft S berechnen zu können, benötigen wir zusätzlich das Befreiungs- und das Schnittprinzip, da beide Kräfte zunächst innere Kräfte darstellen. Abb. 3.7 (rechts) zeigt das freigeschnittene System. Die Antriebswalze mit dem Radius a führt eine reine Drehbewegung um den Punkt 0 aus. Zur Beschreibung dieser Bewegung reicht der Drallsatz aus. Sind wir zusätzlich an der Auflagerreaktionskraft **A** interessiert, so muss zusätzlich der Schwerpunktsatz für diese Teilmasse notiert werden. Unterstellen wir ein undehnbares Seil, dann besitzt das System nur einen Freiheitsgrad, der beispielsweise durch die Lagekoordinate x(t) der Masse m repräsentiert wird. Die Anwendung der Sätze auf die Teilmassen liefert:

1.) Schwerpunktsatz in x-Richtung angewandt auf die freigeschnittene Masse m (G = mg):

$$m\ddot{x} = S - G \tag{3.37}$$

2.) Drallsatz für die Trommel bezogen auf den Drehpunkt 0 ($\dot{\omega}_3 = \ddot{\varphi}$)

$$\Theta_0 \ddot{\varphi} = M_0 - aS \tag{3.38}$$

Mit (3.37) und (3.38) liegen zwei Gleichungen für drei Unbekannte ($\ddot{x}, \ddot{\varphi}, S$) vor. Es fehlt also noch eine Gleichung. Das ist die kinematische Beziehung zwischen der Lagekoordinate x und dem Drehwinkel φ. Aufgrund der getroffenen Voraussetzungen (starre Walze, undehnbares Seil) kann

$$x = a\varphi \quad \rightarrow \ddot{x} = a\ddot{\varphi} \tag{3.39}$$

gefordert werden. Einsetzen von (3.39) in (3.38) und Elimination der Seilkraft S mittels

(3.37) ergibt $\ddot{x} = \dfrac{a(M_0 - aG)}{\Theta_0 + ma^2} = \text{konst}$. Diese gewöhnliche Differenzialgleichung 2. Ordnung

wird durch Integration gelöst: $\dot{x} = \dfrac{a(M_0 - aG)}{\Theta_0 + ma^2}t + C_1$, $x = \dfrac{a(M_0 - aG)}{\Theta_0 + ma^2}\dfrac{t^2}{2} + C_1 t + C_2$

Startet der Förderkorb aus der Ruhelage, dann lauten die Anfangsbedingungen

$\dot{x}(t = 0) = 0 \;\;\rightarrow C_1 = 0$, $x(t = 0) = 0 \;\;\rightarrow C_2 = 0$ und damit

$$\dot{x} = \frac{a(M_0 - aG)}{\Theta_0 + ma^2}t, \quad x = \frac{a(M_0 - aG)}{2(\Theta_0 + ma^2)}t^2 .$$

Die Seilkraft folgt mit $S = m\ddot{x} + G = G\left[1 + \dfrac{a(M_0 - aG)}{g(\Theta_0 + ma^2)}\right]$ aus (3.37).

Zur Berechnung der Lagerreaktionskraft A notieren wir den Schwerpunktsatz für die freige-schnittene Trommel und erhalten:

$\leftarrow m_{Tr}\ddot{y}_S = 0 = A_y$, also $A_y = 0$, $\uparrow m_{Tr}\ddot{x}_S = 0 = A_x - G_{Tr} - S$ und damit $A_x = G_{Tr} + S$.

3.3.4 Unwuchtwirkungen

Abb. 3.8 zeigt einen mit konstanter Winkelgeschwindigkeit $\omega_3 = \omega$ um die 3-Achse rotie-renden Körper der Masse m, der beidseitig momentenfrei gelagert ist. Zur Beschreibung der ebenen Bewegung des als starr angenommenen Körpers verwenden wir körperfeste Koordi-naten. Jedes Massenelement dm führt dabei eine ebene Bewegung in der ($x_1^{(k)}, x_2^{(k)}$)-Ebene aus. Als Ursprung des Koordinatensystems wird der raumfeste Punkt 0 am Lager A gewählt. Die Auflagerkräfte $A^{(k)} = [A_1^{(k)}, A_2^{(k)}]^T$ und $B^{(k)} = [B_1^{(k)}, B_2^{(k)}]^T$ werden im mitbewegten (körperfesten) Koordinatensystem dargestellt.

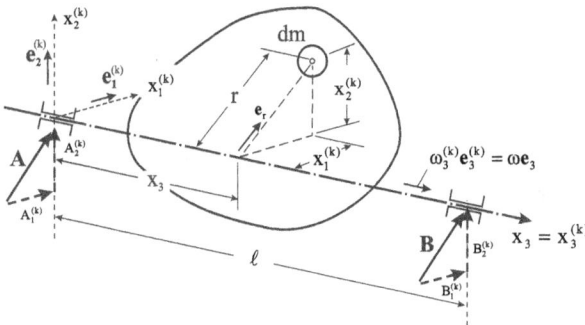

Abb. 3.8 *Rotor mit beidseitig momentenfreier Lagerung, Unwuchtwirkung*

Sehen wir vom Eigengewicht des Körpers ab, dann gilt für das Moment der äußeren Kräfte bezogen auf den Punkt 0: $\mathbf{M}_0 = \mathbf{r}_{AB} \times \mathbf{B}^{(k)} = [-\ell B_2^{(k)}, \ell B_1^{(k)}, 0]^T$, und der Komponentenvergleich mit (3.35) unter Beachtung von $\Theta_{23}^{(k)} = \int_{(m)} x_2^{(k)} x_3 dm$ und $\Theta_{13}^{(k)} = \int_{(m)} x_1^{(k)} x_3 dm$ ergibt die Lagerkräfte

$$B_1^{(k)} = -\frac{\omega^2 \Theta_{13}^{(k)}}{\ell}, \quad B_2^{(k)} = -\frac{\omega^2 \Theta_{23}^{(k)}}{\ell} \tag{3.40}$$

die auch als kinetische Drücke bezeichnet werden, und die dritte Komponente ist dann wegen $\dot{\omega}_3^{(k)} = \dot{\omega} = 0$ auch erfüllt. Die Auflagerkraft $\mathbf{A}^{(k)}$ ermitteln wir aus dem Schwerpunktsatz $m\ddot{\mathbf{r}}_S = -m\omega^2[x_{1S}^{(k)}\mathbf{e}_1^{(k)} + x_{2S}^{(k)}\mathbf{e}_2^{(k)}] = \mathbf{A}^{(k)} + \mathbf{B}^{(k)}$ zu

$$A_1^{(k)} = \omega^2 \left(\frac{\Theta_{13}^{(k)}}{\ell} - mx_{1S}^{(k)} \right), \quad A_2^{(k)} = \omega^2 \left(\frac{\Theta_{23}^{(k)}}{\ell} - mx_{2S}^{(k)} \right) \tag{3.41}$$

In einem raumfesten Koordinatensystem sind die umlaufenden Lagerdrücke harmonisch. Sie verschwinden immer dann, wenn

1.) die Drehachse mit $\Theta_{13}^{(k)} = 0$; $\Theta_{23}^{(k)} = 0$ eine Hauptträgheitsachse ist, und

2.) die Drehachse durch den Körperschwerpunkt S verläuft ($x_{1S}^{(k)} = 0$; $x_{2S}^{(k)} = 0$).

Die Beträge der Auflagerkräfte wachsen mit dem Quadrat der Winkelgeschwindigkeit. Das kann zu unangenehmen Wirkungen auf den Rotor selber oder die angrenzenden Bauteile führen. Man ist deshalb bestrebt, diese Unwuchten in einem begrenzten Toleranzbereich nachträglich zu beseitigen. Dazu existieren Auswuchtverfahren. Das statische Auswuchten eines Rotors stellt sicher, dass die Drehachse durch den Schwerpunkt S verläuft. Zusätzlich ist ein Rotor auch kinetisch ausgewuchtet, wenn die Drehachse eine Hauptzentralachse ist.

Die Berechnung von Unwuchtwirkungen an deformierbaren Körpern ist wesentlich aufwendiger, da hier die Abstände der Körperelemente von der Drehachse zunächst nicht bekannt sind, sondern von den noch zu berechnenden Verformungen abhängen. Dazu werden zusätzlich Materialgleichungen der zum Einsatz kommenden Werkstoffe benötigt. Noch relativ einfach zu behandeln ist dagegen das Problem der biegekritischen Drehzahlen. Es wird beobachtet, dass zunächst gerade elastische Wellen bei bestimmten kritischen Drehzahlen ω_{kr} in einen ausgelenkten Zustand übergehen und damit ihre anfängliche Unwuchtfreiheit verlieren. Hierbei handelt es sich um ein Instabilitätsproblem, vergleichbar mit dem der Stabknickung. In Anlehnung an die Vorgehensweise

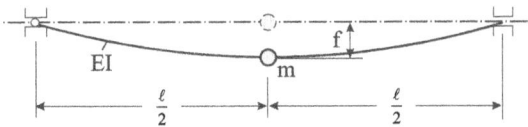

Abb. 3.9 *Gekrümmte Welle, Biegelinie im stationären Zustand*

bei der Stabknickung, wird die Welle in einer stationär ausgelenkten Lage betrachtet und dann die kinetischen Grundgleichungen notiert. Als Beispiel wird hier der einfache Fall der ursprünglich geraden Welle (E: Elastizitätsmodul, I: Flächenträgheitsmoment) mit einer Einzelmasse m in Feldmitte behandelt (Abb. 3.9). Nach den Grundgleichungen der Festig-keitslehre ist die Verschiebung f infolge einer Kraft F in Feldmitte $f = F\ell^3/(48EI)$. Da sich die Masse m auf einer Kreisbahn mit dem Radius f bewegt, wird die Welle durch die Flieh-kraft $F = mf\omega^2$ belastet. Von der Wirkung der Wellenmasse selbst wird abgesehen. Damit folgt $f - \dfrac{F\ell^3}{48EI} = 0 = f\left(1 - \dfrac{m\omega^2\ell^3}{48EI}\right)$. Eine Lösung dieser Gleichung ist für $f \neq 0$ nur dann gegeben, wenn

$$\omega_{kr} = \sqrt{\frac{48EI}{m\ell^3}} \qquad (3.42)$$

erfüllt ist. Da hier die Welle als lineare Feder mit der Federsteifigkeit $k = 48EI/\ell^3$ approxi-miert wird, kann über die Auslenkung f keine Aussage getroffen werden. Es ist lediglich mit $\omega = \omega_{kr}$ eine Angabe über das Eintreffen des Instabilitätsfalls möglich. Befinden sich bei-spielsweise auf der Welle n konzentrierte Einzelmassen, dann liefert die Lösung des zugehö-rigen Eigenwertproblems n kritische Drehzahlen und Eigenformen.

3.3.5   Transformationsformeln für Massenmomente

Zur Berechnung der Massenmomente 2. Grades sind Integrale auszuwerten, die sich über den gesamten Körper erstrecken. Dabei sind die Bezugsachsen bestimmte Achsen, die in der Regel durch den Massenmittelpunkt (Schwerpunkt) verlaufen, oder auch Symmetrieachsen, falls solche vorhanden sind. Werden die Massenmomente hinsichtlich anderer Achsen benö-tigt, so muss nicht neu integriert werden. Hier gelten die folgenden Transformationsformeln für Massenmomente.

Transformation hinsichtlich paralleler Achsen

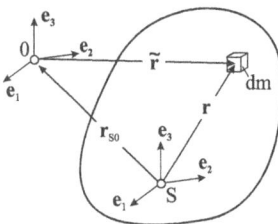

Abb. 3.10   Transformation hinsichtlich paralleler Achsen

Mit den kartesischen Koordinaten $\tilde{x}_j = \tilde{r} \cdot e_j$ $(j = 1, 2, 3)$ des Massenelementes dm (Abb. 3.10) sind die Deviati-onsmomente bezogen auf die durch den Punkt 0 verlau-fenden Achsen wie folgt definiert:

$$\Theta_{jk}^{(0)} = \int_{(m)} \tilde{x}_j \tilde{x}_k \, dm = \int_{(m)} (\tilde{r} \cdot e_j)(\tilde{r} \cdot e_k) \, dm \quad (j \neq k)$$

Entsprechend errechnen sich die Deviationsmomente bezüglich der durch den Schwerpunkt S verlaufenden Achsen

$$\Theta_{jk}^{(S)} = \int x_j x_k dm = \int_{(m)} (\mathbf{r} \cdot \mathbf{e_j})(\mathbf{r} \cdot \mathbf{e_k}) dm \qquad (j \neq k).$$

Der Abb. 3.10 entnehmen wir $\tilde{\mathbf{r}} = \mathbf{r} - \mathbf{r_{S0}}$ mit $\mathbf{r_{S0}} = \sum_{j=1}^{3} x_{S0j} \mathbf{e_j}$. Setzen wir diese Beziehung

in $\Theta_{jk}^{(0)}$ ein, dann erhalten wir unter Beachtung von $\int_{(m)} \mathbf{r} dm = 0$

$$\Theta_{jk}^{(0)} = \int_{(m)} [(\mathbf{r} - \mathbf{r_{S0}}) \cdot \mathbf{e_j}][(\mathbf{r} - \mathbf{r_{S0}}) \cdot \mathbf{e_k}] dm$$

$$= \underbrace{\int_{(m)} (\mathbf{r} \cdot \mathbf{e_j})(\mathbf{r} \cdot \mathbf{e_k}) dm}_{\Theta_{jk}^{(S)}} - (\mathbf{r_{S0}} \cdot \mathbf{e_j}) \underbrace{\int_{(m)} (\mathbf{r} \cdot \mathbf{e_k}) dm}_{=0} - (\mathbf{r_{S0}} \cdot \mathbf{e_k}) \underbrace{\int_{(m)} (\mathbf{r} \cdot \mathbf{e_j}) dm}_{=0} + \underbrace{m(\mathbf{r_{S0}} \cdot \mathbf{e_k})(\mathbf{r_{S0}} \cdot \mathbf{e_j})}_{=m x_{S0j} x_{S0k}}$$

den Satz von Steiner für die Deviationsmomente

$$\Theta_{jk}^{(0)} = \Theta_{jk}^{(S)} + m x_{S0j} x_{S0k} \qquad (3.43)$$

Für die axialen Momente folgt entsprechend

$$\Theta_{jj}^{(0)} = \int_{(m)} \tilde{\mathbf{r}}_{\perp j}^2 dm = \int_{(m)} (\tilde{\mathbf{r}}^2 - \tilde{x}_j^2) dm = \int_{(m)} [(\mathbf{r} - \mathbf{r_{S0}})^2 - (x_j - x_{S0j})^2] dm$$

$$= \int_{(m)} (\mathbf{r}^2 - x_j^2) dm + m(\mathbf{r_{S0}}^2 - x_{S0j}^2) - 2\mathbf{r_{S0}} \cdot \underbrace{\int_{(m)} \mathbf{r} dm}_{=0} + 2x_{S0j} \underbrace{\int_{(m)} x_j dm}_{=0}$$

$$= \underbrace{\int_{(m)} (\mathbf{r}^2 - x_j^2) dm}_{=\Theta_{jj}^{(S)}} + \underbrace{m(\mathbf{r_{S0}}^2 - x_{S0j}^2)}_{=r_{S0\perp j}^2}$$

und damit

$$\Theta_{jj}^{(0)} = \Theta_{jj}^{(S)} + m r_{S0\perp j}^2 \qquad (3.44)$$

In (3.44) bedeutet $r_{S0\perp j}^2$ das Abstandsquadrat der parallelen Achsen durch 0 und S. Sind also die auf die orthogonalen Achsen durch den Schwerpunkt S des Körpers bezogenen Trägheitsmomente $\Theta_{jj}^{(S)}$ $(j = 1, 2, 3)$ und Deviationsmomente $\Theta_{jk}^{(S)}$ mit $(j, k = 1, 2, 3, j \neq k)$ bekannt, so lassen sich die auf ein parallel verschobenes Koordinatensystem bezogenen Massen- und Deviationsmomente leicht errechnen. Schreiben wir die Steinerschen Sätze in Komponenten, dann erhalten wir

$$\Theta_{11}^{(0)} = \Theta_{11}^{(S)} + m(x_{S02}^2 + x_{S03}^2), \quad \Theta_{22}^{(0)} = \Theta_{22}^{(S)} + m(x_{S01}^2 + x_{S03}^2)$$
$$\Theta_{33}^{(0)} = \Theta_{33}^{(S)} + m(x_{S01}^2 + x_{S02}^2) \qquad (3.45)$$

Für die Deviationsmomente gilt

$$\Theta_{12}^{(0)} = \Theta_{12}^{(S)} + m\, x_{S01} x_{S02}, \quad \Theta_{13}^{(0)} = \Theta_{13}^{(S)} + m\, x_{S01} x_{S03}$$
$$\Theta_{23}^{(0)} = \Theta_{23}^{(S)} + m\, x_{S02} x_{S03}$$

(3.46)

Transformation hinsichtlich gedrehter Achsen

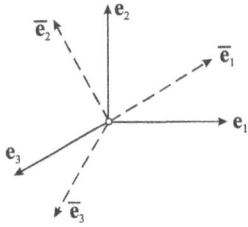

Auch bei einer Drehung des Koordinatensystems ändern sich die Massenmomente. Sind diese hinsichtlich des orthogonalen Achsensystems $\mathbf{e}_j$ mit

$$\Theta_{jk} = \begin{bmatrix} \Theta_{11} & -\Theta_{12} & -\Theta_{13} \\ -\Theta_{12} & \Theta_{22} & -\Theta_{23} \\ -\Theta_{13} & -\Theta_{23} & \Theta_{33} \end{bmatrix}$$

Abb. 3.11 Drehung des Koordinatensystems

bekannt (Abb. 3.11), und werden die Massenmomente $\overline{\Theta}_{jk}$

in Bezug auf das gegenüber $\mathbf{e}_j$ gedrehte orthogonale Koordinatensystem $\overline{\mathbf{e}}_j$ gesucht, dann gehen wir wie folgt vor. Wir stellen zunächst die Einheitsvektoren $\mathbf{e}_j$ als Linearkombination der gedrehten Einheitsvektoren $\overline{\mathbf{e}}_j$ dar, also $\mathbf{e}_j = (\mathbf{e}_j \cdot \overline{\mathbf{e}}_1)\overline{\mathbf{e}}_1 + (\mathbf{e}_j \cdot \overline{\mathbf{e}}_2)\overline{\mathbf{e}}_2 + (\mathbf{e}_j \cdot \overline{\mathbf{e}}_3)\overline{\mathbf{e}}_3$ $(j = 1, 2, 3)$. Die Skalarprodukte $\mathbf{e}_j \cdot \overline{\mathbf{e}}_k = \cos\alpha_{j\overline{k}}$ ($k = 1, 2, 3$) fassen wir entsprechend (2.27) in der Transformationsmatrix

$$T_{j\overline{k}} = \begin{bmatrix} \mathbf{e}_1 \cdot \overline{\mathbf{e}}_1 & \mathbf{e}_1 \cdot \overline{\mathbf{e}}_2 & \mathbf{e}_1 \cdot \overline{\mathbf{e}}_3 \\ \mathbf{e}_2 \cdot \overline{\mathbf{e}}_1 & \mathbf{e}_2 \cdot \overline{\mathbf{e}}_2 & \mathbf{e}_2 \cdot \overline{\mathbf{e}}_3 \\ \mathbf{e}_3 \cdot \overline{\mathbf{e}}_1 & \mathbf{e}_3 \cdot \overline{\mathbf{e}}_2 & \mathbf{e}_3 \cdot \overline{\mathbf{e}}_3 \end{bmatrix}$$

(3.47)

zusammen. Die Einheitsvektoren können dann in der Form $\mathbf{e}_j = \sum\limits_{r=1}^{3} T_{j\overline{r}}\, \overline{\mathbf{e}}_r$ geschrieben werden, und für die Matrix der Massenmomente im gedrehten Koordinatensystem erhalten wir

$$\Theta_{\overline{r}\overline{s}} = \sum\limits_{j=1}^{3}\sum\limits_{k=1}^{3} \Theta_{jk} T_{j\overline{r}} T_{k\overline{s}} = \begin{bmatrix} \Theta_{\overline{1}\,\overline{1}} & -\Theta_{\overline{1}\,\overline{2}} & -\Theta_{\overline{1}\,\overline{3}} \\ -\Theta_{\overline{1}\,\overline{2}} & \Theta_{\overline{2}\,\overline{2}} & -\Theta_{\overline{2}\,\overline{3}} \\ -\Theta_{\overline{1}\,\overline{3}} & -\Theta_{\overline{2}\,\overline{3}} & \Theta_{\overline{3}\,\overline{3}} \end{bmatrix} \quad (\overline{r}, \overline{s} = 1, 2, 3)$$

(3.48)

Beispiel 3-2:

Gesucht werden die Massenmomente $\overline{\Theta}_{jk}$ bezüglich des gegenüber $\mathbf{e}_j$ um 30° um die 3-Achse gedrehten orthogonalen Koordinatensystems $\overline{\mathbf{e}}_j$. Die Transformationsmatrix (3.47) lautet

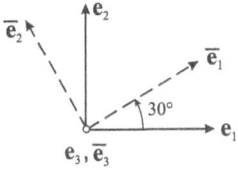

$$\mathbf{T}_{j\overline{k}} = \left[\begin{array}{c|c|c} 1/2\sqrt{3} & -1/2 & 0 \\ \hline 1/2 & 1/2\sqrt{3} & 0 \\ \hline 0 & 0 & 1 \end{array}\right].$$

Abb. 3.12   Drehung des Koordinatensystems um die 3-Achse

Die in der dritten Zeile und Spalte stehende 1 deutet darauf hin, dass die 3-Achse die Drehachse ist. Werten wir damit (3.48) aus, dann erhalten wir die Matrix des symmetrischen Massenträgheitsmomententensors

$$\Theta_{\overline{jk}} = \left[\begin{array}{c|c|c} \frac{1}{4}(3\Theta_{11} - 2\sqrt{3}\Theta_{12} + \Theta_{22}) & -\frac{1}{4}(\sqrt{3}\Theta_{11} + 2\Theta_{12} - \sqrt{3}\Theta_{22}) & -\frac{1}{2}(\sqrt{3}\Theta_{13} + \Theta_{23}) \\ \hline & \frac{1}{4}(\Theta_{11} + 2\sqrt{3}\Theta_{12} + 3\Theta_{22}) & -\frac{1}{2}(\sqrt{3}\Theta_{23} - \Theta_{13}) \\ \hline \text{sym.} & & \Theta_{33} \end{array}\right]$$

3.3.6   Hauptachsentransformation

Für jeden Körper existieren drei orthogonale Achsen, die als Hauptachsen des symmetrischen Trägheitstensors Θ bezeichnet werden. In diesem Koordinatensystem erscheint die Matrix des Trägheitstensors als Diagonalmatrix

$$\Theta = \begin{bmatrix} \Theta_1 & 0 & 0 \\ 0 & \Theta_2 & 0 \\ 0 & 0 & \Theta_3 \end{bmatrix} \qquad (3.49)$$

Die Größen $\Theta_1, \Theta_2, \Theta_3$ heißen Hauptträgheitsmomente, die so angeordnet werden, dass $\Theta_1 \geq \Theta_2 \geq \Theta_3$ gilt, und die zugeordneten Achsen ein Rechtssystem bilden. Θ_1 und Θ_3 nehmen dabei Extremwerte an. Die Deviationsmomente sind definitionsgemäß null. Zur Berechnung der Hauptträgheitsmomente gehen wir wie folgt vor. Da die Matrix dieses Tensors ein Vielfaches der Einheitsmatrix sein soll, lösen wir zunächst das spezielle Eigenwertproblem $(\Theta - \lambda \mathbf{I}) \cdot \hat{\mathbf{e}} = \mathbf{0}$, wobei $\mathbf{I} = \text{diag}[1]$ die Matrix des Einheitstensors bezeichnet, deren Hauptdiagonale nur mit Einsen besetzt ist. Mit $\hat{\mathbf{e}} = [\hat{e}_1, \hat{e}_2, \hat{e}_3]^{\mathrm{T}}$ folgt

$$(\Theta - \lambda \mathbf{I}) \cdot \hat{\mathbf{e}} = \begin{bmatrix} (\Theta_{11} - \lambda) & -\Theta_{12} & -\Theta_{13} \\ -\Theta_{12} & (\Theta_{22} - \lambda) & -\Theta_{23} \\ -\Theta_{13} & \Theta_{23} & (\Theta_{33} - \lambda) \end{bmatrix} \cdot \begin{bmatrix} \hat{e}_1 \\ \hat{e}_2 \\ \hat{e}_3 \end{bmatrix} = \begin{bmatrix} 0 \\ 0 \\ 0 \end{bmatrix} \qquad (3.50)$$

was als ein lineares, homogenes Gleichungssystem zur Bestimmung von $\hat{e}_1, \hat{e}_2, \hat{e}_3$ angesehen werden kann. Da aber wegen

$$\hat{e}^2 = \hat{e}_1{}^2 + \hat{e}_2{}^2 + \hat{e}_3{}^2 = 1 \tag{3.51}$$

die Triviallösung $\hat{e} = 0$ ausscheidet, muss die Koeffizientendeterminante des Gleichungssystems (3.50) verschwinden, also

$$D = \begin{vmatrix} \Theta_{11} - \lambda & \Theta_{12} & \Theta_{13} \\ \Theta_{12} & \Theta_{22} - \lambda & \Theta_{23} \\ \Theta_{13} & \Theta_{23} & \Theta_{33} - \lambda \end{vmatrix} = 0$$

erfüllt sein. Dies führt auf die charakteristische Gleichung

$$\lambda^3 - J_1 \lambda^2 + J_2 \lambda - J_3 = 0 \tag{3.52}$$

worin

$$\begin{aligned} J_1 &= \Theta_{11} + \Theta_{22} + \Theta_{33} \\ J_2 &= \Theta_{11}\Theta_{22} + \Theta_{22}\Theta_{33} + \Theta_{33}\Theta_{11} - (\Theta_{12}^2 + \Theta_{13}^2 + \Theta_{23}^2) \\ J_3 &= \Theta_{11}\Theta_{22}\Theta_{33} - 2\Theta_{12}\Theta_{23}\Theta_{13} - \Theta_{11}\Theta_{23}^2 - \Theta_{22}\Theta_{13}^2 - \Theta_{33}\Theta_{12}^2 \end{aligned} \tag{3.53}$$

die drei Grundinvarianten der Matrix des Trägheitstensors Θ bedeuten. Die Anwendung der Cardanischen Formel liefert mit den Hilfsgrößen

$$p = \frac{1}{9}(J_1^2 - 3J_2), \quad q = \frac{1}{54}(2J_1^3 - 9J_1J_2 + 27J_3), \quad u = \sqrt[3]{q + \sqrt{q^2 - p^3}} \quad v = \sqrt[3]{q - \sqrt{q^2 - p^3}}$$

unter Beachtung von $i^2 = -1$ die, als Folge der Symmetrie von Θ, immer reellen Lösungen

$$\begin{aligned} \lambda_1 &= \frac{1}{3}J_1 + u + v \\ \lambda_2 &= \frac{1}{3}J_1 - \frac{1}{2}(u+v) + \frac{i}{2}\sqrt{3}(u-v) \\ \lambda_3 &= \frac{1}{3}J_1 - \frac{1}{2}(u+v) - \frac{i}{2}\sqrt{3}(u-v) \end{aligned} \tag{3.54}$$

Zu jedem Eigenwert λ_j ($j = 1, 2, 3$) gehören drei Richtungskosinusse $\hat{e}_{j1}, \hat{e}_{j2}, \hat{e}_{j3}$, die wir aus zwei beliebigen Gleichungen von (3.50) unter Berücksichtigung von (3.51) ermitteln können. Insgesamt erhalten wir also 3 Eigenvektoren $\hat{e}_1, \hat{e}_2, \hat{e}_3$, die die Hauptachsen festlegen. Zur Herleitung der Eigenvektoren gehen wir von den beiden ersten Gleichungen in (3.50) aus und ermitteln zunächst $\hat{e}_{j1}$ und $\hat{e}_{j2}$ als Funktion von $\hat{e}_{j3}$

$$(\Theta_{11} - \lambda_j)\hat{e}_{j1} - \Theta_{12}\hat{e}_{j2} = \Theta_{13}\hat{e}_{j3}; \quad -\Theta_{12}\hat{e}_{j1} + (\Theta_{22} - \lambda_j)\hat{e}_{j2} = \Theta_{23}\hat{e}_{j3}$$

und aufgelöst

$$\hat{e}_{j1}(\lambda_j) = \frac{(\Theta_{22} - \lambda_j)\Theta_{13} + \Theta_{12}\Theta_{23}}{(\lambda_j - \Theta_{11})(\lambda_j - \Theta_{22}) - \Theta_{12}^2}\,\hat{e}_{j3} = a_j\hat{e}_{j3}$$

$$\hat{e}_{j2}(\lambda_j) = \frac{(\Theta_{11} - \lambda_j)\Theta_{23} + \Theta_{12}\Theta_{13}}{(\lambda_j - \Theta_{11})(\lambda_j - \Theta_{22}) - \Theta_{12}^2}\,\hat{e}_{j3} = b_j\hat{e}_{j3}$$

$$(3.55)$$

wobei zur Abkürzung

$$a_j = \frac{(\Theta_{22} - \lambda_j)\Theta_{13} + \Theta_{12}\Theta_{23}}{(\lambda_j - \Theta_{11})(\lambda_j - \Theta_{22}) - \Theta_{12}^2}, \quad b_j = \frac{(\Theta_{11} - \lambda_j)\Theta_{23} + \Theta_{12}\Theta_{13}}{(\lambda_j - \Theta_{11})(\lambda_j - \Theta_{22}) - \Theta_{12}^2} \qquad (3.56)$$

gesetzt wurde. Einsetzen von (3.55) in (3.51) ergibt $\hat{e}_{jz}(\lambda_j) = \pm 1/\sqrt{1 + a_j^2 + b_j^2}$ und damit

$$\hat{e}_{j1}(\lambda_j) = \pm\frac{a_j}{\sqrt{1 + a_j^2 + b_j^2}}, \quad \hat{e}_{j2}(\lambda_j) = \pm\frac{b_j}{\sqrt{1 + a_j^2 + b_j^2}}, \quad \hat{e}_{j3}(\lambda_j) = \pm\frac{1}{\sqrt{1 + a_j^2 + b_j^2}} \qquad (3.57)$$

Plus- und Minuszeichen in (3.57) deuten an, dass neben $\hat{e}_j$ auch $-\hat{e}_j$ eine Hauptrichtung ist.

3.3.7   Beispiele zur Berechnung von Massenträgheitsmomenten

Hinweis: In den folgenden Beispielen wird auf den Index k für körperfest verzichtet.

Beispiel 3-3:

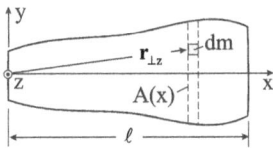

Abb. 3.13   Dünner homogener Stab

Für den homogenen geraden Stab der Länge ℓ und der Querschnittsfläche A(x) in Abb. 3.13 ist das Massenträgheitsmoment Θ_{zz}^0 zu berechnen. Mit (3.21) ist

$$\Theta_{zz}^{(0)} = \int_{(m)} r_{\perp z}^2\,dm = \int_{(m)} (x^2 + y^2)\,dm$$

wobei $dm = \rho dV = \rho dA dx$ zu setzen ist. Unter der Voraussetzung konstanter Dichte erhalten wir

$$\Theta_{zz}^{(0)} = \rho\left\{\int_{x=0}^{\ell}\left[\int_{A(x)} x^2 dA\right]dx + \int_{x=0}^{\ell}\left[\int_{A(x)} y^2 dA\right]dx\right\} = \rho\int_{x=0}^{\ell}[x^2 A(x) + I_{zz}(x)]\,dx$$

In dieser Beziehung sind $A(x)$ die Querschnittsfläche und $I_{zz}(x) = \int_{A(x)} y^2 dA$ das axiale Flächenträgheitsmoment der Fläche $A(x)$ bezüglich der z-Achse. Für den Sonderfall des prismatischen Stabes mit $A = $ konst. und $I_{zz} = $ konst. liefert die Integration

$$\Theta_{zz}^{(0)} = \rho \left[A \int_{x=0}^{\ell} x^2 dx + I_{zz} \int_{x=0}^{\ell} dx \right] = \frac{1}{3} m \ell^2 \left(1 + \frac{3 I_{zz}}{A \ell^2} \right)$$

In einem dünnen Stab sind die Querschnittsabmessungen klein gegenüber der Länge ℓ. Dann gilt näherungsweise $\Theta_{zz}^{(0)} \approx 1/3 m \ell^2$, und mit dem Steinerschen Satz (3.45) folgt das Massenträgheitsmoment bezüglich des Schwerpunktes S

$$\Theta_{zz}^{(S)} = \Theta_{zz}^{(0)} - m \left(\frac{\ell}{2} \right)^2 = \frac{1}{3} m \ell^2 - \frac{1}{4} m \ell^2 = \frac{1}{12} m \ell^2$$

Beispiel 3-4:

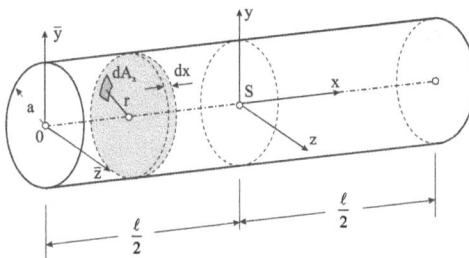

Abb. 3.14   Homogener Kreiszylinder (Radius a, Länge ℓ)

Für den homogenen Kreiszylinder in Abb. 3.14 sind die Massenträgheitsmomente zu bestimmen. Aufgrund der weitreichenden Symmetrie sind die Achsen (x, y, z) mit Ursprung im Schwerpunkt S Hauptzentralachsen. Bezüglich dieser Achsen verschwinden die Deviationsmomente. Zur Ermittlung des axialen Massenmomentes $\Theta_{xx}^{(S)}$ betrachten wir das in Abb. 3.14 invers dargestellte Massenelement $dm = \rho dV = \rho dA_x dx$. Dann gilt unter Beachtung von $y^2 + z^2 = r^2$:

$$\Theta_{xx}^{(S)} = \int_{(m)} \mathbf{r}_{\perp x}^2 dm = \int_{(m)} (y^2 + z^2) dm = \int_{(m)} r^2 dm = \rho \int_{x=-\ell/2}^{\ell/2} dx \int_{(A_x)} r^2 dA_x = \rho \ell I_P$$

worin $I_p = \int_{(A_x)} r^2 dA_x = \pi a^4 / 2$ das polare Flächenträgheitsmoment bezüglich der x-Achse bedeutet. Mit der Gesamtmasse $m = \rho V = \rho a^2 \pi \ell$ erhalten wir $\Theta_{xx}^{(S)} = 1/2 m a^2$. Die Massenmomente bezüglich der Achsen y und z sind aufgrund der vorliegenden Totalsymmetrie identisch ($\Theta_{zz}^{(S)} = \Theta_{yy}^{(S)}$). Es gilt $\Theta_{zz}^{(S)} = \int_{(m)} \mathbf{r}_{\perp z}^2 dm = \int_{(m)} (x^2 + y^2) dm$ und damit

$$\Theta_{zz}^{(S)} = \rho \left\{ \int\limits_{x=-\ell/2}^{\ell/2} \left[\int\limits_{(A_x)} x^2 dA_x \right] dx + \int\limits_{x=-\ell/2}^{\ell/2} \left[\int\limits_{(A_x)} y^2 dA_x \right] dx \right\} = \rho \int\limits_{x=-\ell/2}^{\ell/2} [A_x x^2 + I_{zz}] dx$$

$$= \rho \left[A_x \int\limits_{-\ell/2}^{\ell/2} x^2 dx + I_{zz} \int\limits_{-\ell/2}^{\ell/2} dx + \right] = \rho \left[a^2 \pi \frac{2}{3} \left(\frac{\ell}{2} \right)^3 + I_{zz} \ell \right]$$

und unter Berücksichtigung des axialen Flächenträgheitsmomentes $I_{zz} = \pi a^4 / 4$ folgt

$$\Theta_{zz}^{(S)} = \Theta_{yy}^{(S)} = \frac{m\ell^2}{12} \left[1 + 3 \left(\frac{a}{\ell} \right)^2 \right].$$ Für das um $x_{S0} = -\ell/2$ und $y_{S0} = z_{S0} = 0$ parallel ver-

schobene Koordinatensystem erhalten wir mit dem 1. Satz von Steiner (3.45)

$$\Theta_{yy}^{(0)} = \Theta_{zz}^{(0)} = \Theta_{zz}^{(S)} + m x_{S0}^2 = \frac{m\ell^2}{12} \left[1 + 3 \left(\frac{a}{\ell} \right)^2 \right] + \frac{m\ell^2}{4} = \frac{m\ell^2}{12} \left[4 + 3 \left(\frac{a}{\ell} \right)^2 \right]$$

$$\Theta_{xx}^{(0)} = \Theta_{xx}^{(S)} = \frac{1}{2} m a^2$$

Beispiel 3-5:

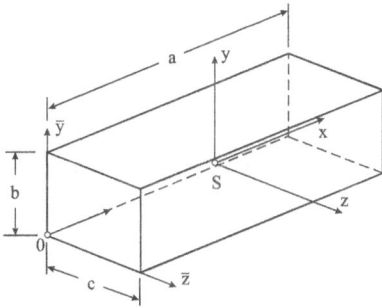

Abb. 3.15 Homogener Quader

gen auf die Hauptzentralachsen

Für den homogenen Quader der Masse m sind die Massenträgheitsmomente und die Massendeviationsmomente bezüglich der Achsen durch den Schwerpunkt S und die parallel in den Punkt 0 verschobenen Achsen zu berechnen.

<u>Geg.</u>: a, b, c, ρ

Die kantenparallel verlaufenden Achsen (x, y, z) sind Symmetrieachsen und stellen deshalb Hauptzentralachsen dar.

Mit $dA_x = dydz, dA_y = dxdz, dA_z = dxdy$ erhalten wir das axiale Massenträgheitsmoment $\Theta_{xx}^{(S)}$ bezo-

$$\Theta_{xx}^{(S)} = \int_{(m)} r_{\perp x}^2 dm = \int_{(m)} (y^2 + z^2) dm = \rho \int_{-a/2}^{a/2} dx \int_{(A_x)} (y^2 + z^2) dA_x$$

$$= \rho a \Big(\underbrace{\int_{(A_x)} y^2 dA_x}_{=I_{zz}} + \underbrace{\int_{(A_x)} z^2 dA_x}_{=I_{yy}} \Big) = \rho a \left(\frac{cb^3}{12} + \frac{c^3 b}{12} \right) = \frac{m}{12} \left(b^2 + c^2 \right)$$

Entsprechend bekommen wir $\Theta_{yy}^{(S)} = m(a^2 + c^2)/12$, $\Theta_{zz}^{(S)} = m(a^2 + b^2)/12$. Alle Deviationsmomente verschwinden. Für einen Würfel der Kantenlänge a folgen aus den obigen Gleichungen $\Theta_{xx} = \Theta_{yy} = \Theta_{zz} = ma^2/6$.

Beziehen wir die massengeometrischen Größen auf die parallel verschobenen Achsen mit Ursprung in 0, dann gilt mit $x_{S0} = -a/2$, $y_{S0} = -b/2$, $z_{S0} = -c/2$

$$\Theta_{xx}^{(0)} = \Theta_{xx}^{(S)} + m(y_{S0}^2 + z_{S0}^2) = \frac{m}{3}(b^2 + c^2) \qquad \Theta_{xy}^{(0)} = \Theta_{xy}^{(S)} + m\, x_{S0} y_{S0} = \frac{m}{4} ab$$

$$\Theta_{yy}^{(0)} = \Theta_{yy}^{(S)} + m(x_{S0}^2 + z_{S0}^2) = \frac{m}{3}(a^2 + c^2) \qquad \Theta_{yz}^{(0)} = \Theta_{yz}^{(S)} + m\, y_{S0} z_{S0} = \frac{m}{4} bc$$

$$\Theta_{zz}^{(0)} = \Theta_{zz}^{(S)} + m(x_{S0}^2 + y_{S0}^2) = \frac{m}{3}(a^2 + b^2) \qquad \Theta_{yz}^{(0)} = \Theta_{yz}^{(S)} + m\, x_{S0} z_{S0} = \frac{m}{4} ac$$

3.4   Der Impuls

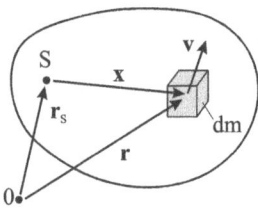

Abb. 3.16 *Impuls bezogen auf den beliebig bewegten Schwerpunkt S*

Für ein Volumenelement der Masse dm eines beliebig bewegten Körpers (Abb. 3.16) wird der differentielle Impulsvektor $d\mathbf{I} = \mathbf{v}dm$ definiert. Der Impuls des gesamten Körpers ist dann

$$\mathbf{I} = \int_{(m)} \mathbf{v}\, dm.$$

$$[\mathbf{I}] = \frac{\text{Masse} \cdot \text{Länge}}{\text{Zeit}}, \text{ Einheit: kgms}^{-1}$$

Die Geschwindigkeit des Massenelementes dm lässt sich bekanntlich für eine beliebige Bewegung des starren Körpers unter Beachtung des Vektors der Winkelgeschwindigkeit $\boldsymbol{\omega}$ in der Form $\mathbf{v} = \mathbf{v}_S + \boldsymbol{\omega} \times \mathbf{x}$ angeben, wobei $\mathbf{v}_S$ die Geschwindigkeit des beliebig bewegten Schwerpunktes S bedeutet. Der Impuls des gesamten Körpers ist dann

$$\mathbf{I} = \int_{(m)} \mathbf{v}\, dm = \int_{(m)} (\mathbf{v}_S + \boldsymbol{\omega} \times \mathbf{x})dm = \int_{(m)} \mathbf{v}_S\, dm + \int_{(m)} \boldsymbol{\omega} \times \mathbf{x}\, dm = \mathbf{v}_S \underbrace{\int_{(m)} dm}_{=m} + \boldsymbol{\omega} \times \underbrace{\int_{(m)} \mathbf{x}\, dm}_{=0}$$

und unter Beachtung der Definition des Körperschwerpunktes erhalten wir

$$\mathbf{I} = m\mathbf{v}_S, \quad I = |\mathbf{I}| = mv_S \tag{3.58}$$

Bei einer reinen Translation besitzen alle Körperpunkte dieselbe Geschwindigkeit $\mathbf{v}$, und für den Impuls $\mathbf{I}$ folgt dann

$$\mathbf{I} = m\mathbf{v} \tag{3.59}$$

4 Der Arbeits- und Energiebegriff

Unter Energie[1] wird die Fähigkeit eines physikalischen Systems verstanden, Arbeit zu verrichten. Wird einem physikalischen System Arbeit zugeführt oder entzogen, so führt das zu einer Änderung seines Bewegungszustandes oder seiner Lage. Bei mechanischen Systemen wird deshalb zwischen Bewegungsenergie oder kinetischer Energie und Lageenergie oder potenzieller Energie unterschieden. Werden elastische Körper deformiert, tritt mit der Deformation eine Formänderungsenergie auf. Der Energiebegriff ist in der Mechanik von fundamentaler Bedeutung, obwohl ihm selbst keine physikalische Bedeutung zukommt, da es sich hierbei um eine reine Rechengröße handelt.

4.1 Die Arbeit einer Kraft

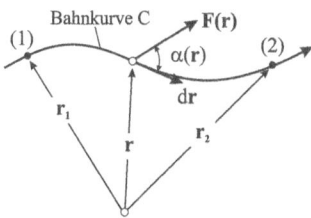

Abb. 4.1 Arbeit einer Kraft längs eines Verschiebungsweges

Für die Kraft $\mathbf{F}$, deren Angriffspunkt sich auf einer Bahnkurve C bewegt (Abb. 4.1), definieren wir die differenzielle Arbeit längs des Verschiebungsweges $d\mathbf{r}$ als das Skalarprodukt

$$dA_a = \mathbf{F}(\mathbf{r}) \cdot d\mathbf{r} = |\mathbf{F}(\mathbf{r})||d\mathbf{r}| \cos\alpha(\mathbf{r}) = F(\mathbf{r})\cos\alpha(\mathbf{r})\,dr$$

Die skalare Größe dA_a ist das Produkt aus der lokalen Kraftkomponente $F\cos\alpha$ in Wegrichtung und dem Verschiebungszuwachs dr, wenn Kraft- und Wegrichtung den Winkel α miteinander einschließen. Der Verschiebungszuwachs $d\mathbf{r}$ tangiert dabei an jeder Stelle $\mathbf{r}$ die Bahnkurve C. Auf dem endlichen Verschiebungsweg von $\mathbf{r}_1$ nach $\mathbf{r}_2$ verrichtet die Kraft dann die Arbeit

$$A_a = \int_{\mathbf{r}_1}^{\mathbf{r}_2} \mathbf{F}(\mathbf{r}) \cdot d\mathbf{r} \tag{4.1}$$

$$[A_a] = \frac{\text{Masse} \cdot (\text{Länge})^2}{(\text{Zeit})^2}, \text{ Einheit: } \text{kgm}^2\text{s}^{-2} = \text{Nm} = \text{J}$$

---

[1] von griech. enérgeia ›wirkende Kraft‹

Die Arbeit kann sowohl positiv, negativ oder auch null sein. Die Definition wurde gerade so gewählt, dass bei positiver Arbeit ($A_a > 0$) die Kraft $\mathbf{F}$ Arbeit verrichtet, während bei negativer Arbeit ($A_a < 0$) Arbeit gegen die Kraft aufgewendet werden muss. Für $\mathbf{F} \perp d\mathbf{r}$ ist der differenzielle Arbeitsanteil dA_a gleich null.

4.1.1   Die Arbeit eines Kräftepaares

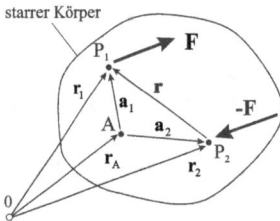

Abb. 4.2 *Arbeit eines Kräftepaares*

Die Arbeit eines Kräftepaares mit dem Moment $\mathbf{M} = \mathbf{r} \times \mathbf{F}$ nach Abb. 4.2 leiten wir wie folgt her. Nach Euler kann die infinitesimale Lageänderung eines Punktes P des starren Körpers darstellt werden als die Hintereinanderschaltung einer für alle Körperpunkte identischen Translation $d\mathbf{r}_A$ und einer Rotation um den Punkt A mit dem differenziellen Drehwinkel $d\boldsymbol{\varphi}$, also $d\mathbf{r} = d\mathbf{r}_A + d\boldsymbol{\varphi} \times \mathbf{r}_{AP}$. Dabei ist A ein beliebiger Punkt des Körpers und $\mathbf{r}_{AP}$ der Verbindungsvektor von A nach P. Damit ist die differenzielle Arbeit des Kräftepaares:

$$dA_a = \mathbf{F} \cdot d\mathbf{r}_1 + (-\mathbf{F}) \cdot d\mathbf{r}_2 = \mathbf{F} \cdot (d\mathbf{r}_1 - d\mathbf{r}_2) = \mathbf{F} \cdot [d\mathbf{r}_A + d\boldsymbol{\varphi} \times \mathbf{a}_1 - (d\mathbf{r}_A + d\boldsymbol{\varphi} \times \mathbf{a}_2)]$$

$$= \mathbf{F} \cdot [d\boldsymbol{\varphi} \times (\mathbf{a}_1 - \mathbf{a}_2)] = \mathbf{F} \cdot (d\boldsymbol{\varphi} \times \mathbf{r}) = -\mathbf{F} \cdot (\mathbf{r} \times d\boldsymbol{\varphi}) = -(\mathbf{F} \times \mathbf{r}) \cdot d\boldsymbol{\varphi} = \mathbf{M} \cdot d\boldsymbol{\varphi}$$

Der translatorische Anteil hebt sich offensichtlich heraus, und es verbleibt $dA_a = \mathbf{M}(\boldsymbol{\varphi}) \cdot d\boldsymbol{\varphi}$. Dreht sich der Körper mit dem Kräftepaar von $\boldsymbol{\varphi}_1$ nach $\boldsymbol{\varphi}_2$, so wird die Arbeit

$$A_a = \int_{\boldsymbol{\varphi}_1}^{\boldsymbol{\varphi}_2} \mathbf{M}(\boldsymbol{\varphi}) \cdot d\boldsymbol{\varphi} \tag{4.2}$$

verrichtet.

4.1.2   Das Potenzial einer Kraft

Zur Auswertung des Integrals in (4.1) ist in aller Regel die explizite Angabe der Bahnkurve C erforderlich, da sich mit der Lageänderung des Körpers auch die Kraft $\mathbf{F}$ nach Lage, Richtung und Orientierung ändern kann. Wir sprechen in diesem Fall von einem Kraftfeld $\mathbf{F}(\mathbf{r})$. In einem stationären Kraftfeld ist $\mathbf{F}(\mathbf{r})$ nur vom Ort $\mathbf{r}$ abhängig, in einem instationären Kraftfeld hängt $\mathbf{F}(\mathbf{r},t)$ zusätzlich noch von der Zeit t ab. Betrachten wir Abb. 4.3, dann ist i. Allg. $A_{1-2}^{(a)} \neq A_{1-2}^{(b)}$. Ist jedoch die Arbeit vom Weg unabhängig, dann hängt sie nur vom Anfangs- und Endpunkt der Bahnkurve ab. Wir sprechen dann von einem konservativen Kraftfeld.

Wegunabhängigkeit $A_{1-2}^{(a)} = A_{1-2}^{(b)}$ oder $\int_{1(a)}^{2} \mathbf{F} \cdot d\mathbf{r} + \int_{2(b)}^{1} \mathbf{F} \cdot d\mathbf{r} = 0$ ist dann gegeben, wenn gilt

$$A_a = \oint_{(C)} \mathbf{F} \cdot d\mathbf{r} = 0 \ .$$

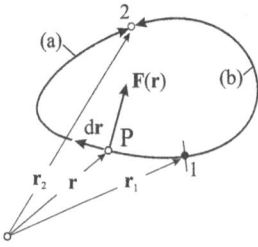

*Abb. 4.3   Arbeit einer Kraft **F** längs einer geschlossenen Bahnkurve*

Die Arbeit verschwindet demnach längs eines beliebigen geschlossenen Weges C. Allgemein kann gezeigt werden, dass für ein konservatives Kraftfeld ein Potenzial U(**r**) existieren muss, aus dem durch Gradientenbildung das Kraftfeld **F** selbst gewonnen werden kann, also

$$\mathbf{F} = -\text{grad}\,U(\mathbf{r}) = -\nabla U(\mathbf{r}) = -\left(\frac{\partial U}{\partial x_1}\mathbf{e}_1 + \frac{\partial U}{\partial x_2}\mathbf{e}_2 + \frac{\partial U}{\partial x_3}\mathbf{e}_3 \right).$$

Der Gradient $\nabla = \dfrac{\partial}{\partial x_1}\mathbf{e}_1 + \dfrac{\partial}{\partial x_2}\mathbf{e}_2 + \dfrac{\partial}{\partial x_3}\mathbf{e}_3$ ist ein symbolischer Vektor, der Nabla-Operator genannt wird. Unter Beachtung von

$$\nabla U(\mathbf{r}) \cdot d\mathbf{r} = \left(\frac{\partial U}{\partial x_1}\mathbf{e}_1 + \frac{\partial U}{\partial x_2}\mathbf{e}_2 + \frac{\partial U}{\partial x_3}\mathbf{e}_3 \right) \cdot (dx_1\,\mathbf{e}_1 + dx_2\,\mathbf{e}_2 + dx_3\,\mathbf{e}_3)$$

$$= \frac{\partial U}{\partial x_1}dx_1 + \frac{\partial U}{\partial x_2}dx_2 + \frac{\partial U}{\partial x_3}dx_3 = dU$$

kann dann die Arbeit der Kraft **F** längs des Verschiebungsweges von (1) nach (2) auch in der Form $\;A_{1-2} = \displaystyle\int_{\mathbf{r}_1}^{\mathbf{r}_2} \mathbf{F}(\mathbf{r}) \cdot d\mathbf{r} = -\int_{\mathbf{r}_1}^{\mathbf{r}_2} \nabla U(\mathbf{r}) \cdot d\mathbf{r} = -\int_{\mathbf{r}_1}^{\mathbf{r}_2} dU(\mathbf{r}) = U_1 - U_2\;$ geschrieben werden. Die Wegunabhängigkeit eines konservativen Kraftfeldes begründet sich aus dem Sachverhalt, dass die Arbeit allein aus der Potenzialdifferenz der Orte $\mathbf{r}_2$ und $\mathbf{r}_1$ gewonnen werden kann.

4.1.3   Das Potenzial einer Gewichtskraft

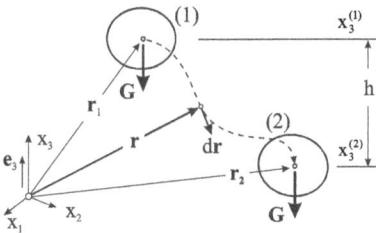

*Abb. 4.4   Arbeit der Gewichtskraft **G***

Als Beispiel einer Kraft, der ein Potenzial zugeordnet werden kann, betrachten wir die Gewichtskraft **G** eines schweren Körpers in der Nähe der Erdoberfläche (Abb. 4.4), die in dem gewählten Koordinatensystem mit $\mathbf{G} = -G\mathbf{e}_3$ nur eine von null verschiedene Komponente besitzt. Mit dem Ortsvektordifferenzial $d\mathbf{r} = dx_1\,\mathbf{e}_1 + dx_2\,\mathbf{e}_2 + dx_3\,\mathbf{e}_3$ erhalten wir zunächst $dA_a = \mathbf{G} \cdot d\mathbf{r} = -G\,dx_3$. Integrieren wir diesen Ausdruck längs des Verschiebungsweges von $\mathbf{r}_1$ nach $\mathbf{r}_2$, also

$$A_{1-2} = \int_{\mathbf{r}_1}^{\mathbf{r}_2} \mathbf{G} \cdot d\mathbf{r} = -G \int_{x_3^{(1)}}^{x_3^{(2)}} dx_3 = G(x_3^{(1)} - x_3^{(2)}) = U_1 - U_2 \qquad (4.3)$$

dann erhalten wir die Arbeit der Gewichtskraft **G** längs ihres Verschiebungsweges von (1) nach (2), die nur von der Differenz der x_3-Koordinaten der beiden Endpunkte abhängt. Nehmen wir das Nullniveau (NN) bei $x_3^{(2)} = 0$ an, dann konnte der Körper mit dem Gewicht G die Arbeit $A = Gh$ verrichten. Er besitzt somit bezüglich der Ebene (NN) die Energie der Lage oder die potenzielle Energie

$$U = Gh \tag{4.4}$$

$$[U] = \frac{\text{Masse} \cdot (\text{Länge})^2}{(\text{Zeit})^2} \text{ , Einheit: kgm}^2\text{s}^{-2} = \text{Nm} = \text{J}$$

Die potenzielle Energie ist positiv, wenn sich der Körperschwerpunkt oberhalb des Nullniveaus befindet, null, wenn der Schwerpunkt im Nullniveau liegt, und negativ, wenn er sich unterhalb desselben befindet.

4.1.4   Das Potenzial einer Federkraft

Wird eine lineare Feder um das Maß x aus der entspannten Lage ausgelenkt (Abb. 4.5), dann ist dazu eine äußere Kraft $F = kx$ erforderlich. Die Kraft F leistet dabei die Arbeit

$$A_a = \int_{\overline{x}=0}^{x} F(\overline{x})\,d\overline{x} = \int_{\overline{x}=0}^{x} k\overline{x}\,d\overline{x} = \frac{1}{2}k\,x^2 = \frac{1}{2}Fx \tag{4.5}$$

Die Federkraft F_F ist eine innere Kraftgröße, sie leistet als Reaktionskraft die innere Arbeit

$$A_F = -\int_{\overline{x}=0}^{x} F(\overline{x})\,d\overline{x} = -\frac{1}{2}k\,x^2 = -\frac{1}{2}Fx \tag{4.6}$$

Die Federkonstante k hängt auch von der Bauart der Feder ab.

$$[k] = \frac{\text{Masse}}{(\text{Zeit})^2} \text{ , Einheit: kg s}^{-2} = \text{N}/\text{m}$$

Zur Berechnung des Potenzials der Federkraft beachten wir $F_F = -\dfrac{dU_F}{dx} = -kx$ und damit

$$U_F = \int_{\overline{x}=0}^{x} k\overline{x}\,d\overline{x} = \frac{1}{2}kx^2 \tag{4.7}$$

Entspannte   Ausgelenkte
Lage   Lage

F(x)

x $F_F(x)$

Kraft

kx

Auslenkung   x

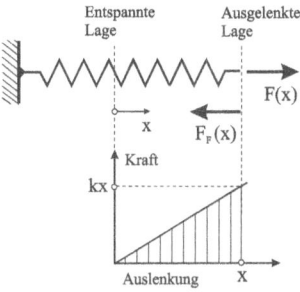

Abb. 4.5 *Lineare Wegfeder*

Geometrisch entspricht dem Potenzial der Federkraft die in (Abb. 4.5) schraffierte Dreieckfläche. Auch dieses Potenzial ist nur bis auf eine additive Konstante festgelegt, wobei U_F als die in der Feder gespeicherte Formänderungsenergie gedeutet werden kann.

Entsprechende Beziehungen lassen sich auch für eine lineare Drehfeder mit der Federkonstanten k_d herleiten. Ist $M = k_d\varphi$ das äußere Moment, das die Drehfeder aus der ungespannten Lage $\varphi = 0$ in die Lage φ dreht, dann errechnet sich die dabei vom äußeren Moment geleistete Arbeit

$$A_a = \int_{\overline{\varphi}=0}^{\varphi} M(\overline{\varphi}) d\overline{\varphi} = \int_{\overline{\varphi}=0}^{\varphi} k_d \overline{\varphi} \, d\overline{\varphi} = \frac{1}{2} k_d \varphi^2 = \frac{1}{2} M\varphi \qquad (4.8)$$

Mit dem inneren Federmoment $M_F = -M$ folgt dann analog zu (4.7)

$$U_F = \frac{1}{2} k_d \varphi^2 \qquad (4.9)$$

Zu den Kräften, die sich nicht aus einem Potenzial ableiten lassen, gehören die geschwindigkeitsabhängigen Reibungskräfte, die dem Materialgesetz $\mathbf{R} = -f(v)\dfrac{\mathbf{v}}{v}$ mit $f(v) > 0$ genügen. Unter Beachtung von $d\mathbf{r} = \dot{\mathbf{r}}dt = \mathbf{v}\,dt$ folgt nämlich

$$A_a = \oint \mathbf{R} \cdot d\mathbf{r} = -\oint f(v)\frac{\mathbf{v}}{v} \cdot \mathbf{v}\,dt = -\oint f(v)\,v\,dt < 0$$

eine Arbeit, die immer negativ ist. Damit lässt sich für Reibungskräfte ein Potenzial nicht nachweisen, und da diese Kräfte Arbeit zerstreuen, werden sie auch dissipative Kräfte genannt. Zur Berechnung der Arbeit einer dissipativen Kraft muss der vollständige Verschiebungszustand des Kraftangriffspunktes bekannt sein.

4.2 Die Kinetische Energie

Die kinetische Energie ist die Energie der Bewegung. Besitzt das Massenelement dm des bewegten Körpers in Abb. 4.6 die Geschwindigkeit $\mathbf{v}$, dann definieren wir dessen kinetische Energie $dE = 1/2 v^2 dm$. Die gesamte kinetische Energie des Körpers ist dann

$$E = \int dE = \frac{1}{2} \int_{(m)} v^2 dm \geq 0 \qquad (4.10)$$

$$[E] = \frac{\text{Masse} \cdot (\text{Länge})^2}{(\text{Zeit})^2} \text{ , Einheit: } kgm^2 s^{-2} = Nm = J$$

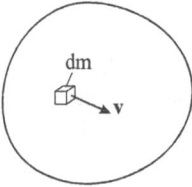

Abb. 4.6 *Massenelement dm, Geschwindigkeit v*   **Abb. 4.7** *Kinetische Energie, Bezugspunkt A*

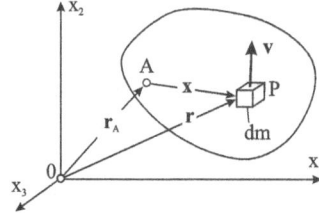

Zur Berechnung der kinetischen Energie eines beliebig bewegten starren Körpers (Abb. 4.7) benutzen wir die Eulersche Geschwindigkeitsformel $\mathbf{v} = \mathbf{v}_A + \boldsymbol{\omega} \times \mathbf{x}$. Das Quadrat der Geschwindigkeit ist dann $\mathbf{v}^2 = \mathbf{v} \cdot \mathbf{v} = v^2 = (\mathbf{v}_A + \boldsymbol{\omega} \times \mathbf{x})^2 = \mathbf{v}_A^2 + 2\mathbf{v}_A \cdot (\boldsymbol{\omega} \times \mathbf{x}) + (\boldsymbol{\omega} \times \mathbf{x})^2$, und mit der Definition (4.10) erhalten wir unter Beachtung von $\mathbf{v}_A \cdot (\boldsymbol{\omega} \times \mathbf{x}) = (\mathbf{v}_A \times \boldsymbol{\omega}) \cdot \mathbf{x}$

$$E = \frac{1}{2}\left[\int_{(m)} v_A^2 dm + 2(\mathbf{v}_A \times \boldsymbol{\omega}) \cdot \int_{(m)} \mathbf{x}\, dm + \int_{(m)} (\boldsymbol{\omega} \times \mathbf{x})^2 dm \right] \tag{4.11}$$

Durch geeignete Wahl des Punktes A können wir den mittleren Term auf der rechten Seite zum Verschwinden bringen, denn es ist $(\mathbf{v}_A \times \boldsymbol{\omega}) \cdot \int_{(m)} \mathbf{x}\, dm = 0$ für

1.) A ist ein raumfester Punkt, dann ist $\mathbf{v}_A = \mathbf{0}$

2.) A ist der beliebig bewegte Körperschwerpunkt S, dann ist $\int_{(m)} \mathbf{x}\, dm = \mathbf{0}$

3.) $\mathbf{v}_A$ ist parallel zu $\boldsymbol{\omega}$, dann ist $\mathbf{v}_A \times \boldsymbol{\omega} = \mathbf{0}$

Ist A der beliebig bewegte Körperschwerpunkt S, dann verbleibt von (4.11)

$$E = \frac{1}{2} \int_{(m)} v_S^2 dm + \frac{1}{2} \int_{(m)} (\boldsymbol{\omega} \times \mathbf{x})^2 dm \tag{4.12}$$

Die kinetische Energie setzt sich aus zwei Anteilen zusammen, dem translatorischen Anteil $E_{tra} = 1/2 \int_{(m)} v_S^2\, dm$ und einem Anteil $E_{rot} = 1/2 \int_{(m)} (\boldsymbol{\omega} \times \mathbf{x})^2 dm$, der die Drehung des starren Körpers berücksichtigt. Werten wir (4.12) bezüglich einer körperfesten Basis $\mathbf{e}_j^{(k)}$ ($j = 1, 2, 3$) mit $\boldsymbol{\omega} = [\omega_1^{(k)}, \omega_2^{(k)}, \omega_3^{(k)}]^T$ und $\mathbf{x} = [x_1^{(k)}, x_2^{(k)}, x_3^{(k)}]^T$ sowie

$$\boldsymbol{\omega} \times \mathbf{x} = [\omega_2^{(k)} x_3^{(k)} - \omega_3^{(k)} x_2^{(k)}, \; \omega_3^{(k)} x_1^{(k)} - \omega_1^{(k)} x_3^{(k)}, \; \omega_1^{(k)} x_2^{(k)} - \omega_2^{(k)} x_3^{(k)}] \text{ und damit}$$

$$(\boldsymbol{\omega} \times \mathbf{x})^2 = \omega_1^{(k)2}(x_2^{(k)2} + x_3^{(k)2}) + \omega_2^{(k)2}(x_1^{(k)2} + x_3^{(k)2}) + \omega_3^{(k)2}(x_1^{(k)2} + x_2^{(k)2})$$
$$-2\omega_1^{(k)}\omega_2^{(k)}x_1^{(k)}x_2^{(k)} - 2\omega_1^{(k)}\omega_3^{(k)}x_1^{(k)}x_3^{(k)} - 2\omega_2^{(k)}\omega_3^{(k)}x_2^{(k)}x_3^{(k)}$$

aus, dann folgt

$$E = \frac{1}{2}mv_S^2 +$$
$$+\frac{1}{2}\left[\omega_1^{(k)2}\int_{(m)}(x_2^{(k)2} + x_3^{(k)2})dm + \omega_2^{(k)2}\int_{(m)}(x_1^{(k)2} + x_3^{(k)2})dm + \omega_3^{(k)2}\int_{(m)}(x_1^{(k)2} + x_2^{(k)2})dm\right]$$
$$-\left[\omega_1^{(k)}\omega_2^{(k)}\int_{(m)}x_1^{(k)}x_2^{(k)}dm + \omega_1^{(k)}\omega_3^{(k)}\int_{(m)}x_1^{(k)}x_3^{(k)}dm + \omega_2^{(k)}\omega_3^{(k)}\int_{(m)}x_2^{(k)}x_3^{(k)}dm\right]$$

Die Integrale entsprechen den auf körperfeste Achsen durch den Schwerpunkt S bezogenen Massenmomenten. Damit erhalten wir für die beiden wichtigen Fälle

1.) Der Punkt A ist ein raumfester Punkt

$$E_{rot} = \frac{1}{2}[\omega_1^{(k)2}\Theta_{11}^{(k)} + \omega_2^{(k)2}\Theta_{22}^{(k)} + \omega_3^{(k)2}\Theta_{33}^{(k)}] - [\omega_1^{(k)}\omega_2^{(k)}\Theta_{12}^{(k)} + \omega_1^{(k)}\omega_3^{(k)}\Theta_{13}^{(k)} + \omega_2^{(k)}\omega_3^{(k)}\Theta_{23}^{(k)}]$$

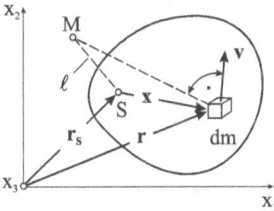

2.) Der Punkt A ist der beliebig bewegte Schwerpunkt S des starren Körpers

$$E = \frac{1}{2}mv_S^2 + \frac{1}{2}[\omega_1^{(k)2}\Theta_{11}^{(k)} + \omega_2^{(k)2}\Theta_{22}^{(k)} + \omega_3^{(k)2}\Theta_{33}^{(k)}] - [\omega_1^{(k)}\omega_2^{(k)}\Theta_{12}^{(k)} + \omega_1^{(k)}\omega_3^{(k)}\Theta_{13}^{(k)} + \omega_2^{(k)}\omega_3^{(k)}\Theta_{23}^{(k)}]$$

Abb. 4.8 *Ebene Bewegung einer Scheibe*   **Abb. 4.9** *Rotation eines starren Körpers um die 3-Achse*

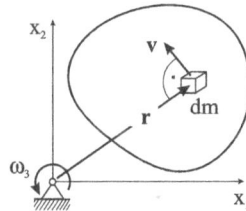

Bei einer ebenen Bewegung einer starren Scheibe in der (1,2)-Ebene (Abb. 4.8) verbleibt von der letzten Beziehung wegen $\omega_1^{(k)} = 0$ und $\omega_2^{(k)} = 0$ sowie $\omega_3^{(k)} = \omega_3$ die kinetische Energie

$$E = \frac{1}{2}mv_S^2 + \frac{1}{2}\omega_3^2\,\Theta_{33}^{(k)} \qquad (4.13)$$

Bei Bezugnahme auf das Momentanzentrum M kann die kinetische Energie auch als reine Rotationsenergie dargestellt werden. Dann ist $E = 1/2\,\omega_3^2\,\Theta_M$ was auch aus (4.13) hergeleitet werden kann, denn mit $v_S = \ell\omega_3$ und damit $v_S^2 = \ell^2\omega_3^2$ folgt unter Beachtung des Satzes von Steiner für parallele Achsen $E = 1/2m\ell^2\omega_3^2 + 1/2\Theta_S\omega_3^2 = 1/2(\underbrace{\Theta_S + m\ell^2}_{=\Theta_M})\omega_3^2$. Liegt eine

reine Rotation des Körpers um eine feste Achse vor (Abb. 4.9), so ist mit $v = r\omega_3$

$$E = \frac{1}{2}\omega_3^2\Theta_{33}^{(k)} \tag{4.14}$$

Für den Sonderfall der reinen Translation eines starren Körpers ($\omega = 0$) haben alle Massen-elemente dm dieselbe Geschwindigkeit **v**. Dann ist

$$E = \frac{1}{2}mv^2 \tag{4.15}$$

4.2.1   Die Leistung einer Kraft

Als Leistung einer Kraft wird die je Zeiteinheit geleistete Arbeit definiert

$$L = \frac{dA}{dt} = \frac{\mathbf{F}\cdot d\mathbf{r}}{dt} = \mathbf{F}\cdot\frac{d\mathbf{r}}{dt} = \mathbf{F}\cdot\mathbf{v} \tag{4.16}$$

$$[L] = \frac{\text{Masse}\cdot(\text{Länge})^2}{(\text{Zeit})^3}, \text{Einheit: kg m}^2\text{s}^{-3} = \text{Js}^{-1} = \text{W (Watt)}$$

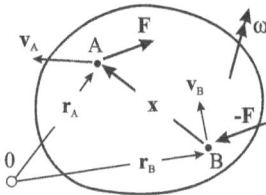

Abb. 4.10 *Leistung eines Kräftepaares*

Die Leistung eines Kräftepaares (Abb. 4.10) mit dem Moment $\mathbf{M} = \mathbf{x}\times\mathbf{F}$ folgt aus der Definition für die Leistung einer Kraft. Unter Berücksichtigung der Eulerschen Geschwindigkeitsformel folgt

$$L = \mathbf{F}\cdot\mathbf{v_A} - \mathbf{F}\cdot\mathbf{v_B} = \mathbf{F}\cdot[\mathbf{v_A} - (\mathbf{v_A} + \omega\times(-\mathbf{x}))]$$
$$= \mathbf{F}\cdot(\omega\times\mathbf{x}) = -(\mathbf{F}\times\mathbf{x})\cdot\omega = (\mathbf{x}\times\mathbf{F})\cdot\omega$$

Die Leistung eines Kräftepaares mit dem Moment **M** ist also

$$L = \mathbf{M}\cdot\omega \tag{4.17}$$

4.3 Der Arbeitssatz für starre Körper

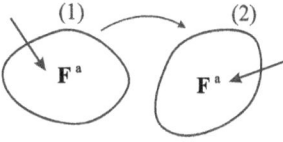

Abb. 4.11 Der Arbeitssatz für starre Körper

Abb. 4.11 zeigt einen starren Körper, der unter dem Einfluss äußerer Kräfte aus der Lage (1) in die Lage (2) gebracht wird. Seine kinetische Energie ist

$$E = \frac{1}{2} \int_{(m)} v^2 \, dm$$

Berechnen wir deren zeitliche Änderung, dann folgt

$$\frac{dE}{dt} = \int_{(m)} v \cdot \dot{v} \, dm = \int_{(m)} v \cdot \underbrace{\ddot{r} \, dm}_{=dF} = \int_{(m)} v \cdot dF = \int_{(m)} dL = L = \frac{dA}{dt}$$

Aus der obigen Beziehung folgt der Arbeitssatz für starre Körper in differenzieller Form

$$dA = dE \tag{4.18}$$

und die Integration zwischen den Zuständen (1) und (2) ergibt

$$A_{1-2} = E_2 - E_1 \tag{4.19}$$

Damit kann folgender Satz formuliert werden:

Die Zunahme der kinetischen Energie in einem beliebigen Zeitintervall $\Delta t = t_2 - t_1$ ist gleich der Arbeit aller äußeren Kräfte in diesem Zeitintervall.

Falls an äußeren Kräften nur die Schwerkraft wirkt, so verrichtet nur die Gewichtskraft **G** Arbeit und mit (4.3) ist $A_{1-2} = U_1 - U_2$. Der Arbeitssatz (4.19) geht dann über in den Energiesatz der Mechanik oder den Satz von der Erhaltung der mechanischen Energie (Energieerhaltungssatz)

$$E_1 + U_1 = E_2 + U_2 \tag{4.20}$$

oder

$$E + U = \text{konst.} \tag{4.21}$$

und in differenzieller Form

$$\frac{d}{dt}(E + U) = \dot{E} + \dot{U} = 0 \tag{4.22}$$

Damit kann folgender Satz formuliert werden:

Für ein mechanisches System, das nur unter dem Einfluss konservativer Kräfte steht, ist die Summe aus kinetischer und potenzieller Energie konstant.

Beispiel 4-1:

Welche Geschwindigkeit hat der Schwerpunkt einer Walze (Masse m, Massenträgheitsmoment Θ_S), nachdem diese die Höhe h durchlaufen hat? Der Körper soll sich im Zustand (1) aus der Ruhe heraus in Bewegung setzen. Da er nur unter dem Einfluss der Schwerkraft steht, lässt sich hier vorteilhaft mit dem Energieerhaltungssatz für Schwerekräfte (4.20) arbeiten. Dieser Satz kann auch als 1. Integral des Schwerpunktsatzes angesehen werden, da er direkt die Geschwindigkeit liefert. Wir notieren potenzielle und kinetische Energien für beide Zustände:

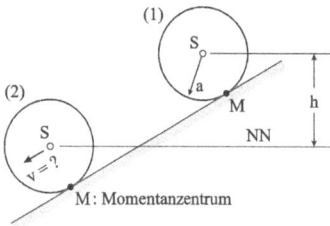

Abb. 4.12 Walze auf einer schiefen Ebene

Zustand (1): $E_1 = 0$ $U_1 = mgh$

Zustand (2): $E_2 = \frac{1}{2}\Theta_M\omega^2 = \frac{1}{2}(\Theta_S + ma^2)\omega^2$ $U_2 = 0$

Energiesatz: $0 + mgh = \frac{1}{2}(\Theta_S + ma^2)\omega^2 + 0$ (a)

Kinematik für reines Rollen: $v_S = a\omega$ (b)

Die Berücksichtigung von (b) in (a) liefert die Schwerpunktgeschwindigkeit

$$v_S = \sqrt{\frac{2gh}{1 + \Theta_S/(ma^2)}} \;.$$

Hinweis: Die Bewegung der Walze geht umso langsamer vor sich, je größer ihr Massenträgheitsmoment Θ_S ist.

4.4   Die Lagrangeschen Bewegungsgleichungen

Die Bewegungsgleichungen lassen sich prinzipiell herleiten, wenn wir für jeden Teilkörper eines Systems, bestehend aus m starren Körpern mit n Freiheitsgraden, Schwerpunktsatz und Drallsatz notieren. Aus diesen Grundgleichungen folgen insgesamt 6m Gleichungen, in denen zunächst die n Freiheitsgradparameter $q_j(t)$, ($j = 1,...,n$) unbekannt sind. Überdies unbekannt sind die Kontaktlasten, etwa die Gelenkkräfte zwischen den Körpern sowie die Lagerreaktionslasten, die mittels $6m - n$ der insgesamt 6m Gleichungen durch die Freiheitsgradparameter $q_j(t)$ ausgedrückt werden können. Anschließend lassen sich die eigentlichen n Bewegungsgleichungen des Systems generieren, die als Unbekannte nur noch die Freiheitsgradparameter und deren zeitliche Ableitungen bis zur zweiten Ordnung enthalten. Wir werden im Folgenden sehen, dass sich die Bewegungsgleichungen eines konservativen Systems direkt herleiten lassen, und zwar ohne vorherige Elimination der Kontakt- und Lagerreaktionslasten. Dazu benutzen wir energetische Aussagen in Form des Arbeits- und Energieerhaltungssatzes. In diesen Sätzen treten Auflagerlasten a priori nicht auf, da diese keine Arbeit leisten. Befinden sich im System deformierbare Kontaktelemente (Federn), so kann die Arbeit der Kontaktlasten mittels der Materialgesetze der Kontinuumsmechanik durch Elementdeformationen ausgedrückt werden. Für den Fall einer linearelastischen Feder ist beispielsweise mit deren Längenänderung $\Delta\ell$ die Arbeit der Kontaktkraft gleich der potenziellen Energie $U_F = 1/2 \, k\Delta\ell^2$ der Feder. Diese Arbeit lässt sich dann wieder durch die Freiheitsgradparameter $q_j(t)$ des Systems ausdrücken.

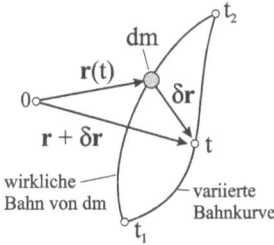

Abb. 4.13 *Örtlich variierte Bahnkurve des Massenelementes dm*

Zur Herleitung der Lagrangeschen[1] Bewegungsgleichungen gehen wir aus vom Hamiltonschen[2] Prinzip, auf das man durch folgende Fragestellung geführt wird (Abb. 4.13): Durch welche Eigenschaft zeichnet sich eine im endlichen Zeitintervall $t_1 \le t \le t_2$ durchlaufene Bahn $\mathbf{r} = \mathbf{r}(t)$ eines Massenelementes dm gegenüber anderen kinematisch möglichen (virtuellen) Bahnen $\mathbf{r} + \delta\mathbf{r}$ aus? Diese Frage wird durch das Hamiltonsche Prinzip beantwortet. Es lautet für ein nicht konservatives System

$$\int_{t=t_1}^{t_2} (\delta A^{(e)} + \delta E)\,dt = 0 \qquad (4.23)$$

Darin bezeichnen $\delta A^{(e)}$ die virtuelle Arbeit der eingeprägten Kräfte und δE die virtuelle Änderung der kinetischen Energie. Lassen sich die äußeren eingeprägten Kräfte aus einem Potenzial ableiten, ist also $\delta A^{(e)} = -\delta U$ ein totales Differenzial, dann lautet das Hamilton-

---

[1]   Joseph Louis de Lagrange, eigtl. Giuseppe Ludovico Lagrangia, frz. Mathematiker und Physiker italien. Herkunft, 1736-1813

[2]   Sir William Rowan Hamilton, irischer Mathematiker und Physiker, 1805-1865

sche Prinzip für ein konservatives System, wenn wir beachten, dass beim δ-Prozess die Zeit nicht variiert wird

$$\int_{t=t_1}^{t_2} (\delta E - \delta U)\, dt = \int_{t=t_1}^{t_2} \delta(E - U)\, dt = \int_{t=t_1}^{t_2} \delta L\, dt = 0 \qquad (4.24)$$

wobei

$$L = E - U \qquad (4.25)$$

Lagrangesche Funktion genannt wird. Das Hamiltonsche Prinzip besagt, dass das Zeitintegral über die Lagrangesche Funktion für die wirklich eintretende Bahn stationär ist, es nimmt also einen Extremwert (Maximum, Minimum, Sattelpunkt) an. Die in der Lagrangeschen Funktion L auftretende Energiedifferenz $E - U$ kann bei einem konservativen System immer durch die n Freiheitsgradparameter und deren Ableitung

$$L = L(q_1, q_2, \ldots, q_n; \dot{q}_1, \dot{q}_2, \ldots, \dot{q}_n) \qquad (4.26)$$

ausgedrückt werden, und die Variation von L ist

$$\delta L = \sum_{i=1}^{n} \left(\frac{\partial L}{\partial q_i} \delta q_i + \frac{\partial L}{\partial \dot{q}_i} \delta \dot{q}_i \right) \qquad (4.27)$$

Unter Beachtung der Schwarzschen Vertauschungsregel gilt $\delta \dot{q}_i = \delta\left(\dfrac{dq_i}{dt}\right) = \dfrac{d}{dt}(\delta q_i)$. Für den weiteren Rechengang bilden wir folgende Ableitung

$$\frac{d}{dt}\left(\frac{\partial L}{\partial \dot{q}_i} \delta q_i\right) = \frac{\partial L}{\partial \dot{q}_i} \delta \dot{q}_i + \frac{d}{dt}\left(\frac{\partial L}{\partial \dot{q}_i}\right) \delta q_i, \quad \rightarrow \frac{\partial L}{\partial \dot{q}_i} \delta \dot{q}_i = \frac{d}{dt}\left(\frac{\partial L}{\partial \dot{q}_i} \delta q_i\right) - \frac{d}{dt}\left(\frac{\partial L}{\partial \dot{q}_i}\right) \delta q_i$$

Einsetzen der rechten Seite der obigen Beziehung in (4.27) liefert

$$\delta L = \sum_{i=1}^{n} \left[\frac{\partial L}{\partial q_i} \delta q_i + \frac{d}{dt}\left(\frac{\partial L}{\partial \dot{q}_i} \delta q_i\right) - \frac{d}{dt}\left(\frac{\partial L}{\partial \dot{q}_i}\right) \delta q_i \right] \qquad (4.28)$$

Das Hamiltonsche Prinzip geht damit über in

$$\int_{t=t_1}^{t_2} \delta L\, dt = \sum_{i=1}^{n} \left[\frac{\partial L}{\partial \dot{q}_i} \delta q_i \right]_{t_1}^{t_2} + \int_{t=t_1}^{t_2} \sum_{i=1}^{n} \left[\frac{\partial L}{\partial q_i} - \frac{d}{dt}\left(\frac{\partial L}{\partial \dot{q}_i}\right) \right] \delta q_i\, d = 0 \qquad (4.29)$$

Da zu den Zeitpunkten t_1 und t_2 die wirklichen und die virtuellen Bahnendpunkte übereinstimmen (Abb. 4.13), also $\delta q_i(t_1) = \delta q_i(t_2) = 0$ zu fordern sind, verschwindet im obigen

Ausdruck die erste Summe. Im Übrigen sollen die virtuellen Verschiebungen $\delta q_i(t)$ willkürlich sein. Damit ist die obige Gleichung nur dann identisch erfüllt, wenn jeweils die Inhalte der n Klammerausdrücke unter dem Integral je für sich verschwinden. Dies führt zu den n Lagrangeschen Bewegungsgleichungen für konservative Systeme

$$\frac{d}{dt}\left(\frac{\partial L}{\partial \dot{q}_i}\right) - \frac{\partial L}{\partial q_i} = 0 \qquad (i = 1,\ldots,n) \qquad (4.30)$$

Berücksichtigen wir noch, dass die potenzielle Energie $U = U(q_1,\ldots,q_n)$ nur von den Freiheitsgradparametern q_i abhängt, nicht jedoch von deren Geschwindigkeiten $\dot{q}_i$, dann können wir mit $L = E - U$ die Lagrangeschen Bewegungsgleichungen auch in der Form

$$\frac{d}{dt}\left(\frac{\partial E}{\partial \dot{q}_i}\right) - \frac{\partial E}{\partial q_i} = -\frac{\partial U}{\partial q_i} = Q_i \qquad (i = 1,\ldots,n) \qquad (4.31)$$

notieren, die auch Lagrangesche Bewegungsgleichungen 2. Art genannt werden. Die negative Ableitung der potenziellen Energie U nach den generalisierten Koordinaten q_i wird generalisierte Kraft Q_i genannt.

Beispiel 4-2:

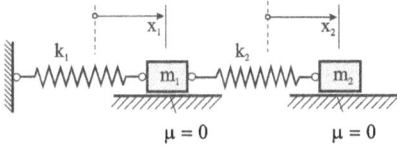

Abb. 4.14   Schwinger mit 2 Freiheitsgraden

Es sind die Bewegungsgleichungen für den Zweimassenschwinger in Abb. 4.14 mithilfe der Lagrangeschen Bewegungsgleichungen aufzustellen.

Lösung: Das System besitzt genau zwei Freiheitsgrade. Als generalisierte Koordinaten wählen wir die beiden Auslenkungen der Einzelmassen $q_1 = x_1$ und $q_2 = x_2$. Für $x_1 = 0$ und $x_2 = 0$ sind beide Federn entspannt. (4.31) geht dann über in

$$\frac{d}{dt}\left(\frac{\partial E}{\partial \dot{x}_1}\right) - \frac{\partial E}{\partial x_1} = -\frac{\partial U}{\partial x_1}, \quad \frac{d}{dt}\left(\frac{\partial E}{\partial \dot{x}_2}\right) - \frac{\partial E}{\partial x_2} = -\frac{\partial U}{\partial x_2}$$

Wir benötigen in einem ersten Schritt die kinetische und die potenzielle Energie des Gesamtsystems ausgedrückt durch die generalisierten Koordinaten x_1 und x_2. Für die kinetische Energie folgt $E = 1/2\, m_1 \dot{x}_1^2 + 1/2\, m_2 \dot{x}_2^2$, und die potenzielle Energie der Federkräfte ist $U = 1/2\, k_1 x_1^2 + 1/2\, k_2 (x_2 - x_1)^2$. Wir benötigen ferner folgende Ableitungen

$$\frac{\partial E}{\partial x_1} = 0, \quad \frac{\partial E}{\partial \dot{x}_1} = m_1 \dot{x}_1, \quad \frac{d}{dt}\left(\frac{\partial E}{\partial \dot{x}_1}\right) = m_1 \ddot{x}_1, \quad \frac{\partial U}{\partial x_1} = k_1 x_1 - k_2 (x_2 - x_1)$$

$$\frac{\partial E}{\partial x_2} = 0, \quad \frac{\partial E}{\partial \dot{x}_2} = m_2 \dot{x}_2, \quad \frac{d}{dt}\left(\frac{\partial E}{\partial \dot{x}_2}\right) = m_2 \ddot{x}_2, \quad \frac{\partial U}{\partial x_2} = k_2(x_2 - x_1)$$

Damit erhalten wir die beiden gekoppelten Bewegungsdifferenzialgleichungen

$$m_1 \ddot{x}_1 = -k_1 x_1 + k_2(x_2 - x_1), \quad m_2 \ddot{x}_2 = -k_2(x_2 - x_1)$$

die wir auch in Matrizenschreibweise notieren können

$$\begin{bmatrix} m_1 & 0 \\ 0 & m_2 \end{bmatrix}\begin{bmatrix} \ddot{x}_1 \\ \ddot{x}_2 \end{bmatrix} + \begin{bmatrix} k_1 + k_2 & -k_2 \\ -k_2 & k_2 \end{bmatrix}\begin{bmatrix} x_1 \\ x_2 \end{bmatrix} = \begin{bmatrix} 0 \\ 0 \end{bmatrix} \tag{4.32}$$

4.5 Das Prinzip der virtuellen Verrückung

Dieses Energieprinzip der Statik bietet folgende Vorteile:

- Angewandt auf starre Körper oder Systeme von starren Körpern erlaubt es eine schnelle Herleitung der Gleichgewichtsbedingungen ohne Kenntnis der Schnittlasten.
- Angewandt auf deformierbare Körper ermöglicht es die Ermittlung von Kräften oder Verschiebungen an einzelnen Körperpunkten ohne Kenntnis der Lösung der Grundgleichungen (Sätze von Castigliano).

Außerdem bildet es die Grundlage zur Herleitung von Näherungsverfahren, etwa dem Verfahren von Ritz und der Methode der Finiten Elemente (FEM), die beide eng miteinander verwandt sind. Zur Kennzeichnung der Zustände eines mechanischen Systems führen wir die folgenden Bezeichnungen ein:

- Die *Ausgangslage* des Systems, die auch als Referenzkonfiguration bezeichnet wird, definieren wir als den unbelasteten und spannungsfreien Zustand des Körpers.
- Die *Gleichgewichtslage*, oder auch aktuelle Lage, nimmt der Körper nach quasistatischer Aufbringung der äußeren Lasten ein.
- Die *variierte Lage* mit der virtuellen Verrückung δ**u** ist eine der Gleichgewichtslage zusätzlich überlagerte Verschiebung.

Die Variation des Verschiebungszustandes δ**u** hat dabei folgende Eigenschaften:

- δ**u** ist geometrisch möglich, d.h. bei der virtuellen Verrückung wird der Zusammenhang des Körpers gewahrt, und δ**u** ist verträglich (kompatibel) mit den Lagerungsbedingungen.
- Die Verrückung |δ**u**| ist differentiell klein. Damit können in allen Rechnungen die von höherer Ordnung kleinen Terme gestrichen werden.
- Sämtliche inneren und äußeren Kraftgrößen werden bei der Durchführung der Variation δ**u** konstant gehalten, also <u>nicht</u> variiert.

– Die virtuelle Verrückung ist eine gedachte Verrückung bei <u>festgehaltener</u> Zeit. Dabei ist es uninteressant, in welcher Zeit wir uns diese virtuelle Verrückung entstanden denken.

Zur Herleitung des Prinzips betrachten wir den deformierbaren Körper in Abb. 4.15, der sich unter der Einwirkung äußerer Kräfte gegenüber der Ausgangslage in einer verformten Gleichgewichtslage befindet. Die Verschiebung eines materiellen Punktes P relativ zu einer festen Ausgangslage **r**, wird durch den Verschiebungsvektor **u(r)** beschrieben. Auf den Körper wirken Oberflächenkräfte $\mathbf{s}_O$ und Volumenkräfte **f**. Wir erteilen dem Körper eine virtuelle Verrückung $\delta\mathbf{u}(\mathbf{r})$ und notieren sodann die von den äußeren Kräften geleistete Arbeit und erhalten

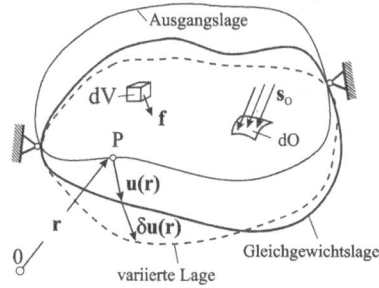

Abb. 4.15 *Virtuelle Verrückung eines deformierbaren Körpers*

$$\delta A_a = \int_{(V)} \mathbf{f} \cdot \delta\mathbf{u}\, dV + \int_{O(V)} \mathbf{s}_o \cdot \delta\mathbf{u}\, dO \qquad (4.33)$$

Durch identische Umformoperationen unter Einbeziehung der Gleichgewichtsbedingungen folgt aus (4.33) nach etwas längerer Rechnung das Prinzip der virtuellen Verrückung

$$\delta A_a = \delta A_i \qquad (4.34)$$

In Worten besagt (4.34):

Befindet sich ein Körper im Gleichgewicht, dann ist bei einer virtuellen Verrückung des Körpers die Arbeit der äußeren Kräfte gleich der Arbeit der inneren Kräfte.

Der Ausdruck

$$\delta A_i = \int_{(V)} (\sigma_{xx}\delta\varepsilon_{xx} + \sigma_{yy}\delta\varepsilon_{yy} + \sigma_{zz}\delta\varepsilon_{zz} + \sigma_{xy}\delta\gamma_{xy} + \sigma_{xz}\delta\gamma_{xz} + \sigma_{yz}\delta\gamma_{yz})dV \qquad (4.35)$$

wird innere Arbeit genannt (σ_{jk} : Spannungen, ε_{jk} : Verzerrungen). Werden bei der virtuellen Verrückung die Lagerungsbedingungen des Systems berücksichtigt, dann kann statt δA_a (Arbeit der äußeren Kräfte) auch $\delta A_a^{(e)}$ (Arbeit der eingeprägten Kräfte) geschrieben werden, da bei kompatiblen Verrückungsvariationen die Reaktionskräfte keine Arbeit leisten. Führen wir mit

$$W = \int_{(V)} G\left[\varepsilon_{11}^{\,2} + \varepsilon_{22}^{\,2} + \varepsilon_{33}^{\,2} + \frac{\nu}{1-2\nu}\varepsilon^2 + \frac{1}{2}(\gamma_{12}^{\,2} + \gamma_{23}^{\,2} + \gamma_{31}^{\,2})\right]dV \qquad (4.36)$$

die Formänderungsenergie eines Körpers ein, dessen Material im isothermen Fall dem Hookeschen Gesetz (G: Schubmodul, ν: Querdehnungszahl)

$$\sigma_{jj} = 2G\left(\varepsilon_{jj} + \frac{\nu}{1-2\nu}\varepsilon\right), \qquad (j=1,2,3)$$

$$\sigma_{jk} = G\gamma_{jk} = 2G\varepsilon_{jk}, \qquad (j=1,2,3 \neq k) \qquad (4.37)$$

$$\varepsilon = \varepsilon_{11} + \varepsilon_{22} + \varepsilon_{33}$$

gehorcht, dann ist wegen

$$\delta W = \frac{\partial W}{\partial \varepsilon_{11}}\delta\varepsilon_{11} + \frac{\partial W}{\partial \varepsilon_{22}}\delta\varepsilon_{22} + \frac{\partial W}{\partial \varepsilon_{33}}\delta\varepsilon_{33} + \frac{\partial W}{\partial \gamma_{12}}\delta\gamma_{12} + \frac{\partial W}{\partial \gamma_{23}}\delta\gamma_{23} + \frac{\partial W}{\partial \gamma_{31}}\delta\gamma_{31}$$

und unter Beachtung von (4.36)

$$\delta W = \int_{(V)} 2G\left[\begin{array}{c}\left(\varepsilon_{11} + \dfrac{\nu}{1-2\nu}\varepsilon\right)\delta\varepsilon_{11} + \left(\varepsilon_{22} + \dfrac{\nu}{1-2\nu}\varepsilon\right)\delta\varepsilon_{22} + \left(\varepsilon_{33} + \dfrac{\nu}{1-2\nu}\varepsilon\right)\delta\varepsilon_{33} \\ + \dfrac{1}{2}(\gamma_{12}\delta\gamma_{12} + \gamma_{13}\delta\gamma_{13} + \gamma_{23}\delta\gamma_{23})\end{array}\right]dV$$

Ein Vergleich mit (4.35) zeigt

$$\delta A_i = \delta W \qquad (4.38)$$

und (4.34) geht damit über in

$$\delta W - \delta A_a = \delta(W - A_a) = \delta\Pi = 0 \qquad (4.39)$$

Verwenden wir für die Variation der äußeren Arbeit den Ausdruck

$$A_a = \sum_{j=1}^{m} \mathbf{F}_j \cdot \mathbf{u}_j + \sum_{k=1}^{\ell} \mathbf{M}_k \cdot \boldsymbol{\varphi}_k + \int_{(V)} \mathbf{f} \cdot \mathbf{u}\, dV + \int_{O(V)} \mathbf{s}_O \cdot \mathbf{u}\, dO \qquad (4.40)$$

worin $\mathbf{F}_j$ und $\mathbf{M}_k$ Einzelkraft- bzw. Einzelmomentenbelastungen, $\mathbf{f}$ Belastungen durch Massenkräfte und $\mathbf{s}_O$ Belastungen durch Oberflächenspannungen bedeuten, dann wird der Ausdruck

$$\Pi = \Pi(\mathbf{u}) = W(\mathbf{u}) - \sum_{j=1}^{m} \mathbf{F}_j \cdot \overset{\downarrow}{\mathbf{u}}_j + \sum_{k=1}^{n} \mathbf{M}_k \cdot \overset{\downarrow}{\boldsymbol{\varphi}}_k + \int_{(V)} \mathbf{f} \cdot \overset{\downarrow}{\mathbf{u}}\, dV + \int_{O(V)} \mathbf{s}_O \cdot \overset{\downarrow}{\mathbf{u}}\, dO \qquad (4.41)$$

elastisches Potenzial genannt, und (4.39) heißt Satz vom Extremum des elastischen Potenzials.

In (4.41) wird im Ausdruck für die äußere Arbeit durch die aufgesetzten Pfeile angedeutet, dass allein die Verrückungsgrößen zu variieren sind. In Worten besagt (4.41):

Von allen möglichen Verschiebungszuständen eines elastischen Körpers tritt derjenige wirklich ein, für den die Energiegröße Π einen stationären Wert annimmt.

Beim starren Körper entfällt die innere Arbeit δA_i, da sämtliche Verzerrungen verschwinden, und von (4.34) verbleibt

$$\delta A_a = 0 \qquad\qquad (4.42)$$

Wenn nur Kräfte $\mathbf{F}_j$ und Kräftepaare $\mathbf{M}_k$ an einem System starrer Körper angreifen, dann wird bei der Variation einer Verrückung aus der Gleichgewichtslage heraus die virtuelle äußere Arbeit

$$\delta A_a = \sum_{j=1}^{m} \mathbf{F}_j \cdot \delta \mathbf{u}_j + \sum_{k=1}^{\ell} \mathbf{M}_k \cdot \delta \boldsymbol{\varphi}_k = 0 \qquad\qquad (4.43)$$

geleistet. Besitzt das Starrkörpersystem insgesamt p Freiheitsgrade q_s ($s = 1,...,p$), wobei diese Freiheitsgrade die Lage des Körpers eindeutig beschreiben müssen, dann lassen sich die Verschiebungen $\mathbf{u}_j$ und die Verdrehungen $\boldsymbol{\varphi}_k$ der Lastangriffspunkte in Abhängigkeit der Freiheitsgradparameter q_s in der Form $\mathbf{u}_j = \mathbf{u}_j(q_1,...,q_p)$ und $\boldsymbol{\varphi}_k = \boldsymbol{\varphi}_k(q_1,...,q_p)$ darstellen, und für die Variationen folgen $\delta \mathbf{u}_j = \sum_{s=1}^{p} \dfrac{\partial \mathbf{u}_j}{\partial q_s} \delta q_s$ und $\delta \boldsymbol{\varphi}_k = \sum_{s=1}^{p} \dfrac{\partial \boldsymbol{\varphi}_k}{\partial q_s} \delta q_s$. Die Parametervariationen $\delta q_s (s = 1,...,p)$ sind hierbei beliebig. Einsetzen dieser Beziehungen in (4.43) führt auf $\delta A_a = \sum_{s=1}^{p} \left[\sum_{j=1}^{m} \mathbf{F}_j \cdot \dfrac{\partial \mathbf{u}_j}{\partial q_s} + \sum_{k=1}^{\ell} \mathbf{M}_k \cdot \dfrac{\partial \boldsymbol{\varphi}_k}{\partial q_s} \right] \delta q_s = 0$, und da die δq_s beliebig gewählt werden können, ist

$$\sum_{j=1}^{m} \mathbf{F}_j \cdot \frac{\partial \mathbf{u}_j}{\partial q_s} + \sum_{k=1}^{\ell} \mathbf{M}_k \cdot \frac{\partial \boldsymbol{\varphi}_k}{\partial q_s} = 0 \quad (s = 1,...,p) \qquad\qquad (4.44)$$

Damit liegen insgesamt p lineare Gleichungen zur Bestimmung aller p Parameter q_s der Gleichgewichtslagen vor. Übrigens kann anstelle von $\partial \mathbf{u}_j / \partial q_s$ mit den Ortsvektoren $\mathbf{r}_j$ der Lastangriffspunkte auch $\partial \mathbf{r}_j / \partial q_s$ geschrieben werden.

Wir wollen noch den Spezialfall betrachten, bei dem nur konservative Kräfte $\mathbf{F}_j = -\nabla U_j$ mit den Kraftangriffspunkten $\mathbf{r}_j$ am Starrkörpersystem angreifen. Dann wird aus (4.43)

$$\delta A_a = -\delta U = 0 \qquad\qquad (4.45)$$

Beispiel 4-3:

Auf den starren Balken in Abb. 4.16, der sich in horizontaler Lage im Gleichgewicht befindet, wirken die beiden Kräfte $\mathbf{F}_1 = [F_{1x} \quad F_{1y}]$ und $\mathbf{F}_2 = [F_{2x} \quad F_{2y}]$. Es sind die Bedingungen für das Gleichgewicht zu ermitteln.

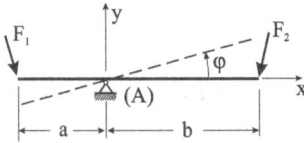

Abb. 4.16 *Prinzip der virtuellen Verrückung*

Lösung: Das System besitzt mit dem Drehwinkel φ nur einen Freiheitsgrad. Wir stellen zunächst die Ortsvektoren der Kraftangriffspunkte als Funktion von φ auf:

$\mathbf{r}_1 = [-a\cos\varphi \quad -a\sin\varphi]$, $\mathbf{r}_2 = [b\cos\varphi \quad b\sin\varphi]$. Wir benötigen noch die Ableitungen $\partial\mathbf{r}_1 / \partial\varphi = [a\sin\varphi \quad -a\cos\varphi]$ und $\partial\mathbf{r}_2 / \partial\varphi = [-b\sin\varphi \quad b\cos\varphi]$. Die Reaktionslast am Auflager A leistet bei kompatibler Verrückung keine Arbeit. Von (4.44) verbleibt

$$\sum_{j=1}^{2} \mathbf{F}_j \cdot \frac{\partial\mathbf{r}_j}{\partial\varphi} = \mathbf{F}_1 \cdot \frac{\partial\mathbf{r}_1}{\partial\varphi} + \mathbf{F}_2 \cdot \frac{\partial\mathbf{r}_2}{\partial\varphi} = F_{1x}a\sin\varphi - F_{1y}a\cos\varphi - F_{2x}b\sin\varphi + F_{2y}b\cos\varphi = 0$$

und für die Gleichgewichtslage $\varphi = 0$ folgt das Hebelgesetz $F_{1y}a = F_{2y}b$.

4.6   Das d'Alembertsche Prinzip

Dieses Prinzip besagt, dass an einem bewegten System die verlorenen Kräfte und Momente im Gleichgewicht stehen. Als verlorene Kraft eines sich im Massenverbund befindenden Massenelementes dm wird $\mathbf{dV} = \mathbf{dK}^{(a)} - \mathbf{b}\,dm$ definiert. Dabei ist $\mathbf{dK}^{(a)}$ die auf das freigeschnittene Element einwirkende äußere Kraft und $\mathbf{b}$ die Beschleunigung des Konvergenzpunktes des Massenelementes. Im Sinne der Statik lauten dann die *Gleichgewichtsbedingungen*

$$\mathbf{V} = \int_{(m)} \mathbf{dV} = \int_{(m)} (\mathbf{dK}^{(a)} - \mathbf{b}\,dm) = \mathbf{0} \;; \qquad \mathbf{M}_0^{(V)} = \mathbf{0} \qquad (4.46)$$

wobei $\mathbf{M}_0^{(V)}$ das Moment aller verlorenen Kräfte bezüglich des Punktes 0 bedeutet. Besteht das System aus Teilmassen m_k ($k = 1,...,n$), die in Form von kinematischen Gelenkketten miteinander verbunden sind, dann liefert die Anwendung der *Gleichgewichtsbedingungen* auf das Gesamtsystem

$$\sum_{k=1}^{n}(\mathbf{K}_{k}^{(a)} - m_{k}\mathbf{b}_{Sk}) = \mathbf{0}, \qquad \sum_{k=1}^{n}[(\mathbf{M}_{Sk}^{(a)} - \dot{\mathbf{D}}_{Sk}) + \mathbf{r}_{Sk} \times (\mathbf{K}_{k}^{(a)} - m_{k}\mathbf{b}_{Sk})] = \mathbf{0}$$

Es sind also an jeder Teilmasse m_k des Massenverbandes ein verlorenes Moment

$$\mathbf{M}_{Vk} = \mathbf{M}_{Sk}^{(a)} - \dot{\mathbf{D}}_{Sk}$$

und im jeweiligen Schwerpunkt S eine verlorene Kraft

$$\mathbf{V}_{k} = \mathbf{K}_{k}^{(a)} - m_{k}\mathbf{b}_{Sk}$$

anzubringen und sodann für diese Belastung die *Gleichgewichtsbedingungen* am Gesamt-system zu formulieren.

Beispiel 4-4:

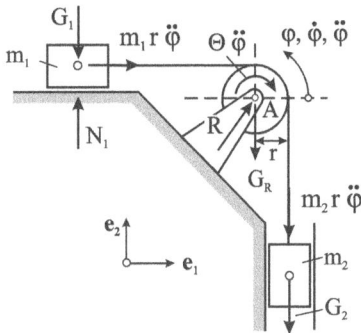

Abb. 4.17   Verlorene Kräfte u. Momente

Für das ebene System in Abb. 4.17 ist mit dem d'Alembertschen Prinzip die Winkelbeschleuni-gung $\ddot{\varphi}$ der Rolle zu berechnen. Die reibungsfrei gelagerten Massen m_1 und m_2 sind über ein un-dehnbares Seil miteinander verbunden, das über eine in A drehbar gelagerte Rolle mit dem Mas-senträgheitsmoment Θ geführt wird.

Lösung: Das System besitzt nur einen Freiheits-grad, das ist der Drehwinkel φ. Aus der Kinema-tik folgt, dass beide Massen die Schwerpunktbe-schleunigung $r\ddot{\varphi}$ besitzen. An jeder Masse sind die verlorenen Kräfte und Momente anzubringen.

Auf die Masse m_1 wirkt die verlorene Kraft $\mathbf{V}_{1} = (N_1 - G_1)\mathbf{e}_2 + m_1 r\ddot{\varphi}\mathbf{e}_1$, wohingegen das verlorene Moment verschwindet, da einerseits m_1 eine reine Translationsbewegung durch-führt und andererseits die verlorene Kraft durch den Schwerpunkt verläuft. Das trifft auch auf die Masse m_2 zu, an der die verlorene Kraft $\mathbf{V}_{2} = -(G_2 + m_2 r\ddot{\varphi})\mathbf{e}_2$ angreift. Für die Rolle ist mit der unbekannten Lagerreaktionskraft $\mathbf{R}$ die verlorene Kraft $\mathbf{V}_{R} = \mathbf{R} - G_r\mathbf{e}_2$ zu notieren, und für das verlorene Moment verbleibt $\mathbf{M}_{VR} = \Theta\ddot{\varphi}\mathbf{e}_3$. Schreiben wir nun das Momentengleichgewicht bezüglich des Punktes A an, und beachten, dass Seile keine Quer-kräfte übertragen können, dann erhalten wir $-r\,m_1 r\ddot{\varphi} - \Theta\ddot{\varphi} - r\,m_2 r\ddot{\varphi} - G_2 r = 0$ und damit

$$\ddot{\varphi} = -\frac{G_2 r}{\Theta + r^2(m_1 + m_2)}, \text{ ohne die Seilkraft selbst berechnet zu haben.}$$

Wird das Prinzip der virtuellen Verrückungen auf das d'Alembertsche Prinzip angewandt, dann folgt daraus das d'Alembertsche Prinzip in der Lagrangeschen Fassung

$$\delta_u A_{aV} = \delta_u W \tag{4.47}$$

wobei $\delta_u A_{aV} = \delta_u A_a - \int_{(m)} dm\, \mathbf{b} \cdot \delta\mathbf{u}$ die virtuelle Arbeit der verlorenen Kräfte und $\delta_u W$ den Zuwachs an Formänderungsenergie bezeichnet.

5   Das Pendel

Als Pendel wird ein um einen Punkt oder um eine Achse drehbar gelagerter Körper bezeichnet, der nach Aufbringung einer Anfangsstörung, das kann eine Auslenkung oder auch Anfangsgeschwindigkeit sein, unter dem Einfluss äußerer Kräfte (meist der Schwerkraft) periodische Schwingungen ausführt.

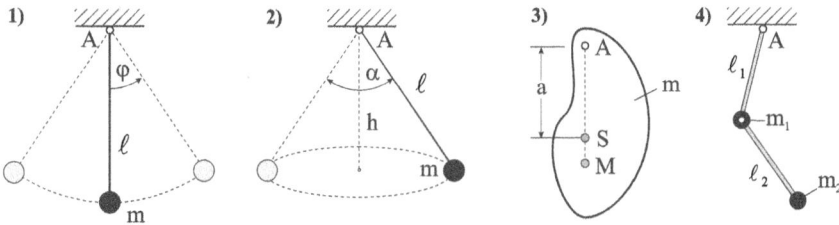

Abb. 5.1   *Pendel: 1) mathematisches Pendel (A Drehachse, φ Auslenkungswinkel, ℓ Fadenlänge, m Pendelmasse);*
2) Kegelpendel (A Drehpunkt, α Öffnungswinkel, h Kegelhöhe); 3) physisches Pendel (S Schwerpunkt, M Schwin-
gungsmittelpunkt); 4) mathematisches Doppelpendel

5.1   Das mathematische Pendel

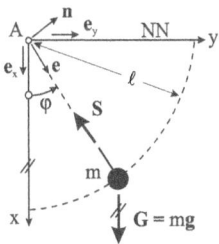

Abb. 5.2   *Das mathematische Pendel*

Das mathematische Pendel ist ein idealisiertes Pendel, bei dem
in der Modellvorstellung eine konzentrierte Masse m (ideal-
erweise eine Punktmasse) an einem masselosen starren Stab
befestigt ist (Abb. 5.2). Auf die freigeschnittene Masse, die in
der (x,y)-Ebene eine Kreisbewegung mit dem Radius ℓ durch-
führt, wirken die Gewichtskraft $\mathbf{G}$ und die Stabkraft $\mathbf{S}$. Beziehen wir uns auf die kartesische Basis, dann gilt $\mathbf{G} = mg\,\mathbf{e}_x$,
und für die Einheitsvektoren folgt $\mathbf{e} = [\cos\varphi, \sin\varphi]^T$,
$\mathbf{n} = [-\sin\varphi, \cos\varphi]^T$. Zur Herleitung der Bewegungsgleichung
wenden wir das Newtonsche Grundgesetz auf die freigeschnit-
tene Masse m an und erhalten $m\ddot{\mathbf{r}} = \mathbf{G} + \mathbf{S}$. Mit der Beschleunigung $\ddot{\mathbf{r}} = \ell(\ddot{\varphi}\,\mathbf{n} - \dot{\varphi}^2\mathbf{e})$ geht
das Bewegungsgesetz über in $m\ell(\ddot{\varphi}\,\mathbf{n} - \dot{\varphi}^2\mathbf{e}) - \mathbf{G} - \mathbf{S} = \mathbf{0}$. Wir eliminieren aus dieser Gleichung die Stabkraft $\mathbf{S}$, indem wir von der vorstehenden Gleichung nur die skalare Kompo-

nente in **n**-Richtung berücksichtigen. Das Ergebnis ist die nichtlineare Differenzialgleichung 2. Ordnung

$$\ddot{\varphi}(t) + \omega^2 \sin\varphi(t) = 0 \qquad (\omega = \sqrt{g/\ell}) \tag{5.1}$$

Ein erstes Integral dieser Gleichung beschaffen wir uns mittels des Energieerhaltungssatzes in der Form $E + U = C = \text{konst.}$ Wir benötigen dazu die kinetische Energie $E = 1/2m(\ell\dot{\varphi})^2$ der Punktmasse m und die potenzielle Energie $U = -mg\ell\cos\varphi$ der Gewichtskraft $G = mg$, die wir auf das Nullniveau bei $x = 0$ beziehen. Die Auswertung des Energieerhaltungssatzes liefert $1/2m(\ell\dot{\varphi})^2 - mg\ell\cos\varphi = C$. Die Konstante C bestimmen wir aus den Anfangsbedingungen zum Zeitpunkt $t = t_0$. Zu diesem Zeitpunkt sind $\varphi(t = t_0) = \varphi_0$ und $\dot{\varphi}(t = t_0) = \dot{\varphi}_0$, also $2C/(m\ell^2) = \dot{\varphi}_0^2 - 2\omega^2\cos\varphi_0$ und damit $\dot{\varphi}^2 = \dot{\varphi}_0^2 + 2\omega^2(\cos\varphi - \cos\varphi_0)$. Setzen wir $\varphi_0 = 0$, was keine Einschränkung bedeutet, dann ist

$$\dot{\varphi}^2 = \dot{\varphi}_0^2 - 2\omega^2(1 - \cos\varphi) = \dot{\varphi}_0^2[1 - \kappa^2 \sin^2(\varphi/2)] \qquad (\kappa = 2\omega/\dot{\varphi}_0) \tag{5.2}$$

In den Umkehrpunkten kommt das Pendel mit $\dot{\varphi} = 0$ zur Ruhe, und der größte Ausschlagwinkel errechnet sich zu

$$\varphi_{max} = \alpha = 2\arcsin\tilde{\kappa} \qquad [\tilde{\kappa} = 1/\kappa = \dot{\varphi}_0/(2\omega)] \tag{5.3}$$

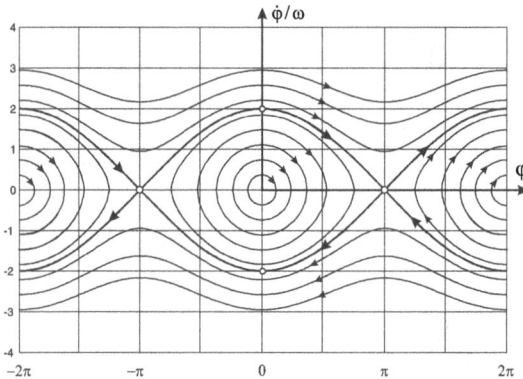

Abb. 5.3   *Phasenportrait eines mathematischen Pendels*

Abb. 5.3 zeigt das Phasenportrait eines mathematischen Pendels mit den Anfangsbedingungen $\varphi_0 = 0$ und $\dot{\varphi}_0 = 4s^{-1}$. Die Eigenkreisfrequenz beträgt $\omega = 2{,}71s^{-1}$. Die φ-Achse, hier gilt $\dot{\varphi} = 0$, wird in den Punkten φ mit der Bedingung $\sin^2(\varphi/2) = \tilde{\kappa}^2$ geschnitten. Mit

$\sin^2(\varphi/2) \le 1$ ist das allerdings nur für $|\widetilde{\kappa}| \le 1$ möglich. Im Grenzfall $|\widetilde{\kappa}| = 1$ ist $\dot{\varphi}_0^2 = 4\omega^2$ und (5.2) liefert $\dot{\varphi}^2 = 4\omega^2[1 - \sin^2(\varphi/2)] = 4\omega^2 \cos^2(\varphi/2)$.

oder $\dot{\varphi} = \pm 2\omega \cos(\varphi/2)$. Die oberen und unteren Grenzkurven $\dot{\varphi}/\omega = \pm 2 \cos(\varphi/2)$ sind in Abb. 5.3 dick ausgezogen. Alle Phasenbilder innerhalb dieser Grenzkurven entsprechen periodischen Schwingungen. Phasenkurven außerhalb der Grenzkurven haben keinen Stillstand. Die Auslenkung φ wächst oder fällt monoton. Mit diesen Kurven wird demzufolge das umlaufende Pendel beschrieben. Die Ruhelagen $\dot{\varphi} = 0$ mit $\varphi = 0, \pm 2\pi, \pm 4\pi \ldots$ stellen stabile Gleichgewichtslagen dar. In den Ruhelagen $\varphi = \pm \pi, \pm 3\pi \ldots$ steht das Pendel aufrecht. Diese Stellungen sind instabil, denn eine kleine Störung würde sofort dazu führen, dass sich das Pendel von diesen Gleichgewichtslagen entfernt. Zur weiteren Diskussion von (5.2) sind folglich drei Fälle zu unterscheiden:

1.) Für $\kappa^2 < 1$ und damit $\dot{\varphi}_0 > 2\omega$ wird $\dot{\varphi}$ nie Null, das Pendel überschlägt sich, läuft also immer im gleichen Sinne um. Im höchsten Punkt (hier ist $\varphi = \pi$) erreicht die Winkelgeschwindigkeit mit $\dot{\varphi}^2 = \dot{\varphi}_0^2(1 - \kappa^2)$ ihr Minimum.

2.) Für $\kappa^2 > 1$ und damit $\dot{\varphi}_0 < 2\omega$ wird $\dot{\varphi}$ für $\sin^2(\varphi/2) = \widetilde{\kappa}$. Das Pendel kommt bei einem maximalen Ausschlagwinkel α zum Stehen und kehrt dann seine Bewegungsrichtung um. Es liegt ein hin- und herschwingendes Pendel vor.

3.) Für $\dot{\varphi}_0 = 2\omega$ kommt das Pendel in der Lage $\varphi = \pi$ (Höchstlage) zur Ruhe.

Zur Integration von (5.2) lösen wir nach $\dot{\varphi}$ auf und erhalten $\dot{\varphi} = \pm \dot{\varphi}_0 \sqrt{1 - \kappa^2 \sin^2(\varphi/2)}$. Durch Trennung der Variablen und nachfolgender Integration folgt daraus die Zeit

$$t(\varphi) = \frac{1}{\dot{\varphi}_0} \int_{\overline{\varphi}=0}^{\varphi} \frac{d\overline{\varphi}}{\sqrt{1 - \kappa^2 \sin^2(\overline{\varphi}/2)}} \tag{5.4}$$

Im **1. Fall** des umlaufenden Pendels ist $\kappa^2 < 1$. Mit der Abkürzung $\psi = \varphi/2$ ist mit (5.4)

$$t = t(\psi) = \frac{2}{\dot{\varphi}_0} \int_{\overline{\psi}=0}^{2\psi} \frac{d\overline{\psi}}{\sqrt{1 - \kappa^2 \sin^2 \overline{\psi}}} = \frac{2}{\dot{\varphi}_0} F(2\psi, \kappa) \tag{5.5}$$

Die Werte des elliptischen Normalintegrals 1. Gattung $F(2\psi, \kappa) = \int_{\overline{\psi}=0}^{2\psi} \frac{d\overline{\psi}}{\sqrt{1 - \kappa^2 \sin^2 \overline{\psi}}}$ können Tafeln entnommen werden. Aus (5.5) erhalten wir die für einen vollen Umlauf benötigte

Zeit $\mathrm{T} = 4\mathrm{t}(\varphi = \pi/2) = 4\mathrm{t}(\psi = \pi/4) = \dfrac{8}{\dot{\varphi}_0} \displaystyle\int\limits_{\overline{\psi}=0}^{\pi/2} \dfrac{\mathrm{d}\overline{\psi}}{\sqrt{1-\kappa^2\sin^2\overline{\psi}}} = \dfrac{8}{\dot{\varphi}_0}\mathrm{F}(\dfrac{\pi}{2},\kappa) = \dfrac{8}{\dot{\varphi}_0}\mathrm{K}(\kappa)$. Das

Integral $\mathrm{K}(\kappa) = \displaystyle\int\limits_{\overline{\psi}=0}^{\pi/2} \dfrac{\mathrm{d}\overline{\psi}}{\sqrt{1-\kappa^2\sin^2\overline{\psi}}}$ heißt vollständiges elliptisches Integral 1. Gattung. Zur

Abschätzung der Umlaufzeit T kann folgende Reihenentwicklung genutzt werden:

$$\mathrm{T} = \dfrac{4\pi}{\dot{\varphi}_0}\left[1 + \dfrac{1}{4}\kappa^2 + \dfrac{9}{64}\kappa^4 + \mathrm{O}(\kappa^6)\right]$$

Im **2. Fall** ist $\kappa^2 > 1$ und damit $\dot{\varphi}_0 < 2\omega$. Um hier zu einer Lösung zu kommen, ersetzen wir in (5.4) die Variable φ durch ψ nach der Vorschrift

$$\sin(\varphi/2) = \widetilde{\kappa}\sin\psi \qquad\qquad \rightarrow \psi = \arcsin[\kappa\sin(\varphi/2)] \tag{5.6}$$

Mit $\varphi = 2\arcsin(\widetilde{\kappa}\sin\psi)$ folgt $\mathrm{d}\varphi = \dfrac{2\widetilde{\kappa}\cos\psi\,\mathrm{d}\psi}{\sqrt{1-\widetilde{\kappa}^2\sin^2\psi}}$, womit (5.4) übergeht in

$$\mathrm{t} = \dfrac{1}{\dot{\varphi}_0}\int\limits_{\overline{\varphi}=0}^{\varphi}\dfrac{\mathrm{d}\overline{\varphi}}{\sqrt{1-\kappa^2\sin^2(\overline{\varphi}/2)}} = \dfrac{2\widetilde{\kappa}}{\dot{\varphi}_0}\int\limits_{\overline{\psi}=0}^{\psi}\dfrac{\cos\overline{\psi}\,\mathrm{d}\overline{\psi}}{\sqrt{1-\widetilde{\kappa}^2\sin^2\overline{\psi}}\sqrt{1-\sin^2\overline{\psi}}} = \dfrac{2\widetilde{\kappa}}{\dot{\varphi}_0}\int\limits_{\overline{\psi}=0}^{\psi}\dfrac{\mathrm{d}\overline{\psi}}{\sqrt{1-\widetilde{\kappa}^2\sin^2\overline{\psi}}}$$

und nach Zusammenfassung

$$\mathrm{t}(\psi) = \dfrac{1}{\omega}\int\limits_{\overline{\psi}=0}^{\psi}\dfrac{\mathrm{d}\overline{\psi}}{\sqrt{1-\widetilde{\kappa}^2\sin^2\overline{\psi}}} = \dfrac{1}{\omega}\mathrm{F}(\psi,\widetilde{\kappa}) \tag{5.7}$$

Zur Bestimmung der Dauer einer vollen Schwingung haben wir viermal die Zeit von der tiefsten Lage $\varphi = 0$ bis $\varphi = \varphi_{max} = \alpha = 2\arcsin\widetilde{\kappa}$ zu rechnen, wobei φ_{max} nach (5.6) dann erreicht wird, wenn $\sin(\varphi/2) = \sin\arcsin\widetilde{\kappa} = \widetilde{\kappa}$ und damit $\sin\psi = 1$ bzw. $\psi = \arcsin 1 = \pi/2$ ist. Damit errechnet sich die Schwingungsdauer

$$\mathrm{T} = \dfrac{4}{\omega}\mathrm{F}\left(\dfrac{\pi}{2},\widetilde{\kappa}\right) = \dfrac{4}{\omega}\int\limits_{\overline{\psi}=0}^{\pi/2}\dfrac{\mathrm{d}\overline{\psi}}{\sqrt{1-\widetilde{\kappa}^2\sin^2\overline{\psi}}} = \dfrac{4}{\omega}\mathrm{K}(\widetilde{\kappa}) \tag{5.8}$$

für die noch folgende Reihenentwicklung

$$\mathrm{T} = \dfrac{2\pi}{\omega}\left(1 + \dfrac{1}{4}\widetilde{\kappa}^2 + \dfrac{9}{64}\widetilde{\kappa}^4 + \mathrm{O}(\widetilde{\kappa}^6)\right) \tag{5.9}$$

angegeben werden kann. Beachten wir weiterhin, dass $\alpha = 2\arcsin\widetilde{\kappa} = 2\widetilde{\kappa} + O(\widetilde{\kappa}^3)$ und damit $\widetilde{\kappa} \approx \alpha/2$ gilt, können wir für Winkel $\alpha \leq 20°$ in erster Näherung auch

$$T \approx \frac{2\pi}{\omega}\left(1 + \frac{1}{16}\alpha^2\right) \tag{5.10}$$

schreiben. Bei großen Ausschlägen hängt damit die Schwingungszeit T von der Amplitude ab, allerdings ist diese Abhängigkeit sehr gering.

In praktischen Anwendungen ist meist nicht die Funktion $t(\varphi)$, sondern die Umkehrung $\varphi = \varphi(t)$ gesucht. Dazu führen wir in (5.7) die neue Variable $\tau = \omega t$ ein und erhalten

$\tau = \int\limits_{\overline{\psi}=0}^{\psi} \dfrac{d\overline{\psi}}{\sqrt{1 - \widetilde{\kappa}^2 \sin^2\overline{\psi}}}$. Der Winkel $\psi = \mathrm{Am}\,\tau$ wird Amplitude genannt, und die Funktion

$\mathrm{sn}\,\tau = \sin\psi$ heißt Jacobische elliptische Sinusfunktion. Unter Beachtung von (5.6) ist dann $\sin(\varphi/2) = \widetilde{\kappa}\,\mathrm{sn}\,\tau$ und damit

$$\varphi(t) = 2\arcsin[\widetilde{\kappa}\,\mathrm{sn}\,(\omega t, \widetilde{\kappa})] \tag{5.11}$$

und die Winkelgeschwindigkeit folgt durch Ableitung nach der Zeit t

$$\dot{\varphi}(t) = \frac{2\widetilde{\kappa}\omega\,\mathrm{cn}(\omega t, \widetilde{\kappa})\,\mathrm{dn}(\omega t, \widetilde{\kappa})}{\sqrt{1 - \widetilde{\kappa}^2\mathrm{sn}^2(\omega t, \widetilde{\kappa})}} \tag{5.12}$$

$\mathrm{cn}\,(\omega t, \widetilde{\kappa}) = \cos\psi$ \qquad\qquad Jacobische elliptische Cosinusfunktion

$\mathrm{dn}\,(\omega t, \widetilde{\kappa}) = \sqrt{1 - \widetilde{\kappa}^2\sin^2\psi}$ \qquad Jacobische elliptische Deltafunktion.

Im **3. Fall** kommt das Pendel für $\dot{\varphi}_0 = 2\omega$ ($\kappa = 1$) in der Höchstlage bei $\varphi = \pi$ zur Ruhe und (5.5) ergibt $t(\varphi) = \dfrac{1}{\dot{\varphi}_0}\int\limits_{\overline{\varphi}=0}^{\pi}\dfrac{d\overline{\varphi}}{\cos(\overline{\varphi}/2)} = \dfrac{2}{\dot{\varphi}_0}\int\limits_{\overline{\psi}=0}^{\pi/2}\dfrac{d\overline{\psi}}{\cos\overline{\psi}} = -\dfrac{2}{\dot{\varphi}_0}\ln\tan\dfrac{\pi-\varphi}{4}$. Trennen wir die

Veränderlichen, dann folgt $\tan\dfrac{\pi-\varphi}{4} = \exp(-\dfrac{\dot{\varphi}_0}{2}t)$. Am vorstehenden Ausdruck ist zu er-

kennen, dass die Höchstlage mit $\varphi = \pi$ wegen $\lim\limits_{t\to\infty}\exp(-\dfrac{\dot{\varphi}_0}{2}t) = 0$ nie erreicht werden

kann, da hierzu eine unendlich lange Zeit erforderlich wäre.

Die Stabkraft S (Abb. 5.2) können wir aus der Beziehung $\mathbf{S} = -S\mathbf{e} = m\ddot{\mathbf{r}} - \mathbf{G}$ ermitteln, indem wir skalar mit dem Einheitsvektor **e** multiplizieren. Das Ergebnis ist

$S = \mathbf{G}\cdot\mathbf{e} - m\ddot{\mathbf{r}}\cdot\mathbf{e} = mg\cos\varphi + m\ell\dot{\varphi}^2$.

Eliminieren wir mittels (5.2) das Quadrat der Winkelgeschwindigkeit, dann erhalten wir ($G = mg$)

$$S(\varphi) = G(4\tilde{\kappa}^2 + 3\cos\varphi - 2\cos\varphi_0) \tag{5.13}$$

Die Stabkraft wird beim Nulldurchgang extremal

$$S_{max} = S(\varphi = 0) = G(4\tilde{\kappa}^2 + 3 - 2\cos\varphi_0) \tag{5.14}$$

Unterstellen wir kleine Auslenkungen $\varphi(t)$, dann gilt näherungsweise $\sin\varphi \approx \varphi$ und (5.1) geht über in die gewöhnliche lineare Differenzialgleichung 2. Ordnung

$$\ddot{\varphi}(t) + \omega^2\varphi(t) = 0 \tag{5.15}$$

Sind zum Zeitpunkt $t = 0$ die Anfangsbedingungen $\varphi(t = 0) = \varphi_0$ und $\dot{\varphi}(t = 0) = \dot{\varphi}_0$ gegeben, dann ist

$$\varphi(t) = \varphi_0\cos\omega t + \frac{\dot{\varphi}_0}{\omega}\sin\omega t; \qquad \dot{\varphi}(t) = -\omega\varphi_0\sin\omega t + \dot{\varphi}_0\cos\omega t \tag{5.16}$$

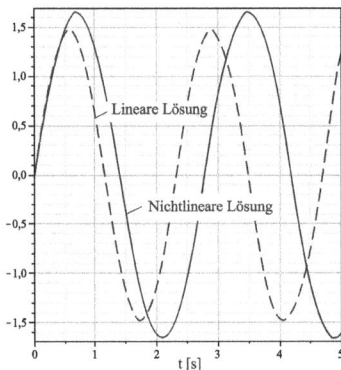

Abb. 5.4 *Die Auslenkung $\varphi(t)$, Vergleich von linearer und nichtlinearer Lösung*

die vollständige Lösung von (5.15) Diese harmonische Schwingung hat die Schwingungsdauer $T = 2\pi/\omega = 2\pi\sqrt{\ell/g}$ und besagt, dass bei kleinen Auslenkungen die Schwingungsdauer eines Pendels unabhängig von der Amplitude φ_0 ist. Abb. 5.4 zeigt den Vergleich von linearer (5.16) und nichtlinearer Lösung (5.11) für die Parameterkombination $\varphi_0 = 0$, $\dot{\varphi}_0 = 4\,s^{-1}$, $\omega = 2,71\,s^{-1}$ ($\tilde{\kappa} = 0,737$). Beide Lösungen unterscheiden sich erheblich in den Ausschlägen und der Schwingungsdauer T. Eine praktische Verwertung der Ergebnisse aus der linearen Rechnung wäre hier also nicht statthaft.

5.2   Das mathematische Doppelpendel

Das mathematische Doppelpendel besteht aus zwei Punktmassen m_1 und m_2 (Abb. 5.5), die durch masselos gedachte starre Stäbe untereinander und mit dem Lager A gelenkig verbunden sind. Das System besitzt die beiden Freiheitsgrade φ_1 und φ_2. Zur Herleitung der Bewegungsgleichung wenden wir auf jede Teilmasse das Newtonsche Grundgesetz an. Dazu ist es erforderlich, beide Massen vollständig freizuschneiden, und wir erhalten

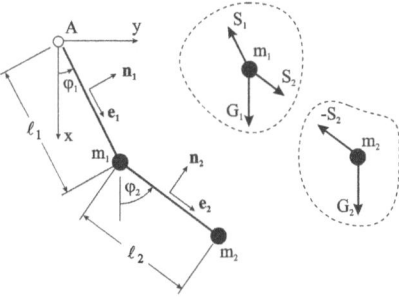

Abb. 5.5   *Das mathematische Doppelpendel*

$$m_1\ddot{\mathbf{r}}_1 = m_1\mathbf{g} + \mathbf{S}_1 + \mathbf{S}_2, \quad m_2\ddot{\mathbf{r}}_2 = m_2\mathbf{g} - \mathbf{S}_2 \tag{5.17}$$

Die Addition beider Gleichungen ergibt

$$m_1\ddot{\mathbf{r}}_1 + m_2\ddot{\mathbf{r}}_2 = (m_1 + m_2)\mathbf{g} + \mathbf{S}_1 \tag{5.18}$$

Die unbekannten Stabkräfte werden eliminiert, indem wir von (5.18) nur die skalare Komponente in $\mathbf{n}_1$-Richtung und von der zweiten Beziehung in (5.17) nur die skalare Komponente in $\mathbf{n}_2$-Richtung berücksichtigen

$$[m_1\ddot{\mathbf{r}}_1 + m_2\ddot{\mathbf{r}}_2 - (m_1 + m_2)\mathbf{g}] \cdot \mathbf{n}_1 = 0, \quad [m_2\ddot{\mathbf{r}}_2 - m_2\mathbf{g}] \cdot \mathbf{n}_2 = 0 \tag{5.19}$$

Es sind im Einzelnen:

$$\mathbf{r}_1 = \ell_1\mathbf{e}_1, \; \ddot{\mathbf{r}}_1 = \ell_1(\ddot{\varphi}_1\mathbf{n}_1 - \dot{\varphi}_1^2\mathbf{e}_1), \; \mathbf{r}_2 = \ell_1\mathbf{e}_1 + \ell_2\mathbf{e}_2, \; \ddot{\mathbf{r}}_2 = \ell_1(\ddot{\varphi}_1\mathbf{n}_1 - \dot{\varphi}_1^2\mathbf{e}_1) + \ell_2(\ddot{\varphi}_2\mathbf{n}_2 - \dot{\varphi}_2^2\mathbf{e}_2)$$

$$\mathbf{e}_1 = \cos\varphi_1\mathbf{e}_x + \sin\varphi_1\mathbf{e}_y, \; \mathbf{n}_1 = -\sin\varphi_1\mathbf{e}_x + \cos\varphi_1\mathbf{e}_y$$

$$\mathbf{e}_2 = \cos\varphi_2\mathbf{e}_x + \sin\varphi_2\mathbf{e}_y, \; \mathbf{n}_2 = -\sin\varphi_2\mathbf{e}_x + \cos\varphi_2\mathbf{e}_y$$

Mit dem Massenverhältnis

$$\mu = \frac{m_2}{m_1 + m_2} \qquad\qquad (5.20)$$

folgen dann aus (5.19) die beiden nichtlinearen Bewegungsgleichungen

$$\ell_1 \ddot{\varphi}_1 + \mu \ell_2 \ddot{\varphi}_2 \cos(\varphi_1 - \varphi_2) + \mu \ell_2 \dot{\varphi}_2^2 \sin(\varphi_1 - \varphi_2) + g \sin \varphi_1 = 0$$
$$\ell_2 \ddot{\varphi}_2 + \ell_1 \ddot{\varphi}_1 \cos(\varphi_1 - \varphi_2) - \ell_1 \dot{\varphi}_1^2 \sin(\varphi_1 - \varphi_2) + g \sin \varphi_2 = 0 \qquad (5.21)$$

Für das langsam schwingende Doppelpendel mit kleinen Ausschlägen kann linearisiert werden. Mit $\cos(\varphi_1 - \varphi_2) = 1$, $\sin \varphi_1 = \varphi_1$, $\dot{\varphi}_1^2 \sin(\varphi_1 - \varphi_2) = 0$ und $\dot{\varphi}_2^2 \sin(\varphi_1 - \varphi_2) = 0$ erhalten wir die linearisierten Bewegungsgleichungen des mathematischen Doppelpendels

$$\ell_1 \ddot{\varphi}_1 + \mu \ell_2 \ddot{\varphi}_2 + g \varphi_1 = 0$$
$$\ell_2 \ddot{\varphi}_2 + \ell_1 \ddot{\varphi}_1 + g \varphi_2 = 0 \qquad\qquad (5.22)$$

oder in Matrizenschreibweise

$$\begin{bmatrix} \ell_1 & \mu \ell_2 \\ \ell_1 & \ell_2 \end{bmatrix} \begin{bmatrix} \ddot{\varphi}_1 \\ \ddot{\varphi}_2 \end{bmatrix} + \begin{bmatrix} g & 0 \\ 0 & g \end{bmatrix} \begin{bmatrix} \varphi_1 \\ \varphi_2 \end{bmatrix} = \begin{bmatrix} 0 \\ 0 \end{bmatrix} \qquad (5.23)$$

Auf die nummerische Lösung der nichtlinearen Bewegungsgleichungen werden wir in Kap. 18 noch ausführlicher eingehen.

5.3   Das physische Pendel

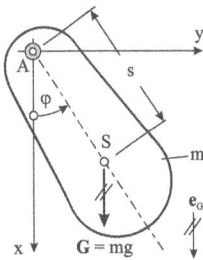

Abb. 5.6   *Das physische Pendel*

Ein starrer Körper der Masse m (Abb. 5.6), der sich in einem homogenen Schwerefeld reibungsfrei um den Punkt A dreht, wird physisches Pendel genannt. Wir behandeln den Fall der ebenen Bewegung. Die Verbindungsgerade von A nach S liege in der (x,y)-Ebene, und der Schwerpunkt S hat den Abstand s vom Auflager A. Da der Körper reibungsfrei gelagert ist, verbleibt als äußeres Moment bezüglich des Aufhängepunktes A allein das Moment $M_A^{(a)} = -mgs \sin \varphi$ der Gewichtskraft **G**. Notieren wir den Drallsatz bezüglich dieses Punktes, dann erhalten wir

$$\Theta_A \ddot{\varphi}(t) = -mgs \sin \varphi(t) \;\rightarrow\; \ddot{\varphi}(t) + \frac{mgs}{\Theta_A} \sin \varphi(t) = 0 \;.$$

Dabei bezeichnet Θ_A das Massenträgheitsmoment des Körpers bezogen auf die Achse senkrecht zur Ebene durch den Drehpunkt A. Führen wir mit $\ell_r = \Theta_A /(ms)$ die reduzierte Pendellänge ein, dann folgt die nichtlineare Bewegungsgleichung $\ddot{\varphi}(t) + g/\ell_r \sin\varphi(t) = 0$. Vergleichen wir diese Beziehung mit (5.1), dann schwingt das physische Pendel wie ein mathematisches mit der reduzierten Pendellänge ℓ_r. Setzen wir noch $\omega_r = \sqrt{g/\ell_r}$, dann bekommen wir

$$\ddot{\varphi}(t) + \omega_r^2 \sin\varphi(t) = 0 \tag{5.24}$$

Beispiel 5-1:

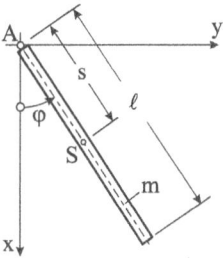

Abb. 5.7 *Physisches Pendel*

Eine homogene dünne Stange ($\ell = 2\,\mathrm{m}$) wird aus der Ruhelage $\varphi(t = 0) = \varphi_0 = 0$ mit einer Anfangsgeschwindigkeit $\dot{\varphi}_0 = 4\,\mathrm{s}^{-1}$ angestoßen. Gesucht werden:

1.) Die reduzierte Pendellänge ℓ_r
2.) Die Eigenkreisfrequenz ω_r des linearisierten Pendels
3.) Die Schwingungsdauer T
4.) Die Phasenkurve $\dot{\varphi}(\varphi)$
5.) Die Zustandsgrößen $\varphi(t)$ und $\dot{\varphi}(t)$
Lösung:

Zu 1.) $\Theta_A = 1/3 m\ell^2$, $s = \ell/2$, $\ell_r = \Theta_A /(ms) = 2/3\ell = 1,33\,\mathrm{m}$

Zu 2.) $\omega_r = \sqrt{g/\ell_r} = \sqrt{9,81/1,33} = 2,71\,\mathrm{s}^{-1}$

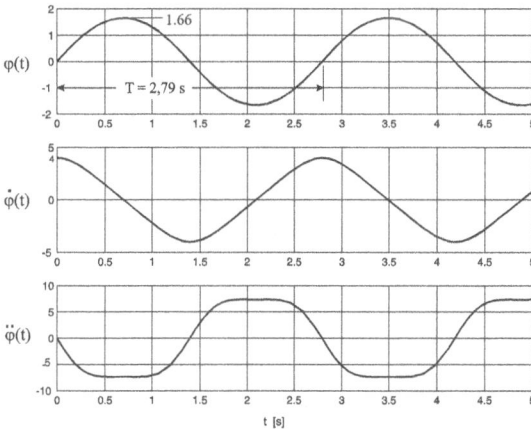

Abb. 5.8 *Zustandsgrößen*

Zu 3.) $\kappa = 2\omega_r / \dot{\phi}_0 = 1{,}355$, $\tilde{\kappa} = 1/\kappa = 0{,}738$. Wegen $\tilde{\kappa} < 1$ liegt hier der 2. Fall vor.

$T = \dfrac{4}{\omega_r} K(\tilde{\kappa}) = \dfrac{4}{2{,}71} 1{,}893\,\text{s} = 2{,}79\,\text{s}$. Die Näherungsformel liefert uns den kleineren Wert

$T \approx \dfrac{2\pi}{\omega_r}\left(1 + \dfrac{1}{4}\tilde{\kappa}^2 + \dfrac{9}{64}\tilde{\kappa}^4\right) = 2{,}73\,\text{s}$.

Der maximale Ausschlag berechnet sich zu $\phi_{max} = \alpha = 2\arcsin\tilde{\kappa} = 1{,}66$ ($\phi_{max} = 95°$).

Zu 4.) Aus (5.2) folgt die Gleichung der Phasenkurve (Abb. 5.9):

$\dot{\phi}(\phi) = \pm\sqrt{\dot{\phi}_0^2 - 4\omega_r^2 \sin^2(\phi/2)}$ oder $(\dot{\phi}/\dot{\phi}_0)^2 + \kappa^2 \sin^2(\phi/2) = 1$.

Zu 5.) Die aus nichtlinearen nummerischen Berechnungen resultierenden Größen Drehwinkel $\phi(t)$, Winkelgeschwindigkeit $\dot{\phi}(t)$ und Winkelbeschleunigung $\ddot{\phi}(t)$ können Abb. 5.8 entnommen werden.

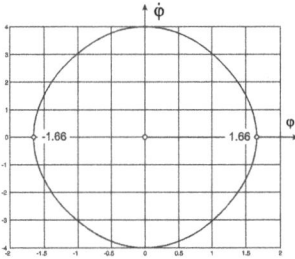

Abb. 5.9   *Phasenkurve*   **Abb. 5.10**   *Lagerreaktionskraft A*

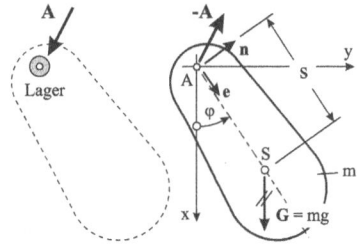

Zur Berechnung der Lagerreaktionskraft befreien wir das Pendel von der Unterlage und bringen als äußere Kraft die Schnittkraft -**A** an (Abb. 5.10). Auf das Lager selbst wirkt dann nach dem Reaktionsprinzip die Kraft **A**. Die Anwendung des Schwerpunktsatz auf das so freigeschnittene Pendel liefert zunächst $m\,\ddot{\mathbf{r}}_s = \mathbf{G} - \mathbf{A}$, was unter Beachtung von $\mathbf{r}_s = s\mathbf{e}$, $\dot{\mathbf{r}}_s = s\dot{\mathbf{e}} = s\dot{\phi}\mathbf{n}$ sowie $\ddot{\mathbf{r}}_s = s(\ddot{\phi}\mathbf{n} - \dot{\phi}^2\mathbf{e})$ auf $\mathbf{A} = \mathbf{G} - ms(\ddot{\phi}\mathbf{n} - \dot{\phi}^2\mathbf{e})$ führt. Beachten wir weiterhin $\mathbf{e} = \cos\phi\,\mathbf{e}_x + \sin\phi\,\mathbf{e}_y$; $\mathbf{n} = -\sin\phi\,\mathbf{e}_x + \cos\phi\,\mathbf{e}_y$, dann folgt

$A_x\mathbf{e}_x + A_y\mathbf{e}_y = G\,\mathbf{e}_x - ms[\ddot{\phi}(-\sin\phi\,\mathbf{e}_x + \cos\phi\,\mathbf{e}_y) - \dot{\phi}^2(\cos\phi\,\mathbf{e}_x + \sin\phi\,\mathbf{e}_y)]$. Diese Vektorgleichung zerfällt in die beiden skalaren Gleichungen

$A_x = G + ms(\ddot{\phi}\sin\phi + \dot{\phi}^2\cos\phi)$; $A_y = -ms(\ddot{\phi}\cos\phi - \dot{\phi}^2\sin\phi)$

Mit $\ddot{\phi}\sin\phi = -\omega_r^2 \sin^2\phi = -1/2\,\omega_r^2(1 - \cos 2\phi)$ und $\ddot{\phi}\cos\phi = -1/2\,\omega_r^2\sin 2\phi$ sowie

$\dot{\phi}^2 = 2\omega_r^2[2\tilde{\kappa}^2 + \cos\phi - 1] = 2\omega_r^2[(1 - \cos\alpha) - (1 - \cos\phi)] = 2\omega_r^2(\cos\phi - \cos\alpha)$

können wir in den obigen Beziehungen $\ddot{\varphi}$ und $\dot{\varphi}^2$ durch den Drehwinkel φ ersetzen

$$A_x(\varphi) = G + 1/2\,ms\omega_r^2(1+3\cos 2\varphi - 4\cos\alpha\cos\varphi); \; A_y(\varphi) = 1/2\,ms\omega_r^2(3\sin 2\varphi - 4\cos\alpha\sin\varphi)$$

Führen wir noch mit $ms\omega_r^2 = msg/\ell_r = Gms^2/\Theta_A = Gc$ den Faktor $c = ms^2/\Theta_A$ ein, dann folgen abschließend die bezogenen Komponenten der Lagerkraft

$$\tilde{A}_x(\varphi,\alpha) := \frac{A_x - G}{Gc} = \frac{1}{2}(1+3\cos 2\varphi - 4\cos\alpha\cos\varphi)$$

$$\tilde{A}_y(\varphi,\alpha) := \frac{A_y}{Gc} = (3\cos\varphi - 2\cos\alpha)\sin\varphi \tag{5.25}$$

In Abb. 5.11 sind die bezogenen Auflagerkraftkomponenten $\tilde{A}_x$ und $\tilde{A}_y$ nach (5.25) für den maximalen Auslenkungswinkel $\alpha = 1,66$ wiedergegeben.

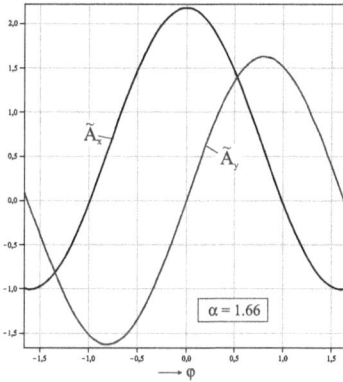

Abb. 5.11 *Bezogene Lagerkraftkomponenten*   **Abb. 5.12** *Extremwerte der Lagerkräfte*

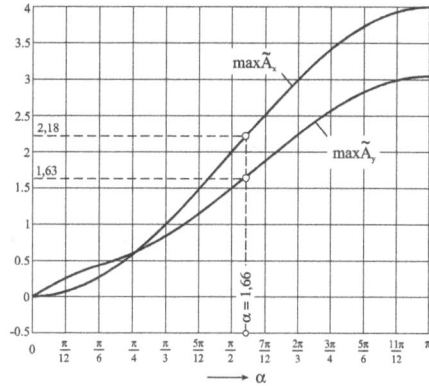

Für praktische Anwendungen sind noch die Extremwerte der Kraftkomponenten von Interesse. Notwendige Bedingung für deren Existenz ist das Verschwinden der 1. Ableitungen der Kraftkomponenten in (5.25), also

$$\frac{d\tilde{A}_x}{d\varphi} = 0 = 2(\cos\alpha - 3\cos\varphi)\sin\varphi, \quad \frac{d\tilde{A}_y}{d\varphi} = 0 = 3\cos 2\varphi - 2\cos\alpha\cos\varphi$$

Das Maximum für $\tilde{A}_x$ tritt offensichtlich bei $\varphi = 0$ auf (Abb. 5.11). Hier ist

$$\max\tilde{A}_x = 2(1-\cos\alpha) \tag{5.26}$$

Bei der Ermittlung des Minimums von $\widetilde{A}_x$ ist zu beachten, dass für $\alpha \leq \pi/2$ der Extremwert am Rand bei $\varphi = \alpha$ liegt. Wir erhalten

$$\min \widetilde{A}_x = -\sin^2 \alpha \qquad\qquad (\alpha \leq \pi/2; \varphi = \alpha)$$

$$\min \widetilde{A}_x = -\frac{1}{3}(3 + \cos^2 \alpha) \qquad (\alpha > \pi/2; \varphi = \arccos(1/3 \cos \alpha))$$

(5.27)

Die horizontale Lagerkraftkomponente A_y wird dort extremal, wo der Winkel φ der Bedingung $3\cos 2\varphi - 2\cos \alpha \cos \varphi = 0$ genügt. Für Winkel $\alpha \leq \pi/6$ existiert kein Extremwert im Gebiet, und mit $z = 1/6(\cos \alpha + \sqrt{\cos^2 \alpha + 18})$ sind

$$\max \widetilde{A}_y = \frac{1}{2}\sin 2\alpha \qquad\qquad (\alpha \leq \pi/6; \varphi = \alpha)$$

$$\max \widetilde{A}_y = (3\cos \overline{\varphi} - 2\cos \alpha)\sin \varphi \qquad (\alpha > \pi/6; \varphi = \arccos z)$$

(5.28)

Für $\alpha = 1{,}66$ erhalten wir $\widetilde{A}_x = 2(1 - \cos \alpha) = 2{,}18$, und mit $\varphi = \arccos z = 0{,}806$ folgt

$$\widetilde{A}_y = (3\cos \varphi - 2\cos \alpha)\sin \varphi = 1{,}63 \text{ (Abb. 5.12)}.$$

5.3.1   Die Schnittlasten in einem schwingenden Stab

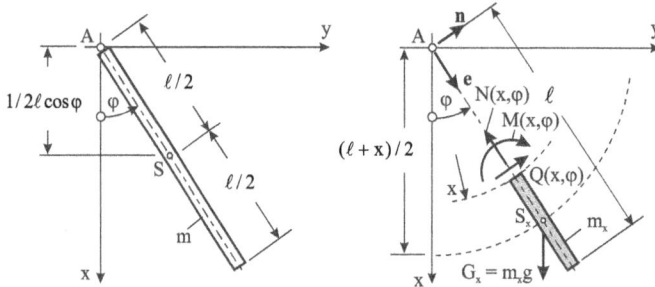

Abb. 5.13   *Schnittlasten in einem schwingenden Stab*

Die Berechnung der Schnittlasten in einem schwingenden Stab gehört in die Problemklasse der Kinetostatik. Um hier zu einer Lösung zu kommen, schneiden wir den Stab an der Stelle x auf (Abb. 5.13) und wenden auf den so freigeschnittenen Tragwerksteil Schwerpunktsatz und Drallsatz an. Der dünne Stab werde aus der Horizontallage ($\varphi_0 = \pi/2$) ohne Anfangsgeschwindigkeit ($\dot{\varphi}_0 = 0$) losgelassen. Der Schwerpunkt S_x des bei x abgeschnittenen Trägerteils bewegt sich auf einer Kreisbahn mit Radius $x_s = 1/2(\ell + x)$. Ist $\mathbf{r}_x = 1/2(\ell + x)\,\mathbf{e}_r$ der Ortsvektor zum Schwerpunkt der freigeschnittenen Masse m_x, dann führt die Anwendung des Schwerpunktsatzes zu: $m_x \ddot{\mathbf{r}}_x = -N(x,\varphi)\,\mathbf{e} + Q(x,\varphi)\,\mathbf{n} + G_x \cos \varphi\,\mathbf{e} - G_x \sin \varphi\,\mathbf{n}$. Beachten wir $\dot{\mathbf{r}}_x = 1/2(\ell+x)\,\dot{\mathbf{e}} = 1/2(\ell+x)\dot{\varphi}\,\mathbf{n}$ und $\ddot{\mathbf{r}}_x = 1/2(\ell+x)\,\ddot{\mathbf{e}} = 1/2(\ell+x)(\ddot{\varphi}\,\mathbf{n}-\dot{\varphi}^2\mathbf{e})$, dann zeigt ein Komponentenvergleich

$$N(x,\varphi) = \frac{m_x}{2}(\ell+x)\dot{\varphi}^2 + G_x\cos\varphi, \quad Q(x,\varphi) = \frac{m_x}{2}(\ell+x)\ddot{\varphi} + G_x\sin\varphi \tag{5.29}$$

Der Drallsatz bezüglich des Schwerpunktes S_x liefert das Schnittmoment

$$M(x,\varphi) = -\Theta_{Sx}\,\ddot{\varphi} - \frac{1}{2}Q(x,\varphi)(\ell-x) \tag{5.30}$$

Mit der dimensionslosen Koordinate $\xi = x/\ell$ sind $m_x = m(1-\xi)$, $G_x = m_x g = m(1-\xi)g$, $\Theta_{Sx} = m_x(\ell-x)^2/12 = m\ell^2(1-\xi)^3/12$. Wir eliminieren aus (5.29) und (5.30) $\dot{\varphi}^2$ und $\ddot{\varphi}$. Dazu benötigen wir $\ell_r = 2/3\ell$ und $\omega_r^2 = g/\ell_r = 3g/(2\ell)$. Beachten wir in (5.2) die Anfangsbedingungen $\varphi_0 = \pi/2$ und $\dot{\varphi}_0 = 0$, dann ist $\dot{\varphi}^2 = 2\omega_r^2\cos\varphi = 3g/\ell\cos\varphi$, und mit (5.24) folgt $\ddot{\varphi}(t) = -g/\ell_r\sin\varphi(t) = -6g/\ell\sin\varphi(t)$. Damit erhalten wir nach kurzer Rechnung ($G = mg$)

$$N(\xi,\varphi) = \frac{G}{2}(1-\xi)(5+3\xi)\cos\varphi, \quad Q(\xi,\varphi) = \frac{G}{4}(1-\xi)(1-3\xi)\sin\varphi$$

$$M(\xi,\varphi) = \frac{G\ell}{4}\xi(1-\xi)^2\sin\varphi \tag{5.31}$$

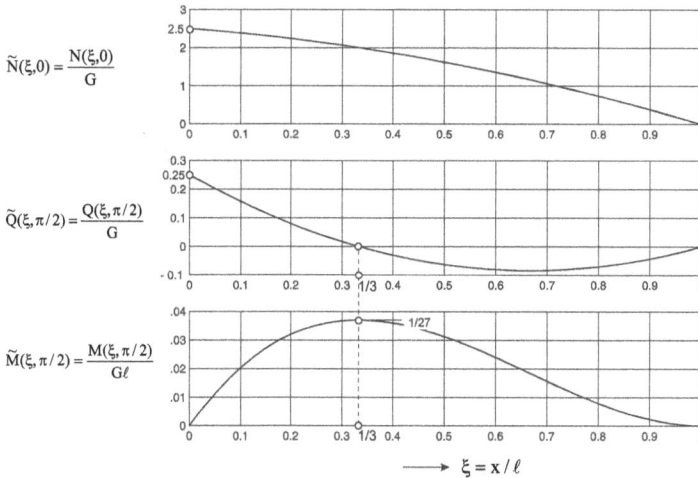

$$\tilde{N}(\xi,0) = \frac{N(\xi,0)}{G}$$

$$\tilde{Q}(\xi,\pi/2) = \frac{Q(\xi,\pi/2)}{G}$$

$$\tilde{M}(\xi,\pi/2) = \frac{M(\xi,\pi/2)}{G\ell}$$

$$\longrightarrow \xi = x/\ell$$

Abb. 5.14 *Bezogene Schnittlasten in einem schwingenden Stab ($\varphi_0 = \pi/2, \dot{\varphi}_0 = 0$)*

Am freien Rand ($\xi = 1$) verschwinden sämtliche Schnittlasten, und die Auflagerkräfte am drehbaren Lager ($\xi = 0$) ergeben sich zu

$$N(0,\varphi) = \frac{5}{2}G\cos\varphi, \quad Q(0,\varphi) = \frac{1}{4}G\sin\varphi, \quad M(0,\varphi) = 0 \tag{5.32}$$

Die extremalen Schnittkräfte sind

$$N_{extr} = N(\xi = 0, \varphi = 0) = \frac{5}{2}G, \quad Q_{extr} = Q(\xi = 0, \varphi = \pm\pi/2) = \pm\frac{1}{4}G \tag{5.33}$$

Die Querkraft verschwindet an der Stelle $\xi = 1/3$ und mit $\varphi = \pm\pi/2$ hat dort das Biegemoment die Extremwerte

$$M_{extr} = M(\xi = 1/3, \varphi = \pm\pi/2) = \pm\frac{1}{27}G\ell \tag{5.34}$$

5.4   Das physische Doppelpendel

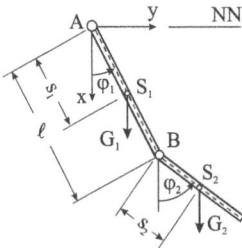

Abb. 5.15 Das physische Doppelpendel

Für das in Abb. 5.15 skizzierte Doppelpendel sollen die Bewegungsgleichungen aufgestellt werden. Dazu benutzen wir in diesem Fall die Lagrangeschen Bewegungsgleichungen. Das System besitzt zwei Freiheitsgrade, das sind beispielsweise die beiden Drehwinkel φ_1 und φ_2. Zur Bestimmung des Potenzials der Gewichtskräfte $G_1 = m_1 g$ und $G_2 = m_2 g$ führen wir das Nullniveau bei $x = 0$ ein. Dann erhalten wir mit $\overline{AB} = \ell$ und $\overline{BS_2} = s_2$ das Potenzial der Gewichtskräfte

$$U = U_1 + U_2 = -G_1 s_1 \cos\varphi_1 - G_2(\ell\cos\varphi_1 + s_2\cos\varphi_2)$$
$$= -[(G_1 s_1 + G_2\ell)\cos\varphi_1 + G_2 s_2\cos\varphi_2]$$

Die kinetische Energie des Gesamtsystems ist

$$E = E_1 + E_2 = 1/2\Theta_A^{(1)}\dot{\varphi}_1^2 + 1/2 m_2 v_{S2}^2 + 1/2\Theta_{S2}^{(2)}\dot{\varphi}_2^2$$

$\Theta_A^{(1)}$:   Massenträgheitsmoment des Stabes 1 bezogen auf den Punkt A

$\Theta_{S2}^{(2)}$:   Massenträgheitsmoment des Stabes 2 bezogen auf den Schwerpunkt S_2

Wir benötigen das Quadrat der Schwerpunktsgeschwindigkeit des Stabes 2. Mit

$$\mathbf{r}_{S2} = (\ell \cos \varphi_1 + s_2 \cos \varphi_2)\,\mathbf{e}_x + (\ell \sin \varphi_1 + s_2 \sin \varphi_2)\,\mathbf{e}_y$$

folgt durch Ableitung nach der Zeit t

$$\mathbf{v}_{S2} = \dot{\mathbf{r}}_{S2} = -(\ell \dot{\varphi}_1 \sin \varphi_1 + s_2 \dot{\varphi}_2 \sin \varphi_2)\mathbf{e}_x + (\ell \dot{\varphi}_1 \cos \varphi_1 + s_2 \dot{\varphi}_2 \cos \varphi_2)\mathbf{e}_y$$

und damit

$$\begin{aligned}
v_{S2}^2 &= (\ell \dot{\varphi}_1 \sin \varphi_1 + s_2 \dot{\varphi}_2 \sin \varphi_2)^2 + (\ell \dot{\varphi}_1 \cos \varphi_1 + s_2 \dot{\varphi}_2 \cos \varphi_2)^2 \\
&= (\ell \dot{\varphi}_1)^2 + (s_2 \dot{\varphi}_2)^2 + 2\ell s_2 \dot{\varphi}_1 \dot{\varphi}_2 \cos(\varphi_1 - \varphi_2)
\end{aligned}$$

Damit ist die kinetische Energie des Systems

$$\begin{aligned}
E &= \frac{1}{2}\Theta_A^{(1)}\,\dot{\varphi}_1^2 + \frac{1}{2}m_2[(\ell \dot{\varphi}_1)^2 + (s_2 \dot{\varphi}_2)^2 + 2\ell s_2 \dot{\varphi}_1 \dot{\varphi}_2 \cos(\varphi_1 - \varphi_2)] + \frac{1}{2}\Theta_{S2}^{(2)}\,\dot{\varphi}_2^2 \\
&= \frac{1}{2}(\Theta_A^{(1)} + m_2 \ell^2)\dot{\varphi}_1^2 + \frac{1}{2}(\Theta_{S2}^{(2)} + m_2 s_2^2)\dot{\varphi}_2^2 + m_2 \ell s_2 \dot{\varphi}_1 \dot{\varphi}_2 \cos(\varphi_1 - \varphi_2)
\end{aligned}$$

Für den weiteren Rechengang werden zur Vereinfachung der Schreibweise die folgenden Abkürzungen eingeführt

$$A = \Theta_A^{(1)} + m_2 \ell^2, \quad B = \Theta_{S2}^{(2)} + m_2 s_2^2 = \Theta_B^{(2)}, \quad C = m_2 \ell s_2,$$

$$D = G_1 s_1 + G_2 \ell = g(m_1 s_1 + m_2 \ell), \quad E = G_2 s_2$$

$$(5.35)$$

Dann ist $L = E - U = 1/2\,A\dot{\varphi}_1^2 + 1/2\,B\dot{\varphi}_2^2 + C\dot{\varphi}_1\dot{\varphi}_2 \cos(\varphi_1 - \varphi_2) + D\cos \varphi_1 + E\cos \varphi_2$.

Die Bewegungsgleichungen folgen aus $\dfrac{d}{dt}\left(\dfrac{\partial L}{\partial \dot{\varphi}_1}\right) - \dfrac{\partial L}{\partial \varphi_1} = 0$ und $\dfrac{d}{dt}\left(\dfrac{\partial L}{\partial \dot{\varphi}_2}\right) - \dfrac{\partial L}{\partial \varphi_2} = 0$.

Im Einzelnen sind:

$$\frac{\partial L}{\partial \varphi_1} = -C\dot{\varphi}_1\dot{\varphi}_2 \sin(\varphi_1 - \varphi_2) - D\sin \varphi_1, \qquad \frac{\partial L}{\partial \varphi_2} = C\dot{\varphi}_1\dot{\varphi}_2 \sin(\varphi_1 - \varphi_2) - E\sin \varphi_2$$

$$\frac{\partial L}{\partial \dot{\varphi}_1} = A\dot{\varphi}_1 + C\dot{\varphi}_2 \cos(\varphi_1 - \varphi_2), \qquad \frac{\partial L}{\partial \dot{\varphi}_2} = B\dot{\varphi}_2 + C\dot{\varphi}_1 \cos(\varphi_1 - \varphi_2),$$

$$\frac{d}{dt}\left(\frac{\partial L}{\partial \dot{\varphi}_1}\right) = A\ddot{\varphi}_1 + C\ddot{\varphi}_2 \cos(\varphi_1 - \varphi_2) - C\dot{\varphi}_2(\dot{\varphi}_1 - \dot{\varphi}_2)\sin(\varphi_1 - \varphi_2).$$

$$\frac{d}{dt}\left(\frac{\partial L}{\partial \dot{\varphi}_2}\right) = B\ddot{\varphi}_2 + C\ddot{\varphi}_1 \cos(\varphi_1 - \varphi_2) - C\dot{\varphi}_1(\dot{\varphi}_1 - \dot{\varphi}_2)\sin(\varphi_1 - \varphi_2),$$

und damit

$$A\ddot{\varphi}_1 + C\ddot{\varphi}_2 \cos(\varphi_1 - \varphi_2) + C\dot{\varphi}_2^2 \sin(\varphi_1 - \varphi_2) + D\sin\varphi_1 = 0$$
$$B\ddot{\varphi}_2 + C\ddot{\varphi}_1 \cos(\varphi_1 - \varphi_2) - C\dot{\varphi}_1^2 \sin(\varphi_1 - \varphi_2) + E\sin\varphi_2 = 0 \tag{5.36}$$

Dieses nichtlineare gekoppelte Differenzialgleichungssystem 2. Ordnung lässt sich unter allgemeinen Anfangsbedingungen analytisch nicht mehr lösen. Die Integration erfolgt nummerisch (s.h. auch Kap. 18). Beschränken wir uns auf kleine Ausschläge φ_1 und φ_2, dann kann (5.36) linearisiert werden. Mit

$$\cos(\varphi_1 - \varphi_2) = 1, \ \sin\varphi_1 = \varphi_1, \ \sin\varphi_2 = \varphi_2, \ \dot{\varphi}_1^2 \sin(\varphi_1 - \varphi_2) = 0, \ \dot{\varphi}_2^2 \sin(\varphi_1 - \varphi_2) = 0$$

erhalten wir die linearisierten Bewegungsgleichungen des Doppelpendels

$$A\ddot{\varphi}_1 + C\ddot{\varphi}_2 + D\varphi_1 = 0 \qquad \rightarrow \begin{bmatrix} A & C \\ C & B \end{bmatrix}\begin{bmatrix} \ddot{\varphi}_1 \\ \ddot{\varphi}_2 \end{bmatrix} + \begin{bmatrix} D & 0 \\ 0 & E \end{bmatrix}\begin{bmatrix} \varphi_1 \\ \varphi_2 \end{bmatrix} = \begin{bmatrix} 0 \\ 0 \end{bmatrix} \tag{5.37}$$
$$C\ddot{\varphi}_1 + B\ddot{\varphi}_2 + E\varphi_2 = 0$$

Auf die Lösung dieses linearen homogenen Differenzialgleichungssystems werden wir später näher eingehen. Wir wollen hier lediglich den Spezialfall $\varphi_1 = \varphi_2 = \varphi$ untersuchen. Mit diesen Annahmen folgt aus (5.37)

$$(A + C)\ddot{\varphi} + D\varphi = 0 \qquad \rightarrow \left[\begin{array}{c|c} A+C & D \\ \hline B+C & E \end{array}\right]\begin{bmatrix} \ddot{\varphi} \\ \varphi \end{bmatrix} = \begin{bmatrix} 0 \\ 0 \end{bmatrix} \tag{5.38}$$
$$(B + C)\ddot{\varphi} + E\varphi = 0$$

Notwendige Bedingung für die Lösbarkeit dieses Gleichungssystems ist das Verschwinden der Determinante der Koeffizientenmatrix, also

$$(A + C)E - (B + C)D = 0 \tag{5.39}$$

Mit (5.35) und der Einführung der reduzierten Pendellängen $\ell_{r1} = \Theta_0^{(1)}/(m_1 s_1)$ sowie $\ell_{r2} = \Theta_0^{(2)}/(m_2 s_2)$ erfordert (5.39)

$$\ell = \frac{\ell_{r1} - \ell_{r2}}{1 + \dfrac{m_2}{m_1}\dfrac{\ell_{r2} - s_2}{s_1}} \tag{5.40}$$

Glocken bilden mit dem Klöppel ein Doppelpendel, wobei die Klöppelmasse m_2 in der Regel wesentlich kleiner als die Glockenmasse m_1 ist ($m_2 \ll m_1$). Führen wir in die obige Gleichung das Massenverhältnis $\overline{\mu} = m_2/m_1$ ein, dann liefert eine Reihenentwicklung

$$\ell = \frac{\ell_{r1} - \ell_{r2}}{1 + \overline{\mu}\dfrac{\ell_{r2} - s_2}{s_1}} = (\ell_{r1} - \ell_{r2})\left[1 - \frac{\ell_{r2} - s_2}{s_1}\overline{\mu} + O(\overline{\mu}^2)\right] \approx \ell_{r1} - \ell_{r2} \tag{5.41}$$

Ist also bei einer langsam schwingenden Glocke mit kleinen Ausschlägen, für die näherungsweise $\varphi_1 = \varphi_2 = \varphi$ zutrifft, die Bedingung $\ell \approx \ell_{r1} - \ell_{r2}$ gegeben, dann läutet diese Glocke nicht.

<u>Hinweis</u>: Zur Herleitung der nichtlinearen Bewegungsgleichungen des mathematischen Doppelpendels haben wir in (5.35) lediglich $\ell = \ell_1$, $s_1 = \ell_1$, $s_2 = \ell_2$, $\Theta_A^{(1)} = m_1 \ell_1^2$ zu setzen. Dann sind

$$A = (m_1 + m_2)\ell_1^2, \; B = m_2 \ell_2^2, \; C = m_2 \ell_1 \ell_2,$$

$$D = (m_1 + m_2)g\ell_1, \; E = m_2 g \ell_2 \tag{5.42}$$

Mit $\mu = m_2 / (m_1 + m_2)$ entsprechend (5.20) folgen damit unmittelbar die nichtlinearen Bewegungsgleichungen des mathematischen Doppelpendels nach (5.21).

6   Modellbildung

Der Lösungsweg der meisten strukturdynamischen Probleme gliedert sich grob in die folgenden Teilschritte, wobei die sequenzielle Abarbeitung des Ablaufplans zum Teil auch parallel erfolgen muss:

1.) Formulierung der Aufgabenstellung
2.) Abstrahieren des Problems durch Schaffung eines mechanischen Ersatzmodells
3.) Übersetzung des mechanischen Ersatzmodells in die Sprache der Mathematik durch Schaffung eines mathematischen Ersatzmodells
4.) Lösen des Problems im mathematischen Umfeld
5.) Rücktransformation der mathematischen Lösung in den Bereich der Mechanik
6.) Diskussion und Interpretation der Ergebnisse

Ziel des letzten Punktes ist die Beantwortung der Frage, ob das erzielte Ergebnis physikalisch sinnvoll ist. Bestehen hier Zweifel, so muss die Prozedur an entsprechender Stelle (meist bei 2.) wiederholt werden. Gerade dieser Punkt macht erfahrungsgemäß den Studierenden die größten Schwierigkeiten, da das Herausarbeiten eines effektiven mechanischen Ersatzmodells in den Vorlesungen und Übungen gar nicht gelehrt wird, weil zu jeder Aufgabe dieses gewöhnlich gleich mitgeliefert wird.

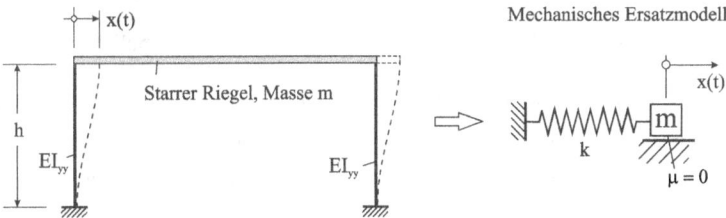

Abb. 6.1   *Stockwerkrahmen, mechanisches Ersatzmodell*

Qualitative Erfahrungen mit den strukturdynamischen Eigenschaften der betrachteten Konstruktionen, einschließlich ihrer materiellen Eigenschaften, sind unabdingbar, um ein möglichst einfaches und effektives mechanischen Ersatzmodell zu entwickeln. Wir wollen das an einem Beispiel dokumentieren. Der Stahlbetonrahmen in Abb. 6.1 besteht aus zwei eingespannten Stützen und einem Riegel der Masse m. Es soll die Bewegung dieser Konstruktion in der Rahmenebene beschrieben werden. Wir fassen die Stützen als trägheitslos und den Riegel als starren Körper auf, der damit in der Ebene drei Freiheitsgrade besitzt, das sind zwei Translationen und eine Verdrehung. Da im Massivbau die Stützen i. Allg. hohe Dehnsteifigkeiten besitzen, können die Vertikalbewegung und Verdrehung des Riegels vernachlässigt werden. Es verbleibt somit lediglich die Ermittlung der Bewegung in horizontaler Richtung. Auf die horizontale Auslenkung des Riegels reagiert jede Stütze mit einer Rückstellkraft, die der Querkraft am oberen Ende der Stütze entspricht. Unter der Voraussetzung kleiner Verformungen verhält sich der Stahlbeton näherungsweise linear elastisch, und wir können jede beidseitig eingespannte Stütze als lineare Feder ansehen, für die mit baustatischen Methoden die Steifigkeit $k/2 = 12\,EI_{yy}/h^3$ ermittelt werden kann. Das Ergebnis dieser Betrachtungen ist das in Abb. 6.1, rechts dargestellte mechanische Ersatzmodell, welches aus einer reibungsfrei gelagerten Masse m besteht, die an einer Feder mit der Federsteifigkeit $k = 24\,EI_{yy}/h^3$ befestigt ist. Für $x = 0$ sei die Feder entspannt, und die Federkraft ist $F_F(t) = kx(t)$. Aufgrund der angenommenen Starrheit spielt hier die Verteilung der Riegelmasse keine Rolle und kann deshalb als konzentrierte Einzelmasse angenommen werden.

Mechanisches Ersatzmodell   **Mathematisches Ersatzmodell**

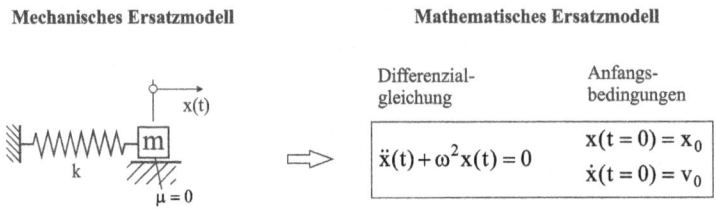

$$\ddot{x}(t) + \omega^2 x(t) = 0$$

$$x(t = 0) = x_0$$
$$\dot{x}(t = 0) = v_0$$

Abb. 6.2   *Mechanisches u. mathematisches Ersatzmodell*

Im nächsten Schritt beschaffen wir uns ein mathematisches Ersatzmodell. Da es sich um ein konservatives System handelt, dürfen wir den Energieerhaltungssatz anwenden. Ist $E = 1/2\,m\dot{x}^2$ die kinetische Energie der Masse m und $U = 1/2\,kx^2$ das Potenzial der Federkraft, dann ist $\frac{d}{dt}(E+U) = \frac{d}{dt}(\frac{1}{2}m\dot{x}^2 + \frac{1}{2}kx^2) = \dot{x}(m\ddot{x} + kx) = 0$, und für beliebige Geschwindigkeiten ist diese Gleichung nur dann erfüllt, wenn $m\ddot{x} + kx = 0$ gilt. Mit Einführung der Eigenkreisfrequenz $\omega = \sqrt{k/m}$ führt das auf die gewöhnliche homogene Differenzialgleichung $\ddot{x}(t) + \omega^2 x(t) = 0$, die durch Anfangsbedingungen zum Zeitpunkt $t = 0$ zu ergänzen ist. Damit wird eine mathematische Behandlung des Problems ermöglicht. Die Lösung $x(t) = A\cos(\omega t - \varphi)$ (A: Amplitude, φ: Nullphasenverschiebungswinkel) entspricht bei allgemeinen Anfangsbedingungen einer phasenverschobenen harmonischen Schwingung, die nie zum Stillstand kommt. Ein solches Verhalten wird jedoch in der Natur nicht beobachtet, vielmehr würde unser Rahmen nach gewisser Zeit zur Ruhe kommen. In der Strukturdynamik wird dieser physikalische Sachverhalt allgemein als Dämpfung bezeichnet. Dem System wird Energie entzogen, die beispielsweise in Form von Wärme oder Schall irreversibel an die Umgebung abgegeben wird.

Die Dämpfung kann verschiedene Ursachen haben, etwa durch Reibung zwischen der schwingenden Struktur und dem umgebenden Medium (Luft, Wasser, Boden), durch Reibung in Verbindungen oder Kontaktflächen und durch den Werkstoff selbst. Bei der Werkstoffdämpfung entsteht die Energiedissipation durch die Verformung des Materials. Diese Form der Dämpfung wird auch als innere Dämpfung bezeichnet. Beispiele für Materialien, die Dämpfungseigenschaften besitzen, sind Beton, Elastomere und Kork.

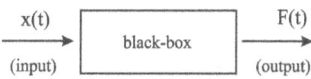

Abb. 6.3   *System als black-box*

Um das Materialverhalten eines Tragsystems nachzubilden, wird eine phänomenologische[1] Theorie eingesetzt, welche die Verknüpfung von Ein- und Ausgabe beschreibt, ohne auf die innere Struktur des Systems einzugehen und damit das System als black-box behandelt. Abb. 6.3 zeigt eine solche black-box, an der als Eingangsgröße (input) der zeitliche Verlauf der Weggröße x(t) angelegt wird, und die Ausgabe (output) den zeitlichen Verlauf der Kraftgröße F(t) liefert. Eine solche Situation tritt beispielsweise bei einer weggesteuerten Zugprobe auf. Wesentliche Bausteine einer elementaren phänomenologischen Theorie sind die rheologischen[2] Modelle, deren Grundelemente sich aus einer endlichen Anzahl von Federn, Dämpfern und Reibungselementen zusammensetzen. Diese Grundelemente werden selbst als trägheitslos betrachtet. Um das im Experiment beobachtete mechanische Verhalten nachzubilden, werden in einem theoretischen Modell diese Elemente in geeigneter Weise miteinander kombiniert. Damit sind folgende Vorteile verbunden: Die so erzeugten Modelle besitzen einen einfachen Aufbau und haben den Vorteil einer großen Anschaulichkeit, die zum Einsatz kommenden mathematischen Mittel sind überschaubar und durch geeignete Experimente lassen sich auch quantitative Aussagen treffen.

6.1   Grundmodelle

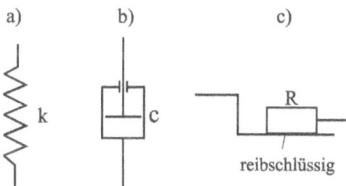

Abb. 6.4   *Rheologische Grundmodelle*

Die drei rheologischen Grundmodelle in Abb. 6.4 sind a) die lineare Feder, b) der lineare Dämpfer und c) das Trockenreibungselement. Für diese Grundmodelle haben sich spezielle Symbole herausgebildet, etwa für den linearen Dämpfer die stilisierte Form eines Stoßdämpfers mit einem perforierten Kolben, der sich in einem Zylinder mit einer zähen Flüssigkeit bewegt. Zur mechanischen Realisierung des Trockenreibungselements können wir uns einen Stein auf rauher Unterlage vorstellen. Mit diesen Grundmodellen lassen sich elastische, viskose und plastische Materialeigenschaften beschreiben. Rheologische Modelle werden in der Kontinuumsmechanik mit großem Erfolg zur Entwicklung von Materialgesetzen benutzt.

---

[1]   die äußere Erscheinung (›Phänomen‹) oder auch Messgrößen betreffend

[2]   rheo.. griechisch rhéos ›das Fließen‹. Mit dem Begriff Rheologie wird die Wissenschaft vom Verformungs- und Fließverhalten der Körper bezeichnet

6.1.1 Die lineare Feder (Hooke-Modell)

Für eine lineare Feder gilt das Werkstoffgesetz

$$F = k(\ell - \ell_0) \tag{6.1}$$

wobei ℓ die aktuelle Federlänge, ℓ_0 die entspannte Federlänge und k die lineare Federkonstante bezeichnet, eine für jede Feder charakteristische Größe.

$$[k] = \frac{\text{Masse}}{(\text{Zeit})^2} \text{ , Einheit: } kgs^{-2} = \frac{N}{m}$$

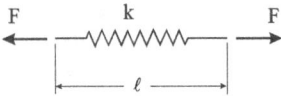

Abb. 6.5   Lineare Feder

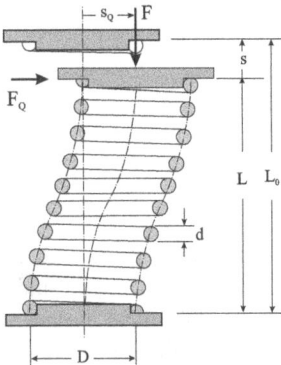

Ein Modell, das durch (6.1) beschrieben werden kann, wird Hooke-Modell und das Verhalten des Modells elastisch genannt. Beim Hooke-Modell unterliegen der zeitliche Verlauf von F und ℓ keinerlei Beschränkung. Die Funktionen F(t) und ℓ(t) dürfen somit auch unstetig verlaufen. Neben der Feder mit linearer Kennlinie existieren nichtlineare Federgesetze, auf die hier nicht näher eingegangen wird. In der Strukturdynamik werden unterschiedliche Federformen eingesetzt. Weit verbreitet sind zylindrische Schraubendruckfedern aus runden Drähten und Stäben. Sie besitzen eine hohe Lastaufnahme und eignen sich deshalb in besonderem Maße für weite Bereiche der Schwingungsisolierung. Für die Schraubendruckfeder mit Kreisquerschnitt nach Abb. 6.6 gelten die Materialgesetze

$$F = ks ; \quad F_Q = k_Q s_Q \tag{6.2}$$

Abb. 6.6   Schraubendruckfeder nach EN 13906-1

In (6.2) sind die Federkonstante k und die Querfederkonstante k_Q aus folgenden Beziehungen zu berechnen

$$k = \frac{Gd^4}{8\,n\,D^3} \qquad k_Q = \eta k \tag{6.3}$$

In (6.3) sind G: Schubmodul, d: Nenndurchmesser des Drahtes, D: mittlerer Windungsdurchmesser und n: Anzahl der federnden Windungen. Der Proportionalitätsfaktor

$$\eta = \frac{k_Q}{k} = \xi\left\{\xi - 1 + \frac{2E}{\lambda(2G+E)}\sqrt{\left(\frac{1}{2}+\frac{G}{E}\right)\left(\frac{G}{E}+\frac{1-\xi}{\xi}\right)}\tan\left[\lambda\xi\sqrt{\left(\frac{1}{2}+\frac{G}{E}\right)\left(\frac{G}{E}+\frac{1-\xi}{\xi}\right)}\right]\right\}^{-1}$$

in der Querfederkonstanten k_Q enthält mit $\lambda = L_0 / D$ den Schlankheitsgrad und mit $\xi = s / L_0$ den bezogenen Federweg, wobei normale Auslegungsdaten $0,1 < \xi < 0,67$ sind.

Hinweis: Axial belastete Federn können bei Erreichen einer bestimmten Länge ausknicken. Darum muss bei der Konstruktion von Federn eine ausreichende Knicksicherheit gewährleistet sein (s. h. EN 13906-1, 9.14 Knickung).

6.1.2   Der lineare Dämpfer (Newton-Modell)

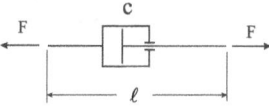

Abb. 6.7   *Linearer Dämpfer*

Bewegt sich ein Körper in einer zähen Flüssigkeit oder in einem reibungsbehafteten Gas, so ist die dazu erforderliche Kraft F bei hinreichend kleinen Geschwindigkeiten mit guter Näherung der Geschwindigkeit proportional. Ein Modell, das durch die Beziehung

$$F = c\,\dot{\ell} \qquad\qquad (6.4)$$

beschrieben wird, nennt man Newton-Modell (Abb. 6.7). Die Proportionalitätskonstante c heißt Dämpfungskonstante

$$[c] = \frac{\text{Masse}}{\text{Zeit}}, \text{ Einheit: } \frac{\text{kg}}{\text{s}}$$

Die zeitliche Änderung der Elementlänge ist $\dot{\ell}(t)$, und das Verhalten des Modells wird viskos genannt. Das Newton-Modell setzt voraus, dass die Zeitableitung $\dot{\ell}(t)$ existiert. Sprunghafte Längenänderungen sind damit ausgeschlossen. Wegen der Proportionalität zwischen der Kraft F(t) und der zeitlichen Änderung der Elementlänge $\ell(t)$ nennt man das Dämpfungsgesetz linear.

6.1.3   Das Trockenreibungselement (St.-Vénant-Modell)

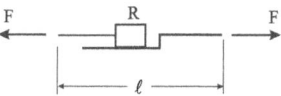

Abb. 6.8   *Das Trockenreibungselement*

Das Reibungsverhalten des Trockenreibungselementes in Abb. 6.8 können wir uns mithilfe der Coulombschen Reibung veranschaulichen, wobei der Haftreibungskoeffizient μ_0 und der Gleitreibungskoeffizient μ gleichgesetzt werden ($\mu_0 = \mu$). Der Betrag der Kraft, bei der Gleiten einsetzt, ist R und es gilt:

$$
\begin{aligned}
|F| &\leq R, && \text{wenn } \dot{\ell} = 0 \\
F &= R\,\text{sgn}(\dot{\ell}), && \text{wenn } \dot{\ell} \neq 0
\end{aligned}
\qquad (6.5)
$$

Das Verhalten dieses Modells wird starrplastisch genannt. In (6.5) liefert die Signum-Funktion sgn das Vorzeichen von $\dot{\ell}$, wobei sgn(0) nicht definiert ist.

Werden die vorab behandelten Elementarmodelle unter Verwendung einer Reihen- bzw. Parallelschaltung kombiniert, dann erhalten wir weitere rheologische Modelle (s.h. VDI-Richtlinie 3830, Werkstoff- und Bauteildämpfung, 5 Einzelblätter). Bei der Reihenschaltung sind die Kräfte in allen Elementen gleich, und die Verschiebungen addieren sich. Im Fall der Parallelschaltung ist das genau umgekehrt. Die aus diesen Kombinationen hervorgehenden Grundmodelle zeigen sowohl elastische wie auch viskose Eigenschaften. Zu den Stoffen, die viskoelastische Materialeigenschaften aufweisen, gehört beispielsweise der Stahlbeton. Das Verhalten solcher Stoffe wird durch Materialfunktionen festgelegt, die aus Experimenten bestimmt werden.

6.1.4   Reihen- und Parallelschaltung von Federn

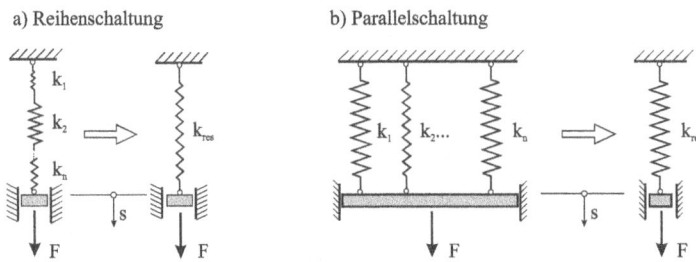

Abb. 6.9   *Reihen- und Parallelschaltung von Federn*

Im Fall der Reihenschaltung (Abb. 6.9a) ist die Gesamtauslenkung wegen der gleichen Längskraft F in allen Federn $s = \dfrac{F}{k_1} + \dfrac{F}{k_2} + \ldots + \dfrac{F}{k_n} = F \sum\limits_{i=1}^{n} \dfrac{1}{k_i} = \dfrac{F}{k_{res}}$. Aus dieser Beziehung lesen wir den Kehrwert der resultierenden Federsteifigkeit

$$\frac{1}{k_{res}} = \sum_{i=1}^{n} \frac{1}{k_i} \qquad (6.6)$$

ab. Insbesondere errechnen wir für n = 2 die resultierende Steifigkeit $k_{res} = \dfrac{k_1 k_2}{k_1 + k_2}$.

Sind sämtliche Federn parallel geschaltet, dann erfahren alle dieselbe Auslenkung $s_1 = s_2 = \ldots = s_n = s$, und ihre Federkräfte $F_i = k_i s$ addieren sich zur Gesamtkraft

$$F = \sum_{i=1}^{n} F_i = k_1 s + k_2 s + \cdots + k_n s = \sum_{i=1}^{n} k_i s = s \sum_{i=1}^{n} k_i = k_{res}\, s \,,\ \text{was}$$

$$k_{res} = \sum_{i=1}^{n} k_i \qquad\qquad (6.7)$$

ergibt, und speziell für $n = 2$ erhalten wir die resultierende Steifigkeit $k_{res} = k_1 + k_2$.

Übungsvorschlag 6-1:

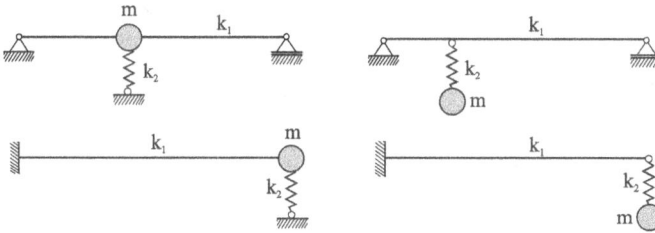

Abb. 6.10 *Resultierende Federsteifigkeiten*

Ermitteln Sie für die skizzierten Systeme in Abb. 6.10 die resultierenden Federsteifigkeiten.

6.1.5   Reihenschaltung von Feder und Dämpfer (Maxwell-Modell)

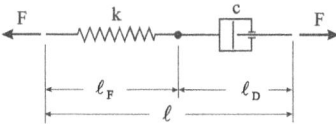

Abb. 6.11 *Das Maxwell-Modell*

Viskoelastisches Materialverhalten zeigt das aus Federn und Dämpfern zusammengesetzte Modell nach Abb. 6.11, das Maxwell-Modell genannt wird. Hierbei sind Feder und Dämpfer in Reihe geschaltet. Die Elementlängen $\ell = \ell_F + \ell_D$ addieren sich, und die Kräfte sind in beiden Elementen gleich

$$F = k(\ell_F - \ell_{F0}) = c\,\dot{\ell}_D \qquad\qquad (6.8)$$

In (6.8) bezeichnet ℓ_{F0} die entspannte Federlänge. Die Funktion $\ell_D(t)$ muss stetig und stückweise stetig differenzierbar sein. Führen wir mit

$$\alpha(t) = \ell_D(t) + \ell_{F0} \tag{6.9}$$

die momentan entspannte Elementlänge ein[1], dann folgt aus (6.8)

$$F = k(\ell - \alpha) \tag{6.10}$$

sowie aus (6.9) mit (6.8)

$$\dot{\alpha} = \frac{1}{c}F \tag{6.11}$$

und die Integration zwischen den Zeitpunkten t_0 und t ergibt

$$\alpha(t) = \alpha(t_0) + \frac{1}{c}\int_{\tau=t_0}^{t} F(\tau)\,d\tau \tag{6.12}$$

Einsetzen von (6.12) in (6.10) liefert

$$\ell(t) = \alpha(t_0) + \frac{F(t)}{k} + \frac{1}{c}\int_{\tau=t_0}^{t} F(\tau)\,d\tau \tag{6.13}$$

Ist $\ell(t)$ stetig und stückweise stetig differenzierbar, dann folgt aus (6.10) mit (6.11) und der Abkürzung $\beta = k/c$ die inhomogene Differenzialgleichung

$$\dot{F} + \beta F = k\dot{\ell} \tag{6.14}$$

Beachten wir $\dfrac{d}{dt}[e^{\beta t}F(t)] = e^{\beta t}(\dot{F} + \beta F) \;\rightarrow\; \dot{F} + \beta F = e^{-\beta t}\dfrac{d}{dt}[e^{\beta t}F(t)]$ und setzen diese Beziehung in (6.14) ein, dann folgt $\dfrac{d}{dt}[e^{\beta t}F(t)] = e^{\beta t}k\dot{\ell}$. Integrieren wir nun zwischen den Zeitpunkten t_0 und t, so erhalten wir

$$F(t) = F(t_0)e^{-\beta(t-t_0)} + \int_{\tau=t_0}^{t} ke^{-\beta(t-\tau)}\,\dot{\ell}(\tau)\,d\tau \tag{6.15}$$

Lässt sich $\dot{\ell}$ nicht bilden, dann kann wie folgt vorgegangen werden. Aus (6.10) und (6.11) resultiert die Differenzialgleichung

---

[1]   s.h. Krawietz, A.: Materialtheorie. Berlin, Heidelberg, New York, Tokyo: Springer-Verlag 1986

$$\dot{\alpha} + \beta\alpha = \beta\ell \tag{6.16}$$

Diese Gleichung hat denselben Aufbau wie (6.14), und die Integration zwischen den Zeit-

punkten t_0 und t führt auf $\alpha(t) = \alpha(t_0)e^{-\beta(t-t_0)} + \int\limits_{\tau=t_0}^{t} \beta e^{-\beta(t-\tau)}\ell(\tau)d\tau$. Setzen wir diese Be-

ziehung in (6.10) ein, dann erhalten wir $F(t) = k[\ell(t) - \alpha(t_0)e^{-\beta(t-t_0)}] - \int\limits_{\tau=t_0}^{t} k\beta e^{-\beta(t-\tau)}\ell(\tau)d\tau$.

Diese Gleichung kann unter Beachtung von $\int\limits_{\tau=t_0}^{t} k\beta e^{-\beta(t-\tau)}\ell(t)d\tau = k\ell(t)[1 - e^{-\beta(t-t_0)}]$ noch

identisch umgeformt werden, was auf

$$F(t) = k[\ell(t) - \alpha(t_0)]^{-\beta(t-t_0)} + \int\limits_{\tau=t_0}^{t} k\beta e^{-\beta(t-\tau)}[\ell(t) - \ell(\tau)]d\tau \tag{6.17}$$

führt. Ist $F(t)$ als Eingabe bekannt, dann liefert (6.13) die Ausgabe $\ell(t)$, oder ist umgekehrt in (6.17) die Eingabe $\ell(t)$ bekannt, dann folgt daraus $F(t)$.

Typische Standardversuche, die Aufschluss über das Materialverhalten geben sollen, sind Schwingungsversuche mit harmonischen Beanspruchungen, Kriech- und Relaxationsversuche. In Schwingungsversuchen können als Eingangsgröße entweder Verschiebungen oder auch Kräfte gewählt werden. Beim Kriechversuch wird auf die Materialprobe zu einem Zeitpunkt t_0 eine konstante Kraft F_0 aufgebracht und zu einem späteren Zeitpunkt t_1 wieder entfernt. Gemessen wird die sich einstellende Längenänderung. Im Relaxationsversuch erfolgt die Belastung der Materialprobe durch eine zum Zeitpunkt t_0 sprunghaft aufgebrachte konstante Verlängerung $\Delta\ell$, die zum Zeitpunkt $t = t_1$ wieder entfernt wird. Gemessen wird der sich einstellende Kraftverlauf.

Beispiel 6-1: (Schwingungsversuch am Maxwell-Modell)

Wir bringen auf das Maxwell-Modell in Abb. 6.11 eine harmonische Kraft $F(t) = A\cos\Omega t$ auf (A: Amplitude; Ω: Erregerkreisfrequenz) und berechnen die sich dazu einstellende Längenänderung $\Delta\ell(t)$ des Modells. Vor dem Aufbringen der Kraft hat das Element die Länge $\alpha(t_0) = \ell_0$, und wählen wir speziell $t_0 = 0$, dann ist nach (6.13)

$$\Delta\ell(t) = \ell(t) - \ell_0 = \frac{F(t)}{k} + \frac{1}{c}\int\limits_{\tau=0}^{t} F(\tau)d\tau = \frac{A\cos\Omega t}{k} + \frac{A\sin\Omega t}{c\Omega}. \text{ Mit } \eta = \beta/\Omega = k/(c\Omega) \text{ sowie}$$

$\sin\varphi = 1/\sqrt{1+\eta^2}$, $\cos\varphi = \eta/\sqrt{1+\eta^2}$ und damit $\tan\varphi = 1/\eta$ können wir dafür auch

$$\Delta\ell(t) = \frac{A}{k}\sqrt{1+\eta^2}\,\sin(\Omega t + \varphi) \qquad\qquad\qquad\qquad (6.18)$$

schreiben. Die Längenänderung des Modells setzt sich aus den beiden Anteilen

1.) $\Delta\ell_F = \dfrac{A\cos\Omega t}{k}$:   Längenänderung der Feder

2.) $\Delta\ell_D = \dfrac{A\sin\Omega t}{c\Omega}$:   Längenänderung des Dämpfers

zusammen. Im Augenblick der Lastaufbringung reagiert die Feder mit einer Längenänderung $\Delta\ell_F = A/k$, wohingegen der Dämpfer wie ein starrer Körper wirkt, der erst mit zunehmender Zeit seine Länge ändert (Abb. 6.12 mit $A = 1$, $\Omega = 1$, $k = 1$, $c = 3/4$).

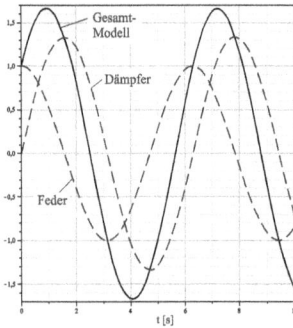

Abb. 6.12 *Längenänderungen*   **Abb. 6.13** *Kraft-Verschiebungsdiagramme*

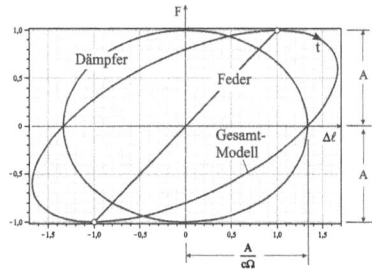

Die Kraft-Verschiebungsdiagramme (Abb. 6.13 mit $A = 1$, $\Omega = 1$, $k = 1$, $c = 3/4$) zeigen das lineare Federgesetz $F_F = k\Delta\ell_F$, die Funktion $F(\Delta\ell)$ für das Gesamtmodell sowie die Abhängigkeit der Dämpferkraft F_D vom Verschiebungsweg $\Delta\ell_D$. Die Zeit t, deren Fortschritt durch einen Pfeil angedeutet wird, tritt in dieser Darstellung nicht mehr explizit auf, sondern nur noch als Parameter. Die geschlossenen Kurven werden im Falle zyklischer Belastungen Hysteresisschleifen[1] oder kurz Hysteresen genannt. Die Kraft-Verschiebungsdiagramme für das Gesamtmodell und den Dämpfer stellen im vorliegenden Beispiel Ellipsen dar, deren Flächeninhalte gleich sind. Sie entsprechen einerseits der Energie, die durch die Arbeit der Kraft F am Verschiebungsweg $\Delta\ell$ in das System eingetragen wird, und andererseits derjenigen Energie, die dem System durch Reibung im Dämpfer bei jedem Zyklus wieder entzogen wird. Berechnen wir die äußere Arbeit der Kraft F(t) am Verschiebungsweg $\Delta\ell(t)$ für einen vollen Zyklus der Dauer $T = 2\pi/\Omega$, dann erhalten wir

---

[1]   griech., eigtl. ›das Zurückbleiben‹

$$A_a = \oint F(t)d(\Delta\ell) = \int\limits_{t=0}^{2\pi/\Omega} F(t)\Delta\dot{\ell}(t)\,dt = \int\limits_{t=0}^{2\pi/\Omega} F_D(t)\Delta\dot{\ell}_D(t)\,dt = \frac{A^2\pi}{c\Omega} \neq 0 \qquad (6.19)$$

Damit lässt sich die Kraft F nicht aus einem Potenzial ableiten. Wir zeigen, dass dieser Arbeitsanteil identisch ist mit der Arbeit der Dämpferkraft $F_D = F$ an der Verschiebung $\Delta\ell_D$.

Beachten wir nämlich $F_D = F = A\cos\Omega t = A\sqrt{1-\sin^2\Omega t} = A\sqrt{1-(c\Omega\Delta\ell_D/A)^2}$, dann erhalten wir durch Umformung die Beziehung

$$\left(\frac{F_D}{A}\right)^2 + \left(\frac{\Delta\ell_D}{A/(c\Omega)}\right)^2 = 1 \qquad (6.20)$$

Das ist die Normalform einer Ellipse mit den Halbachsen A und $A/(c\Omega)$. Ihr Flächeninhalt $\Delta E = A^2\pi/(c\Omega)$ ist identisch mit dem Arbeitsausdruck A_a aus (6.19). Der im Ausdruck für $\Delta\ell(t)$ in (6.18) auftretende Phasenverschiebungswinkel $\tan\varphi = 1/\eta$ entspricht, bis auf den Faktor $1/(2\pi)$, dem Verhältnis von elastischer Energie $kA^2/2$ bei der Maximallängung $\Delta\ell_F$ der Feder zur Dämpfungsenergie $\Delta E = A^2\pi/(c\Omega)$ nach (6.19).

Beispiel 6-2: (Kriechversuch am Maxwell-Modell)

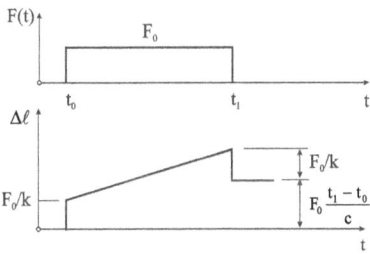

Abb. 6.14   *Maxwell-Modell, Kriechversuch*

Mit (6.13) und $\alpha(t_0) = \ell_0$ ist

$$\Delta\ell = \frac{F_0}{k} + \frac{F_0}{c}(t-t_0)$$

Unmittelbar nach Lastaufbringung zeigt sich eine elastische Verlängerung $\Delta\ell = F_0/k$, die nach der Entlastung sofort wieder verschwindet. Unter Dauerlast stellt sich eine zeitlich zunehmende Verlängerung ein, die nach der Entlastung teilweise erhalten bleibt. Dieser Vorgang wird Kriechen[1] genannt.

Beispiel 6-3: (Relaxationsversuch am Maxwell-Modell)

Mit $\Delta\ell = \ell - \ell_0$ folgt aus (6.17): $F(t) = k\Delta\ell e^{-\beta(t-t_0)} + \int\limits_{\tau=t_0}^{t} k\beta e^{-\beta(t-\tau)} [\Delta\ell(t)-\Delta\ell(\tau)]d\tau$ und

die abschnittsweise Integration ergibt

---

[1]   engl.: creep

$$t_0 < t < t_1: \qquad F(t) = k\Delta\ell e^{-\beta(t-t_0)}$$

$$t > t_1: \qquad F(t) = k\Delta\ell [e^{\beta t_0} - e^{\beta t_1}] e^{-\beta t}$$

Das Modell reagiert zunächst rein elastisch mit einem Kraftsprung $F(t_0) = k\,\Delta\ell$. Mit anwachsender Zeit dehnt sich der Dämpfer bei einem gleichzeitigen Zusammenziehen der Feder, und die Kraft nimmt exponentiell ab. Wird die Verlängerung zum Zeitpunkt t_1 wieder rückgängig gemacht, dann entsteht ein Kraftsprung

$$\Delta F = F(t_{1+}) - F(t_{1-}) = -k\Delta\ell e^{-\beta(t-t_1)}.$$

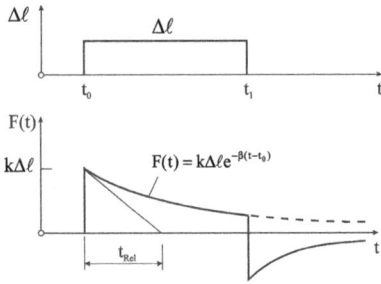

Abb. 6.15 *Maxwell-Modell, Relaxationsversuch*

Plus- und Minuszeichen bedeuten hier den rechts- bzw. linksseitigen Grenzwert der Kraft F an der Unstetigkeitsstelle t_1. Mit weiter anwachsender Zeit klingt die Kraft exponentiell auf null ab. Dieser Vorgang wird Relaxation[1] genannt. Ein Maß für die Schnelligkeit des Abklingens der Kraft $F(t)$ ist die Relaxationszeit $t_{Rel} = 1/\beta$. Nach dieser Zeit beträgt die Kraft nur noch $1/e = 37\,\%$ des Ausgangswertes zum Zeitpunkt t_0.

6.1.6   Parallelschaltung von Feder und Dämpfer (Kelvin-Modell)

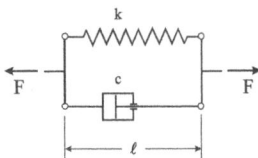

Abb. 6.16 *Kelvin-Modell*

Bei einer Parallelschaltung von Feder und Dämpfer (Abb. 6.16) sind die Längen beider Elemente gleich und die Kräfte addieren sich zu $F(t) = k[\ell(t) - \ell_0] + c\dot{\ell}(t)$. Dieses rheologische Modell wird Kelvin-Modell genannt. Sprunghafte Längenänderungen sind bei diesem Modell nicht möglich. Wir formen die obige Beziehung noch etwas um und erhalten

$$\dot{\ell}(t) + \frac{k}{c}\ell(t) = \frac{1}{c}[F(t) + k\ell_0]. \qquad (6.21)$$

Die Integration zwischen den Zeitpunkten t_0 und t ergibt

$$\Delta\ell(t) = \ell(t) - \ell_0 = [\ell(t_0) - \ell_0]e^{-\frac{k}{c}(t-t_0)} + \frac{1}{c}\int_{\tau=t_0}^{t} F(\tau)e^{-\frac{k}{c}(t-\tau)}\,d\tau.$$

---

[1]   lat. relaxatio ›das Nachlassen‹, ›Abspannung‹

Ist die Feder zum Zeitpunkt $t = t_0$ entspannt, dann ist $\ell(t_0) = \ell_0$, und es verbleibt

$$\Delta\ell(t) = \frac{1}{c}\int_{\tau=t_0}^{t}F(\tau)e^{-\frac{k}{c}(t-\tau)}d\tau \qquad (6.22)$$

Beispiel 6-4: (Schwingungsversuch am Kelvin-Modell)

Wir belasten das Kelvin-Modell in Abb. 6.16 mit der harmonischen Kraft $F(t) = A\cos\Omega t$. (A: Amplitude; Ω: Erregerkreisfrequenz). Zum Zeitpunkt $t = t_0$ sei die Feder entspannt, und es kommt (6.22) zur Anwendung. Setzen wir noch $t_0 = 0$, dann ist

$$\Delta\ell(t) = \frac{1}{c}\int_{\tau=0}^{t}e^{-\frac{k}{c}(t-\tau)}A\cos\Omega\tau\,d\tau = \frac{A\beta}{c(\beta^2+\Omega^2)}\left[\cos\Omega t + \frac{k}{c}\sin\Omega t - e^{-\frac{k}{c}t}\right]$$

Beachten wir $\eta = \beta/\Omega = k/(c\Omega)$, $\sin\varphi = \eta/\sqrt{1+\eta^2}$, $\cos\varphi = 1/\sqrt{1+\eta^2}$ und $\tan\varphi = \eta$, dann können wir dafür auch

$$\Delta\ell(t) = \frac{A}{k}\frac{\eta}{\sqrt{1+\eta^2}}\sin(\Omega t + \varphi) - \frac{A}{k}\frac{\eta^2}{1+\eta^2}e^{-\frac{k}{c}t} \qquad (6.23)$$

schreiben. Die Kraft in der Feder ist $F_F(t) = k\Delta\ell(t) = \frac{A\eta}{\sqrt{1+\eta^2}}\sin(\Omega t + \varphi) - A\frac{\eta^2}{1+\eta^2}e^{-\frac{k}{c}t}$.

Zur Berechnung der Dämpferkraft benötigen wir die zeitliche Änderung von ℓ oder $\Delta\ell$. Wir erhalten $F_D(t) = c\dot{\ell}(t) = c\Delta\dot{\ell} = \frac{A}{\sqrt{1+\eta^2}}\cos(\Omega t + \varphi) + \frac{A\eta^2}{1+\eta^2}e^{-\frac{k}{c}t}$. Unmittelbar nach Aufbrin-

gung der Kraft übernimmt der Dämpfer die volle Belastung. Erst mit zunehmender Längung des Elementes wird auch die Feder beansprucht. Der stationäre Zustand (Index p) ist durch $\Delta\ell_p(t) = \frac{A}{k}\frac{\eta}{\sqrt{1+\eta^2}}\sin(\Omega t + \varphi)$ gegeben, und die zeitliche Änderung der Modelllänge ist

dann $\Delta\dot{\ell}_p(t) = \frac{A}{c}\frac{1}{\sqrt{1+\eta^2}}\cos(\Omega t + \varphi)$. Die äußere Kraft leistet am Verschiebungsweg

$\Delta\ell_p(t)$ in einem vollen Zyklus die Arbeit

$$A_a = \oint F(t)d(\Delta_p\ell) = \int_{t=0}^{2\pi/\Omega}F(t)\Delta\dot{\ell}_p(t)\,dt = \int_{t=0}^{2\pi/\Omega}F_{D,p}(t)\Delta\dot{\ell}_p(t)\,dt = \frac{A^2c\Omega\pi}{k^2+(c\Omega)^2} = \frac{A^2\eta\pi}{k(1+\eta^2)} \neq 0$$

Unter dem letzten Integral ist $F_{D,p}(t) = A/\sqrt{1+\eta^2}\,\cos(\Omega t + \varphi)$ der partikuläre Anteil der Dämpferkraft. Die Kraft-Verschiebungsrelation für den Dämpfer folgt unmittelbar aus der obigen Beziehung, wenn wir mit der Abkürzung $D = A/\sqrt{1+\eta^2}$ wie folgt umformen:

$$F_{D,p}(t) = D\cos(\Omega t + \varphi) = D\sqrt{1-\sin^2(\Omega t + \varphi)} = D\sqrt{1-\left(\frac{k}{D\eta}\Delta\ell\right)^2} \quad \text{oder}$$

$\left(\dfrac{F_{D,p}}{D}\right)^2 + \left(\dfrac{\Delta\ell_p}{D\eta/k}\right)^2 = 1$. Der Flächeninhalt dieser Ellipse ist $\Delta E = \dfrac{A^2\eta\pi}{k(1+\eta^2)}$ und entspricht

der dissipierten Energie pro Zyklus. Die schräg liegende Ellipse, die die äußere Kraft F in Abhängigkeit von $\Delta\ell_p$ zeigt, hat denselben Flächeninhalt wie die in Normalform vorliegende Ellipse für den Dämpfer. Die Kräfte F(t) und die Kraft-Verschiebungskurven können für die Parameterkombination (A = 1, Ω = 1, k = 1, c = 3/4) Abb. 6.17 und Abb. 6.18 entnommen werden.

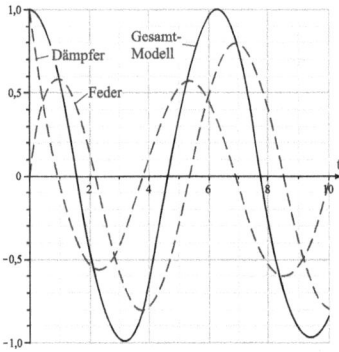

Abb. 6.17   Kräfte F(t)

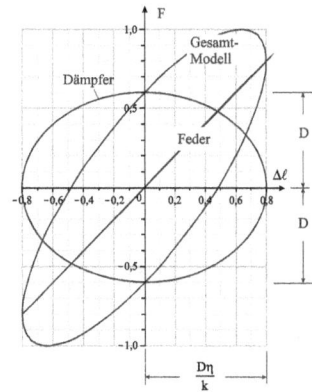

Abb. 6.18   Kraft-Verschiebungskurven

Beispiel 6-5: (Kriechversuch am Kelvin-Modell)

Ist die Feder zum Zeitpunkt t_0 entspannt, dann ist $\ell(t_0) = \ell_0$, und der Kriechversuch am Kelvin-Modell liefert gemäß (6.22) die Längenänderungen

$$t_0 < t < t_1: \qquad \Delta\ell(t) = \frac{F_0}{k}[1-e^{-\frac{k}{c}(t-t_0)}]$$

$$t > t_1: \qquad \Delta\ell(t) = \frac{F_0}{k}[e^{\frac{k}{c}t_1} - e^{\frac{k}{c}t_0}]\,e^{-\frac{k}{c}t}$$

Ein Maß für das Anwachsen der Verlängerung ist die Retardationszeit[1] $t_{Ret} = \dfrac{1}{(k/c)} = \dfrac{c}{k}$.

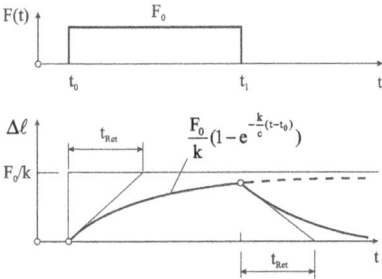

Abb. 6.19 *Kelvin-Modell, Kriechversuch*

Beim Kelvin-Modell tritt nach der Entlastung keine bleibende Verformung auf. Das Kelvin-Modell verhält sich unmittelbar nach Lastaufbringung viskos, langfristig dagegen elastisch. Dieser Effekt wird verzögerte Elastizität, elastische Nachwirkung oder auch Anelastizität genannt. Wird die Last entfernt, dann tritt Rückkriechen (Kriecherholung) des Modells auf die Länge ℓ_0 ($\Delta\ell = 0$) ein. Wird die Länge ℓ konstant gehalten ($\dot{\ell} = 0$), dann resultiert daraus wegen $F(t) = k[\ell(t) - \ell_0] + c\dot{\ell}(t)$ eine Kraft mit

dem festen Wert $F = k\Delta\ell$. Relaxation gibt es demzufolge beim Kelvin-Modell nicht.

6.1.7   Parallelschaltung von Feder und Maxwell-Modell (Standard-Modell)

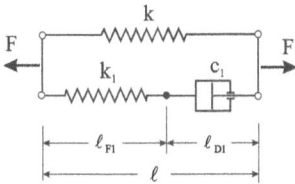

Abb. 6.20 *Standard-Modell*

Die bisher vorgestellten einfachen Ersatzmodelle sind nicht immer in der Lage, das Verhalten viskoelastischer Materialien hinreichend genau zu beschreiben. Ein komplexeres Modell, das wir Standard-Modell nennen, besteht aus einer Parallelschaltung von Hooke- und Maxwell-Modell. Damit sind die Längenänderungen beider Modelle gleich ($\Delta\ell = \Delta\ell_H = \Delta\ell_M$) und die Kräfte addieren sich ($F = F_H + F_M$). Gemäß (6.11)

genügt das Maxwell-Element der Differenzialgleichung $\dot{\alpha}_1 = 1/c_1 F_M$ mit der Lösung

$$\alpha_1(t) = \alpha_1(t_0) + \frac{1}{c_1} \int\limits_{\tau=t_0}^{t} F_M(\tau)\,d\tau.$$ Berücksichtigen wir (6.13), dann folgt

$$\ell_M(t) = \ell(t) = \alpha_1(t_0) + \frac{F_M(t)}{k_1} + \frac{1}{c_1} \int\limits_{\tau=t_0}^{t} F_M(\tau)\,d\tau \,.$$

Sind zum Zeitpunkt t_0 beide Federn kräftefrei, dann ist $\alpha_1(t_0) = \ell_0$ und wegen $F_M = F - F_H = F - k\Delta\ell$ erhalten wir

---

[1]   zu lat. retardare ›verzögern‹

$$\Delta\ell(t)\left(1+\frac{k}{k_1}\right) = \frac{F(t)}{k_1} + \frac{1}{c_1}\int_{\tau=t_0}^{t}F(\tau)d\tau - \frac{k}{c_1}\int_{\tau=t_0}^{t}\Delta\ell(\tau)d\tau \text{ . Die Lösung dieser Integralgleichung ist}$$

$$\Delta\dot{\ell}(t)\left(1+\frac{k}{k_1}\right) = \frac{\dot{F}(t)}{k_1} + \frac{1}{c_1}F(t) - \frac{k}{c_1}\Delta\ell(t) \text{ . Mit den Abkürzungen } \beta_1 = k_1/c_1, \ k_0 = k+k_1,$$

$\gamma = \beta_1 k/k_0$ können wir noch zusammenfassen zu $\Delta\dot{\ell} + \gamma\Delta\ell = \frac{1}{k_0}(\dot{F} + \beta_1 F)$. Die Struktur

dieser Gleichung entspricht derjenigen von (6.21). Integrieren wir unter der Voraussetzung, dass Hooke- und Maxwell-Modell zur Zeit t_0 entspannt sind, dann erhalten wir die Längenänderung

$$\Delta\ell(t) = \frac{1}{k_0}\left[F(t) + (\beta_1 - \gamma)\int_{\tau=t_0}^{t}e^{-\gamma(t-\tau)}F(\tau)d\tau\right] \tag{6.24}$$

Unter dem Integral wurde $\dot{F}$ durch partielle Integration beseitigt. Die Umkehrung ergibt

$$F(t) = k_0\left[\Delta\ell(t) - (\beta_1 - \gamma)\int_{\tau=t_0}^{t}e^{-\beta_1(t-\tau)}\Delta\ell(\tau)d\tau\right] \tag{6.25}$$

Beispiel 6-6: (Schwingungsversuch am Standard-Modell)

Wir belasten das Standard-Modell nach Abb. 6.20 zur Zeit $t = 0$ mit der harmonischen Kraft $F(t) = A\cos\Omega t$. (A: Amplitude; Ω: Erregerkreisfrequenz). Damit ergibt sich gemäß (6.24)

$$\Delta\ell(t) = \frac{A\gamma(\gamma - \beta_1)}{k_0(\gamma^2 + \Omega^2)}e^{-\gamma t} + \frac{A[(\Omega^2 + \beta_1\gamma)\cos\Omega t + \Omega(\beta_1 - \gamma)\sin\Omega t]}{k_0(\gamma^2 + \Omega^2)} \tag{6.26}$$

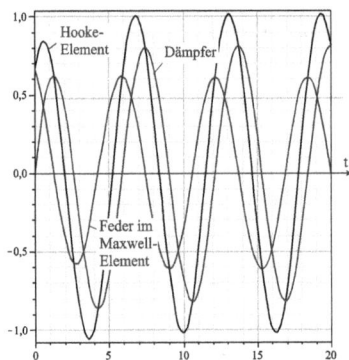

Abb. 6.21   Längenänderung $\Delta\ell$

Mit den Abkürzungen $\eta_1 = \beta_1/\Omega$, $\rho = \gamma/\Omega$ sowie

$$\sin\varphi = \frac{1+\eta_1\rho}{\sqrt{(1+\eta_1^2)(1+\rho^2)}}, \quad \cos\varphi = \frac{\eta_1 - \rho}{\sqrt{(1+\eta_1^2)(1+\rho^2)}},$$

$$\tan\varphi = \frac{1+\eta_1\rho}{\eta_1 - \rho} \text{ können wir auch kürzer}$$

$$\Delta\ell(t) = \frac{A}{k_0}\sqrt{\frac{1+\eta_1^2}{1+\rho^2}}\sin(\Omega t + \varphi) - \frac{A\rho(\eta_1 - \rho)}{k_0(1+\rho^2)}e^{-\gamma t}$$

schreiben. Zu Beginn der Lastaufbringung reagieren nur die parallel geschalteten Federn mit einer Längenänderung $\Delta\ell(t = 0) = A/k_0$. Auch hier wirkt der Dämpfer zunächst wie ein starrer Körper. Unter

Beachtung von (6.9) ist

$$\alpha_1(t) = \ell_{D1}(t) + \ell_{F10} = \alpha_1(t_0) + \frac{1}{c_1} \int_{\tau=t_0}^{t} F_M(\tau)\,d\tau,$$ und mit $\alpha_1(t_0) = \ell_0$ erhalten wir die Län-

genänderung des Dämpfers zu $\Delta\ell_{D1} = \frac{1}{c_1} \int_{\tau=t_0}^{t} F_M(\tau)\,d\tau$. Für die Kraft im Maxwell-Element

errechnen wir $F_M = F - F_H = F - k\Delta\ell$. Integrieren wir diesen Ausdruck unter Berücksichtigung von (6.26), dann folgt die Längenänderung des Dämpfers zu

$$\Delta\ell_{D1} = \frac{A}{k_0} \frac{k\eta_1}{k_1(1+\rho^2)} \left\{ (\eta_1 - \rho)\cos\Omega t + \left[\frac{k_0}{k}(1+\rho^2) - (1+\eta_1\rho)\right]\sin\Omega t - (\eta_1 - \rho)e^{-\gamma t} \right\}$$

und die Längenänderung der Feder im Maxwell-Element ist $\Delta\ell_{F1} = \Delta\ell - \Delta\ell_{D1}$. Abb. 6.21 zeigt für die Parameterkombination ($A = 1$, $\Omega = 1$, $k = 1$, $c = 3/4$) die Längenänderungen der Einzelkomponenten des Standard-Modells. Im stationären Zustand verbleibt

$$\Delta\ell_p(t) = \frac{A}{k_0} \sqrt{\frac{1+\eta_1^2}{1+\rho^2}} \sin(\Omega t + \varphi) \tag{6.27}$$

und die Längenänderung des Dämpferelementes im Maxwell-Modell errechnet sich zu

$$\Delta\ell_{D1} = \frac{A}{k_0} \frac{k\eta_1}{k_1(1+\rho^2)} \left\{ (\eta_1 - \rho)\cos\Omega t + \left[\frac{k_0}{k}(1+\rho^2) - (1+\eta_1\rho)\right]\sin\Omega t \right\} \tag{6.28}$$

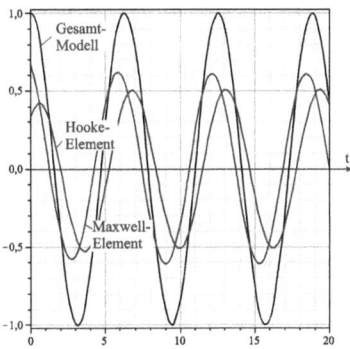

Abb. 6.22 *Kräfte F(t)*

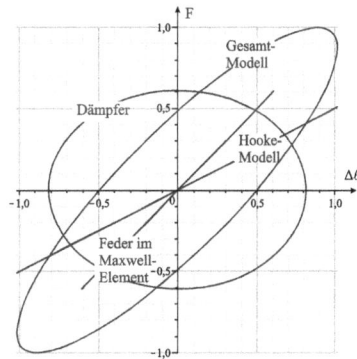

Abb. 6.23 *Kraft-Verschiebungskurven*

Mit (6.27) liegt auch die Kraft $F_{H,p}$ im Hooke-Element fest

$$F_{H,p} = k\Delta\ell_p = \frac{Ak}{k_0}\sqrt{\frac{1+\eta_1^2}{1+\rho^2}}\ \sin(\Omega t + \varphi) \tag{6.29}$$

und die Kraft im Maxwell-Element ergibt sich zu $F_{M,p}(t) = F(t) - F_{H,p}$. Die äußere Kraft F(t) leistet am Verschiebungsweg $\Delta\ell_p(t)$ in einem vollen Zyklus die Arbeit

$$A_a = \oint F(t)d(\Delta_p\ell) = \int_{t=0}^{2\pi/\Omega} F(t)\Delta\dot{\ell}_p(t)\ dt = \frac{A^2\Omega(\beta_1-\gamma)\pi}{k_0(\gamma^2+\Omega^2)} = \frac{A^2(\eta_1-\rho)\pi}{k_0(1+\eta^2)} \neq 0 \tag{6.30}$$

Die Kräfte F(t) und die Kraftverschiebungskurven für das Standard-Modell können für die Parameterkombination (A = 1, Ω = 1, k = 1, c = 3/4) Abb. 6.22 und Abb. 6.23 entnommen werden.

Beispiel 6-7: (Kriechversuch am Standard-Modell)

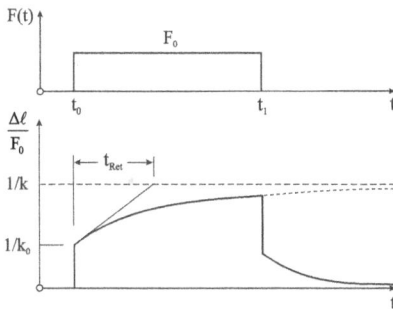

Abb. 6.24   Standard-Modell, Kriechversuch

Mit (6.24) erhalten wir abschnittsweise die Längenänderungen

$$t_0 < t < t_1 :\ \ \Delta\ell(t) = \frac{F_0}{k_0}\left[1 + \frac{k_1}{k}(1-e^{-\gamma(t-t_0)})\right]$$

$$t > t_1 :\ \ \ \ \ \ \ \ \Delta\ell(t) = \frac{F_0}{k_0}\frac{k_1}{k}(e^{\gamma t_1} - e^{\gamma t_0})\ e^{-\gamma t}$$

Die Retardationszeit ist $t_{Ret} = \dfrac{1}{\gamma} = \left(\dfrac{1}{k_1}+\dfrac{1}{k}\right)c$.

Beispiel 6-8: (Relaxationsversuch am Standard-Modell)

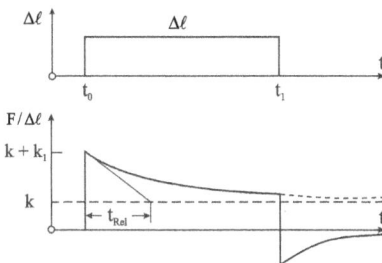

Abb. 6.25   Standard-Modell, Relaxationsversuch

Zum Zeitpunkt t_0 wird dem kräftefreien Standard-Modell sprunghaft eine konstante Verlängerung $\Delta\ell$ eingeprägt und zurzeit $t = t_1$ wieder entfernt. Vor der Belastung ist das Modell kräftefrei. Entsprechend (6.25) erhalten wir abschnittsweise

$$t_0 < t < t_1 :\ F(t) = \Delta\ell[k + k_1 e^{-\beta_1(t-t_0)}]$$

$$t > t_1 :\ \ \ \ \ \ \ F(t) = \Delta\ell k_1[e^{\beta_1 t_0} - e^{\beta_1 t_1})]e^{-\beta_1 t}$$

Bei kurzzeitiger Belastung besitzt das Modell die Steifigkeit $k + k_1$, die in die Langzeitsteifigkeit k übergeht (Abb. 6.25). Die Schnelle dieses Übergangs wird durch die Relaxationszeit $t_{Rel} = 1/\beta_1 = c_1/k_1$ festgelegt.

6.1.8   Reihenschaltung von Feder und Trockenreibungselement (Prandtl-Modell)

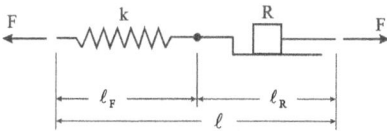

Abb. 6.26   *Prandtl-Modell*

Das Prandtl-Modell in Abb. 6.26 besteht aus einer linearen Feder mit einem in Reihe geschalteten Trockenreibungselement nach St.-Vénant. Dabei ist k die Federkonstante und R diejenige Grenzkraft, bei der das Reibungselement zu rutschen beginnt. Ein solches Modell zeigt plastisches Verhalten. Für die Feder gilt $F = k(\ell - \ell_0)$. Das Reibungselement kennt nur zwei Zustände

1.) $|F| < R$,   wenn $\dot{\ell}_R(t) = 0$

2.) $F = R\,sgn(\dot{\ell}_R)$,   wenn $\dot{\ell}_R(t) \neq 0$

Eine Längenänderung dieses Elementes ist also nur möglich, wenn F die Streckgrenzen $+R$ oder $-R$ erreicht. Dann gilt für die Kraft F

$$|F| \leq R \tag{6.31}$$

Führen wir mit $\alpha(t) = \ell_R(t) + \ell_{F0}$ die momentan entspannte Länge des Trockenreibungs-elementes ein, dann ist

$$F(t) = k(\ell_F - \ell_{F0}) = k(\ell - \alpha) \tag{6.32}$$

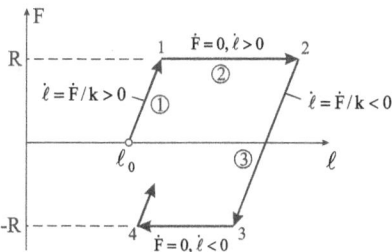

Abb. 6.27   *Verschiebungs-Kraftdiagramm des Prandtl-Modells*

Solange $|F| < R$ ist, verhält sich das Reibungsele-ment mit $\dot{\ell}_R(t) = 0$ wie ein starrer Körper, und mit (6.32) folgt $\dot{\alpha} = 0$. Das Verhalten des Prandtl-Modells verdeutlichen wir uns anhand des Ver-schiebungs-Kraftdiagramms in Abb. 6.27. Im Aus-gangszustand hat das Modell die Länge $\ell_0 = \ell_{F0} + \ell_{R0}$. Verlängern wir das Modell (Pfad 1), dann verhält es sich unterhalb der Streckgrenze rein elastisch. Wegen $\dot{\alpha} = 0$ gilt hier $\dot{\ell} = \dot{F}/k > 0$. Versuchen wir durch weitere Verlängerung die

Kraft in der Feder über die Streckgrenze hinaus zu steigern, dann entzieht sich das Modell dieser Beanspruchung durch plastisches Fließen (Pfad 2). Es gilt $\dot{F} = 0$ und $\dot{\ell} = \dot{\alpha} > 0$. Bei einer Verkürzung (Pfad 3) verhält sich das Modell wieder rein elastisch. Mit (6.32) ist hier $\dot{\ell} = \dot{F}/k < 0$. An den Umkehrpunkten 2 und 4 wechseln die Verschiebungen ihr Vorzeichen. Der in Abb. 6.27 dargestellte Sachverhalt kann wie folgt formuliert werden

$$\dot{\alpha} = 0, \quad \text{wenn } |F| = k|\ell - \alpha| < R \text{ oder } |F| = R \text{ und } F\dot{\ell} \le 0$$

$$\dot{\alpha} = \dot{\ell}, \quad \text{wenn } |F| = R \text{ und } F\dot{\ell} > 0$$

$$(6.33)$$

oder abgekürzt

$$\dot{\alpha} = 0, \quad \text{wenn } \frac{k}{R}(\ell - \alpha)\,\mathrm{sgn}(\dot{\ell}) \ne 1$$

$$\dot{\alpha} = \dot{\ell}, \quad \text{wenn } \frac{k}{R}(\ell - \alpha)\,\mathrm{sgn}(\dot{\ell}) = 1$$

$$(6.34)$$

Diese abschnittsweise formulierten Differenzialgleichungen lassen sich nicht mehr geschlossen integrieren. Die Kraft F(t) kann aus dem Verlauf von $\ell(t)$ eindeutig bestimmt werden. Das Umgekehrte ist jedoch nicht möglich, da für F(t) = R die Länge $\ell(t)$ beliebig anwachsen kann.

Hinweis: Relaxation gibt es beim Prandtl-Modell nicht, denn wird die Länge zeitlich konstant gehalten, dann ändert sich gemäß (6.33) und (6.34) auch die Kraft nicht. Außerdem ist das plastische Fließen vom Kriechen zu unterscheiden.

7   Schwingungen

Unter Schwingungen[1] verstehen wir mehr oder weniger regelmäßig erfolgende zeitliche Schwankungen von Zustandsgrößen. Als Schwingung kann in mathematischem Sinne jede zeitabhängige Funktion bezeichnet werden, die mehrfach das Vorzeichen wechselt. Schwingungen können in der Natur und in vielen Bereichen der Technik beobachtet werden. Beispielsweise als Hin- und Herbewegung eines Pendels, als Wellengang der See oder die zufällige Schwingung eines durch Windböen erregten Gebäudes, als Geräusch oder auch als Ton. Die Kenntnis über die Ursachen von Schwingungen und deren Auswirkungen erlaubt es dem Ingenieur, Schwingungen in erträglichen Grenzen zu halten.

Der Zustand eines schwingenden Systems kann durch geeignet ausgewählte Zustandsgrößen, beispielsweise durch Lagekoordinaten, Geschwindigkeiten, Winkel, Druck, Temperatur, elektrische Spannung oder Ähnliches gekennzeichnet werden. Sei y eine derartige Zustandsgröße, so interessiert bei der Schwingungsuntersuchung die zeitliche Änderung von $y = y(t)$. Eine wichtige Klasse von Schwingungen sind die periodischen Schwingungen. Diese sind dadurch gekennzeichnet, dass sich der Vorgang y(t) nach Ablauf einer bestimmten Zeit, der Schwingungsdauer oder Periodendauer T, jeweils vollständig wiederholt. Die Zustandsgröße y(t) erfüllt dabei die Periodizitätsbedingung

$$y(t) = y(t+T) = y(t+nT) \qquad (n = 1, 2, 3, \ldots) \qquad (7.1)$$

Ein Ausschnitt dieser Schwingung von der Dauer T heißt eine Periode[2] der Schwingung. Der Kehrwert der Schwingungsdauer T ist die Frequenz[3]

$$f = \frac{1}{T} \qquad\qquad (7.2)$$

Die Frequenz gibt an, wie oft sich der Vorgang in der Zeiteinheit abspielt, also die Zahl der Schwingungen in einer Sekunde.

$$[f] = \frac{1}{\text{Zeit}}, \text{ Einheit: } s^{-1} = Hz \ (Hz = Hertz)$$

---

[1] s.h. DIN 1311-1: 2000-02, Schwingungen und schwingungsfähige Systeme

[2] lat. periodus ›Gliedersatz‹, von griech. periodos ›das Herumgehen‹, ›Umlauf‹, ›Wiederkehr‹

[3] lat. frequentia ›Häufigkeit‹, allgemein Synonym für Häufigkeit

Für die rechnerische Behandlung der Schwingungen wird neben der Frequenz f noch die Kreisfrequenz ω verwendet. Darunter wird die Zahl der Schwingungen in 2π Sekunden verstanden

$$\omega = 2\pi f = \frac{2\pi}{T} \qquad\qquad (7.3)$$

$[\omega] = \dfrac{1}{\text{Zeit}}$, Einheit: s^{-1} (auch rad/s: siehe DIN 1301-1: 2002-10)

Hinweis: Die Einheit für die im Bogenmaß gemessene Größe eines ebenen Winkels ist der Radiant (Abk. rad), der Winkel, für den die Bogenlänge des Einheitskreises den Wert 1 hat: 1 rad = $360°/2\pi \approx 57°17'44{,}8''$.

Tab. 7.1 *Mechanische Größen und Einheiten nach DIN 1080*

Größe	Einheiten	
	Durch SI-Basiseinheiten ausgedrückt	**Zeichen**
Länge	m	
Masse	kg	
Zeit	s	
Kraft	$kg\,m\,s^{-2}$	N
Federkonstante	$kg\,s^{-2}$	k
Dämpfungskoeffizient	$kg\,s^{-1}$	c
Frequenz	s^{-1} auch rad/s	f
Periodendauer	s	T

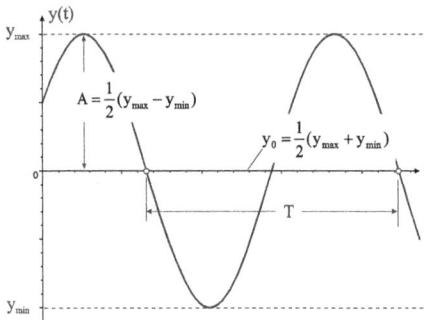

Abb. 7.1 *Periodische Schwingung, Periodendauer T*

Periodendauer und Frequenz bestimmen den Rhythmus einer Schwingung. Ihre Größe wird durch die Amplitude A angegeben. Darunter verstehen wir den halben Wert der gesamten Schwingungsweite, das ist der Bereich, den die Zustandsgröße y im Verlauf einer Periode durchläuft. Ist y_{max} der Größtwert und y_{min} der Kleinstwert von y während der Periode T, so gilt $A = 1/2(y_{max} - y_{min})$. Der Wert der Zustandsgröße y schwankt bei periodischen Schwingungen um die Mittellage $y_0 = 1/2(y_{max} + y_{min})$. Bei symmetrischen Schwingungen entspricht diese Mittellage zugleich der Ruhelage oder Gleichgewichtslage. Weiterhin wird die Schwingungsweite $y_S = y_{max} - y_{min}$ definiert. Durch eine einfache Koordinatentransformation $\overline{y} = y - y_0$ kann immer erreicht werden, dass $\overline{y}_0 = 0$ gilt. Tab. 7.1 enthält mechanische Größen und Einheiten nach DIN 1080 und aus den SI-Einheiten abgeleitete Größen, die für die Schwingungs-untersuchungen von Bedeutung sind.

Hinweis: Im amtlichen und geschäftlichen Verkehr sind vorgeschriebene Einheiten zu ver-wenden. In der Bundesrepublik Deutschland gelten die Eichgesetze sowie das Gesetz über Einheiten im Messwesen und die Zeitbestimmung, kurz Einheitengesetz, durch das die SI-Basiseinheiten (Système International d'Unités) eingeführt wurden.

7.1 Darstellung von Schwingungsvorgängen

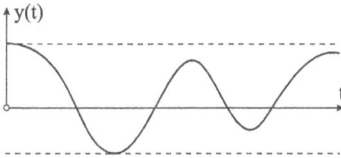

Abb. 7.2 *Das Ausschlag-Zeit-Diagramm*

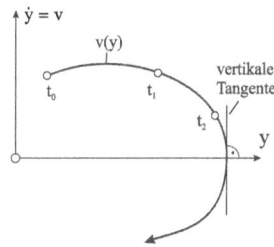

Abb. 7.3 *Phasenkurve einer Schwingung*

Zur Darstellung zeitabhängiger Zustandsgrößen werden verschiedene Diagramme verwen-det. Die wichtigsten sind das Ausschlag-Zeit-Diagramm (Abb. 7.2) und die Darstellung in der Phasenebene (Abb. 7.3). Im Ausschlag-Zeit-Diagramm wird die Zustandsgröße $y(t)$ über der Zeit t aufgetragen. Aus diesem Diagramm lassen sich sofort charakteristische Größen der Schwingung wie Amplitude und Mittellage ablesen.

Die Phasenkurve einer Schwingung erhalten wir, wenn wir die Geschwindigkeit $\dot{y}(t) = v(t)$ über der Auslenkung $y(t)$ auftragen. Bei einem Einmassenschwinger legen die Auslenkung und die Geschwindigkeit den mechanischen Zustand des Systems fest, weshalb $y(t)$ und $\dot{y}(t)$ auch Zustandsgrößen genannt werden. Die Beschleunigung ist übrigens keine Zustandsgröße im eigentlichen Sinne, da sie sich mittels des Newtonschen Grundgesetzes durch die Resul-tierende der äußeren Kräfte angeben lässt. Da die Darstellung der Phasenkurve in der Form $v = v(y)$ erfolgt, kann der zeitliche Verlauf einer Schwingung aus dem Phasenbild selbst nicht entnommen werden. In der Phasenebene erscheint nämlich die Zeit t lediglich als Bahnparameter. Über den Durchlaufsinn der Phasenkurve kann Folgendes gesagt werden: Da bei positiver Geschwindigkeit $\dot{y}$ die Auslenkung y zunehmen muss, verläuft die Phasenkur-ve im oberen Bereich von links nach rechts und im unteren Bereich von rechts nach links.

Wegen $\dfrac{d\dot{y}}{dy} = \dfrac{d\dot{y}}{dt}\dfrac{dt}{dy} = \dfrac{\ddot{y}}{\dot{y}}$ schneidet die Phasenkurve die y-Achse immer senkrecht, denn an

diesem stationären Punkt gilt $\dot{y} = v = 0$. Ausgenommen sind Fälle, für die neben $\dot{y} = 0$ auch $\ddot{y} = 0$ ist. Solche Punkte heißen singuläre Punkte der Phasenkurve, sie stellen Gleichgewichtslagen des Schwingers dar. Aus der Gleichung einer Phasenkurve $\dot{y}(y)$ folgt durch Trennung der Variablen

$$dt = \frac{dy}{\dot{y}(y)} \qquad \rightarrow t = t_0 + \int\limits_{\bar{y}=y_0}^{y} \frac{d\bar{y}}{\dot{\bar{y}}(\bar{y})} \tag{7.4}$$

Die Gesamtheit aller möglichen Phasenkurven eines Schwingers wird Phasenportrait genannt.

7.2   Einteilung der Schwingungen

Schwinger mit nur einem Freiheitsgrad werden als einfache Schwinger bezeichnet. Schwingungssysteme mit endlich vielen Freiheitsgraden heißen mehrfache Schwinger und ein Schwingungssystem mit unendlich vielen Freiheitsgraden ist ein kontinuierlicher Schwinger. Je nachdem, ob die zugehörigen Differenzialgleichungen linear oder nichtlinear sind, wird rein formal nach linearen und nichtlinearen Schwingungen unterschieden. Reale Schwingungen verlaufen in der Regel immer nichtlinear, jedoch kann sehr oft die Differenzialgleichung linearisiert und damit die Untersuchungen auf lineare Schwingungen zurückgeführt werden. Abb. 7.4 zeigt eine Einteilung der Schwingungen nach ihrem Entstehungsmechanismus. In den folgenden Kapiteln werden wir uns mit den in dieser Abbildung invers dargestellten Schwingungen näher beschäftigen.

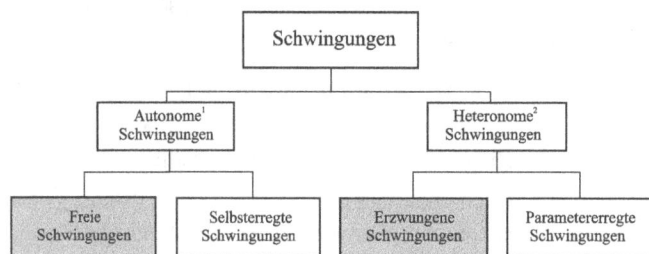

[1] **autonom**, selbständig, nach eigenen Gesetzen lebend, unabhängig
[2] **heternom**, fremdgesetzlich, von fremden Gesetzen abhängend

Abb. 7.4 *Einteilung der Schwingungen nach dem Entstehungsmechanismus (DIN 1311-1 : 2000-02)*

Wir bezeichnen ein schwingungsfähiges System, dem keine Energie zugeführt oder entzogen wird, als freien Schwinger. Überlassen wir einen solchen Schwinger sich selbst, so führt er freie Schwingungen aus, die gedämpft oder ungedämpft ablaufen können. Die zugehörigen Differenzialgleichungen sind stets homogen mit zeitinvarianten Koeffizienten. Treten bei einem schwingungsfähigen System dagegen äußere Erregungen auf, dann sprechen wir von einer erzwungenen Schwingung, die wieder gedämpft oder ungedämpft ablaufen kann. Die diesen Schwingern zugeordneten Differenzialgleichungen besitzen stets zeitabhängige Funktionen, die mit den Zustandsgrößen des Schwingers nicht in Verbindung stehen. Abb. 7.5 zeigt eine mögliche Einteilung der Schwingungen hinsichtlich des Zeitverlaufs.

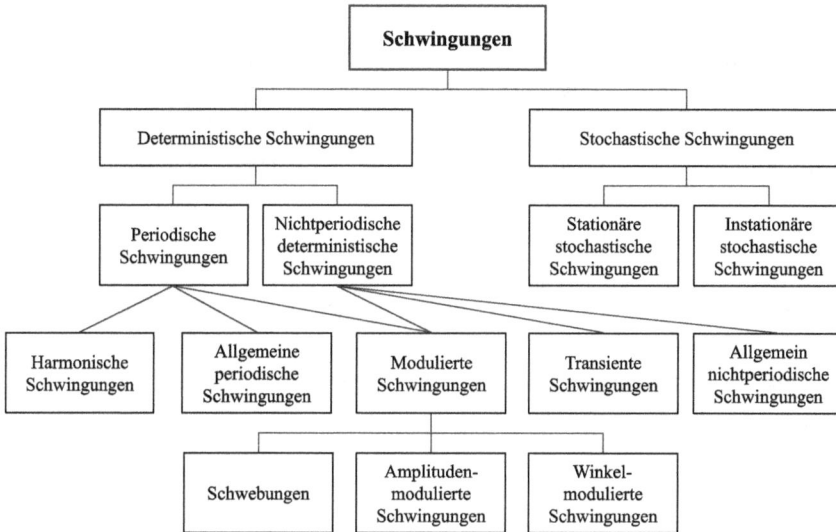

Abb. 7.5 *Einteilung der Schwingungen hinsichtlich ihres Zeitverlaufs (DIN 1311-1: 2000-02)*

7.3   Harmonische Schwingungen

Die einfachste periodische Schwingung ist die harmonische Schwingung. Sie lässt sich durch eine Sinus- oder Kosinusfunktion beschreiben

$$y(t) = A\sin(\omega t + \varphi_1) = A\cos(\omega t + \varphi_2) \tag{7.5}$$

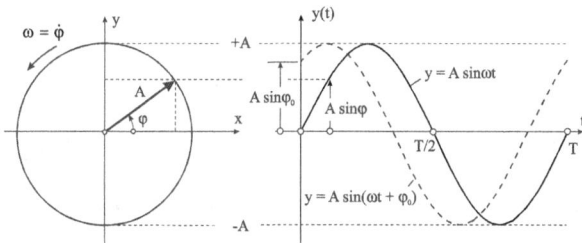

Abb. 7.6 *Gleichförmige Kreisbewegung, harmonische Schwingung*

Dabei ist A die Amplitude der Schwingung. Die Argumente der Sinus- bzw. Kosinusfunktion $\psi_1 = \omega t + \varphi_1$ bzw. $\psi_2 = \omega t + \varphi_2$ heißen Phasenwinkel, weil sie den momentanen Zustand der Schwingung, ihre Phase, festlegen. Die Winkel φ_1 und φ_2 werden Nullphasenwinkel genannt, weil sie die Phase zum Zeitpunkt $t = 0$ angeben. Sie sind nur bis auf Vielfache von 2π festgelegt.

Zwischen einer gleichförmigen Kreisbewegung und einer harmonischen Schwingung kann folgender Zusammenhang hergestellt werden. Wir projizieren dazu den mit konstanter Winkelgeschwindigkeit $\omega = \dot{\varphi}$ rotierenden Zeiger der Länge A entsprechend Abb. 7.6 auf die vertikale Achse, was uns die y-Koordinate des rotierenden Zeigers liefert. Besitzt der Schwinger zum Zeitpunkt $t = 0$ eine dem Nullphasenwinkel φ_0 entsprechende Auslenkung, so lautet die Beziehung

$$y = A \sin(\omega t + \varphi_0) \tag{7.6}$$

und die Anwendung des Additionstheorems $\sin(\alpha + \beta) = \sin\alpha\cos\beta + \cos\alpha\sin\beta$ ergibt

$$y = A(\sin\omega t\cos\varphi_0 + \cos\omega t\sin\varphi_0) = \underbrace{A\cos\varphi_0}_{=A_1}\sin\omega t + \underbrace{A\sin\varphi_0}_{=A_2}\cos\omega t \text{ und damit}$$

$$y = A_1 \sin\omega t + A_2 \cos\omega t \tag{7.7}$$

Eine Sinusschwingung mit beliebigem Phasenwinkel $\psi = \omega t + \varphi_0$ lässt sich also stets aus einer Sinus- und Kosinusschwingung aufbauen. Für die Amplitude und den Nullphasenwinkel folgen mit $A_1 = A\cos\varphi_0$ und $A_2 = A\sin\varphi_0$

$$A = \sqrt{A_1^2 + A_2^2}, \quad \cos\varphi_0 = \frac{A_1}{A}, \quad \sin\varphi_0 = \frac{A_2}{A}, \quad \tan\varphi_0 = \frac{A_2}{A_1} \tag{7.8}$$

<u>Hinweis</u>: Die Funktion $\tan\varphi_0 = A_2 / A_1$ allein ist ungeeignet, den Winkel φ_0 zu bestimmen, da sie im ersten und dritten bzw. im zweiten und vierten Quadranten die gleichen Werte annimmt.

7.3.1 Überlagerung harmonischer Schwingungen

In den meisten Fällen sind an einem Bewegungsvorgang mehrere Schwingungen beteiligt. Wir beschränken uns zunächst auf den Fall der Überlagerung zweier harmonischer Schwingungen gleicher Frequenz ω, etwa $y_1 = A_1 \sin\omega t$ und $y_2 = A_2 \sin(\omega t + \Delta\varphi)$. Ist $\Delta\varphi = 0$ (Abb. 7.7), dann sind die Schwingungen phasengleich und gemäß

$$y = y_1 + y_2 = A_1 \sin\omega t + A_2 \sin\omega t = (A_1 + A_2)\sin\omega t$$

addieren sich die Amplituden, und die Verstärkung wird maximal. Abb. 7.8 zeigt den Fall der Überlagerung zweier um $\Delta\varphi = \pi$ phasenverschobener Schwingungen. Wegen

$$y = y_1 + y_2 = A_1 \sin \omega t + A_2 \sin(\omega t + \pi) = (A_1 - A_2)\sin \omega t$$

subtrahieren sich die Amplituden, und für $A_1 = A_2$ heben sich die Schwingungen sogar auf.

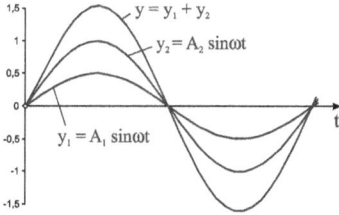

Abb. 7.7 *Addition phasengleicher Schwingungen*   **Abb. 7.8** *Addition phasenversch. Schwingungen*

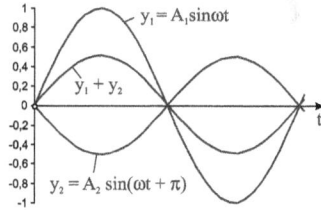

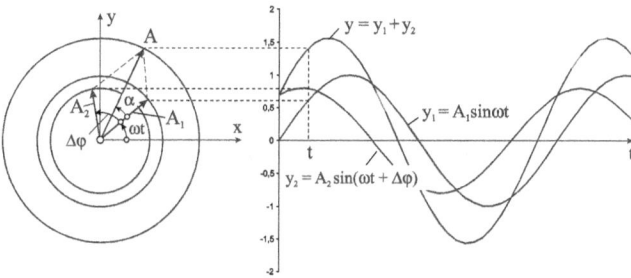

Abb. 7.9 *Überlagerung zweier gleichfrequenter harmonischer Schwingungen ($\Delta\varphi \neq 0$)*

Abb. 7.9 zeigt die Überlagerung zweier gleichfrequenter harmonischer Schwingungen mit $\Delta\varphi \neq 0$. Ihre Addition ergibt

$$y = y_1 + y_2 = A_1 \sin \omega t + A_2 \sin(\omega t + \Delta\varphi) = (A_1 + A_2 \cos\Delta\varphi)\sin \omega t + A_2 \sin\Delta\varphi\cos\omega t$$

Unter Beachtung von (7.6) und (7.7) lässt sich aber die resultierende Schwingung y immer als phasenverschobene Sinusschwingung

$$y = A\sin(\omega t + \alpha) = A\cos\alpha\sin \omega t + A\sin\alpha\cos\omega t$$

darstellen. Aus dem Koeffizientenvergleich der beiden vorangegangenen Gleichungen mit $A\cos\alpha = A_1 + A_2\cos\Delta\varphi$ und $A\sin\alpha = A_2\sin\Delta\varphi$ folgen die resultierende Amplitude A und die Phasenverschiebung α zwischen y und y_1 (Abb. 7.9).

$$A = \sqrt{A_1^2 + A_2^2 + 2A_1A_2\cos\Delta\varphi}$$
$$\cos\alpha = \frac{A_1 + A_2\cos\Delta\varphi}{A}, \sin\alpha = \frac{A_2\sin\Delta\varphi}{A}, \tan\alpha = \frac{A_2\sin\Delta\varphi}{A_1 + A_2\cos\Delta\varphi} \tag{7.9}$$

Etwas umständlicher als die Überlagerung zweier Schwingungen gleicher Frequenz ist die Addition zweier Schwingungen unterschiedlicher Frequenzen

$y(t) = y_1 + y_2 = A_1\sin(\omega_1 t + \varphi_1) + A_2\sin(\omega_2 t + \varphi_2)$. Um das Wesentliche zu zeigen, reicht es aus, die beiden Nullphasenwinkel zu null zu setzen, also

$$y(t) = y_1 + y_2 = A_1\sin\omega_1 t + A_2\sin\omega_2 t \tag{7.10}$$

Wir sind zunächst an der Periodendauer T der resultierenden Schwingung interessiert. Mit dem Frequenzverhältnis $\lambda = \omega_2/\omega_1$ und $\tau = \omega_1 t$ geht (7.10) über in

$$y(t) = A_1\sin\omega_1 t + A_2\sin\omega_2 t = A_1\sin\tau + A_2\sin\lambda\tau = \overline{y}(\tau) \tag{7.11}$$

Ist das Frequenzverhältnis λ rational, lässt es sich also durch den Bruch $\lambda = p/q$ ausdrücken ($p,q \in \mathbb{N}$, teilerfremd), dann hat die resultierende Schwingung die Periode $T = 2\pi q$. Es gilt nämlich

$$\overline{y}(\tau + T) = A_1\sin(\tau + 2\pi q) + A_2\sin\left[\frac{p}{q}(\tau + 2\pi q)\right] = A_1\sin\tau + A_2\sin(\lambda\tau) = \overline{y}(\tau).$$

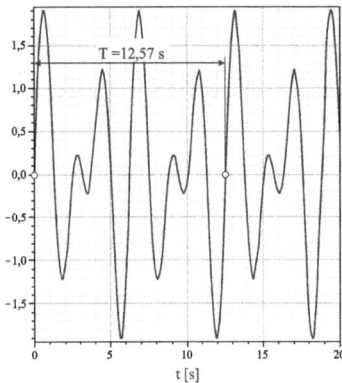

Abb. 7.10 *Überlagerung zweier harmonischer Schwingungen($A_1 = A_2 = 1$, $\lambda = 3/2$, $\omega_1 = 2s^{-1}$)*

Wir sehen das am Beispiel $\lambda = 3/2$. Mit $q = 2$ ist dann $T = 2\pi q = 4\pi = 12{,}57$ s (Abb. 7.10). Nach der Periode T wiederholt die Bewegung sich exakt. Ist das Verhältnis der beiden Eigenkreisfrequenzen nicht rational, dann existiert keine Periode T. Allerdings kann jede irrationale Zahl λ durch eine Folge rationaler Zahlen $\lambda_n = p_n/q_n$ dargestellt werden, die mit wachsendem n gegen den Grenzwert λ konvergiert. Die Schwingung wiederholt sich dann näherungsweise nach der Zeit $T_n = 2\pi q_n$, und zwar um so genauer, je größer n gewählt wird. In diesen Fällen wird von einer fastperiodischen Schwingung gesprochen. Ist beispielsweise $\lambda = \sqrt{5}$, dann liefert die Kettenbruchentwicklung die Folge $[2, \frac{9}{4}, \frac{38}{17}, \frac{161}{72}, \frac{682}{305}, \frac{2889}{1292}, \frac{12238}{5473}, ...]$. Ersetzen wir nun den Wert $\lambda = \sqrt{5}$ durch die zweite Näherung $\overline{\lambda} = 9/4$ der Kettenbruchentwicklung, dann ist mit $q_2 = 4$ die Schwingungszeit $T_2 = 2\pi \cdot 4 = 8\pi$. In Abb. 7.11 ist noch eine auffallende Abweichung der Näherung von der exakten Lösung zu erkennen, die mit wachsender Zeit t zunimmt. Für $\overline{\lambda} = 38/17$ ($q_3 = 17$) ist $T_3 = 2\pi \cdot 17 = 34\pi$ s im dargestellten Bereich nahezu deckungsgleich mit der Ausgangskurve (Abb. 7.12). In beiden Abbildungen sind $A_1 = A_2 = 1$ und $\omega_1 = 2\,\text{s}^{-1}$ gesetzt worden.

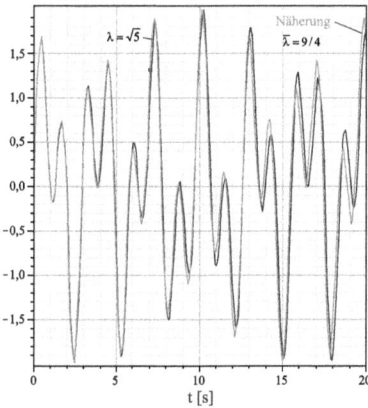

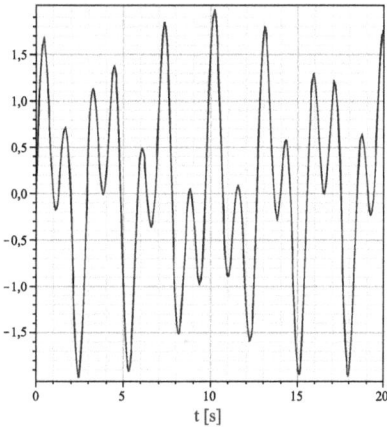

Abb. 7.11 *Fastperiodische Schwingung ($\overline{\lambda} = 9/4$)*   **Abb. 7.12** *Fastperiodische Schwingung ($\overline{\lambda} = 38/17$)*

Wir versuchen nun für die Summe der harmonischen Teilschwingungen nach (7.10), die Darstellung der resultierenden Schwingung y entsprechend (7.6) zu erreichen. Dazu wird (7.10) identisch umgeformt

$$y = \frac{A_1 + A_2}{2}(\sin \omega_1 t + \sin \omega_2 t) + \frac{A_1 - A_2}{2}(\sin \omega_1 t - \sin \omega_2 t)$$

$$= (A_1 + A_2)\cos\frac{(\omega_1 - \omega_2)t}{2}\sin\frac{(\omega_1 + \omega_2)t}{2} + (A_1 - A_2)\sin\frac{(\omega_1 - \omega_2)t}{2}\cos\frac{(\omega_1 + \omega_2)t}{2}$$

Mit den Abkürzungen

$$\omega_m = \frac{\omega_1 + \omega_2}{2}, \quad \omega_d = \frac{\omega_1 - \omega_2}{2}, \quad C_1(t) = (A_1 + A_2)\cos\omega_d t, \quad C_2(t) = (A_1 - A_2)\sin\omega_d t$$

kann dann zunächst zusammengefasst werden

$$y = C_1(t)\sin\omega_m t + C_2(t)\cos\omega_m t = \breve{A}(t)\sin[\omega_m t + \breve{\varphi}(t)] \tag{7.12}$$

Da die Amplitude

$$\breve{A}(t) = \sqrt{A_1^2 + A_2^2 + 2A_1 A_2 \cos 2\omega_d t} \tag{7.13}$$

und auch der Nullphasenverschiebungswinkel $\breve{\varphi}$ mit

$$\tan \breve{\varphi}(t) = \frac{C_1(t)}{C_2(t)} = \frac{A_1 - A_2}{A_1 + A_2} \tan \omega_d t \qquad (7.14)$$

zeitabhängig sind, liegt keine harmonische Schwingung vor. Es wird in diesem allgemeinen Fall auch von einer amplituden- und phasenmodulierten Schwingung gesprochen.

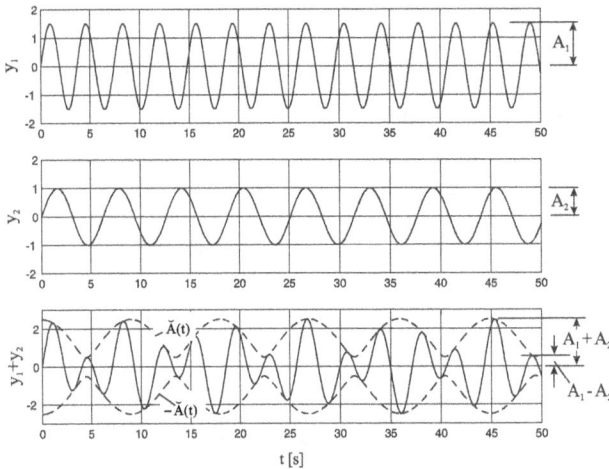

Abb. 7.13   *Überlagerung zweier harmonischer Schwingungen unterschiedlicher Frequenz*

Abb. 7.13 zeigt die Überlagerung der Schwingungen $y_1 = A_1 \sin \omega_1 t$ und $y_2 = A_2 \sin \omega_2 t$ mit $A_1 = 1,5 \text{ cm}$, $\omega_1 = 1,7 \text{ s}^{-1}$, $A_2 = 1,0 \text{ cm}$, $\omega_2 = 1,0 \text{ s}^{-1}$. Die Periodendauern der Einzelschwingungen errechnen sich zu $T_1 = 2\pi / 1,7 \text{ s} = 3,7 \text{ s}$ und $T_2 = 2\pi / 1 \text{ s} = 6,28 \text{ s}$. Weiterhin sind $\omega_m = 1/2(\omega_1 + \omega_2) = 1,35 \text{ s}^{-1}$ und $\omega_d = 1/2(\omega_1 - \omega_2) = 0,35 \text{ s}^{-1}$ sowie

$$\breve{A}(t) = \sqrt{A_1^2 + A_2^2 + 2A_1 A_2 \cos 2\omega_d t} = \sqrt{3,25 + 3\cos 0,7t} \text{ cm}.$$ Für den Nullphasenwinkel erhalten wir $\tan \breve{\varphi}(t) = \dfrac{A_1 - A_2}{A_1 + A_2} \tan \omega_d t = 0,2 \tan 0,35t \rightarrow \breve{\varphi}(t) = \arctan(0,2 \tan 0,35t)$.

Wir betrachten noch einmal die Addition zweier harmonischer Schwingungen unterschiedlicher Frequenz nach (7.10) und unterstellen im Folgenden, dass sich die Kreisfrequenzen ω_1 und ω_2 nur geringfügig unterscheiden. Diese Schwingungsüberlagerung (Addition) wird Schwebung genannt. Mit (7.12) gilt

$$y = \breve{A}(t) \sin[\omega_m t + \breve{\varphi}(t)] = y_M(t) y_T(t) \qquad (7.15)$$

In der Nachrichtentechnik heißt

$$y_M = \breve{A}(t) = \sqrt{A_1^2 + A_2^2 + 2A_1A_2 \cos 2\omega_d t} \qquad (7.16)$$

Modulationssignal. Es hat die Modulationsfrequenz $\omega_M = 2\omega_d = \omega_1 - \omega_2$ und die Modulationsperiode $T_M = 2\pi/\omega_M$. Das Modulationssignal $y_M(t)$ ist die Hüllkurve der Schwebung. Der eigentliche Schwingungsterm ist das Trägersignal

$$y_T = \sin[\omega_m t + \breve{\varphi}(t)] \qquad (7.17)$$

das mit der Trägerfrequenz $\omega_T = \omega_m = (\omega_1 + \omega_2)/2$ und der Periodendauer der Trägerperiode $T_T = 2\pi/\omega_T$ schwingt. Das Trägersignal ist i. Allg. nullphasenverschoben um den Winkel $\breve{\varphi}(t)$. Die Schwingung nimmt Amplitudenwerte zwischen $A_1 + A_2$ und $A_1 - A_2$ an. Für den Sonderfall gleicher Amplituden $A_1 = A_2 = A$ erhalten wir aus (7.14) den Nullphasenverschiebungswinkel $\breve{\varphi} = 0$ und mit (7.16)

$$y_M(t) = A\sqrt{2(1 + \cos 2\omega_d t)} = A\sqrt{4\cos^2 \omega_d t} = 2A\cos\omega_d t \qquad (7.18)$$

sowie unter Berücksichtigung von (7.15)

$$y(t) = y_M(t)\sin\omega_m t \qquad (7.19)$$

Mit (7.19) liegt eine einfache Schwebung vor, die nur noch harmonisch amplitudenmoduliert ist. Die multiplikative Zerlegung der resultierenden Schwingung y(t) zeigt mit $y_M(t)$ ein sich nur langsam veränderndes Argument der Kosinusfunktion. Dagegen schwingt das Trägersignal $y_T = \sin w_m t$ mit einer erheblich höheren Frequenz. Diese Zerlegung spielt in der Nachrichtentechnik und Elektroakustik eine große Rolle.

Hinweis: Die aus der Summe zweier harmonischer Schwingungen mit dicht benachbarten Frequenzen resultierenden kleinen Schwebungsfrequenzen führen bei Bauwerken zu Störungen des menschlichen Wohlbefindens und können überdies in Tragkonstruktionen hohe Beanspruchungen nach sich ziehen.

Abb. 7.14 zeigt die Überlagerung zweier harmonischer Schwingungen $y_1 = A_1 \sin\omega_1 t$ und $y_2 = A_2 \sin\omega_2 t$ mit $A_1 = A_2 = A = 1,0\,cm$ und den beiden dicht benachbarten Frequenzen $\omega_1 = 1,8\,s^{-1}$ und $\omega_2 = 1,7\,s^{-1}$. Damit errechnen sich

$$\omega_m = \frac{\omega_1 + \omega_2}{2} = \frac{1,8 + 1,7}{2}s^{-1} = 1,75\,s^{-1}, \quad \omega_d = \frac{\omega_1 - \omega_2}{2} = \frac{1,8 - 1,7}{2}s^{-1} = 0,05\,s^{-1}$$

sowie $\breve{A}_M(t) = 2A\cos\omega_d t = 2\cos(\omega_d t)\,cm = 2\cos(0,05t)\,cm$, $\breve{\varphi}(t) = 0$.

Die Modulationsperiode ist $T_M = 2\pi / 0,05\,s = 125,66\,s$. Die Periodendauer des Trägersignals ergibt sich zu $T_T = 2\pi / 1,75\,s = 3,59\,s$. Die Schwebung nimmt Werte zwischen $A_1 + A_2 = 2,0\,cm$ und $A_1 - A_2 = 0\,cm$ an.

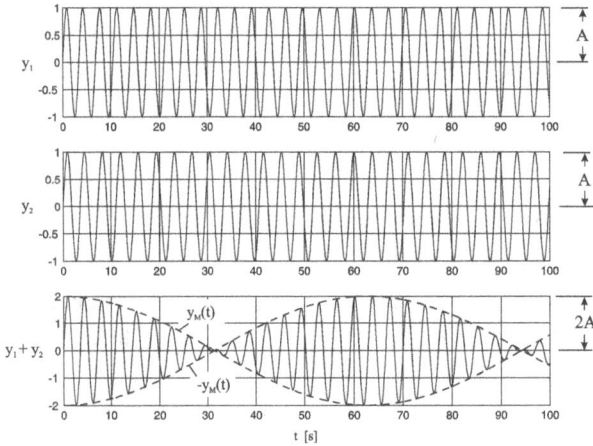

Abb. 7.14   *Schwebung ($A_1 = A_2 = A$)*

Zusammenfassend kann Folgendes gesagt werden:

–   Besitzen zwei harmonische Schwingungen dieselben Phasenwinkel, so addieren sich ihre Amplituden. Bei gleichen Amplituden und Schwingung in Gegenphase heben sich die Schwingungen auf.
–   Aus der Summe zweier harmonischer Schwingungen mit gleicher Frequenz und verschiedenen Amplituden wird wieder eine harmonische Schwingung derselben Frequenz, jedoch mit veränderter Amplitude und Phase.
–   Überlagern sich zwei harmonische Schwingungen unterschiedlicher Frequenz, so ist die resultierende Schwingung i. Allg. nicht mehr harmonisch.

Die Umkehrung des letzten Satzes lautet:

–   Jede harmonische oder nichtharmonische periodische Schwingung lässt sich als Überlagerung von harmonischen Schwingungen darstellen, deren Frequenzen Vielfache einer ausgezeichneten Frequenz, der Grundfrequenz f_0, sind. Eine Schwingung mit der Grundfrequenz f_0 heißt Grundschwingung. Schwingungen, deren Frequenzen Vielfache der Frequenz der Grundschwingungen f_0 sind ($f_n = nf_0$) heißen Oberschwingungen.

Die Methode zur Bestimmung der Grund- und Oberschwingungen einer vorgegebenen Schwingung wird harmonische Analyse oder Fourieranalyse[1] genannt.

7.4 Die komplexe Zeigerdarstellung bei harmonischen Schwingungen

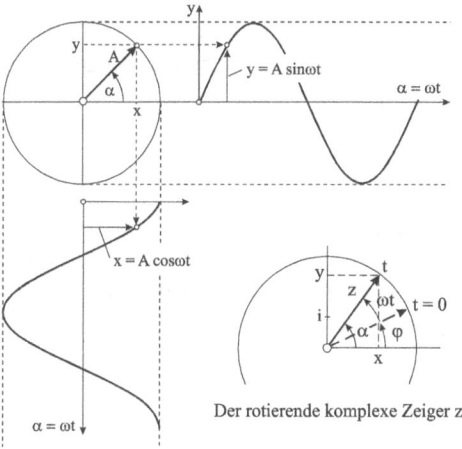

Abb. 7.15 Projektionen einer gleichförmigen Kreisbewegung

Harmonische Schwingungen lassen sich vorteilhaft als Projektionen eines rotierenden Zeigers darstellen. Dabei wird die enge Verbindung zwischen einer gleichförmigen Kreisbewegung und einer harmonischen Schwingung genutzt (Abb. 7.15). Ein mit der Kreisfrequenz $\omega = 2\pi f = 2\pi/T$ rotierender Zeiger der Länge A besitzt die Projektionen

$$x = A\cos\omega t \text{ und } y = A\sin\omega t .$$

Soll der Phasenwinkel ωt für $t = 0$ nicht verschwinden, dann sind die Argumente um den Nullphasenwinkel φ zu ergänzen, also

$$x = A\cos(\omega t + \varphi), \ y = A\sin(\omega t + \varphi) .$$

Aus diesen Beziehungen ermitteln wir durch Ableitungen nach der Zeit t die Geschwindigkeiten

$$\dot{x} = -\omega A\sin(\omega t + \varphi), \quad \dot{y} = \omega A\cos(\omega t + \varphi) \tag{7.20}$$

In der komplexen Zahlenebene kann die harmonische Schwingung anschaulich mittels des rotierenden komplexen Zeigers z dargestellt werden (Abb. 7.15, unten rechts). Unter Beachtung der Euler-Identitäten $\exp(\pm i\alpha) = \cos\alpha \pm i\sin\alpha$ lautet der rotierende komplexe Zeiger

$$z = x + iy = A[\cos(\omega t + \varphi) + i\sin(\omega t + \varphi)] = A\exp[i(\omega t + \varphi)] = A\exp(i\varphi)\exp(i\omega t) .$$

Umgekehrt sind $\mathrm{Re}(z) = A\cos(\omega t + \varphi)$, $\mathrm{Im}(z) = A\sin(\omega t + \varphi)$ und

$$|z| = \sqrt{x^2 + y^2} = A\sqrt{\cos^2(\omega t + \varphi) + \sin^2(\omega t + \varphi)} = A .$$

---

[1] Jean-Baptiste Joseph Fourier, frz. Mathematiker und Physiker, 1768-1830

Mit Einführung von $\hat{A} = A\exp(i\varphi)$ für den ruhenden komplexen Zeiger kann der rotierende komplexe Zeiger auch in der Form

$$z = \hat{A}\exp(i\omega t)$$ (7.21)

geschrieben werden.

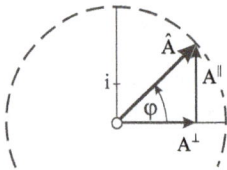

Abb. 7.16 Der ruhende komplexe Zeiger

Für den ruhenden komplexen Zeiger, der auch komplexe Amplitude genannt wird, werden für spätere Untersuchungen noch folgende Bezeichnungen eingeführt (Abb. 7.16)

$$\text{Re}(\hat{A}) = A^{\perp}, \quad \text{Im}(\hat{A}) = A^{\parallel}, \quad |\hat{A}| = A, \quad \sin\varphi = A^{\parallel}/\hat{A},$$

$$\cos\varphi = A^{\perp}/\hat{A}, \quad \tan\varphi = A^{\parallel}/A^{\perp}.$$

Ist $\bar{z} = x - iy$ die zu z konjugiert komplexe Zahl, dann können Real- und Imaginärteil von z auch wie folgt ermittelt werden

$$x = \text{Re}(z) = 1/2(z+\bar{z}) = A\cos(\omega t+\varphi), \quad y = \text{Im}(z) = -1/2i(z-\bar{z}) = A\sin(\omega t+\varphi)$$

Die komplexe Zeigerdarstellung eignet sich besonders zur Herleitung rechnerischer Beziehungen zwischen gleichfrequenten harmonischen Schwingungen. Sind zwei Schwingungen z_1 und z_2 vorgegeben, dann ist deren Summe

$$z = z_1 + z_2 = A_1\exp(i\varphi_1)\exp(i\omega_1 t) + A_2\exp(i\varphi_2)\exp(i\omega_2 t),$$

und sind beide Kreisfrequenzen mit $\omega_1 = \omega_2 = \omega$ gleich, dann können wir auch

$$z = z_1 + z_2 = [A_1\exp(i\varphi_1) + A_2\exp(i\varphi_2)]\exp(i\omega t) = (\hat{A}_1 + \hat{A}_2)\exp(i\omega t) = \hat{A}\exp(i\omega t)$$

schreiben.

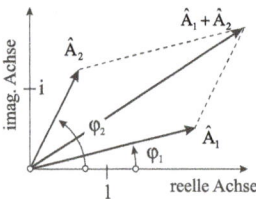

Abb. 7.17   Addition gleichfrequenter Schwingungen

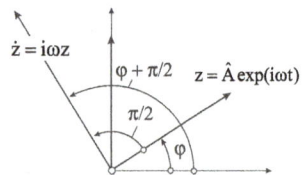

Abb. 7.18   Die komplexe Geschwindigkeit

Die komplexe Gesamtamplitude $\hat{A} = \hat{A}_1 + \hat{A}_2$ erhalten wir also durch geometrische Addition der komplexen Einzelamplituden. In der komplexen Ebene läuft das auf eine Vektoraddition von $\hat{A}_1$ und $\hat{A}_2$ hinaus (Abb. 7.17). Die komplexe Geschwindigkeit folgt dann durch Ableitung des komplexen Zeigers z nach der Zeit t, also

$$\dot{z} = \frac{d}{dt}[\hat{A}\exp(i\omega t)] = i\omega\hat{A}\exp(i\omega t) = i\omega z = \omega\exp(i\pi/2)A\exp(i\varphi)\exp(i\omega t)$$

$$= \underbrace{\omega A\exp[i(\varphi+\pi/2)]}_{=\hat{B}}\exp(i\omega t) = \hat{B}\exp(i\omega t) \tag{7.22}$$

Um die Geschwindigkeit $\dot{z}$ zu erhalten, ist also der Zeiger z zunächst um 90° in der komplexen Ebene zu drehen und sodann mit der Winkelgeschwindigkeit ω zu strecken (Drehstreckung). Die Geschwindigkeit eilt folglich der Auslenkung um den Phasenverschiebungswinkel $\varphi = \pi/2$ voraus.

Für die Integration gilt mit $z = A\exp(i\varphi)\exp(i\omega t) = \hat{A}\exp(i\omega t)$

$$\int z(t)dt = \frac{1}{i\omega}\hat{A}\exp(i\omega t) = \frac{1}{i\omega}z = -\frac{i}{\omega}z = \frac{1}{\omega}\exp(-i\pi/2)A\exp(i\varphi)\exp(i\omega t)$$

$$= \underbrace{\frac{1}{\omega}A\exp[i(\varphi-\pi/2)]}_{=\hat{C}}\exp(i\omega t) = \hat{C}\exp(i\omega t) \tag{7.23}$$

Die Integration von z entspricht also geometrisch einer Drehstauchung in der komplexen Ebene.

8 Freie Schwingungen mit einem Freiheitsgrad

Wird der Gleichgewichtszustand eines schwingungsfähigen Systems durch inhomogene Anfangsbedingungen (Auslenkung und/oder Geschwindigkeit) gestört und danach sich selbst überlassen, so sprechen wir bei der dann einsetzenden Bewegung von einer freien Schwingung. Diese Schwingung kann gedämpft oder ungedämpft ablaufen.

8.1 Der ungedämpfte Einmassenschwinger

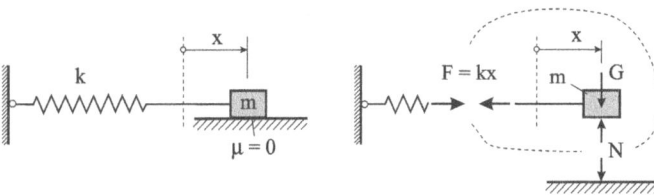

Abb. 8.1   *Der ungedämpfte Einmassenschwinger*

Wir betrachten das in Abb. 8.1 skizzierte System, bestehend aus einer linearen Feder der Federsteifigkeit k und einer konzentrierten Masse m, die reibungsfrei gelagert ist. Die Lagekoordinate x beschreibt die horizontale Auslenkung der Masse. Für $x = 0$ sei die Feder entspannt. Zur Herleitung der Bewegungsgleichung wenden wir das Newtonsche Grundgesetz auf die freigeschnittene Masse m an und erhalten $m\ddot{x} = -F = -kx$. Mit der Eigenkreisfrequenz

$$\omega = \sqrt{k/m} \tag{8.1}$$

des ungedämpften Systems folgt

$$\ddot{x}(t) + \omega^2 x(t) = 0 \tag{8.2}$$

Dies ist eine gewöhnliche homogene Differenzialgleichung 2. Ordnung mit konstanten Koeffizienten, für die in der Mathematik eine abgeschlossene Theorie existiert. Im Zusammenhang mit linearen Differenzialgleichungen gilt das Superpositionsprinzip, welches besagt, dass bei Kenntnis zweier linear unabhängiger Lösungen $x_1(t)$ und $x_2(t)$ auch jede Linearkombination $x(t) = C_1 x_1(t) + C_2 x_2(t)$ mit beliebigen Konstanten C_1 und C_2 Lösung der Differenzialgleichung ist. Wie durch Einsetzen leicht nachgewiesen werden kann, ist

$$x(t) = C_1 \cos\omega t + C_2 \sin\omega t = A\cos(\omega t - \varphi) \tag{8.3}$$

die vollständige Lösung von (8.2). Die Ableitung von $x(t)$ nach der Zeit t liefert die Geschwindigkeit

$$\dot{x}(t) = -C_1\omega\sin\omega t + C_2\omega\cos\omega t = -A\omega\sin(\omega t - \varphi) \tag{8.4}$$

Die beiden noch freien Konstanten (C_1, C_2) oder (A, φ) werden aus den Anfangswerten des Systems bestimmt. Wir lösen also ein Anfangswertproblem (AWP). Es sei

$$x(t = 0) = x_0 \quad \rightarrow C_1 = x_0; \qquad \dot{x}(t = 0) = v_0 \quad \rightarrow C_2 = v_0 / \omega$$

und mit diesen Werten für C_1 und C_2 erhalten wir die vollständige Lösung unseres Problems

$$x(t) = x_0\cos\omega t + \frac{v_0}{\omega}\sin\omega t; \quad \dot{x}(t) = -x_0\omega\sin\omega t + v_0\cos\omega t \tag{8.5}$$

Schwingungsdauer: $\qquad T = \dfrac{2\pi}{\omega} = 2\pi\sqrt{\dfrac{m}{k}}$

Eigenfrequenz: $\qquad f = \dfrac{1}{T} = \dfrac{\omega}{2\pi} = \dfrac{1}{2\pi}\sqrt{\dfrac{k}{m}}$

Amplitude: $\qquad A = \sqrt{C_1^2 + C_2^2} = \sqrt{x_0^2 + \left(\dfrac{v_0}{\omega}\right)^2}$

Nullphasenwinkel: $\qquad \cos\varphi = \dfrac{C_1}{A} = \dfrac{x_0}{A}; \sin\varphi = \dfrac{C_2}{A} = \dfrac{v_0}{A\omega}; \tan\varphi = \dfrac{C_2}{C_1} = \dfrac{v_0}{x_0\omega}$

Da die Frequenz f nur von den Systemwerten k und m abhängt, und nicht etwa von den Anfangsbedingungen, wie das bei nichtlinearen Schwingungen der Fall ist, wird f auch Eigenfrequenz genannt.

Beispiel 8-1:

Der Schwinger in Abb. 8.1 habe die Steifigkeit $k = 4\,N/m$ und die Masse $m = 1\,kg$. Damit sind $\omega = \sqrt{k/m} = 2\,s^{-1}$, $T = 2\pi/\omega = 3{,}14\,s$, $f = 1/T = 0{,}32\,s^{-1}$. Mit den Anfangsbedingungen $x_0 = 1{,}05\,cm$ und $v_0 = 2{,}15\,cm/s$ folgen $A = \sqrt{x_0^2 + \left(v_0/\omega\right)^2} = \sqrt{1{,}05^2 + \left(2{,}15/2\right)^2} = 1{,}5\,cm$ und $\cos\varphi = \dfrac{1{,}05}{1{,}5} = 0{,}7$, $\sin\varphi = \dfrac{2{,}15}{1{,}5 \cdot 2} = 0{,}72$, $\tan\varphi = 1{,}02 \rightarrow \varphi = 0{,}8$, womit dann für die Auslenkung $x(t) = A\cos(\omega t - \varphi) = 1{,}5\cos(2t - 0{,}8)$ [cm] notiert werden kann.

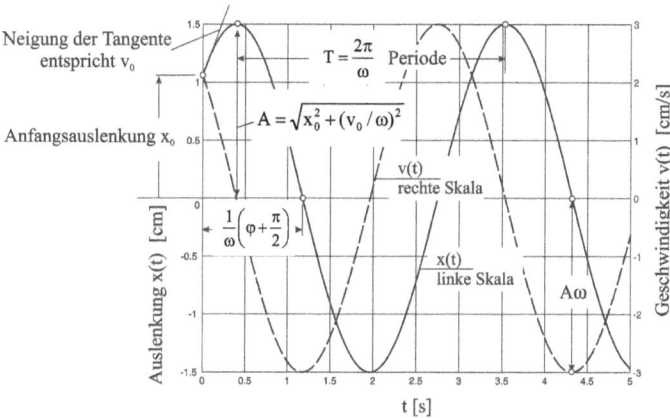

Abb. 8.2 *Harmonische Bewegung des Einmassenschwingers*

Der mechanische Zustand des Einmassenschwingers wird, wie bereits in Kap. 7.1 ausgeführt, vollständig durch seine Lagekoordinate $x(t)$ und Geschwindigkeit $\dot{x}(t)$ beschrieben. Nach (8.3) und (8.4) sind $x(t) = A\cos(\omega t - \varphi)$ und $v(t) = -\omega A\sin(\omega t - \varphi)$. Quadrieren und addieren beider Gleichungen ergibt $\left(\dfrac{x}{A}\right)^2 + \left(\dfrac{v}{\omega A}\right)^2 = 1$. In der Phasenebene stellt diese Schwingung eine Ellipse mit den beiden Halbachsen A und $A\omega$ dar. Bei harmonischen Schwingungen ist die Phasenkurve geschlossen.

8.1.1 Berücksichtigung des Eigengewichts der Masse m

Wirkt auf eine Masse m das Eigengewicht $G = mg$ in Bewegungsrichtung, dann ist wie folgt zu verfahren. Wir betrachten dazu den Einmassenschwinger nach Abb. 8.3 mit einer masselosen Feder, die bei $x = 0$ entspannt ist. Zur Herleitung der Bewegungsgleichung wenden wir das Newtonsche Grundgesetz auf die freigeschnittene Masse an und erhalten $m\ddot{x} = -F + G = -kx + mg \rightarrow m\ddot{x} + kx = mg$. Mit $\omega^2 = k/m$ folgt zunächst

$$\ddot{x}(t) + \omega^2 x(t) = g \tag{8.6}$$

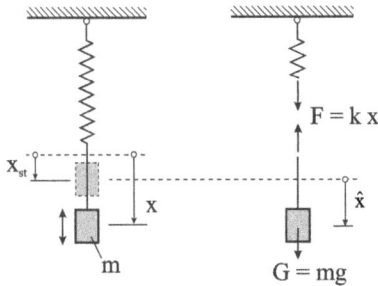

Abb. 8.3 *Berücksichtigung des Eigengewichtes G der Masse m*

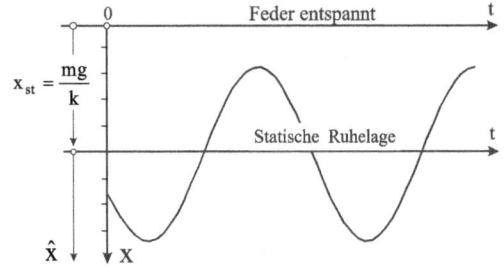

Abb. 8.4 *Harmonische Schwingung um die statische Ruhelage*

Die Konstante g auf der rechten Seite von (8.6) können wir noch zum Verschwinden bringen, wenn wir die Bewegung durch die Transformation $x(t) = x_{st} + \hat{x}(t)$ auf die statische Ruhelage $x_{st} = G/k = g/\omega^2$ mit $\ddot{x}_{st} = 0$ beziehen, was $\ddot{\hat{x}}(t) + \omega^2 \hat{x}(t) = g - \omega^2 x_{st} = 0$ liefert. Damit geht (8.6) über in die bekannte homogene Bewegungsgleichung $\ddot{\hat{x}}(t) + \omega^2 \hat{x}(t) = 0$.

Mit $\hat{x}(t) = K_1 \cos \omega t + K_2 \sin \omega t$ und $\dot{\hat{x}}(t) = -K_1 \omega \sin \omega t + K_2 \omega \cos \omega t$ führt die Masse m Schwingungen um die statische Ruhelage aus (Abb. 8.4). Von besonderem Interesse ist noch die Federkraft $F(t) = kx(t) = k[x_{st} + \hat{x}(t)] = k[x_{st} + K_1 \cos \omega t + K_2 \sin \omega t]$. Sie nimmt an den Umkehrpunkten von $\hat{x}(t)$ Extremwerte an. Wird beispielsweise die Masse m bei entspannter Feder ($x = 0$) ohne Anfangsgeschwindigkeit losgelassen, so gelten die Anfangsbedingungen $\hat{x}(0) = -x_{st}$ und $\dot{\hat{x}}(0) = 0$. Das erfordert $K_1 = -x_{st}$ sowie $K_2 = 0$ und damit unter Berücksichtigung von $x_{st} = G/k$

$$F(t) = k(x_{st} + K_1 \cos \omega t) = G(1 - \cos \omega t) \tag{8.7}$$

Die Federkraft schwankt also zwischen den Werten $0 \le F(t) \le 2G$. Sie wächst im dynamischen Fall auf den <u>doppelten</u> Wert der statischen Belastung. Das trifft auch auf die Verschiebung zu. An dieser Stelle zeigt sich besonders deutlich der Unterschied zwischen statischer und dynamischer Beanspruchung. In statischen Berechnungen ist deshalb das plötzliche Aufbringen von Belastungen stets zu berücksichtigen.

Wir wollen noch eine für praktische Anwendungen wichtige Näherungsformel herleiten, die bei Kenntnis der statischen Auslenkung eine näherungsweise Berechnung der 1. Eigenfrequenz f gestattet. Wir erhalten mit $k = G/x_{st}$ und $G = mg$

$$\omega = \sqrt{\frac{g}{x_{st}}} \qquad \rightarrow f = \frac{\omega}{2\pi} = \frac{1}{2\pi}\sqrt{\frac{g}{x_{st}}} \tag{8.8}$$

Setzen wir mit guter Näherung $g = 100\pi^2$ cms^{-2} und x_{st} in [cm], dann folgt

$$\omega \approx \frac{31,4}{\sqrt{x_{st}[cm]}} \; [s^{-1}], \quad f \approx \frac{5}{\sqrt{x_{st}[cm]}} \; [Hz] \tag{8.9}$$

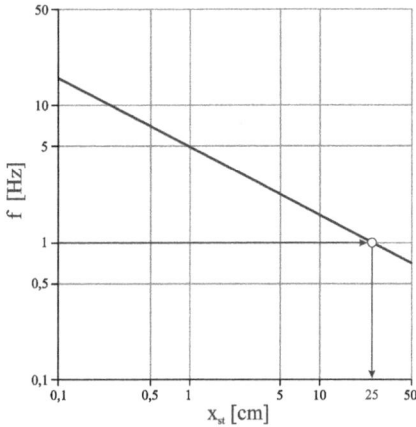

Abb. 8.5 *Eigenfrequenz f als Funktion der statischen Auslenkung x_{st}*

Mit (8.9) liegt eine einfache Abschätzung für die 1. Eigenfrequenz f eines Einmassenschwingers vor, sofern die Schwingung in Kraftrichtung erfolgt. Der Abb. 8.5 entnehmen wir, dass zur Erreichung niedriger Eigenfrequenzen relativ große Federwege erforderlich sind. Beispielsweise erfordert eine Eigenfrequenz von $f = 1$ Hz eine statische Auslenkung der Feder von 25 cm. Hinzu kommt noch die Schwingungsamplitude

$$\hat{A} = \sqrt{(x_0 - mg/k)^2 + (v_0/\omega)^2}$$

Dieser Sachverhalt ist bei der konstruktiven Auslegung von schwingungsfähigen Systemen zu berücksichtigen.

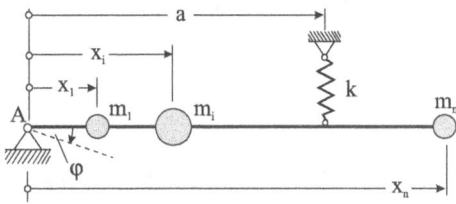

Abb. 8.6 *Starrer Stab mit Einzelmassen*

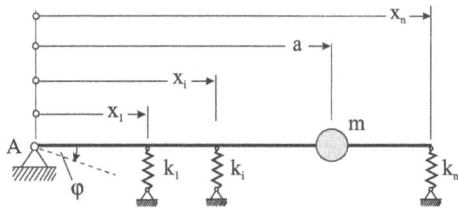

Abb. 8.7 *Starrer Stab, elastisch auf Federn gelagert*

Beispiel 8-2:

Der starre Stab in Abb. 8.6 ist bei A drehbar und bei $x = a$ federnd (Federsteifigkeit k) gelagert. Der Stab trägt n Punktmassen m_i ($i = 1...n$) mit den Abständen x_i vom drehbar gelagerten Rand. Für dieses System sind die Bewegungsgleichung, die Eigenkreisfrequenz ω und die Eigenfrequenz f zu bestimmen.

Lösung: Der Stab besitzt mit dem Drehwinkel φ nur einen Freiheitsgrad. Wir befreien ihn von seinem Auflager und schneiden die Feder frei. Dann wirken als äußere Kraftgrößen die unbekannte Auflagerkraft, die Gewichtskräfte G_i und die Federkraft $F_F = kw = ka\varphi$. Auf das so freigeschnittene System wenden wir den Drallsatz bezüglich des raumfesten Punktes A an und erhalten $\Theta_A \ddot{\varphi} = \sum M_A^{(a)}$.

Mit $\Theta_A = \sum_{i=1}^{n} m_i x_i^2$ und $\sum M_A^{(a)} = \sum_{i=1}^{n} G_i x_i - F_F a = g \sum_{i=1}^{n} m_i x_i - ka^2 \varphi$ geht diese Gleichung

über in $\left(\sum_{i=1}^{n} m_i x_i^2 \right) \ddot{\varphi} = g \sum_{i=1}^{n} m_i x_i - ka^2 \varphi$ oder $\ddot{\varphi} + \dfrac{ka^2}{\sum_{i=1}^{n} m_i x_i^2} \varphi = g \dfrac{\sum_{i=1}^{n} m_i x_i}{\sum_{i=1}^{n} m_i x_i^2}$. Ein Vergleich

mit der Normalform (8.2) zeigt:

$$\omega^2 = \dfrac{ka^2}{\sum_{i=1}^{n} m_i x_i^2}, \quad \omega = \sqrt{\dfrac{ka^2}{\sum_{i=1}^{n} m_i x_i^2}}, \quad f = \dfrac{\omega}{2\pi} = \dfrac{1}{2\pi} \sqrt{\dfrac{ka^2}{\sum_{i=1}^{n} m_i x_i^2}}.$$

Ersetzen wir noch die rechte Seite durch die Konstante $r = g \left(\sum_{i=1}^{n} m_i x_i \right) \Big/ \left(\sum_{i=1}^{n} m_i x_i^2 \right)$, dann

folgt $\ddot{\varphi}(t) + \omega^2 \varphi(t) = r$. Die Konstante r können wir noch zum Verschwinden bringen, wenn wir die Bewegung mit $\varphi(t) = \varphi_{st} + \hat{\varphi}(t)$ auf die statische Ruhelage φ_{st} beziehen. Dann erhalten wir $\ddot{\hat{\varphi}}(t) + \omega^2 \hat{\varphi}(t) = r - \omega^2 \varphi_{st} = 0 \rightarrow \varphi_{st} = \dfrac{r}{\omega^2} = \dfrac{g}{ka^2} \sum_{i=1}^{n} m_i x_i$, und es verbleibt die

bekannte homogene Differenzialgleichung $\ddot{\hat{\varphi}}(t) + \omega^2 \hat{\varphi}(t) = 0$.

Beispiel 8-3:

Der starre Stab in Abb. 8.7 ist bei A drehbar und an den Stellen x_i elastisch gelagert (Federsteifigkeiten k_i, Abstände x_i). Der Stab trägt bei $x = a$ eine punktförmige Masse m. Für dieses System sind die Bewegungsgleichung, die Eigenkreisfrequenz ω und die Eigenfrequenz f zu bestimmen.

Lösung: Wir wählen als Freiheitsgrad wieder den Drehwinkel φ. Die Anwendung des Drallsatzes bezüglich des Punktes A führt auf die gewöhnliche Differenzialgleichung

$$\Theta_A \ddot{\varphi} = \sum M_A^{(a)} \quad \text{und mit} \quad \Theta_A = ma^2 \quad \text{sowie} \quad \sum M_A^{(a)} = mga - \sum_{i=1}^{n} F_{F,i} x_i = mga - \varphi \sum_{i=1}^{n} k_i x_i^2$$

geht diese über in $\ddot{\varphi} + \dfrac{\sum_{i=1}^{n} k_i x_i^2}{ma^2} \varphi = \dfrac{g}{a}$. Ein Vergleich mit der Normalform (8.2) zeigt

$$\omega^2 = \frac{\sum_{i=1}^{n} k_i x_i^2}{ma^2} , \quad \omega = \sqrt{\frac{\sum_{i=1}^{n} k_i x_i^2}{ma^2}} , \quad f = \frac{\omega}{2\pi} = \frac{1}{2\pi} \sqrt{\frac{\sum_{i=1}^{n} k_i x_i^2}{ma^2}} .$$

Die Koordinatentransformation $\varphi = \hat{\varphi} + \varphi_{st}$ mit $\varphi_{st} = mga / \sum_{i=1}^{n} k_i x_i^2$ führt auf die bekannte

homogene Differenzialgleichung $\ddot{\hat{\varphi}}(t) + \omega^2 \hat{\varphi}(t) = 0$.

8.1.2 Kontinuierliche Systeme und ihre äquivalenten Einmassenschwinger

Auch elastischen Stäben, bei denen Masse, Steifigkeit und Dämpfung kontinuierlich verteilt sind, können Federsteifigkeiten zugeordnet werden. Wir betrachten dazu den in Abb. 8.8 skizzierten Stab, der an seinem Ende eine konzentrierte Masse m trägt. Diese Masse soll nur reibungsfreie Bewegungen in horizontaler Richtung ausführen können.

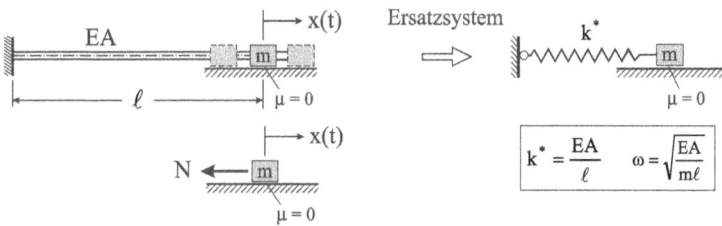

Abb. 8.8   *Der Dehnstab und sein äquivalenter Einmassenschwinger*

Für $x = 0$ sei der Dehnstab spannungsfrei, und nach Hooke gilt dann das lineare Werkstoffgesetz $\sigma_{xx} = E\varepsilon_{xx} = E\Delta\ell / \ell = Ex / \ell$, (σ_{xx} : Spannung , ε_{xx} : Dehnung , E: Elastizitätsmodul), und die längs der Stabachse konstante Normalkraft ist $N = \sigma_{xx} A = EAx / \ell = k^* x$ mit $k^* = EA / \ell$. Die Anwendung des Newtonschen Grundgesetzes auf die freigeschnittene Masse m liefert $m\ddot{x}(t) = -k^*x(t)$ und mit der Eigenkreisfrequenz $\omega = \sqrt{k^*/m} = \sqrt{EA/(m\ell)}$ die bekannte Normalform $\ddot{x}(t) + \omega^2 x(t) = 0$, deren Lösung bereits bekannt ist.

Eine entsprechende Untersuchung kann auch für den Biegestab durchgeführt werden. Wir betrachten dazu den Kragträger in Abb. 8.9, der am rechten Rand um das Maß w(t) ausgelenkt wird. Aus dieser Verschiebung resultiert nach der elementaren Biegetheorie des geraden Balkens die konstante Querkraft $Q = 3EI_{yy}w/\ell^3 = k^*w$ (I_{yy}: Flächenträgheitsmoment).

Der Träger wirkt also wie eine lineare Translationsfeder mit der Federkonstanten $k^* = 3EI_{yy}/\ell^3$. Die Anwendung des Newtonschen Grundgesetzes auf die freigeschnittene Masse m ergibt $m\ddot{w}(t) = -k^*w(t)$ und mit der Eigenkreisfrequenz $\omega = \sqrt{k^*/m} = \sqrt{3EI_{yy}/(m\ell^3)}$ wieder die bekannte Normalform $\ddot{w}(t) + \omega^2 w(t) = 0$.

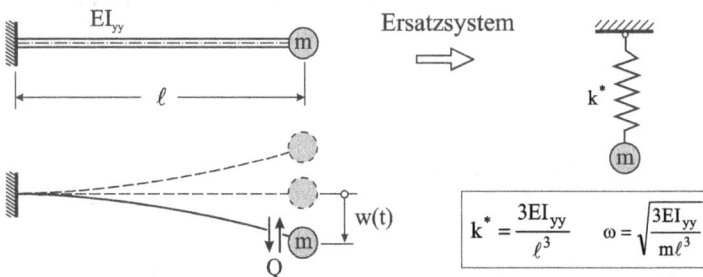

Abb. 8.9 *Der Kragträger und sein äquivalenter Einmassenschwinger*

Neben der Längs- und Biegesteifigkeit ist noch die äquivalente Torsionssteifigkeit eines geraden Stabes von Interesse, die wir uns wie folgt beschaffen. Wir betrachten dazu das System in Abb. 8.10, das aus einem bei $x = 0$ eingespannten kreisförmigen Stab mit dem Radius a und der Länge ℓ besteht, der an seinem Ende eine starre Scheibe (Masse m und Massenträgheitsmoment Θ) trägt. Die Scheibe führt nur Drehbewegungen mit dem Torsionswinkel $\vartheta(t)$ um die x-Achse aus. Der Stab besitzt die Torsionssteifigkeit GI_p (G: Schubmodul, I_p: polares Flächenträgheitsmoment). Wird dieser Stab am rechten Rand um den Drehwinkel $\vartheta(t)$ verdreht, dann resultiert daraus das Rückstellmoment $M_x = GI_p\vartheta/\ell = k^*\vartheta$.

Der Stab wirkt also bei einer Verdrehung wie eine lineare Drehfeder mit der Federkonstanten $k^* = GI_p/\ell$. Notieren wir für die freigeschnittene Masse m den Drallsatz bezüglich des Punktes A, dann erhalten wir die Gleichung $\Theta\ddot{\vartheta} = -M_x = -k^*\vartheta$, die wir mit $\omega = \sqrt{k^*/\Theta} = \sqrt{GI_p/(\Theta\ell)}$ in die Normalform $\ddot{\vartheta}(t) + \omega^2\vartheta(t) = 0$ bringen können. Das polare Flächenträgheitsmoment eines kreisförmigen Stabes mit dem Radius a ist $I_p = 1/2\pi a^4$, und für das Massenträgheitsmoment einer homogenen Kreisscheibe mit dem Radius b ist

$\Theta = 1/2mb^2$. Bei dünnen Stäben kann der Schubmodul G noch durch $G = E/2$ ersetzt werden, womit für die Eigenkreisfrequenz $\omega = \sqrt{\dfrac{\pi Ea^4}{2m\ell b^2}}$ errechnet wird.

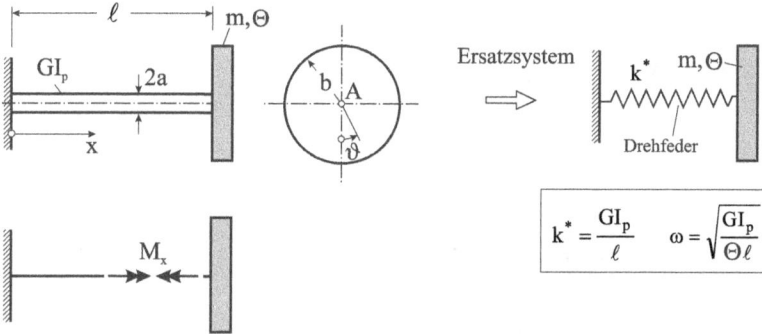

Abb. 8.10   *Der Torsionsstab und sein äquivalenter Einmassenschwinger*

Hinweis: Bei der hier vorgestellten einfachen Betrachtungsweise wird die Eigenfrequenz f nur dann hinreichend genau bestimmt, wenn die Trägermasse wesentlich kleiner als die Einzelmasse m ist und damit unberücksichtigt bleiben kann.

Übungsvorschlag 8-1:

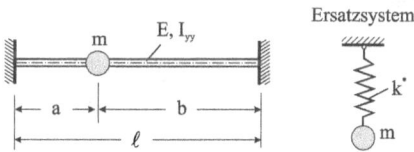

Ermitteln Sie für den beidseitig eingespannten Träger mit Einzelmasse m in Abb. 8.11 die Ersatzsteifigkeit k* des äquivalenten Einmassenschwingers, und tragen Sie die Ergebnisse grafisch auf.

Abb. 8.11   *Der beidseitig eingespannte Träger*

Wir hätten im Übrigen die Bewegungsgleichung (8.2) des ungedämpften Einmassenschwingers mit Hilfe des Energieerhaltungssatzes in der differenziellen Form $\dot{E} + \dot{U} = 0$ auch direkt herleiten können. Dazu muss das System <u>nicht</u> freigeschnitten werden, wie dies bei der Anwendung des Newtonschen Grundgesetzes gefordert wird. Im Fall des Masse-Feder-Systems nach Abb. 8.1 ist $E = 1/2 m\dot{x}^2$ die kinetische Energie der Masse m und $U = 1/2 kx^2$ das Potenzial der Federkraft. Mit $\dot{E} = m\dot{x}\ddot{x}$ und $\dot{U} = kx\dot{x}$ folgt $\dot{x}(m\ddot{x} + kx) = 0$. Da i. Allg. für beliebige Zeiten t $\dot{x}(t) \neq 0$ gefordert werden muss, verbleibt mit $m\ddot{x} + kx = 0$ die bereits bekannte homogene Bewegungsgleichung des ungedämpften Einmassenschwingers.

8.1.3   Angenäherte Berücksichtigung der Federmasse

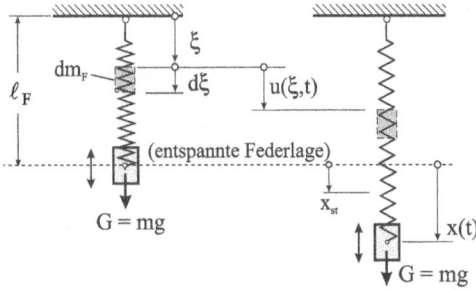

Abb. 8.12   *Angenäherte Berücksichtigung der Federmasse*

Bei den bisherigen Berechnungen zur Ermittlung der Eigenfrequenz f wurde die Federmasse m_F gegenüber der Einzelmasse m vernachlässigt. Wir werden sehen, dass der Fehler immer dann gering ausfällt, wenn $m_F \ll m$ ist. Um eine Abschätzung im integralen Mittel vornehmen zu können, bietet sich die Energiemethode an. Ausgangspunkt für unsere Untersuchungen ist der Energieerhaltungssatz in der differenziellen Form $\dot{E} + \dot{U} = 0$. Die Koordinate x(t) bezeichnet die Auslenkung der Masse m aus der entspannten Federlage und damit auch die Auslenkung des Federendpunktes, für den $\xi = \ell_F$ gilt. Für die zeitabhängige Federverschiebung $u(\xi,t)$ wählen wir einen geeigneten Näherungsansatz, etwa in Produktform

$$u(\xi,t) = x(t)\,h(\xi) \qquad \rightarrow \dot{u}(t,\xi) = \dot{x}(t)\,h(\xi) \qquad\qquad (8.10)$$

Dabei ist ξ die vom Aufhängepunkt der Feder aus zählende materielle Koordinate des Massenelementes dm_F der Feder (Abb. 8.12). Über die nur vom Ort abhängige Verteilungsfunktion $h(\xi)$ kann noch verfügt werden. Die kinetische Energie $E = 1/2\left(m\dot{x}^2 + \int_{(m_F)} dm_F \dot{u}\right)$ des Systems resultiert aus der kinetischen Energie der Masse m und der Summe der kinetischen Energien der Massenelemente dm_F. Die Berücksichtigung von (8.10) liefert $E = 1/2\dot{x}^2\left[m + \int_{(m_F)} dm_F\, h^2(\xi)\right]$. Das Potenzial U wird aus den Potenzialen von Feder- und Gewichtskraft gebildet: $U = U_F + U_G = 1/2kx^2 - mgx$. Aus dem Energieerhaltungssatz folgt dann $\dot{E} + \dot{U} = \dot{x}\,\ddot{x}\left[m + \int_{(m_F)} dm_F\, h^2(\xi)\right] + k\,x\,\dot{x} - mg\dot{x} = 0$ und mit $\dot{x} \neq 0$

$$\left[m + \int_{(m_F)} dm_F\, h^2(\xi)\right]\ddot{x} + k\,x - mg = 0.$$

Das ist formal dieselbe Bewegungsgleichung wie (8.6), allerdings mit

$$\overline{\omega} = \sqrt{\frac{k}{m + \kappa m_F}}, \qquad \kappa = \frac{1}{m_F} \int_{(m_F)} dm_F \, h^2(\xi) \qquad (8.11)$$

Wählen wir die lineare Verteilungsfunktion $h(\xi) = \xi / \ell_F$, und damit $u(t,\xi) = x(t)\xi / \ell_F$, wobei $0 \le \xi \le \ell_F$ zu beachten ist, dann wird mit diesem Ansatz, in Analogie zum statischen Fall, die Federverschiebung $u(t,\xi)$ linear veränderlich über die Federlänge ℓ_F angenommen. Ist die Massenbelegung der Feder in Längsrichtung konstant, dann können wir näherungsweise $m_F / \ell_F = dm_F / d\xi$ bzw. $dm_F = m_F d\xi / \ell_F$ schreiben. Die Integration ergibt dann

$$\kappa = \frac{1}{m_F} \int_{(m_F)} dm_F \, h^2(\xi) = \frac{1}{m_F} \int_{\xi=0}^{\ell_F} \frac{m_F}{\ell_F} \frac{1}{\ell_F^2} \xi^2 d\xi = \frac{1}{\ell_F^3} \int_{\xi=0}^{\ell_F} \xi^2 d\xi = \frac{1}{3}$$

und für die Bewegungsgleichung folgt $(m + 1/3m_F)\ddot{x} + kx + mg = 0$, so dass wir mit dem Massenverhältnis $\lambda = m_F / m$ und

$$\overline{\omega} = \sqrt{\frac{k}{m + 1/3m_F}} = \sqrt{\frac{k}{m}} \left[1 - \frac{1}{6}\lambda + \frac{1}{24}\lambda^2 + O(\lambda^3) \right] < \omega$$

eine erste Abschätzung des Einflusses der Federmasse auf die Eigenkreisfrequenz des Einmassenschwingers vornehmen können. Für den Dehnstab in Abb. 8.8 hätten wir beispielsweise $m_F = \rho A \ell$ zu setzen.

Hinweis: Um also bei Longitudinalschwingungen die Federmasse angenähert zu berücksichtigen, ist zur Einzelmasse m ein Drittel der Federmasse m_F hinzuzufügen. Das gilt übrigens auch für $m = 0$. Dann schwingt die massebehaftete Feder so, als ob ein Drittel ihrer Masse am Ende befestigt wäre.

8.1.4 Angenäherte Berücksichtigung der Masse eines Biegeträgers

Die im vorigen Abschnitt für die Longitudinalschwingungen einer Feder durchgeführten Untersuchungen lassen sich mit entsprechenden Näherungen auch auf die Transversalschwingungen eines Biegeträgers übertragen. Wir betrachten dazu den Träger in Abb. 8.13 mit der Gesamtmasse m_B. An der Stelle x_0 ist eine konzentrierte Masse m befestigt, deren Auslenkung wir mit w(t) bezeichnen. Näherungsweise soll unterstellt werden, dass zur Berechnung der 1. Eigenkreisfrequenz die Biegelinie $w(x,t)$ dieselbe Form haben soll wie die statische Auslenkung $w_{st}(x)$ des Trägers unter der Gewichtskraft der Masse m, also

$$\frac{w(t)}{w_{st}(x_0)} = \frac{w(x,t)}{w_{st}(x)} \rightarrow w(x,t) = \frac{w_{st}(x)}{w_{st}(x_0)} w(t) = f(x)w(t) \qquad (8.12)$$

Die Funktion $f(x) = w_{st}(x) / w_{st}(x_0)$ entspricht der bezogenen statischen Auslenkung des Trägers infolge einer Einzelkraft an der Stelle $x = x_0$. An der Lastangriffsstelle ist $f(x_0) = 1$. Bei konstanter Massenverteilung längs der Stabachskoordinate x entfällt auf die inkrementelle Länge dx der Anteil $dm_B = dx\, m_B / \ell$. Dabei ist m_B die Gesamtmasse des als Feder betrachteten Trägers.

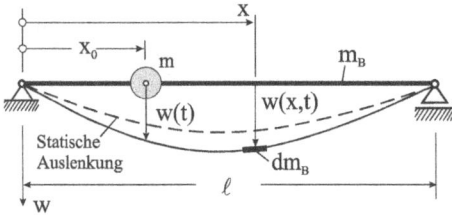

Abb. 8.13　*Balken mit konzentrierter Einzelmasse m*

Die kinetische Energie des Systems setzt sich zusammen aus der kinetischen Energie der konzentrierten Einzelmasse m und der Summe der kinetischen Energien der Massenelemente dm_B des Balkens, also $E = \dfrac{1}{2} m \dot{w}^2(t) + \displaystyle\int_{(B)} dE_B$. Beachten wir mit

$$dE_B = \frac{1}{2} dm_B \dot{w}^2(x,t) = \frac{1}{2}\frac{m_B}{\ell} dx\, [f(x)\dot{w}(t)]^2 = \frac{1}{2}\frac{m_B}{\ell} f^2(x)\,\dot{w}^2(t) dx$$

die kinetische Energie des Balkenelementes, dann ist

$E = \dfrac{1}{2} m \dot{w}^2(t) + \dfrac{1}{2}\dfrac{m_B}{\ell}\, \dot{w}^2(t)\displaystyle\int_0^\ell f^2(x)dx$. Die potenzielle Energie $U = \dfrac{1}{2} k\, w^2(t)$ entspricht der Formänderungsenergie des als Feder benutzen Balkens. Aus dem Energieerhaltungssatz folgt dann $\dot{E} + \dot{U} = \dot{w}\left[\left(m + \dfrac{m_B}{\ell}\displaystyle\int_{x=0}^\ell f^2(x)dx\right)\ddot{w} + kw\right] = 0$. Bringen wir diese Gleichung unter

Einführung von $\kappa = \dfrac{1}{\ell}\displaystyle\int_{x=0}^\ell f^2(x)dx$ auf die bekannte Normalform $\ddot{w} + \dfrac{k}{m + \kappa m_B} w = 0$,

dann erhalten wir mit dem Massenverhältnis $\lambda = m_B / m$

$$\overline{\omega} = \sqrt{\frac{k}{m + \kappa m_B}} = \sqrt{\frac{k}{m}}\left[1 - \frac{1}{2}(\kappa\lambda) + \frac{3}{8}(\kappa\lambda)^2 + O(\lambda)^3\right] < \omega \qquad (8.13)$$

eine Annäherung der kleinsten Eigenkreisfrequenz eines als Feder betrachteten Balkens mit einer Einzelmasse m, die offensichtlich kleiner ist als die Eigenkreisfrequenz ohne Berücksichtigung der Balkenmasse m_B.

Beispiel 8-4:

Für den in Abb. 8.13 skizzierten Balken auf zwei Stützen ist näherungsweise die 1. Eigenkreisfrequenz unter Berücksichtigung der Trägermasse m_B zu berechnen. Der Träger wird durch die Masse m mit der Gewichtskraft G = mg belastet.

Lösung: Mit den dimensionslosen Größen $\xi = x/\ell$, $\alpha = a/\ell$, $\beta = b/\ell = 1-\alpha$ ist die statische Auslenkung unter der Einzelmasse $w_{st} = G\ell^3\beta^2(1-\beta)^2/(3EI_{yy})$. Aufgrund der unstetigen Belastung muss zur Berechnung von κ das Lösungsgebiet in zwei Bereiche geteilt werden.

$$(0 \le \xi < \alpha):\ w_{st}(\xi) = \frac{G\ell^3\beta}{6EI_{yy}}\xi(1-\beta^2-\xi^2), \qquad f_1(\xi) = \frac{1}{2}\frac{\xi[1-(1-\alpha)^2-\xi^2]}{\alpha^2(1-\alpha)}$$

$$(\alpha \le \xi \le 1):\ w_{st}(\xi) = \frac{G\ell^3\alpha}{6EI_{yy}}(1-\xi)[1-\alpha^2-(1-\xi)^2], \quad f_2(\xi) = \frac{1}{2}\frac{(1-\xi)[1-\alpha^2-(1-\xi)^2]}{\alpha(1-\alpha)^2}$$

$$\kappa = \frac{1}{\ell}\int_{x=0}^{\ell} f^2(x)dx = \int_{\xi=0}^{1} f^2(\xi)d\xi = \int_{\xi=0}^{\alpha} f_1^2(\xi)d\xi + \int_{\xi=\alpha}^{1} f_2^2(\xi)d\xi = I_1 + I_2$$

$$I_1 = \int_{\xi=0}^{\alpha} f_1^2(\xi)d\xi = \frac{1}{105}\frac{\alpha(23\alpha^2-56\alpha+35)}{(\alpha-1)^2}, \quad I_2 = \int_{\xi=\alpha}^{1} f_2^2(\xi)d\xi = \frac{1}{105}\frac{2+8\alpha+13\alpha^2-23\alpha^3}{\alpha^2}$$

$$\kappa = I_1 + I_2 = \frac{1}{105}\frac{3\alpha^4-6\alpha^3-\alpha^2+4\alpha+2}{\alpha^2(\alpha-1)^2}\ (0<\alpha<1).$$

Befindet sich die konzentrierte Masse in Feldmitte, dann sind $\alpha = 1/2$ und $\kappa = 17/35 \approx 1/2$. Die statische Auslenkung an dieser Stelle ist $w_{st}(x=\ell/2) = G\ell^3/(48EI_{yy})$, was auf eine Federsteifigkeit $k = 48EI_{yy}/\ell^3$ schließen lässt, und wir erhalten dann näherungsweise

$$\overline{\omega} \approx \sqrt{\frac{k}{m}\left(1-\frac{1}{2}\kappa\lambda\right)} = \sqrt{\frac{48EI_{yy}}{m\ell^3}\left(1-\frac{1}{4}\frac{m_B}{m}\right)}$$

Auch bei fehlender Masse m lassen sich die obigen Beziehungen anwenden. Wegen m = 0 verbleibt dann mit der konstanten Massebelegung $\mu_0 = m_B/\ell$

$$\overline{\omega} = \sqrt{k/(\kappa m_B)} = \sqrt{35 \cdot 48EI_{yy}/(17\mu_0\ell^4)} = 9{,}94\sqrt{EI_{yy}/(\mu_0\ell^4)},$$

was dem exakten Wert der 1. Eigenkreisfrequenz $\omega = \pi^2 \sqrt{EI_{yy}/(\mu_0 \ell^4)} = 9{,}87\sqrt{EI_{yy}/(\mu_0 \ell^4)}$ eines Trägers auf zwei Stützen schon recht nahe kommt.

Beispiel 8-5:

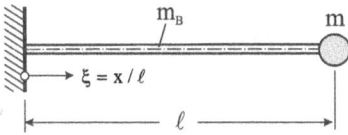

Der Kragträger nach Abb. 8.14 mit der gleichmäßig verteilten Trägermasse m_B trägt am rechten Rand eine konzentrierte Masse m. Die statische Auslenkung infolge der Gewichtskraft $G = mg$ ergibt sich nach den Grundgleichungen der Statik zu

Abb. 8.14   Kragträger mit Einzelmasse m $w_{st}(\xi) = \dfrac{G\ell^3}{6EI_{yy}}\xi^2(3-\xi)$, und am rechten Rand ist

$w_{st}(\xi = 1) = G\ell^3/(3EI_{yy})$. Nach (8.12) errechnet sich

dann die dimensionslose Verteilungsfunktion $f(\xi) = w_{st}(\xi)/w_{st}(\xi = 1) = 1/2\,\xi^2(3-\xi)$, und

mit $\kappa = \displaystyle\int_{\xi=0} f^2(\xi)d\xi = 33/140 \approx 1/4$ erhalten wir eine Abschätzung der 1. Eigenkreisfre-

quenz, indem wir zur Einzelmasse m noch das 33/140-fache der Trägermasse m_B hinzu-fügen, was auf $\overline{\omega} = \sqrt{k/(m + 33/140\,m_B)}$ führt. Fehlt die Einzelmasse m, dann schwingt der Träger so, als ob das 33/140-fache, also etwa 25 % der Trägermasse m_B am Ende befestigt wäre, was $\overline{\omega} = \sqrt{140 \cdot 3 EI_{yy}/(33\mu_0 \ell^4)} = 3{,}56\sqrt{EI_{yy}/(\mu_0 \ell^4)}$ liefert. Der nach der Konti-nuumstheorie errechnete exakte Vorfaktor ist 3,52.

8.1.5   Angenäherte Berücksichtigung der Masse eines Torsionsstabes

Um die Masse m_T des Torsionsstabes in Abb. 8.10 bei der Berechnung der kleinsten Eigen-frequenz näherungsweise zu berücksichtigen, wird für den Torsionswinkel an der Stelle x der Produktansatz $\varphi(x,t) = \vartheta(t)\,x/\ell$ gemacht. Dieser Ansatz unterstellt auch im dynamischen Fall einen linear mit x anwachsenden Torsionswinkel $\varphi(x,t)$. Wir wenden wieder den Ener-gieerhaltungssatz in der Form $\dot{E} + \dot{U} = 0$ an. Das Massenelement $dm_T = m_T\,dx/\ell$ des Tor-sionsstabes (Index T) mit der Länge dx und dem Massenträgheitsmoment $d\Theta_T = 1/2\,dm_T\,a^2 = m_T a^2 dx/(2\ell) = \Theta_T dx/\ell$ erfährt eine reine Drehung um die x-Achse. Die kinetische Energie dieses Masseteilchens ist $1/2\,d\Theta_T\,\dot{\varphi}^2 = \Theta_T x^2 \dot{\vartheta}^2(t)dx/(2\ell^3)$ und

damit gesamt $E = \dfrac{1}{2}\Theta\dot{\vartheta}^2(t) + \dfrac{\Theta_T}{2\ell^3}\dot{\vartheta}^2(t)\displaystyle\int_{x=0}^{\ell} x^2 dx = \dfrac{1}{2}\left(\Theta + \dfrac{1}{3}\Theta_T\right)\dot{\vartheta}^2(t)$. Fassen wir den Stab

als lineare Drehfeder auf, dann ist seine potenzielle Energie $U = 1/2\,k^*\vartheta^2(t) = GI_p\vartheta^2(t)/(2\ell)$

und der Energieerhaltungssatz fordert $(\Theta + 1/3\Theta_T)\ddot{\vartheta}(t) + \dfrac{GI_p}{\ell}\vartheta(t) = 0$. Mit $\omega = \sqrt{GI_p/(\Theta\ell)}$

und dem Verhältnis $\lambda = \Theta_T/\Theta$ der Massenträgheitsmomente erhalten wir näherungsweise die Eigenkreisfrequenz des Torsionsstabes

$$\overline{\omega} = \sqrt{\frac{GI_p}{(\Theta + 1/3\Theta_T)\ell}} = \sqrt{\frac{GI_p}{\Theta\ell}}\frac{1}{\sqrt{1+1/3\lambda}} = \omega\left[1 - \frac{1}{6}\lambda + \frac{1}{24}\lambda^2 + O(\lambda^3)\right] < \omega$$

und die Normalform der Bewegungsgleichung lautet $\ddot{\vartheta}(t) + \overline{\omega}^2\vartheta(t) = 0$, deren Lösung bereits bekannt ist.

Hinweis: In allen bisher betrachteten Fällen haben wir festgestellt, dass sich mit Berücksichtigung der Federmasse die Eigenkreisfrequenz verringert, ein Ergebnis, das auch physikalisch sofort einleuchtet.

8.2   Der viskos gedämpfte Einmassenschwinger

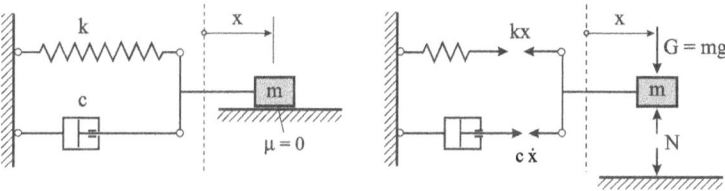

Abb. 8.15   *Der viskos gedämpfte Einmassenschwinger*

Wird dem System während der Bewegung Energie entzogen, dann nehmen die Amplituden mit der Zeit ab. Ursache für die Dämpfung können äußere oder auch innere Kräfte sein. Ein einfacher Ansatz, der für viele praktische Anwendungen genügend genaue Ergebnisse liefert, ist die Annahme einer viskosen Dämpfung. Wir betrachten dazu das System nach Abb. 8.15. Es besteht aus einer Masse m, die an ein Kelvin-Modell gefesselt ist. Zum Zeitpunkt t = 0 sei das Modell mit x = 0 entspannt. An der freigeschnittenen Masse m, die reibungsfrei gelagert sein soll, greifen dann lediglich die Federkraft $F_F = kx$ und die Dämpferkraft $F_D = c\dot{x}$ an. Wir beschaffen uns zunächst die dem Problem zugeordnete Bewegungsgleichung, indem wir für das freigeschnittene System das Newtonsche Grundgesetz in x-Richtung notieren und erhalten $m\ddot{x} = -kx - c\dot{x}$. Mit Einführung der Abklingkonstanten $\delta = c/(2m)$ und des Dämpfungsgrades $D = \delta/\omega = c/(2m\omega) = c/(2\sqrt{km})$ können wir für die Bewegungsgleichung die beiden Formen

$$\ddot{x} + 2\delta\dot{x} + \omega^2 x = 0 \qquad \text{oder} \qquad \ddot{x} + 2D\omega\dot{x} + \omega^2 x = 0 \tag{8.14}$$

notieren.

$$[\delta] = \frac{1}{\text{Zeit}}, \text{ Einheit: } s^{-1}$$

Zur Ermittlung der Fundamentallösungen von (8.14) wird der Ansatz

$$x(t) = e^{\zeta t} \tag{8.15}$$

gemacht, der die Zeitableitungen $\dot{x}(t) = \zeta e^{\zeta t} = \zeta x(t)$ und $\ddot{x}(t) = \zeta^2 e^{\zeta t} = \zeta^2 x(t)$ besitzt. Einsetzen von (8.15) in (8.14) führt auf $(\zeta^2 + 2\delta\zeta + \omega^2)e^{\zeta t} = 0$. Da die Exponentialfunktion keine Nullstelle besitzt, muss

$$\zeta^2 + 2\delta\zeta + \omega^2 = 0 \tag{8.16}$$

erfüllt sein. Die Gleichung (8.16) wird charakteristische Gleichung genannt. Sie hat die beiden Lösungen

$$\zeta_{1,2} = -\delta \pm \sqrt{\delta^2 - \omega^2} = -\delta \pm \lambda \qquad (\lambda = \sqrt{\delta^2 - \omega^2}) \tag{8.17}$$

Nach dem Superpositionsprinzip für lineare Differenzialgleichungen ist dann

$$x(t) = C_1 e^{\zeta_1 t} + C_2 e^{\zeta_2 t} \qquad (\zeta_1 \neq \zeta_2) \tag{8.18}$$

die vollständige Lösung von (8.14). Die beiden noch freien Konstanten C_1 und C_2 werden aus den Anfangsbedingungen

$$x(t = 0) = x_0 = C_1 + C_2, \quad \dot{x}(t = 0) = v_0 = C_1(-\delta + \lambda) + C_2(-\delta - \lambda) \text{ zu}$$

$$C_1 = \frac{(\lambda + \delta)x_0 + v_0}{2\lambda}, \quad C_2 = \frac{(\lambda - \delta)x_0 - v_0}{2\lambda} \text{ ermittelt. Damit folgt für die Auslenkung}$$

$$x(t) = \left\{ \frac{x_0[(\lambda + \delta)e^{\lambda t} + (\lambda - \delta)e^{-\lambda t}]}{2\lambda} + \frac{v_0(e^{\lambda t} - e^{-\lambda t})}{2\lambda} \right\} e^{-\delta t} \tag{8.19}$$

und die Geschwindigkeit

$$\dot{x}(t) = \left\{ \frac{x_0\omega^2(e^{-\lambda t} - e^{\lambda t})}{2\lambda} + \frac{v_0[(\lambda - \delta)e^{\lambda t} + (\lambda + \delta)e^{-\lambda t}]}{2\lambda} \right\} e^{-\delta t} \tag{8.20}$$

Je nachdem, ob die Lösungen $\zeta_{1,2}$ der charakteristischen Gleichung (8.16) reell oder komplex sind, werden folgende Fälle unterschieden:

Fall a: Starke Dämpfung (D > 1)

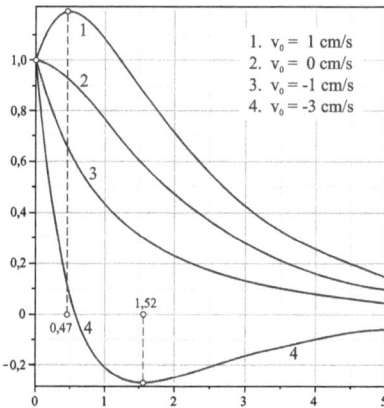

Abb. 8.16 *Auslenkungen*   *Abb. 8.17* *Geschwindigkeiten*

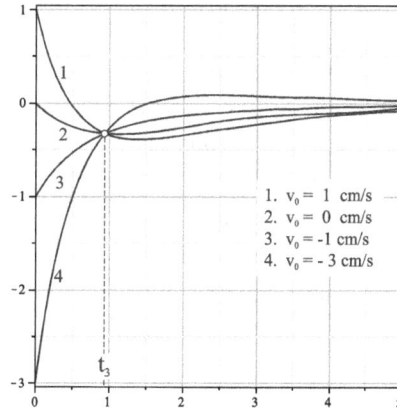

Dieser Fall liegt vor, wenn $\delta^2 > \omega^2$ und damit $\lambda = \sqrt{\delta^2 - \omega^2} = \omega\sqrt{D^2 - 1}$ reell und positiv ist. Es gelten dann die bereits in (8.19) und (8.20) angegebenen reellwertigen Lösungen. Die Auslenkungen nehmen mit wachsendem t ab und für große t gehen x(t) und $\dot{x}(t)$ gegen null. Den Nulldurchgang der Auslenkung x(t) mit $t > 0$ ermitteln wir nach (8.18) unter Beachtung von $\zeta_1 - \zeta_2 = 2\lambda$ aus der Bedingung $C_1 e^{\zeta_1 t_1} + C_2 e^{\zeta_2 t_1} = 0$ $\rightarrow C_2/C_1 + e^{\lambda t_1} = 0$. Aufgelöst nach t_1 unter Beachtung von $\dfrac{C_2}{C_1} = -\dfrac{(\delta - \lambda)x_0 + v_0}{(\delta + \lambda)x_0 + v_0}$ erhalten wir

$$t_1 = \frac{1}{2\lambda} \ln \frac{(\delta - \lambda)x_0 + v_0}{(\delta + \lambda)x_0 + v_0} \tag{8.21}$$

Wegen $0 < \lambda < \delta$ ist eine Lösung für positive Zeiten t_1 nur unter der Bedingung $\dfrac{(\delta - \lambda)x_0 + v_0}{(\delta + \lambda)x_0 + v_0} > 1$ möglich, also wenn $-\dfrac{1}{\delta + \lambda} < \dfrac{x_0}{v_0} < 0$ gilt, so dass im Falle $x_0 > 0$ nur für große Beträge negativer Anfangsgeschwindigkeiten v_0 genau ein Nulldurchgang von x(t) möglich ist. Der größte Ausschlag findet dort statt, wo die Geschwindigkeit verschwindet, also für $C_1\zeta_1 e^{\zeta_1 t_2} + C_2\zeta_2 e^{\zeta_2 t_2} = 0 \rightarrow -\dfrac{C_2\zeta_2}{C_1\zeta_1} = e^{(\zeta_1-\zeta_2)t_2} = e^{2\lambda t_2} > 0$ und aufgelöst nach t_2

erhalten wir unter Beachtung von $-\dfrac{C_2\zeta_2}{C_1\zeta_1} = \dfrac{\omega^2 x_0 + (\delta+\lambda)v_0}{\omega^2 x_0 + (\delta-\lambda)v_0}$

$$t_2 = \frac{1}{2\lambda} \ln \frac{\omega^2 x_0 + (\delta+\lambda)v_0}{\omega^2 x_0 + (\delta-\lambda)v_0} \tag{8.22}$$

Ein Nulldurchgang der Geschwindigkeit ist nur für $x_0/v_0 > -1/(\delta+\lambda)$ möglich. In Abb. 8.16 und Abb. 8.17 sind die Bewegungen eines stark gedämpften Einmassenschwingers für die Parameterkombination $\omega = 1,0\,\text{s}^{-1}, \delta = 1,2\,\text{s}^{-1}, D = 1,2 > 1, \lambda = 0,663\,\text{s}^{-1}$ bei verschiedenen Anfangsgeschwindigkeiten gezeigt. Die Anfangsauslenkung beträgt in allen Fällen $x_0 = 1\,\text{cm}$. Bei einer positiven Anfangsgeschwindigkeit von $v_0 = 1\,\text{cm}/\text{s}$ existiert für positive t kein Nulldurchgang (Abb. 8.16). Das Maximum liegt bei $t_2 = 0,47\,\text{s}$ mit $x(t_2) = 1,19\,\text{cm}$. Erst bei Anfangsgeschwindigkeiten $v_0 < -x_0(\delta+\lambda)$ (hier $v_0 < -1,863\,\text{m}/\text{s}$) besitzt die Bewegung einen Nulldurchgang. Beispielsweise tritt für $v_0 = -3\,\text{m}/\text{s}$ der Nulldurchgang bei $t_1 = 0,583\,\text{s}$ und der Extremwert (Minimum) der Auslenkung bei $t_2 = 1,52\,\text{s}$ auf. Der zugehörige Funktionswert ist $x(t_2) = -0,27\,\text{cm}$. Unabhängig von der Anfangsgeschwindigkeit v_0 verlaufen in Abb. 8.17 alle Kurven durch den Punkt mit den Koordinaten $t_3 = \dfrac{1}{2\lambda} \ln \dfrac{\delta+\lambda}{\delta-\lambda}$

und $\dot{x}(t_3) = -x_0\omega^2/(\delta+\lambda)$.

Fall b: Der Grenzfall (D = 1)

Dieser Fall trennt die schwingenden Lösungen von den Kriechbewegungen. Er tritt für $\delta = \omega$ und damit $\lambda = 0$ auf. Eine Auswertung von x(t) nach (8.19) ist jetzt wegen der Unbestimmtheit 0/0 nicht möglich. Wir ersetzen deshalb die obige Lösung nach der Regel von Bernoulli-L'Hospital durch ihren Grenzwert

$$\lim_{\lambda \to 0} \frac{(\lambda+\omega)e^{\lambda t} + (\lambda-\omega)e^{-\lambda t}}{\lambda} = \lim_{\lambda \to 0} \frac{\dfrac{d}{d\lambda}[(\lambda+\omega)e^{\lambda t} + (\lambda-\omega)e^{-\lambda t}]}{\dfrac{d}{d\lambda}(\lambda)} = 2(1+\omega t)$$

$$\lim_{\lambda \to 0} \frac{e^{\lambda t} - e^{-\lambda t}}{\lambda} = \lim_{\lambda \to 0} \frac{\dfrac{d}{d\lambda}(e^{\lambda t} - e^{-\lambda t})}{\dfrac{d}{d\lambda}(\lambda)} = \lim_{\lambda \to 0} = t(e^{\lambda t} + e^{-\lambda t}) = 2t \quad \text{und damit}$$

$$x(t) = [x_0(1+\omega t) + v_0 t]e^{-\omega t}; \quad \dot{x}(t) = [-\omega^2 t x_0 + (1-\omega t)v_0]e^{-\omega t} \tag{8.23}$$

Die Kurven x(t) haben einen ähnlichen Verlauf wie die in (8.16) im Fall der starken Dämpfung. Für $\delta / \omega = 1 = c_{krit} / (2m\omega)$ heißt $c_{krit} = 2m\omega$ kritischer Dämpfungskoeffizient.

Fall c: Schwache Dämpfung (D < 1)

Im Fall $\omega^2 > \delta^2$ hat die charakteristische Gleichung (8.16) zwei komplexe Wurzeln

$$\zeta_{1,2} = -\delta \pm i\omega_d \qquad (\omega_d = \sqrt{\omega^2 - \delta^2} = \omega\sqrt{1 - D^2}) \qquad (8.24)$$

und ω_d heißt Eigenkreisfrequenz des gedämpften Systems. Im Vergleich zum ungedämpften System führt die Dämpfung zu einer kleineren Eigenkreisfrequenz. Einsetzen von (8.24) in (8.18) liefert $x(t) = C_1 e^{(-\delta + i\omega_d)t} + C_2 e^{-(\delta + i\omega_d)t} = (C_1 e^{i\omega_d t} + C_2 e^{-i\omega_d t})e^{-\delta t}$. Unter Beachtung der Eulerschen Formeln $e^{\pm i\varphi} = \cos\varphi \pm i\sin\varphi$ folgt

$$x(t) = [C_1(\cos\omega_d t + i\sin\omega_d t) + C_2(\cos\omega_d t - i\sin\omega_d t)]e^{-\delta t}$$
$$= [(C_1 + C_2)\cos\omega_d t + i(C_1 - C_2)\sin\omega_d t]e^{-\delta t}$$

Damit die Bewegung x(t) reell wird, müssen C_1 und C_2 konjugiert komplex gewählt werden. Nennen wir $C_1 + C_2$ wieder C_1 und $i(C_1 - C_2)$ entsprechend C_2, dann erhalten wir

$$x(t) = [C_1\cos\omega_d t + C_2\sin\omega_d t]e^{-\delta t} = Ae^{-\delta t}\cos(\omega_d t - \varphi) \qquad (8.25)$$

wobei mit $C_1 = A\cos\varphi$ und $C_2 = A\sin\varphi$ die beiden neuen Konstanten A und φ eingeführt wurden. Aus (8.25) folgt durch Ableitung nach der Zeit t die Geschwindigkeit

$$\dot{x}(t) = -\omega_d e^{-\delta t}\left[C_1\left(\frac{\delta}{\omega_d}\cos\omega_d t + \sin\omega_d t\right) + C_2\left(\frac{\delta}{\omega_d}\sin\omega_d t - \cos\omega_d t\right)\right]$$
$$= -A\omega_d e^{-\delta t}\left[\frac{\delta}{\omega_d}\cos(\omega_d t - \varphi) + \sin(\omega_d t - \varphi)\right] \qquad (8.26)$$

Die beiden noch freien Konstanten C_1 und C_2 bestimmen wir aus den Anfangsbedingungen

$$\left.\begin{array}{l} x(t = 0) = x_0 = C_1 \\ \dot{x}(t = 0) = v_0 = -\delta C_1 + \omega_d C_2 \end{array}\right\} \rightarrow C_1 = x_0, \quad C_2 = \frac{1}{\omega_d}(v_0 + \delta x_0)$$

sodass wir mit

$$A = \sqrt{C_1^2 + C_2^2} = \sqrt{x_0^2 + \left(\frac{v_0 + \delta x_0}{\omega_d}\right)^2}$$

$$\cos\varphi = \frac{C_1}{A}, \sin\varphi = \frac{C_2}{A}, \tan\varphi = \frac{C_2}{C_1} = \frac{v_0 + \delta x_0}{\omega_d x_0} \qquad (8.27)$$

schließlich die Auslenkung

$$x(t) = e^{-\delta t}\left(x_0 \cos\omega_d t + \frac{v_0 + \delta x_0}{\omega_d}\sin\omega_d t\right)$$

$$= e^{-\delta t}\sqrt{x_0^2 + \left(\frac{v_0 + \delta x_0}{\omega_d}\right)^2}\cos(\omega_d t - \varphi) \qquad (8.28)$$

und die Geschwindigkeit

$$\dot{x}(t) = -\delta e^{-\delta t}\sqrt{x_0^2 + \left(\frac{v_0 + \delta x_0}{\omega_d}\right)^2}\left[\cos(\omega_d t - \varphi) + \frac{\omega_d}{\delta}\sin(\omega_d t - \varphi)\right] \qquad (8.29)$$

erhalten. Ein Vergleich dieser Lösung mit der freien ungedämpften Schwingung zeigt, dass wir (8.29) als Schwingung auffassen können, deren Amplitude mit dem Exponentialgesetz $e^{-\delta t}$ abnimmt (Abb. 8.18).

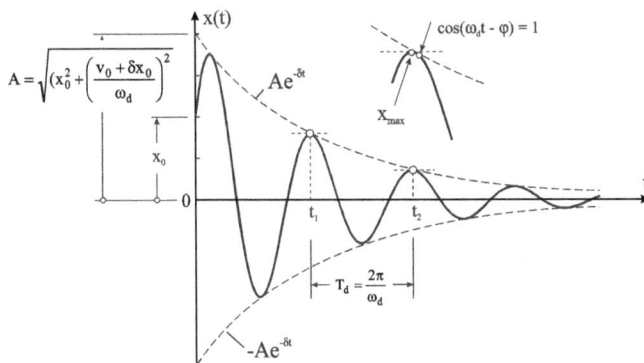

Abb. 8.18 *Auslenkungen für den Fall der schwachen Dämpfung (D < 1)*

Die Exponentialkurven $x_H(t) = \pm A e^{-\delta t}$ hüllen gleichsam die Funktion $x(t)$ ein. Die Berührungspunkte dieser Hüllkurven mit der Funktion $x(t)$ fallen im Übrigen nicht mit den Extremalstellen von $x(t)$ zusammen. Beide Kurven berühren sich zu Zeitpunkten, die aus der Gleichung $\cos(\omega_d t - \varphi) = \pm 1$ zu berechnen sind. Die Nullstellen von $x(t)$ ergeben sich aus der Beziehung $\cos(\omega_d t - \varphi) = 0$. Die vorliegende Bewegung wird auch pseudo-periodisch ge-

nannt, da im Gegensatz zur periodischen Bewegung $x(t+T) \neq x(t)$ ist. Abb. 8.19 zeigt die
obere Hüllkurve $x_H(t) = Ae^{-\delta t}$. Die Tangente $\dot{x}_H(t=0) = -A\delta$ schneidet die Zeitachse bei
$t_0 = 1/\delta = 1/(\omega D)$. Dieses Zeitmaß hängt nur von den Systemwerten ω und D ab, nicht aber
von den Anfangsbedingungen. Sie kann somit als Systemzeit bezeichnet werden. Zum Zeitpunkt t_0 besitzt die Hüllkurve nur noch den Wert $x_H(t_0) = A/e = 0,37A$, sie hat also in
dieser Zeit um 63% abgenommen. Wie leicht zu zeigen ist, schneidet die Tangente in t_0 die
Zeitachse bei $t = 2t_0$ und der Funktionswert der Hüllkurve ist $x_H = A/e^2 = 0,14A$. Ferner
kann gezeigt werden, dass die Tangente an die Kurve $x_H(t)$ für jeden beliebigen Punkt t die
Zeitachse im Punkt $t+t_0$ schneidet (Abb. 8.19, rechts), der zeitliche Abstand zum Punkt t
beträgt damit ebenfalls t_0.

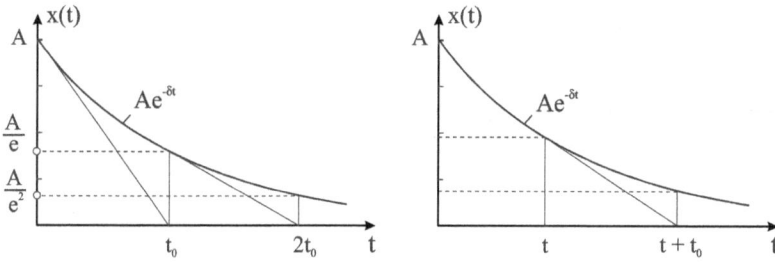

Abb. 8.19 *Die Systemzeit t_0*

Eine weitere Kenngröße der gedämpften Schwingung ist die Schwingungszeit

$$T_d = \frac{2\pi}{\omega_d} = \frac{2\pi}{\omega\sqrt{1-D^2}} = \frac{2\pi}{\omega}\left[1 + \frac{1}{2}D^2 + O(D^4)\right] \tag{8.30}$$

die immer größer ist als diejenige der ungedämpften Schwingung. Das Dämpfungsverhältnis
ϑ, als Quotient zweier aufeinander folgender gleichsinniger Extremwerte, errechnet sich
dann unter Beachtung von $\omega_d T_d = 2\pi$ zu

$$\vartheta = \frac{x(t)}{x(t+T_d)} = \frac{e^{-\delta t}}{e^{-\delta(t+T_d)}}\frac{\cos(\omega_d t - \varphi)}{\cos(\omega_d t + \omega_d T_d - \varphi)} = e^{\delta T_d} = \text{konst.} \tag{8.31}$$

Der natürliche Logarithmus des Dämpfungsverhältnisses wird nach Gauß[1] logarithmisches
Dekrement genannt

---

[1]   Carl Friedrich Gauß, Mathematiker, Astronom und Physiker, 1777-1855

$$\Lambda = \ln\vartheta = \delta T_d = \frac{2\pi\delta}{\omega_d} = \frac{2\pi\delta}{\sqrt{\omega^2 - \delta^2}} = \frac{2\pi D}{\sqrt{1 - D^2}} \tag{8.32}$$

und die Auflösung nach D ergibt

$$D = \frac{\Lambda}{\sqrt{4\pi^2 + \Lambda^2}} \tag{8.33}$$

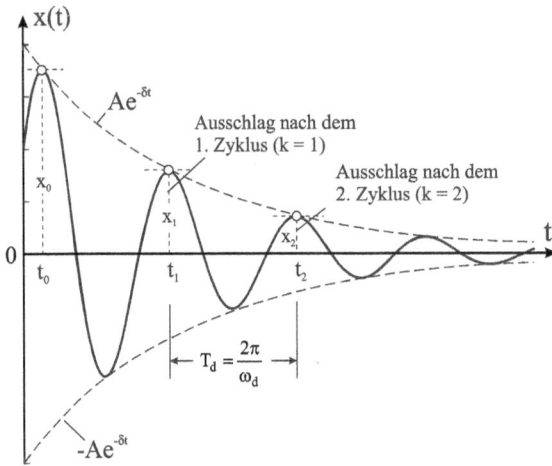

Abb. 8.20   *Abklingverhalten einer gedämpften Schwingung*

Tab. 8.1   *Dämpfungsgrad D und logarithmisches Dekrement Λ einiger Baustoffe*

Baustoff	D	Λ
Stahl	0,003...0,016	0,02...0,10
Stahlbeton		
ungerissen	0,006...0,032	0,04...0,20
gerissen	0,01...0,05	0,06...0,3
Mauerwerk	0,020	0,12
Holzkonstruktionen	0,024	0,15

Die Beziehung (8.33) kann zur experimentellen Bestimmung des Dämpfungsgrades D benutzt werden. Liegt aus einem Versuch ein Schwingungsdiagramm vor, etwa mit Abb. 8.18, dann sind lediglich jeweils zwei beliebige aufeinanderfolgende Amplituden $x(t_1) = x_1$ und $x(t_2) = x_2$ auszumessen und ihre Quotienten zu bilden. Aus (8.32) folgt dann das logarithmische Dekrement Λ und mit (8.33) der Dämpfungsgrad D. Ergeben sich für verschiedene

Zeiten t gleiche Dekremente Λ, dann kann praktisch von einer linearen Dämpfung ausgegangen werden. Bei schwach gedämpften Systemen mit $D \ll 1$ ist noch folgende Näherung von praktischem Interesse. Mit (8.32) ist

$$\Lambda = \ln \vartheta = \frac{2\pi D}{\sqrt{1 - D^2}} = 2\pi D[1 + D^2/2 + O(D^4)] \approx 2\pi D \qquad (8.34)$$

und damit

$$\vartheta = e^\Lambda = 1 + \Lambda + O(\Lambda^2) \approx 1 + 2\pi D \quad \rightarrow D = \frac{1}{2\pi} \frac{x(t) - x(t + T_d)}{x(t + T_d)} \qquad (8.35)$$

In der Praxis ist oftmals die Fragestellung von Interesse, welcher Dämpfungsgrad D erforderlich ist, damit bei einer vorgegebenen Anzahl von Zyklen k die Amplitude x_k nur noch das κ-fache von x_0 beträgt. Zur Beantwortung dieser Frage gehen wir von (8.31) aus, wonach die aufeinander folgenden gleichsinnigen Amplituden $x(t + T_d)/x(t) = e^{-\delta T_d} = q$ eine geometrische Reihe bilden. Mit der Kurzschreibweise $x(t_k) = x_k$ erhalten wir $x_k = x_0 e^{-k\delta T_d} = x_0 q^k$.

Mit $\ln(x_k/x_0) = k \ln q = -k\delta T_d$ und $\delta T_d = 2\pi D/\sqrt{1 - D^2}$ nach (8.32) folgt dann

$$k = \frac{1}{2\pi} \frac{\sqrt{1 - D^2}}{D} \ln \frac{x_0}{x_k} = -\frac{1}{2\pi} \frac{\sqrt{1 - D^2}}{D} \ln \kappa \quad (x_k = \kappa x_0) \qquad (8.36)$$

Soll beispielsweise die Amplitude x_k nur noch 50 % der Maximalamplitude x_0 betragen, dann sind dazu $k = \frac{\ln 2}{2\pi} \frac{\sqrt{1 - D^2}}{D}$ Zyklen erforderlich, und bei schwacher Dämpfung ($D \ll 1$) ist $k \approx 0{,}11/D$. Lösen wir (8.36) nach D auf, dann erhalten wir

$$D = \frac{1}{\sqrt{1 + [2\pi k/\ln \kappa]^2}} > 0 \qquad (8.37)$$

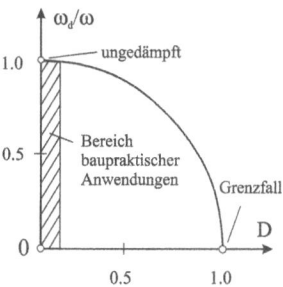

Abb. 8.21 *Frequenzverhältnis in Abhängigkeit vom Dämpfungsgrad D*

Um beispielsweise nach 3 Zyklen (k = 3) die Auslenkung x_3 auf die Hälfte des Wertes von x_0 zu reduzieren, ist ein Dämpfungsgrad von

$$D = 1/\sqrt{1 + (6\pi/\ln 0{,}5)^2} = 0{,}0367$$

erforderlich. Bilden wir noch das Verhältnis

$$\omega_d/\omega = \sqrt{1 - D^2} \rightarrow (\omega_d/\omega)^2 + D^2 = 1$$

der Eigenkreisfrequenzen von gedämpfter und ungedämpfter Schwingung und tragen ω_d/ω über dem Dämpfungsgrad D auf, so erhalten wir einen Viertelkreis mit dem Radius 1. Der Abb. 8.21 entnehmen wir, dass sich bei schwach gedämpften Systemen die Eigenkreisfrequenz ω_d von der Eigenkreisfrequenz ω des ungedämpften Systems nur geringfügig unterscheidet. In baupraktischen Anwendungen wird deshalb bei kleinen Dämpfungsgraden mit hinreichender Genauigkeit $\omega_d = \omega$ gesetzt. Bei Annäherung an den Grenzfall $D = 1$ nimmt dieses Verhältnis jedoch sehr stark ab.

Beispiel 8-6:

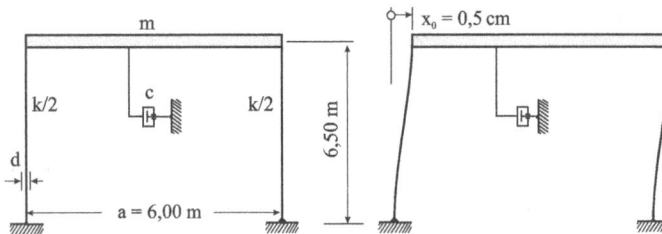

Abb. 8.22   Auslenkversuch an einem einstöckigen Rahmen

Um die dynamischen Eigenschaften des einstöckigen Rahmens in Abb. 8.22 zu ermitteln, wird ein Auslenkversuch durchgeführt werden. Dazu wird die Decke durch eine Seilvorspannung horizontal um $x_0 = 0,5$ cm ausgelenkt. Anschließend wird das Seil gekappt. Der Rahmen führt dann freie gedämpfte Schwingungen aus. Zur Auslenkung der Deckenscheibe wird eine Kraft von 100 kN benötigt. Eine Messung ergibt nach der ersten Rückschwingung, die in einer Zeit von 1,5 s abläuft, eine Auslenkung von nur noch 0,4 cm.

<u>Lösung:</u> Es werden folgende Idealisierungen vorgenommen: 1.) Die Deckenscheibe wird als starrer Körper betrachtet, 2.) die Massen der Stützen werden vernachlässigt und 3.) wird eine schwache Dämpfung unterstellt.

Unter der Voraussetzung schwacher Dämpfung können die Schwingungsdauer und die Frequenz des gedämpften Systems näherungsweise mit den Werten des ungedämpften Systems gleichgesetzt werden, also $T_d \approx T = 1,5\,s = 2\pi / \omega$ und damit $f = 1 / T = 0,667$ Hz. Die Eigenkreisfrequenz $\omega = 2\pi / T = 2\pi / 1,5 = 4,19\,s^{-1}$ des ungedämpften Systems unterscheidet sich nur geringfügig von der des gedämpften Systems.

Aus dem Federgesetz einer linearen Feder errechnen wir die Federsteifigkeit $k = F / x_0 = 100 / 0,5 = 200\,kN / cm = 200 \cdot 10^5\,N / m$. Wegen $m = k / \omega^2 = 1,139 \cdot 10^6\,kg$ kann damit auf die Masse des Riegels geschlossen werden. Das logarithmische Dekrement ist $\Lambda = \ln 9 = \ln(x_0 / x_2) = \ln(0,5 / 0,4) = 0,223$. Beachten wir die für kleine Dämpfungsgrade gültige Beziehung $D \approx \Lambda / 2\pi = 0,223 / 2\pi = 0,0355 \ll 1$, dann erhalten wir die Dämpfungskonstante $c = 2Dm\omega = 2 \cdot 0,0355 \cdot 1,139 \cdot 10^6 \cdot 4,19 = 338841,1\,kgs^{-1}$ sowie die Abklingkonstante $\delta = D\omega = 0,0355 \cdot 4,19 = 0,149\,s^{-1}$. Damit lässt sich auch näherungsweise die Eigenkreisfrequenz des gedämpften Schwingers $\omega_d = \omega\sqrt{1-D^2} = \omega\sqrt{1-(0,0355)^2} \approx \omega$ über-

prüfen. Mit den Konstanten $C_1 = x_0 = 0,5\,\text{cm}$ und $C_2 = \dfrac{\delta}{\omega_d}x_0 \approx \dfrac{\delta}{\omega}x_0 = Dx_0 = 0,018\,\text{cm}$

sowie $A = \sqrt{C_1^2 + C_2^2} \approx 0,5\,\text{cm}$, $\sin\varphi = C_2/A \approx 0,036$, $\cos\varphi = C_1/A \approx 1$, $\tan\varphi \approx 0,036$
und damit $\varphi = 0,036$ können wir für die Auslenkung einerseits

$$x(t) = e^{-\delta t}[C_1\cos\omega_d t + C_2\sin\omega_d t] \approx e^{-0,149t}(0,5\cos 4,19t + 0,018\sin 4,19t)$$

und andererseits

$$x(t) = Ae^{-\delta t}\cos(\omega_d t - \varphi) \approx 0,5\,e^{-0.149t}\cos(4,19\,t - 0,0355)$$

notieren.

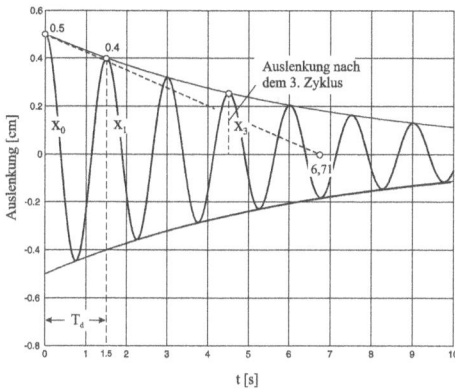

Abb. 8.23   *Auslenkung x(t)*   *Abb. 8.24*   *Phasendiagramm*

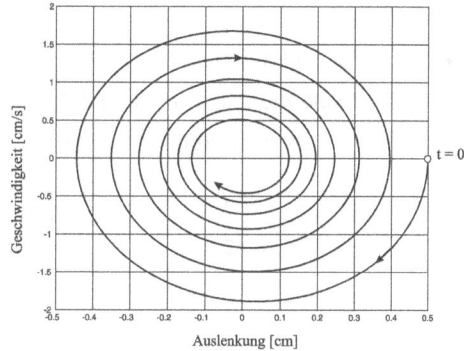

Die Geschwindigkeit erhalten wir durch Ableitung nach der Zeit t. Wird beispielsweise zusätzlich die Auslenkung nach dem 3. Zyklus gesucht, dann folgt unter Beachtung von
$q = e^{-\delta T_d} = e^{-0,149 \cdot 1,5} = 0,8$ und damit $x_3 = x_0 q^3 = 0,5 \cdot 0,8^3 = 0,256\,\text{cm}$. Die Systemzeit t_0
errechnet sich zu $t_0 = 1/\delta = 1/0,149 = 6,71\,\text{s}$. Von Interesse ist noch das Phasendiagramm der gedämpften Schwingung. Tragen wir die Geschwindigkeit $\dot{x}(t)$ über der Auslenkung $x(t)$ auf, dann erhalten wir für die Werte des Beispiels die Darstellungen nach Abb. 8.24. Die Phasenkurve stellt eine einwärts geschwungene Spirale dar. Sie ist im Vergleich zum ungedämpften Fall nicht mehr geschlossen. Der Schwinger kommt erst für $t \to \infty$ zur Ruhe, was durch den Strudelpunkt im Ursprung dokumentiert wird.

Fall d: Die allgemeine Kriechbewegung (k = 0)

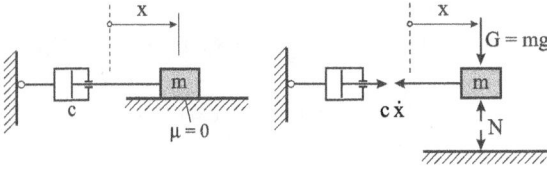

Abb. 8.25   *Die allgemeine Kriechbewegung*

Entfernen wir aus dem Kelvin-Modell das elastische Element, dann verbleibt ein linearer Dämpfer (Newton-Modell). Damit ist $k = 0$ und somit auch $\omega = 0$, was $\lambda = \delta$ erfordert. Von (8.19) und (8.20) verbleiben

$$x(t) = x_0 + \frac{v_0}{2\delta}(1 - e^{-2\delta t}), \quad \dot{x}(t) = v_0\, e^{-2\delta t} \tag{8.38}$$

Für die Abklingkonstante $\delta = 2{,}0\,\text{s}^{-1}$ und die Anfangsbedingungen $x_0 = 1\,\text{cm}$ und $v_0 = 1\,\text{cm}/\text{s}$ sind die Auslenkung und die Geschwindigkeit in Abb. 8.26 und Abb. 8.27 dargestellt. Die Grenzwerte von (8.38) sind

$$\lim_{t \to \infty} x(t) = x_0 + \frac{v_0}{2\delta}, \qquad \lim_{t \to \infty} \dot{x}(t) = 0 \tag{8.39}$$

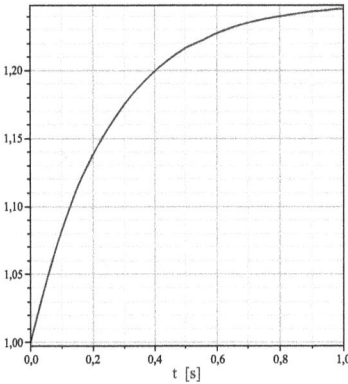

Abb. 8.26   *Kriechbewegung x(t) in [cm]*

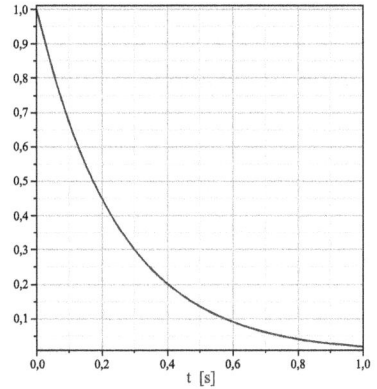

Abb. 8.27   *Geschwindigkeit v(t) in [cm/s]*

Fall e: Der ungedämpfte Fall (c = 0)

Dieser Fall tritt ein, wenn $\delta = 0$ und $\lambda = i\omega$ ist. Von den Lösungen (8.19) und (8.20) verbleiben

$$x(t) = \frac{x_0(e^{i\omega t} + e^{-i\omega t})}{2} + \frac{v_0(e^{i\omega t} - e^{-i\omega t})}{2i\omega}, \quad \dot{x}(t) = \frac{x_0\omega^2(e^{-i\omega t} - e^{i\omega t})}{2i\omega} + \frac{v_0(e^{i\omega t} + e^{-i\omega t})}{2}$$

und unter Beachtung von $e^{i\omega t} + e^{-i\omega t} = 2\cos\omega t$, $e^{i\omega t} - e^{-i\omega t} = i\,2\sin\omega t$ schließlich die bereits

bekannten Lösungen $x(t) = x_0\cos\omega t + \dfrac{v_0}{\omega}\sin\omega t$, $\dot{x}(t) = -x_0\omega\sin\omega t + v_0\cos\omega t$.

9 Erzwungene Schwingungen für Systeme mit einem Freiheitsgrad

Das Charakteristikum erzwungener Schwingungen ist das Auftreten äußerer Erregungen. Verändert die Erregung die Systemeigenschaften nicht, so heißt die Erregung Quellenerregung. Dabei unterscheiden wir zwischen Erregungen durch zeitabhängige Belastungen, die an der Masse angreifen, wir sprechen in diesem Fall von Felderregungen, und Randerregungen, bei denen die Lagerung des Schwingers Bewegungen erfährt.

In den Differenzialgleichungen erzwungener Bewegungen treten immer zeitabhängige Funktionen (Quellenfunktionen) auf, die mit der Zustandsgröße des Schwingers, beispielsweise der Lagekoordinate x(t), nicht in Verbindung stehen. Bei den Erregerfunktionen sind für die Praxis periodisch-harmonische Funktionen der Form $F(t) = F_0 \cos(\Omega t + \varphi)$ von besonderer Bedeutung. Für die Untersuchung allgemeiner Erregerfunktionen sind auch Sprung- und Stoßfunktionen von Interesse. Die Bewegungen können wieder ungedämpft oder auch gedämpft ablaufen.

9.1 Erzwungene ungedämpfte Schwingungen

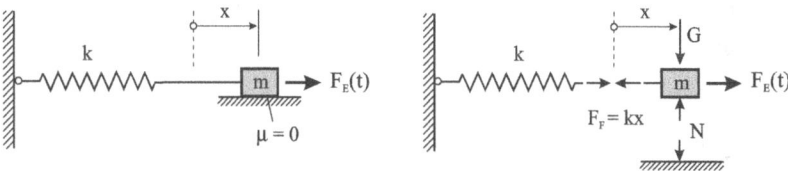

Abb. 9.1   *Der ungedämpfte Einmassenschwinger mit Felderregung*

Abb. 9.1 zeigt den Fall der Felderregung mit einer an der Masse m angreifenden zeitabhängigen Erregerkraft $F_E(t)$. Die Anwendung des Newtonschen Grundgesetzes auf die freigeschnittene Masse m führt auf $m\ddot{x} = -kx + F_E$, und die Division mit m ergibt

$$\ddot{x}(t) + \omega^2 x(t) = f_E(t) \qquad\qquad (9.1)$$

Im Vergleich zur Bewegungsgleichung der freien ungedämpften Schwingung steht nun auf der rechten Seite mit der auf die Masse m bezogenen Erregerkraft $f_E = F_E / m$ eine zeitabhängige Funktion. Diese lineare inhomogene Differenzialgleichung 2. Ordnung setzt sich additiv aus der Lösung x_h der homogenen Differenzialgleichung $\ddot{x}_h + \omega^2 x_h = 0$ und einem Partikularintegral x_p der inhomogenen Differenzialgleichung

$$\ddot{x}_p + \omega^2 x_p = f_E \tag{9.2}$$

zusammen, sodass wir für die Gesamtlösung $x(t) = x_h(t) + x_p(t)$ erhalten. Ist die vollständige Lösung gefunden, dann wird diese an die Anfangswerte angepasst. Die Lösung der homogenen Gleichung ist bereits bekannt. Wir konzentrieren uns deshalb auf die Ermittlung des Partikularintegrals in (9.2). Dazu unterstellen wir eine harmonisch-periodische Quellenerregung $F_E(t) = F_0 \cos \Omega t$ mit der Kreisfrequenz $\Omega \neq \omega$ und der Amplitude F_0. Dann ist

$$\ddot{x}_p + \omega^2 x_p = f_0 \cos \Omega t \qquad (f_0 = F_0 / m) \tag{9.3}$$

Zur Lösung dieser Gleichung machen wir, in Anlehnung an die rechte Seite, den Ansatz

$$x_p = A \cos \Omega t \tag{9.4}$$

Die Konstante A ist zunächst noch unbekannt. Einsetzen von (9.4) in (9.3) liefert $[A(\omega^2 - \Omega^2) - f_0] \cos \Omega t = 0$. Soll diese Gleichung für alle Zeiten t erfüllt sein, so muss $A = f_0 / (\omega^2 - \Omega^2)$ gefordert werden. Führen wir noch die Abstimmung

$$\eta = \Omega / \omega \tag{9.5}$$

als bezogenes Frequenzverhältnis ein, dann erhalten wir

$$A = \frac{f_0}{\omega^2} \frac{1}{1 - \eta^2} \tag{9.6}$$

Die vollständige Lösung lautet dann

$$\begin{aligned} x(t) &= x_h(t) + x_p(t) = C_1 \cos \omega t + C_2 \sin \omega t + A \cos \Omega t \\ \dot{x}(t) &= \dot{x}_h(t) + \dot{x}_p(t) = -\omega(C_1 \sin \omega t - C_2 \cos \omega t) - A\Omega \sin \Omega t \end{aligned} \tag{9.7}$$

Die Ermittlung der Integrationskonstanten erfolgt für die vollständige Lösung aus den Anfangsbedingungen

$$\left. \begin{aligned} x(t = 0) &= x_0 = C_1 + A \\ \dot{x}(t = 0) &= v_0 = \omega C_2 \end{aligned} \right\} \quad \rightarrow C_1 = x_0 - A, \quad C_2 = \frac{v_0}{\omega}$$

Einsetzen der Konstanten in (9.7) ergibt

$$x(t) = x_0 \cos \omega t + \frac{v_0}{\omega} \sin \omega t - \frac{f_0}{\omega^2 - \Omega^2}(\cos \omega t - \cos \Omega t) \qquad (9.8)$$

und im Fall homogener Anfangsbedingungen mit $x_0 = 0$ und $v_0 = 0$

$$x(t) = -\frac{f_0}{\omega^2 - \Omega^2}(\cos \omega t - \cos \Omega t) = -\frac{2f_0}{\omega^2 - \Omega^2} \sin \frac{\omega - \Omega}{2} t \sin \frac{\omega + \Omega}{2} t \qquad (9.9)$$

Die Schwingung nach (9.8) setzt sich aus Anteilen harmonischer Schwingungen unterschiedlicher Frequenzen und Amplituden zusammen. Das Bewegungsgesetz ist, wie bereits gezeigt wurde, jedoch nur dann periodisch, wenn ω und Ω in einem rationalen Verhältnis zueinander stehen.

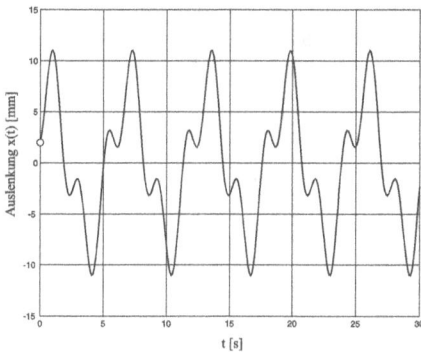

Abb. 9.2   *Auslenkung für* $\eta = 3$ ***Abb. 9.3***   *Auslenkung für* $\eta = 2{,}24$

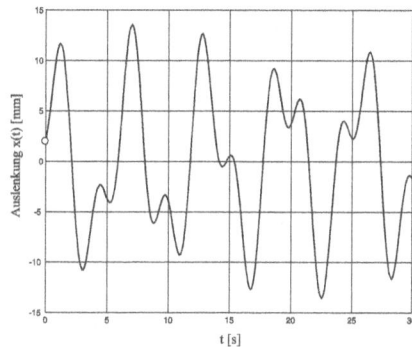

Abb. 9.2 zeigt die Auslenkung x(t) für die Abstimmung $\eta = \Omega/\omega = 3/1 = 3$, und in Abb. 9.3 ist die Auslenkung für $\eta = \sqrt{5}/1 = 2{,}24$ dargestellt. Ein periodisches Verhalten der Funktion x(t) ist hier nicht zu erkennen. Die Anfangsbedingungen sind für beide Darstellungen mit $x_0 = 2$ mm, $v_0 = 5$ mm / s sowie der bezogenen Belastung $f_0 = 30$ mm/s² gleich.

Tritt der Fall ein, dass die Erregerkreisfrequenz Ω identisch ist mit der Eigenkreisfrequenz ω, dann nimmt der Term $\dfrac{f_0}{\omega^2 - \Omega^2}(\cos \omega t - \cos \Omega t)$ die unbestimmte Form 0/0 an, und (9.8) ist nicht direkt auswertbar. Nach der Regel von Bernoulli-L'Hospital folgt aber unter Beachtung von $()' = d/d\Omega$: $\displaystyle \lim_{\Omega \to \omega} \frac{f_0}{\omega^2 - \Omega^2}(\cos \omega t - \cos \Omega t) = f_0 \lim_{\Omega \to \omega} \frac{(\cos \omega t - \cos \Omega t)'}{(\omega^2 - \Omega^2)'} = -\frac{f_0}{2\omega} t \sin \omega t$,

und die vollständige Lösung lautet nun

$$x(t) = x_0 \cos \omega t + \frac{v_0}{\omega} \sin \omega t + \frac{f_0}{2\omega} t \sin \omega t = x_0 \cos \omega t + (\frac{v_0}{\omega} + \frac{f_0}{2\omega} t) \sin \omega t$$

$$\dot{x}(t) = -(x_0 \omega - \frac{f_0}{2\omega}) \sin \omega t + (v_0 + \frac{f_0}{2} t) \cos \omega t$$

(9.10)

Im Sonderfall homogener Anfangsbedingungen verbleiben

$$x(t) = \frac{f_0}{2\omega} t \sin \omega t, \quad \dot{x}(t) = \frac{f_0}{2\omega} (\sin \omega t + \omega t \cos \omega t)$$

(9.11)

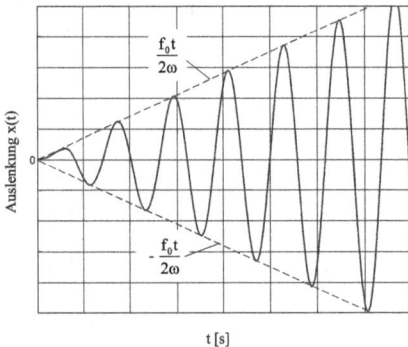

Diesen Fall bezeichnen wir als Resonanzfall, denn die Auslenkung x(t) wächst mit der Teillösung $t \sin \omega t$ bei zunehmender Zeit t über alle Grenzen (Abb. 9.4). Das trifft auch auf die Geschwindigkeit zu. Mit den obigen Untersuchungen liegt die Lösung für den ungedämpften Einmassenschwinger bei beliebigen Anfangsbedingungen vor.

Hinweis: Bei realen Bewegungen, die in der Regel gedämpft ablaufen, nimmt die durch $x_h(t)$ gegebene Eigenlösung im Laufe der Zeit exponentiell ab. Das bedeutet, dass nach einer gewissen Zeit, die als Einschwingzeit bezeichnet

Abb. 9.4 *Der Resonanzfall ($x_0 = 0$, $v_0 = 0$)*

wird, von der Gesamtlösung nur noch der partikuläre Anteil verbleibt. Dieser Lösungsanteil wird auch stationäre Lösung genannt. Beim realen Schwinger gilt dann im stationären Zustand $x(t) \approx x_p(t) = A \cos \Omega t$ mit der Konstanten A nach (9.6).

9.2   Die Vergrößerungsfunktion

Wir hätten zur Beschaffung einer partikulären Lösung auch sofort den Ansatz

$$x_p(t) = x_{st} V_1 \cos(\Omega t - \varphi_1) \qquad (x_{st} = F_0 / k)$$

(9.12)

machen können. Die Funktion V_1 wird Vergrößerungsfunktion oder auch Amplitudenfrequenzgang genannt. Sie hat offensichtlich die Bedeutung eines Faktors, mit dem die statische Auslenkung x_{st} multipliziert werden muss, um die dynamische Amplitude zu erhalten, weshalb dieser Faktor im angelsächsischen Raum auch als *dynamic magnification factor* bezeichnet wird. Einsetzen von (9.12) in (9.3) ergibt

$$[V_1(\omega^2 - \Omega^2) \cos \varphi_1 - \omega^2] \cos \Omega t + [V_1(\omega^2 - \Omega^2) \sin \varphi_1] \sin \Omega t = 0$$

Aufgrund der linearen Unabhängigkeit der trigonometrischen Funktionen ist diese Beziehung nur dann für alle Zeiten t erfüllt, wenn die beiden Gleichungen

$$V_1(\omega^2 - \Omega^2)\cos\varphi_1 - \omega^2 = 0, \quad (\omega^2 - \Omega^2)\sin\varphi_1 = 0$$

bestehen. Die Auflösung nach $\sin\varphi_1$ und $\cos\varphi_1$ ergibt

$\sin\varphi_1 = 0$ und $\cos\varphi_1 = \dfrac{1}{V_1(1-\eta^2)}$. Quadrieren wir beide Beziehungen und addieren an-

schließend, so erhalten wir zunächst $\dfrac{1}{V_1^2(1-\eta^2)^2} = 1$, woraus

$$V_1(\eta) = \frac{1}{\sqrt{(1-\eta^2)^2}} \qquad (9.13)$$

berechnet wird. Weiterhin sind $\sin\varphi_1 = 0$ und $\cos\varphi_1 = \sqrt{(1-\eta^2)^2}\,/(1-\eta^2)$.

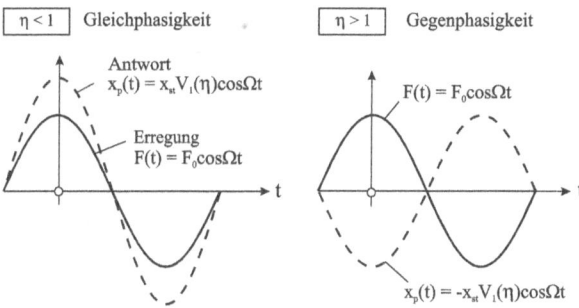

Abb. 9.5 *Erregung und Antwort eines Einmassenschwingers*

Für $\eta < 1$ ist $\varphi_1 = 0$. Dann hat die partikuläre Lösung $x_p(t) = x_{st}V_1\cos\Omega t$ dasselbe Vorzeichen wie die Erregerkraft F(t). In diesem Fall wird im Bauwesen von einer hohen Abstimmung gesprochen und wir sagen, die Bewegung ist in Phase mit der Erregerkraft. Für $\eta > 1$ ist $\varphi_1 = \pi$ und $x_p(t) = x_{st}V_1\cos(\Omega t - \pi) = -x_{st}V_1\cos\Omega t$ hat das umgekehrte Vorzeichen von F(t). Wir befinden uns im Bereich der tiefen Abstimmung, und die Bewegung ist in Gegenphase zur Erregerkraft F(t). Die Phasenlage des Schwingers, also der Phasenwinkel φ_1, um den Erreger und Antwort gegeneinander verschoben sind, wird durch die Funktion $\varphi_1(\eta)$ beschrieben (Abb. 9.7), die Phasenverschiebungsfrequenzgang genannt wird. Die Vergrößerungsfunktion in Abb. 9.6 zeigt, dass für $\eta \to 1$ die Verschiebungen $x_p(t)$ über alle Grenzen wachsen. Das ist der bereits angesprochene Resonanzfall. Bei einem realen Schwinger werden die Verschiebungen aufgrund der immer vorhandenen Dämpfung selbstverständlich nicht unendlich groß. Allerdings gibt es in der Umgebung der Resonanzstelle einen kritischen Bereich, in dem x(t) so große Werte annimmt, dass das System Schaden erleiden kann.

Dieser Bereich sollte deshalb unbedingt gemieden werden, was durch entsprechende Wahl der Abstimmung η immer erreicht werden kann.

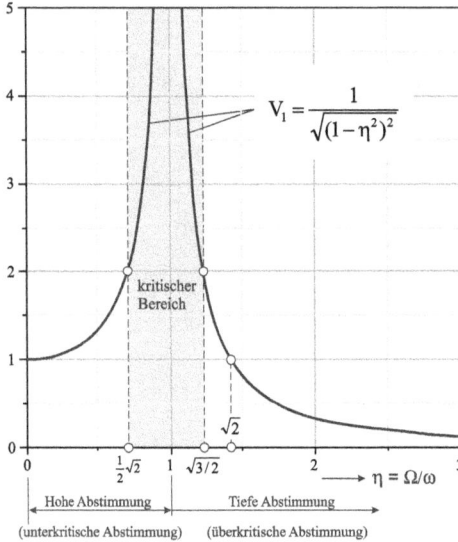

Abb. 9.6   *Vergrößerungsfunktion $V_1(\eta)$*   **Abb. 9.7**   *Phasenfrequenzgang $\varphi_1(\eta)$*

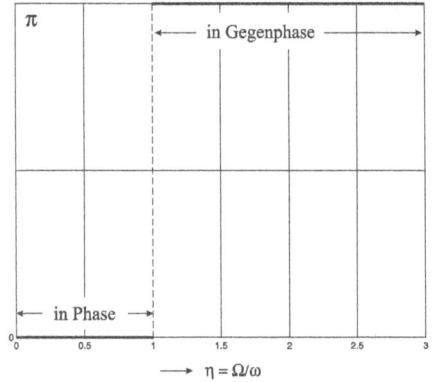

Hinweis: Im Zusammenhang mit der Lage der Eigenkreisfrequenz ω zur Erregerkreisfrequenz Ω werden im Maschinenbau die Bezeichnungen unterkritische und überkritische Abstimmung verwendet (Tabelle 9.1). Von einer unterkritischen Abstimmung wird gesprochen, wenn die Erregerkreisfrequenz tiefer liegt als die Eigenkreisfrequenz des abgefederten Schwingungssystems. Bei einer überkritischen Abstimmung liegt die Erregerkreisfrequenz oberhalb der Eigenkreisfrequenz.

Tab. 9.1   *Der Begriff Abstimmung im Vergleich Maschinenbau/Bauwesen*

Maschinenbau		Bauwesen	
$\eta = \Omega / \omega < 1$	Unterkritische Abstimmung	$1/\eta = \omega / \Omega > 1$	Hohe Abstimmung
$\eta = \Omega / \omega > 1$	Überkritische Abstimmung	$1/\eta = \omega / \Omega < 1$	Tiefe Abstimmung

Um Beeinträchtigungen des Systems auszuschließen, sollte der andauernde Betrieb im Bereich großer Amplituden vermieden werden. Setzen wir für diesen kritischen Bereich beispielsweise die Grenzen etwa bei $V_1(\eta) = 2$, dann liegt dieser innerhalb des Streifens $1/2\sqrt{2} \le \eta \le \sqrt{3/2}$. Um die Amplitude möglichst klein zu halten, wird eine überkritische Abstimmung angestrebt. Dazu muss allerdings die Resonanzstelle $\eta = 1$ durchfahren werden. Das ist immer dann ungefährlich, wenn dies relativ schnell erfolgt, denn, wie der lineare Amplitudenanstieg in Abb. 9.4 zeigt, benötigt das System eine gewisse Zeit, um sich aufzuschaukeln, womit das zügige Durchfahren des kritischen Bereichs erst ermöglicht wird. Ferner ist $\lim\limits_{\eta \to \infty} V_1(\eta) = 0$. Bei einer sehr großen Erregerfrequenz findet demzufolge überhaupt keine Schwingung statt. Von Interesse ist noch die Federkraft. Im stationären Fall gilt $F_F(t) = kx_p(t)$ und mit (9.12)

$$F_F(t) = kx_{st} V_1(\eta) \cos(\Omega t - \varphi_1) = F_0 V_1(\eta) \cos(\Omega t - \varphi_1) \qquad (9.14)$$

Diese Kraft muss von den angrenzenden Bauteilen sicher aufgenommen werden können.

9.3   Erzwungene gedämpfte Bewegungen

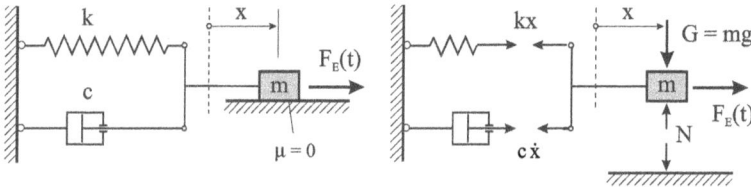

Abb. 9.8   *Erzwungene gedämpfte Schwingung*

Wir unterstellen wieder eine harmonisch-periodische Störkraft $F_E(t) = F_0 \cos \Omega t$ mit der Erregerkreisfrequenz Ω. Die Anwendung des Newtonschen Grundgesetzes auf die freigeschnittene Masse m liefert nun die inhomogene Bewegungsgleichung

$$\ddot{x} + 2D\omega\dot{x} + \omega^2 x = f_0 \cos \Omega t \qquad (9.15)$$

Die vollständige Lösung setzt sich wieder zusammen aus der allgemeinen Lösung der homogenen Differenzialgleichung der freien gedämpften Bewegung $\ddot{x}_h + 2D\omega\dot{x}_h + \omega^2 x_h = 0$, deren Lösung $x_h = \exp(-D\omega t)[C_1 \cos \omega_d t + C_2 \sin \omega_d t]$ wir im Fall der schwachen Dämpfung kennen, sowie einer partikulären Lösung der inhomogenen Differenzialgleichung

$$\ddot{x}_p + 2D\omega\dot{x}_p + \omega^2 x_p = f_0 \cos \Omega t \qquad (9.16)$$

Mit $f_0 = F_0 / m = F_0\omega^2 / k = x_{st}\omega^2$ ist $x_{st} = F_0/k$ diejenige Auslenkung, die sich bei Aufbringung einer statischen Last F_0 einstellt, und (9.16) geht dann über in

$$\ddot{x}_p + 2D\omega\dot{x}_p + \omega^2 x_p = x_{st}\omega^2 \cos \Omega t \qquad (9.17)$$

Zur Beschaffung einer partikulären Lösung versuchen wir den Ansatz

$$x_p = K_1 \cos \Omega t + K_2 \sin \Omega t \tag{9.18}$$

mit noch unbekannten Koeffizienten K_1 und K_2. Einsetzen von (9.17) in (9.18) führt auf das Gleichungssystem

$$[K_1(\omega^2 - \Omega^2) + 2K_2 D\omega\Omega - x_{st}\omega^2]\cos\Omega t + [K_2(\omega^2 - \Omega^2) - 2K_1 D\omega\Omega]\sin\Omega t = 0$$

Da die trigonometrischen Funktionen linear unabhängig sind, ist diese Gleichung für alle Zeiten t nur dann erfüllt, wenn das lineare Gleichungssystem

$$K_1(\omega^2 - \Omega^2) + 2K_2 D\omega\Omega - x_{st}\omega^2 = 0, \quad K_2(\omega^2 - \Omega^2) - 2K_1 D\omega\Omega = 0$$

besteht. Wir erhalten die Lösungen

$$K_1 = x_{st} \frac{1 - \eta^2}{(1 - \eta^2)^2 + (2D\eta)^2}, \quad K_2 = x_{st} \frac{2D\eta}{(1 - \eta^2)^2 + (2D\eta)^2} \tag{9.19}$$

Die noch freien Konstanten C_1 und C_2 der homogenen Lösung werden so bestimmt, dass die vollständige Lösung den Anfangsbedingungen

$$x(0) = x_h(0) + x_p(0) = x_0, \quad \dot{x}(0) = \dot{x}_h(0) + \dot{x}_p(0) = v_0$$

genügt. Nach kurzer Rechnung folgen

$$C_1 = x_0 - K_1, \quad C_2 = \frac{1}{\omega_d}[D\omega(x_0 - K_1) - \Omega K_2 + v_0] \tag{9.20}$$

Damit ist die Lösung von (9.15) für allgemeine Anfangsbedingungen bekannt. Einsetzen von (9.20) in die vollständige Lösung liefert

$$x(t) = e^{-D\omega t}\left\{(x_0 - K_1)\cos\omega_d t + \frac{1}{\omega_d}[D\omega(x_0 - K_1) + (v_0 - K_2)]\sin\omega_d t\right\} + \\ K_1\cos\Omega t + K_2\sin\Omega t \tag{9.21}$$

Startet das System mit $x_0 = 0$ und $v_0 = 0$ aus der Ruhelage, dann verbleibt

$$x(t) = -e^{-D\omega t}\left[K_1\cos\omega_d t + \frac{1}{\omega_d}(D\omega K_1 + K_2)\sin\omega_d t\right] + \\ K_1\cos\Omega t + K_2\sin\Omega t \tag{9.22}$$

Der Lösungsanteil der homogenen Differenzialgleichung ist nach gewisser Zeit so gedämpft, dass er gegenüber dem partikulären Anteil praktisch vernachlässigt werden kann. Der Einschwingvorgang ist bei realen Systemen nach kurzer Zeit beendet und es setzt die stationäre Lösung ein, die dann praktisch der partikulären Lösung entspricht.

Erreicht die Erregerkreisfrequenz Ω die Eigenkreisfrequenz ω ($\eta = 1$), dann sind $K_1 = 0$ und $K_2 = x_{st}/(2D)$, und das System antwortet mit

$$x_R(t) = e^{-D\omega t}\left[x_0\cos\omega_d t + \frac{1}{\omega_d}(D\omega x_0 + v_0 - K_2)\sin\omega_d t\right] + K_2\sin\omega t \qquad (9.23)$$

Liegen außerdem homogene Anfangsbedingungen vor, dann ist

$$\tilde{x}_R(t) = \frac{1}{2D}\left(\sin\omega t - \frac{e^{-D\omega t}}{\omega_d}\sin\omega_d t\right) \qquad (\tilde{x}_R(t) = \frac{x_R}{x_{st}}) \qquad (9.24)$$

Für große Zeiten t (Abb. 9.10) nähert sich $\tilde{x}_R$ asymptotisch dem Wert $1/(2D)$.

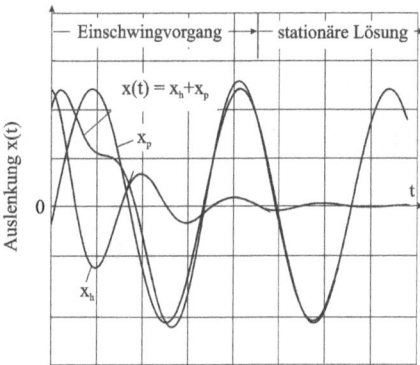

Abb. 9.9 *Einschwingvorgang*

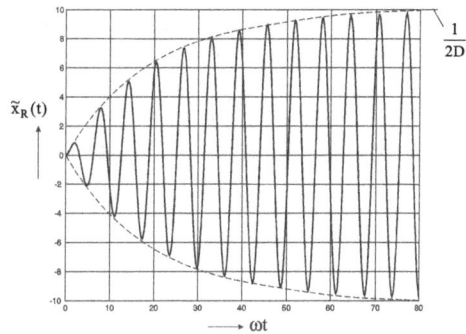

Abb. 9.10 *Auslenkung $\tilde{x}_R(t)$ für D = 0,05*

Wir hätten übrigens den Ansatz für die partikuläre Lösung auch sofort in der Form

$$x_p = x_{st}V_2\cos(\Omega t - \varphi_2) = \frac{F_0}{k}V_2\cos(\Omega t - \varphi_2) \qquad (9.25)$$

mit noch unbekannter Vergrößerungsfunktion V_2 und unbekanntem Nullphasenverschiebungswinkel φ_2 machen können. Dieser Ansatz muss (9.17) erfüllen, was

$$x_{st}\{V_2[(\omega^2 - \Omega^2)\cos\varphi_2 + 2D\omega\Omega\sin\varphi_2] - \omega^2\}\cos\Omega t +$$
$$x_{st}V_2[(\omega^2 - \Omega^2)\sin\varphi_2 - 2D\omega\Omega\cos\varphi_2]\sin\Omega t = 0$$

erfordert. Aufgrund der linearen Unabhängigkeit der trigonometrischen Funktionen ist der obige Ausdruck für alle Zeiten t nur dann erfüllt, wenn die beiden Gleichungen

$$V_2[(\omega^2 - \Omega^2)\cos\varphi_2 + 2D\omega\Omega\sin\varphi_2] - \omega^2 = 0, \quad (\omega^2 - \Omega^2)\sin\varphi_2 - 2D\omega\Omega\cos\varphi_2 = 0$$

bestehen. Die Auflösung nach $\sin\varphi_2$ und $\cos\varphi_2$ ergibt

$$\sin \varphi_2 = \frac{2D\eta}{V_2[(1-\eta^2)^2 + (2D\eta)^2]}, \qquad \cos \varphi_2 = \frac{1-\eta^2}{V_2[(1-\eta^2)^2 + (2D\eta)^2]}$$

Quadrieren wir beide Beziehungen und addieren anschließend, so erhalten wir

$$\frac{1}{V_2^2[(1-\eta^2)^2 + (2D\eta)^2]} = 1, \text{ woraus sich}$$

$$V_2(\eta, D) = \frac{1}{\sqrt{(1-\eta^2)^2 + (2D\eta)^2}} = 1 + (1-2D^2)\eta^2 + O(\eta^4) \tag{9.26}$$

ermitteln lässt und damit weiterhin

$$\sin \varphi_2 = \frac{2D\eta}{\sqrt{(1-\eta^2)^2 + (2D\eta)^2}}, \qquad \cos \varphi_2 = \frac{1-\eta^2}{\sqrt{(1-\eta^2)^2 + (2D\eta)^2}}$$

Im Falle $\eta = 1$ ist $\varphi_2 = \pi/2$ unabhängig vom Dämpfungsgrad D, und für die partikuläre Lösung erhalten wir $x_p = x_{st} V_2 \cos(\Omega t - \pi/2) = x_{st} V_2 \sin \Omega t$

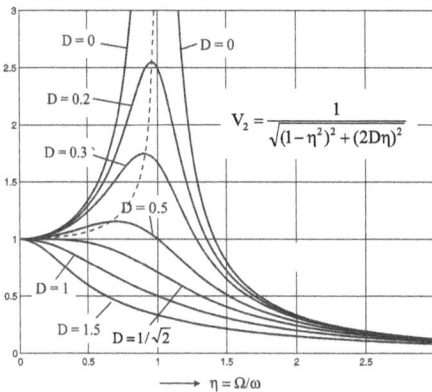

Abb. 9.11   Vergrößerungsfunktion V_2

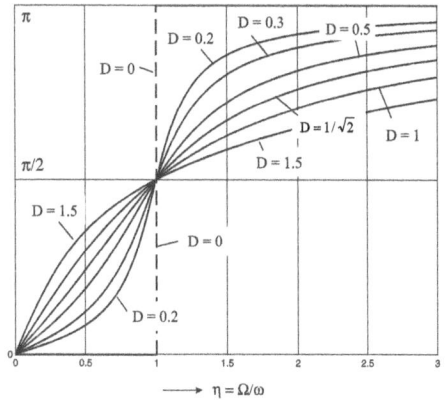

Abb. 9.12   Phasenverschiebungswinkel φ_2

Die Vergrößerungsfunktion $V_2(\eta, D)$ ist für die Beurteilung einer erzwungenen Schwingung von großer Bedeutung. Betrachten wir Abb. 9.11, dann nimmt die Funktion V_2 bei festgehaltenem D dann ein Maximum an, wenn $\partial V_2(\eta, D)/\partial \eta = 0$ erfüllt ist. Diese Gleichung hat die physikalisch sinnvollen Lösungen $\eta_1 = 0$ und $\eta_2 = \sqrt{1-2D^2}$. Damit haben alle Kurven $V_2(\eta, D)$ für $\eta_1 = 0$ einen Extremwert und beginnen dort mit einer horizontalen Tangente. Die Hochpunkte der Kurven liegen bei

$$\eta_2 = \sqrt{1-2D^2} = 1 - D^2 + O(D^4) \tag{9.27}$$

was

$$V_{2,\text{max}} = \frac{1}{2D\sqrt{1-D^2}} = \frac{1}{2D} + \frac{1}{4}D + O(D^3) \tag{9.28}$$

ergibt. Damit V_2 für diese Kurven reell bleibt, muss $D < 1/\sqrt{2}$ sein. Für $D > 1/\sqrt{2}$ wird η_2 imaginär, es existiert dann nur ein Maximum $V_2 = 1$ bei $\eta_1 = 0$. Die Hochpunkte der Vergrößerungsfunktion sind umso ausgeprägter, je kleiner die Dämpfung ist. Sie liegen mehr oder weniger links von der Geraden $\eta = 1$ (9.27). Schwinger mit einem kleinen Dämpfungsgrad D sind also gegen Schwankungen der Erregerfrequenz Ω besonders empfindlich.

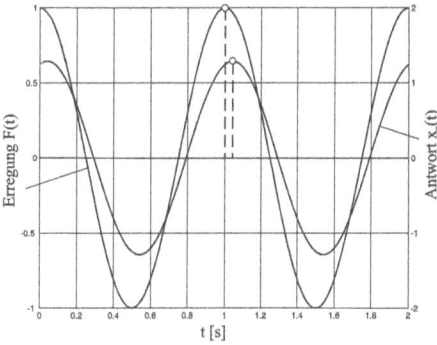

Abb. 9.13 $(\eta = 0{,}5;\ V_2 = 1{,}29;\ \varphi_2 = 0{,}26)$

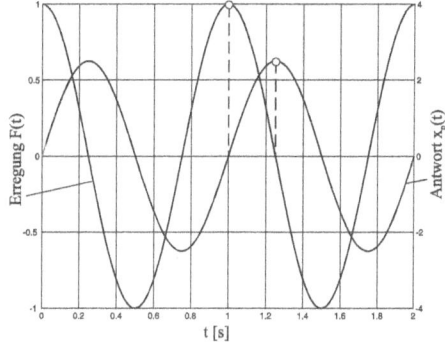

Abb. 9.14 $(\eta = 1;\ V_2 = 2{,}5;\ \varphi_2 = \pi/2)$

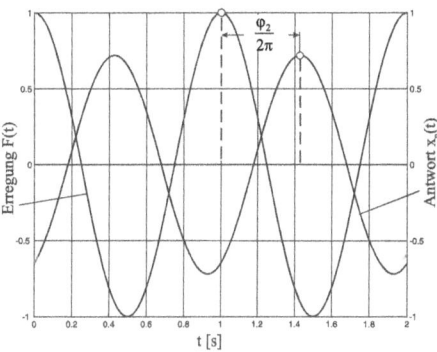

Abb. 9.15 $(\eta = 1{,}5;\ V_2 = 0{,}72;\ \varphi_2 = 0{,}43)$

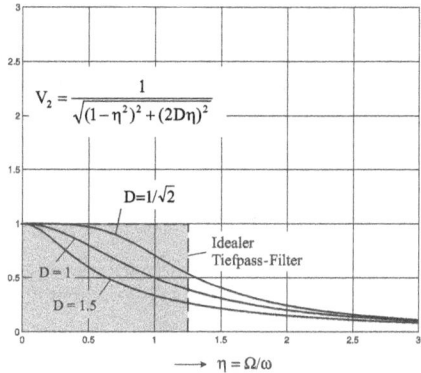

Abb. 9.16 Filterwirkung, idealer Tiefpassfilter

Im Grenzfall der ungedämpften Bewegung wächst mit $D = 0$ die Auslenkung bei Übereinstimmung von Eigen- und Erregerfrequenz ($\eta = 1$) über alle Grenzen. Dieser Fall wird Resonanzfall genannt, wobei in der Schwingungstechnik auch bei kleinen Dämpfungsgraden von Resonanz gesprochen wird. Da die Amplituden des Schwingers bei der Resonanzfrequenz $\Omega_R = \omega\sqrt{1-2D^2}$ um ein Vielfaches über der Erregeramplitude liegen können, liegt hier ein besonders gefährlicher Fall vor. Konstruktiv ist also sicherzustellen, dass die Erregerfrequenz außerhalb des Resonanzgebietes liegt, oder wenn das nicht erreicht werden kann, die Eigenkreisfrequenz des Schwingers durch Veränderung der Masse m und/oder der Federsteifigkeit k positiv beeinflusst wird. Für $D = 1/\sqrt{2}$ verläuft die Vergrößerungsfunktion V_2 relativ gleichmäßig. Damit also ein Schwinger in einem größeren Bereich von η möglichst abgestimmt, also ohne ausgeprägtes Maximum der Amplitude reagiert, ist $D \approx 1/\sqrt{2}$ zu wählen. Für Dämpfungsgrade $D < 1/\sqrt{2}$ tritt mit $V_2 < 1$ Isolierwirkung erst ein, wenn das System mit $\eta > \sqrt{2(1-2D^2)}$ abgestimmt ist. Wie bereits erwähnt, gibt der Phasenverschiebungswinkel φ_2 an, um welchen Winkel die erzwungene Schwingung der erregenden Schwingung nacheilt. Tragen wir φ_2 über dem Abstimmungsverhältnis η auf, so ergeben sich für verschiedene Dämpfungsgrade D die Verhältnisse entsprechend Abb. 9.12.

In Abb. 9.13 bis Abb. 9.15 sind die Erregerkräfte und die daraus resultierenden partikulären Lösungen $x_p(t)$ als Antwort für verschiedene Abstimmungen η dargestellt. Bei der Interpretation der Grafiken ist auf die unterschiedlichen Skalierungen der Achsen links (Erregung F) und rechts (Antwort x_p) zu achten. Allen Darstellungen liegen die Parameter $x_{st} = 1$, $F_0 = 1$, $\Omega = 2\pi$ und $D = 0{,}2$ zugrunde. Unterhalb der Resonanzstelle $\eta = 1$ (Abb. 9.13) schwingt bei kleinen Dämpfungswerten, und damit kleinen Phasenverschiebungen, die Masse mit der Störkraft nahezu in Phase, oberhalb der Resonanzstelle dagegen fast in Gegenphase (Abb. 9.15). Bei $\eta = 1$ beträgt die Phasenverschiebung zwischen Masse und Störkraft für alle Dämpfungsgrade $\varphi_2 = \pi/2$.

<u>Hinweis</u>: Ein Schwinger mit einem Dämpfungsgrad $D > 1/\sqrt{2}$ hat folgende Eigenschaften: Tiefe Eingangsfrequenzen Ω führen zu einer fast unveränderten Amplitude der Antwort. Die Frequenzen passieren das System praktisch ohne Veränderungen. Eingangssignale höherer Frequenzen geben dagegen eine nahezu verschwindende Antwort, werden also herausgefiltert. Dementsprechend wird ein Filter mit diesen Eigenschaften als Tiefpassfilter bezeichnet. Bei einem idealen Tiefpassfilter (Abb. 9.16) verschwinden die Amplituden der Antwort oberhalb einer Eingangsfrequenz vollständig.

Von besonderem Interesse ist noch die im stationären Zustand vom Lager aufzunehmende Kraft $A(t) = kx_p(t) + c\dot{x}_p(t)$, die wir in der Form

$$A(t) = F_0 V_3 \cos(\Omega t - \varphi_3) \tag{9.29}$$

ansetzen. Unter Beachtung von (9.25) erhalten wir die Beziehung

$$[kx_{st}V_2\cos\varphi_2 + cx_{st}\Omega V_2\sin\varphi_2 - F_0V_3\cos\varphi_3]\cos\Omega t +$$
$$[kx_{st}V_2\sin\varphi_2 - cx_{st}\Omega V_2\cos\varphi_2 - F_0V_3\sin\varphi_3]\sin\Omega t = 0$$

die für alle Zeiten t nur dann erfüllt ist, wenn die Gleichungen

$$kx_{st}V_2\cos\varphi_2 + cx_{st}\Omega V_2\sin\varphi_2 - F_0V_3\cos\varphi_3 = 0$$
$$kx_{st}V_2\sin\varphi_2 - cx_{st}\Omega V_2\cos\varphi_2 - F_0V_3\sin\varphi_3 = 0$$

bestehen. Die Auflösung nach $\sin\varphi_3$ und $\cos\varphi_3$ ergibt

$$\sin\varphi_3 = \frac{x_{st}V_2(k\sin\varphi_2 - c\Omega\cos\varphi_2)}{F_0V_3}, \quad \cos\varphi_3 = \frac{x_{st}V_2(k\cos\varphi_2 + c\Omega\sin\varphi_2)}{F_0V_3}$$

Quadrieren wir beide Beziehungen und addieren anschließend, so erhalten wir

$$\frac{(x_{st}V_2)^2(k^2 + c^2\Omega^2)}{(F_0V_3)^2} = 1 \text{ und unter Berücksichtigung von (9.26)}$$

$$V_3 = \sqrt{\frac{1+(2D\eta)^2}{(1-\eta^2)^2 + (2D\eta)^2}} = \frac{1}{\sqrt{(1-\eta^2)^2}} + O(D^2) \qquad (9.30)$$

und somit die folgenden Beziehungen zur Ermittlung von φ_3

$$\left.\begin{array}{l}\sin\varphi_3 = \dfrac{2D\eta^3}{\sqrt{[1+(2D\eta)^2][(1-\eta^2)^2 + (2D\eta)^2]}} \\[4mm] \cos\varphi_3 = \dfrac{1-\eta^2 + (2D\eta)^2}{\sqrt{[1+(2D\eta)^2][(1-\eta^2)^2 + (2D\eta)^2]}}\end{array}\right\} \rightarrow \tan\varphi_3 = \frac{2D\eta^3}{1-\eta^2 + (2D\eta)^2}$$

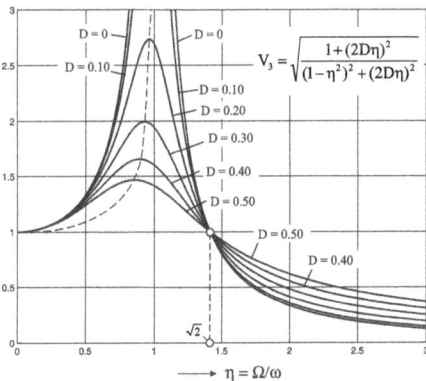

Abb. 9.17   Vergrößerungsfunktion V_3

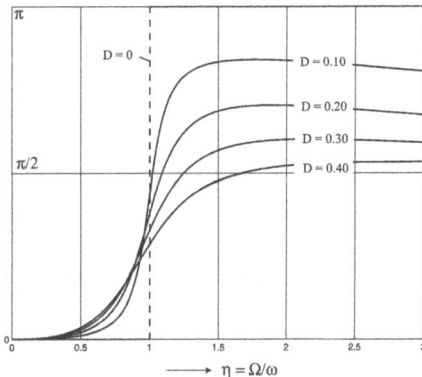

Abb. 9.18   Phasenverschiebungswinkel φ_3

Die Vergrößerungsfunktion $V_3(\eta, D)$ ist ein Maß für den Betrag der Auflagerkraft A(t). Bei $\eta = \sqrt{2}$ haben alle Kurven den Wert $V_3 = 1$. Eine Auflagerkraft kleiner als F_0 ist offensichtlich nur für eine Abstimmung $\eta > \sqrt{2}$ zu erreichen. Erstaunlicherweise führt in diesem Bereich eine Dämpfung zur Vergrößerung der Auflagerkraft. Für $\eta < \sqrt{2}$ besitzen die Kurven ein mehr oder weniger ausgeprägtes Maximum an den Stellen

$$\eta_1 = 0 , \quad \eta_2 = \frac{1}{2D}\sqrt{-1+\sqrt{1+8D^2}} = 1 - D^2 + O(D^4) \tag{9.31}$$

Alle Kurven beginnen bei $\eta_1 = 0$ mit einer horizontalen Tangente. Das Maximum

$$V_{3,max} = \frac{2\sqrt{2}\,D^2}{\sqrt{\sqrt{1+8D^2}+4D^2(2D^2-1)}-1} = \frac{1}{2D} + O(D) \tag{9.32}$$

liegt immer etwas links von $\eta = 1$.

9.4   Die komplexe Zeigerdarstellung bei erzwungenen gedämpften Schwingungen

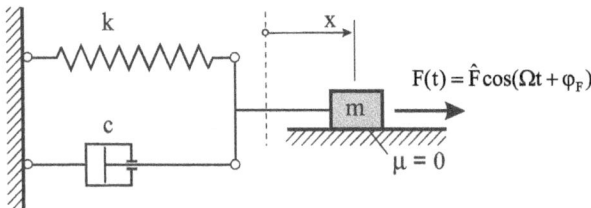

Abb. 9.19   *Erzwungene gedämpfte Schwingung*

Abb. 9.19 zeigt einen gedämpften Einmassenschwinger, der durch eine harmonische Kraft

$$F(t) = \hat{F}\cos(\Omega t + \varphi_F) = \hat{F}[\cos(\Omega t)\cos\varphi_F - \sin(\Omega t)\sin\varphi_F]$$

erregt wird. Die dem Problem zugeordnete Differenzialgleichung lautet

$$\ddot{x}(t) + 2D\omega\dot{x}(t) + \omega^2 x(t) = \frac{F(t)}{m} = \frac{\hat{F}}{m}\cos(\Omega t + \varphi_F) \tag{9.33}$$

Zur Lösung der Aufgabe soll nun die komplexe Zeigerrechnung zur Anwendung kommen, wobei im Folgenden die komplexen Größen mit einem Unterstrich gekennzeichnet werden. F(t) entspricht dann dem Realteil der komplexen Erregerfunktion

$$\underline{F}(t) = \hat{F}\exp(i\varphi_F)\exp(i\Omega t) = \underline{\hat{F}}\exp(i\Omega t)$$

mit dem ruhenden komplexen Zeiger $\underline{\hat{F}} = \hat{F}\exp(i\varphi_F)$. Anstelle der reellen Größen der gesuchten Verschiebung x(t) sowie der eingeprägten Kraft F(t), werden zur Lösung von (9.33) nun ihre rotierenden komplexen Zeiger $\underline{x}(t)$ und $\underline{F}(t)$ eingesetzt, und wir erhalten

$$\underline{\ddot{x}}(t) + 2D\omega\underline{\dot{x}}(t) + \omega^2\underline{x}(t) = \frac{\underline{F}(t)}{m} = \frac{\underline{\hat{F}}}{m}\exp(i\Omega t) \qquad (9.34)$$

Zur Ermittlung der komplexen Verschiebung $\underline{x}(t)$ wird mit

$$\underline{x}(t) = \hat{x}\exp(i\varphi_x)\exp(i\Omega t) = \underline{\hat{x}}\exp(i\Omega t)$$

und dem ruhenden komplexen Zeiger $\underline{\hat{x}} = \hat{x}\exp(i\varphi_x)$ ein zur Belastung $\underline{F}(t)$ gleichartiger Ansatz gemacht. Dieser Ansatz berücksichtigt den Sachverhalt, dass nach dem Abklingen des Einschwingvorganges die Auslenkung x(t) und die Erregung F(t) demselben Zeitgesetz gehorchen. Einsetzen dieses Ansatzes in (9.34) liefert eine Gleichung zur Bestimmung des ruhenden komplexen Zeigers $\underline{\hat{x}}$

$$[(i\Omega)^2\underline{\hat{x}} + (i\Omega)2D\omega\underline{\hat{x}} + \omega^2\underline{\hat{x}}]\exp(i\Omega t) = \frac{\underline{\hat{F}}}{m}\exp(i\Omega t)$$

mit der Lösung

$$\underline{\hat{x}} = \frac{\underline{\hat{F}}}{m}\frac{1}{\omega^2(1-\eta^2+i2D\eta)} = \frac{\underline{\hat{F}}}{k}\frac{1}{1-\eta^2+i2D\eta} = \underline{\hat{F}}\,\underline{H}(k,\eta,D) \qquad (9.35)$$

In (9.35) heißt

$$\underline{H}(k,\eta,D) = \frac{1}{k}\frac{1}{1-\eta^2+i2D\eta} = \frac{1}{k}\frac{1-\eta^2-i2D\eta}{(1-\eta^2)^2+(2D\eta)^2} \qquad (9.36)$$

komplexe Übertragungsfunktion oder auch komplexer Frequenzgang. Der Betrag von $\underline{H}$, also

$$|\underline{H}| = H(k,\eta,D) = \frac{1}{k\sqrt{(1-\eta^2)^2+(2D\eta)^2}} \qquad (9.37)$$

wird Amplitudenfrequenzgang genannt, der offensichtlich bis auf den Faktor 1/k mit der Vergrößerungsfunktion V_2 identisch ist. Eine Zerlegung von $\underline{H}$ in Real- und Imaginärteil ergibt

$$\mathrm{Re}[\underline{H}(\eta,D)] = \frac{1}{k}\frac{1-\eta^2}{(1-\eta^2)^2+(2D\eta)^2}, \quad \mathrm{Im}[\underline{H}(\eta,D)] = -\frac{1}{k}\frac{2D\eta}{(1-\eta^2)^2+(2D\eta)^2}$$

Der Phasenfrequenzgang von $\underline{H}$ ist

$$\tan\varphi_H = \frac{\text{Im}[\underline{H}]}{\text{Re}[\underline{H}]} = -\frac{2D\eta}{1-\eta^2} \tag{9.38}$$

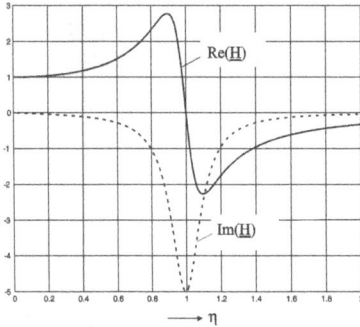

Abb. 9.20   *Real- und Imaginärteil der komplexen Übertragungsfunktion $\underline{H}$ (k = 1, D = 0,10)*

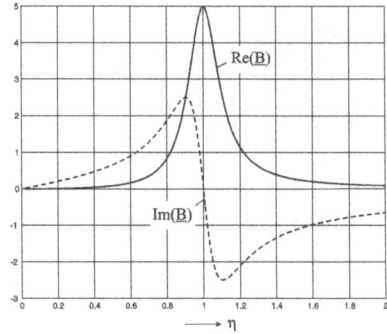

Abb. 9.21   *Real- und Imaginärteil der komplexen Übertragungsfunktion $\underline{B}$ (k = 1, ω = 1, D = 0,10)*

Beachten wir $\underline{H} = \hat{\underline{x}}/\hat{\underline{F}}$, dann ist bei einer erzwungenen linearen Schwingung die Übertragungsfunktion H der frequenzabhängige komplexe Quotient aus dem (ruhenden) Zeiger der Zustandsgröße $\hat{\underline{x}}$ und dem (ruhenden) Zeiger der Quellenerregungsgröße $\hat{\underline{F}}$. Bei einer festen Abstimmung η wird der Wert der Übertragungsfunktion $\underline{H}$ auch als Übertragungsfaktor bezeichnet. Den Betrag des ruhenden komplexen Zeigers ermitteln wir zu

$$\hat{x} = |\hat{\underline{x}}| = |\hat{\underline{F}}\,\underline{H}| = |\hat{\underline{F}}||\underline{H}| = \hat{F}\,H = \frac{\hat{F}}{k\sqrt{(1-\eta^2)^2 + (2D\eta)^2}} \tag{9.39}$$

Als weitere Zustandsgröße wird noch die Geschwindigkeit benötigt. Es gilt

$\underline{v}(t) = \underline{\dot{x}}(t) = i\Omega\underline{\hat{x}}\exp(i\Omega t) = \hat{\underline{v}}\exp(i\Omega t)$ und damit

$$\hat{\underline{v}} = i\Omega\hat{\underline{x}} = i\Omega\hat{\underline{F}}\,\underline{H} = \hat{\underline{F}}\,\frac{1}{k}\frac{i\Omega}{1-\eta^2 + i\,2D\eta} = \hat{\underline{F}}\,\frac{\omega}{k}\frac{i\eta}{1-\eta^2 + i\,2D\eta} = \hat{\underline{F}}\,\underline{B} \tag{9.40}$$

mit der komplexen Übertragungsfunktion zwischen Krafterregung und Geschwindigkeitsantwort

$$\underline{B} = i\Omega\underline{H} = \frac{i\Omega}{k}\frac{1-\eta^2 - i\,2D\eta}{(1-\eta^2)^2 + (2D\eta)^2} = \frac{\omega}{k}\frac{\eta[2D\eta + i(1-\eta^2)]}{(1-\eta^2)^2 + (2D\eta)^2} \tag{9.41}$$

Den Betrag der Geschwindigkeit ermitteln wir zu

$$\hat{v} = |\underline{\hat{v}}| = |\underline{\hat{F}}\,\underline{B}| = |\underline{\hat{F}}||\underline{B}| = \hat{F}\,B = \hat{F}\,\frac{\omega\eta}{k\sqrt{(1-\eta^2)^2+(2D\eta)^2}} = \hat{F}\,B(k,\omega,\eta,D) \quad \text{mit dem Amplituden-}$$

frequenzgang $B(k,\omega,\eta,D) = \dfrac{\omega\eta}{k\sqrt{(1-\eta^2)^2+(2D\eta)^2}}$. Zerlegen wir $\underline{B}$ in Real- und Imaginär-

teil, dann erhalten wir

$$\mathrm{Re}[\underline{B}] = \frac{\omega}{k}\frac{2D\eta^2}{(1-\eta^2)^2+(2D\eta)^2}, \quad \mathrm{Im}[\underline{B}] = \frac{\omega}{k}\frac{\eta(1-\eta^2)}{(1-\eta^2)^2+(2D\eta)^2} \tag{9.42}$$

und der Phasenfrequenzgang von $\underline{B}$ ist

$$\tan\varphi_B = \frac{\mathrm{Im}[\underline{B}]}{\mathrm{Re}[\underline{B}]} = \frac{1-\eta^2}{2D\eta} = -\frac{1}{\tan\varphi_H} \tag{9.43}$$

Tab. 9.2 *Zusammenstellung der Beziehungen für Krafterregung und Antworten eines Systems mit einem Freiheitsgrad*

Erregung und Schwingungsantwort	Komplexe Übertragungsfunktion	Amplitudenfrequenzgang	Phasenfrequenzgang
Krafterregung und Wegantwort	$\underline{H} = \dfrac{1}{k}\dfrac{1}{1-\eta^2+i2D\eta}$	$H = \dfrac{1}{k}\dfrac{1}{\sqrt{(1-\eta^2)^2+(2D\eta)^2}}$	$\tan\varphi_H = -\dfrac{2D\eta}{1-\eta^2}$
Krafterregung und Geschwindigkeitsantwort	$\underline{B} = \dfrac{1}{k}\dfrac{i\Omega}{1-\eta^2+i2D\eta}$	$B = \dfrac{\omega}{k}\dfrac{\eta}{\sqrt{(1-\eta^2)^2+(2D\eta)^2}}$	$\tan\varphi_B = \dfrac{1-\eta^2}{2D\eta} = -\dfrac{1}{\tan\varphi_H}$

Tab. 9.2 zeigt eine Zusammenstellung der bisher erzielten Ergebnisse. Den Realteil der stationären Lösung $\underline{x}(t)$ erhalten wir durch Projektion des rotierenden Zeigers auf die reelle Achse, also

$$x(t) = \mathrm{Re}[\underline{x}] = \mathrm{Re}[\underline{\hat{x}}\exp(i\Omega t)] = \mathrm{Re}[\hat{x}\exp(i\varphi_x)\exp(i\Omega t)] = \hat{x}\cos(\Omega t+\varphi_x) \tag{9.44}$$

Andererseits ist mit (9.35)

$$\underline{x}(t) = \underline{\hat{x}}\exp(i\Omega t) = \underline{\hat{F}}\,\underline{H}\exp(i\Omega t) = \hat{F}H\exp(i\Omega t+i\varphi_F+i\varphi_H) = \hat{x}\exp(i\Omega t+i\varphi_F+i\varphi_H)$$

und damit

$$x(t) = \mathrm{Re}[\underline{x}] = \hat{x}\cos(\Omega t+\varphi_F+\varphi_H) \tag{9.45}$$

Ein Vergleich mit (9.44) zeigt $\varphi_x = \varphi_F + \varphi_H$. Setzen wir $\varphi_F = 0$, dann stimmt wegen

$$\varphi_x = \varphi_H = -\arctan\frac{2D\eta}{1-\eta^2} = -\varphi_2 \text{ die Lösung (9.45) mit (9.25) überein. Entsprechend erhal-}$$

ten wir die Geschwindigkeit

$$\underline{v}(t) = \underline{\dot{x}}(t) = i\Omega\,\underline{\hat{x}}\exp(i\Omega t) = \underline{\hat{F}}\,\underline{B}\exp(i\Omega t) = \hat{F}B\exp(i\Omega t + i\varphi_F + i\varphi_B) = \hat{v}\exp(i\Omega t + i\varphi_F + i\varphi_B)$$

Für die partikulären Lösungen des eingeschwungenen (stationären) Zustandes folgt mit $\varphi_v = \varphi_F + \varphi_B$

$$x(t) = \hat{x}\cos(\Omega t + \varphi_F + \varphi_H) = \hat{x}\cos(\Omega t + \varphi_x)$$
$$v(t) = \hat{v}\cos(\Omega t + \varphi_F + \varphi_B) = \hat{v}\cos(\Omega t + \varphi_v)$$

Wir haben uns bisher mit dem eingeschwungenen Zustand beschäftigt. Von Interesse ist jetzt noch der Einschwingvorgang selbst, also die Zeitspanne vom Start des Schwingungsvorganges bis zum eingeschwungenen (stationären) Zustand. Dazu müssen Anfangswerte vorgegeben werden. Um diesen Ausgleichsvorgang zu beschreiben, dürfen wir die rechte Seite von (9.33) nicht mehr verändern. Wir nutzen also die für die freien, schwach gedämpften Schwingungen hergeleiteten Beziehungen

$$x_h(t) = \exp(-D\omega t)[C_1\cos\omega_d t + C_2\sin\omega_d t]$$
$$\dot{x}_h(t) = -\exp(-D\omega t)[C_1(D\omega\cos\omega_d t + \omega_d\sin\omega_d t) - C_2(\omega_d\cos\omega_d t - D\omega\sin\omega_d t)]$$

die wir den Lösungen für den eingeschwungenen Zustand überlagern. Die beiden noch freien Konstanten C_1 und C_2 bestimmen wir aus den Anfangsbedingungen zum Zeitpunkt $t = 0$

$$x(0) = x_0 = x_h(0) + x_p(0) = C_1 + \hat{x}\cos\varphi_x$$
$$\dot{x}(0) = v_0 = \dot{x}_h(0) + \dot{x}_p(0) = -D\omega C_1 + \omega_d C_2 + \hat{v}\cos\varphi_v$$

und die Konstanten errechnen sich zu

$$C_1 = x_0 - \hat{x}\cos\varphi_x, \quad C_2 = \frac{1}{\omega_d}[D\omega(x_0 - \hat{x}\cos\varphi_x) - \hat{v}\cos\varphi_v + v_0]$$

womit das Problem als vollständig gelöst angesehen werden kann.

Beispiel 9-1:

Der Schwinger in Abb. 9.19 wird durch die harmonische Kraft $F(t) = F_0\cos(\Omega t + \varphi_F)$ mit $F_0 = 100\,\text{N}$ und $\varphi_F = \pi/6$ beansprucht. Weiterhin sind $m = 100\,\text{kg}$, $c = 100\,\text{kgs}^{-1}$ und $k = 5000\,\text{N/m}$. Gesucht wird die stationäre Lösung $x(t)$ und die vom Lager aufzunehmende Lagerkraft.

Lösung: Mit den Systemwerten erhalten wir $\delta = c/(2m) = 0,5\,\text{s}^{-1}$, $\omega = \sqrt{k/m} = 7,07\,\text{s}^{-1}$, $D = \delta/\omega = 0,071 < 1$, $\eta = \Omega/\omega = 1,4142 > 1$. Damit folgen:

$$H = \frac{1}{k}\frac{1}{\sqrt{(1-\eta^2)^2 + (2D\eta)^2}} = 0,000196\,\frac{\text{m}}{\text{N}}, \quad B = \frac{\omega}{k}\frac{\eta}{\sqrt{(1-\eta^2)^2 + (2D\eta)^2}} = 0,00196\,\text{ms}^{-1}/\text{N}$$

$\hat{x} = \hat{F}H = F_0 H = 0,0196\,\text{m}$, $\hat{v} = \hat{F}B = F_0 B = 0,1961\,\text{ms}^{-1}$. Wegen $\eta > 1$ sind

$$\varphi_H = -\arctan\left(\frac{2D\eta}{1-\eta^2}\right) + \pi = 3,339, \quad \varphi_x = \varphi_F + \varphi_H = 3,863$$

$$\varphi_B = -\arctan\left(\frac{1}{\tan\varphi_H}\right) = -1,373, \quad \varphi_v = \varphi_F + \varphi_B = -0,850$$

$$x_p(t) = \hat{x}\cos(\Omega t + \varphi_x) = 0,0196\cos(10t + 3,863) = -0,0147\cos(10t) + 0,0129\sin(10t)\,[\text{m}]$$
$$v_p(t) = \hat{v}\cos(\Omega t + \varphi_v) = 0,1961\cos(10t - 0,850) = 0,1473\sin(10t) + 0,1295\cos(10t)\,[\text{m/s}]$$

Die im stationären Zustand vom Lager aufzunehmende Kraft $A(t) = kx(t) + c\dot{x}(t)$ stellt übrigens auch für Fragen der Körperschalldämmung eine entscheidende Größe dar. Wir ersetzen die Kraft $A(t)$ durch ihre komplexe Größe $\underline{A} = \hat{\underline{A}}\exp(i\Omega t)$, deren Realteil $A(t)$ entspricht. Damit erhalten wir $\underline{A} = \hat{\underline{A}}\exp(i\Omega t) = k\hat{\underline{x}}\exp(i\Omega t) + ci\Omega\hat{\underline{x}}\exp(i\Omega t)$. Kürzen wir den Faktor $\exp(i\Omega t)$, dann verbleibt mit $c\Omega/k = 2D\eta$

$$\hat{\underline{A}} = k\hat{\underline{x}} + ci\Omega\hat{\underline{x}} = k(1 + ic\Omega/k)\hat{\underline{x}} = k(1 + i2D\eta)\hat{\underline{x}}$$
$$= \hat{\underline{F}}\frac{1 + i2D\eta}{1 - \eta^2 + i2D\eta} = \hat{\underline{F}}\frac{1 - \eta^2 + (2D\eta)^2 - i(2D\eta^3)}{(1-\eta^2)^2 + (2D\eta)^2}$$

Setzen wir noch $\hat{\underline{K}} = \dfrac{1 - \eta^2 + (2D\eta)^2 - i(2D\eta^3)}{(1-\eta^2)^2 + (2D\eta)^2}$, dann folgt mit $\tan\varphi_k = -\dfrac{2D\eta^3}{1 - \eta^2 + (2D\eta)^2}$

und $|\hat{\underline{K}}| = \hat{K} = \sqrt{\dfrac{1 + (2D\eta)^2}{(1-\eta^2)^2 + (2D\eta)^2}}$

$$A = \text{Re}[\hat{\underline{A}}\exp(i\Omega t)] = \text{Re}[\hat{\underline{F}}\,\hat{\underline{K}}\exp(i\Omega t)] = \text{Re}[\hat{F}\exp(i\varphi_F)\hat{K}\exp(i\varphi_K)\exp(i\Omega t)]$$
$$= \hat{F}\hat{K}\cos(\Omega t + \varphi_F + \varphi_K)$$

Für den Sonderfall $\varphi_F = 0$ ist mit $\hat{F} = F_0$ die Lagerkraft $A = F_0\hat{K}\cos(\Omega t + \varphi_K)$ identisch mit der Lösung (9.29).

9.5   Näherungsweise Ermittlung des Dämpfungsgrades

Im Folgenden werden Methoden zur näherungsweisen Bestimmung des Dämpfungsgrades D vorgestellt. Die erste Methode stützt sich darauf, den Dämpfungsgrad aus den Extremwerten des Realteils der Übertragungsfunktion $\widetilde{\underline{H}} = k\underline{H}$ zu ermitteln. Abb. 9.22 zeigt die Funktion

$$\mathrm{Re}[\underline{\widetilde{H}}(\eta, D)] = \frac{1-\eta^2}{(1-\eta^2)^2 + (2D\eta)^2},$$ die an den Stellen $\eta_1 = \sqrt{1-2D}$ und $\eta_2 = \sqrt{1+2D}$ zwei

ausgeprägte Extremwerte besitzt. Sind diese Stellen aus der Grafik entnommen, dann kann daraus der Dämpfungsgrad

$$D = \frac{\eta_2^2 - \eta_1^2}{4} \tag{9.46}$$

berechnet werden.

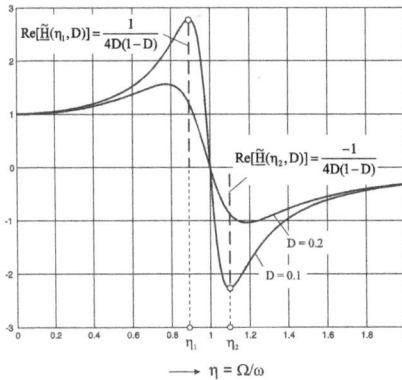

Abb. 9.22   *Ermittlung des Dämpfungsgrades aus den Extremwerten des Realteilfrequenzganges*

Abb. 9.23   *Ermittlung des Dämpfungsgrades aus der Vergrößerungsfunktion V_2*

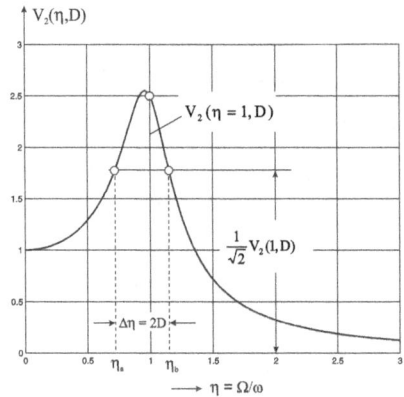

Eine andere häufig benutzte Methode ist in Abb. 9.23 dargestellt. Dabei werden aus der Vergrößerungsfunktion V_2 die Abszissen η_a und η_b mit den Funktionswerten $1/\sqrt{2}\,V_2(1, D)$ abgelesen. Es wird nun behauptet, dass damit

$$\eta_b - \eta_a = 2D \quad \rightarrow D = \frac{\eta_b - \eta_a}{2} \tag{9.47}$$

folgt. Der rechnerische Nachweis dieser Behauptung wird wie folgt geführt. Für $\eta = 1$ ist $V_2(\eta = 1, D) = 1/(2D)$. An den Stellen $\eta_a = 1-D$ und $\eta_b = 1+D$ errechnen wir für kleine Dämpfungsgrade näherungsweise

$$V_2(\eta_a, D) = \frac{1}{D\sqrt{8-12D+5D^2}} \approx \frac{1}{2\sqrt{2}D}, \quad V_2(\eta_b, D) = \frac{1}{D\sqrt{8+12D+5D^2}} \approx \frac{1}{2\sqrt{2}D}$$

und damit $V_2(\eta_a, D) = V_2(\eta_b, D) = 1/\sqrt{2} \, V_2(\eta = 1, D)$, womit (9.47) bewiesen ist.

Eine weitere Möglichkeit zur näherungsweisen Ermittlung des Dämpfungsgrades, besteht in der Auswertung der Ortskurve, die auch Nyquist-Diagramm[1] genannt wird.

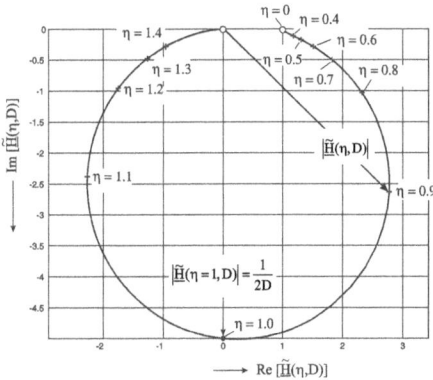

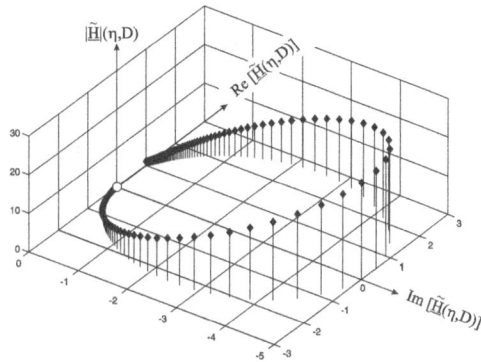

Abb. 9.24 *Ortskurve, D = 0.10*   **Abb. 9.25** *Ortskurve mit Vergrößerungsfunktion V_2*

Zur Konstruktion der Ortskurve wird auf der Abszisse der Real- und auf der Ordinate der Imaginärteil von $\tilde{\underline{H}} = k\underline{H}$ aufgetragen. Es ergibt sich dann die Darstellung nach Abb. 9.24. In dieser Darstellung tritt die Abstimmung η nicht mehr explizit auf, sondern nur noch als Bahnparameter. Der Ortsvektor vom Ursprung zu einem Punkt auf der Ortskurve hat die Länge $\tilde{\underline{H}} = |\tilde{\underline{H}}| = V_2$. Insbesondere gilt für $\eta = 1$: $\mathrm{Re}[\tilde{\underline{H}}(1, D)] = 0$, $\mathrm{Im}[\tilde{\underline{H}}(1, D)] = -1/(2D)$ und

damit $|\tilde{\underline{H}}(1, D)| = \dfrac{1}{2D} \quad \to D = \dfrac{1}{2|\tilde{\underline{H}}(1, D)|}$.

Die Darstellung der Ortskurve lässt sich noch erweitern, wenn wir senkrecht zur Kurvenebene den Betrag von $\tilde{\underline{H}}(\eta, D) = V_2$ auftragen (Abb. 9.25).

---

[1] Harry Nyquist, amerikan. Elektrotechniker, 1889-1976

10 Spezielle Systemerregungen

10.1 Randerregung einer Masse über Feder und Dämpfer

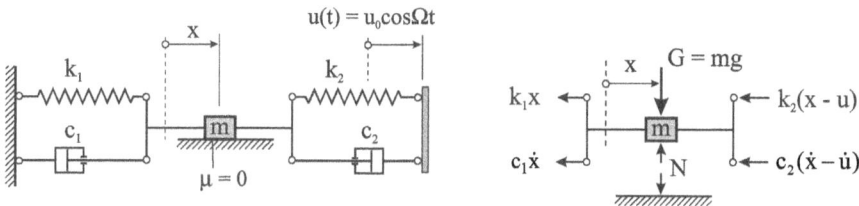

Abb. 10.1   *Randerregung einer Masse über Feder und Dämpfer*

Abb. 10.1 zeigt ein schwingungsfähiges System, welches durch die harmonische Randerregung

$$u(t) = u_0 \cos \Omega t \tag{10.1}$$

in Bewegung versetzt wird. Die Wahl der beiden Kelvin-Modelle links und rechts neben der Masse m gestattet uns später die Betrachtung von Sonderfällen. Für $x = 0$ und $u = 0$ sind beide Federn entspannt. Die Anwendung des Newtonschen Grundgesetzes auf die freigeschnittene Masse liefert $m\ddot{x} = -k_1 x - c_1 \dot{x} - k_2(x - u) - c_2(\dot{x} - \dot{u})$ und nach Zusammenfassung

$\ddot{x} + \dfrac{c_1 + c_2}{m}\dot{x} + \dfrac{k_1 + k_2}{m}x = \dfrac{c_2}{m}\dot{u} + \dfrac{k_2}{m}u$. Mit den Abkürzungen

$$2\delta = \frac{c_1 + c_2}{m}; \quad \omega^2 = \frac{k_1 + k_2}{m}; \quad D = \frac{\delta}{\omega}; \quad \rho = \frac{c_2}{c_1 + c_2}; \quad \gamma = \frac{k_2}{k_1 + k_2} \tag{10.2}$$

erhalten wir die inhomogene Differenzialgleichung 2. Ordnung

$$\ddot{x} + 2\delta\dot{x} + \omega^2 x = 2\delta\rho\dot{u} + \omega^2\gamma u \tag{10.3}$$

Die Lösung der homogenen Differenzialgleichung ist bekannt. Wir konzentrieren uns deshalb auf das Aufsuchen einer partikulären Lösung der inhomogenen Differenzialgleichung und probieren dazu den Ansatz

$$x_p(t) = u_0 V_4 \cos(\Omega t - \varphi_4) \tag{10.4}$$

mit noch unbekannter Vergrößerungsfunktion V_4 und Phasenverschiebung φ_4. Einsetzen von (10.4) in (10.3) ergibt

$$\{[(\omega^2 - \Omega^2)\cos\varphi_4 + 2\delta\Omega\sin\varphi_4]V_4 - \gamma\omega^2\}\cos\Omega t +$$
$$\{[(\omega^2 - \Omega^2)\sin\varphi_4 - 2\delta\Omega\cos\varphi_4]V_4 + 2\rho\delta\Omega\}\sin\Omega t = 0 \tag{10.5}$$

Aufgrund der linearen Unabhängigkeit der trigonometrischen Funktionen ist die obige Gleichung für alle Zeiten t nur dann erfüllt, wenn die Ausdrücke in den geschweiften Klammern je für sich verschwinden, was

$$[(\omega^2 - \Omega^2)\cos\varphi_4 + 2\delta\Omega\sin\varphi_4]V_4 - \gamma\omega^2 = 0$$
$$[(\omega^2 - \Omega^2)\sin\varphi_4 - 2\delta\Omega\cos\varphi_4]V_4 + 2\rho\delta\Omega = 0$$

erfordert. Damit liegen zwei Gleichungen zur Bestimmung von V_4 und φ_4 vor. Wir lösen zunächst beide Gleichungen nach $\sin\varphi_4$ und $\cos\varphi_4$ auf und erhalten

$$\sin\varphi_4 = \frac{2D\eta[\rho(\eta^2 - 1) + \gamma]}{V_4[(1 - \eta^2)^2 + (2D\eta)^2]}, \quad \cos\varphi_4 = \frac{\gamma(1 - \eta^2) + \rho(2D\eta)^2}{V_4[(1 - \eta^2)^2 + (2D\eta)^2]}$$

Quadrieren und Addieren beider Beziehungen führt auf $\dfrac{\gamma^2 + (2D\eta\rho)^2}{V_4^2[(1 - \eta^2)^2 + (2D\eta)^2]} = 1$, woraus sich die Vergrößerungsfunktion

$$V_4(\eta, D, \gamma, \rho) = \sqrt{\frac{\gamma^2 + (2D\eta\rho)^2}{(1 - \eta^2)^2 + (2D\eta)^2}} \tag{10.6}$$

berechnen lässt und damit

$$\sin\varphi_4(\eta, D, \gamma, \rho) = \frac{2D\eta[\rho(\eta^2 - 1) + \gamma]}{\sqrt{[\gamma^2 + (2D\eta\rho)^2][(1 - \eta^2)^2 + (2D\eta)^2]}}$$

$$\cos\varphi_4(\eta, D, \gamma, \rho) = \frac{\gamma(1 - \eta^2) + \rho(2D\eta)^2}{\sqrt{[\gamma^2 + (2D\eta\rho)^2][(1 - \eta^2)^2 + (2D\eta)^2]}}$$

In Abb. 10.2 und Abb. 10.3 sind für die Parameterkombination $\gamma = 0{,}4$ und $\rho = 0{,}4$ der Amplitudenfrequenzgang V_4 und der Phasenverschiebungsfrequenzgang φ_4 aufgetragen.

$$V_4 = \sqrt{\frac{\gamma^2 + (2D\eta\rho)^2}{(1-\eta^2)^2 + (2D\eta)^2}}$$

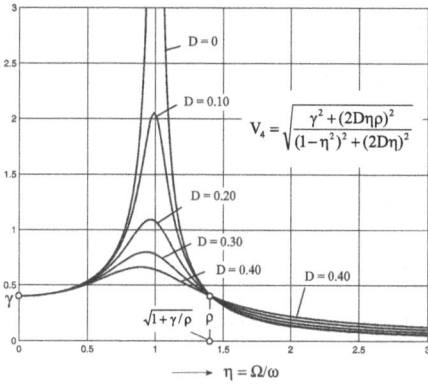

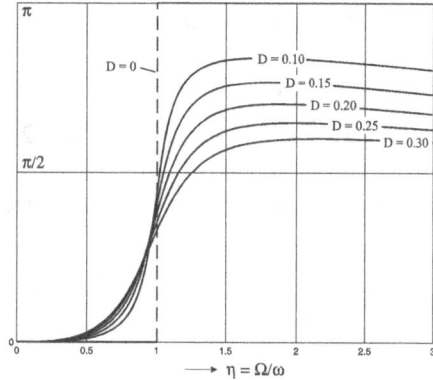

Abb. 10.2 *Vergrößerungsfunktion V_4 ($\rho = \gamma = 0{,}4$)*

Abb. 10.3 *Phasenverschiebung φ_4 ($\rho = \gamma = 0.4$)*

Extremwerte der Vergrößerungsfunktion treten an den Stellen

$$\eta_1 = 0, \quad \eta_2 = \frac{1}{2D\rho}\sqrt{-\gamma^2 + \sqrt{\gamma^4 + 8D^2\rho^2[\gamma^2 - 2D^2(\gamma^2 - \rho^2)]}} = 1 - D^2 + O(D^4)$$

auf, und das Maximum liegt bei η_2. Alle Kurven starten bei $\eta = 0$ mit dem Funktionswert γ und haben dort eine horizontale Tangente. Weiterhin besitzen alle Kurven bei $\eta = \sqrt{1+\gamma/\rho}$ den Funktionswert $V_4 = \rho$. Die Hochpunkte liegen etwas links von $\eta = 1$, und für $\eta \to \infty$ nähert sich der Amplitudenfrequenzgang V_4 asymptotisch dem Wert null.

Beschreiben wir das Problem mit Hilfe der Relativkoordinate $z(t) = x(t) - u(t)$, dann geht (10.3) unter Beachtung von

$$2\delta = \frac{c_1 + c_2}{m}; \quad \omega^2 = \frac{k_1 + k_2}{m}; \quad D = \frac{\delta}{\omega}; \quad \widetilde{\rho} = \frac{c_1}{c_1 + c_2} = 1 - \rho; \quad \widetilde{\gamma} = \frac{k_1}{k_1 + k_2} = 1 - \gamma$$

über in

$$\ddot{z} + 2\delta\dot{z} + \omega^2 z = -\ddot{u} - 2\delta\widetilde{\rho}\dot{u} - \omega^2\widetilde{\gamma}u \tag{10.7}$$

Zur Beschaffung einer partikulären Lösung wird der Ansatz

$$z_p(t) = u_0 V_5 \cos(\Omega t - \varphi_5) \tag{10.8}$$

gemacht. Einsetzen von (10.8) in (10.7) ergibt

$$\{[(\omega^2 - \Omega^2)\cos\varphi_5 + 2\delta\Omega\sin\varphi_5]V_5 + \widetilde{\gamma}\omega^2 - \Omega^2\}\cos\Omega t +$$
$$\{[(\omega^2 - \Omega^2)\sin\varphi_5 - 2\delta\Omega\cos\varphi_5]V_5 - 2\widetilde{\rho}\delta\Omega\}\sin\Omega t = 0$$

und da $\sin\Omega t$ und $\cos\Omega t$ linear unabhängig sind, müssen

$$[(\omega^2 - \Omega^2)\cos\varphi_5 + 2\delta\Omega\sin\varphi_5]V_5 + \tilde{\gamma}\omega^2 - \Omega^2 = 0$$

$$[(\omega^2 - \Omega^2)\sin\varphi_5 - 2\delta\Omega\cos\varphi_5]V_5 - 2\tilde{\rho}\delta\Omega = 0$$

erfüllt sein. Lösen wir nach $\sin\varphi_5$ und $\cos\varphi_5$ auf, dann folgen

$$\sin\varphi_5 = \frac{2D\eta[\tilde{\rho}(1-\eta^2) - \tilde{\gamma} + \eta^2]}{V_5[(1-\eta^2)^2 + (2D\eta)^2]}, \quad \cos\varphi_5 = \frac{(\eta^2 - \tilde{\gamma})(1-\eta^2) - \tilde{\rho}(2D\eta)^2}{V_5[(1-\eta^2)^2 + (2D\eta)^2]}$$

Quadrieren und Addieren beider Gleichungen ergibt $\dfrac{(\eta^2 - \tilde{\gamma})^2 + (2D\eta\tilde{\rho})^2}{V_5^2[(1-\eta^2)^2 + (2D\eta)^2]} = 1$ und aufgelöst nach V_5

$$V_5(\eta, D, \tilde{\gamma}, \tilde{\rho}) = \sqrt{\frac{(\eta^2 - \tilde{\gamma})^2 + (2D\eta\tilde{\rho})^2}{(1-\eta^2)^2 + (2D\eta)^2}} = \sqrt{\frac{(\eta^2 - \tilde{\gamma})^2}{(1-\eta^2)^2}} + O(D^2) \qquad (10.9)$$

Damit sind

$$\sin\varphi_5(\eta, D, \tilde{\gamma}, \tilde{\rho}) = \frac{2D\eta[\tilde{\rho}(1-\eta^2) - \tilde{\gamma} + \eta^2]}{\sqrt{[(\eta^2 - \tilde{\gamma})^2 + (2D\eta\tilde{\rho})^2][(1-\eta^2)^2 + (2D\eta)^2]}}$$

$$\cos\varphi_5(\eta, D, \tilde{\gamma}, \tilde{\rho}) = \frac{(\eta^2 - \tilde{\gamma})(1-\eta^2) - \tilde{\rho}(2D\eta)^2}{\sqrt{[(\eta^2 - \tilde{\gamma})^2 + (2D\eta\tilde{\rho})^2][(1-\eta^2)^2 + (2D\eta)^2]}}$$

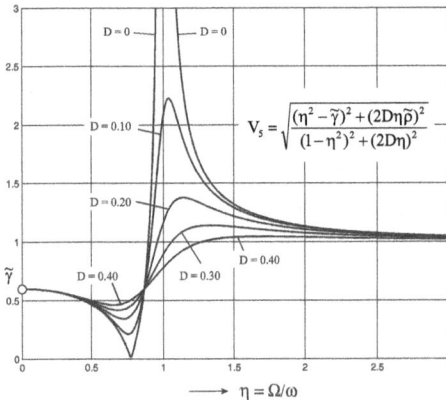

Abb. 10.4 Vergrößerungsfunktion V_5 ($\tilde{\gamma} = \tilde{\rho} = 0{,}6$)

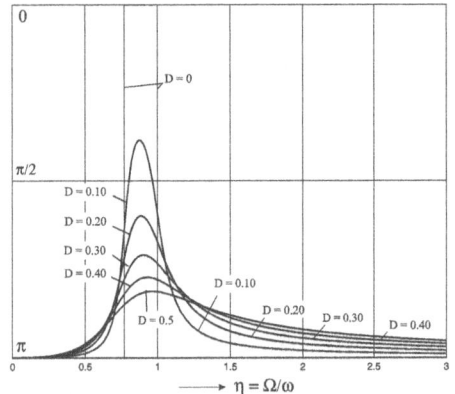

Abb. 10.5 Phasenverschiebung φ_5 ($\tilde{\gamma} = \tilde{\rho} = 0{,}6$)

In Abb. 10.4 und Abb. 10.5 sind für die Parameterkombination $\tilde{\gamma} = 0,6$ und $\tilde{\rho} = 0,6$ der Amplitudenfrequenzgang V_5 und der Phasenverschiebungsfrequenzgang φ_5 aufgetragen. Die Vergrößerungsfunktion V_5 besitzt in der Umgebung von $\eta = 1$ zwei Extremwerte, links von $\eta = 1$ ein Minimum und rechts davon ein Maximum.

10.2   Fußpunkterregung

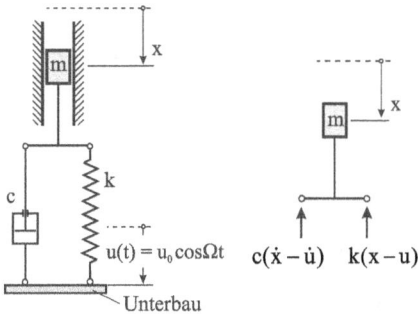

Abb. 10.6   *Fußpunkterregung*

Wir betrachten die Masse m in Abb. 10.6, die über den Fußpunkt von Feder und Dämpfer durch die harmonische Verschiebungsfunktion

$$u(t) = u_0 \cos \Omega t$$

beansprucht wird. Dieses System stellt einen Sonderfall von Abb. 10.1 dar, wenn wir dort k_1 und c_1 zu null setzen und für c_2 und k_2 wieder c und k schreiben. Notieren wir das Problem unter Verwendung der Absolutkoordinate x, dann sind $2\delta = c/m$, $\omega^2 = k/m$, $\rho = 1$ und $\gamma = 1$ zu wählen, woraus sich unmittelbar die Vergrößerungsfunktion V_3 nach (9.30) ergibt, und (10.4) geht damit über in

$$x_p(t) = u_0 V_3 \cos(\Omega t - \varphi_3) \qquad (10.10)$$

Bedeutet $x_0 = u_0 V_3$ die Amplitude der Auslenkung $x_p(t)$, dann wird das Verhältnis $x_0 / u_0 = V_3$ auch als Durchgängigkeit[1] der Verschiebung u(t) bezeichnet.

Beschreiben wir das Problem mit Hilfe der Relativkoordinate $z(t) = x(t) - u(t)$, dann lautet unter Beachtung von $\tilde{\rho} = \tilde{\gamma} = 0$ die Bewegungsgleichung (10.7)

$$\ddot{z} + 2\delta\dot{z} + \omega^2 z = -\ddot{u} \qquad (10.11)$$

und aus (10.9) wird

$$V_6(\eta, D) = \frac{\eta^2}{\sqrt{(1-\eta^2)^2 + (2D\eta)^2}} = \eta^2 V_2(\eta, D) = \frac{\eta^2}{|\eta^2 - 1|} + O(D^2) \qquad (10.12)$$

Für den Phasenverschiebungswinkel φ_6 gilt

---

[1] engl. transmissibility

$$\sin\varphi_6(\eta,D) = \frac{2D\eta}{\sqrt{(1-\eta^2)^2+(2D\eta)^2}} = \sin\varphi_2(\eta,D)$$

$$\cos\varphi_6(\eta,D) = \frac{1-\eta^2}{\sqrt{(1-\eta^2)^2+(2D\eta)^2}} = \cos\varphi_2(\eta,D)$$

(10.13)

und (10.8) geht über in

$$z_p(t) = u_0 V_6 \cos(\Omega t - \varphi_6)$$

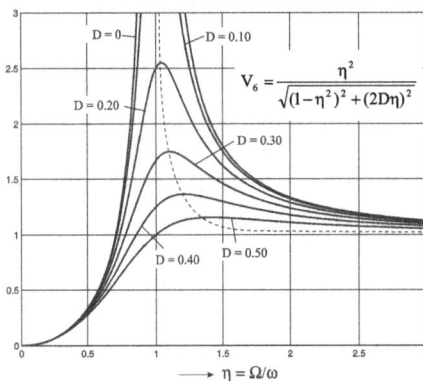

(10.14)

Abb. 10.7 *Vergrößerungsfunktion V_6*   **Abb. 10.8** *Phasenverschiebung φ_6*

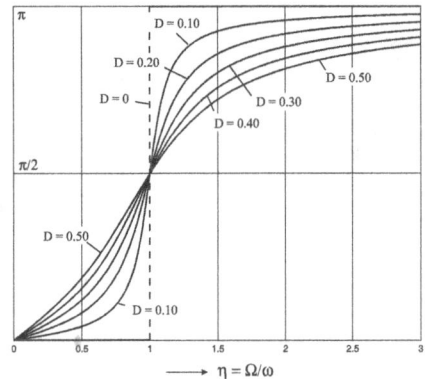

Die Lage der Extremwerte der Vergrößerungsfunktion V_6 beschaffen wir uns aus der Bedingung $\partial V_6(\eta,D)/\partial\eta = 0$ und erhalten die beiden physikalisch sinnvollen Lösungen

$$\eta_1 = 0, \quad \eta_2 = \frac{1}{\sqrt{1-2D^2}} = 1+D^2+O(D^4)$$

(10.15)

Damit η_2 reell bleibt, muss $D < 1/\sqrt{2}$ sein. Die Hochpunkte

$$V_{6,max} = V_{2,max} = \frac{1}{2D\sqrt{1-D^2}} = \frac{1}{2D} + \frac{1}{4}D + O(D^3)$$

(10.16)

liegen im Vergleich zu $V_{2,max}$ jetzt alle ein wenig rechts von $\eta = 1$. Betrachten wir den Phasenfrequenzgang φ_6 in Abb. 10.8, dann haben alle Funktionen für $\eta = 1$ den Wert $\varphi_6(\eta = 1,D) = \pi/2$, was $z(t) = u_0 V_6 \cos(\Omega t - \pi/2) = u_0 V_6 \sin\Omega t$ bedeutet, und $\varphi_6(\eta = 1,D)$ wird Phasenresonanzwinkel genannt. Wir beschaffen uns noch die auf den Unterbau (Abb. 10.6) wirkende Kraft $A(t) = c(\dot{x} - \dot{u}) + k(x - u) = -m\ddot{x}_p(t)$. Mit (10.10) erhalten wir

$\ddot{x}_p = -u_0\Omega^2 V_3 \cos(\Omega t - \varphi_3)$ und damit $A(t) = mu_0\Omega^2 V_3 \cos(\Omega t - \varphi_3)$. Beachten wir noch $m = k/\omega^2$, so folgt mit $A_0 = u_0 k$ die Auflagerkraft $A(t) = A_0 \eta^2 V_3 \cos(\Omega t - \varphi_3)$. Führen wir noch die Vergrößerungsfunktion

$$V_7(\eta, D) = \eta^2 V_3 = \frac{\eta^2}{\left|\eta^2 - 1\right|} + \frac{2\eta^6(\eta^2 - 2)}{\left|\eta^2 - 1\right|^3} D^2 + O(D^4) \tag{10.17}$$

ein, dann können wir die Auflagerkraft auch in der bezogenen Form

$$\widetilde{A}(t) = \frac{A(t)}{A_0} = V_7 \cos(\Omega t - \varphi_3) \tag{10.18}$$

notieren. Die Auflagerkraft ist damit in Phase mit der Verschiebung $x_p(t)$ nach (10.10).

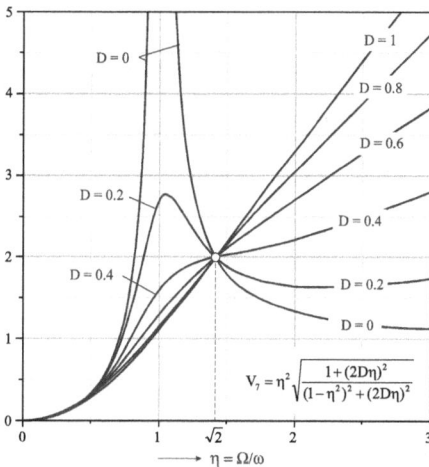

Abb. 10.9 *Vergrößerungsfunktion V_7*

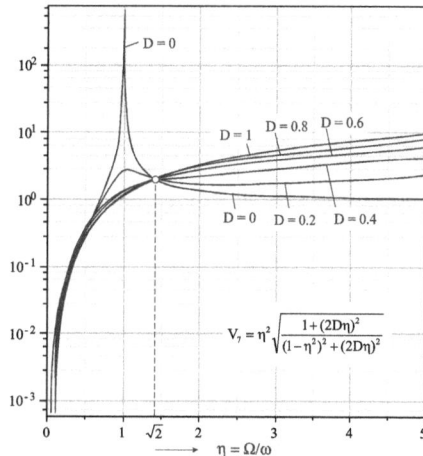

Abb. 10.10 *V_7, halblogarithmische Darstellung*

Wie Abb. 10.9 zeigt, haben alle Vergrößerungsfunktionen V_7 beim Abstimmungsverhältnis $\eta = \sqrt{2}$ den Wert $V_7 = 2$. Betragsmäßig große Auflagerkräfte sind bei schwacher Dämpfung in der Umgebung von $\eta = 1$ und im Fall starker Dämpfung für Werte $\eta > \sqrt{2}$ zu erwarten. Wie der halblogarithmischen Darstellung der Abb. 10.10 zu entnehmen ist, nähert sich im ungedämpften Fall V_7 asymptotisch dem Wert $V_7 = 1$.

Beispiel 10-1:

Abb. 10.11 zeigt ein stark vereinfachtes Fahrzeugmodell, bestehend aus der Fahrzeugmasse m, einer Feder mit der Federsteifigkeit k und einem Dämpfer mit der Dämpfungskonstanten c. Als Folge des welligen Straßenprofils wird die Fahrzeugmasse über den Fußpunkt von Feder und Dämpfer zu Bewegungen angeregt, die sich negativ auf den Fahrkomfort der Insassen auswirken können. Das Straßenprofil wird näherungsweise durch die Funktion $y(s) = u_0 \cos(2\pi s / L)$ dargestellt.

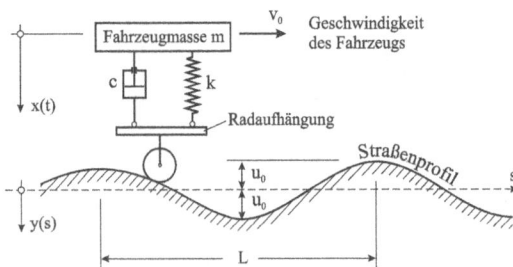

Abb. 10.11   *Fahrzeug auf welliger Straße, Fußpunkterregung*

Lösung: Bewegt sich das Fahrzeug, ohne abzuheben, mit einer konstanten Geschwindigkeit v_0, dann ist $s = v_0 t$ und damit $y(s(t)) \equiv u(t) = u_0 \cos\dfrac{2\pi v_0}{L} t$. Mit $\Omega = 2\pi v_0 / L$ können wir dann für die Fußpunkterregung $u(t) = u_0 \cos \Omega t$ schreiben. Sie entspricht derjenigen in Abb. 10.6, womit wir die dort erzielten Ergebnisse direkt übernehmen können.

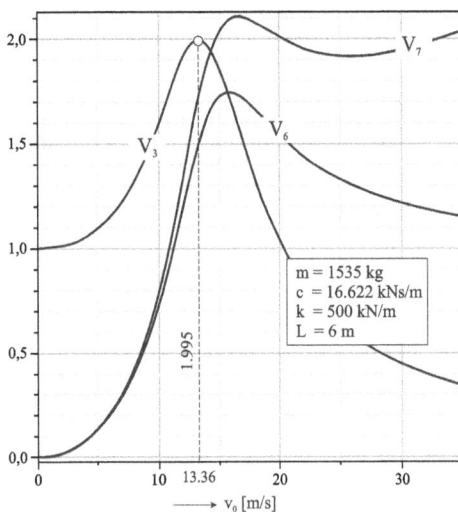

Abb. 10.12   *Vergrößerungsfunktionen V_3, V_6 und V_7*

In Abb. 10.12 sind für die dort angegebene Parameterkombination die Vergrößerungsfunktionen V_3 (absolute Verschiebung x_p der Masse m), V_6 (Relativverschiebung zwischen m und dem Fußpunkt) sowie V_7 als Maß für die von der Radaufhängung aufzunehmende Kraft als Funktion der Geschwindigkeit v_0 dargestellt. Mit den obigen Zahlenwerten erhalten wir $\omega = \sqrt{k/m} = 18,09\,\text{s}^{-1}$ und $D = c/(2m\omega) = 0,3$. Die Erregerkreisfrequenz $\Omega = 2\pi v_0/L$ hängt übrigens linear von der Geschwindigkeit v_0 ab. Beispielsweise erhalten wir für $v_0 = 5\,\text{m/s}$ mit den Werten aus Abb. 10.12: $\Omega = 2\pi \cdot 5/6 = 5,24\,\text{s}^{-1}$ und $\eta = \Omega/\omega = 0,29$. Werten wir damit die Vergrößerungsfunktionen aus, dann sind

$$V_3 = \sqrt{\frac{1+(2\cdot 0,3 \cdot 0,29)^2}{(1-0,29^2)^2 + (2\cdot 0,3\cdot 0,29)^2}} = 1,09\,, \quad V_6 = \frac{0,29^2}{\sqrt{(1-0,29^2)^2 + (2\cdot 0,3\cdot 0,29)^2}} = 0,09 \quad \text{und}$$

$V_7 = 0,29^2 V_3 = 0,09$. Die betragsmäßig größte Auslenkung der Fahrzeugmasse m tritt mit $V_{3,max} = 1,995$ bei der Abstimmung $\eta_2 = \dfrac{1}{2D}\sqrt{-1+\sqrt{1+8D^2}} = 0,93$ auf. Dazu gehört die kritische Geschwindigkeit $v_{kr} = \dfrac{\eta_2 \omega L}{2\pi} = \dfrac{0,93 \cdot 18,09 \cdot 6}{2\pi} = 13,36\,\text{m/s} = 48,1\,\text{km/h}$. Bei dieser Geschwindigkeit würde das Befahren des Straßenprofils mit einer Wellenhöhe $u_0 = 2\,\text{cm}$ zu einer absoluten Verschiebung $x_{p,max} = u_0 V_{3,max} = 2 \cdot 1,995 = 3,99\,\text{cm}$ der Masse m (und damit der Fahrzeuginsassen) führen. Die Vergrößerungsfunktion V_3 stellt somit ein Maß für den Fahrkomfort des Fahrzeugs dar.

10.3 Bewegungsmessungen

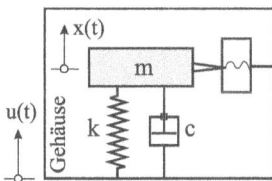

Abb. 10.13 *Empfindliches Messgerät*

Zur Messung absoluter Größen wie Verschiebungen, Geschwindigkeiten und Beschleunigungen, wird ein Festpunkt benötigt. Ist ein solcher Festpunkt nicht vorhanden oder nur schwer erreichbar, dann müssen die absoluten Größen näherungsweise aus Relativmessungen zwischen zwei Punkten gewonnen werden. Solche Relativmessungen können mit modernen Verfahren sehr präzise durchgeführt werden. Grundsätzlich wird zwischen tastenden und berührungslosen Wegaufnehmern unterschieden. Dazu zählen Aufnehmer mit Widerstandsänderung, induktive und kapazitive Wegaufnehmer sowie digitale Längenaufnehmer.

Wie aus relativen Verschiebungsgrößen innerhalb eines Messgerätes näherungsweise auf die absolute Bewegung eines Körpers geschlossen werden kann, soll nun gezeigt werden. Dazu betrachten wir das in Abb. 10.13 skizzierte Messgerät. Es besteht aus einem starren Gehäuse, in dem sich eine Masse m befindet, die über eine Feder (Federsteifigkeit k) und einen Dämpfer (Dämpfungskonstante c) mit dem Gehäuseboden fest verbunden ist. Infolge einer Gehäusebewegung u(t), die hier harmonisch unterstellt wird, erfolgt eine Relativverschiebung

$z(t) = x(t) - u(t)$ zwischen Masse und Gehäuse, die in geeigneter Form aufgezeichnet wird. Die Relativverschiebung

$$z_p(t) = u_0 V_6 \cos(\Omega t - \varphi_6)$$ (10.19)

genügt der Differenzialgleichung (10.11). Betrachten wir nun (10.19), dann würde mit $V_6 = 1$ und $\varphi_6 = \pi$ die Relativverschiebung $-z_p(t) = -u_0 \cos(\Omega t - \pi) = u_0 \cos \Omega t$ mit der Absolutverschiebung $u(t) = u_0 \cos \Omega t$ übereinstimmen, was sich mit einem Blick auf Abb. 10.7 und Abb. 10.8 jedoch nur für $\eta \to \infty$ exakt erfüllen lässt. Allerdings können wir uns eine sehr gute Näherung beschaffen. Dazu wird das Verhalten von V_6 und φ_6 in der Umgebung von $\eta = \infty$ betrachtet, und wir setzen im Folgenden mit $\eta > 1$ eine tiefe Abstimmung voraus. Dann ergibt eine Reihenentwicklung von V_6 um den Punkt $\eta = \infty$

$$V_6 = 1 + \frac{1 - 2D^2}{\eta^2} + O\left(\frac{1}{\eta^4}\right) = 1 + R(\eta, D)$$ (10.20)

und entsprechend für den Phasenverschiebungswinkel φ_6

$$\sin \varphi_6 = \frac{2D}{\eta} + \frac{2D(1 - 2D^2)}{\eta^3} + O\left(\frac{1}{\eta^5}\right), \quad \cos \varphi_6 = -1 + \frac{2D^2}{\eta^2} + O\left(\frac{1}{\eta^4}\right)$$ (10.21)

In (10.20) ist das Restglied $R(\eta, D) = V_6(\eta, D) - 1$ ein Maß für die Abweichung der Vergrößerungsfunktion vom gewünschten Wert $V_6 = 1$. R hängt von der Abstimmung η und dem Dämpfungsgrad D ab und geht mit der Ordnung $O(1/\eta^2)$ für $\eta \to \infty$ gegen null. Wählen wir $D = 1/\sqrt{2}$, dann ist R sogar von der Ordnung $O(1/\eta^4)$, und für den Phasenwinkel folgt

$$\sin \varphi_6 = \frac{\sqrt{2}}{\eta} + O\left(\frac{1}{\eta^5}\right), \quad \cos \varphi_6 = -1 + \frac{1}{\eta^2} + O\left(\frac{1}{\eta^4}\right)$$ (10.22)

Legen wir um $V_6 = 1$ einen Streifen der Breite 2F (Abb. 10.14), dann existiert eine ausgezeichnete Vergrößerungsfunktion $V_6(\eta, D^*)$, die die obere Grenze $V_6 = 1 + F$ in $\eta = \eta^*$ tangiert. Mit (10.16) errechnen wir D^* aus der Bedingung $1/(2D^*\sqrt{1 - D^{*2}}) = 1 + F$ zu

$$D^* = \frac{\sqrt{2}}{2} \sqrt{1 - \sqrt{\frac{F(F+2)}{(F+1)^2}}}$$ (10.23)

Das Maximum der Vergrößerungsfunktion $V_6(\eta, D^*)$ tritt an der Stelle

$$\eta^* = 1/\sqrt{1 - 2D^{*2}} = \sqrt[4]{\frac{(F+1)^2}{F(F+2)}}$$ (10.24)

auf. Die Funktion $V_6(\eta, D^*)$ schneidet die untere Grenze $V_6 = 1 - F$ bei

$$\eta_\ell^* \approx \frac{0{,}541}{\sqrt[4]{F}} \tag{10.25}$$

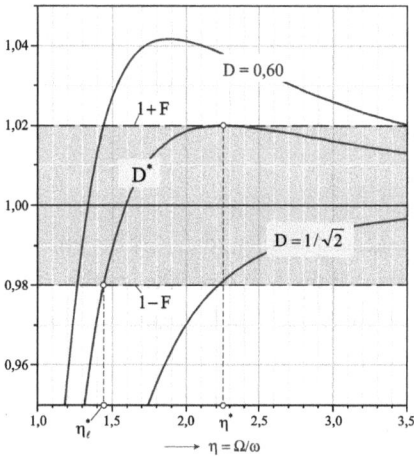

Abb. 10.14 *Vergrößerungsfunktion V_6*

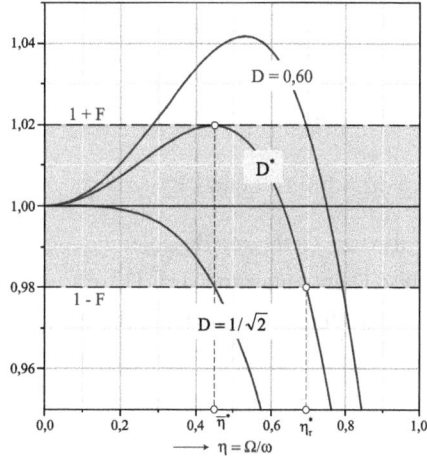

Abb. 10.15 *Vergrößerungsfunktion V_2*

Mit den bisher erzielten Ergebnissen können wir folgende Aussage treffen: Besitzt das Messgerät einen Dämpfungsgrad $D = D^*$, dann weicht die gemessene Amplitude vom Idealwert $V_6 = 1$ für Abstimmungsverhältnisse $\eta \geq \eta_\ell^*$ maximal um $\pm F$ ab. Über F kann noch verfügt werden.

Das Gerät kann auch zur näherungsweisen Beschleunigungsmessung $\ddot{u}(t)$ einer Struktur benutzt werden. Um dies zu zeigen, beachten wir, dass wir $V_6(\eta, D) = \eta^2 V_2(\eta, D)$ und $\varphi_6 = \varphi_2$ schreiben können. Für die Relativverschiebung gilt $z_p(t) = u_0 \eta^2 V_2 \cos(\Omega t - \varphi_2)$ oder umgestellt $-\omega^2 z_p(t) = -u_0 \Omega^2 V_2 \cos(\Omega t - \varphi_2)$. Mit $V_2 = 1$ und $\varphi_2 = 0$ würde diese Beziehung übergehen in $-\omega^2 z_p(t) = -u_0 \Omega^2 \cos \Omega t = \ddot{u}(t)$. Damit stimmt $-\omega^2 z_p(t)$ mit der absoluten Fußpunktbeschleunigung $\ddot{u}(t)$ des Gerätes überein. Unter welchen Bedingungen dies näherungsweise möglich ist, wollen wir nun untersuchen. Wir betrachten dazu das Verhalten von V_2 und φ_2 in der Umgebung von $\eta = 0$, und eine Reihenentwicklung für die Vergrößerungsfunktion ergibt

$$V_2(\eta, D) = 1 + (1 - 2D^2)\eta^2 + O(\eta^4) \tag{10.26}$$

und entsprechend für den Phasenverschiebungswinkel

$$\sin\varphi_2 = 2D\eta + 2D(1-2D^2)\eta^3 + O(\eta^5) \quad \cos\varphi_2 = 1 - 2D^2\eta^2 + O(\eta^4) \tag{10.27}$$

Offensichtlich können wir für $\eta \ll 1$ näherungsweise $V_2 = 1$ und $\varphi_2 = 0$ setzen. Auch in diesem Fall lässt sich ein Grenzdämpfungsgrad D^* ermitteln, der identisch ist mit (10.23). Das Maximum der Vergrößerungsfunktion $V_2(\eta, D^*)$ tritt an der Stelle (s.h. Abb. 10.15)

$$\overline{\eta}^* = 1/\eta^* = \sqrt{1-2D^{*2}} = \sqrt[4]{\frac{F(F+2)}{(F+1)^2}} \tag{10.28}$$

auf, und $V_2(\eta, D^*)$ schneidet die untere Grenze $V_2 = 1-F$ bei

$$\eta_r^* = 1/\eta_\ell^* \approx 1{,}848 \sqrt[4]{F} \tag{10.29}$$

Soll also das Gerät zur Beschleunigungsmessung eingesetzt werden, dann ist bei einem gewählten Dämpfungsgrad $D = D^*$ für Abstimmungsverhältnisse $\eta \le \eta_r^*$ die größte Abweichung der Vergrößerungsfunktion V_2 vom gewünschten Wert $V_2 = 1$ gerade $\pm F$ und dies auch wieder nur an zwei Punkten (Abb. 10.15).

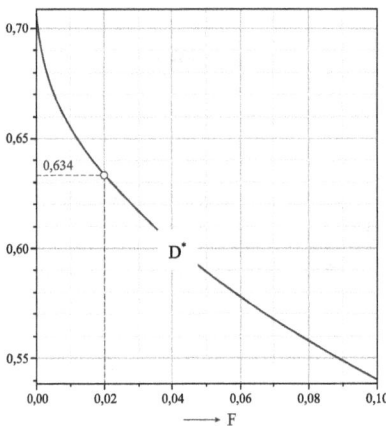

Abb. 10.16   Grenzdämpfungsgrad D*   *Abb. 10.17   Grenzabstimmungen η*

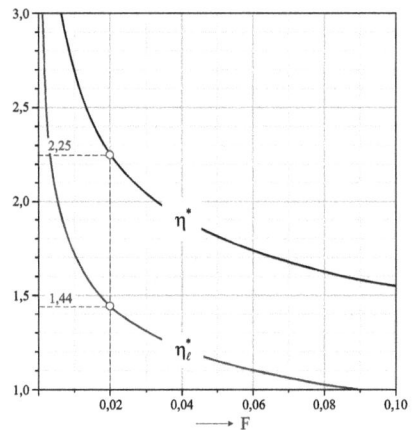

Wir haben in den vorangegangenen Untersuchungen Bedingungen für eine gute Wiedergabe der Amplituden der zu messenden Größen bereitgestellt. Um auch den vollständigen Zeitverlauf der Messgrößen möglichst exakt darzustellen, sollten die Phasenverschiebungswinkel $\varphi_6 = \pi$ und $\varphi_2 = 0$ möglichst genau eingehalten werden. Das ist exakt jedoch nur für $D = 0$ zu erfüllen. Da wir aber mit $D \ne 0$ rechnen, ergibt sich hier ein Widerspruch, der nicht aufzuheben ist. Wir wollen deshalb die sich im Messprotokoll immer einstellende Phasenverschiebung etwas genauer untersuchen. Dazu wird die Phasenverschiebungszeit $\Delta t = \varphi_2 / \Omega$ eingeführt, und eine Abschätzung von Δt gelingt, wenn wir beachten, dass für $\eta \ll 1$

$$\varphi_2 = \arctan \frac{2D\eta}{1-\eta^2} = 2D\eta + 2D(1-4/3D^2)\eta^3 + O(\eta^5) \text{ gilt. Wählen wir speziell } D = 1/2\sqrt{3},$$

dann ist $\varphi_2 = \eta\sqrt{3} + O(\eta^5)$. Schneiden wir nach dem linearen Glied ab, dann können wir

näherungsweise $\varphi_2 = \eta\sqrt{3}$ setzen, und es folgt $\Delta t = \frac{\eta\sqrt{3}}{\Omega} = \frac{\sqrt{3}}{\omega} = \frac{\sqrt{3}}{2\pi f} \approx \frac{0{,}28}{f}$. Besitzt bei-

spielsweise das Messgerät eine Eigenfrequenz von $f = 1000\,\text{Hz}$, dann ist die Phasenver-

schiebungszeit $\Delta t = 0{,}28\,\text{s}/1000 = 0{,}00028\,\text{s}$, was bei einer Eigenkreisfrequenz der zu mes-

senden Struktur von beispielsweise $\Omega = 50\,\text{s}^{-1}$ zu einer Phasenverschiebung von lediglich

$\varphi_2 = 50 \cdot 0{,}00028 = 0{,}014$ führt. Dieser Wert verspricht eine hohe Messgenauigkeit des voll-

ständigen Beschleunigungs-Zeitverlaufes.

Beispiel 10-2:

Das Messgerät nach Abb. 10.13 soll zur Messung von Strukturverschiebungen $u(t)$ und
Strukturbeschleunigungen $\ddot{u}(t)$ eingesetzt werden, wobei im stationären Zustand eine Abweichung $F = 2\,\%$ vom gewünschten Wert $R = 0$ in Kauf genommen wird. Gesucht ist der
zulässige Einsatzbereich des Gerätes.

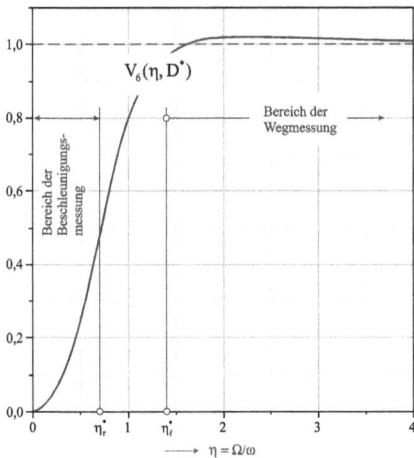

Abb. 10.18 Einsatzbereich des Messgerätes ($D = D^*$)

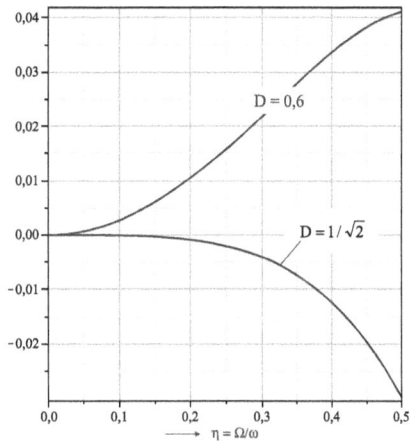

Abb. 10.19 Das Restglied $R = V_2 - 1$

<u>Lösung:</u> Aus (10.23) oder Abb. 10.16 erhalten wir für $F = 2\,\%$ den Grenzdämpfungsgrad
$D^* = 0{,}634$. Die Vergrößerungsfunktion $V_6(\eta, D^*)$ tangiert die obere Grenze $1 + F$ bei
$\eta^* = 2{,}25$. Die linksseitige Grenze des Einsatzbereiches für die Wegmessung ermitteln wir
nach (10.25) oder aus Abb. 10.17 zu $\eta_\ell^* = 1{,}44$. Im Fall der Beschleunigungsmessung ist die
rechtsseitige Grenze $\eta_r^* = 1/\eta_\ell^* = 0{,}69$.

Hinweis: In der Praxis wird vorzugsweise $0,6 \leq D \leq 1/\sqrt{2} = 0,707$ gewählt. Entscheiden wir uns für $D = 1/\sqrt{2}$, dann geht das Restglied $R = V_2 - 1$ mit der Ordnung $O(\eta^4)$ für $\eta \to 0$ gegen null. Das zeigt sich auch in Abb. 10.19. R weicht für $\eta \leq 0,1$ praktisch kaum vom Wert null ab. Noch bis zu einer Abstimmung $\eta = 0,21$ ist die Abweichung kleiner als 0,1 %.

10.4 Felderregung von Feder und Dämpfer durch eine Unwucht

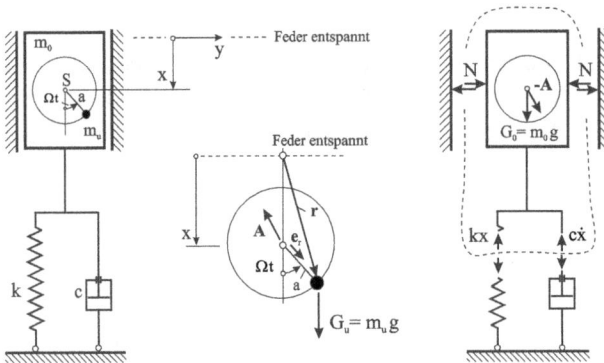

Abb. 10.20   *Erregung durch eine Unwucht*

Wir betrachten dazu eine auf einem Feder-Dämpfer-System aufgestellte Maschine mit unwuchtigem Läufer (Abb. 10.20). Das kann beispielsweise eine Kolbenkraftmaschine mit nicht vollständig ausgewuchteten schnell rotierenden Teilen einer Turbine oder Druckmaschine sein. Dadurch treten Kräfte auf, die auf die Umgebung übertragen und störend wirken können. Um diese unangenehmen Einflüsse zu vermeiden, werden zwischen Maschine und Fundament elastische Elemente (beispielsweise Schraubenfedern oder Gummimatten) und Dämpferelemente geschaltet. Dieses Verfahren wird Schwingungsisolierung genannt, auf das wir später noch näher eingehen werden.

Hinweis: Nur wenn die Drehachse eines Rotors durch seinen Schwerpunkt verläuft und diese Achse eine Hauptträgheitsachse ist, dann üben seine Trägheitskräfte auf die Lager weder eine resultierende Kraft noch ein resultierendes Moment aus. Man nennt den Rotor dann ausgewuchtet.

Am Bewegungszustand des Systems nach Abb. 10.20 interessieren uns hier nur die Vertikalbewegungen der Maschine, die horizontalen Verschiebungen und Kippbewegungen werden durch geeignete Führungsschienen unterbunden. Die Maschine hat die Gesamtmasse

$m = m_u + m_0$. Die Unwuchtmasse m_u rotiert dabei relativ zum Punkt S mit der konstanten Winkelgeschwindigkeit Ω auf einer Kreisbahn mit dem Radius a. Diese nicht ausgewuchtete Masse führt zu Lagerreaktionskräften $\mathbf{A}(t)$, die die Maschine zu Schwingungen anregen. Zwischen Maschine und Fundament sind ein Federelement mit der Federsteifigkeit k und ein geschwindigkeitsproportionaler Dämpfer mit der Dämpfungskonstanten c geschaltet. Zur Ermittlung der unbekannten Lagerreaktionskraft $\mathbf{A}$ wird das Newtonsche Grundgesetz für die freigeschnittene Masse m_u angeschrieben (Abb. 10.20, Mitte). Wir benötigen dazu deren Beschleunigung $\ddot{\mathbf{r}}$. Unter Beachtung von $\ddot{\varphi} = 0$ und $\varphi = \Omega t$ erhalten wir mit $\mathbf{r} = x\,\mathbf{e}_x + a\,\mathbf{e}_r$

$$\ddot{\mathbf{r}} = \ddot{x}\,\mathbf{e}_x - a\Omega^2\mathbf{e}_r = (\ddot{x} - a\Omega^2\cos\Omega t)\,\mathbf{e}_x - a\Omega^2\sin\Omega t\,\mathbf{e}_y$$

und das Newtonsche Grundgesetz liefert $m_u\ddot{\mathbf{r}} = \mathbf{A} + m_u g\,\mathbf{e}_x$ und damit $\mathbf{A} = m_u\ddot{\mathbf{r}} - m_u g\,\mathbf{e}_x$ sowie in Komponenten $A_x = m_u(\ddot{x} - a\Omega^2\cos\Omega t - g)$ und $A_y = -m_u a\Omega^2\sin\Omega t$. Die so errechnete Lagerreaktionskraft wird im Sinne des Reaktionsprinzips in umgekehrter Richtung auf den Rest der Maschine aufgebracht. Die Anwendung des Newtonschen Grundgesetzes liefert dann (Abb. 10.20, rechts)

$$m_0\ddot{x} = -A_x + m_0 g - kx - c\dot{x} = -m_u(\ddot{x} - a\Omega^2\cos\Omega t - g) + m_0 g - kx - c\dot{x}$$

Unter Beachtung von $m = m_u + m_0$ folgt nach Zusammenfassung

$$m\ddot{x} + c\dot{x} + kx = mg + am_u\Omega^2\cos\Omega t \quad \text{oder} \quad \ddot{x} + 2\delta\dot{x} + \omega^2 x = g + a\frac{m_u}{m}\Omega^2\cos\Omega t$$

Die Konstante g lässt sich noch mittels der Transformation $x = \bar{x} + x_{st} = \bar{x} + g/\omega^2$ zum Verschwinden bringen, und wir erhalten $\ddot{\bar{x}} + 2\delta\dot{\bar{x}} + \omega^2\bar{x} = a\frac{m_u}{m}\Omega^2\cos\Omega t$.

Mit $f_0 = a\frac{m_u}{m}\Omega^2 = u_0\omega^2\eta^2 = \frac{u_0 k}{m}\eta^2$ und $u_0 = am_u/m$ folgt dann abschließend

$$\ddot{\bar{x}} + 2\delta\dot{\bar{x}} + \omega^2\bar{x} = f_0\cos\Omega t \tag{10.30}$$

was (9.15) entspricht, wobei hier zu beachten ist, dass f_0 quadratisch mit Ω anwächst. Die Lösung der partikulären Differenzialgleichung ist mit

$$\bar{x}_p = u_0\eta^2 V_2\cos(\Omega t - \varphi_2) = u_0 V_6\cos(\Omega t - \varphi_6) = x_0\cos(\Omega t - \varphi_6) \tag{10.31}$$

bereits bekannt. Vernachlässigen wir zunächst das Eigengewicht der Masse m, dann wirkt im stationären Zustand auf die starre Unterlage die Kraft $A(t) = k\bar{x}_p(t) + c\dot{\bar{x}}_p(t)$. Nach kurzer Rechnung folgt

$$A(t) = u_0 k V_7 \cos(\Omega t - \varphi_3) = A_0 \cos(\Omega t - \varphi_3) \qquad (A_0 = u_0 k V_7) \qquad (10.32)$$

Beispiel 10-3:

Auf dem starren Riegel eines eingespannten Rahmens ist ein Elektromotor der Masse m (einschließlich des Läufers) montiert. Der Motorläufer (Masse m_L, Drehzahl n_0) liegt um das Maß a außerhalb der Wellenmitte. Die Masse des Rahmens sowie gegebenenfalls vorhandene Dämpfungen sollen näherungsweise vernachlässigt werden. Welche Biegesteifigkeit $B = EI_{yy}$ besitzen die Stützen, wenn für die Amplitude A der erzwungenen Schwingung der Wert A_0 gemessen wird? Geg.: m = 700 kg, m_L = 250 kg, a = 0,05 mm, A_0 = 0,1 mm, n_0 = 1500 U/min, h = 2,75 m.

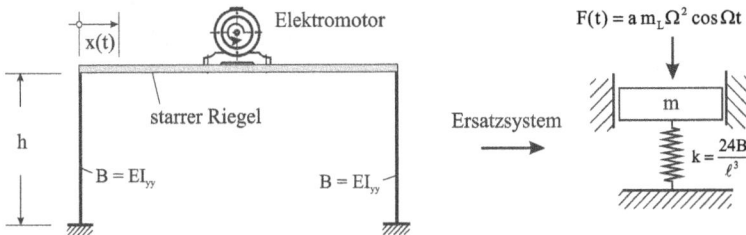

Abb. 10.21 *Unwuchterregung eines einstöckigen Rahmens*

Lösung: Messen wir die horizontale Auslenkung aus der statischen Ruhelage mit x(t), dann lautet unter Beachtung von $u_0 = a m_L / m$ die Bewegungsgleichung $\ddot{x} + \omega^2 x = u_0 \Omega^2 \cos \Omega t$. Sie hat die partikuläre Lösung $x_p(t) = u_0 V_6 \cos(\Omega t - \varphi_6) = A_0 \cos(\Omega t - \varphi_6)$. Führen wir die bezogene Amplitude $\tilde{A}_0 = A_0 / u_0$ ein, dann gilt $\tilde{A}_0 = V_6$. Bezeichnet n_0 die Anzahl der Umdrehungen je Minute, dann ist $\Omega = 2\pi n_0 / 60 \ s^{-1}$ die Erregerkreisfrequenz des unwuchtigen Motorläufers. Wegen D = 0 verbleibt von (10.12) $V_6 = \eta^2 / \sqrt{(1 - \eta^2)^2}$, und wir haben zwei Lösungen, eine für $\eta < 1$ (hohe Abstimmung) und eine für $\eta > 1$ (tiefe Abstimmung).

$$\eta < 1: \quad V_{6,1} = \frac{\eta^2}{1 - \eta^2}, \qquad \eta > 1: \quad V_{6,2} = \frac{\eta^2}{\eta^2 - 1}.$$

Da wir zwei Lösungen für V_6 haben, können auch zwei Abstimmungsverhältnisse η ermittelt werden, für die $V_6 = \tilde{A}_0$ erfüllt ist.

$$\eta < 1: \quad \frac{\eta_1^2}{1-\eta_1^2} = \tilde{A}_0 \;\rightarrow\; \eta_1^2 = \frac{\tilde{A}_0}{\tilde{A}_0 + 1}, \qquad \eta > 1: \quad \frac{\eta_2^2}{\eta_2^2 - 1} = \tilde{A}_0 \;\rightarrow\; \eta_2^2 = \frac{\tilde{A}_0}{\tilde{A}_0 - 1}$$

Damit existieren auch zwei Eigenkreisfrequenzen, nämlich $\omega_1^2 = \Omega^2/\eta_1^2$ für die hohe und $\omega_2^2 = \Omega^2/\eta_2^2$ für die tiefe Abstimmung. Wegen $k = \omega^2 m = 24B/h^3$ (Gesamtsteifigkeit beider Stützen) erhalten wir auch zwei Lösungen für die Biegesteifigkeiten: $B_1 = \omega_1^2 mh^3/24$ und $B_2 = \omega_2^2 mh^3/24$. Mit den Werten des Beispiels folgen im Einzelnen:

$$u_0 = 5,0\cdot10^{-5}\,\frac{250}{700} = 1,7857\cdot10^{-5}\,\mathrm{m}\,, \quad \tilde{A}_0 = \frac{A_0}{u_0} = 5,6\,, \quad \Omega = \frac{2\pi\cdot1500}{60}\,\mathrm{s}^{-1} = 157,08\,\mathrm{s}^{-1}$$

$$\eta_1^2 = \frac{\tilde{A}_0}{\tilde{A}_0+1} = \frac{5,6}{5,6+1} = 0,8485\,, \qquad \eta_2^2 = \frac{\tilde{A}_0}{\tilde{A}_0-1} = \frac{5,6}{5,6-1} = 1,2174\,,$$

$$\omega_1^2 = \frac{\Omega^2}{\eta_1^2} = \frac{(157,08)^2}{0,8485} = 29080\,\mathrm{s}^{-2}\,, \quad \omega_1 = 170,53\,\mathrm{s}^{-1}$$

$$\omega_2^2 = \frac{\Omega^2}{\eta_2^2} = \frac{(157,08)^2}{1,2174} = 20268\,\mathrm{s}^{-2}\,, \qquad \omega_2 = 142,37\,\mathrm{s}^{-1}$$

$$B_1 = \frac{\omega_1^2 mh^3}{24} = \frac{29080\cdot700\cdot2,75^3}{24} = 1,7639\cdot10^7\,\mathrm{Nm}^2 \qquad \text{(für die hohe Abstimmung)}$$

$$B_2 = \frac{\omega_2^2 mh^3}{24} = \frac{20268\cdot700\cdot2,75^3}{24} = 1,2294\cdot10^7\,\mathrm{Nm}^2 \qquad \text{(für die tiefe Abstimmung)}$$

Bestehen die Stützen aus Stahl ($E = 2,1\cdot10^7\,\mathrm{N/cm}^2$), dann ergeben sich in der Summe für beide Stützen folgende Flächenträgheitsmomente:

$$I_{yy,1} = \frac{B_1}{E} = \frac{1,7639\cdot10^{11}}{2,1\cdot10^7} = 8400\,\mathrm{cm}^4 \qquad \text{(für die hohe Abstimmung)}$$

$$I_{yy,2} = \frac{B_2}{E} = \frac{1,2294\cdot10^{11}}{2,1\cdot10^7} = 5854\,\mathrm{cm}^4 \qquad \text{(für die tiefe Abstimmung)}$$

In Abb. 10.22 sind die Amplituden für die beiden möglichen Betriebszustände dargestellt. Resonanzstellen treten bei $\eta_1 = 1$ und $\eta_2 = 1$ auf. Dazu gehören die Drehzahlen:

$$n_1 = \frac{60\,\omega_1}{2\pi} = 1628\,\mathrm{U/min}\ \text{(hohe Abstimmung)}\,,$$

$$n_2 = \frac{60\,\omega_2}{2\pi} = 1360\,\mathrm{U/min}\ \text{(tiefe Abstimmung)}$$

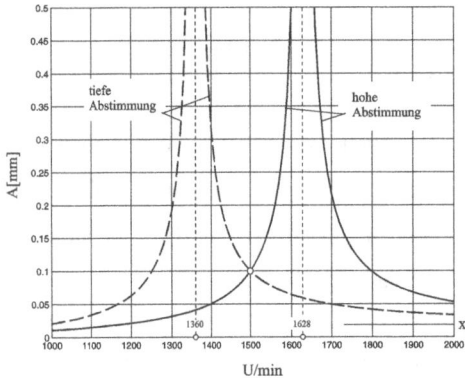

Abb. 10.22   *Amplitude in Abhängigkeit von der Motordrehzahl*

Die Arbeitsdrehzahl $n_0 = 1500$ U/min liegt zwischen beiden möglichen Betriebszuständen. Ist das System tief abgestimmt, dann muss zur Erreichung der Betriebsdrehzahl n_0 die Resonanzdrehzahl $n_2 = 1360$ U/min möglichst zügig durchfahren werden. Das gilt in entgegengesetzter Richtung auch für das Abschalten der Maschine.

10.5   Erregung durch eine Sprungfunktion

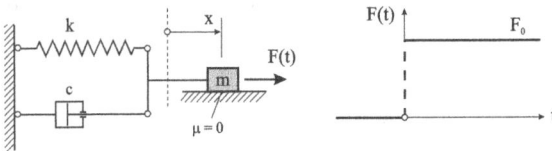

Abb. 10.23   *Sprungfunktion mit der Intensität F_0*

Das System in Abb. 10.23 wird durch die Sprungfunktion

$$F(t) = \begin{cases} 0 & \text{für} \quad t < 0 \\ F_0 & \text{für} \quad t > 0 \end{cases}$$

belastet. Um eine einheitliche Darstellung der Belastung über den gesamten Wertebereich von t zu erhalten, kann diese unstetige Funktion formal mittels der Heaviside-Funktion[1]

---

[1]   Oliver Heaviside, brit. Physiker und Elektroingenieur, 1850-1925, Autodidakt

$$H(t) = \begin{cases} 0 & \text{für} \quad t < 0 \\ 1 & \text{für} \quad t > 0 \end{cases} \tag{10.33}$$

ausgedrückt werden. Die Erregerkraft erscheint dann in der Form $F(t) = F_0 H(t)$, und die das Problem beschreibende Bewegungsgleichung können wir mit dem bisher Gesagten sofort notieren. Es gilt unter Beachtung von $f_0 = F_0/m$

$$\ddot{x}(t) + 2\delta \dot{x}(t) + \omega^2 x(t) = f_0 H(t) \tag{10.34}$$

Die Lösung der homogenen Differenzialgleichung ist für $D = \delta/\omega < 1$ mit

$$x_h = A e^{-\delta t} \cos(\omega_d t - \varphi) \quad (t > 0) \tag{10.35}$$

bekannt. Die partikuläre Lösung

$$x_p = f_0 / \omega^2 \quad (t > 0) \tag{10.36}$$

ist einfach zu erraten und mit (10.34) auch sofort zu bestätigen. Damit erhalten wir für $t > 0$ die vollständige Lösung

$$\begin{aligned} x(t) &= A e^{-\delta t} \cos(\omega_d t - \varphi) + f_0 / \omega^2 \\ \dot{x}(t) &= -A e^{-\delta t} [\delta \cos(\omega_d t - \varphi) + \omega_d \sin(\omega_d t - \varphi)] \end{aligned} \tag{10.37}$$

Die beiden noch freien Konstanten A und φ ermitteln wir mit der vollständigen Lösung aus den Anfangsbedingungen zum Zeitpunkt $t = 0$. Befand sich das System zu diesem Zeitpunkt in Ruhe, dann gilt

$$x(t=0) = 0 = A \cos \varphi + \frac{f_0}{\omega^2}, \quad \dot{x}(t=0) = 0 = -A(\delta \cos \varphi - \omega_d \sin \varphi) \tag{10.38}$$

Damit sind $\sin(\varphi) = -\dfrac{\delta f_0}{A \omega_d \omega^2}$ und $\cos(\varphi) = -\dfrac{f_0}{A \omega^2}$. Quadrieren und Addieren beider Gleichungen liefert $A = \dfrac{f_0}{\omega^2 \sqrt{1 - D^2}}$ und $\sin(\varphi) = -\dfrac{\delta}{\omega} = -D$ sowie $\cos(\varphi) = -\sqrt{1 - D^2}$. Wir erhalten somit die vollständige Lösung

$$x(t) = \frac{f_0}{\omega^2} \left[1 + \frac{1}{\sqrt{1 - D^2}} \exp(-\delta t) \cos(\omega_d t - \varphi) \right]$$

Beachten wir noch $\dfrac{f_0}{\omega^2} = \dfrac{F_0}{m \omega^2} = \dfrac{F_0}{k} = x_{st}$ und führen die dimensionslose Zeit $\tau = \omega t$ ein, dann folgt

$$x(t) = x_{st} \left[1 + \frac{1}{\sqrt{1-D^2}} e^{-D\tau} \cos(\tau\sqrt{1-D^2} - \varphi) \right] \tag{10.39}$$

Beziehen wir die Auslenkung $x(t)$ noch auf die statische Auslenkung x_{st}, dann erhalten wir die Sprungübergangsfunktion

$$x_{\ddot{u}}(t) = \frac{x(t)}{x_{st}} = 1 + \frac{1}{\sqrt{1-D^2}} e^{-D\tau} \cos(\tau\sqrt{1-D^2} - \varphi) \qquad (D < 1) \tag{10.40}$$

des Einmassenschwingers, die deshalb so genannt wird, weil sie den Übergang des Schwingers aus der alten in die neue Gleichgewichtslage beschreibt.

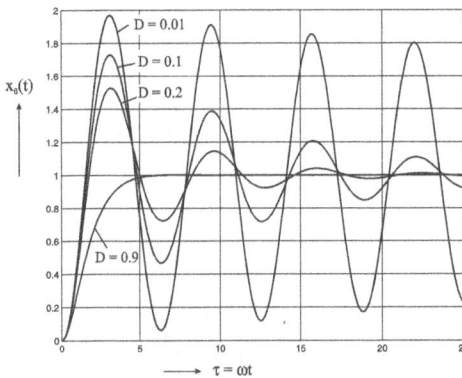

Abb. 10.24   Sprungübergangsfunktionen $x_{\ddot{u}}$ für verschiedene Dämpfungsgrade D

Ist der Dämpfungsgrad D sehr klein gegenüber 1, dann gilt noch folgende Abschätzung

$$x_{\ddot{u}} \approx 1 - e^{-D\tau} \cos(\tau - D) \qquad (D \ll 1) \tag{10.41}$$

Beispiel 10-4:

Der Kragträger in Abb. 10.25 mit der Endmasse m und dem Gewicht $G = mg$ wird im Montagezustand durch eine Hilfsstütze in horizontaler Lage gehalten. Zum Zeitpunkt $t = 0$ wird die Stütze herausgeschlagen. Gesucht werden die dynamischen Beanspruchungen des Trägers nach dem plötzlichen Entfernen der Stütze.

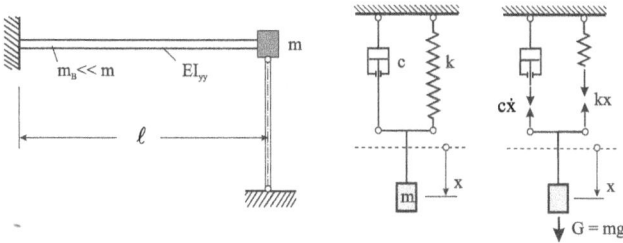

Abb. 10.25 *Kragträger mit Hilfsstütze, freigeschnittenes System*

Lösung: Das mechanische Schwingungsmodell für den Kragträger besteht aus einer masse-losen Feder (Federsteifigkeit $k = 3EI_{yy}/\ell^3$) und einer Endmasse m. Die innere Werkstoff-dämpfung beträgt $D = 0,05$. Freischneiden der Masse und Anwendung des Newtonschen Grundgesetzes liefert $m\ddot{x} = -kx - c\dot{x} + mg$ und damit $\ddot{x} + 2\delta\dot{x} + \omega^2 x = g$. Mit $f_0 = g$ kön-nen wir die Lösung (10.39) übernehmen.

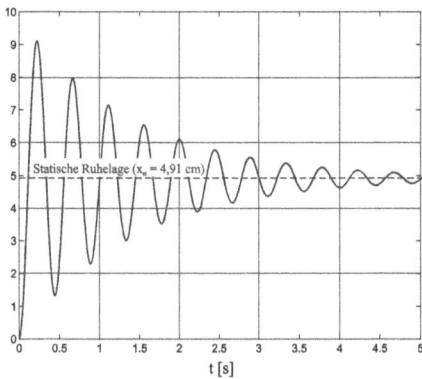

Abb. 10.26 *Auslenkung x(t) [cm]*

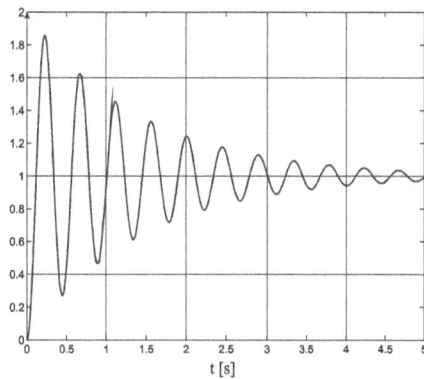

Abb. 10.27 *Sprungübergangsfunktion $x_{ü}(t)$*

Systemwerte:	Stahlträger IPE 300 (DIN 1025)
	$\ell = 3,75$ m; $I_{yy} = 8360$ cm^4; $E = 210000$ N/mm^2
Endmasse:	m = 5000 kg
Federsteifigkeit:	$k = 3EI_{yy}/\ell^3 = 9987,4$ N / cm
Eigenkreisfrequenz:	$\omega = \sqrt{k/m} = 14,13$ s^{-1}
Schwingungsdauer:	$T = 2\pi/\omega = 0,44$ s
Eigenfrequenz:	$f = 1/T = 2,25$ Hz
Phasenverschiebung:	$\sin\varphi = -D = -0,05$, $\cos\varphi = -\sqrt{1-D^2} \approx -1$, $\varphi = \pi + 0,05 = \pi + D$

Statische Auslenkung: $x_{st} = \dfrac{f_0}{\omega^2} = \dfrac{g}{\omega^2} = \dfrac{9,81}{14,13^2} = 0,0491$ m

Die Sprungübergangsfunktion in Abb. 10.27 zeigt, dass kurz nach dem Entfernen der Hilfsstütze die Auslenkung der Masse m nahezu auf den doppelten Wert der statischen Auslenkung anwächst, ein Sachverhalt, der bei einer möglichen Spannungsberechnung des Trägers
berücksichtigt werden sollte.

10.6   Erregung durch einen Rechteckstoß

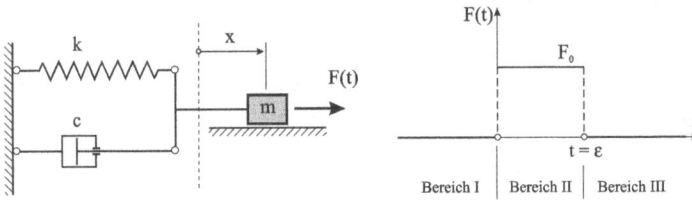

Abb. 10.28   *Der Rechteckstoß*

Die einfachste Form einer Stoßfunktion ist der in Abb. 10.28 skizzierte Rechteckstoß, der
analytisch durch

$$F(t) = \begin{cases} 0 & \text{für} \quad t < 0 \\ F_0 & \text{für} \quad 0 < t < \varepsilon \\ 0 & \text{für} \quad t > \varepsilon \end{cases}$$

gegeben ist. Diese Funktion beschreibt im Zeitintervall $0 < t < \varepsilon$ die Einwirkung einer konstanten Kraft $F = F_0$ auf ein schwingungsfähiges System. Das Zeitintegral

$$S = \int_{t=0}^{t=\varepsilon} F(t)dt = F_0\varepsilon \tag{10.42}$$

wird Kraftstoß oder auch kurz Stoß genannt. Die Lösung des Problems erfolgt durch das
bereichsweise Aufstellen und Lösen der maßgebenden Bewegungsgleichungen sowie das
Anpassen dieser Lösungen an die Anfangs- und Übergangsbedingungen. Wir unterstellen,
dass sich das System zur Zeit $t < 0$ in Ruhe befand. Damit gilt hier die Triviallösung
$x(t) = 0$ und $\dot{x}(t) = 0$. Für die Bereiche II und III ergeben sich dann folgende Lösungen.

Bereich II $(0 < t < \varepsilon)$:

Im Bereich II wirkt die konstante Kraft F_0. Die Differenzialgleichung $\ddot{x} + 2\delta\dot{x} + \omega^2 x = f_0$
$(f_0 = F_0/m)$ ist bereits bekannt, und die allgemeine Lösung für Dämpfungsgrade $D < 1$
lautet

$$x(t) = e^{-\delta t}(D_1 \cos\omega_d t + D_2 \sin\omega_d t) + f_0/\omega^2$$

$$\dot{x}(t) = -e^{-\delta t}[(\delta D_1 - \omega_d D_2)\cos\omega_d t + (\omega_d D_1 + \delta D_2)\sin\omega_d t]$$

Da sich das System zur Zeit $t < 0$ in Ruhe befand, müssen die Anfangsbedingungen $x(t=0) = 0 = D_1 + f_0/\omega^2$ und $\dot{x}(t=0) = 0 = \delta D_1 - \omega_d D_2$ erfüllt sein. Das liefert die Konstanten $D_1 = -\dfrac{f_0}{\omega^2}$, $D_2 = -\dfrac{f_0}{\omega^2}\dfrac{\delta}{\omega_d}$ und damit

$$x(t) = \frac{f_0}{\omega^2}\left[1 - e^{-\delta t}\left(\cos\omega_d t + \frac{\delta}{\omega_d}\sin\omega_d t\right)\right], \quad \dot{x}(t) = \frac{f_0}{\omega_d}e^{-\delta t}\sin\omega_d t$$

und für den rechten Rand $t = \varepsilon$ folgen

$$x(t=\varepsilon) = \frac{f_0}{\omega^2}\left[1 - e^{-\delta\varepsilon}\left(\cos\omega_d\varepsilon + \frac{\delta}{\omega_d}\sin\omega_d\varepsilon\right)\right], \quad \dot{x}(t=\varepsilon) = \frac{f_0}{\omega_d}e^{-\delta\varepsilon}\sin\omega_d\varepsilon$$

Diese Lösungen entsprechen den Anfangswerten der Bewegung im Zeitbereich III.

Bereich III ($t > \varepsilon$)

Aufgrund fehlender äußerer Belastung gilt hier die homogene Bewegungsgleichung

$$\ddot{x} + 2\delta\dot{x} + \omega^2 x = 0$$

mit den bekannten Lösungen

$$x(t) = e^{-\delta t}(C_1 \cos\omega_d t + C_2 \sin\omega_d t)$$

$$\dot{x}(t) = -e^{-\delta t}[(\delta C_1 - \omega_d C_2)\cos\omega_d t + (\omega_d C_1 + \delta C_2)\sin\omega_d t]$$

Die beiden noch freien Konstanten C_1 und C_2 werden so bestimmt, dass zum Zeitpunkt $t = \varepsilon$ die Anfangsbedingungen

$$e^{-\delta\varepsilon}[C_1 \cos\omega_d\varepsilon + C_2 \sin\omega_d\varepsilon] = \frac{f_0}{\omega^2}\left[1 - e^{-\delta\varepsilon}\left(\cos\omega_d\varepsilon + \frac{\delta}{\omega_d}\sin\omega_d\varepsilon\right)\right]$$

$$-e^{-\delta\varepsilon}[(\delta C_1 - \omega_d C_2)\cos\omega_d\varepsilon + (\omega_d C_1 + \delta C_2)\sin\omega_d\varepsilon] = \frac{f_0}{\omega_d}e^{-\delta\varepsilon}\sin\omega_d\varepsilon$$

erfüllt sind. Das obige Gleichungssystem besitzt die Lösungen

$$C_1 = \frac{f_0}{\omega^2}\left[e^{\delta\varepsilon}\left(\cos\omega_d\varepsilon - \frac{\delta}{\omega_d}\sin\omega_d\varepsilon\right) - 1\right]$$

$$C_2 = \frac{f_0}{\omega^2}\left[e^{\delta\varepsilon}\left(\frac{\delta}{\omega_d}\cos\omega_d\varepsilon + \sin\omega_d\varepsilon\right) - \frac{\delta}{\omega_d}\right]$$

(10.43)

Mit den dimensionslosen Größen

$$I = f_0 \varepsilon = \frac{S}{m}, \quad \tau = \omega t, \quad \mu = \omega \varepsilon, \quad \nu = \sqrt{1 - D^2}, \quad \gamma = \frac{D}{\nu}; \quad \omega_d t = \sqrt{1 - D^2}\, \tau = \nu \tau$$

lautet die vollständige Lösung, getrennt nach beiden Bereichen

Bereich II $(0 < \tau < \mu)$

$$x = \frac{I\varepsilon}{\mu^2}\left[1 - e^{-D\tau}(\cos \nu\tau + \gamma \sin \nu\tau)\right]; \quad \dot{x} = \frac{I}{\nu\mu} e^{-D\tau} \sin \nu\tau$$

Bereich III $(\tau > \mu)$

$$x = \frac{I\varepsilon}{\mu^2} e^{-D\tau}\left\{\exp(D\mu)[\cos \nu(\mu - \tau) - \gamma \sin \nu(\mu - \tau)] - \cos \nu\tau - \gamma \sin \nu\tau\right\}$$

$$\dot{x} = \frac{I}{\nu\mu} e^{-D\tau}\left[\exp(D\mu)\sin \nu(\mu - \tau) + \sin \nu\tau\right]$$

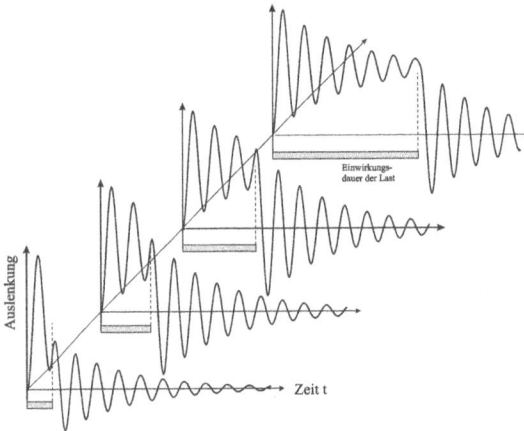

Abb. 10.29   *Rechteckimpulserregung, Einfluss der Lasteinwirkungsdauer*

Abb. 10.29 zeigt den Einfluss der Dauer der Rechteckimpulserregung auf das Schwingungsverhalten des gedämpften Einmassenschwingers. Nach dem Entfernen der Last setzt eine Schwingung um die spätere Ruhelage x(t) = 0 ein.

10.7   Der ideale Rechteckstoß

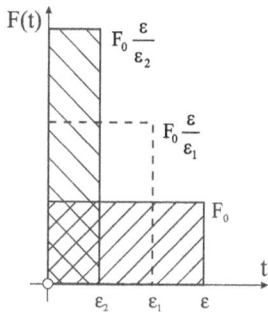

Von besonderem Interesse ist die Lösung im Bereich III, wenn bei festgehaltenem Kraftstoß S die Einwirkungsdauer ε der Kraft F_0 sehr klein wird und im Grenzfall mit ε gegen null strebt (Abb. 10.30). Um hier zu einer Lösung zu kommen, entwickeln wir die Konstanten in (10.43) in eine Potenzreihe um den Punkt $\varepsilon = 0$ und erhalten mit $I = f_0 \varepsilon$

$$C_1 = -\frac{I}{2}\varepsilon + O(\varepsilon^2), \quad C_2 = \frac{I}{\omega_d} + O(\varepsilon)$$

Abb. 10.30 *Rechteckimpulse, $S = F_0 \varepsilon$*

Der Grenzprozess $\varepsilon \to 0$ wird nun derart durchgeführt, dass der auf die Masse m bezogene Stoß $I = S/m = f_0 \varepsilon$ während des Grenzprozesses konstant bleibt. Damit erhalten wir die Lösung für den idealen Rechteckstoß

$$x(t) = \frac{I}{\omega_d} e^{-\delta t} \sin \omega_d t, \quad \dot{x}(t) = I e^{-\delta t}(\cos \omega_d t - \delta / \omega_d \sin \omega_d t) \tag{10.44}$$

die offensichtlich folgenden Anfangsbedingungen genügt: $x(t = 0) = 0, \quad \dot{x}(t = 0) = I$.

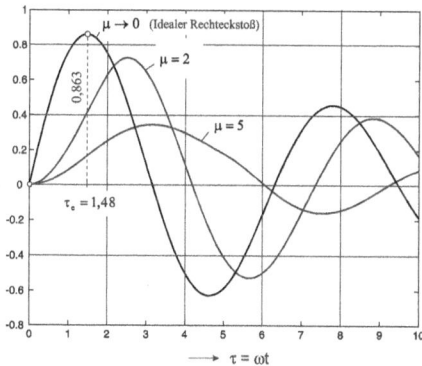

Abb. 10.31 *Rechteckstoßbelastung, bezogene Auslenkungen $\tilde{x} = \omega x(\tau)/I$ (D = 0,1)*

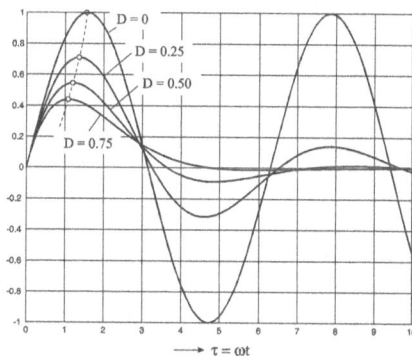

Abb. 10.32 *Stoßübergangsfunktionen $x_ü$ für verschiedene Dämpfungsgrade D*

Abb. 10.31 zeigt die bezogenen Auslenkungen $\tilde{x} = \omega x(\tau)/I$ für unterschiedliche Einwirkungszeiten $\mu = \omega \varepsilon$. Offensichtlich sind die Amplituden der Auslenkungen umso größer, je kürzer die Einwirkungszeiten μ sind. Kurze Stöße führen im Vergleich zu langen weichen Stößen zu größeren Auslenkungen und damit auch zu größeren Beanspruchungen des Tragwerks. Im Grenzfall $\mu \to 0$ (idealer Rechteckstoß) ergibt sich die größte Amplitude aus

$$\dot{x}(\tau = \tau_e) = 0 \text{ nach (10.44) zum Zeitpunkt } \tau_e = \frac{1}{v}\arctan\frac{v}{D} = \frac{1}{\sqrt{1-D^2}}\arctan\frac{\sqrt{1-D^2}}{D}.$$

Ist $D \ll 1$, dann kann mit guter Näherung $\tau_e \approx \pi/2 - D$ gesetzt werden. Für $D = 0,1$ und

damit $v = \sqrt{1-(0,1)^2} = 0,995$ ist beispielsweise $\tau_e = 1,48$, und die diesem Zeitpunkt zugeordnete größte Auslenkung ist unter Beachtung von $\sin v\tau_e = \sin(\arctan v/D) = v$

$$\tilde{x}(\tau_e) = \exp\left(-\frac{D}{v}\arctan\frac{v}{D}\right) = 0,863.$$

Die bezogene Auslenkung

$$x_{\ddot{u}}(\tau) = \frac{\omega}{I}x(\tau) = \frac{1}{v}e^{-D\tau}\sin v\tau = \frac{1}{\sqrt{1-D^2}}e^{-D\tau}\sin\sqrt{1-D^2}\,\tau$$

wird Impulsübergangsfunktion oder auch Stoßübergangsfunktion genannt.

10.8   Die Diracsche Delta-Funktion

Diese auf Dirac[1] zurückgehende verallgemeinerte Funktion (Abb. 10.33) ist wie folgt definiert

$$\begin{aligned} \delta(t) &= 0 &\text{für } t \neq 0 \\ \delta(t) &\to \infty &\text{für } t = 0 \end{aligned} \tag{10.45}$$

Offensichtlich ist die Delta-Funktion keine Funktion im Sinne der klassischen Analysis. Sie wird deshalb auch als Distribution oder verallgemeinerte Funktion bezeichnet. Ihr werden folgende Eigenschaften zugeordnet

$$\int_{-\infty}^{+\infty}\delta(t)\,dt = \lim_{\varepsilon\to 0}\int_{-\varepsilon}^{+\varepsilon}\delta(t)\,dt = 1, \qquad \int_{-\infty}^{+\infty}f(t)\delta(t)\,dt = \lim_{\varepsilon\to 0}\int_{-\varepsilon}^{+\varepsilon}f(t)\delta(t)\,dt = f(0)$$

Der Flächeninhalt unter der Kurve soll also den Wert 1 haben. Aus diesem Grunde wird die Delta-Funktion auch als Einheitsstoß bezeichnet. Für davon abweichende Intensitäten muss die Delta-Funktion noch mit entsprechenden Konstanten multipliziert werden. Sie eignet sich im Besonderen zur Darstellung konzentrierter Lasten oder auch sehr kurzzeitiger Vorgänge.

---

[1]   Paul Adrien Maurice Dirac, brit. Physiker, 1902-1984

Es gelten folgende Rechenregeln:

$$\int_{-\infty}^{+\infty} f(t)\delta(t-t')\,dt = f(t'),$$

$$\int_{-\infty}^{+\infty} \frac{d\,\delta(t)}{dt}\,f(t)\,dt = -\int_{-\infty}^{+\infty}\delta(t)\,\dot{f}(t)\,dt = -\dot{f}(0) \quad \rightarrow \quad t\dot{\delta}(t) = -\delta(t)$$

$$\delta(t-t') = \delta(t'-t), \qquad\qquad \delta(ct) = \frac{1}{|c|}\delta(t) \quad (c\neq 0)$$

Die Delta-Funktion hat die Dimension $[\delta] = \dfrac{1}{\text{Zeit}}$.

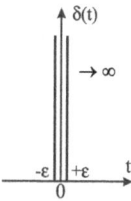

Abb. 10.33 *Die Diracsche Delta-Funktion*   **Abb. 10.34** *Stoßartige Belastung zum Zeitpunkt t = t'*

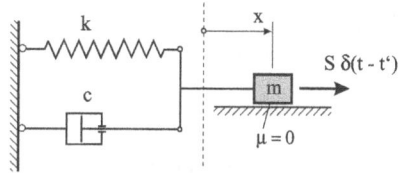

Bringen wir auf den Einmassenschwinger nach Abb. 10.34 zum Zeitpunkt $t = t'$ einen bezogenen Stoß mit der Intensität $I = S/m$ auf, dann wird die Bewegung durch die Differenzialgleichung

$$\ddot{x} + 2\delta\dot{x} + \omega^2 x = I\,\delta(t-t') \tag{10.46}$$

beschrieben. Da auf der rechten Seite von (10.46) eine Distribution steht, ist die Integration der Differenzialgleichung im üblichen Sinne nicht möglich. Wir ordnen ihr die Lösung für den idealen Rechteckstoß zu, wobei lediglich t durch $t-t'$ zu ersetzen ist. Für $t \geq t'$ gilt dann mit $I = S/m$

$$x(t) = \frac{I}{\omega_d}e^{-\delta(t-t')}\sin\omega_d(t-t')$$

$$\dot{x}(t) = Ie^{-\delta(t-t')}\left[\cos\omega_d(t-t') - \frac{\delta}{\omega_d}\sin\omega_d(t-t')\right] \tag{10.47}$$

Befand sich das System für $t < t'$ in Ruhe, dann führt der Schwinger für $t > t'$ Eigenschwingungen mit den Anfangsbedingungen $x(t = t') = 0$ und $\dot{x}(t = t') = I$ aus. Als Impulsantwort oder Gewichtsfunktion des geschwindigkeitsproportional gedämpften Einmassenschwingers wird der Ausdruck

$$g(t-t') = \frac{1}{\omega_d} e^{-\delta(t-t')} \sin \omega_d(t-t') \tag{10.48}$$

bezeichnet. Die Impulsantwort g drückt die Antwort eines gedämpften Einmassenschwingers auf einen Impuls I der Intensität "1" zum Zeitpunkt t = t' aus.

10.9   Allgemeine Erregerfunktionen

Wir betrachten die lineare inhomogene Differenzialgleichung zweiter Ordnung

$$\ddot{x}(t) + p(t)\dot{x} + q(t)x(t) = f(t) \tag{10.49}$$

Die Koeffizientenfunktionen p(t), q(t) und die bezogene Erregerkraft f(t) sind mindestens abschnittsweise stetige Funktionen. Die zugeordnete homogene Differenzialgleichung

$$\ddot{x}_h(t) + p(t)\dot{x}_h + q(t)x_h(t) = 0$$

besitzt die linear unabhängigen Lösungen $x_{1,h}(t)$ und $x_{2,h}(t)$. Aufgrund der Linearität der Differenzialgleichung ist dann die Linearkombination

$$x_h(t) = C_1 x_{h,1}(t) + C_2 x_{h,2}(t) \tag{10.50}$$

mit beliebigen Konstanten C_1 und C_2 auch Lösung der homogenen Differenzialgleichung. Sind zwei linear unabhängige Lösungen bekannt, dann können wir auch eine partikuläre Lösung und damit die allgemeine Lösung von (10.49) finden. Dazu wenden wir das auf Lagrange zurückgehende Verfahren der Variation der Konstanten an. Zur Beschaffung einer partikulären Lösung der Gleichung

$$\ddot{x}_p(t) + p(t)\dot{x}_p + q(t)x_p(t) = f(t) \tag{10.51}$$

setzen wir deren Lösung in derselben Form wie (10.50) an, allerdings nicht mit konstanten Koeffizienten C_1 und C_2, sondern als gesuchte Funktionen der Zeit t, also

$$x_p(t) = C_1(t)x_{h,1}(t) + C_2(t)x_{h,2}(t) \tag{10.52}$$

Diese Gleichung besitzt die Ableitung $\dot{x}_p = \dot{C}_1 x_{h,1} + C_1 \dot{x}_{h,1} + \dot{C}_2 x_{h,2} + C_2 \dot{x}_{h,2}$. Da der Ansatz (10.52) mit $C_1(t)$ und $C_2(t)$ zwei Funktionen enthält, können wir eine zusätzliche Bedingung vorgeben. Wir fordern $\dot{C}_1 x_{h,1} + \dot{C}_2 x_{h,2} = 0$, was zu $\dot{x}_p = C_1 \dot{x}_{h,1} + C_2 \dot{x}_{h,2}$ und $\ddot{x}_p = \dot{C}_1 \dot{x}_{h,1} + C_1 \ddot{x}_{h,1} + \dot{C}_2 \dot{x}_{h,2} + C_2 \ddot{x}_{h,2}$ führt. Beachten wir diese Ableitungen in (10.51) dann erhalten wir

$$C_1 \underbrace{[\ddot{x}_{h,1} + p(t)\dot{x}_{h,1} + q(t)x_{h,1}]}_{=0} + C_2 \underbrace{[\ddot{x}_{h,2} + p(t)\dot{x}_{h,2} + q(t)x_{h,2}]}_{=0} + \dot{C}_1 \dot{x}_{h,1} + \dot{C}_2 \dot{x}_{h,2} = f(t)$$

Da $x_{h,1}(t)$ und $x_{h,2}(t)$ je für sich die homogene Differenzialgleichung erfüllen, verbleibt das lineare Gleichungssystem

$$\begin{bmatrix} x_{h,1} & x_{h,2} \\ \dot{x}_{h,1} & \dot{x}_{h,2} \end{bmatrix} \begin{bmatrix} \dot{C}_1 \\ \dot{C}_2 \end{bmatrix} = \begin{bmatrix} 0 \\ f(t) \end{bmatrix}$$

zur Bestimmung der beiden unbekannten Funktionen $\dot{C}_1$ und $\dot{C}_2$. Wegen der linearen Unabhängigkeit der beiden Teillösungen $x_{1,h}(t)$ und $x_{2,h}(t)$ gilt für die Koeffizientendeterminante $\Delta = x_{h,1}\dot{x}_{h,2} - \dot{x}_{h,1}x_{h,2} \neq 0$, womit das System immer die eindeutige Lösung

$$\dot{C}_1 = -\frac{x_{h,2}(t)}{\Delta(t)}f(t), \quad \dot{C}_2 = \frac{x_{h,1}(t)}{\Delta(t)}f(t)$$

besitzt. Wir schreiben die daraus folgenden Stammfunktionen als Integrale mit veränderlichen oberen Grenzen und bezeichnen die Integrationsvariable mit τ

$$C_1(t) = -\int_{\tau=t_0}^{t} \frac{x_{h,2}(\tau)}{\Delta(\tau)}f(\tau)d\tau, \quad C_2(t) = \int_{\tau=t_0}^{t} \frac{x_{h,1}(\tau)}{\Delta(\tau)}f(\tau)d\tau \qquad (10.53)$$

Dabei ist t_0 ein fester Wert. Für $t = t_0$ fallen obere und untere Grenze der Integrale zusammen, die damit verschwinden. Somit genügt die partikuläre Lösung (10.52) den Anfangsbedingungen $x_p(t = t_0) = 0$, und wegen $\dot{x}_p = C_1(t)\dot{x}_{h,1} + C_2(t)\dot{x}_{h,2}$ gilt dann auch für die erste Ableitung $\dot{x}_p(t = t_0) = 0$. Wir konkretisieren die bisherigen Untersuchungen und betrachten dazu die inhomogene Differenzialgleichung der gedämpften Bewegung $\ddot{x} + 2\delta\dot{x} + \omega^2 x = f(t)$. Ein Vergleich mit (10.51) zeigt: $p = 2\delta$ und $q = \omega^2$. Die homogene Differenzialgleichung $\ddot{x}_h + 2\delta\dot{x}_h + \omega^2 x_h = 0$ besitzt die beiden linear unabhängigen Lösungen ($\lambda = \sqrt{\delta^2 - \omega^2}$) $x_{h,1}(t) = e^{(-\delta+\lambda)t}$ und $x_{h,2}(t) = e^{(-\delta-\lambda)t}$. Deren Ableitungen sind

$$\dot{x}_{h,1} = (-\delta+\lambda)e^{(-\delta+\lambda)t} = (-\delta+\lambda)x_{h,1}, \quad \ddot{x}_{h,1} = (-\delta+\lambda)^2 e^{(-\delta+\lambda)t} = (-\delta+\lambda)^2 x_{h,1}$$

$$\dot{x}_{h,2} = -(\delta+\lambda)e^{(-\delta-\lambda)t} = -(\delta+\lambda)x_{h,2}, \quad \ddot{x}_{h,2} = (\delta+\lambda)^2 e^{(-\delta-\lambda)t} = (\delta+\lambda)^2 x_{h,2}$$

und für die Koeffizientendeterminante folgt $\Delta = -2\lambda e^{-2\delta t} \neq 0$. Damit sind

$$\dot{C}_1 = -\frac{1}{\Delta}x_{h,2}f(t) = \frac{f(t)\,e^{(\delta-\lambda)t}}{2\lambda}, \quad \dot{C}_2 = \frac{1}{\Delta}x_{h,1}f(t) = -\frac{f(t)\,e^{(\delta+\lambda)t}}{2\lambda}$$

und mit (10.53) folgen

$$C_1(t) = \frac{1}{2\lambda}\int_{\tau=t_0}^{t} f(\tau)\,e^{(\delta-\lambda)\tau}\,d\tau, \quad C_2(t) = \frac{1}{2\lambda}\int_{\tau=t_0}^{t} f(\tau)\,e^{(\delta+\lambda)\tau}\,d\tau$$

Damit ergibt sich die partikuläre Lösung

$$x_p(t) = e^{(-\delta+\lambda)t} \frac{1}{2\lambda} \int\limits_{\tau=t_0}^{t} f(\tau)\, e^{(\delta-\lambda)\tau}\, d\tau + e^{(-\delta-\lambda)t} \frac{1}{2\lambda} \int\limits_{\tau=t_0}^{t} f(\tau)\, e^{(\delta+\lambda)\tau}\, d\tau$$

Ziehen wir noch die von der Integrationsvariablen τ unabhängigen Funktionen unter das Integral, dann liefert die Zusammenfassung

$$x_p(t) = \frac{1}{2\lambda} \int\limits_{\tau=t_0}^{t} [e^{-(t-\tau)(\delta-\lambda)} - e^{-(t-\tau)(\delta+\lambda)}] f(\tau)\, d\tau \qquad (10.54)$$

Hinweis: In (10.54) tritt auf der rechten Seite die Variable t einerseits als obere Grenze des Integrals und andererseits unter dem Integral als Parameter auf.

Führen wir noch die Gewichtsfunktion

$$g(t-\tau) = \frac{e^{-(t-\tau)(\delta-\lambda)} - e^{-(t-\tau)(\delta+\lambda)}}{2\lambda} \qquad (10.55)$$

ein, dann erscheint (10.54) in der kompakten Form

$$x_p(t) = \int\limits_{\tau=t_0}^{t} f(\tau)\, g(t-\tau)\, d\tau \qquad (10.56)$$

Die durch die Beziehung (10.56) definierte Funktion $x_p(t)$ wird als Faltung (engl. convolution) der beiden Funktionen $f(\tau)$ und $g(t-\tau)$ bezeichnet und dafür die Schreibweise

$$x_p(t) = f(\tau) * g(t-\tau) = \int\limits_{0}^{t} f(\tau)\, g(t-\tau)\, d\tau \qquad (10.57)$$

gewählt. Für die Faltung gilt

$$x_p(t) = f(\tau) * g(t-\tau) = f(t-\tau) * g(\tau) \qquad (10.58)$$

Substituieren wir nämlich $t' = t - \tau$, dann folgt aus (10.57) mit $d\tau = -dt'$ und veränderten Grenzen $x_p(t) = -\int\limits_{t}^{0} f(t-t')\, g(t')\, dt' = \int\limits_{0}^{t} f(t-t')\, g(t')\, dt'$, und wenn wir t' wieder durch τ ersetzen, die Behauptung (10.58).

Befindet sich das System zum Zeitpunkt $t = t_0$ nicht in Ruhe, dann ist dem Partikularintegral ein Integral der homogenen Differenzialgleichung hinzuzufügen. Mit den beiden Konstanten aus der homogenen Lösung lässt sich dann die Gesamtlösung an beliebige inhomogene Anfangsbedingungen anpassen.

Es können nun folgende Fälle auftreten:

1.) Im Fall fehlender Dämpfung ist $\delta = 0$ und $\lambda = i\omega$. Für die Gewichtsfunktion erhalten wir

$$g(t-\tau) = \frac{e^{(t-\tau)i\omega} - e^{-(t-\tau)i\omega}}{2i\omega} = \frac{\sin \omega(t-\tau)}{\omega}.$$

2.) Im Fall schwacher Dämpfung ist $\omega^2 > \delta^2$. Das bedeutet $\lambda = i\overline{\lambda}$ mit

$$\overline{\lambda} = \sqrt{\omega^2 - \delta^2} = \omega_d,$$ und wir erhalten

$$g(t-\tau) = \frac{e^{-(t-\tau)(\delta - i\overline{\lambda})} - e^{-(t-\tau)(\delta + i\overline{\lambda})}}{2i\overline{\lambda}} = \frac{e^{-\delta(t-\tau)} \sin \overline{\lambda}(t-\tau)}{\overline{\lambda}} = \frac{e^{-\delta(t-\tau)} \sin \omega_d (t-\tau)}{\omega_d}$$

3.) Der stark gedämpfte Fall ist gekennzeichnet durch $\delta^2 > \omega^2$. Damit wird $\lambda = \sqrt{\delta^2 - \omega^2}$ reell und die Lösung liegt mit (10.55) bereits vor.

4.) Im Grenzfall $D = 1$ ist $\delta = \omega$ und $\lambda = 0$. Damit scheitert zunächst die Auswertung von (10.55). Nach der Regel von Bernoulli-L'Hospital erhalten wir den Grenzwert

$$g(t-\tau) = \lim_{\lambda \to 0} \frac{e^{-(t-\tau)(\delta - \lambda)} - e^{-(t-\tau)(\delta + \lambda)}}{2\lambda} = (t-\tau)e^{-\delta(t-\tau)}.$$

5.) Schließlich ergibt sich für die allgemeine Kriechbewegung mit $\omega = 0$ und $\lambda = \delta$

$$g(t-\tau) = \frac{1 - e^{-2\delta(t-\tau)}}{2\delta}.$$

Beispiel 10-5:

Das System in Abb. 10.23 wird zum Zeitpunkt $t = 0$ aus der Ruhe heraus durch eine sprunghafte Belastung mit der Intensität F_0 beansprucht. Die partikuläre Lösung (10.54) ist mit $t_0 = 0$ und $f(\tau) = f_0 = F_0/m$ dann auch die vollständige Lösung. Diese Lösungen können, je nach Dämpfungsgrad, unterschiedlich sein.

1. Schwache Dämpfung

$$x_p(t) = \frac{F_0}{m\omega_d} \int\limits_{\tau=0}^{t} e^{-\delta(t-\tau)} \sin \omega_d (t-\tau)\, d\tau = \frac{F_0}{m\omega^2}[1 - e^{-\delta t}(\cos \omega_d t + \delta/\omega_d \sin \omega_d t)]$$

2. Starke Dämpfung

$$x_p(t) = \frac{F_0}{2m\lambda} \int\limits_{\tau=0}^{t} [e^{-(t-\tau)(\delta-\lambda)} - e^{-(t-\tau)(\delta+\lambda)}]\, d\tau = \frac{F_0}{m} \frac{e^{-(\delta-\lambda)t}(\delta/\lambda+1) - e^{-(\delta+\lambda)t}(\delta/\lambda-1) - 2}{2(\lambda^2 - \delta^2)}$$

3. Grenzfall

$$x_p(t) = \frac{F_0}{m} \int\limits_{\tau=0}^{t} [(t-\tau)e^{-\delta(t-\tau)}]\, d\tau = \frac{F_0}{m} \frac{1-e^{-\delta t}(1+\delta t)}{\delta^2}$$

Beispiel 10-6

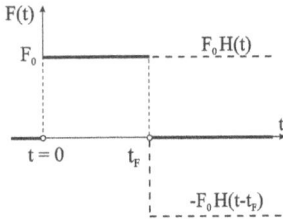

Das System nach Abb. 10.28 wird durch den in Abb. 10.35 skizzierten Rechteckstoß der Intensität F_0 und der Dauer $\varepsilon = t_F$ belastet. Gesucht wird die dynamische Antwort, wenn das System zum Zeitpunkt $t = 0$ in Ruhe war. Geg.: $k = 50\,\text{kN}/\text{m}$, $m = 400\,\text{kg}$, $D = 0,05$, $t_F = 2\,\text{s}$, $F_0 = 10\,\text{kN}$.

Abb. 10.35 Der Rechteckstoß

Lösung: Wegen $D = 0,05 \ll 1$ ist das System schwach gedämpft. Die Erregerkraft $F(t) = F_0[H(t) - H(t - t_F)]$ können wir uns aus zwei zeitversetzten Sprungfunktionen zusammengesetzt denken (Abb. 10.35). Im Fall der schwachen Dämpfung erhalten wir

$$x(t) = \frac{F_0}{m\omega_d} \int\limits_{\tau=0}^{t} [H(\tau) - H(\tau - t_F)]\, e^{-\delta(t-\tau)} \sin\omega_d(t-\tau)\,d\tau$$

$$= \frac{F_0}{m\omega^2} \left\{ \begin{matrix} 1 - e^{-\delta t}(\cos\omega_d t + \delta/\omega_d \sin\omega_d t) - \\ -H(t-t_F)[1 - \exp^{-\delta(t-t_F)}(\cos\omega_d(t-t_F) + \delta/\omega_d \sin\omega_d(t-t_F))] \end{matrix} \right\}$$

und damit abschnittsweise

$$x(t) = \frac{F_0}{m\omega^2}[1 - e^{-\delta t}(\cos\omega_d t + \delta/\omega_d \sin\omega_d t)] \qquad\qquad (0 \le t \le t_F)$$

$$x(t) = \frac{F_0}{m\omega^2} \left\{ \begin{matrix} e^{-\delta(t-t_F)}[\cos\omega_d(t-t_F) + \delta/\omega_d \sin\omega_d(t-t_F)] \\ -e^{-\delta t}(\cos\omega_d t + \delta/\omega_d \sin\omega_d t) \end{matrix} \right\} \qquad (t \ge t_F)$$

Im ungedämpften Fall mit $\delta = 0$ ist

$$x(t) = \frac{F_0}{m\omega} \int\limits_{\tau=0}^{t} [H(\tau) - H(\tau - t_F)] \sin\omega(t-\tau)\, d\tau$$

$$= \frac{F_0}{m\omega^2} \{ 1 - \cos\omega t - H(t-t_F)[1 - \cos\omega(t-t_F)] \}$$

und damit abschnittsweise

$$x(t) = \frac{F_0}{m\omega^2}(1 - \cos\omega t) \qquad\qquad (0 \le t \le t_F)$$

$$x(t) = \frac{F_0}{m\omega^2}[\cos\omega(t - t_F) - \cos\omega t] \qquad\qquad (t \ge t_F)$$

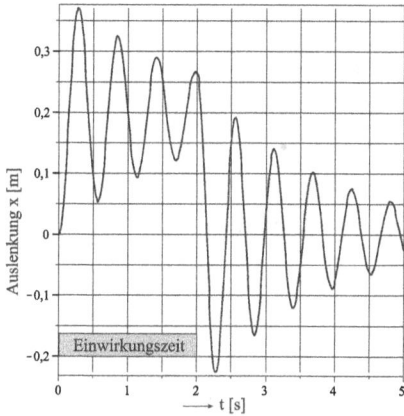

Abb. 10.36   *Der Rechteckstoß (D = 0,05, t_F = 2 s)*

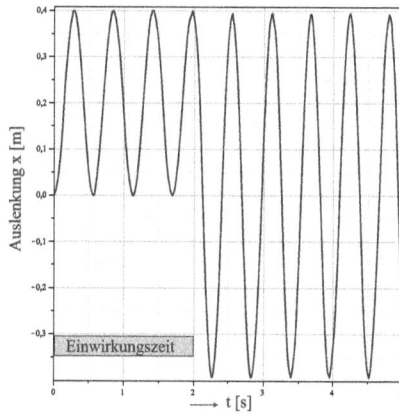

Abb. 10.37   *Der Rechteckstoß (D = 0, t_F = 2 s)*

Beispiel 10-7:

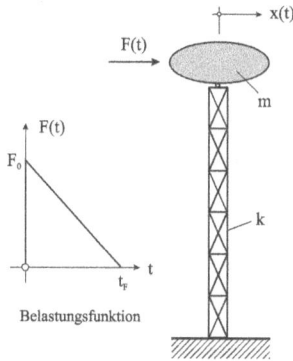

Abb. 10.38   *Sendemast unter Dreiecklast F(t)*

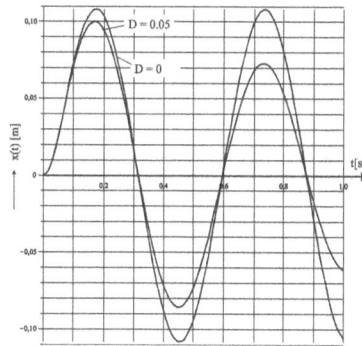

Abb. 10.39   *Auslenkung x(t) infolge Dreiecklast F(t)*

Der Sendemast in Abb. 10.38 wird durch eine Last F(t) belastet, die durch einen Dreieckim-puls angenähert wird. Gesucht wird die dynamische Antwort des Systems, wenn in einem ersten Schritt von einer Systemdämpfung abgesehen werden kann.

Geg.: $k = 50\,kN/m$, $m = 400\,kg$, $t_F = 0,1\,s$, $F_0 = 10\,kN$.

Lösung: Die Belastung $F(t) = F_0(1 - t/t_F)[H(t) - H(t - t_F)]$ wird mittels der Heaviside-Funktion dargestellt. Im ungedämpften Fall ist $g(t - \tau) = \dfrac{1}{\omega}\sin\omega(t - \tau)$ und die Auswertung des Integrals liefert

$$x(t) = \frac{1}{\omega}\int_{\tau=0}^{t} f(\tau)\sin\omega(t - \tau)\,d\tau = \frac{F_0}{m\omega t_F}\int_{\tau=0}^{t}[H(\tau) - H(\tau - t_F)](1 - \tau/t_F)\sin\omega(t - \tau)\,d\tau$$

$$= \frac{F_0}{m\omega^3 t_F}\{[H(t - t_F) - 1]\omega(t - t_F) - H(t - t_F)\sin\omega(t - t_F) + \sin\omega t - \omega t_F\cos\omega t\}$$

und damit abschnittsweise

$$x(t) = \frac{F_0}{m\omega^3 t_F}[\sin\omega t - \omega t_F\cos\omega t - \omega(t - t_F)] \qquad (0 \le t \le t_F)$$

$$x(t) = \frac{F_0}{m\omega^3 t_F}[\sin\omega t - \omega t_F\cos\omega t - \sin\omega(t - t_F)] \qquad (t \ge t_F)$$

Die analytische Darstellung der Verschiebung des gedämpften Systems ist schon recht aufwendig, weshalb hier darauf verzichtet wird. Zum Vergleich wurde in Abb. 10.39 aus einer nummerischen Berechnung das Ergebnis für den Dämpfungsgrad $D = 0{,}05$ hinzugefügt.

Beispiel 10-8:

Der schwach gedämpfte Schwinger in Abb. 10.40 wird zum Zeitpunkt $t = t_1$ durch einen Einheitsstoß $I = S/m = 1\,m/s$ belastet. Gesucht wird die Antwort des Systems.

Geg.: $\omega = 1{,}0\,s^{-1}$, $\delta = 0{,}1\,s^{-1}$ und $t_1 = 1\,s$.

Lösung: Die dem Problem zugeordnete Differenzialgleichung $\ddot{x} + 2\delta\dot{x} + \omega^2 x = I\,\delta(t - t_1)$ entspricht (10.46). Wir beschränken uns auf die partikuläre Lösung

$$x_p(t) = f(\tau) * g(t - \tau) = \int_0^t f(\tau)\,g(t - \tau)\,d\tau.$$

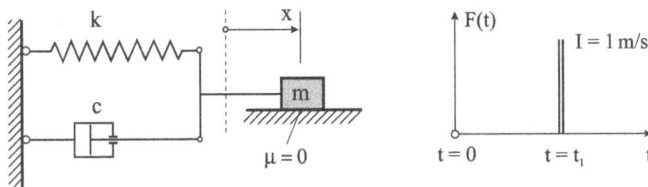

Abb. 10.40   Der Einheitsstoß

Im vorliegenden Fall der schwachen Dämpfung ist die Gewichtsfunktion

$$g(t-\tau) = \frac{e^{-\delta(t-\tau)} \sin \omega_d(t-\tau)}{\omega_d} \quad \text{zu verwenden, und die Integration liefert (Abb. 10.41):}$$

$$x_p(t) = \frac{I}{\omega_d} \int_0^t \delta(\tau - t_1) \, e^{-\delta(t-\tau)} \sin \omega_d(t-\tau) \, d\tau = \frac{I}{\omega_d} e^{-\delta(t-t_1)} \sin \omega_d(t-t_1)[H(t_1) - H(t_1 - t)]$$

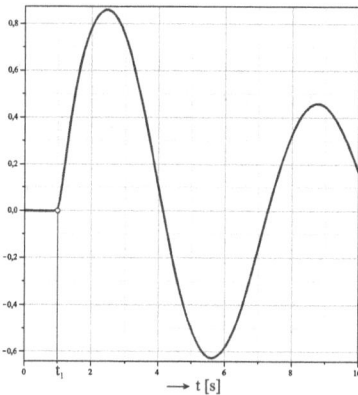

Abb. 10.41 *Auslenkung x(t) infolge eines Einheitsstoßes*

10.10   Der Stoß

Prallen zwei oder auch mehrere feste Körper mit unterschiedlichen Geschwindigkeiten aufeinander, dann kommt es in kürzester Zeit zu erheblichen Geschwindigkeitsänderungen, bei denen sich die Bewegungszustände der am Stoß beteiligten Körper quasi augenblicklich ändern. Das passiert auch bei plötzlichen Fixierungen von Körpern, und in all diesen Fällen sprechen wir vom Stoß. Der nächstliegende Fall ist das Zusammentreffen lediglich zweier Körper. Zur Terminologie des Stoßes ist folgendes anzumerken. Wir sprechen vom zentralen Stoß, wenn die Stoßkraft in der Verbindungsgeraden der Schwerpunkte der beiden Körper liegt. Von einem geraden zentralen Stoß (Abb. 10.42, links) wird gesprochen, wenn zusätzlich die Geschwindigkeitsvektoren der Körperschwerpunkte auch in die Verbindungsgerade fallen, andernfalls handelt es sich um den schiefen zentralen Stoß (Abb. 10.42, rechts).

Historisch ist anzumerken, dass die ersten quantitativen Ergebnisse zum Stoßproblem auf Galilei, Huygens und Newton zurückgehen.

a) der gerade zentrale Stoß   b) der schiefe zentrale Stoß

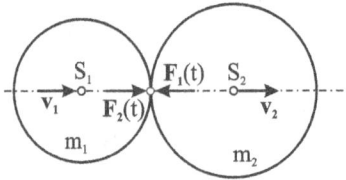

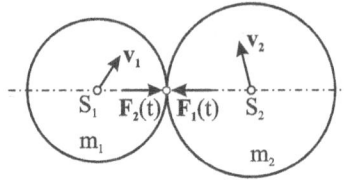

Abb. 10.42   *Der zentrale Stoß*

Fallen weder die Stoßkräfte noch die Geschwindigkeitsvektoren in die Verbindungsgerade, dann liegt ein schiefer exzentrischer Stoß vor (Abb. 10.43). Ausgangspunkt für die Herleitung der Grundgleichungen sind Schwerpunkt- und Drallsatz. Mit diesen Sätzen erfassen wir

in integraler Form die am Stoß beteiligten Kräfte $\mathbf{F}^a = \sum_{j=1}^{n} \mathbf{F}_j^a$ und Momente

$\mathbf{M}_0^a = \sum_{j=1}^{n} \mathbf{r}_j \times \mathbf{F}_j^a$. Aus dem Schwerpunktsatz $\mathbf{F}^a = \sum_{j=1}^{n} \mathbf{F}_j^a = m\dfrac{d\mathbf{v}_s}{dt}$ ermitteln wir durch In-

tegration über die Stoßdauer $\Delta t = t_1 - t_0$

$$\int_{t_0}^{t_1} \mathbf{F}^a dt = \mathbf{S} = m(\underbrace{\mathbf{v}_S^1 - \mathbf{v}_S^0}_{=\Delta \mathbf{v}_S}) = m\,\Delta \mathbf{v}_S \tag{10.59}$$

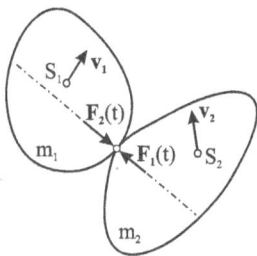

Abb. 10.43   *Der schiefe exzentrische Stoß*

Das Zeitintegral über die äußere Kraft $\mathbf{F}^a$ vom Beginn t_0 bis zum Ende t_1 des Stoßvorganges wird, wie bereits in (10.42) definiert, Kraftstoß S oder auch kurz Stoß genannt. Da das Produkt $m\,\Delta \mathbf{v}_S$ eine endliche Größe darstellt, und die Stoßdauer Δt i. Allg. sehr klein ist, müssen die unter dem Integral stehenden Stoßkräfte $\mathbf{F}^a$ sehr groß sein, was dazu Veranlassung gibt, alle sonstigen äußeren Kräfte, etwa die Schwerkraft, zu vernachlässigen. Ausgehend vom Drallsatz in der Form $\mathbf{M}^a = \dfrac{d}{dt}\mathbf{D} = \dfrac{d}{dt}\int_{(m)} \mathbf{r} \times \mathbf{v}\, dm = \int_{(m)} \mathbf{r} \times \dot{\mathbf{v}}\, dm$ erhalten wir durch Multiplikation mit dt zunächst

$$\mathbf{M}^a dt = d\mathbf{D} = \dfrac{d}{dt}\left(\int_{(m)} \mathbf{r} \times \mathbf{v}\, dm\right) dt = \left(\int_{(m)} \mathbf{r} \times \dot{\mathbf{v}}\, dm\right) dt = \left(\sum_{j=1}^{n} \mathbf{r}_j \times \mathbf{F}_j^a\right) dt$$

und die anschließende Integration über die Stoßzeit $\Delta t = t_1 - t_0$ führt auf

$$\mathbf{D}^1 - \mathbf{D}^0 = \int\limits_{t=t_0}^{t_1} [\int\limits_{(m)} \mathbf{r} \times \dot{\mathbf{v}}\, dm]\, dt = \int\limits_{t=t_0}^{t_1} \sum_{j=1}^{n} \mathbf{r}_j \times \mathbf{F}_j^a\, dt$$

Wir können während der sehr kurzen Stoßphase näherungsweise von stetigen und konstanten Vektoren $\mathbf{r}_j$ ausgehen, womit wir unter Berücksichtigung von (10.59)

$$\mathbf{D}^1 - \mathbf{D}^0 = \Delta \mathbf{D} = \sum_{j=1}^{n} (\mathbf{r}_j \times \int\limits_{t=t_0}^{t_1} \mathbf{F}_j^a\, dt) = \sum_{j=1}^{n} \mathbf{r}_j \times \mathbf{S}_j$$

erhalten. Die Änderung des Drallvektors $\Delta \mathbf{D} = \mathbf{D}^1 - \mathbf{D}^0$ vor und nach dem Stoß ist somit identisch mit der Summe der Momente der Teilstöße.

10.10.1   Der gerade zentrale Stoß

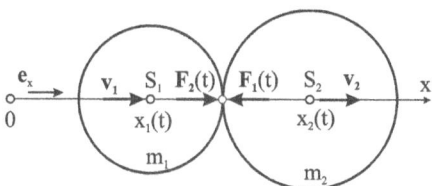

Abb. 10.44   *Der gerade zentrale Stoß*

Wir betrachten die beiden zum Stoß kommenden Kugeln in Abb. 10.44. Der Kontakt beider Körper soll punktförmig erfolgen. Sowohl die Stoßkräfte wie auch die Geschwindigkeitsvektoren liegen in der Verbindungsgeraden der beiden Schwerpunkte. Da hier ein eindimensionales Problem vorliegt, die Stoßnormale haben wir in die x-Achse gelegt, verzichten wir auf den Vektorcharakter und ersetzen im Folgenden die Vektoren durch ihre Koordinaten. Die Geschwindigkeiten der beiden Kugelschwerpunkte unmittelbar vor dem Stoß sind v_1 und v_2, und die Geschwindigkeiten direkt nach dem Stoß werden mit c_1 und c_2 bezeichnet. Wenden wir den Schwerpunktsatz auf beide Massen an, dann ist zunächst das Befreiungsprinzip auf beide Kugeln anzuwenden, womit die inneren Kontaktkräfte zu äußeren Kräften werden. Wir erhalten für die Kraftstöße beider Massen unter Beachtung des Reaktionsprinzips

Masse m_1: $S_1 = \int\limits_{t_0}^{t_1} F_1\, dt = m_1 (c_1 - v_1)$

Masse m_2: $S_2 = \int\limits_{t_0}^{t_1} F_2\, dt = -\int\limits_{t_0}^{t_1} F_1\, dt = m_2 (c_2 - v_2)$

Durch Addition beider Gleichungen folgt $m_1(c_1 - v_1) = -m_2(c_2 - v_2)$ oder

$$m_1 c_1 + m_2 c_2 = m_1 v_1 + m_2 v_2 \tag{10.60}$$

und das ist die Erhaltung des Impulses. Da (10.60) die beiden unbekannten Geschwindigkeiten c_1 und c_2 nach dem Stoß enthält, benötigen wir zur Lösung des Problems eine weitere Beziehung. Dazu denken wir uns beide Körper als deformierbar und zerlegen den Stoßvorgang in eine Kompressions- und eine Restitutionsphase. Die Kompressionsphase findet in der Zeit von $t = t_0$ bis $t = t'$ und die Restitutionsphase von t' bis t_1 statt. Die Kompressionsphase soll dann beendet sein, wenn die beiden Schwerpunkte den geringsten Abstand $x_2(t) - x_1(t)$ haben. Das erfordert $\frac{d}{dt}[x_2(t) - x_1(t)]\big|_{t=t'} = 0 = \dot{x}_2(t') = \dot{x}_1(t')$. Kürzen wir die Schwerpunktsgeschwindigkeiten $\dot{x}_1(t') = \dot{x}_2(t')$ mit u ab und werten die Kompressionsphase beider Massen mit (10.59) aus, dann erhalten wir unter Beachtung des Reaktionsprinzips

$$m_1(u - v_1) = -\int_{t_0}^{t'} F_1(t)dt = -J_1, \quad m_2(u - v_2) = \int_{t_0}^{t'} F_1(t)dt = J_1 \tag{10.61}$$

Die Addition beider Gleichung liefert die gemeinsame Schwerpunktsgeschwindigkeit am Ende der Kompressionsphase

$$u = \frac{m_1 v_1 + m_2 v_2}{m_1 + m_2} \tag{10.62}$$

Entsprechend erhalten wir für die Restitutionsphase

$$m_1(c_1 - u) = -\int_{t_0}^{t'} F_1(t)dt = -J_2, \quad m_2(c_2 - u) = \int_{t_0}^{t'} F_1(t)dt = J_2 \tag{10.63}$$

Zur Berechnung von c_1 und c_2 reichen auch diese Gleichungen nicht aus. Wir benötigen noch die auf Newton zurückgehende Stoßhypothese, nach der die Kraftstöße der Kompressions- und Restitutionsphase in einem festen Verhältnis stehen

$$J_2 = \varepsilon J_1 \qquad (\varepsilon = \text{konst.}) \tag{10.64}$$

Aus (10.63) unter Beachtung von (10.64) mit (10.61) erhalten wir die beiden Gleichungen

$$c_1 - u = \varepsilon(u - v_1) \quad \text{und} \quad c_2 - u = \varepsilon(u - v_2) \tag{10.65}$$

aus denen wir durch Subtraktion

$$\varepsilon = -\frac{c_2 - c_1}{v_2 - v_1} \tag{10.66}$$

folgt, wonach die Relativgeschwindigkeiten der Schwerpunkte nach und vor dem Stoß in einem festen Verhältnis stehen. Die materialabhängige Konstante $0 \le \varepsilon \le 1$ wird Stoßzahl genannt. Für $\varepsilon = 1$ heißt der Stoß ideal elastisch und für $\varepsilon = 0$ ideal plastisch. Die Geschwindigkeiten c_1 und c_2 errechnen sich aus (10.65) mit (10.62) zu

$$c_1 = v_1 - \frac{(1+\varepsilon)(v_1 - v_2)}{1 + m_1/m_2}, \quad c_2 = v_2 - \frac{(1+\varepsilon)(v_2 - v_1)}{1 + m_2/m_1} \tag{10.67}$$

und für die Grenzfälle gilt

$$\varepsilon = 0: \quad c_1 = c_2 = \frac{m_1 v_1 + m_2 v_2}{m_1 + m_2} = u$$

$$\varepsilon = 1: \quad c_1 = \frac{2m_2 v_2 - (m_2 - m_1) v_1}{m_1 + m_2}; \quad c_2 = \frac{2m_1 v_1 - (m_1 - m_2) v_2}{m_1 + m_2}$$

Infolge des Stoßes verliert das System die Energie

$$\Delta E = \frac{1}{2} m_1 (v_1^2 - c_1^2) + \frac{1}{2} m_2 (v_2^2 - c_2^2) = \frac{1 - \varepsilon^2}{2} \frac{m_1 m_2}{m_1 + m_2} (v_1 - v_2)^2$$

Beispiel 10-9:

Eine Stahlkugel fällt aus einer Höhe h auf eine ruhende starre Platte ($v_2 = 0$, $c_2 = 0$). Beim ersten Rückprall erreicht die Kugel eine Höhe von $h_1 = 0{,}65h$. Gesucht wird die Stoßzahl ε.

Lösung: Mit $v_1 = \sqrt{2gh}$ und $c_1 = -\sqrt{2gh_1}$ ist unter Beachtung von (10.66):

$$\varepsilon = -c_1/v_1 = \sqrt{h_1/h} = \sqrt{0{,}65} = 0{,}81.$$

10.10.2   Der schiefe zentrale Stoß

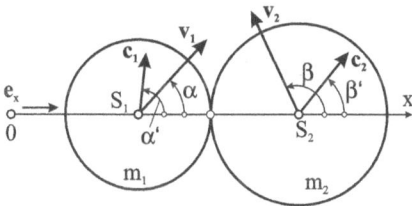

Abb. 10.45   Der schiefe zentrale Stoß

Ein schiefer zentraler Stoß liegt vor, wenn die Stoßkräfte in der Verbindungslinie beider Schwerpunkte liegen, nicht aber die Geschwindigkeitsvektoren selbst. Um hier zu einer praktikablen Lösung zu kommen, wird von Kräften senkrecht zur Stoßnormalen, beispielsweise von immer vorhandenen Reibungskräften, abgesehen. Unter dieser Voraussetzung können dann senkrecht zur Stoßnormalen keine Geschwindigkeitsänderungen auftreten, was

$$v_1 \sin\alpha = c_1 \sin\alpha', \quad v_2 \sin\beta = c_2 \sin\beta' \tag{10.68}$$

erfordert. Für die Geschwindigkeiten in Richtung der Stoßnormalen folgt mit (10.67), wenn wir dort v_1, v_2, c_1 und c_2 durch $v_1 \cos\alpha$, $v_2 \cos\beta$, $c_1 \cos\alpha'$ und $c_2 \cos\beta'$ ersetzen

$$c_1 \cos \alpha' = v_1 \cos \alpha - \frac{(1+\varepsilon)(v_1 \cos \alpha - v_2 \cos \beta)}{1 + m_1/m_2}$$

$$c_2 \cos \beta' = v_2 \cos \beta - \frac{(1+\varepsilon)(v_2 \cos \beta - v_1 \cos \alpha)}{1 + m_2/m_1}$$

(10.69)

Aus (10.68) und (10.69) können α', β', c_1 und c_2 berechnet werden.

10.10.3   Der exzentrische Stoß

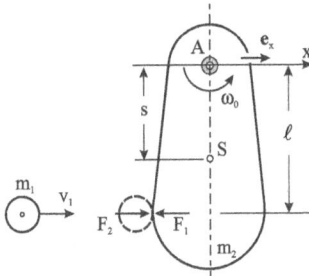

Abb. 10.46   *Der gerade exzentrische Stoß*

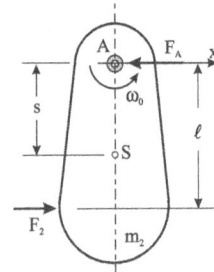

Abb. 10.47   *Kraftstoß auf das Lager A*

Der exzentrische Stoß soll hier nur für einen ebenen Sonderfall behandelt werden, nämlich für den in Abb. 10.46 dargestellten geraden exzentrischen Stoß einer Masse m_1 gegen einen drehbar gelagerten Körper mit der Masse m_2 und dem Massenträgheitsmoment Θ_A bezüglich der Achse durch den Aufhängepunkt A. Vor dem Stoß hat der Körper die Winkelgeschwindigkeit ω_0. Der Abstand des Schwerpunktes S vom Aufhängepunkt beträgt s. Die Stoßkräfte und die Geschwindigkeit der Masse m_1 liegen in der Stoßnormalen. Damit ist hier der Stoß lediglich hinsichtlich des drehbar gelagerten Körpers exzentrisch. Wir erhalten aus dem über die Stoßzeit integrierten Schwerpunktsatz für die Masse m_1

$$m_1(c_1 - v_1) = -\int_{t_0}^{t_1} F_1 \, dt = -S_1$$

und durch Integration des Drallsatzes, den wir bezüglich des raumfesten Punktes A notieren

$$\Theta_A(\omega_1 - \omega_0) = \int_{t=t_0}^{t_1} M_A(t)dt = \int_{t=t_0}^{t_1} F_2(t)\ell \, dt = S_1 \ell$$

wobei ω_1 die Winkelgeschwindigkeit nach dem Stoß bedeutet. Die Newtonsche Stoßhypothese (10.66) lautet für diesen Fall $\varepsilon = -\dfrac{\omega_1 \ell - c_1}{\omega_0 \ell - v_1}$. Damit können c_1, ω_1 und S_1 ermittelt werden

$$c_1 = \frac{\Theta_A \ell \omega_0 (1+\varepsilon) + v_1 (m_1 \ell^2 - \varepsilon \Theta_A)}{\Theta_A + m_1 \ell^2} \, , \quad \omega_1 = \frac{\ell m_1 v_1 (1+\varepsilon) + \omega_0 (\Theta_A - \varepsilon m_1 \ell^2)}{\Theta_A + m_1 \ell^2}$$

$$S_1 = \frac{(1+\varepsilon) m_1 \Theta_A (v_1 - \omega_0 \ell)}{\Theta_A + m_1 \ell^2} \tag{10.70}$$

Insbesondere folgt mit $\omega_0 = 0$

$$c_1 = \frac{v_1 (m_1 \ell^2 - \varepsilon \Theta_A)}{\Theta_A + m_1 \ell^2} \, , \quad \omega_1 = \frac{\ell m_1 v_1 (1+\varepsilon)}{\Theta_A + m_1 \ell^2} \, , \quad S_1 = \frac{(1+\varepsilon) m_1 v_1 \Theta_A}{\Theta_A + m_1 \ell^2} \tag{10.71}$$

Den vom Lager A aufzunehmenden Kraftstoß S_A ermitteln wir aus dem Schwerpunktsatz in x-Richtung für die Masse m_2 (Abb. 10.47). Denken wir uns die Hebelarme während der sehr kurzen Stoßzeit konstant und die Kräfte richtungstreu, dann liefert unter Beachtung von $S_2 = S_1$ der über die Stoßdauer integrierte Schwerpunktsatz in tangentialer Richtung $m_2 s (\omega_1 - \omega_0) = S_1 - S_A$. Berücksichtigen wir noch (10.70), dann folgt

$$S_A = \frac{m_1 (1+\varepsilon)(\omega_0 \ell - v_1)(m_2 s \ell - \Theta_A)}{\Theta_A + m_1 \ell^2} \tag{10.72}$$

und speziell für $\omega_0 = 0$

$$S_A = \frac{(1+\varepsilon) m_1 v_1 (\Theta_A - m_2 s \ell)}{\Theta_A + m_1 \ell^2} \tag{10.73}$$

Gleichung (10.72) oder auch (10.73) entnehmen wir, dass der durch den Aufprall der Masse m_1 hervorgerufene Stoßvorgang dann keinen Kraftstoß im Lager A hervorruft, wenn die Masse m_1 im Abstand $\ell = \ell_r = \dfrac{\Theta_A}{m_2 s}$ auf den drehbar gelagerten Körper trifft. Dieser durch die reduzierte Pendellänge ℓ_r festgelegte Punkt heißt Stoßmittelpunkt.

Beispiel 10-10:

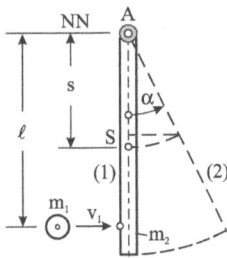

Das in Abb. 10.48 skizzierte Pendel wird von einem Körper der Masse m_1 mit der Geschwindigkeit v_1 im Abstand ℓ vom Drehpunkt A getroffen. Der sich dabei einstellende maximale Ausschlagwinkel ist α. Gesucht wird die Auftreffgeschwindigkeit v_1 der Masse m_1.

Abb. 10.48 *Das ballistische Pendel*

Lösung: Die Lösung erfolgt mittels des Energieerhaltungssatzes. Der Zustand (1) bezeichne den Auftreffzeitpunkt der Masse m_1, vor dem sich das Pendel in Ruhe befand, und der Zustand (2) den Zeitpunkt des Maximalausschlages des Pendels. Dann sind

Zustand 1: $E_1 = 1/2\,\Theta_A\,\omega_1^2$, $U_1 = -m_2 gs$

Zustand 2: $E_2 = 0$, $U_2 = -m_2 gs\cos\alpha$

und damit $1/2\,\Theta_A\,\omega_1^2 = m_2 gs(1-\cos\alpha)$. Beachten wir noch ω_1 aus (10.71) und lösen nach v_1

auf, dann erhalten wir $v_1 = \dfrac{1+\mu\kappa^2}{(1+\varepsilon)\kappa}\sqrt{2gs(1-\cos\alpha)}$ mit $\kappa = \sqrt{\dfrac{\Theta_A}{m_2\ell^2}}$ und $\mu = \dfrac{m_2}{m_1}$.

Für $\varepsilon = 0$ (inelastisches Pendel, Sandsack) und $\kappa = 1$ verbleibt $v_1 = (1+\mu)\sqrt{2gs(1-\cos\alpha)}$.

Liegt der Winkel α aus einer Messung vor, dann kann mit den obigen Beziehungen die Auftreffgeschwindigkeit v_1 der Masse m_1 berechnet werden.

10.10.4   Stoßbelastungen an Trägern

Auf den Biegeträger in Abb. 10.49 mit der Masse m_B und der Biegesteifigkeit $B_y = EI_{yy}$ schlägt an der Stelle x_0 eine Masse m_1 mit der Geschwindigkeit v_1 auf. Gesucht wird die maximale Auslenkung w_{max} der Trägerachse an der Stelle $x = x_0$ unter angenäherter Berücksichtigung der Trägermasse. Vereinfachend soll angenommen werden, dass der Stoßvorgang am Ende der Kompressionsphase zum Zeitpunkt $t = t'$ abgeschlossen ist, und ein Ablösen beider Körper findet nach der Kompressionsphase nicht mehr statt.

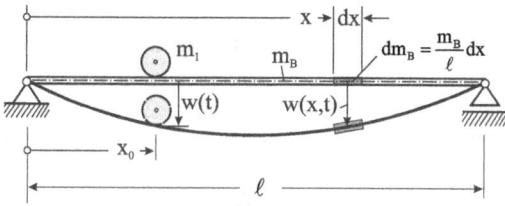

Abb. 10.49 *Querstoß auf einen Träger*

Zu diesem Zeitpunkt haben dann nach (10.62) die Masse m_1 und das darunter liegende Trägerelement dm_B die gemeinsame Geschwindigkeit $u_0 = \dfrac{m_1 v_1}{m_1 + \overline{m}}$. Der Impuls $\overline{m} u_0 = J_0 = \int dJ_0$ des Biegeträgers zum Zeitpunkt $t = t'$ kann näherungsweise durch Summation aller durch den Stoß hervorgerufenen Elementarimpulse

$$dJ_0 = dm_B\, \dot{w}(x,t') = \frac{m_B}{\ell} dx\, \dot{w}(x,t')$$

der einzelnen Massenelemente ermittelt werden. Die Vergleichsmasse $\overline{m}$ muss noch ermittelt werden, wozu wir die Geschwindigkeiten $\dot{w}(x,t')$ benötigen. Es soll ferner unterstellt werden, dass die aus dem Stoß resultierende Biegelinie dieselbe Form wie die statische Auslenkung infolge einer Einzelkraft an der Stelle x_0 besitzt, also $\dfrac{w(t)}{w_{st}(x_0)} = \dfrac{w(x,t)}{w_{st}(x)}$ und damit

$$w(x,t) = \frac{w_{st}(x)}{w_{st}(x_0)} w(t) = f(x) w(t) \tag{10.74}$$

Die Ortsfunktion

$$f(x) = \frac{w_{st}(x)}{w_{st}(x_0)} \tag{10.75}$$

entspricht der bezogenen statischen Auslenkung der Trägerachse infolge einer Kraft an der Stelle $x = x_0$. Mit (10.74) ist dann $\dot{w}(x,t) = f(x)\dot{w}(t)$ die Geschwindigkeit des Massenelementes dm_B, und zum Zeitpunkt $t = t'$ ist $\dot{w}(x,t') = f(x)\dot{w}(t') = f(x)u_0$. Für den Impuls erhalten wir $\overline{m} u_0 = \int dJ_0 = \dfrac{m_B}{\ell} u_0 \displaystyle\int\limits_{x=0}^{\ell} f(x)dx = m_B \kappa_1 u_0$. Aus der obigen Beziehung lesen wir

ab: $\overline{m} = \kappa_1 m_B$ mit $\kappa_1 = \dfrac{1}{\ell} \displaystyle\int\limits_{x=0}^{\ell} f(x)dx$. Damit liegt auch die gemeinsame Geschwindigkeit

$u_0 = \dfrac{m_1 v_1}{m_1 + \kappa_1 m_B}$ am Ende der Kompressionsphase fest. Zur Berechnung der maximalen

Auslenkung w_{max} werten wir den Energieerhaltungssatz am Ende der Kompressionsphase (Zustand 1) zum Zeitpunkt $t = t'$ und zum Zeitpunkt der maximalen Auslenkung (Zustand 2) aus. Dabei wird der in Wirklichkeit ausgelenkte Zustand 1 näherungsweise mit der gestreckten Lage des Biegeträgers identifiziert, was eine durchaus sinnvolle Annahme ist, wenn von einer kurzen Stoßdauer ausgegangen werden kann. Wir notieren zunächst die kinetische Energie eines Trägerelementes und erhalten

$$dE_B = \frac{1}{2} dm_B \dot{w}^2(x,t) = \frac{1}{2} \frac{m_B}{\ell} dx [f(x)\dot{w}(t)]^2 = \frac{1}{2} \frac{m_B}{\ell} \dot{w}^2(t) f^2(x) dx .$$ Die kinetische Ener-

gie des Trägers folgt dann durch Summation

$$E_B = \int dE_B = \frac{1}{2} \frac{m_B}{\ell} \dot{w}^2(t) \int_{x=0}^{\ell} f^2(x) dx = \frac{1}{2} m_B \dot{w}^2(t) \kappa_2 , \quad \kappa_2 = \frac{1}{\ell} \int_{x=0}^{\ell} f^2(x) dx .$$

Zur Berechnung der potentiellen Energie des Biegeträgers ersetzen wir diesen gedanklich durch eine lineare Feder und erhalten so die Formänderungsenergie $U = 1/2 k w^2(t)$. Insbesondere gilt für die Zustände 1 und 2

Zustand 1: $E_1 = \dfrac{1}{2} m_1 u_0^2 + \dfrac{1}{2} m_B u_0^2 \kappa_2 , \qquad U_1 = 0$

Zustand 2: $E_2 = 0 , \qquad\qquad\qquad U_2 = -m_1 g w_{max} + \dfrac{1}{2} k w_{max}^2$

Mit der Energiebilanz $E_1 + U_1 = E_2 + U_2$ ist dann

$$\frac{1}{2} m_1 u_0^2 + \frac{1}{2} m_B u_0^2 \kappa_2 = -m_1 g w_{max} + \frac{1}{2} k w_{max}^2 .$$

Die Auflösung der obigen Gleichung nach w_{max} ergibt

$$w_{max} = \frac{m_1 g}{k} \left(1 + \sqrt{1 + k \frac{v_1^2}{g^2} \frac{m_1 + \kappa_2 m_B}{(m_1 + \kappa_1 m_B)^2}} \right) = w_{0,st} \left(1 + \sqrt{1 + \eta \frac{\mu + \kappa_2}{(\mu + \kappa_1)^2}} \right) \qquad (10.76)$$

wobei zur Abkürzung $w_{0,st} = \dfrac{m_1 g}{k} = \dfrac{G_1}{k}$, $\eta = \dfrac{k v_1^2}{m_B g^2}$ und $\mu = \dfrac{m_1}{m_B}$ eingeführt wurden.

Hinweis: Wird die Masse m_1 plötzlich auf den Träger aufgebracht ($v_1 = 0$), dann ist $w_{max} = 2 w_{0,st}$ und damit doppelt so groß wie im statischen Fall.

Beispiel 10-11:

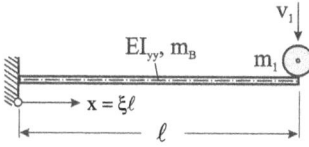

Abb. 10.50 Querstoß auf einen Kragträger

Auf das Ende eines Kragträgers (Abb. 10.50) fällt aus der Höhe h eine Masse m_1. Gesucht wird die maximale Durchbiegung w_{max} am Trägerende.

Lösung: Wenn der Körper mit der Masse m_1 die Höhe h durchfallen hat, besitzt er die Geschwindigkeit $v_1 = \sqrt{2gh}$. Die statische Durchbiegung des Kragträgers unter einer Kraft P am Trägerende ist

$$w_{st}(\xi) = \frac{P\ell^3}{6EI_{yy}}\xi^2(3-\xi).$$ Mit $\xi = \xi_0 = 1$ erhalten wir die Durchbiegung des Kontaktpunk-

tes $w_{st}(\xi_0) = \dfrac{P\ell^3}{3EI_{yy}}$. Die Steifigkeit des als Feder benutzten Balkens ist $k = \dfrac{3EI_{yy}}{\ell^3}$, und

damit $\eta = \dfrac{kv_1^2}{m_B g^2} = \dfrac{2kh}{m_B g} = \dfrac{2kh}{G_B}$. Mit (10.75) folgt $f(\xi) = \dfrac{w_{st}(\xi)}{w_{st}(\xi_0)} = \dfrac{1}{2}\xi^2(3-\xi)$ und weiter

$$\kappa_1 = \frac{1}{\ell}\int_{x=0}^{\ell} f(x)dx = \int_{\xi=0}^{1} f(\xi)d\xi = \frac{1}{2}\int_{\xi=0}^{1}\xi^2(3-\xi)d\xi = \frac{3}{8} = 0{,}375$$

$$\kappa_2 = \frac{1}{\ell}\int_{x=0}^{\ell} f^2(x)dx = \int_{\xi=0}^{1} f^2(\xi)d\xi = \frac{1}{4}\int_{\xi=0}^{1}[\xi^2(3-\xi)]^2 d\xi = \frac{33}{140} = 0{,}236$$

Um eine Vorstellung von der Größe der Durchbiegung w_{max} zu erhalten, wird eine Zahlenrechnung durchgeführt ($g = 10\ m/s^2$). Wir wählen: $m_1 = 50\ kg$, $G_1 = 50 \cdot 10 = 500\ N$,

$h = 1\ m$, $v_1 = \sqrt{2gh} = \sqrt{2 \cdot 10 \cdot 1} = 4{,}47\ m/s$. Stahlträger HEB 240 nach DIN 1025-2:

$\ell = 5\ m$, $E = 210000\ N/mm^2$, $I_{yy} = 11260\ cm^4$, $B_y = EI_{yy} = 2{,}365 \cdot 10^8 kNcm^2$.

$k = \dfrac{3 \cdot 2{,}1 \cdot 10^4 \cdot 11{,}26 \cdot 10^3}{500^3} = 5{,}675\ kN/cm$, $G_B = 0{,}832 \cdot 5{,}0 = 4{,}16\ kN$, $\mu = \dfrac{G_1}{G_B} = 0{,}12$,

$\eta = \dfrac{2kh}{G_B} = \dfrac{2 \cdot 5{,}675 \cdot 10^5 \cdot 1}{4160} = 272{,}84$. Die maximale Auslenkung des Trägerendes beträgt

$$w_{max} = w_{0,st}\left(1 + \sqrt{1 + 272{,}84 \frac{0{,}12 + 0{,}236}{(0{,}12 + 0{,}375)^2}}\right) = 20{,}93 w_{0,st},$$ und unter Beachtung von

$w_{0,st} = \dfrac{G_1}{k} = \dfrac{500}{5{,}675 \cdot 10^5} = 8{,}81 \cdot 10^{-4} m = 0{,}088\ cm$ ergibt das $w_{max} = 20{,}93 w_{0,st} = 1{,}84\ cm$.

Beispiel 10-12:

Der in Abb. 10.51 skizzierte Stab wird in Längsrichtung durch die anprallende Masse m_1 mit der Geschwindigkeit v_1 belastet. Unter der Voraussetzung gerade bleibender Stabachse (kein Knicken), ist die maximale Kopfpunktverschiebung w_{max} zu berechnen.

Lösung: Wir verwenden wieder (10.76), haben aber jetzt zu beachten, dass für die Längsverschiebung $w_{st}(\xi) = -\dfrac{P\ell}{EA}\xi$ gilt, und die Federkonstante ist $k = EA/\ell$.

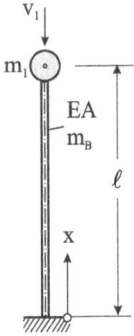

Am Kontaktpunkt $\xi = \xi_0 = 1$ wird $w_{st}(\xi_0) = -\dfrac{P\ell}{EA}$, und damit erhalten wir $f(\xi) = \xi$, was

$$\kappa_1 = \int\limits_{\xi=0}^{1} f(\xi)d\xi = \int\limits_{\xi=0}^{1}\xi d\xi = \frac{1}{2} \quad \text{und} \quad \kappa_2 = \int\limits_{\xi=0}^{1} f^2(\xi)d\xi = \int\limits_{\xi=0}^{1}\xi^2 d\xi = \frac{1}{3}$$

ergibt. Weiterhin sind

$$\eta = \frac{kv_1^2}{m_B g^2} = \frac{EAv_1^2}{m_B g^2\ell} \quad \text{und} \quad w_{0,st} = \frac{G_1}{k} = \frac{G_1\ell}{EA} \quad \text{festzustellen, womit}$$

die Aufgabe als gelöst gelten kann.

Abb. 10.51   Längsstoß auf einen Stab

11 Erregung durch nichtharmonische periodische Kräfte

In der Schwingungstechnik treten häufig zeitabhängige Funktionen f(t) auf, die sich nach dem Durchlaufen der Zeit T periodisch wiederholen, für die also $f(t) = f(t+T)$ erfüllt ist. Die Zeit T wird Periode genannt. Innerhalb der Periode kann die Funktion beliebig verlaufen. Für die rechnerische Behandlung bietet es sich an, die Periode T durch die lineare Transformation $x = 2\pi t / T$ auf den festen Wert 2π zu transformieren (Abb. 11.1). Die Periodizitätsbedingung in der neuen dimensionslosen Veränderlichen x lautet dann $f(x) = f(x + 2\pi)$.

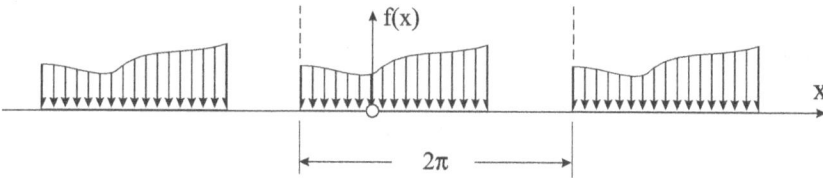

Abb. 11.1   2π-periodische Funktion f(x)

11.1   Fourierreihen

Zur näherungsweisen Berechnung von f(x) wählen wir die durch Linearkombination trigonometrischer Funktionen gebildete Funktion

$$\Phi_n(x) = \frac{a_0}{2} + \sum_{k=1}^{n}(a_k \cos kx + b_k \sin kx) \tag{11.1}$$

Die noch unbekannten Koeffizienten a_0, a_k und b_k werden aus der Forderung kleinster quadratischer Abweichungen zwischen $\Phi_n(x)$ und f(x) innerhalb einer Periode nach der Vorschrift

$$\int_{-\pi}^{\pi} \left[\Phi_n(x) - f(x) \right]^2 dx = F(a_0, a_k, b_k) = \text{Min!} \qquad (k = 1, 2, 3, \ldots, n) \qquad (11.2)$$

ermittelt. Notwendige und hinreichende Bedingung für das Vorliegen eines Extremwertes ist das Verschwinden der partiellen Ableitungen der Funktion F nach den Koeffizienten a_0, a_k und b_k. Das liefert genau $2n + 1$ Gleichungen, die erforderlich sind, um alle Fourierkoeffizienten zu bestimmen. Wir demonstrieren das Vorgehen am Beispiel der Bestimmung von a_0. Hier muss

$$\frac{\partial F}{\partial a_0} = \frac{\partial}{\partial a_0} \int_{-\pi}^{\pi} \left[\frac{a_0}{2} + \sum_{k=1}^{n} (a_k \cos kx + b_k \sin kx) - f(x) \right]^2 dx$$

$$= \frac{a_0}{2} \underbrace{\int_{-\pi}^{\pi} dx}_{=2\pi} + \sum_{k=1}^{n} \underbrace{\int_{-\pi}^{\pi} (a_k \cos kx + b_k \sin kx) dx}_{=0} - \int_{-\pi}^{\pi} f(x) dx = 0$$

erfüllt sein. Aus der obigen Beziehung kann direkt $a_0 = \dfrac{1}{\pi} \displaystyle\int_{-\pi}^{\pi} f(x)\,dx$ abgelesen werden. Die

verbleibenden 2n Konstanten a_k und b_k (k = 1, 2,..., n) werden entsprechend ermittelt, und wir erhalten

$$a_k = \frac{1}{\pi} \int_{-\pi}^{\pi} f(x) \cos kx\, dx \qquad (k = 0, 1, 2, \ldots, n)$$

$$b_k = \frac{1}{\pi} \int_{-\pi}^{\pi} f(x) \sin kx\, dx \qquad (k = 1, 2, \ldots, n)$$

$$(11.3)$$

Die Koeffizienten a_k und b_k heißen Fourierkoeffizienten der 2π-periodischen Funktion f(x), wobei a_0 den Mittelwert von f(x) im Bereich der Periode 2π darstellt. Die Berechnung der Fourierkoeffizienten wird harmonische Analyse genannt. Die Fouriertransformierte $\Phi_n(x)$ gibt anschaulich an, aus welchen harmonischen Schwingungen die Funktion f(x) zusammengesetzt ist und mit welchem Einfluss die einzelnen Frequenzen zum Funktionsverlauf beitragen. Besitzt die Funktion f(x) spezielle Eigenschaften, dann vereinfacht sich die Berechnung der Koeffizienten:

1.) f(x) ist symmetrisch bezüglich x = 0, dann verbleiben wegen $f(x) = f(-x)$

$$a_0 = \frac{2}{\pi} \int_0^{\pi} f(x) dx, \quad a_k = \frac{2}{\pi} \int_0^{\pi} f(x) \cos kx\, dx, \quad b_k = 0 \qquad (k = 1, \ldots, n)$$

2.) f(x) ist schiefsymmetrisch bezüglich x = 0, dann verbleiben wegen $f(-x) = -f(x)$

$$b_k = \frac{2}{\pi} \int_0^\pi f(x) \sin kx \, dx, \quad a_0 = 0, \quad a_k = 0 \qquad (k = 1, \ldots, n)$$

Der Fehler bei der Approximation der Funktion f(x) durch ihre Fouriertransformierte $\Phi_n(x)$ lässt sich mit wachsendem n beliebig klein machen. Man sagt, dass die Funktion

$$\Phi(x) = \frac{a_0}{2} + \sum_{k=1}^{\infty} (a_k \cos kx + b_k \sin kx) \tag{11.4}$$

im Mittel gegen f(x) konvergiert. An Sprungstellen von f(x) liefert $\Phi(x)$ den dortigen Mittelwert. Eine weitere Darstellung der Näherungsfunktion ist mit

$$\Phi(x) = \frac{a_0}{2} + \sum_{k=1}^{\infty} c_k \cos(kx - \varphi_k),$$

$$c_k = \sqrt{a_k^2 + b_k^2}, \quad \sin \varphi_k = \frac{b_k}{c_k}, \quad \cos \varphi_k = \frac{a_k}{c_k}, \quad \tan \varphi_k = \frac{b_k}{a_k} \tag{11.5}$$

gegeben. Die Fouriertransformierte der Funktion f(x) kann auch in der komplexen Form

$$\Phi(x) = \sum_{k=-\infty}^{\infty} \hat{c}_k \exp(ikx), \quad \hat{c}_k = \frac{1}{2\pi} \int_{-\pi}^{\pi} f(x) \exp(-ikx) \, dx \tag{11.6}$$

geschrieben werden, wobei in dieser Darstellung der Index k nicht nur positive, sondern auch negative ganzzahlige Werte annimmt. Unter Beachtung von $\exp(\pm i\varphi) = \cos \varphi \pm i \sin \varphi$ gilt für die komplexen Fourierkoeffizienten

$$\hat{c}_k = \begin{cases} \dfrac{a_k - ib_k}{2} & \text{für } k > 0 \\[2mm] a_0/2 & \text{für } k = 0 \\[2mm] \dfrac{a_{-k} + ib_{-k}}{2} & \text{für } k < 0 \end{cases}$$

Einsetzen der Koeffizienten in (11.6) und summieren über die positiven und negativen Indizes ergibt $\Phi(x) = \dfrac{a_0}{2} + \sum\limits_{k=1}^{\infty} \dfrac{a_k - ib_k}{2} \exp(ikx) + \sum\limits_{k=1}^{\infty} \dfrac{a_k + ib_k}{2} \exp(-ikx)$. Wir betrachten in beiden Summen diejenigen Glieder, die zu gleichem k gehören. Sie sind konjugiert komplex mit dem Realteil $\dfrac{a_k - ib_k}{2} \exp(ikx) + \dfrac{a_k + ib_k}{2} \exp(-ikx) = a_k \cos kx + b_k \sin kx$. Ein Vergleich zeigt die Übereinstimmung der Darstellungen (11.6) und (11.4). Die Gesamtheit der komplexen Amplituden wird komplexes Fourierspektrum genannt.

Beispiel 11-1:

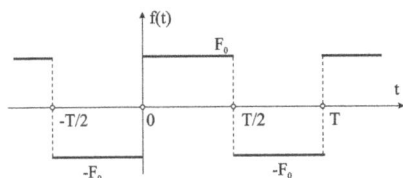

Abb. 11.2   Rechteckimpuls der Intensität F_0

Der in Abb. 11.2 skizzierte Rechteckimpuls f(t) ist schiefsymmetrisch bezüglich $t = 0$. Transformieren wir mit $t = xT/(2\pi)$, dann ist f(x) analytisch durch $f(x + 2\pi) = f(x)$ und

$$f(x) = \begin{cases} -F_0 & \text{für } x \in [-\pi, 0] \\ F_0 & \text{für } x \in (0, \pi) \end{cases}$$

für alle $x \in \mathbb{R}$ gegeben. Für diese Funktion ist eine harmonische Analyse durchzuführen.

Lösung: Da f(x) eine schiefsymmetrische Funktion ist, sind alle a_k gleich null. Die Koeffizienten b_k errechnen sich zu

$$b_k = \frac{2F_0}{\pi} \int_0^\pi \sin kx \; dx = \frac{2F_0}{k\pi}(1 - \cos k\pi) = \frac{2F_0}{k\pi}[1 - (-1)^k] = \begin{cases} \dfrac{4F_0}{k\pi} & (k = 1, 3, 5, \ldots) \\ 0 & (k = 2, 4, 6, \ldots) \end{cases}$$

Die Fouriertransformierte der Funktion f(x) lautet somit

$$\Phi_n(x) = \frac{4F_0}{\pi} \sum_{k=1,3,5}^n \frac{\sin kx}{k} = \frac{4F_0}{\pi}(\sin x + \frac{\sin 3x}{3} + \frac{\sin 5x}{5} + \frac{\sin 7x}{7} + \cdots + \frac{\sin nx}{n})$$

$\Phi_n(x)$ stellt näherungsweise die Funktion f(x) in allen Punkten x dar, und für $x = k\pi$ kommt $\Phi_n(k\pi) = 0$. Im Rechteckimpuls f(t) sind mit $x = \Omega t$ ($\Omega = 2\pi/T$) folgende Komponenten enthalten:

1.) Die Grundschwingung mit der Kreisfrequenz Ω und der Amplitude $4F_0/\pi$

2.) Sinusförmige Oberschwingungen mit den Kreisfrequenzen 3Ω, 5Ω, 7Ω, ... und den Amplituden $\dfrac{4F_0}{3\pi}, \dfrac{4F_0}{5\pi}, \dfrac{4F_0}{7\pi}, \ldots$

Für praktische Fälle reicht oftmals die Beschränkung auf wenige Reihenglieder aus. Abb. 11.3 zeigt die Auswertung von $\Phi_n(x)$ im Intervall $0 \le x \le 2\pi$ für $n = 1$ (1 Reihenglied) und $n = 9$ (5 Reihenglieder). In der Nähe der Unstetigkeitsstellen ist ein Aufsteilen der Partialsummen zu beobachten. Diese Erscheinung ist eine Folge der ungleichmäßigen Konvergenz in der Umgebung dieser Punkte und wird als Gibbssches[1] Phänomen bezeichnet.

Die Gesamtheit der Amplituden c_k bzw. Phasenwinkel φ_k über den diskreten Stellen k aufgetragen, wird diskretes Amplituden- bzw. Phasenspektrum der Funktion f(x) genannt. In Abb. 11.4 ist das diskrete Amplitudenspektrum $c_k = b_k = 4F_0/(\pi k)$ (k = 1, 3, 5,...) in Abhängigkeit von der k-ten Harmonischen (bis k = 15) dargestellt.

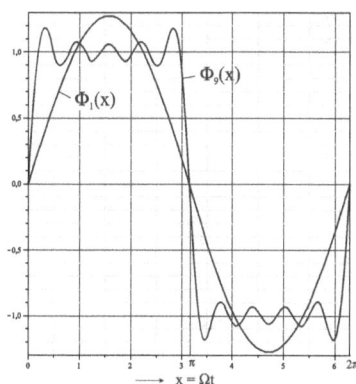

Abb. 11.3 $\Phi_n(x)/F_0$ für n = 1 und n = 9

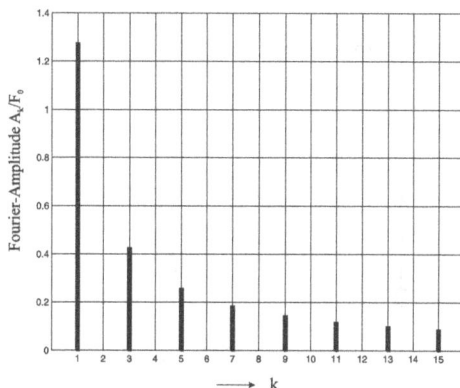

Abb. 11.4   *Diskretes Amplitudenspektrum*

Beispiel 11-2:

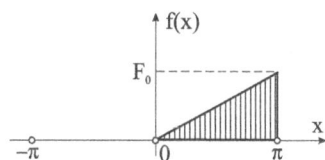

Abb. 11.5   *Dreieckfunktion*

Für die in Abb. 11.5 skizzierte Dreieckbelastung soll eine harmonische Analyse durchgeführt werden. Die Funktion f(x) ist analytisch durch $f(x + 2\pi) = f(x)$ und

$$f(x) = \begin{cases} 0 & \text{für } x \in (-\pi, 0] \\ F_0 x / \pi & \text{für } x \in [0, \pi) \\ F_0 / 2 & \text{für } x = \pi \end{cases}$$

für alle $x \in \mathbb{R}$ gegeben. Sie ist weder symmetrisch noch schiefsymmetrisch. Es sind darum Fourierkoeffizienten a_k und b_k zu erwarten. Wir beginnen mit der reellen Darstellung nach (11.4) und erhalten $a_k = \dfrac{1}{\pi} \displaystyle\int_{-\pi}^{\pi} f(x) \cos kx \, dx = F_0 \dfrac{\cos k\pi - 1 + k\pi \sin k\pi}{k^2 \pi^2} = F_0 \dfrac{(-1)^k - 1}{k^2 \pi^2}$ oder

$$a_k = \begin{cases} -\dfrac{2F_0}{k^2 \pi^2} & (k = 1, 3, 5, \ldots) \\ 0 & (k = 2, 4, 6, \ldots) \end{cases}$$

---

[1]   Josiah Willard Gibbs, amerikan. Mathematiker und Physiker, 1839-1903

Den Koeffizienten a_0 beschaffen wir uns entweder aus einer Grenzwertbetrachtung nach der

Regel von Bernoulli-L'Hospital, hier gilt $a_0 = \lim\limits_{k \to 0} a_k = F_0 \lim\limits_{k \to 0} \dfrac{\cos k\pi - 1 + k\pi \sin k\pi}{k^2 \pi^2} = \dfrac{F_0}{2}$,

oder auch aus der Potenzreihenentwicklung $a_k = F_0 \left[\dfrac{1}{2} - \dfrac{1}{8} k^2 \pi^2 + O(k^4) \right]$, indem wir hier

$k = 0$ setzen. Weiterhin sind

$$b_k = \frac{1}{\pi} \int\limits_{-\pi}^{\pi} f(x) \sin kx \, dx = F_0 \frac{\sin k\pi - k\pi \cos k\pi}{k^2 \pi^2} = -\frac{F_0}{k\pi}(-1)^k \qquad (k = 1, 2, 3, \ldots)$$

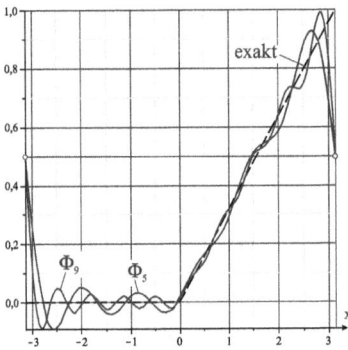

Abb. 11.6 $\Phi_n(x)/F_0$ für $n = 5$ und $n = 9$

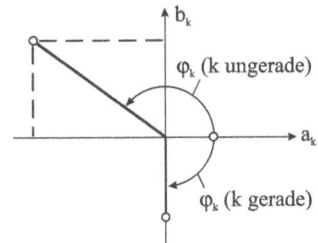

Abb. 11.7 Phasenverschiebungswinkel φ_k

Die Fouriertransformierte der Funktion $f(x)$ ist damit

$$\Phi_n(x) = \frac{a_0}{2} + \sum_{k=1}^{n} (a_k \cos kx + b_k \sin kx) = F_0 \left[\frac{1}{4} - \sum_{k=1,3,5}^{n} \frac{2}{k^2 \pi^2} \cos kx - \sum_{k=1,2,3}^{n} \frac{(-1)^k}{k\pi} \sin kx \right]$$

$$= F_0 \left[\frac{1}{4} - \frac{2}{\pi^2} \cos x - \frac{2}{9\pi^2} \cos 3x - \frac{2}{25\pi^2} \cos 5x + \ldots + \frac{1}{\pi} \sin x - \frac{1}{2\pi} \sin 2x + \frac{1}{3\pi} \sin 3x \ldots \right]$$

Abb. 11.6 zeigt die Annäherung von $f(x)$ durch die beiden Näherungsfunktionen Φ_5 und Φ_9, womit offensichtlich in beiden Fällen noch kein optimales Ergebnis vorliegt. Dazu sind erheblich mehr Reihenglieder erforderlich. Zur Darstellung der Näherungsfunktion nach (11.5) sind die Amplituden

$$c_k = \sqrt{a_k^2 + b_k^2} = \frac{F_0 \sqrt{2 + 2(-1)^{1+k} + k^2 \pi^2}}{k^2 \pi^2} = \begin{cases} \dfrac{F_0 \sqrt{4 + k^2 \pi^2}}{k^2 \pi^2} & (k = 1, 3, 5, \ldots) \\[2ex] \dfrac{F_0}{k\pi} & (k = 2, 4, 6, \ldots) \end{cases}$$

bereitzustellen. Da für große Werte von k die Amplituden c_k lediglich mit $O(1/k)$ gegen null gehen, erfordert diese schwache Konvergenz die Mitnahme einer Vielzahl von Reihengliedern. Weiterhin benötigen wir die Phasenverschiebungswinkel φ_k. Weil für gerade k sämtliche Koeffizienten a_k verschwinden, sind wegen $b_k < 0$ alle Phasenverschiebungswinkel $\varphi_k = -\pi/2$ (Abb. 11.7). Für ungerade k liegen angesichts $b_k > 0$ und $a_k < 0$ sämtliche Winkel φ_k im 2. Quadranten.

Zur Darstellung der Fourierreihe in ihrer komplexen Form (11.6), benötigen wir die komplexen Amplituden

$$\hat{c}_k = \frac{1}{2\pi}\int_{-\pi}^{\pi} f(x)\exp(-ikx)\,dx = \frac{F_0}{2}\frac{[1+k\pi i - \exp(k\pi i)]\exp(-k\pi i)}{k^2\pi^2} = -\frac{F_0}{2k^2\pi^2}\left[1-(-1)^k - ik\pi(-1)^k\right]$$

$$\hat{c}_k = \begin{cases} -\dfrac{F_0}{2k^2\pi^2}(2+ik\pi) & (k=\pm1,\pm3,\pm5,\ldots) \\[2mm] i\dfrac{F_0}{2k\pi} & (k=\pm2,\pm4,\pm6,\ldots) \end{cases}$$

Den Koeffizienten $\hat{c}_0$ beschaffen wir uns entweder aus einer Grenzwertbetrachtung nach der Regel von Bernoulli-L'Hospital mit $\hat{c}_0 = \lim_{k\to0}\hat{c}_k = \frac{F_0}{2}\lim_{k\to0}\frac{[1+k\pi i - \exp(k\pi i)]\exp(-k\pi i)}{k^2\pi^2} = \frac{F_0}{4}$,

oder aus der Reihenentwicklung $\hat{c}_k = F_0\left[\frac{1}{4}-\frac{k^2\pi^2}{16}-i\left(\frac{k\pi}{6}-\frac{k^3\pi^3}{60}\right)+O(k^4)\right]$, indem wir dort

k = 0 setzen. Die Zerlegung von $\hat{c}_k$ in Real- und Imaginärteil ergibt

$$\operatorname{Re}(\hat{c}_k) = -\frac{F_0}{k^2\pi^2}\,,\quad \operatorname{Im}(\hat{c}_k) = \frac{F_0}{2k\pi}(-1)^k \qquad (k=\pm1,\pm2,\pm3,\ldots)$$

Wenden wir das bisher Gesagte auf den gedämpften Einmassenschwinger an, dann lautet die Bewegungsgleichung mit der auf die Masse m bezogenen periodischen Erregerkraft $f(t) = F(t)/m$ sowie $\Omega = 2\pi/T$

$$\ddot{x}(t) + 2\delta\dot{x}(t) + \omega^2 x(t) = f(t) = \frac{1}{m}\left[\frac{a_0}{2}+\sum_{k=1}^{n}(a_k\cos k\Omega t + b_k\sin k\Omega t)\right] \qquad (11.7)$$

Der Term mit a_0 entspricht einer konstanten (statischen) Beanspruchung. Wir wenden uns zunächst der partikulären Lösung zu. Dazu probieren wir in Anlehnung an die rechte Seite den Ansatz

$$x_p(t) = x_{p0} + \sum_{k=1}^{\infty}(D_k\cos k\Omega t + E_k\sin k\Omega t) \qquad (11.8)$$

mit noch unbekannten Koeffizienten D_k und E_k sowie der ebenfalls unbekannten zeitunabhängigen Auslenkung x_{p0}. Einsetzen dieses Ansatzes in die Bewegungsgleichung (11.7) ergibt

$$\omega^2 x_{po} + \sum_{n=1}^{\infty} (-E_k k^2 \Omega^2 - 2\delta D_k k\Omega - \frac{b_k}{m} + \omega^2 E_k) \sin k\Omega t$$

$$+ \sum_{n=1}^{\infty} (2\delta E_k k\Omega + \omega^2 D_k - \frac{a_k}{m} - k^2 \Omega^2 D_k) \cos k\Omega t$$

$$= \frac{a_0}{2m} + \frac{1}{m} \sum_{n=1}^{\infty} (a_k \cos k\Omega t + b_k \sin k\Omega t)$$

Die obige Beziehung muss für alle Zeiten t erfüllt sein, was

$$E_k k^2 \Omega^2 + 2\delta D_k k\Omega - \omega^2 E_k = -\frac{b_k}{m}, \quad 2\delta E_k k\Omega + \omega^2 D_k - k^2 \Omega^2 D_k = \frac{a_k}{m}, \quad \omega^2 x_{po} = \frac{a_0}{2m}$$

erfordert. Dieses lineare Gleichungssystem besitzt die Lösungen ($\eta_k = k\Omega / \omega = k\eta$)

$$D_k = \frac{1}{m\omega^2} \frac{(1-\eta_k^2) a_k - 2D\eta_k b_k}{(1-\eta_k^2)^2 + (2D\eta_k)^2},$$

$$E_k = \frac{1}{m\omega^2} \frac{(1-\eta_k^2) b_k + 2D\eta_k a_k}{(1-\eta_k^2)^2 + (2D\eta_k)^2}, \quad x_{po} = \frac{a_0}{2m\omega^2}$$

(11.9)

Die Teillösungen $x_{pk}(t) = D_k \cos k\Omega t + E_k \sin k\Omega t$ können auch in der Form

$$x_{pk}(t) = C_k \cos(k\Omega t - \alpha_k)$$

(11.10)

notiert werden. Dabei ist

$$C_k = \sqrt{D_k^2 + E_k^2} = \frac{1}{m\omega^2} \frac{c_k}{\sqrt{(1-\eta_k^2)^2 + (2D\eta_k)^2}} \qquad (c_k = \sqrt{a_k^2 + b_k^2})$$

(11.11)

die dem Index k zugeordnete Amplitude, und aus

$$\sin \alpha_k = \frac{E_k}{C_k}, \quad \cos \alpha_k = \frac{D_k}{C_k}, \quad \tan \alpha_k = \frac{E_k}{D_k} = \frac{(1-\eta_k^2) b_k + 2D\eta_k a_k}{(1-\eta_k^2) a_k - 2D\eta_k b_k}$$

(11.12)

kann der entsprechende Nullphasenverschiebungswinkel α_k ermittelt werden. Für den Fall der schwachen Dämpfung lautet dann die vollständige Lösung

$$x(t) = A \exp(-\delta t) \cos(\omega_d t - \varphi) + \frac{a_0}{2m\omega^2} + \sum_{k=1}^{n} C_k \cos(k\Omega t - \alpha_k)$$

(11.13)

Mit den beiden noch freien Konstanten A und φ kann die Gesamtlösung an die Anfangsbedingungen angepasst werden. Im eingeschwungenen Zustand ist wieder nur die partikuläre Lösung von Interesse und hier auch nur die zeitabhängigen Lösungsanteile, da der konstante

Term mit a_0 lediglich zu einer Verschiebung der Schwingungs-Nulllage führt. Die Diskussion der Lösungsanteile

$$x_{pk}(t) = x_0 V_k \cos(k\Omega t - \alpha_k) \tag{11.14}$$

wobei $x_0 = F_0 / k_F$ (k_F: Federsteifigkeit) die Auslenkung des Systems gemessen aus der entspannten Federlage infolge der Kraft F_0 bedeutet, geschieht nun genauso wie beim Schwinger mit einfacher harmonisch periodischer Erregung. Für festes k erhalten wir die Vergrößerungsfunktion

$$V_k(\eta, D) = \frac{1}{F_0} \frac{c_k}{\sqrt{(1-\eta_k^2)^2 + (2D\eta_k)^2}} \tag{11.15}$$

die bei $\eta = 0$ mit einer horizontalen Tangente startet. Wir wollen uns die Vergrößerungsfunktion V_k noch etwas näher anschauen. Dazu entwickeln wir $V_k(\eta_k, D)$ für große Werte von k in eine Potenzreihe und erhalten

$$V_k = \frac{1}{F_0} \frac{c_k}{\eta_k^2}\left[1 + (1 - 2D^2)\frac{1}{\eta_k^2} + O\left(\frac{1}{\eta_k^4}\right)\right] \qquad (\eta_k = k\eta) \tag{11.16}$$

Die Funktion V_k geht für große Werte von k mit der Ordnung $1/k^2$ gegen null, und für kleine Dämpfungsgrade D wachsen die Amplituden immer dann sehr stark an, wenn die Frequenz $k\Omega$ der k-ten Oberschwingung in die Nähe der Eigenkreisfrequenz ω des ungedämpften Systems kommt, also η_k etwa zu 1 wird. Die Hochpunkte

$$V_k^* = \frac{c_k}{F_0} \frac{1}{2D\sqrt{1-D^2}} = \frac{c_k}{F_0}\left[\frac{1}{4D}(2 + D^2) + O(D^3)\right] \tag{11.17}$$

von V_k treten an den Stellen $\eta_k^* = \sqrt{1 - 2D^2} = 1 - D^2 + O(D^4)$ auf. Sie liegen also immer etwas links von $\eta_k = 1$ und häufen sich bei Annäherung an $\eta = 0$. Da sich für große Werte von k nur kleine Koeffizienten a_k und b_k ergeben, sind diese Anteile praktisch bedeutungslos. Hinsichtlich des Resonanzverhaltens des Systems haben die ersten Oberschwingungen jedoch denselben Stellenwert wie die Grundschwingung selbst. Die Darstellung des zeitlichen Verlaufs einer Schwingung wird auch als Darstellung im Zeitbereich und die dazu gleichwertige Darstellung des diskreten Amplituden- und Phasenspektrums als Darstellung im Frequenzbereich bezeichnet.

Beispiel 11-3:

Gesucht ist das Schwingungsverhalten eines gedämpften Einmassenschwingers mit $D = 0,15$ infolge der Rechteckimpulsbelastung aus Beispiel 11-1.

<u>Lösung</u>: Die Fourier-Koeffizienten $a_k = 0$ und $b_k = 4F_0 /(\pi k)$ ($k = 1, 3, 5 \ldots$) wurden dort bereits berechnet. Damit erhalten wir

$$D_k = -\frac{4x_0}{k\pi}\frac{2D\eta_k}{(1-\eta_k^2)^2+(2D\eta_k)^2}, \quad E_k = \frac{4x_0}{k\pi}\frac{(1-\eta_k^2)}{(1-\eta_k^2)^2+(2D\eta_k)^2},$$

$$C_k = \frac{4x_0}{k\pi}\frac{1}{\sqrt{(1-\eta_k^2)^2+(2D\eta_k)^2}}, \quad \sin\alpha_k = \frac{E_k}{C_k}, \quad \cos\alpha_k = \frac{D_k}{C_k}, \quad \tan\alpha_k = \frac{E_k}{D_k}$$

Der Schwinger antwortet mit den Vergrößerungsfunktionen $V_k = \dfrac{4}{\pi k}\dfrac{1}{\sqrt{(1-\eta_k^2)^2+(2D\eta_k)^2}}$

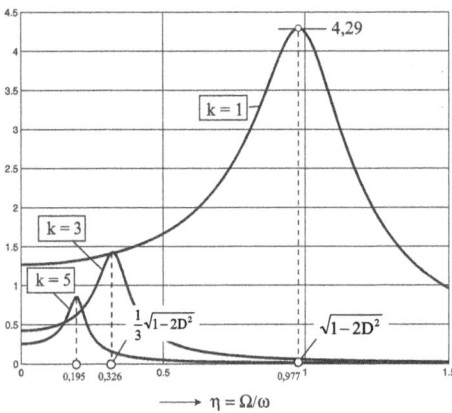

Abb. 11.8   *Vergrößerungsfunktionen V_k (D = 0,15)*

Die Hochpunkte $V_k^* = \dfrac{2}{k\pi}\dfrac{1}{D\sqrt{1-D^2}} = \dfrac{4,29}{k}$ treten an den Stellen $\eta^* = \dfrac{1}{k}\sqrt{1-2D^2} = \dfrac{0,977}{k}$

auf (Abb. 11.8). Beziehen wir $x_p(t) = \displaystyle\sum_{k=1,3,5}^{n} x_{pk}(t) = x_0 \sum_{k=1,3,5}^{n} V_k \cos(k\Omega t - \alpha_k)$ noch auf den

konstanten Wert x_0, dann folgt mit $\Omega = 2\pi/T$: $\tilde{x}_p = \dfrac{x_p}{x_0} = \displaystyle\sum_{k=1,3,5}^{n} V_k \cos\left(\dfrac{2\pi kt}{T} - \alpha_k\right)$.

In Abb. 11.9 ist die bezogene Auslenkung $\tilde{x}_p = x_p/x_0$ des gedämpften Einmassenschwingers über der bezogenen Zeit t/T im stationären Zustand dargestellt. Mit der Eigenperiode $T_0 = 2\pi/\omega$ errechnet sich die Abstimmung zu $\eta = \Omega/\omega = T_0/T$. Für kleine Werte von η ist die Eigenperiode T_0 klein gegenüber der Periode T der Erregerkraft. Das System empfindet die Belastung als Stöße. Es reagiert darauf mit mehr oder weniger ausgeprägten Schwingungen um die Ruhelagen $\tilde{x}_p = \pm 1$. Für ansteigende Werte von η sind die Schwingungen weniger ausgeprägt, und das System schwingt dann näherungsweise harmonisch.

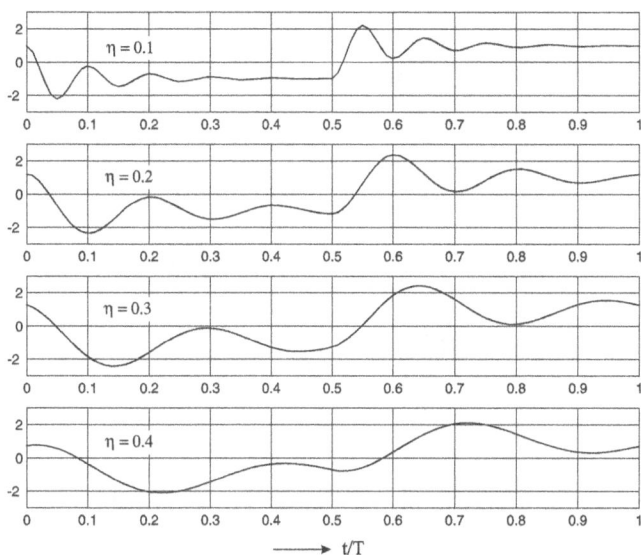

Abb. 11.9 *Bezogene Auslenkung x_p/x_0*

Beispiel 11-4:

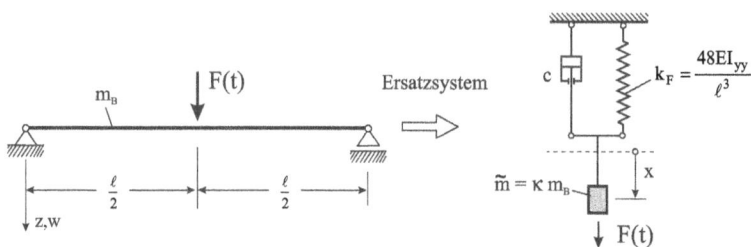

Abb. 11.10 *Balken mit periodischer Einzellast in Feldmitte, System und Belastung*

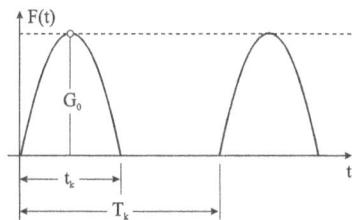

Abb. 11.11 *Periodische Einzellast, Hüpfen am Ort*

Der Stahlträger in Abb. 11.10 wird in Feldmitte durch die Kraft

$$F(t) = \begin{cases} G_0 \sin \Omega t & \text{für} \quad t \in [0, t_k] \\ 0 & \text{für} \quad t \in [t_k, T_k] \end{cases}$$

belastet, die einen periodischen Hüpfvorgang am Ort mit der Periode T_k approximieren soll. In der Mitte der Kontaktphase der Dauer t_k erreicht die Belastung ihren Maximalwert G_0.

Es sind folgende Systemwerte gegeben:

Stahlträger: I 400 nach DIN 1025-1, $\ell = 10,10$ m , A = 118 cm^2,

I_{yy} = 29210 cm^4

Elastizitätsmodul: $E = 21000 \dfrac{\text{kN}}{\text{cm}^2} = 2,1 \cdot 10^9 \dfrac{\text{kg}}{\text{cm s}^2}$

Balkenmasse: m_B = 933,24 kg
Ersatzmasse: $\tilde{m} = \kappa\, m_B = 17/35 m_B = 453,29\,$kg
Dämpfungsgrad: D = 0,01

Federsteifigkeit: $k_F = \dfrac{48 EI_{yy}}{\ell^3} = \dfrac{48 \cdot 2,1 \cdot 10^9 \cdot 29210}{1010,0^3} = 2857774,5 \dfrac{\text{kg}}{\text{s}^2} = 2857,77 \dfrac{\text{kN}}{\text{m}}$

Eigengewicht der Person: G = 0,75 kN

Kontaktdauer: $t_k = 0,2$ s

Periode: $T_k = 0,4\,\text{s} = 2 t_k$

Erregerfrequenz: $f_F = 1/T_k = 2,5$ Hz

Erregerkreisfrequenz: $\Omega = 2\pi f_F = 2\pi \cdot 2,5 = 5\pi = 15,708\,\text{s}^{-1}$

Stoßfaktor: $t_k / T_k = 1/2 = 0,5 \rightarrow k_p = 3,1$ [1]

Maximale Erregerkraft: $G_0 = k_p G = 3,1 \cdot 0,75\,\text{kN} = 2,325\,\text{kN}$

Wir beschaffen uns zunächst die Fouriertransformierte der Last F(t) und ersetzen dazu die Zeit t durch dimensionslose Variable $x = 2\pi t / T_k$. Dann gilt $F(x + 2\pi) = F(x)$ und

$$F(x) = \begin{cases} F_0 \sin x & \text{für} \quad x \in [0, \pi] \\ 0 & \text{für} \quad x \in [\pi, 2\pi] \end{cases}$$

Für die Fourierkoeffizienten folgt

$$a_k = \frac{1}{\pi} \int_0^{2\pi} F(x) \cos kx\, dx = \frac{G_0}{\pi} \int_0^{\pi} \sin x \cos kx\, dx = -\frac{G_0}{\pi} \frac{1 + \cos k\pi}{k^2 - 1} = -\frac{G_0}{\pi} \frac{1 + (-1)^k}{k^2 - 1},$$

$$b_k = \frac{1}{\pi} \int_0^{2\pi} F(x) \sin kx\, dx = \frac{G_0}{\pi} \int_0^{\pi} \sin x \sin kx\, dx = -\frac{G_0}{\pi} \frac{\sin k\pi}{k^2 - 1}.$$

Für $k = 1$ ist eine Sonderbetrachtung erforderlich, da in diesem Fall a_1 und b_1 den unbestimmten Ausdruck 0/0 annehmen. Die Grenzwertbetrachtung nach Bernoulli-L'Hospital

ergibt: $a_1 = \lim\limits_{k \to 1} a_k = -\dfrac{G_0}{\pi} \lim\limits_{k \to 1} \dfrac{1 + \cos k\pi}{k^2 - 1} = 0$, $b_1 = \lim\limits_{k \to 1} b_k = -\dfrac{G_0}{\pi} \lim\limits_{k \to 1} \dfrac{\sin k\pi}{k^2 - 1} = \dfrac{G_0}{2}$.

---

[1]   s.h. Bachmann, H.: Vibration Problems in Structures, Birkhäuser Verlag Basel, Boston, Berlin (1995), S. 186

Damit erhalten wir $a_k = \begin{cases} -\dfrac{2G_0}{\pi}\dfrac{1}{k^2-1} & (k=0,2,4,\ldots) \\ 0 & (k=1,3,5,\ldots) \end{cases}$

Bis auf den Koeffizienten b_1 verschwinden alle b_k, und die Fouriertransformierte der Hüpffunktion ergibt sich zu (Abb. 11.12)

$$\Phi_n(x) = G_0\left(\frac{1}{\pi}+\frac{1}{2}\sin x - \frac{2}{\pi}\sum_{k=2,4,6}^{n}\frac{\cos kx}{k^2-1}\right) = \frac{2G_0}{\pi}\left(\frac{1}{2}+\frac{\pi}{4}\sin x - \frac{\cos 2x}{3} - \frac{\cos 4x}{15} - \frac{\cos 6x}{35}\cdots\right)$$

Im nächsten Schritt notieren wir die Bewegungsgleichung mit der soeben ermittelten rechten

Seite: $\ddot{x}(t) + 2D\omega\dot{x}(t) + \omega^2 x(t) = \dfrac{F(t)}{\widetilde{m}} = f(t) = \dfrac{1}{\widetilde{m}}\left[\dfrac{a_0}{2} + b_1\sin\Omega t + \sum_{k=2,4,6}^{n} a_k\cos k\Omega t\right]$. Darin sind

Eigenkreisfrequenz: $\omega = \sqrt{\dfrac{k}{\widetilde{m}}} = \sqrt{\dfrac{2857774,5}{453,29}} = 79,4\,\text{s}^{-1} \rightarrow \omega^2 = 6304,5\,\text{s}^{-2}$

Stationäre Lösung: $x_p(t) = x_{p0} + \sum_{k=1}^{n}(D_k\cos kx + E_k\sin kx)$

$x_{p0} = \dfrac{a_0}{2k_F} = \dfrac{G_0}{k_F\pi} = \dfrac{2,325}{2857,77\pi} = 2,5897\cdot 10^{-4}\,\text{m}$

$D_k = \dfrac{1}{\widetilde{m}\omega^2}\dfrac{(1-\eta_k^2)\,a_k - 2D\eta_k\,b_k}{(1-\eta_k^2)^2+(2D\eta_k)^2}$, $\quad E_k = \dfrac{1}{\widetilde{m}\omega^2}\dfrac{(1-\eta_k^2)\,b_k + 2D\eta_k\,a_k}{(1-\eta_k^2)^2+(2D\eta_k)^2}$

$k=1$ $\quad D_1 = -\dfrac{2b_1}{\widetilde{m}\omega^2}\dfrac{D\eta}{(1-\eta^2)^2+(2D\eta)^2}$, $\quad E_1 = \dfrac{b_1}{\widetilde{m}\omega^2}\dfrac{1-\eta^2}{(1-\eta^2)^2+(2D\eta)^2}$,

$k=2,4,6,\ldots$ $\quad D_k = \dfrac{1}{\widetilde{m}\omega^2}\dfrac{(1-\eta_k^2)\,a_k}{(1-\eta_k^2)^2+(2D\eta_k)^2}$, $\quad E_k = \dfrac{1}{\widetilde{m}\omega^2}\dfrac{2D\eta_k\,a_k}{(1-\eta_k^2)^2+(2D\eta_k)^2}$.

Das System ist wegen $\eta = \Omega/\omega = 15,71/79,40 = 0,198 < 1$ hoch abgestimmt. Die Darstellung der stationären Lösung in Abb. 11.13 erfolgte unter Mitnahme von sechs Reihengliedern, was sich für die Praxis als durchaus ausreichend erweist.

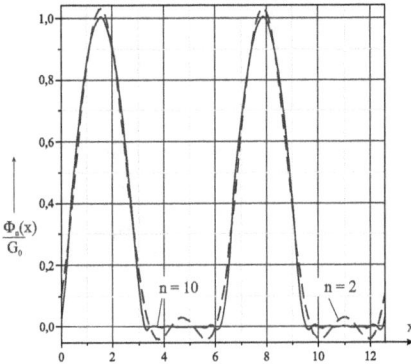

Abb. 11.12   *Belastungsfunktion $\Phi_n(x)/G_0$*

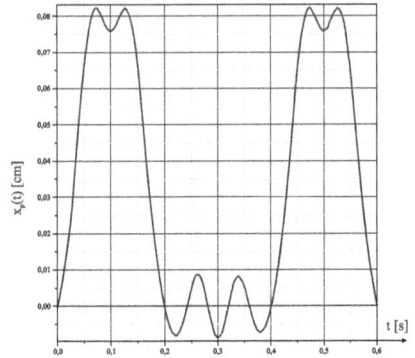

Abb. 11.13   *Stationäre Lösung der Verschiebung $x_p(t)$*

11.2   Nummerische Berechnung der Fourierkoeffizienten

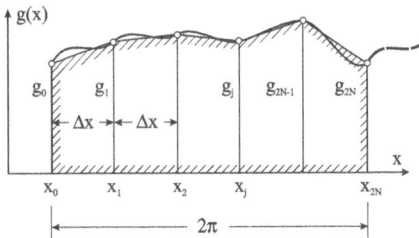

Abb. 11.14   *2π-periodische Funktion g(x), Trapezregel*

Wir haben in den vorangegangenen Beispielen das Problem der Fouriertransformation analytisch gelöst. Dazu mussten zur Berechnung der Koeffizienten Integrale ausgewertet werden. Eine geschlossene Berechnung dieser Integrale ist jedoch nur in denjenigen Fällen möglich, in denen für den analytisch vorliegenden Integranden eine Stammfunktion angegeben werden kann. Liegt die zu transformierende Funktion beispielsweise nur tabellarisch in Form einer Zeitreihe vor, so muss auf nummerische Verfahren zurückgegriffen werden. Das erfordert zunächst eine Diskretisierung des Problems. Dazu wird das Intervall $[x_0, x_{2N}]$ der 2π-periodischen Funktion g(x) in 2N gleichlange Teilintervalle der Länge $\Delta x = 2\pi/2N = \pi/N$ zerlegt (Abb. 11.14). Günstig für die Berechnung ist 2N als Vielfaches von 4 zu wählen. Die Teilungspunkte sind dann mit $x_j = x_0 + \Delta x\, j$ ($j = 0,1,...,2N$) gegeben. Die Aufgabe besteht nun darin, eine Näherung für das bestimmte Integral $\int_{x=0}^{2\pi} g(x)\,dx$ zu finden. Dazu bietet sich die Trapezsumme $S_T = \Delta x \left[\frac{1}{2}g_0 + \sum_{j=1}^{2N-1} g_j + \frac{1}{2}g_{2N} \right]$ an. Mit $g_0 = g_{2N}$ ist dann

$$S_T = \Delta x \sum_{j=0}^{2N-1} g_j \tag{11.18}$$

Die nummerische Integration der Fourierkoeffizienten mit der Trapezregel (11.18) ergibt

$$a_k = \frac{1}{\pi} \int_0^{2\pi} f(x) \cos kx \, dx \approx \frac{1}{\pi} \frac{\pi}{N} \sum_{j=0}^{2N-1} f_j \cos kx_j = \frac{1}{N} \sum_{j=0}^{2N-1} f_j \cos kx_j \qquad (k = 0, 1, 2, \ldots, n)$$

$$b_k = \frac{1}{\pi} \int_0^{2\pi} f(x) \sin kx \, dx \approx \frac{1}{\pi} \frac{\pi}{N} \sum_{j=0}^{2N-1} f_j \sin kx_j = \frac{1}{N} \sum_{j=0}^{2N-1} f_j \sin kx_j \qquad (k = 1, 2, \ldots, n)$$

womit wir die Näherungswerte

$$a_k^* = \frac{1}{N} \sum_{j=0}^{2N-1} f_j \cos kx_j \qquad (k = 0, 1, 2, \ldots, n)$$

$$b_k^* = \frac{1}{N} \sum_{j=0}^{2N-1} f_j \sin kx_j \qquad (k = 1, 2, \ldots, n) \tag{11.19}$$

erhalten, und (11.1) geht damit über in

$$\Phi_n^*(x) = \frac{a_0^*}{2} + \sum_{k=1}^{n} (a_k^* \cos kx + b_k^* \sin kx) \qquad (k = 1, 2, \ldots, n) \tag{11.20}$$

Die nach (11.19) berechneten Koeffizienten gestatten eine Approximation von $f(x)$ im quadratischen Mittel auf der Basis von $2n+1$ Koeffizienten. Da aber an den Stützpunkten lediglich $2N$ Funktionswerte f_j ($j = 0, 1, \ldots, 2N-1$) vorliegen, existiert nur dann eine Lösung, wenn die Anzahl der Koeffizienten die Anzahl der Unbekannten nicht übersteigt. Das erfordert $2n+1 \leq 2N$. Für den Fall $n = N$ ist $b_N^* = 0$, und statt der $2N+1$ Koeffizienten verbleiben nur noch $2N$. Damit stimmt die Anzahl der Stützstellen mit der Anzahl der zu berechnenden Koeffizienten überein, und es liegt dann mit

$$\Phi_n^*(x) = \frac{a_0^*}{2} + \sum_{k=1}^{N-1} (a_k^* \cos kx + b_k^* \sin kx) + \frac{a_N^*}{2} \cos(Nx) \tag{11.21}$$

der Fall der trigonometrischen Interpolation vor. Für die Koeffizienten gilt

$$a_0^* = \frac{1}{N} \sum_{j=0}^{2N-1} f_j, \qquad a_N^* = \frac{1}{N} \sum_{j=0}^{2N-1} (-1)^j f_j,$$

$$a_k^* = \frac{1}{N} \sum_{j=0}^{2N-1} f_j \cos kx_j, \qquad b_k^* = \frac{1}{N} \sum_{j=0}^{2N-1} f_j \sin kx_j, \qquad (k = 1, 2, \ldots, n) \tag{11.22}$$

<u>Hinweis:</u> Eine effiziente Berechnung der Fourierkoeffizienten wurde von Runge[1] angegeben. Unter der Voraussetzung $N = 4m$ und $m \in \mathbb{N}$ wird ein Rechenschema vorgeschlagen, dass unter Ausnutzung der speziellen Eigenschaften der trigonometrischen Funktionen mit relativ wenigen Rechenoperationen auskommt.

Beispiel 11-5:

Für die 2π-periodische Hüpffunktion

$$F(x) = \begin{cases} F_0 \sin x & \text{für} \quad x \in [0, \pi] \\ 0 & \text{für} \quad x \in [\pi, 2\pi] \end{cases}$$

aus Beispiel 11-4 sind die Fourierkoeffizienten nummerisch zu berechnen. Dazu wurde $F(x)$ innerhalb der Periode an $2N = 18$ äquidistanten Stützpunkten abgetastet[2]. Die konstante Schrittweite errechnet sich damit zu $\Delta x = \pi / N = \pi / 9$ und die Teilungspunkte liegen bei $x_j = \Delta x \, j$ ($j = 0, 1, \ldots, 2N$). Die Fourierkoeffizienten nach (11.19) können für $G_0 = 1$ der Tab. 11.1 entnommen werden. Im Vergleich zum theoretisch exakten Wert

$$a_0 = \frac{2}{\pi} = 0{,}63662 \text{ ergibt sich hier mit } a_0^* = \frac{1}{N} \sum_{j=0}^{17} F_j = 0{,}63014 \text{ ein etwas kleinerer Wert. Für}$$

$n = 9 = N$ liegt mit

$$\Phi_9^*(x) = 0{,}31507 + 0{,}5\sin x - 0{,}21885\cos 2x - 0{,}04961\cos 4x$$
$$- 0{,}02640\cos 6x - 0{,}02022\cos 8x$$

der Fall der trigonometrischen Interpolation nach (11.21) und (11.22) vor. Die im Sinne der Theorie exakte Transformation nach (11.4) ergibt

$$\Phi_9(x) = 0{,}31831 + 0{,}5\sin x - 0{,}21221\cos 2x - 0{,}04244\cos 4x$$
$$- 0{,}01819\cos 6x - 0{,}01011\cos 8x$$

<u>Hinweis:</u> Das Interpolationspolynom Φ_9^* nimmt an den Stützpunkten genau die Stützwerte an.

---

[1] C. Runge: Über die Zerlegung einer empirischen Funktion in Sinuswellen. Z. Math. Phys. 52 (1905) 117-123

[2] engl. sampling, allgemein das Abtasten eines kontinuierlichen Signals

Tab. 11.1   *Fourierkoeffizienten für F(x) aus Beispiel 11-4*

k	n = 7 a_k^*	b_k^*	n = 8 a_k^*	b_k^*	n = 9 = N a_k^*	b_k^*
1	0	0,5	0	0,5	0	0,5
2	-0,21885	0	-0,21885	0	-0,21885	0
3	0	0	0	0	0	0
4	-0,04961	0	-0,04961	0	-0,04961	0
5	0	0	0	0	0	0
6	-0,02640	0	-0,02640	0	-0,02640	0
7	0	0	0	0	0	0
8			-0,02022	0	-0,02022	0
9					0	0

Beispiel 11-6:

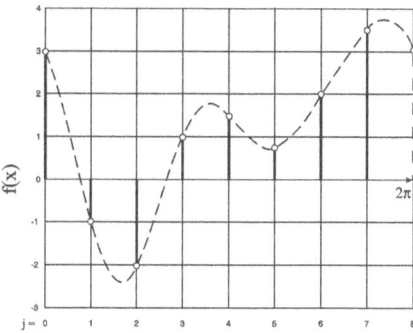

Abb. 11.15   *2π-periodisches Signal f(x)*

Das Signal f(x) in Abb. 11.15 wurde innerhalb der Periode 2π an $2N = 8$ äquidistanten Stützpunkten abgetastet und liegt mit Tab. 11.2 zahlenmäßig vor.

Tab. 11.2   *Zeitreihe des Signals aus Abb. 11.15*

j	0	1	2	3	4	5	6	7
x_j	0	$\pi/4$	$\pi/2$	$3\pi/4$	π	$5\pi/4$	$3\pi/2$	$7\pi/4$
f_j	3,0	-1,0	-2,0	1,0	1,5	0,75	2,0	3,5

Für dieses zeitdiskrete Signal sind die Fourierkoeffizienten nach (11.22) und das trigonometrische Interpolationspolynom nach (11.21) zu berechnen.

Lösung: Mit der konstanten Schrittweite $\Delta x = \pi/N = \pi/4$ liegen die Teilungspunkte bei $x_j = \Delta x\, j$ ($j = 0, 1, ..., 2N$).

Tab. 11.3 *Tabellarische Berechnung der Fourierkoeffizienten* a_k^*

	k = 0	k = 1	k = 2	k = 3	k = 4 = N
j	f_j	f_j	$f_j \cos(j\,\pi/4)$	$f_j \cos(2j\,\pi/4)$	$f_j \cos(3j\,\pi/4)$	$(-1)^j f_j$
0	3,0000	3,0000	3,0000	3,0000	3,0000	3,0000
1	-1,0000	-1,0000	-0,7071	0,0000	0,7071	1,0000
2	-2,0000	-2,0000	0,0000	2,0000	0,0000	-2,0000
3	1,0000	1,0000	-0,7071	0,0000	0,7071	-1,0000
4	1,5000	1,5000	-1,5000	1,5000	-1,5000	1,5000
5	0,7500	0,7500	-0,5303	0,0000	0,5303	-0,7500
6	2,0000	2,0000	0,0000	-2,0000	0,0000	2,0000
7	3,5000	3,5000	2,4749	0,0000	-2,4749	-3,5000
$4\,a_k^*$	8,7500	2,0303	4,5000	0,9697	0,2500
a_k^*	2,1875	0,5076	1,1250	0,2424	0,0625

Tab. 11.4 *Tabellarische Berechnung der Fourierkoeffizienten* b_k^*

		k = 1	k = 2	k = 3
j	f_j	$x_n \sin(j\,\pi/4)$	$x_n \sin(2j\,\pi/4)$	$x_n \sin(3j\,\pi/4)$
0	3,0000	0,0000	0,0000	0,0000
1	-1,0000	-0,7071	-1,0000	-0,7071
2	-2,0000	-2,0000	0,0000	2,0000
3	1,0000	0,7071	-1,0000	0,7071
4	1,5000	0,0000	0,0000	0,0000
5	0,7500	-0,5303	0,7500	-0,5303
6	2,0000	-2,0000	0,0000	2,0000
7	3,5000	-2,4749	-3,5000	-2,4749
$4\,b_k^*$		-7,0052	-4,7500	0,9948
b_k^*		-1,7513	-1,1875	0,2487

Für unser Beispiel ist $N = 4$ und (11.19) kann aufgrund der geringen Anzahl der Stützwerte noch tabellarisch ausgewertet werden. Für umfangreichere Datensätze werden Datenverarbeitungsanlagen eingesetzt. Mit den oben berechneten Koeffizienten ergibt sich folgendes Interpolationspolynom

$$\Phi_4^*(x) = \frac{a_0^*}{2} + \sum_{k=1}^{3}(a_k^* \cos kx + b_k^* \sin kx) + \frac{a_4^*}{2}\cos 4x$$

$$= 1,0938 + 0,5076\cos x + 1,125\cos 2x + 0,2424\cos 3x + 0,0315\cos 4x$$

$$-1,7513\sin x - 1,1875\sin 2x + 0,2487\sin 3x$$

Es stellt sich noch die Frage, mit welcher Abtastdichte ein zeitkontinuierliches Signal der Dauer T mit begrenztem Frequenzspektrum ohne Informationsverlust zu digitalisieren ist. Diese Frage wird durch das Nyquist-Abtasttheorem beantwortet. Beschränken sich die Frequenzen des Analogsignals auf eine Bandbreite B, so ist das Signal durch eine Auswahl von äquidistanten Punkten eindeutig bestimmt, wenn diese Punkte zeitlich nicht weiter als $\Delta t = 1/(2B)$ voneinander entfernt sind. Wenn beispielsweise die Signalbandbreite 200 Hz beträgt, dann muss mindestens alle $1/(2 \cdot 200\,\text{Hz}) = 2,5\,\text{ms}$ (Millisekunden) ein digitaler Wert aufgenommen werden. Damit also aus den abgetasteten Werten das ursprüngliche Signal ohne Informationsverlust rekonstruiert werden kann, muss die Abtastfrequenz mindestens doppelt so hoch sein wie die Frequenzbreite des abgetasteten Signals, und für die Anzahl der abzutastenden Werte gilt

$$N = \frac{N\Delta t}{\Delta t} \geq \frac{T}{\Delta t} \geq 2BT$$

Das Abtasttheorem ist von fundamentaler Bedeutung, da es die Darstellung eines kontinuierlichen Signals endlicher Dauer durch eine endliche Anzahl von Signalpunkten gestattet. In der praktischen Anwendung ist zunächst die Bandbreite B unbekannt und deshalb näherungsweise zu bestimmen. Das gelingt beispielsweise durch eine Fourieranalyse des hochfrequent abgetasteten Signals.

11.3 Die Fouriertransformation

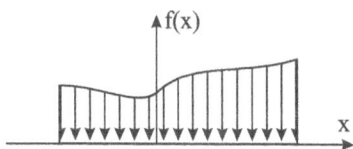

Abb. 11.16 Nichtperiodische Funktion f(x)

Um für die in Abb. 11.16 dargestellte nichtperiodische Funktion f(x) im Sinne der Fouriertransformation zu einer Lösung zu kommen, denken wir uns f(x) zunächst gemäß Abb. 11.1 periodisch nach links und rechts fortgesetzt. Für diese Funktion gilt dann (11.3), und die Koeffizienten sind nach (11.4) zu berechnen. Von der Funktion f(x) verlangen wir absolute Integrierbarkeit im Intervall $(-\infty, \infty)$, was $\int_{-\infty}^{\infty} |f(x)|\, dx = Q$ bedeutet, und bereits an dieser Stelle wird die einschränkende Verwendbarkeit der Fouriertransformation deutlich, die beispielsweise für konstante oder harmonische Funktionen nicht existiert. Für die weiteren Untersuchungen ersetzen wir die Variable $x = 2\pi t / T$ durch die Variable t und erhalten

$$\Phi(t) = \frac{a_0}{2} + \sum_{k=1}^{\infty}\left(a_k \cos k\frac{2\pi}{T}t + b_k \sin k\frac{2\pi}{T}t\right) = -\frac{a_0}{2} + \sum_{k=0}^{\infty}\left(a_k \cos k\frac{2\pi}{T}t + b_k \sin k\frac{2\pi}{T}t\right)$$

$$a_k = \frac{2}{T} \int\limits_{-T/2}^{T/2} f(t) \cos k \frac{2\pi}{T} t \, dt, \quad b_k = \frac{2}{T} \int\limits_{-T/2}^{T/2} f(t) \sin k \frac{2\pi}{T} t \, dt \; .$$

Das Einsetzen der Fourierkoeffizienten in die Fourierreihe ergibt

$$\Phi(t) = -\frac{1}{T} \int\limits_{-T/2}^{T/2} f(t) \, dt + \frac{2}{T} \left\{ \sum_{k=0}^{\infty} \left[\int\limits_{-T/2}^{T/2} f(t) \cos k \frac{2\pi}{T} t \, dt \right] \cos k \frac{2\pi}{T} t + \left[\int\limits_{-T/2}^{T/2} f(t) \sin k \frac{2\pi}{T} t \, dt \right] \sin k \frac{2\pi}{T} t) \right\}$$

Es ist nun die Frage zu beantworten, was aus dieser Formel wird, wenn $T \to \infty$ strebt. Das erste Integral geht offenbar wegen

$$\left| \frac{1}{T} \int\limits_{-T/2}^{T/2} f(t) \, dt \right| \le \frac{1}{T} \int\limits_{-T/2}^{T/2} |f(t)| \, dt \le \frac{1}{T} \int\limits_{-\infty}^{\infty} |f(t)| \, dt \le \frac{Q}{T}$$

gegen null. Es verbleibt noch die Berechnung der beiden Summen. Dazu führen wir die neue Veränderliche ξ ein, die im Intervall $(0, \infty)$ die äquidistanten Werte

$$\xi_1 = \frac{2\pi}{T}, \xi_2 = \frac{4\pi}{T}, \ldots, \xi_k = \frac{2k\pi}{T}, \ldots$$

annimmt. Ihr Zuwachs ist $\Delta\xi = \xi_{k+1} - \xi_k = 2\pi/T$, womit sich die beiden Summen in der Form

$$\frac{1}{\pi} \left\{ \sum_{(\xi)} \left[\int\limits_{-T/2}^{T/2} f(t) \cos \xi t \, dt \right] \cos \xi t \, \Delta\xi + \sum_{(\xi)} \left[\int\limits_{-T/2}^{T/2} f(t) \sin \xi t \, dt \right] \sin \xi t) \, \Delta\xi \right\}$$

darstellen lassen. Nun wird der Grenzübergang $T \to \infty$ vollzogen, wobei $\Delta\xi \to 0$ geht. Für große T unterscheiden sich die unter den Summenzeichen stehenden Integrale nur wenig von

$$\int\limits_{-\infty}^{\infty} f(t) \cos \xi t \, dt \quad \text{und} \quad \int\limits_{-\infty}^{\infty} f(t) \sin \xi t \, dt \, ,$$ und die Summen streben für $T \to \infty$ gegen die Grenz-

werte $\frac{1}{\pi} \left\{ \int\limits_{0}^{\infty} \left[\int\limits_{-\infty}^{\infty} f(t) \cos \xi t \, dt \right] \cos \xi t \, d\xi + \int\limits_{0}^{\infty} \left[\int\limits_{-\infty}^{\infty} f(t) \sin \xi t \, dt \right] \sin \xi t \, d\xi \right\}$. Mit den Abkürzungen

$$a(\xi) = \frac{1}{\pi} \int\limits_{-\infty}^{\infty} f(t) \cos \xi t \, dt \quad \text{und} \quad b(\xi) = \frac{1}{\pi} \int\limits_{-\infty}^{\infty} f(t) \sin \xi t \, dt \quad \text{erhalten wir dann}$$

$$\Phi(t) = \int\limits_{0}^{\infty} a(\xi) \cos \xi t \, d\xi + \int\limits_{0}^{\infty} b(\xi) \sin \xi t \, d\xi \tag{11.23}$$

(11.23) wird Fouriersche Formel genannt, die auch in der komplexen Form

$$\Phi(t) = \frac{1}{2\pi} \int\limits_{-\infty}^{\infty} \left[\int\limits_{-\infty}^{\infty} f(t) \exp(-i\xi t) dt \right] \exp(i\xi t) d\xi \qquad (11.24)$$

notiert werden kann. Die Übereinstimmung von (11.24) mit (11.23) kann leicht nachgewiesen werden, wenn wir in (11.24) $\exp(\pm i\xi t) = \cos\xi t \pm i\sin\xi t$ beachten. Damit folgt

$$\Phi(t) = \frac{1}{2\pi} \int\limits_{-\infty}^{\infty} \left[\int\limits_{-\infty}^{\infty} f(t) \exp(-i\xi t) \, dt \right] \exp(i\xi t) d\xi = \frac{1}{2\pi} \int\limits_{-\infty}^{\infty} \left[\int\limits_{-\infty}^{\infty} f(t)(\cos\xi t - i\sin\xi t) \, dt \right] (\cos\xi t + i\sin\xi t) d\xi$$

und ausmultipliziert

$$\Phi(t) = \frac{1}{2\pi} \int\limits_{-\infty}^{\infty} \left[\int\limits_{-\infty}^{\infty} f(t)\cos\xi t \, dt \right] \cos\xi t \, d\xi + \frac{i}{2\pi} \int\limits_{-\infty}^{\infty} \left[\int\limits_{-\infty}^{\infty} f(t)\cos\xi t \, dt \right] \sin\xi t \, d\xi$$

$$- \frac{i}{2\pi} \int\limits_{-\infty}^{\infty} \left[\int\limits_{-\infty}^{\infty} f(t)\sin\xi t) \, dt \right] \cos\xi t \, d\xi + \frac{1}{2\pi} \int\limits_{-\infty}^{\infty} \left[\int\limits_{-\infty}^{\infty} f(t)\sin\xi t \, dt \right] \sin\xi t \, d\xi$$

Da $\int\limits_{-\infty}^{\infty} f(t)\cos\xi t \, dt$ eine gerade und $\int\limits_{-\infty}^{\infty} f(t)\sin\xi t \, dt$ eine ungerade Funktion in ξ darstellt,

verbleibt lediglich $\Phi(t) = \frac{1}{\pi} \int\limits_{0}^{\infty} \left[\int\limits_{-\infty}^{\infty} f(t)\cos\xi t \, dt \right] \cos\xi t \, d\xi + \frac{1}{\pi} \int\limits_{0}^{\infty} \left[\int\limits_{-\infty}^{\infty} f(t)\sin\xi t \, dt \right] \sin\xi t \, d\xi$, was

mit (11.23) übereinstimmt.

Zur Schematisierung des Berechnungsablaufs der Fouriertransformation führen wir die Bildfunktion

$$F(\xi) := \mathcal{F}[f(t); \xi] = \int\limits_{-\infty}^{+\infty} f(t) \exp(-i\xi t) dt \qquad (11.25)$$

ein, aus der durch Anwendung der Umkehrformel die Originalfunktion

$$f(t) = \frac{1}{2\pi} \int\limits_{-\infty}^{+\infty} F(\xi) \exp(i\xi t) d\xi \qquad (11.26)$$

folgt. Das Formelpaar (11.25), (11.26) wird Fourier-Inversionstheorem genannt.

Ist die zeitabhängige Funktion $f(t)$ nur für $t > 0$ definiert, dann heißt

$$F(\xi) := \mathcal{F}[f(t); \xi] = \int\limits_{0}^{+\infty} f(t) \exp(-i\xi t) dt \qquad (t > 0) \qquad (11.27)$$

einseitige Fouriertransformierte der Funktion $f(t)$. Für die Umkehrung gilt wieder (11.26).

Wir geben im Folgenden einige Rechenregeln für die Fouriertransformation an. Sie ist linear im folgenden Sinne:

$$\mathcal{F}[\alpha f(t) + \beta g(t); \xi] = \alpha F(\xi) + \beta G(\xi) \,.$$ (11.28)

Ist f(t) eine reelle Funktion von t, dann ist $\overline{\mathcal{F}}[f] = \int\limits_{-\infty}^{+\infty} f(t) \exp(i\xi t) dt$, so dass gilt

$\overline{\mathcal{F}}[f(t); \xi] = \mathcal{F}[f(t); -\xi]$. Für $a > 0$ folgt mit $\tau = at$ und $dt = a^{-1} d\tau$

$$\mathcal{F}[f(at); \xi] = \int\limits_{-\infty}^{+\infty} f(at) \exp(-i\xi t) dt = a^{-1} \int\limits_{-\infty}^{+\infty} f(\tau) \exp(-i\xi / a\, \tau) \, d\tau = a^{-1} \mathcal{F}[f(t); \xi / a] \,.$$

Ist $a < 0$, dann folgt

$$\mathcal{F}[f(at); \xi] = \int\limits_{-\infty}^{+\infty} f(at) \exp(-i\xi t) dt = a^{-1} \int\limits_{\infty}^{-\infty} f(\tau) \exp(-i\xi / a\, \tau) \, d\tau = -a^{-1} \mathcal{F}[f(t); \xi / a] \,.$$

Im Allg. erhalten wir also für reelles a

$$\mathcal{F}[f(at); \xi] = \frac{1}{|a|} \mathcal{F}[f(t); \xi / a] \,.$$ (11.29)

Auf ähnliche Weise finden wir mit $\tau = t - a$ und $dt = d\tau$

$$\mathcal{F}[f(t-a); \xi] = \int\limits_{-\infty}^{+\infty} f(t-a) \exp(-i\xi t) \, dt = \int\limits_{-\infty}^{+\infty} f(\tau) \exp[-i\xi(\tau + a)] \, d\tau$$

und

$$\mathcal{F}[f(t-a); \xi] = \exp(-i\xi a) \, \mathcal{F}[f(t); \xi]$$ (11.30)

wird Verschiebungssatz im Originalraum genannt. Ist λ eine Konstante, dann gilt

$$\mathcal{F}[\exp(i\lambda t) f(t); \xi] = \int\limits_{-\infty}^{+\infty} f(t) \exp(-i\xi t) \exp(i\lambda t) dt = \int\limits_{-\infty}^{+\infty} f(t) \exp[-i(\xi - \lambda) t] dt$$

und

$$\mathcal{F}[\exp(i\lambda t) f(t); \xi] = \mathcal{F}[f(t); \xi - \lambda]$$ (11.31)

wird Verschiebungssatz im Bildraum genannt.

Beispiel 11-7:

Gesucht ist die Fouriertransformierte $X(\xi)$ der Funktion $x(t) = x_0 \exp(-\delta t)\cos\omega t$ mit $t \geq 0$.

Lösung: Mit $2\cos\omega t = \exp(i\omega t) + \exp(-i\omega t)$ können wir für $x(t)$ auch

$x(t) = 1/2 x_0 \exp(-\delta t)[\exp(i\omega t) + \exp(-i\omega t)]$ schreiben. Setzen wir $f(t) = 1/2 x_0 \exp(-\delta t)$, dann ist $x(t) = f(t)[\exp(i\omega t) + \exp(-i\omega t)]$. Unter Beachtung der Linearität des Fourieroperators (11.28) und der Rechenregel (11.31) folgt für die Fouriertransformierte von $x(t)$

$$X(\xi) = \mathcal{F}[x(t);\xi] = \mathcal{F}[f(t),\xi-\omega] + \mathcal{F}[f(t),\xi+\omega] \,.$$

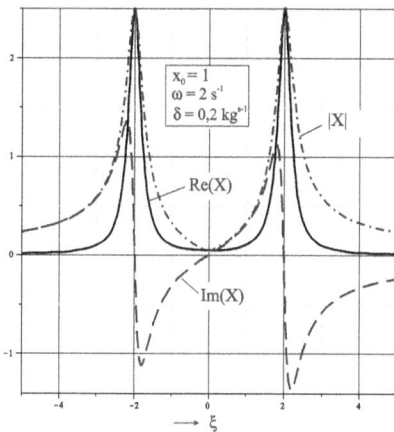

Abb. 11.17   Die Fouriertransformierte X(ξ)

Wir benötigen die Fouriertransformierte der Funktion $f(t) = 1/2 x_0 \exp(-\delta t)$. Es gilt

$$F(\xi) = \mathcal{F}[f(t);\xi] = \frac{x_0}{2}\int_0^\infty \exp[-(\delta+i\xi)t]\,dt = \frac{x_0}{2}\frac{1}{\delta+i\xi} \text{ und damit}$$

$$X(\xi) = \mathcal{F}[f(t),\xi-\omega] + \mathcal{F}[f(t),\xi+\omega] = \frac{x_0}{2}\left[\frac{1}{\delta+i(\xi-\omega)} + \frac{1}{\delta+i(\xi+\omega)}\right].$$

Nach Zusammenfassung erhalten wir

$$X(\xi) = x_0 \frac{\delta+i\xi}{[\delta+i(\xi-\omega)][\delta+i(\xi+\omega)]} \text{ mit}$$

$$\mathrm{Re}[X(\xi)] = x_0 \frac{\delta(\delta^2+\xi^2+\omega^2)}{[\delta^2+(\xi-\omega)^2][\delta^2+(\xi+\omega)^2]} \,, \quad \mathrm{Im}[X(\xi)] = -x_0 \frac{\xi(\delta^2+\xi^2-\omega^2)}{[\delta^2+(\xi-\omega)^2][\delta^2+(\xi+\omega)^2]} \,.$$

Beispiel 11-8:

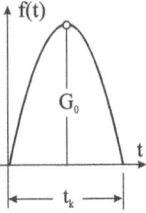

Abb. 11.18   Sinusimpuls

Der in Abb. 11.18 skizzierte Sinusimpuls der Dauer t_k und der Intensität G_0 soll mittels der Fouriertransformation in den Frequenzbereich transformiert werden.

<u>Lösung:</u> Im Vergleich zur periodischen Hüpffunktion aus Beispiel 11-4 tritt der Impuls hier nur einmal in der Zeitspanne $0 \le t \le t_k$ auf. Die Funktion f(t) ist also nicht mehr periodisch.

Mit $\Omega = \pi / t_k$ kann f(t) analytisch durch die Funktionsgleichung

$$f(t) = \begin{cases} G_0 \sin \Omega t & \text{für} \quad t \in [0, t_k] \\ 0 & \text{sonst} \end{cases}$$

angegeben werden, und f(t) ist weder symmetrisch noch schiefsymmetrisch. Mit (11.27)

folgt $F(\xi) = \int\limits_0^{+\infty} f(t) \exp(-i\xi t) dt = G_0 \int\limits_0^{t_k} \sin \Omega t \exp(-i\xi t) dt = G_0 \pi t_k \dfrac{1 + \cos t_k \xi - i \sin t_k \xi}{\pi^2 - (t_k \xi)^2}$.

Mit $S = \int\limits_{t=0}^{t_k} f(t)\, dt = \dfrac{2 G_0 t_k}{\pi}$ (das Integral kann auch als Stoß interpretiert werden) folgt

$$F(\xi) = \frac{S\pi^2}{2} \frac{1 + \cos t_k \xi - i \sin t_k \xi}{\pi^2 - (t_k \xi)^2} \qquad \text{oder} \qquad \widetilde{F}(\xi) := \frac{F(\xi)}{S} = \frac{\pi^2}{2} \frac{1 + \cos t_k \xi - i \sin t_k \xi}{\pi^2 - (t_k \xi)^2} .$$

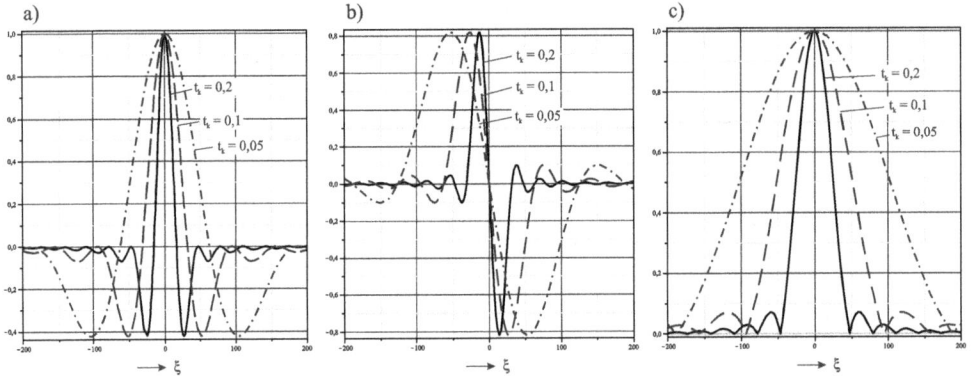

Abb. 11.19   (a)Realteil, (b)Imaginärteil und (c)Betrag der bezogenen Fouriertransformierten $\widetilde{F}(\xi)$

Zerlegen wir $\widetilde{F}(\xi)$ in Real- und Imaginärteil und bilden den Betrag, dann erhalten wir (s. h. Abb. 11.19)

$$\mathrm{Re}[\widetilde{F}(\xi)] = \frac{\pi^2}{2} \frac{1 + \cos t_k\xi}{\pi^2 - (t_k\xi)^2}, \ \mathrm{Im}[\widetilde{F}(\xi)] = -\frac{\pi^2}{2} \frac{\sin t_k\xi}{\pi^2 - (t_k\xi)^2}, \left|\widetilde{F}(\xi)\right| = \frac{\pi^2\sqrt{2}}{2} \sqrt{\frac{1 + \cos t_k\xi}{[\pi^2 - (t_k\xi)^2]^2}}$$

Offensichtlich laufen bei Verkürzung der Kontaktzeit t_k die Kurven nach links und rechts auseinander. Für $\xi = 0$ verschwindet der Imaginärteil und für den Realteil gilt $\mathrm{Re}[\widetilde{F}(\xi = 0)] = 1$.

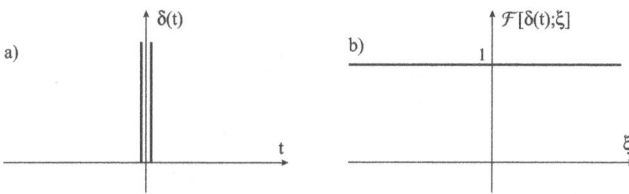

Abb. 11.20   *Die Dirac-Funktion und ihre Fouriertransformierte*

Verringern wir bei festgehaltenem Stoß S die Kontaktzeit t_k, dann erhalten wir im Grenzfall $\lim_{t_k \to 0} \widetilde{F}(\xi) = 1$, und die Funktion

$$\mathcal{F}[\delta(t); \xi] = \int_{-\infty}^{+\infty} \delta(t) \exp(-i\xi t) dt = 1 \tag{11.32}$$

stellt die Fouriertransformierte der Dirac-Funktion $\delta(t)$ dar. Ihr Amplitudenspektrum ist konstant (Abb. 11.20, rechts), was bedeutet, dass alle Frequenzen mit derselben Amplitude vorhanden sind. Im Fall $S = 1$ sprechen wir auch vom Einheitsstoß.

Wird die Lösung für den in Abb. 11.21 skizzierten Kosinusimpuls gesucht, dann muss nicht erneut integriert werden. Das Koordinatensystem in Abb. 11.21 können wir uns nämlich durch Verschiebung aus Abb. 11.18 um $-t_k/2$ entstanden denken. Die Anwendung des Verschiebungssatzes (11.31) ergibt dann

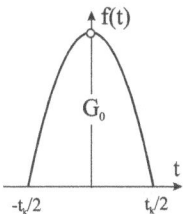

Abb. 11.21   *Kosinusimpuls*

$$F(\xi) = G_0 \int_{-t_k/2}^{t_k/2} \cos\Omega t \exp(-i\xi t) \, dt$$

$$= \frac{S}{2}\pi^2 \frac{1 + \cos t_k\xi - i\sin t_k\xi}{\pi^2 - (t_k\xi)^2} \exp(i\xi t_k / 2) = -S\pi^2 \frac{\cos(t_k\xi/2)}{\pi^2 - (t_k\xi)^2}$$

Aufgrund der Symmetrie von $f(t)$ ist die Transformierte $F(\xi)$ reell.

Beispiel 11-9:

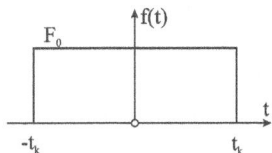

Abb. 11.22   Rechteckimpuls

Für den Rechteckimpuls der Dauer $2t_k$ und der Intensität F_0 (Abb. 11.22) ist die Fouriertransformierte gesucht. Die Funktion f(t) ist analytisch gegeben durch

$$f(t) = \begin{cases} F_0 & \text{für } t \in [-t_k, t_k] \\ 0 & \text{sonst} \end{cases}$$

Wir können diese stückweise stetige Funktion auch mittels der Heaviside-Funktion in der Form $f(t) = F_0 H(t_k - |t|)$ ausdrücken. Mit (11.25) folgt dann unter Beachtung von $S = 2F_0 t_k$

$$F(\xi) := \mathcal{F}[f(t); \xi] = \int_{-\infty}^{+\infty} f(t)\exp(-i\xi t)dt = F_0 \int_{-t_k}^{t_k} \exp(-i\xi t)dt = 2F_0 \frac{\sin t_k \xi}{\xi} = S \frac{\sin t_k \xi}{t_k \xi}$$

Als Folge der Symmetrie der Funktion f(t) bezüglich $t = 0$, ist die Fouriertransformierte reell. Wir ersetzen $F(\xi)$ an der Stelle $\xi = 0$ durch den Grenzwert $\lim\limits_{\xi \to 0} F(\xi) = S$. Beziehen wir $F(\xi)$ auf den konstanten Wert S, dann ist $\tilde{F}(\xi) = \dfrac{F(\xi)}{S} = \dfrac{\sin t_k \xi}{t_k \xi} = \text{sinc}(t_k \xi)$, und die sinc-Funktion (Abb. 11.23), auch Kardinalsinus oder Spaltsinus genannt, besitzt eine hebbare Singularität bei $t_k \xi = 0$. Die Nullstellen von $\tilde{F}(t_k \xi)$ liegen bei $t_k \xi^* = n\pi$ ($n = \pm 1, \pm 2, \pm 3 \dots$). Die Lösung für den idealen Rechteckstoß der Intensität S beschaffen wir uns nun derart, dass wir bei festgehaltenem Stoß S die Zeit t_k gegen null gehen lassen, und wir erhalten $\mathcal{F}[f(t); \xi] = S$.

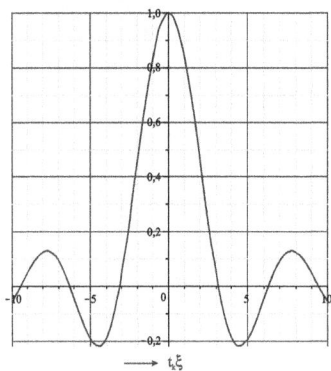

Abb. 11.23   sinc($t_k x$)

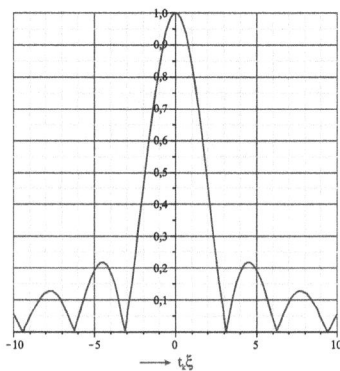

Abb. 11.24 |sinc($t_k x$)|

Beispiel 11-10:

Für die gedämpfte Bewegung $x(t) = \exp(-\delta t)(C_1 \cos \omega_d t + C_2 \sin \omega_d t)$ mit $t \geq 0$ in Abb. 11.25 ist die einseitige Fouriertransformierte zu bestimmen.

<u>Lösung</u>: Wir erhalten $F(\xi) = \mathcal{F}[x(t); \xi] = \int\limits_{t=0}^{\infty} x(t) \exp(-i\xi t) dt = \dfrac{C_1(\delta + i\xi) + C_2 \omega_d}{[\delta + i(\xi + \omega_d)][\delta + i(\xi - \omega_d)]}$.

Die Zerlegung von $F(\xi)$ in Real- und Imaginärteil ergibt

$$\mathrm{Re}[F(\xi)] = \frac{C_1 \delta(\delta^2 + \omega_d^2 + \xi^2) + C_2 \omega_d(\delta^2 + \omega_d^2 - \xi^2)}{[\delta^2 + (\xi + \omega_d)^2][\delta^2 + (\xi - \omega_d)^2]}, \quad \mathrm{Im}[F(\xi)] = -\xi \frac{C_1(\delta^2 - \omega_d^2 + \xi^2) + 2 C_2 \delta \omega_d}{[\delta^2 + (\xi + \omega_d)^2][\delta^2 + (\xi - \omega_d)^2]}.$$

Für die Parameterkombination $\omega_d = 5\,\mathrm{s}^{-1}$, $\delta = 0,2\,\mathrm{s}^{-1}$, $x_0 = 1\,\mathrm{cm}$ und $v_0 = 0$ sind die Ergebnisse in Abb. 11.26 dargestellt.

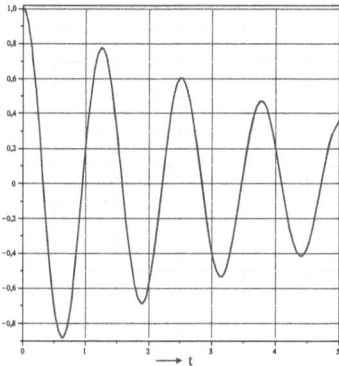

Abb. 11.25 *Gedämpfte Bewegung x(t) [cm]*

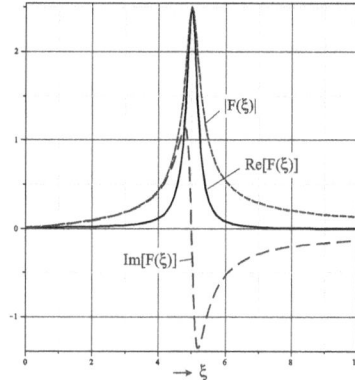

Abb. 11.26 *Fouriertransformierte von x(t)*

Ist f(t) nur für positive Werte der reellen Variablen t definiert, dann können wir uns f(t) entweder symmetrisch oder auch schiefsymmetrisch (Abb. 11.27) in den negativen Bereich fortgesetzt denken.

a) Symmetrische Fortsetzung   b) Schiefsymmetrische Fortsetzung

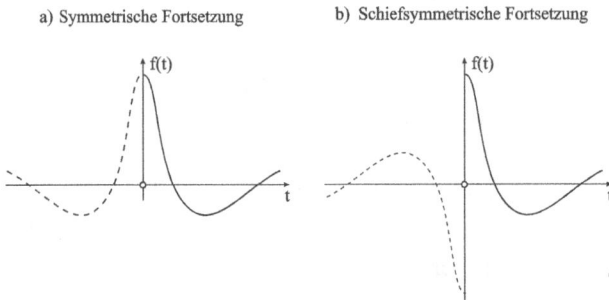

Abb. 11.27 *Symmetrische und schiefsymmetrische Fortsetzung einer Funktion f(t)*

Wir behandeln zuerst den Fall der symmetrischen Fortsetzung von f(t) und nennen diese

Funktion $f_+(t) = \begin{cases} f(t) & t \geq 0 \\ f(-t) & t < 0 \end{cases}$. Dann gilt

$$\int_{-\infty}^{\infty} f_+(t)\exp(-i\xi t)\,dt = \int_{-\infty}^{0} f(-t)\exp(-i\xi t)\,dt + \int_{0}^{\infty} f(t)\exp(-i\xi t)\,dt$$

$$= \int_{0}^{\infty} f(t)[\exp(i\xi t) + \exp(-i\xi t)]\,dt = 2\int_{0}^{\infty} f(t)\cos(\xi t)\,dt$$

und

$$F_C(\xi) := \mathscr{F}_C[f(t);\xi] = \sqrt{\frac{2}{\pi}} \int_{0}^{\infty} f(t)\cos(\xi t)\,dt \tag{11.33}$$

wird die Fourier-Kosinustransformierte von f(t) genannt, die mit $F_C(-\xi) = F_C(\xi)$ eine gerade Funktion in ξ darstellt. Das Inversionstheorem (11.26) liefert dann

$$f(t) = \sqrt{\frac{2}{\pi}} \int_{0}^{\infty} F_C(\xi)\cos(\xi t)\,d\xi \qquad (t > 0) \tag{11.34}$$

Das Formelpaar (11.33), (11.34) wird Fourier-Kosinus-Inversionstheorem genannt.

Setzen wir die Funktion f(t) mit $t \geq 0$ dagegen schiefsymmetrisch entsprechend

$$f_-(t) = \begin{cases} f(t) & t > 0 \\ -f(-t) & t < 0 \end{cases}$$

in den negativen Bereich fort (Abb. 11.27, rechts), dann ist

$$\int\limits_{-\infty}^{\infty} f_-(t)\exp(-i\xi t)\,dt = -\int\limits_{-\infty}^{0} f(-t)\exp(-i\xi t)\,dt + \int\limits_{0}^{\infty} f(t)\exp(-i\xi t)\,dt$$

$$= \int\limits_{0}^{\infty} f(t)[\exp(-i\xi t)-\exp(i\xi t)]\,dt = -i\,2\int\limits_{0}^{\infty} f(t)\sin(\xi t)\,dt$$

und wir nennen

$$F_S(\xi) := \mathcal{F}_S[f(t);\xi] = \sqrt{\frac{2}{\pi}}\int\limits_{0}^{\infty} f(t)\sin(\xi t)\,dt \qquad\qquad (11.35)$$

die Fourier-Sinustransformierte von f(t), die mit $F_S(-\xi) = -F_S(\xi)$ eine ungerade Funktion in ξ darstellt, und das Inversionstheorem (11.26) führt auf

$$f(t) = \sqrt{\frac{2}{\pi}}\int\limits_{0}^{\infty} F_S(\xi)\sin(\xi t)\,d\xi \qquad (t>0) \qquad\qquad (11.36)$$

Das Formelpaar (11.35), (11.36) wird Fourier-Sinus-Inversionstheorem genannt.

<u>Hinweis:</u> Die gerade fortgesetzte Funktion $f_+(t)$ ist eine stetige Funktion in t, die für t = 0 den richtigen Wert liefert. Die schiefsymmetrisch fortgesetzte Funktion $f_-(t)$ hat jedoch für $f(0) \neq 0$ eine Unstetigkeit, und (11.36) liefert dann für t = 0 nicht f(0), sondern null.

Als Beispiel zur Berechnung der Fourierkosinus- und der Fouriersinustransformation der Funktion e^{-at} betrachten wir die Integrale $I = \int\limits_{0}^{\infty} e^{-at}\cos(\xi t)\,dt$ und $J = \int\limits_{0}^{\infty} e^{-at}\sin(\xi t)\,dt$. Die Konstante a wird als reell und positiv vorausgesetzt. Partielle Integration von I liefert

$$I = \left[-a^{-1}e^{-at}\cos(\xi t)\right]_0^\infty - \frac{\xi}{a}\int\limits_{0}^{\infty} e^{-at}\sin(\xi t)\,dt = \frac{1}{a} - \frac{\xi}{a}J.$$

Andererseits führt die partielle Integration von J auf

$$J = \left[-a^{-1}e^{-at}\sin(\xi t)\right]_0^\infty + \frac{\xi}{a}\int\limits_{0}^{\infty} e^{-at}\cos(\xi t)\,dt = \frac{\xi}{a}I.$$

Die Auflösung beider Gleichungen ergibt $I = \dfrac{a}{a^2+\xi^2}$ und $J = \dfrac{\xi}{a^2+\xi^2}$, woraus wir für a > 0 sofort schließen

$$\mathcal{F}_C[e^{-at};\xi] = \sqrt{\frac{2}{\pi}}\,\frac{a}{a^2+\xi^2}\,, \quad \mathcal{F}_S[e^{-at};\xi] = \sqrt{\frac{2}{\pi}}\,\frac{\xi}{a^2+\xi^2}\,. \tag{11.37}$$

Übungsvorschlag 11-1:

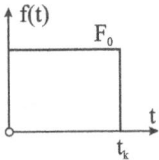

Abb. 11.28 *Rechteckimpuls, symmetrisch fortgesetzt*

Für die in Abb. 11.28 skizzierte Funktion f(t), die durch die Funktionalgleichung

$$f(t) = \begin{cases} F_0 & \text{für } t \in [0, t_k] \\ 0 & \text{sonst} \end{cases}$$

angegeben werden kann, sind ihre Fourier-Kosinus- und Fourier-Sinustransformierte zu berechnen.

In Anwendungen der Theorie der Fouriertransformationen zur Lösung gewöhnlicher Differenzialgleichungen, benötigen wir die Fouriertransformationen der Ableitungen von f(t). Setzen wir genügend oft stetige Differenzierbarkeit voraus, so lassen sich, wie die folgenden Rechnungen zeigen, die Fouriertransformierten der Ableitungen von f(t) durch die Fouriertransformierten der Funktion f(t) selbst ausdrücken. Wir beginnen mit

$$\mathcal{F}[\dot{f}(t);\xi] = \int\limits_{-\infty}^{+\infty} \dot{f}(t)\exp(-i\xi t)\,dt = [f(t)\exp(-i\xi t)]_{-\infty}^{\infty} + i\xi \int\limits_{-\infty}^{+\infty} f(t)\exp(-i\xi t)\,dt\,.$$

Damit der Term in der eckigen Klammer verschwindet, muss $\lim\limits_{|t|\to\infty} f(t) = 0$ gefordert werden. Dann verbleibt $\mathcal{F}[\dot{f}(t);\xi] = i\xi \int\limits_{-\infty}^{+\infty} f(t)\exp(-i\xi t)\,dt = i\xi\,\mathcal{F}[f(t);\xi]$. Die Transformierte der zweiten Ableitung von f(t) erhalten wir entsprechend mit $\lim\limits_{|t|\to\infty} \dot{f}(t) = 0$

$$\mathcal{F}[\ddot{f}(t);\xi] = \left[\dot{f}(t)\exp(-i\xi t)\right]_{-\infty}^{\infty} + i\xi \int\limits_{-\infty}^{+\infty} \dot{f}(t)\exp(-i\xi t)\,dt$$

$$= \left[\dot{f}(t)\exp(-i\xi t)\right]_{-\infty}^{\infty} + i\xi\left[[f(t)\exp(-i\xi t)]_{-\infty}^{\infty} + i\xi \int\limits_{-\infty}^{+\infty} f(t)\exp(-i\xi t)\,dt \right] = -\xi^2\mathcal{F}[f(t);\xi]$$

Weiterhin sind

$$\mathcal{F}_C[\dot{f}(t);\xi] = \sqrt{2/\pi}\int\limits_{0}^{\infty} \dot{f}(t)\cos(\xi t)\,dt = -\sqrt{2/\pi}\,f(t=0) + \xi\,\mathcal{F}_S[f(t);\xi]\,,$$

$$\mathcal{F}_C[\ddot{f}(t);\xi] = \sqrt{2/\pi}\ \int\limits_0^\infty \ddot{f}(t)\cos(\xi t)\ dt = -\sqrt{2/\pi}\ \dot{f}(t=0) - \xi^2\mathcal{F}_C[f(t);\xi]\,,$$

$$\mathcal{F}_S[\dot{f}(t);\xi] = \sqrt{2/\pi}\ \int\limits_0^\infty \dot{f}(t)\sin(\xi t)\ dt = -\xi\mathcal{F}_C[f(t);\xi]\,,$$

$$\mathcal{F}_S[\ddot{f}(t);\xi] = \sqrt{2/\pi}\ \int\limits_0^\infty \ddot{f}(t)\sin(\xi t)\ dt = \sqrt{2/\pi}\ \xi f(t=0) - \xi^2\mathcal{F}_S[f(t);\xi]\,,$$

Für die einseitige Fouriertransformation mit $0 \le t < \infty$ gelten die folgenden Ableitungsregeln

$$\mathcal{F}[\dot{f}(t);\xi] = \int\limits_0^\infty \dot{f}(t)\exp(-i\xi t)\ dt = \left[f(t)\exp(-i\xi t)\right]_0^\infty + i\xi\int\limits_0^\infty f(t)\exp(-i\xi t)\ dt = -f(t=0) + i\xi\mathcal{F}[f(t);\xi]\,,$$

$$\mathcal{F}[\ddot{f}(t);\xi] = \int\limits_0^\infty \ddot{f}(t)\exp(-i\xi t)\ dt = -\dot{f}(t=0) - i\xi f(t=0) - \xi^2\mathcal{F}[f(t);\xi]\,.$$

<u>Hinweis</u>: Den obigen Beziehungen entnehmen wir, dass einer Zeitableitung im Originalraum eine Multiplikation mit dem Faktor $i\xi$ im Bildraum entspricht.

Beispiel 11-11:

Die Bewegungsgleichung $m\ddot{x}(t) + c\dot{x}(t) + kx(t) = p(t)$ des gedämpften Einmassenschwingers soll in den Frequenzraum transformiert werden. Die Funktion $x(t)$ und ihre Ableitungen bis zur zweiten Ordnung sind nur für $t \ge 0$ definiert. Zum Zeitpunkt $t = 0$ sind die Anfangswerte $x(t=0) = x_0$ und $\dot{x}(t=0) = v_0$ vorgegeben. Die einseitige Fouriertransformation liefert unter Einarbeitung der Anfangsbedingungen mit

$$\mathcal{F}[m\ddot{x}(t) + c\dot{x}(t) + kx(t);\xi] = \mathcal{F}[m\ddot{x}(t);\xi] + \mathcal{F}[c\dot{x}(t);\xi] + \mathcal{F}[kx(t);\xi] = \mathcal{F}[p(t);\xi]$$
$$= m\left[-v_0 - i\xi x_0 - \xi^2 X(\xi)\right] + c\left[-x_0 + i\xi X(\xi)\right] + kX(\xi) = P(\xi)$$

eine algebraische Gleichung für die unbekannte Transformierte $X(\xi) = \mathcal{F}[x(t);\xi]$. Der Bewegungsgleichung im Zeitbereich (Originalraum) entspricht demzufolge eine algebraische Gleichung im Frequenzbereich (Bildraum), womit das AWP erheblich vereinfacht wurde. Wir erhalten für die Transformierte $X(\xi)$ die Lösung

$$X(\xi) = \frac{mv_0 + x_0(c + im\xi)}{-m\xi^2 + ic\xi + k} + \frac{P(\xi)}{-m\xi^2 + ic\xi + k}\,, \text{ die bereits die Anfangsbedingungen enthält.}$$

$P(\xi) = \mathcal{F}[p(t);\xi]$ bezeichnet die einseitige Fouriertransformation der Belastung $p(t)$. Im eingeschwungenen Zustand verbleibt im Bildraum lediglich die partikuläre Lösung

$$X(\xi) = \frac{1}{-m\xi^2 + ic\xi + k} P(\xi) = H(\xi)P(\xi) . \text{ Die Übertragungsfunktion } H(\xi) = \frac{1}{-m\xi^2 + ic\xi + k}$$

enthält nur die Systemwerte m, c und k. Zur Berechnung der Systemantwort im Frequenzraum ist die fouriertransformierte Erregung P(ξ) lediglich mit der komplexen Übertragungsfunktion H(ξ) zu multiplizieren.

Hinweis: Im Falle des Dirac-Stoßes mit $p(t) = \delta(t)$ ist $P(\xi) = 1$, und der Frequenzgang entspricht der fouriertransformierten Stoßübergangsfunktion.

11.4   Die Laplacetransformation

Bei der Anwendung der Fouriertransformation wurde die absolute Integrierbarkeit der Funktion f(t) gefordert, andernfalls existiert die Fouriertransformierte F(ξ) nicht. In der Schwingungstechnik treten aber häufig Funktionen auf, die diese Forderung nicht erfüllen. Dazu zählen, wie bereits erwähnt, alle konstanten und auch die harmonischen Funktionen, die zu divergenten Integralen der Fouriertransformation führen. Eine Abhilfe bietet hier die Laplacetransformation[1], die wie folgt definiert ist

$$F(s) = \mathcal{L}[f(t);s] := \int_0^\infty f(t)e^{-st}dt . \tag{11.38}$$

Wir können uns die Laplacetransformation aus der einseitigen Fouriertransformation entstanden denken, wenn wir dort f(t) durch $f(t)e^{-\alpha t}$ ersetzen und die komplexe Variable $s = \alpha + i\xi$ einführen. Die Funktion f(t) wird als Originalfunktion bezeichnet, und F(s) heißt Bildfunktion. Durch Anwendung des Inversionstheorems

$$f(t) = \mathcal{L}^{-1}[F(s);t] = \frac{1}{2\pi i} \int_{\alpha-i\infty}^{\alpha+i\infty} F(s)e^{st}ds \tag{11.39}$$

folgt wieder die Originalfunktion, wobei die Integration in der komplexen Ebene erfolgt, was funktionentheoretische Methoden erfordert. Für $f(t) = 1$ erhalten wir beispielsweise

---

[1]   Pierre Simon Marquis de Laplace, frz. Mathematiker und Physiker, 1749-1827

$\mathcal{L}[1;s] = \int\limits_0^\infty e^{-st}dt = \left[-s^{-1}e^{-st}\right]_0^\infty = \dfrac{1}{s}$. Auf ähnliche Weise gewinnen wir durch partielle Integra-

tion $\mathcal{L}[t;s] = \int\limits_0^\infty te^{-st}dt = \left[-s^{-1}e^{-st}\, t\right]_0^\infty + s^{-1}\int\limits_0^\infty e^{-st}dt$, also $\mathcal{L}[t;s] = \dfrac{1}{s^2}$. Insbesondere erhalten

wir für $f(t) = e^{at}$

$$\mathcal{L}\left[e^{at};s\right] = \int\limits_0^\infty e^{at}e^{-st}dt = \int\limits_0^\infty e^{-(s+a)t}dt = (s-a)^{-1} \qquad \mathrm{Re}(s) > \mathrm{Re}(a) \qquad (11.40)$$

und in der inversen Form

$$\mathcal{L}^{-1}\left[\frac{1}{s-a};t\right] = e^{at} \qquad\qquad\qquad (11.41)$$

Mit (11.40) folgen die Laplacetransformationen der Funktionen $\sin\Omega t$ und $\cos\Omega t$

$$\mathcal{L}[\cos\Omega t;s] = \frac{s}{s^2+\Omega^2}, \quad \mathcal{L}[\sin\Omega t;s] = \frac{\Omega}{s^2+\Omega^2} \qquad\qquad (11.42)$$

Mit Hilfe des Verschiebungstheorems lässt sich die Laplacetransformation der Funktion $e^{-at}f(t)$ sofort hinschreiben, wenn die Transformierte von $f(t)$ bekannt ist

$$\mathcal{L}[e^{-at}f(t);s] = \int\limits_0^\infty f(t)e^{-(s+a)t}dt = \mathcal{L}[f(t);s+a] \qquad\qquad (11.43)$$

Die Laplacetransformation der Funktion $f(ct)$ mit $c > 0$ errechnen wir zu

$$\mathcal{L}[f(ct);s] = \int\limits_0^\infty f(ct)e^{-st}dt = c^{-1}\int\limits_0^\infty f(\tau)e^{-s\tau/c}d\tau = c^{-1}\mathcal{L}[f(t);s/c] \qquad (11.44)$$

Benutzen wir dieses Ergebnis in Verbindung mit (11.42), dann sind

$$\mathcal{L}[\cos(ct);s] = \frac{s}{s^2+c^2}, \quad \mathcal{L}[\sin(ct);s] = \frac{a}{s^2+c^2} \qquad\qquad (11.45)$$

Die Kombination von (11.43) und (11.44) liefert

$$\mathcal{L}[f(ct)e^{-at};s] = c^{-1}\mathcal{L}[f(t);(s+a)/c] \qquad \mathrm{Re}(s) > a\,,\ c > 0$$

und speziell für die folgenden Fälle

$$\mathcal{L}[e^{-at}\sin(ct);s] = \frac{c}{(s+a)^2+c^2}, \quad \mathcal{L}[e^{-at}\cos(ct);s] = \frac{s+a}{(s+a)^2+c^2}.$$

Die obige Formeln werden zur Rücktransformation in den Originalraum oft in der inversen Form gebraucht

$$\mathcal{L}^{-1}\left[\frac{1}{(s+a)^2+c^2};t\right]=c^{-1}e^{-at}\sin(ct)$$

$$\mathcal{L}^{-1}\left[\frac{s}{(s+a)^2+c^2};t\right]=e^{-at}\left[\cos(ct)-\frac{a}{c}\sin(ct)\right]$$

(11.46)

Ist die Bildfunktion mit

$$F(s)=\frac{b_m s^m+\cdots+b_1 s+b_0}{s^n+\cdots+c_1 s+c_0}=\frac{F_1(s)}{F_2(s)}$$

(11.47)

eine gebrochen rationale Funktion, so lässt sich eine allgemeine Darstellung zur Ermittlung der Originalfunktion $\mathcal{L}^{-1}[F_1(s)/F_2(s);t]$ herleiten. Die Funktion $F_1(s)$ sei dabei ein Polynom vom Grade m und $F_2(s)$ ein Polynom vom Grade n ($n>m$). Das Nennerpolynom $F_2(s)$ besitze die einfachen Nullstellen $a_1, a_2,\ldots, a_n$. Um die gebrochen rationale Funktion (11.47) in einer standardisierten Form darzustellen, die die weitere Verarbeitung hinsichtlich der Integration erheblich erleichtert, wird für F(s) die Partialbruchzerlegung

$$F(s)=\sum_{r=1}^{n}A_r(s-a_r)^{-1}\qquad A_r=\frac{F_1(a_r)}{\displaystyle\prod_{j=1, j\neq r}^{n}(a_r-a_j)}$$

(11.48)

vorgenommen. Damit erhalten wir unter Berücksichtigung von (11.41)

$$\mathcal{L}^{-1}\left[\frac{F_1(s)}{F_2(s)};t\right]=\sum_{r=1}^{n}A_r e^{a_r t}$$

(11.49)

In Anwendungen der Theorie der Laplacetransformationen zur Lösung gewöhnlicher Differenzialgleichungen benötigen wir die Transformationen der Ableitungen der Funktion f(t). Durch partielle Integration folgt

$$\mathcal{L}[\dot{f}(t);s]=\left[f(t)e^{-st}\right]_0^\infty+s\int_0^\infty f(t)e^{-st}dt\ .$$

Die Existenz der Laplacetransformierten von $\dot{f}(t)$ erfordert $\lim_{t\to\infty}f(t)e^{-st}=0$. Damit ist

$$\mathcal{L}[\dot{f}(t);s]=-f(0)+sF(s)\ .$$

Durch Wiederholung dieses Prozesses erhalten wir mit der Forderung $\lim_{t\to\infty}\dot{f}(t)e^{-st}=0$

$$\mathcal{L}[\ddot{f}(t);s] = -sf(0) - \dot{f}(0) + s^2 F(s).$$

Allgemein gilt mit der Forderung $\lim_{t \to \infty} f(t)^{(n-1)} e^{-st} = 0$

$$\mathcal{L}[f^{(n)}(t);s] = s^n F(s) - s^{n-1} f(0) - s^{n-2} \dot{f}(0) - \ldots - f^{(n-1)}(0) \qquad (11.50)$$

Insbesondere erhalten wir bei homogenen Anfangswerten $f^{(r)}(0) = 0$ $(r = 0, 1, 2, \cdots, n-1)$

$$\mathcal{L}[f^{(n)}(t);s] = s^n F(s) \qquad (11.51)$$

Beispiel 11-12:

Die Bewegungsgleichung $m\ddot{x} + c\dot{x} + kx = F(t)$ soll mittels der Laplacetransformation unter Beachtung der Anfangsbedingungen $x(0) = x_0$ und $\dot{x}(0) = v_0$ in den Bildraum transformiert werden.

Lösung: Die Transformation beider Seiten der inhomogenen Bewegungsgleichung ergibt

$m[-sx_0 - v_0 + s^2 X(s)] + c[-x_0 + sX(s)] + kX(s) = F(s)$. Diese algebraische Gleichung für

$X(s)$ hat die Lösung $X(s) = \dfrac{(ms+c)x_0 + mv_0}{ms^2 + cs + k} + \dfrac{1}{ms^2 + cs + k} F(s)$. Im homogenen Fall ver-

schwindender Anfangsbedingungen verbleibt $X(s) \dfrac{1}{ms^2 + cs + k} F(s) = H(s)F(s)$ mit der

Übertragungsfunktion $H(s) = \dfrac{1}{ms^2 + cs + k}$, die nur von den Systemwerten abhängt und mit

$s = i\xi$ identisch ist mit $H(\xi)$ aus Beispiel 11-11.

Beispiel 11-13:

Die Bewegungsgleichung $\ddot{x}(t) + \omega^2 x(t) = k_0 \sin \Omega t$ des periodisch erregten ungedämpften Einmassenschwingers soll mittels der Laplacetransformation für die Anfangsbedingungen $x(t = 0) = x_0$, $\dot{x}(t = 0) = v_0$ gelöst werden. Die Transformation beider Seiten der Bewe-

gungsgleichung liefert $s^2 X(s) - sx_0 - v_0 + \omega^2 X(s) = k_0 \dfrac{\Omega}{s^2 + \Omega^2}$. Das ist eine algebraische

Gleichung für $X(s)$ mit der Lösung $X(s) = \dfrac{sx_0 + v_0}{s^2 + \omega^2} + \dfrac{k_0 \Omega}{(s^2 + \omega^2)(s^2 + \Omega^2)}$. Auf der rechten

Seite stehen die gebrochen rationalen Funktionen

$$X_1(s) = \frac{sx_0 + v_0}{s^2 + \omega^2} \quad \text{und} \quad X_2(s) = \frac{k_0 \Omega}{(s^2 + \omega^2)(s^2 + \Omega^2)}.$$

Wir betrachten zunächst die Funktion $X_1(s)$. Das Nennerpolynom $s^2 + \omega^2$ hat die beiden komplexen Nullstellen $a_1 = i\omega$ und $a_2 = -i\omega$. Mit (11.48) erhalten wir die Koeffizienten

$$A_1 = \frac{a_1 x_0 + v_0}{a_1 - a_2} = \frac{i\omega x_0 + v_0}{i2\omega} = \frac{\omega x_0 - iv_0}{2\omega}, \ A_2 = \frac{\omega x_0 + iv_0}{2\omega} \text{ und damit}$$

$$X_1(s) = \sum_{r=1}^{2} A_r (s - a_r)^{-1} = \frac{\omega x_0 - iv_0}{2\omega(s - i\omega)} + \frac{\omega x_0 + iv_0}{2\omega(s + i\omega)}$$

Die Rücktransformation von $X_1(s)$ in den Originalraum liefert unter Beachtung von (11.49)

$$\mathcal{L}^{-1}[q_1(s); t] = \sum_{r=1}^{2} A_r e^{a_r t} = \frac{\omega x_0 - iv_0}{2\omega} e^{i\omega t} + \frac{\omega x_0 + iv_0}{2\omega} e^{-i\omega t} = x_0 \cos \omega t + \frac{v_0}{\omega} \sin \omega t \ .$$

Die Funktion $X_2(s)$ hat die Nennerfunktion $(s^2 + \omega^2)(s^2 + \Omega^2)$ und die Nullstellen $a_1 = i\omega, a_2 = -i\omega, a_3 = i\Omega, a_4 = -i\Omega$. Die Koeffizienten lauten mit (11.48)

$$A_1 = \frac{ik_0\Omega}{2\omega(\Omega^2 - \omega^2)}, \ A_2 = -\frac{ik_0\Omega}{2\omega(\Omega^2 - \omega^2)}, \ A_3 = \frac{ik_0}{2(\Omega^2 - \omega^2)}, \ A_4 = -\frac{ik_0}{2(\Omega^2 - \omega^2)}$$

und damit

$$X_2(s) = k_0 \left[\begin{array}{c} \dfrac{i\Omega}{2\omega(\Omega^2 - \omega^2)(s - i\omega)} - \dfrac{i\Omega}{2\omega(\Omega^2 - \omega^2)(s + i\omega)} \\[3mm] + \dfrac{i}{2(\Omega^2 - \omega^2)(s - i\Omega)} \dfrac{i}{2(\Omega^2 - \omega^2)(s + i\Omega)} \end{array} \right]$$

sowie nach Rücktransformation und Zusammenfassung

$$\mathcal{L}^{-1}[q_2(s); t] = \sum_{r=1}^{4} A_r e^{a_r t} = \frac{k_0}{\omega^2 - \Omega^2} \left[\sin \Omega t - \frac{\Omega}{\omega} \sin \omega t \right]$$

was zur bekannten Gesamtlösung

$$x(t) = \mathcal{L}^{-1}[X_1(s) + X_2(s); t] = x_0 \cos \omega t + \frac{v_0}{\omega} \sin \omega t + \frac{k_0}{\omega^2 - \Omega^2} \left(\sin \Omega t - \frac{\Omega}{\omega} \sin \omega t \right)$$

führt.

12 Schwingungsisolierung von Gebäuden und Maschinen

Bei der Schwingungsisolierung – statt von Isolierung wird auch von Entstörung oder Abschirmung gesprochen – sind grundsätzlich zwei Aufgaben zu unterscheiden:

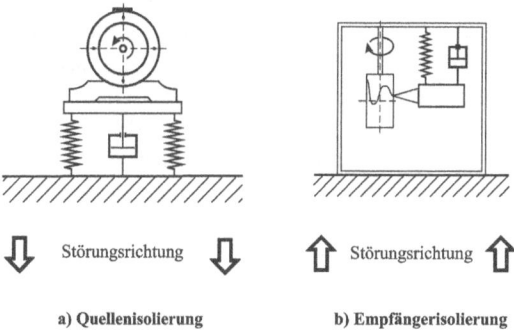

a) Quellenisolierung   b) Empfängerisolierung

Abb. 12.1 *Quellen- und Empfängerisolierung*

1.) Die Quellenisolierung (oder auch aktive Isolierung) und

2.) Die Empfängerisolierung (oder auch passive Isolierung).

Die Quellenisolierung dient dazu, Maschinen, etwa Schmiedehämmer, Pressen, Kohlemühlen und Dieselmotoren so aufzustellen, dass die von ihnen erzeugten Kräfte nur in verträglichem Maße an den Aufstellort übertragen werden. Dazu ist man bestrebt, möglichst schwingungsarme Maschinen aufzustellen, was durch gutes Auswuchten und Massenausgleiche bewegter Teile erreicht werden kann. Bei der Empfängerisolierung sollen Menschen und empfindliche Maschinen (Druckmaschinen, Walzenschleifmaschinen, Messgeräte für den Laborbereich) vor Schwingungen aus der Umgebung geschützt werden. Beide Aufgaben werden dadurch gelöst, dass die Maschinen oder Geräte und Gebäude auf elastische und dämpfende Unterlagen, die sogenannte Schwingungsisolierung, gestellt werden. Das dynamische Verhalten der Isolierung hängt von den Eigenschaften der Störungsquelle, den dynamischen Eigenschaften der Maschine, dem Maschinenaufstellort und den mechanischen Eigenschaften der elastischen und dämpfenden Elemente der Isolierung selbst ab[1]. Durch eine geeignete Abstimmung von Massen, Federn und/oder Dämpfern kann für jede Anforderung eine optimale Lösung gefunden werden. Dazu ist bereits in der Planungsphase ein Informationsaustausch zwischen dem Maschinenhersteller, dem Lieferanten der Isolierung und dem Nutzer der Anlage zwingend erforderlich. Eine vollständige Entstörung ist jedoch nicht möglich.

---

[1] DIN EN 1299:2000-02: Mechanische Schwingungen und Stöße, Schwingungsisolierung von Maschinen, Angaben für den Einsatz von Quellenisolierungen.

Zur grundlegenden Vorgehensweise bei der Auslegung der Isolierung, beschränken wir uns im Fall der Quellensolierung auf eine harmonische Krafterregung und die Erregung durch eine Unwucht. Im Fall der Empfängerisolierung untersuchen wir die Fußpunkterregung eines Einmassenschwingers.

12.1   Quellenisolierung

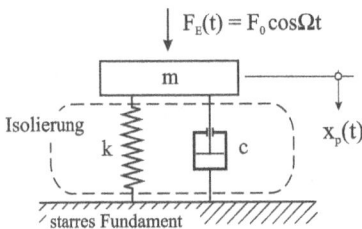

Abb. 12.2   *Aktive Schwingungsisolierung*

Abb. 12.2 zeigt den Fall einer harmonischen Krafterregung mit $F_E(t) = F_0 \cos\Omega t$. Die Isolierung besteht aus einem elastischen Element (Federkonstante k) und einem Dämpfer (Dämpfungskoeffizient c). Die Aufgabe besteht nun darin, die Systemparameter (Masse, Steifigkeit, Dämpfung) so zu wählen, dass die auf das Fundament übertragene Kraft A(t) möglichst klein gehalten wird. Dabei interessiert das Eigengewicht der Maschine zunächst nicht. Gehen wir vom eingeschwungenen Zustand aus, dann ist die im stationären Zustand vom Lager aufzunehmende Kraft unter Beachtung von (9.29)

$$A(t) = k x_p(t) + c \dot{x}_p(t) = F_0 V_3 \cos(\Omega t - \varphi_3) = A_0 \cos(\Omega t - \varphi_3).$$

Beziehen wir die Kraftamplitude $A_0 = F_0 V_3$ auf die Erregerkraftamplitude F_0, dann wird $A_0 / F_0 = V_3$ als Kraftdurchgängigkeit bezeichnet. Die Vergrößerungsfunktionen V_3 können Abb. 9.17 entnommen werden. Ist das System hoch abgestimmt ($\eta < 1$), dann ist $V_3 > 1$. Eine etwa vorhandene Dämpfung führt in diesem Bereich zwar zu einer Verringerung der Auflagerkraft, eine Isolierung findet jedoch nicht statt. Bei $\eta = \sqrt{2}$ haben alle Resonanzkurven den Wert $V_3 = 1$. Eine Auflagerkraftamplitude $A_0 < F_0$ ist nur für ein tief abgestimmtes System mit $\eta > \sqrt{2}$ zu erreichen. Von Interesse ist noch das Verhalten der Vergrößerungsfunktion V_3 für große Werte von η. Entwickeln wir V_3 um den Punkt $\eta = \infty$, dann erhalten

wir $V_3 = \dfrac{2D}{\eta} + \dfrac{1 + 8D^2 - 16D^4}{4D\eta^3} + O\left(\dfrac{1}{\eta^5}\right)$. Wie wir diesem Ausdruck entnehmen, führt bei einer weichen Aufstellung eine Dämpfung zur Vergrößerung der Auflagerkraft. Andererseits wird die Isolierung dann umso besser, je größer η gewählt wird. Das kann durch Verringerung der Eigenkreisfrequenz $\omega = \sqrt{k/m}$ erreicht werden, wenn entweder die Feder weicher ausgelegt, oder aber durch Aufbringen einer Zusatzmasse die Gesamtmasse vergrößert wird.

<u>Hinweis</u>: Eine weiche Lagerung der Maschine hat selbstverständlich dort ihre Grenzen, wo die damit verbundenen statischen Auslenkungen unverhältnismäßig groß werden.

Die Betriebskreisfrequenz Ω sollte etwa den drei- bis vierfachen Wert der Eigenkreisfrequenz ω haben. Da eine Dämpfung bei tiefer Abstimmung zur Vergrößerung der Auflagerkraft führt, werden in der Praxis nur geringe Dämpfungswerte gewählt, und das Resonanzgebiet wird beim Anfahren und Abschalten der Maschine möglichst zügig durchfahren, um größere Beanspruchungen zu vermeiden. Eine Variante besteht darin, während des Hochfahrens einen Dämpfer hinzuzuschalten, der nach Durchfahrt des Resonanzgebietes wieder abgeschaltet werden kann. Das führt zu folgenden Auslegungskriterien für die Quellenisolierung:

1.) D möglichst klein wählen,

2.) Die Abstimmung sollte im Bereich $\eta \approx 3...4$ gewählt werden (weiche Aufstellung).

Beispiel 12-1:

Eine Maschine mit der Masse m erzeugt eine harmonische Erregerkraft $F_E(t) = F_0 \cos \Omega t$. Gesucht wird die auf das Fundament übertragene Kraft A(t). Es sind folgende Systemwerte gegeben: $F_0 = 1\,N$, $\Omega = 60\,s^{-1}$, $m = 20\,kg$, $k = 8000\,kg/s^2$, $c = 80\,kg/s$.

<u>Lösung:</u> Mit den Systemwerten erhalten wir $\omega = \sqrt{k/m} = 20\,s^{-1}$, $\eta = \Omega/\omega = 60/20 = 3$, womit eine tiefe Abstimmung (weiche Lagerung) der Maschine vorliegt. Der Dämpfungsgrad errechnet sich zu $D = c/(2m\omega) = 0,1$. Mit $V_3(\eta, D) = 0,145$ und $\varphi_3(\eta, D) = 2,53$ liegen dann auch die Durchgängigkeit und der Phasenverschiebungswinkel fest. Die gesuchte Auflagerkraft ergibt sich zu $A(t) = F_0 V_3 \cos(\Omega t - \varphi_3) = 0,145 \cos(60t - 2,53)\,[N]$, eine Kraft, die im Maximum nur noch 14,5 % von A(t) beträgt. Die vorhandene Isolierung führt zu einer statischen Auslenkung $x_{st} = g/\omega^2 = 10/400\,m = 2,5\,cm$.

Die Rechengröße

$$W = \frac{F_0 - F_{max}}{F_0} = 1 - V_3(\eta, D) = 1 - \sqrt{\frac{1 + (2D\eta)^2}{(1 - \eta^2)^2 + (2D\eta)^2}} \qquad (12.1)$$

wird Wirkungsgrad der Isolierung oder auch kurz Isolierungsgrad genannt. Für $V_3 = 1$ ist die Isolierwirkung gleich null, und die Kraft F_E wird ohne Minderung auf das Fundament übertragen. Werten wir die obige Gleichung im tief abgestimmten Bereich mit $\eta > \sqrt{2}$ für $D = 0$ aus, dann erhalten wir

$$W(\eta) = 1 - V_3(\eta, D = 0) = 1 - \frac{1}{\eta^2 - 1} = \frac{\eta^2 - 2}{\eta^2 - 1} = \frac{(\Omega/\omega)^2 - 2}{(\Omega/\omega)^2 - 1} \qquad (12.2)$$

und aufgelöst nach ω

$$\omega(\Omega, I) = \Omega \sqrt{\frac{1 - W}{2 - W}}. \qquad (12.3)$$

Die Änderung des Wirkungsgrades ist mit (12.2)

$$W'(\eta) = \frac{dW}{d\eta} = \frac{2\eta}{(\eta^2 - 1)^2} \tag{12.4}$$

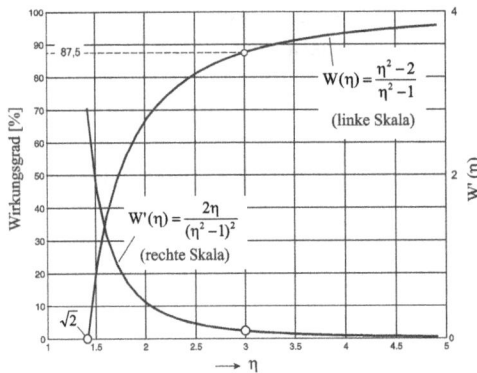

Aus (12.3) kann bei gewünschtem Isolierungsgrad W die erforderliche Eigenkreisfrequenz ω oder Steifigkeit k der Isolierung ermittelt werden.

In Abb. 12.3 sind der Wirkungsgrad W (linke Skala) und dessen Änderung W' (rechte Skala) in Abhängigkeit von η dargestellt. Beispielsweise erhalten wir für $\eta = 3$ den Wirkungsgrad $W = 87,5\,\%$ und $W' = 0,094$. In der Praxis wird die Abstimmung üblicherweise bis $\eta = 4$ vorgenommen, denn für größere Werte verflacht die Kurve $W(\eta)$ zunehmend. Zwischen $\eta = \sqrt{2}$ und

Abb. 12.3   *W(η) und W'(η)*

$\eta = 3$ führt eine geringe Änderungen der Abstimmung, beispielsweise als Folge von Drehzahlschwankungen der erregenden Maschine, zu beachtlichen Änderungen des Wirkungsgrades. Oberhalb von $\eta = 4$ kann der Wirkungsgrad nur noch mit erheblichem Materialaufwand für das federnde Material verbessert werden. So wird beispielsweise der für $\eta = 4$ erzielte Wirkungsgrad von $W = 93\,\%$ durch eine Abstimmung auf $\eta = 6$ nur um $4\,\%$ verbessert. Allerdings ist dazu eine um den Faktor $36/16 = 2,25$ vergrößerte Masse erforderlich. Außerdem lassen sich in diesem Bereich die zu erwartenden Schwingungsamplituden nur minimal verringern.

Beispiel 12-2:

Eine Maschine soll derart zu einem starren Fundament abgefedert werden, dass im Betriebszustand nur noch 10 % der maximalen Erregerkraft F_0 an das Fundament übertragen wird. Der gewünschte Isolierungsgrad beträgt somit $W = 90\,\%$. Die Maschine selbst, einschließlich ihres Unterbaus, besitzt eine Masse von 2500 kg und wird bei einer Erregerkreisfrequenz von $\Omega = 120\,\mathrm{s}^{-1}$ betrieben. Wir unterstellen eine harmonische Anregung.

Lösung: Aus (12.2) folgt durch Umstellung $\eta = \sqrt{(2-W)/(1-W)}$. Mit dem geforderten Wirkungsgrad von 90 % ist die erforderliche Abstimmung $\eta = 3,32$. Daraus ergibt sich die Eigenkreisfrequenz der Isolierung zu $\omega = \Omega/\eta = 36,18\,\mathrm{s}^{-1}$ sowie $f = \omega/(2\pi) = 5,76\,\mathrm{Hz}$. Aus dem Eigengewicht $G = mg$ der Maschine ermitteln wir mit $g = 10\,\mathrm{m/s}^2$ die statische

Auslenkung $x_{st} = g / \omega^2 = 0,76\,\text{cm}$, und die erforderliche Federsteifigkeit ergibt sich aus der Beziehung $k = m\omega^2 = 32,73\,\text{kN/cm}$.

Im Fall der Unwuchterregung ist nach (10.32) die im stationären Zustand auf die starre Unterlage wirkende Kraft (ohne Eigengewicht)

$$A(t) = u_0 k V_7 \cos(\Omega t - \varphi_3) = A_0 \cos(\Omega t - \varphi_3) \qquad (A_0 = u_0 k V_7)$$

Das bezogene Verhältnis $\dfrac{A_0}{u_0 k} = V_7$ wird Kraftdurchgängigkeit genannt.

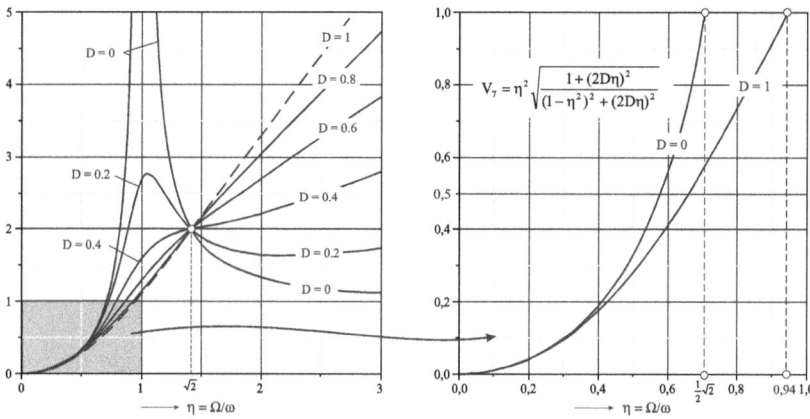

Abb. 12.4   *Vergrößerungsfunktion V_7*

Ein Blick auf Abb. 12.4 zeigt, dass eine Entstörung mit $V_7 < 1$, und damit einer Lagerkraftamplitude $A_0 < u_0 k$, nur für hoch abgestimmte Isolierungen zu erreichen ist. Diejenige Abstimmung $\eta = \eta_{gr}$, für die $V_7 = 1$ erfüllt ist, kann für kleine Dämpfungsgrade $D \leq 0,3$ durch $\eta_{gr} \approx \dfrac{\sqrt{2}}{2}(1 + \dfrac{3}{4}D^2)$ abgeschätzt werden. Für $D = 0$ ist $\eta_{gr} = 1/2\sqrt{2} \approx 0,71$. Soll beispielsweise bei einem Dämpfungsgrad $D = 0,4$ die Kraftdurchgängigkeit nur 50 % betragen, dann liegt das Abstimmungsverhältnis mit $\eta = 0,6$ fest (Abb. 12.4, rechts).

12.2   Empfängerisolierung

Als Modell für die Empfängerisolierung stellen wir uns ein empfindliches Messinstrument vor, das gegenüber der Erschütterung der Unterlage geschützt werden soll. Besondere Anforderungen an die Empfängerisolierung stellen übrigens Laborbetriebe dar. Für die Bewegung des Schwingers in Abb. 12.5 mit harmonischer Fußpunkterregung $u(t) = u_0 \cos\Omega t$ gelten dann die bereits bekannten Beziehungen $x_p(t) = u_0 V_3 \cos(\Omega t - \varphi_3) = x_0 \cos(\Omega t - \varphi_3)$. Beziehen wir die Wegamplitude $x_0 = u_0 V_3$ auf die Amplitude u_0 der Fußpunkterregung, dann wird $x_0 / u_0 = V_3$ Wegdurchgängigkeit genannt. Somit sind bei der Empfängerisolierung dieselben Prinzipien wie bei der Quellenisolierung anzulegen. Das bedeutet:

1.) D möglichst klein wählen,

2.) Die Abstimmung sollte im Bereich $\eta \approx 3...4$ liegen (weiche Aufstellung).

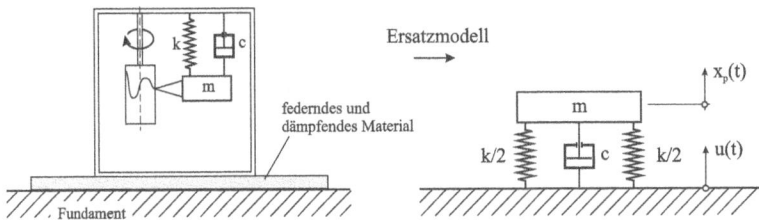

Abb. 12.5 *Empfängerisolierung, empfindliches Messgerät*

<u>Hinweis:</u> Sind die Erschütterungen allerdings zu stark, dann genügt oft eine direkte Abfederung nicht. Die Maschinen müssen dann auf relativ schwere abgefederte Betonfundamente gestellt werden.

Beispiel 12-3:

Im Laborraum einer Forschungseinrichtung soll ein Messgerät (Masse $m = 2\,kg$) aufgestellt werden. Der Raum befindet sich in der Nähe einer Durchgangsstraße mit Schwerlastverkehr. Messungen haben ergeben, dass der (starre) Boden näherungsweise eine harmonische Bewegung $u(t) = u_0 \cos\Omega t = 0{,}008 \cos 30t$ [m] durchführt. Vom Betreiber wird die dynamische Amplitude $x_0 = u_0 V_3 = 0{,}003\,m$ akzeptiert. Die dazu erforderliche Isolierung, bestehend aus einem elastischen Element (Steifigkeit k) und einer Dämpfung (Dämpfungskoeffizient c), ist zu ermitteln.

<u>Lösung:</u> Die Wegdurchgängigkeit berechnen wir mit der geforderten maximalen Amplitude zu $x_0 / u_0 = V_3 = 0{,}003 / 0{,}008 = 0{,}375$. Wie wir Abb. 12.6 entnehmen können, hängt die Lösung noch vom Dämpfungsgrad ab. Entscheiden wir uns beispielsweise für $D = 0{,}02$, dann liegt mit $\eta = 1{,}92$ auch die Abstimmung fest (Abb. 12.7). Unter Beachtung von $\Omega = 30\,s^{-1}$ folgt die Eigenkreisfrequenz $\omega = \eta\Omega = 57{,}6\,s^{-1}$ und mit $k = m\omega^2$ die Federsteifigkeit $k = 2 \cdot 57{,}6^2 = 6635{,}5\,kg/s^2 = 6{,}64\,kN/m$. Den Dämpfungskoeffizienten c ermitteln

wir aus $c = 2m\omega D = 2 \cdot 2\,\text{kg} \cdot 57{,}6\,\text{s}^{-1} \cdot 0{,}02 = 4{,}61\,\text{kg}/\text{s}$. Mit den berechneten Werten für k und c kann dann eine Isolierung gewählt werden.

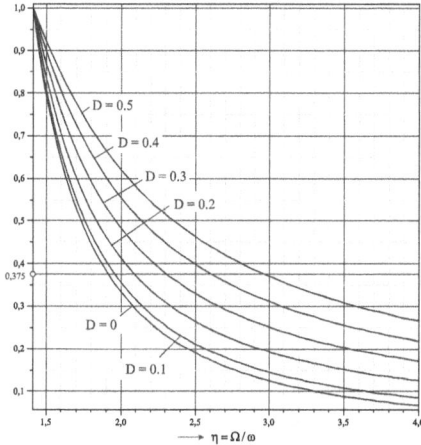

Abb. 12.6   *Vergrößerungsfunktion $V_3(\eta,D)$*

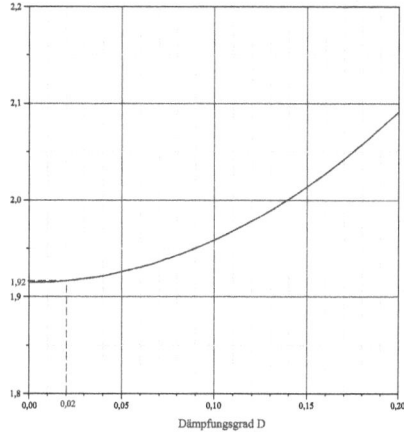

Abb. 12.7   *Abstimmung $\eta(D)$, $V_3 = 0{,}375$*

12.3   Isolierung von Stößen

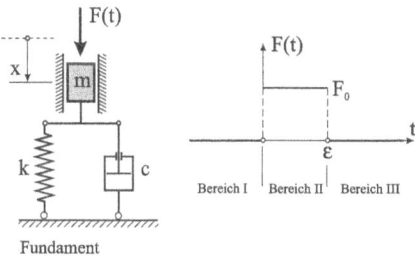

Abb. 12.8   *Der Rechteckstoß*

Wie wir im Folgenden sehen werden, kann auch bei nichtperiodischen Erregerkräften deren Übertragung auf die Unterlage (Fundament) durch eine weiche Abfederung gemindert werden. Ist bei einer konstanten Belastung $F(t) = F_0$ die Einwirkungsdauer $0 < t < \varepsilon$ hinreichend klein, dann sprechen wir von einer Stoß- oder Schockbelastung. Solche plötzlich einsetzenden Belastungen treten beispielsweise beim Versagen von Bauteilen oder beim Anprall von Festkörpern auf Bauwerke auf und können zu hohen Beanspruchungen der Konstruktion führen. Wir betrachten zunächst den Rechteckstoß in Abb. 12.8. Befindet sich die Masse für $t < 0$ in Ruhe, dann können wir die Auslenkung x(t) und die Geschwindigkeit $\dot{x}(t)$ der Masse m dem Kap. 10.6 entnehmen. Die dort bereitgestellten Lösungen werden hier noch einmal notiert. Mit den dimensionslosen Größen

$$I = \frac{F_0\varepsilon}{m} = f_0\varepsilon\,,\;\; \tau = \omega t\,,\;\; \mu = \omega\varepsilon\,,\;\; \nu = \sqrt{1-D^2}\,,\;\; \gamma = \frac{D}{\nu}\,,\;\; \omega_d t = \sqrt{1-D^2}\,\tau = \nu\tau\,,$$

erhielten wir bereichsweise

Bereich II $(0 < \tau < \mu)$

$$x = \frac{I\varepsilon}{\mu^2}[1 - \exp(-D\tau)(\cos v\tau + \gamma \sin v\tau)] \quad \dot{x} = \frac{I}{v\mu}\exp(-D\tau)\sin v\tau$$

Bereich III $(\tau > \mu)$

$$x = \frac{I\varepsilon}{\mu^2}\exp(-D\tau)\{\exp(D\mu)[\cos v(\mu - \tau) - \gamma \sin v(\mu - \tau)] - \cos v\tau - \gamma \sin v\tau\}$$

$$\dot{x} = \frac{I}{v\mu}\exp(-D\tau)[\exp(D\mu)\sin v(\mu - \tau) + \sin v\tau]$$

Die auf das Fundament übertragene Kraft $K(\tau)$ setzt sich additiv aus der Federkraft $K_F = k\,x$ und der Dämpferkraft $K_D = c\,\dot{x}$ zusammen. Auch hier muss wieder in zwei Bereiche unterteilt werden.

Kräfte im Bereich II $(0 < \tau < \mu)$

$$K_F = F_0[1 - \exp(-D\tau)(\cos v\tau + \gamma \sin v\tau)], \quad K_D = 2F_0\gamma\exp(-D\tau)\sin v\tau$$
$$K = K_F + K_D = F_0[1 - \exp(-D\tau)(\cos v\tau - \gamma \sin v\tau)]$$

Kräfte im Bereich III $(\tau > \mu)$

$$K_F = F_0\exp(-D\tau)\{\exp(D\mu)[\cos v(\mu - \tau) - \gamma \sin v(\mu - \tau)] - \cos v\tau - \gamma \sin v\tau\}$$
$$K_D = 2F_0\gamma\exp(-D\tau)[\exp(D\mu)\sin v(\mu - \tau) + \sin v\tau]$$
$$K = K_F + K_D = F_0\exp(-D\tau)\{\exp(D\mu)[\cos v(\mu - \tau) + \gamma \sin v(\mu - \tau)] - \cos v\tau + \gamma \sin v\tau\}$$

Insbesondere gilt für die Kräfte im Bereich III an der Grenze $\tau = \mu$

$$K_F = F_0[1 - \exp(-D\mu)(\cos v\mu + \gamma \sin v\mu)]$$
$$K_D = 2F_0\gamma\exp(-D\mu)\sin v\mu$$
$$K = K_F + K_D = F_0[1 - \exp(-D\mu)(\cos v\mu - \gamma \sin v\mu)]$$

In Abb. 12.9 sind die bezogene Feder- und Dämpferkraft für eine Stoßanregung mit $\mu = 2$ und $D = 0,1$ gezeigt. Die Extremwerte dieser Kräfte treten nicht zur selben Zeit auf, sondern immer um die Phase $\pi/2$ versetzt. Der Verlauf der Dämpferkraft hat am Ende der Einwirkungszeit der Kraft F_0 einen Knick. Das ist verständlich, da die zur Beschleunigung proportionale äußere Belastung am Übergang vom Bereich II zum Bereich III eine Unstetigkeit besitzt. Der Einfluss der Dämpfung auf die übertragene Kraft ist in Abb. 12.10 dargestellt. Mit anwachsender Dämpfung nehmen bei gleicher Einwirkungsdauer ε die bezogenen Kraftamplituden ab. Eine gute Schockisolierung erfordert somit eine hohe Dämpfung. Allerdings liegen die ersten Hochpunkte für alle Dämpfungsgrade noch oberhalb von $K/F_0 = 1$. Das

Ergebnis einer so vorgenommenen Isolierung wäre also schlechter, als wenn darauf gänzlich verzichtet würde.

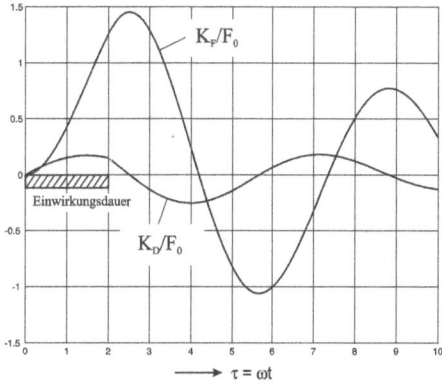

Abb. 12.9 *Verlauf von bezogener Feder- und Dämpferkraft bei Stoßanregung (μ = 2, D = 0,1)*

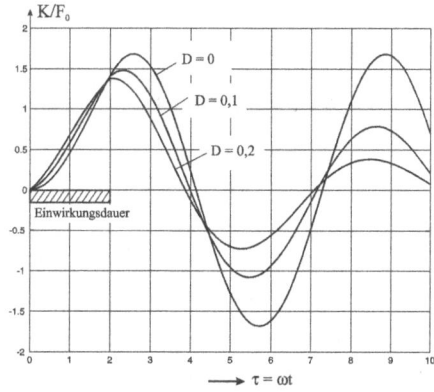

Abb. 12.10 *Einfluss der Dämpfung auf die übertragene Kraft K (μ = 2)*

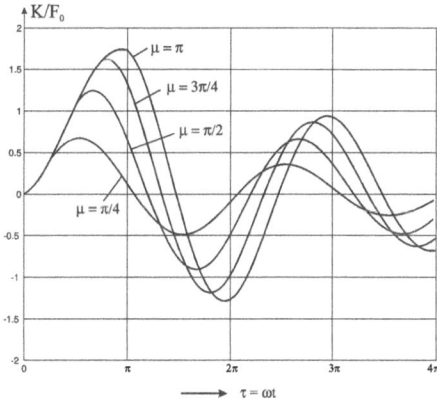

Abb. 12.11 *Bezogene übertragene Kraft für unterschiedliche Stoßzeiten (D = 0,1)*

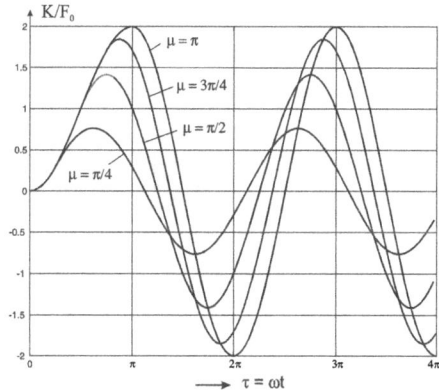

Abb. 12.12 *Bezogene übertragene Kraft für unterschiedliche Stoßzeiten (D = 0)*

Wie wir in den nachstehenden Untersuchungen feststellen werden, hängt der Größtwert der übertragenen Kraft auch wesentlich von der Einwirkungsdauer der Stoßbelastung ab (Abb. 12.11 und Abb. 12.12). Wir wollen den Ort und die Intensität dieser Kraftspitzen in Abhängigkeit von der Stoßdauer μ etwas genauer untersuchen. Aufgrund der übersichtlicheren Darstellung führen wir diese Untersuchungen an einem abgefederten System ohne Dämpfung durch. Unter Beachtung von $D = \gamma = 0$, $\nu = 1$ verbleiben folgende Kraftgrößen

Bereich II $(0 < \tau < \mu)$

$$K = K_F = F_0(1 - \cos\tau)$$

Bereich III $(\tau > \mu)$

$$K = K_F = F_0[(\cos\mu - 1)\cos\tau + \sin\mu\sin\tau] = K_0\cos(\tau - \psi)$$

$$K_0 = 2F_0\sin\mu/2, \quad \sin\psi = \frac{\sin\mu}{2\sin\mu/2}, \quad \cos\psi = \frac{\cos\mu - 1}{2\sin\mu/2}$$

Ist $\mu > \pi$, dann liegt der erste Hochpunkt der Federkraft im Bereich II und für $\mu = \pi$ am rechten Rand. Für $\mu < \pi$ liegen sämtliche Hochpunkte im Bereich III. Der Lösung im Bereich III entnehmen wir, dass für Stoßzeiten $\mu = 2\pi k$ ($k = 1, 2, 3...$) $\cos\mu = 1$ und $\sin\mu = 0$ wird, und damit verschwindet K für alle τ. Der erste Hochpunkt im Bereich III ergibt sich mit $K = K_0$ an der Stelle $\tau = \tau^* = \psi$. Beachten wir noch $\mu = \omega\varepsilon = 2\pi f\varepsilon = 2\pi\varepsilon/T$ sowie $\tilde{\mu} = \mu/(2\pi) = \varepsilon/T$, dann erhalten wir

$$\frac{K_0}{F_0} = 2\sin\frac{\mu}{2} = 2\sin\tilde{\mu}\pi = 2\sin\frac{\varepsilon}{T}\pi \qquad (\tilde{\mu} < 1/2) \tag{12.5}$$

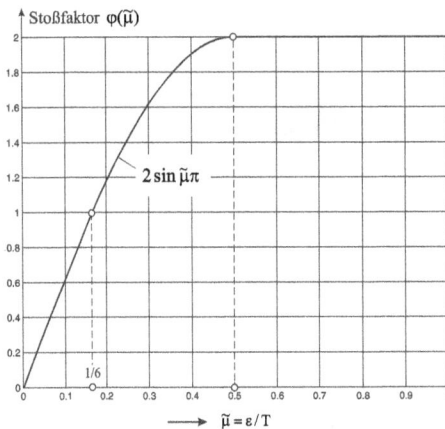

Abb. 12.13   Kraftspitzen in Abhängigkeit von der Stoßdauer (D = 0)

Dieser Sachverhalt ist in Abb. 12.13 wiedergegeben. Dort sind die bezogenen Kraftspitzen $\varphi = K_0/F_0$, die in der Literatur auch als Stoßfaktoren, Stoßspektren oder Schockspektren bezeichnet werden, in Abhängigkeit von der bezogenen Einwirkungsdauer $\tilde{\mu} = \varepsilon/T$ aufgetragen. Isolierwirkung tritt erst bei $\tilde{\mu} < 1/6$ ein. Dies bedeutet, dass die Eigenschwingzeit $T = 2\pi/\omega$ des Systems mindestens das 6fache der Dauer des Rechteckstoßes ε betragen muss. Um die übertragenen Kräfte also gering zu halten, muss die Eigenschwingzeit T möglichst groß (weiche Lagerung) oder die Eigenfrequenz f des Systems möglichst klein gewählt werden. Für $\tilde{\mu} > 1/6$ sind die übertragenen Kraftamplituden A_0 größer als F_0, und damit ist eine Isolierwirkung nicht gegeben. Für $\tilde{\mu} \geq 0,5$ ist $K_0 = 2F_0$.

Bei extrem kurzen Stößen kann mit guter Näherung die Lösung für den idealen Rechteckstoß benutzt werden. Wir beziehen uns auf Kap. 10.7 und erhalten

$$x = \frac{F_0\mu}{k\nu}\exp(-D\tau)\sin\nu\tau, \quad \dot{x} = \frac{2F_0\mu D}{c}\exp(-D\tau)(\cos\nu\tau - \gamma\sin\nu\tau).$$

Für die Feder- und Dämpferkraft folgt

$$K_F = kx = \frac{F_0\mu}{\nu}\exp(-D\tau)\sin\nu\tau, \quad K_D = c\dot{x} = 2F_0\mu D\exp(-D\tau)(\cos\nu\tau - \gamma\sin\nu\tau).$$

Die auf das Fundament wirkende Kraft ist dann

$$K = K_F + K_D = \frac{F_0\mu}{\nu}\exp(-D\tau)[(1 - 2D^2)\sin\nu\tau + 2\nu D\cos\nu\tau]. \tag{12.6}$$

Insbesondere gilt für $\tau = 0$: $K_F = 0$, $K = K_D = 2F_0\mu D$, und bei fehlender Dämpfung folgt aus (12.6) mit $D = 0$ und $\nu = 1$

$$K = F_0\mu\sin\tau \tag{12.7}$$

Beispiel 12-4:

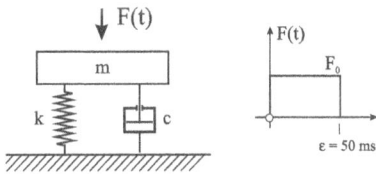

Abb. 12.14 Rechteckstoß einer Stanzpresse

Die Stanzpresse in Abb. 12.14 hat eine Masse von $m = 750\,\text{kg}$. Zur Vordimensionierung des Fundamentes wird die reale stationäre Belastung durch einen einmaligen Rechteckimpuls mit der Kraftintensität $F_0 = 10\,\text{kN}$ und der Dauer $\varepsilon = 50\,\text{ms}$ angenähert. Die Stanze soll zunächst nur durch Federn mit einer Gesamtsteifigkeit $k = 200\,\text{kN/m}$ gegen das starre Fundament abgefedert werden. Gesucht werden die vom Fundament aufzunehmenden Kräfte. In einem zweiten Schritt ist die resultierende Federsteifigkeit so einzustellen, dass lediglich 50% der Kraftamplitude F_0 auf das Fundament übertragen wird. Außerdem soll eine Dämpfung mit D = 0,6 zugeschaltet und deren Einfluss auf die Lagerkraft untersucht werden. Lösung: Mit der Eigenkreisfrequenz $\omega = \sqrt{k/m} = \sqrt{200000/750} = 16,33\,\text{s}^{-1}$ ermitteln wir die dimensionslose Stoßdauer $\mu = \omega\varepsilon = 16,33 \cdot 0,050 = 0,816$. Zur Berechnung des Stoßfaktors φ benötigen wir den Wert $\tilde{\mu} = \mu/(2\pi) = 0,13$, der kleiner als 1/6 ausfällt. Damit tritt Isolierwirkung ein, und die Amplitude der Federkraft ergibt sich nach (12.5) (oder auch aus

Abb. 12.13) zu $K_0 / F_0 = 2 \sin \tilde{\mu}\pi = 0,8$ und damit $K_0 = 0,8 \cdot F_0 = 8\,\text{kN}$. Der Betrag des Kraftverlaufs $K(\tau)$ ist in Abb. 12.15 dargestellt. Außerdem werden zum Vergleich die Belastungsfunktion selbst und die Lagerkraft infolge des idealen Rechteckstoßes nach (12.7) gezeigt. Der Kraftverlauf $K(\tau)$ entspricht einer ungedämpften harmonischen Schwingung mit der Eigenkreisfrequenz ω. Um das unerwünschte Nachschwingen möglichst kurz zu halten, wird zusätzlich eine Dämpfung mit dem Dämpfungsgrad $D = 0,6$ aktiviert. Wie Abb. 12.16 zeigt, kann damit das Maximum der Kraftamplitude nicht verringert werden, allerdings fällt die Lagerkraft relativ schnell ab. Wesentlich effektiver erweist sich der Einbau weicherer Federn.

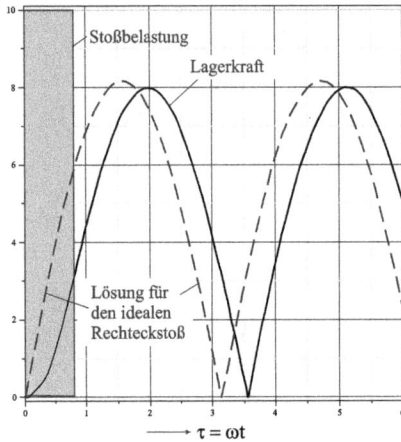

Abb. 12.15 *Lagerkraft K(τ), μ = 0,816, D = 0*

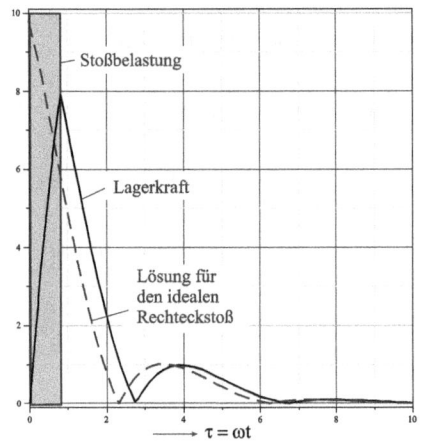

Abb. 12.16 *Lagerkraft K(τ), μ = 0,816, D = 0,6*

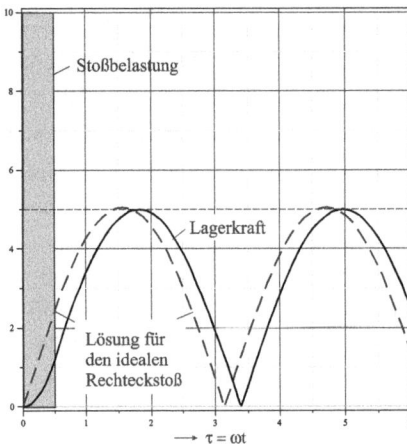

Abb. 12.17 *Lagerkraft K(τ), μ = 0,505, D = 0*

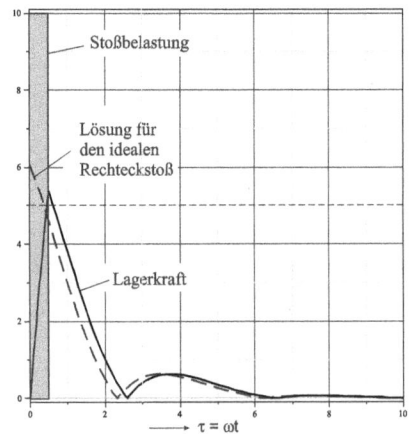

Abb. 12.18 *Lagerkraft K(τ), μ = 0,505, D = 0,6*

Um nun die Amplitude K_0 auf 50 % von F_0 und damit auf 5 kN zu bringen (Abb. 12.17), ist im ungedämpften Fall $\mu = \omega\varepsilon = 2\arcsin(0,5/2) = 0,5054$ erforderlich, was eine Eigenkreisfrequenz von $\omega = \mu/\varepsilon = 0,5054/(0,05\,\text{s}) = 10,11\,\text{s}^{-1}$ notwendig macht. Daraus kann dann die erforderliche Federsteifigkeit $k = \omega^2 m = 76617\,\text{N}/\text{m}$ ermittelt werden. Um auch hier das Nachschwingen der Lagerkraft möglichst kurz zu halten, wird wieder eine Dämpfung $D = 0,6$ aktiviert. Allerdings zeigt sich bei $\tau = \mu$ ein geringfügiger Anstieg der Lagerkraft im Vergleich zum ungedämpften Fall (Abb. 12.18). Von Interesse sind noch die maximalen Federwege.

Fall I ($D = 0, k = 200\,\text{kN}/\text{m}$)

Aus Eigengewicht:
$$x_{st} = \frac{G}{k} = \frac{mg}{k} = \frac{750 \cdot 10,0}{200000} = 0,038\,\text{m}$$

Aus Impulsbelastung:
$$x_F = \frac{K_0}{k} = \frac{0,8 \cdot F_0}{200000} = \frac{8000}{200000} = 0,040\,\text{m}$$

Der maximale Federweg beträgt damit $x = x_{st} + x_F = 7,8$ cm.

Fall II ($D = 0, k = 76,62\,\text{kN}/\text{m}$)

Aus Eigengewicht:
$$x_{st} = \frac{G}{k} = \frac{mg}{k} = \frac{750 \cdot 10,0}{76617} = 0,098\,\text{m}$$

Aus Impulsbelastung:
$$x_F = \frac{K_0}{k} = \frac{0,5 \cdot F_0}{76617} = \frac{5000}{76617} = 0,065\,\text{m}$$

Der maximale Federweg beträgt hier $x = x_{st} + x_F = 16,4$ cm.

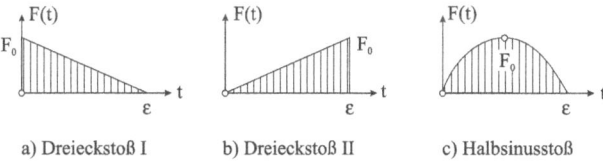

a) Dreieckstoß I   b) Dreieckstoß II   c) Halbsinusstoß

Abb. 12.19 *Weitere Stoßfunktionen*

Neben dem Rechteckstoß sind in der Praxis noch die in Abb. 12.19 skizzierten Stoßfunktionen von Interesse, für die im Folgenden die Stoßspektren angegeben werden. Wir benötigen dazu die den Belastungen zugeordneten Auslenkungen. Dabei gehen wir in allen Fällen von ungedämpften Systemen aus.

Dreieckstoß I

Verschiebungen:

$$x(t) = \frac{F_0}{k\mu}[\sin\omega t - \mu\cos\omega t - \omega(t-\varepsilon)] \qquad\qquad 0 \le t \le \varepsilon$$

$$x(t) = \frac{F_0}{k\mu}[\sin\omega t - \mu\cos\omega t - \sin\omega(t-\varepsilon)] \qquad\qquad t \ge \varepsilon$$

Auf das Fundament übertragene Federkräfte:

$$\frac{K(\tau)}{F_0} = \frac{1}{\mu}[\sin\tau - \mu\cos\tau - (\tau-\mu)] \qquad\qquad 0 \le \tau \le \mu$$

$$\frac{K(\tau)}{F_0} = \frac{1}{\mu}[\sin\tau - \mu\cos\tau - \sin(\tau-\mu)] \qquad\qquad \tau \ge \mu$$

Dreieckstoß II

Verschiebungen:

$$x(t) = \frac{F_0}{k\mu}(\omega t - \sin\omega t) \qquad\qquad 0 \le t \le \varepsilon$$

$$x(t) = \frac{F_0}{k\mu}[\mu\cos\omega(t-\varepsilon) - \sin\omega t + \sin\omega(t-\varepsilon)] \qquad\qquad t \ge \varepsilon$$

Auf das Fundament übertragene Federkräfte:

$$\frac{K(\tau)}{F_0} = \frac{1}{\mu}(\tau - \sin\tau) \qquad\qquad 0 \le \tau \le \mu$$

$$\frac{K(\tau)}{F_0} = \frac{1}{\mu}[\mu\cos(\tau-\mu) - \sin\tau + \sin(\tau-\mu)] \qquad\qquad \tau \ge \mu$$

Halbsinusstoß

Verschiebungen:

$$x(t) = \frac{F_0\mu}{k(\pi^2-\mu^2)}\left(\pi\sin\omega t - \mu\sin\frac{\pi\omega t}{\mu}\right) \qquad\qquad 0 \le t \le \varepsilon$$

$$x(t) = \frac{F_0\mu\pi}{k(\pi^2-\mu^2)}[\sin\omega t - \sin\omega(t-\varepsilon)] \qquad\qquad t \ge \varepsilon$$

Auf das Fundament übertragene Federkräfte:

$$\frac{K(\tau)}{F_0} = \frac{\mu}{\pi^2-\mu^2}\left(\pi\sin\tau - \mu\sin\frac{\pi\tau}{\mu}\right) \qquad\qquad 0 \le \tau \le \mu$$

$$\frac{K(\tau)}{F_0} = \frac{\mu\pi}{\pi^2-\mu^2}[\sin\tau + \sin(\tau-\mu)] \qquad\qquad \tau \ge \mu$$

Durch Auswertung der obigen Funktionen ergeben sich die in Abb. 12.20 dargestellten Stoßfaktoren φ. Alle Werte liegen unterhalb des Rechteckstoßes, was aus energetischen Gründen
so sein muss. Der Stoßfaktor φ für den Dreieckstoß I hat kein ausgeprägtes Maximum, hier
gilt $\lim\limits_{\tilde{\mu}\to\infty} \varphi(\tilde{\mu}) = 2$.

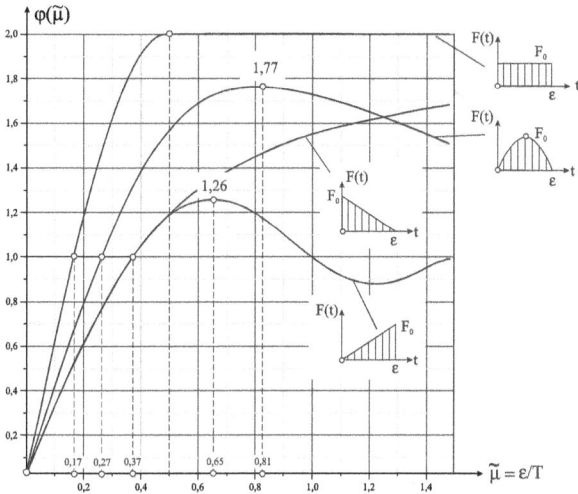

Abb. 12.20   *Stoßfaktoren φ ausgewählter Stoßfunktionen*

13 Ungedämpfte Schwingungen für Systeme mit endlich vielen Freiheitsgraden

Wie wir in den vorangehenden Kapiteln gesehen haben, lassen sich grundlegende Untersuchungen schwingungsfähiger Systeme bereits an Modellen mit einem Freiheitsgrad durchführen. Werden die Systeme jedoch komplexer, dann müssen die Modelle verfeinert werden. Dies bedeutet in der Regel eine Erhöhung der Anzahl der Freiheitsgrade oder auch den Übergang zu Kontinuumsmodellen. Die Modellverfeinerung führt dazu, dass der Rechenaufwand erheblich zunimmt. Aus diesem Grunde ist es erforderlich, die Rechnungen mit Unterstützung von Computerprogrammen durchzuführen. Die Problemaufbereitung ist dann rechnergerecht vorzunehmen, um die zur Verfügung stehenden Gleichungslöser effektiv einsetzen zu können.

13.1 Freie ungedämpfte Schwingungen mit speziell zwei Freiheitsgraden

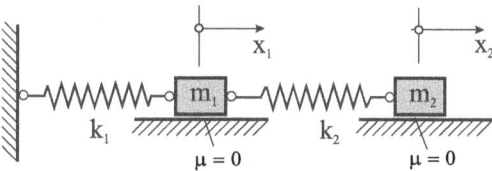

Abb. 13.1   *Freie ungedämpfte Schwingungen mit zwei Freiheitsgraden*

Wir erweitern das Modell des Einmassenschwingers, indem wir der Masse m_1 über eine zusätzliche Feder mit der Federsteifigkeit k_2 eine zweite Masse m_2 hinzufügen (Abb. 13.1). Diese Anordnung wird als Schwingerkette bezeichnet. Die Koordinaten werden dabei so gewählt, dass für $x_1 = 0$ und $x_2 = 0$ beide Federn entspannt sind. Dieses System kann als Vorstudie zur Berechnung von Systemen mit einer größeren Anzahl von Freiheitsgraden angesehen werden. Der Vorteil der Abhandlung eines Systems mit lediglich zwei Freiheits-graden liegt darin, dass alle auftretenden Gleichungen analytisch gelöst und die charakteristi-schen Begriffe wie Eigenwerte und Eigenvektoren eines Mehrmassenschwingers grundsätz-lich diskutiert werden können. Das vorliegende System kann durch Anfangsauslenkungen und/oder Anfangsgeschwindigkeiten der Massen m_1 und m_2 zu Eigenschwingungen angeregt werden.

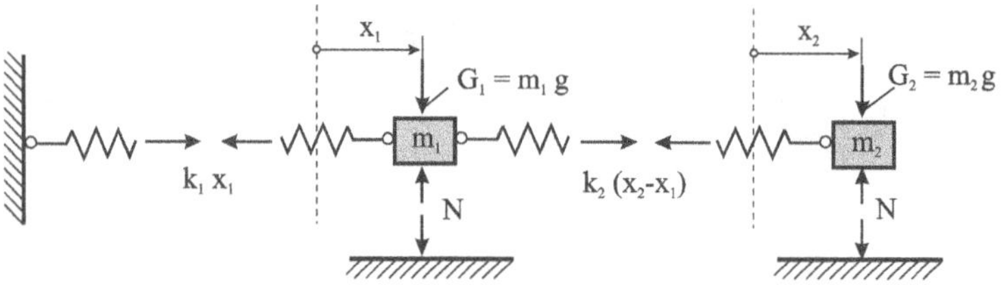

Abb. 13.2   *Der ungedämpfte Zweimassenschwinger, freigeschnittenes System*

Zur Herleitung der Bewegungsgleichungen (s.h. auch Beispiel 4-2) werden die Teilmassen m_1 und m_2 freigeschnitten (Abb. 13.2). Anschließend wird für jede dieser Teilmassen das Newtonsche Grundgesetz in x-Richtung angeschrieben, also

$$m_1\ddot{x}_1 = -k_1 x_1 + k_2(x_2 - x_1), \quad m_2\ddot{x}_2 = -k_2(x_2 - x_1) \tag{13.1}$$

Für unser System mit zwei Freiheitsgraden erhalten wir auch genau zwei Bewegungsglei-chungen, die in den Lagekoordinaten x_1 und x_2 gekoppelt sind. Zur weiteren Behandlung formen wir (13.1) noch etwas um. Mit den Abkürzungen

$$\lambda_1^2 = \frac{k_1 + k_2}{m_1}, \quad \lambda_2^2 = \frac{k_2}{m_2} \tag{13.2}$$

erhalten wir

$$\ddot{x}_1 + \lambda_1^2 x_1 - \frac{k_2}{m_1} x_2 = 0, \quad \ddot{x}_2 + \lambda_2^2(x_2 - x_1) = 0. \tag{13.3}$$

Da wir für das vorliegende System harmonische Schwingungen vermuten, versuchen wir, in Anlehnung an den freien Schwinger mit einem Freiheitsgrad, den Lösungsansatz

$$x_1(t) = a_1 \cos(\omega_1 t - \alpha_1), \quad x_2(t) = a_2 \cos(\omega_2 t - \alpha_2) \tag{13.4}$$

Einsetzen von (13.4) in (13.3) ergibt

$$a_1(\lambda_1^2 - \omega_1^2)\cos(\omega_1 t - \alpha_1) - a_2 \frac{k_2}{m_1}\cos(\omega_2 t - \alpha_2) = 0$$

$$a_1\lambda_2^2 \cos(\omega_1 t - \alpha_1) - a_2(\lambda_2^2 - \omega_2^2)\cos(\omega_2 t - \alpha_2) = 0$$

Dieses Gleichungssystem ist für alle Zeiten t nur dann erfüllt, wenn wir $\omega_1 = \omega_2 = \omega$ und $\alpha_1 = \alpha_2 = \alpha$ fordern und damit (13.4) weiter konkretisieren

$$x_1(t) = a_1 \cos(\omega t - \alpha), \quad x_2(t) = a_2 \cos(\omega t - \alpha) \tag{13.5}$$

Einsetzen in (13.3) führt auf das lineare homogene Gleichungssystem

$$\begin{bmatrix} \lambda_1^2 - \omega^2 & -k_2/m_1 \\ -\lambda_2^2 & \lambda_2^2 - \omega^2 \end{bmatrix} \begin{bmatrix} a_1 \\ a_2 \end{bmatrix} = \begin{bmatrix} 0 \\ 0 \end{bmatrix} \tag{13.6}$$

Dieses Gleichungssystem besitzt neben der Triviallösung $a_1 = a_2 = 0$ nur dann eine nichttriviale Lösung, wenn die Determinante der Koeffizientenmatrix

$$D = \det \begin{bmatrix} \lambda_1^2 - \omega^2 & -k_2/m_1 \\ -\lambda_2^2 & \lambda_2^2 - \omega^2 \end{bmatrix} = (\omega^2)^2 - (\lambda_1^2 + \lambda_2^2)\omega^2 + \lambda_2^2(\lambda_1^2 - k_2/m_1) = 0 \tag{13.7}$$

verschwindet. Diese als Frequenzgleichung bezeichnete Beziehung hat die beiden Lösungen

$$\left.\begin{matrix} \omega_1^2 \\ \omega_2^2 \end{matrix}\right\} = \frac{1}{2}(\lambda_1^2 + \lambda_2^2) \mp \sqrt{\frac{1}{4}(\lambda_1^2 + \lambda_2^2)^2 - \lambda_2^2(\lambda_1^2 - \frac{k_2}{m_1})} \tag{13.8}$$

oder nach Umordnung

$$\left.\begin{matrix} \omega_1^2 \\ \omega_2^2 \end{matrix}\right\} = \frac{1}{2}(\lambda_1^2 + \lambda_2^2) \mp \sqrt{\frac{1}{4}(\lambda_1^2 - \lambda_2^2)^2 + \frac{k_2}{m_1}\lambda_2^2} \tag{13.9}$$

Beide Lösungen $\omega_1^2 < \omega_2^2$ sind reell und positiv. Die Platzziffern der Eigenkreisfrequenzen wurden dabei nach aufsteigender Reihenfolge geordnet. Den Nachweis, dass beide Lösungen reell sind, entnehmen wir (13.9). Um zu zeigen, dass auch ω_1^2 positiv ist, beachten wir in (13.8), dass $\lambda_1^2 - k_2/m_1 > 0$, und damit der Wurzelausdruck immer kleiner als $(\lambda_1^2 + \lambda_2^2)/2$ ausfällt. Mit den Lösungen für ω_1^2 und ω_2^2 erhalten wir jeweils zwei Eigenkreisfrequenzen mit positiven oder negativen Vorzeichen, von denen nur die beiden Eigenkreisfrequenzen mit positiven Vorzeichen

$$\left.\begin{matrix} \omega_1 \\ \omega_2 \end{matrix}\right\} = \sqrt{\frac{1}{2}(\lambda_1^2 + \lambda_2^2) \mp \sqrt{\frac{1}{4}(\lambda_1^2 - \lambda_2^2)^2 + \frac{k_2}{m_1}\lambda_2^2}} \tag{13.10}$$

physikalisch sinnvoll sind. Aus (13.6) folgt noch, dass auch das Verhältnis der beiden Amplituden

$$\frac{a_2}{a_1} = \frac{\lambda_1^2 - \omega^2}{k_2}m_1 = \frac{\lambda_2^2}{\lambda_2^2 - \omega^2} \tag{13.11}$$

festliegt. Merkwürdigerweise hängt dieses Verhältnis nur von den System- und nicht von den Anfangswerten ab. Die Größen der Amplituden selbst lassen sich dagegen nicht berechnen. Das Amplitudenverhältnis (13.11) muss für beide Werte von ω erfüllt sein, so dass wir

$$\kappa_1 = \frac{a_{2,1}}{a_{1,1}} = \frac{\lambda_1^2 - \omega_1^2}{k_2} m_1 = \frac{\lambda_2^2}{\lambda_2^2 - \omega_1^2}; \quad \kappa_2 = \frac{a_{2,2}}{a_{1,2}} = \frac{\lambda_1^2 - \omega_2^2}{k_2} m_1 = \frac{\lambda_2^2}{\lambda_2^2 - \omega_2^2} \tag{13.12}$$

erhalten. Die beiden Bewegungsgleichungen (13.5) gestatten somit die Angabe von jeweils zwei Zeitfunktionen $x_{1,1}(t)$, $x_{1,2}(t)$ und $x_{2,1}(t)$, $x_{2,2}(t)$. Aufgrund des Superpositionsprinzips für lineare Differenzialgleichungen lassen sich diese Teillösungen zur Gesamtlösung

$$\begin{aligned} x_1(t) &= x_{1,1}(t) + x_{1,2}(t) = a_{1,1}\cos(\omega_1 t - \alpha_1) + a_{1,2}\cos(\omega_2 t - \alpha_2) \\ x_2(t) &= x_{2,1}(t) + x_{2,2}(t) = a_{2,1}\cos(\omega_1 t - \alpha_1) + a_{2,2}\cos(\omega_2 t - \alpha_2) \end{aligned} \tag{13.13}$$

oder unter Beachtung von (13.12) zu

$$\begin{aligned} x_1(t) &= x_{1,1}(t) + x_{1,2}(t) = a_{1,1}\cos(\omega_1 t - \alpha_1) + a_{1,2}\cos(\omega_2 t - \alpha_2) \\ x_2(t) &= x_{2,1}(t) + x_{2,2}(t) = \kappa_1 a_{1,1}\cos(\omega_1 t - \alpha_1) + \kappa_2 a_{1,2}\cos(\omega_2 t - \alpha_2) \end{aligned} \tag{13.14}$$

zusammenfassen. Für die Geschwindigkeiten folgt

$$\begin{aligned} \dot{x}_1(t) &= {-}\omega_1 a_{1,1}\sin(\omega_1 t - \alpha_1) - \omega_2 a_{1,2}\sin(\omega_2 t - \alpha_2) \\ \dot{x}_2(t) &= -\kappa_1\omega_1 a_{1,1}\sin(\omega_1 t - \alpha_1) - \kappa_2\omega_2 a_{1,2}\sin(\omega_2 t - \alpha_2) \end{aligned} \tag{13.15}$$

Damit besteht zwischen den Zeitfunktionen der folgende lineare Zusammenhang

$$x_{2,1}(t) = \kappa_1 x_{1,1}(t), \quad x_{2,2}(t) = \kappa_2 x_{1,2}(t) \tag{13.16}$$

Zur kleineren Eigenkreisfrequenz ω_1 gehört das positive Amplitudenverhältnis

$$\kappa_1 = \frac{m_1}{k_2}(\lambda_1^2 - \omega_1^2) = \frac{m_1}{k_2}\left[\frac{1}{2}(\lambda_1^2 - \lambda_2^2) + \sqrt{\frac{1}{4}(\lambda_1^2 - \lambda_2^2)^2 + \frac{k_2}{m_1}\lambda_2^2}\right] > 0 \tag{13.17}$$

und zur größeren Eigenkreisfrequenz ω_2 das negative Amplitudenverhältnis

$$\kappa_2 = \frac{m_1}{k_2}(\lambda_1^2 - \omega_2^2) = \frac{m_1}{k_2}\left[\frac{1}{2}(\lambda_1^2 - \lambda_2^2) - \sqrt{\frac{1}{4}(\lambda_1^2 - \lambda_2^2)^2 + \frac{k_2}{m_1}\lambda_2^2}\right] < 0 \tag{13.18}$$

Um das Problem vollständig zu lösen, müssen noch die Konstanten an die Anfangswerte angepasst werden. Sind zum Zeitpunkt $t = 0$ die Anfangswerte für die Auslenkungen x_{10} und x_{20} sowie die Geschwindigkeiten v_{10} und v_{20} der Massen m_1 und m_2 gegeben, dann erhalten wir mit den Abkürzungen

$$\tilde{a}_1 = a_{1,1}\cos\alpha_1, \quad \tilde{a}_2 = a_{1,2}\cos\alpha_2, \quad \tilde{b}_1 = a_{1,1}\sin\alpha_1, \quad \tilde{b}_2 = a_{1,2}\sin\alpha_2 \tag{13.19}$$

das lineare Gleichungssystem

$$x_1(t = 0) = x_{10} = a_{1,1}\cos\alpha_1 + a_{1,2}\cos\alpha_2 = \tilde{a}_1 + \tilde{a}_2$$

$$x_2(t = 0) = x_{20} = \kappa_1 a_{1,1}\cos\alpha_1 + \kappa_2 a_{1,2}\cos\alpha_2 = \kappa_1\tilde{a}_1 + \kappa_2\tilde{a}_2$$

$$\dot{x}_1(t = 0) = v_{10} = \omega_1 a_{1,1}\sin\alpha_1 + \omega_2 a_{1,2}\sin\alpha_2 = \omega_1\tilde{b}_1 + \omega_2\tilde{b}_2$$

$$\dot{x}_2(t = 0) = v_{20} = \omega_1\kappa_1 a_{1,1}\sin\alpha_1 + \omega_2\kappa_2 a_{1,2}\sin\alpha_2 = \omega_1\kappa_1\tilde{b}_1 + \omega_2\kappa_2\tilde{b}_2$$

Es besitzt die Lösungen

$$\tilde{a}_1 = -\frac{\kappa_2 x_{10} - x_{20}}{\kappa_1 - \kappa_2},\ \tilde{a}_2 = \frac{\kappa_1 x_{10} - x_{20}}{\kappa_1 - \kappa_2},\ \tilde{b}_1 = -\frac{\kappa_2 v_{10} - v_{20}}{\omega_1(\kappa_1 - \kappa_2)},\ \tilde{b}_2 = \frac{\kappa_1 v_{10} - v_{20}}{\omega_2(\kappa_1 - \kappa_2)} \qquad (13.20)$$

und die Amplituden errechnen sich zu

$$a_{1,1} = \sqrt{\tilde{a}_1^2 + \tilde{b}_1^2} = \sqrt{\frac{\omega_1^2(\kappa_2 x_{10} - x_{20})^2 + (\kappa_2 v_{10} - v_{20})^2}{\omega_1^2(\kappa_1 - \kappa_2)^2}}$$

$$a_{1,2} = \sqrt{\tilde{a}_2^2 + \tilde{b}_2^2} = \sqrt{\frac{\omega_2^2(\kappa_1 x_{10} - x_{20})^2 + (\kappa_1 v_{10} - v_{20})^2}{\omega_2^2(\kappa_1 - \kappa_2)^2}} \qquad (13.21)$$

Für den Sonderfall verschwindender Anfangsgeschwindigkeiten $v_{10} = 0$ und $v_{20} = 0$ verbleiben

$$a_{1,1} = \sqrt{\frac{(\kappa_2 x_{10} - x_{20})^2}{(\kappa_1 - \kappa_2)^2}},\quad a_{1,2} = \sqrt{\frac{(\kappa_1 x_{10} - x_{20})^2}{(\kappa_1 - \kappa_2)^2}} \qquad (13.22)$$

Beispiel 13-1:

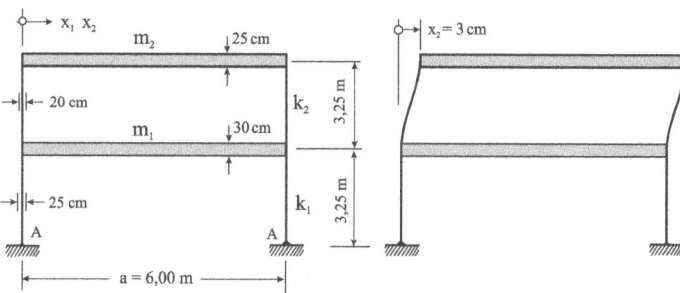

Abb. 13.3   *Zweistöckiger Rahmen, Auslenkversuch*

An dem in Abb. 13.3 skizzierten zweistöckigen Rahmen soll ein Auslenkversuch derart durchgeführt werden, dass zum Zeitpunkt t = 0 die Masse m_2 durch eine Seilvorspannung um 3 cm ausgelenkt wird. Anschließend wird das Seil gekappt. Die Rahmenkonstruktion führt dann freie Schwingungen aus. Der Rahmen besitzt starre Riegel, die aufgrund der dehnstarren Stiele nur eine kleine Horizontalbewegung durchführen können. Damit lässt sich die Rahmenkonstruktion durch das System nach Abb. 13.1 ersetzen.

Geg.: Stockwerkhöhe h = 3,25 m, Rahmenabstand ℓ = 6 m, Stützweite a = 6 m. Decken aus Stahlbeton: d_1 = 30 cm, d_2 = 25 cm. Quadratische Stützen aus Stahlbeton: $b_1 = d_1$ = 25 cm,

$b_2 = d_2$ = 20 cm, E = 30000 N/mm^2.

Gesucht:

a) Die Eigenkreisfrequenzen ω_1 und ω_2 des Systems

b) Die Amplitudenverhältnisse κ_1 und κ_2

c) Die Bewegungsgleichungen der Massen m_1 und m_2

d) Änderung der Eigenkreisfrequenzen, wenn die Stiele in (A) drehbar gelagert sind.

<u>Lösung:</u> $m_1 = 0,30 \cdot 6,0 \cdot 6,0 \cdot 2500 = 27000$ kg , $m_2 = 0,25 \cdot 6,0 \cdot 6,0 \cdot 2500 = 22500$ kg

Steifigkeiten: $I_1 = 25^4 / 12 = 32552$ cm^4 , $I_2 = 20^4 / 12 = 13333$ cm^4 ,

$$k_1 = 2\frac{12EI_1}{h^3} = 68274,75 \text{ N / cm}, \quad k_2 = 2\frac{12EI_2}{h^3} = 27965,41 \text{ N / cm},$$

$$\lambda_1^2 = \frac{k_1 + k_2}{m_1} = \frac{6827475 + 2796541}{27000} = 356,45 \text{ s}^{-2}, \quad \lambda_2^2 = \frac{k_2}{m_2} = \frac{2796541}{22500} = 124,29 \text{ s}^{-2}.$$

zu a) Eigenkreisfrequenzen:

$$\omega_1 = \sqrt{\frac{1}{2}\left(\lambda_1^2 + \lambda_2^2\right) - \sqrt{\frac{1}{4}(\lambda_1^2 - \lambda_2^2)^2 + \frac{k_2}{m_1}\lambda_2^2}} = 8,83 \text{ s}^{-1}$$

$$\omega_2 = \sqrt{\frac{1}{2}\left(\lambda_1^2 + \lambda_2^2\right) + \sqrt{\frac{1}{4}(\lambda_1^2 - \lambda_2^2)^2 + \frac{k_2}{m_1}\lambda_2^2}} = 20,07 \text{ s}^{-1}.$$

Zu b) Amplitudenverhältnisse: $\kappa_1 = \frac{m_1}{k_2}(\lambda_1^2 - \omega_1^2) = 2,688, \quad \kappa_2 = \frac{m_1}{k_2}(\lambda_1^2 - \omega_2^2) = -0,446$

Zu c) Bewegungsgleichungen: Das System startet aus der Ruhelage mit $x_{20} = 3$ cm. Mit (13.19) und (13.22) errechnen wir

$$\tilde{a}_1 = \frac{x_{20}}{\kappa_1 - \kappa_2} = \frac{3 \text{ cm}}{2,688 + 0,446} = 0,957 \text{ cm}, \quad \tilde{a}_2 = -\tilde{a}_1, \quad \tilde{b}_1 = 0, \quad \tilde{b}_2 = 0.$$

$$a_{1,1} = a_{1,2} = \sqrt{\frac{x_{20}^2}{(\kappa_1 - \kappa_2)^2}} = 0,957 \text{ cm}.$$

$$\cos\alpha_1 = \frac{\tilde{a}_1}{a_{1,1}} = 1,\ \sin\alpha_1 = 0 \rightarrow \alpha_1 = 0,\quad \cos\alpha_2 = \frac{\tilde{a}_2}{a_{1,2}} = -1,\ \sin\alpha_2 = 0 \rightarrow \alpha_2 = \pi$$

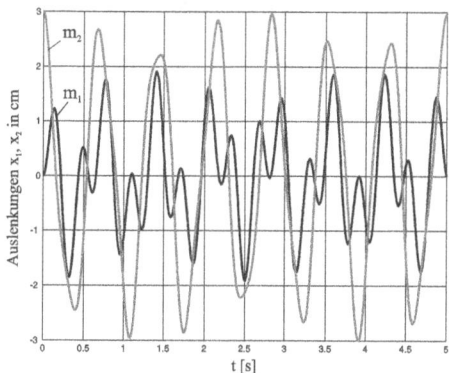

Abb. 13.4 *Verschiebungen des zweistöckigen Rahmens, Stiele eingespannt*

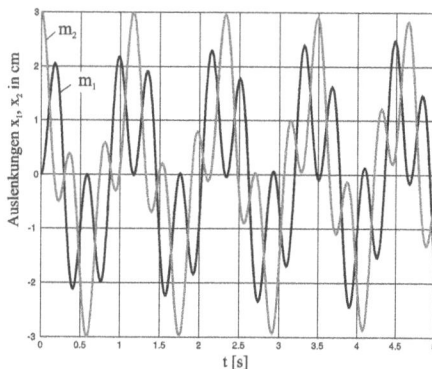

Abb. 13.5 *Verschiebungen des zweistöckigen Rahmens, Stiele drehbar gelagert*

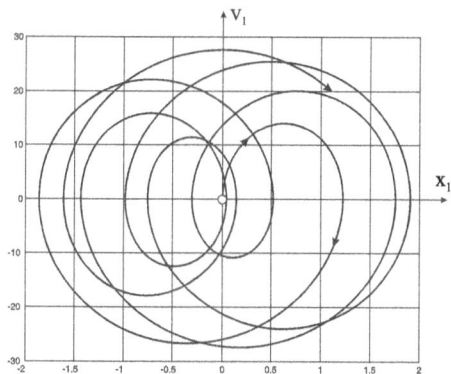

Abb. 13.6 *Phasendiagramm der Masse m_1 (t < 2s), Stiele eingespannt*

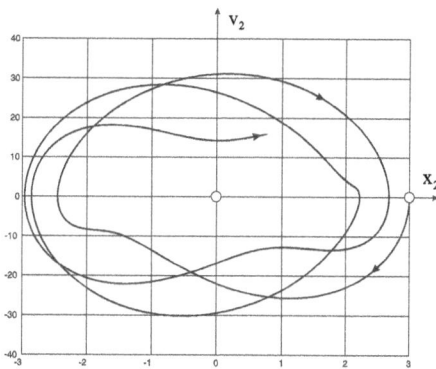

Abb. 13.7 *Phasendiagramm der Masse m_2 (t < 2s), Stiele eingespannt*

Damit liegen die Bewegungsgesetze für beide Riegel vor (Abb. 13.4)

$$x_1(t) = \ 0{,}957(\cos 8{,}83t - \cos 20{,}07t) \qquad [\text{cm}]$$

$$\dot{x}_1(t) = -0{,}957(8{,}83\sin 8{,}83t - 20{,}07\sin 20{,}07t) \qquad [\text{cm/s}]$$

$$x_2(t) = \ 0{,}957(2{,}688\cos 8{,}83t + 0{,}446\cos 20{,}07t) \qquad [\text{cm}]$$

$$\dot{x}_2(t) = -0{,}957(23{,}74\sin 8{,}83t + 8{,}95\sin 20{,}07t) \qquad [\text{cm/s}]$$

Zu d) Stiele drehbar gelagert: Werden die Stiele bei (A) drehbar gelagert, dann verringert sich die Federsteifigkeit k_1. Die Steifigkeiten der Stiele 2 bleiben dagegen unverändert. Im Einzelnen erhalten wir:

$$k_1 = 2\frac{3EI_1}{h^3} = 17068,69 \text{ N/cm}, \ k_2 = 27965,41 \text{ N/cm} \ \text{(unverändert)}$$

$$\lambda_1^2 = 166,79 \text{ s}^{-2}, \lambda_2^2 = 124,29 \text{ s}^{-2}, \ \omega_1 = 5,49 \text{ s}^{-1}, \omega_2 = 16,15 \text{ s}^{-1}, \ \kappa_1 = 1,320, \kappa_2 = -0,909$$

$$\tilde{a}_1 = \frac{x_{20}}{\kappa_1 - \kappa_2} = \frac{3 \text{ cm}}{1,320 + 0,909} = 1,293 \text{ cm}, \tilde{a}_2 = -\tilde{a}_1, \tilde{b}_1 = 0, \tilde{b}_2 = 0.$$

$$a_{1,1} = a_{1,2} = \sqrt{\frac{x_{20}^2}{(\kappa_1 - \kappa_2)^2}} = 1,293 \text{ cm}, \ \alpha_1 = 0, \alpha_2 = \pi.$$

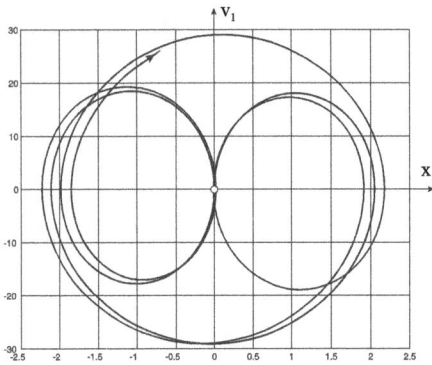

Abb. 13.8   *Phasendiagramm der Masse m_1 (t < 2s),*
Stiele drehbar gelagert

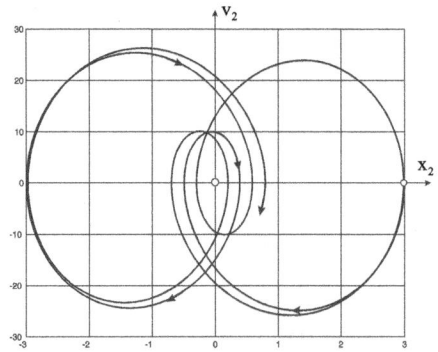

Abb. 13.9   *Phasendiagramm der Masse m_2 (t < 2s),*
Stiele drehbar gelagert

Nach (13.14) lässt sich die Bewegung des Systems grundsätzlich aus zwei trigonometrischen Lösungen $\cos(\omega_j t - \alpha_j)$ mit verschiedenen Eigenkreisfrequenzen (ω_1, ω_2) und Nullphasenverschiebungswinkeln (α_1, α_2) aufbauen. Diese Grundformen der Schwingung werden Eigenschwingungsformen genannt. Wegen des Vorzeichenwechsels von κ_2 kann die allgemeine Lösung durch eine synchrone Bewegung[1] des Systems, also eine Bewegung im gleichen Takt, nicht dargestellt werden. Für zwei spezielle Anfangsbedingungen lässt sich jedoch eine solche Synchronbewegung erzeugen. Dann schwingen beide Massen harmonisch nur mit der 1. oder 2. Eigenkreisfrequenz. Diese Schwingungen werden auch Hauptschwingungen genannt.

Fall 1: Wählen wir speziell $a_{1,2} = 0$ und $\alpha_1 = \pi$, dann verbleiben von (13.14)

$$x_1(t) = \ a_{1,1} \cos(\omega_1 t - \pi) = -a_{1,1} \cos\omega_1 t \qquad \rightarrow \dot{x}_1(t) = a_{1,1}\omega_1 \sin\omega_1 t$$

$$x_2(t) = \kappa_1 a_{1,1} \cos(\omega_1 t - \pi) = -\kappa_1 a_{1,1} \cos\omega_1 t \qquad \rightarrow \dot{x}_2(t) = \kappa_1 a_{1,1}\omega_1 \sin\omega_1 t$$

---

[1]   zu griech. chrónos ›Zeit‹, gleichzeitig, zeitgleich, gleichlaufend

Bei dieser Wahl der Konstanten schwingt das System in beiden Koordinaten mit der 1. Eigenkreisfrequenz ω_1. Die Schwingungen genügen dabei den Anfangswerten

$$x_1(t=0) = -a_{1,1} \qquad \dot{x}_1(t=0) = 0$$

$$x_2(t=0) = -\kappa_1 a_{1,1} \qquad \dot{x}_2(t=0) = 0$$

Da das Amplitudenverhältnis κ_1 positiv ist, handelt es sich um eine symmetrische Synchronschwingung. Beide Riegel schwingen gleichsinnig (in Phase), wenn sie ohne Anfangsgeschwindigkeiten aus den Lagen $x_1(t=0) = -a_{1,1}$ und $x_2(t=0) = -\kappa_1 a_{1,1}$ losgelassen werden.

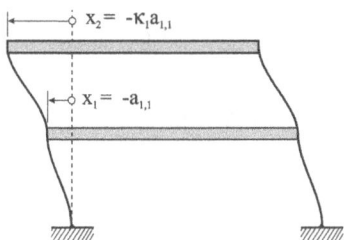

Abb. 13.10 *Symmetrische Synchronbewegung*   *Abb. 13.11* *Schwingung in Phase, $a_{1,1} = 0,01m$*

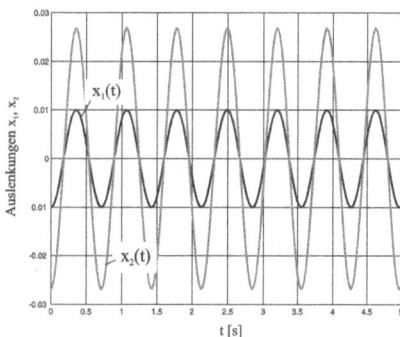

Fall 2: Wählen wir speziell $a_{1,1} = 0$ und $\alpha_2 = \pi$, dann verbleiben von (13.14)

$$x_1(t) = \quad a_{1,2}\cos(\omega_2 t - \pi) = \quad -a_{1,2}\cos\omega_2 t \quad \rightarrow \dot{x}_1(t) = \quad a_{1,2}\omega_2\sin\omega_2 t$$

$$x_2(t) = \kappa_2 a_{1,2}\cos(\omega_2 t - \pi) = -\kappa_2 a_{1,2}\cos\omega_2 t \quad \rightarrow \dot{x}_2(t) = \kappa_2 a_{1,2}\omega_2\sin\omega_2 t$$

Das System schwingt nun in beiden Koordinaten mit der größeren Eigenkreisfrequenz ω_2. Es gelten die folgenden Anfangswerte

$$x_1(t=0) = -a_{1,2} \qquad \dot{x}_1(t=0) = 0$$

$$x_2(t=0) = -\kappa_2 a_{1,2} \qquad \dot{x}_2(t=0) = 0$$

Da das Amplitudenverhältnis κ_2 negativ ist, sprechen wir hier von einer antimetrische Synchronbewegung, beide Riegel schwingen in Gegenphase.

Durch eine besondere Vorgabe der Anfangsstörungen lassen sich offensichtlich Schwingungsfiguren erzeugen, deren Formen sich mit der Zeit nicht verändern. Sie sind formerhaltend. Im vorliegenden Fall sind die zu den Eigenkreisfrequenzen ω_1 und ω_2 gehörenden Funktionen $x_{11}(t)$, $x_{12}(t)$ oder $x_{21}(t)$, $x_{22}(t)$ die beiden Eigenschwingungsformen (engl. modes) des Systems.

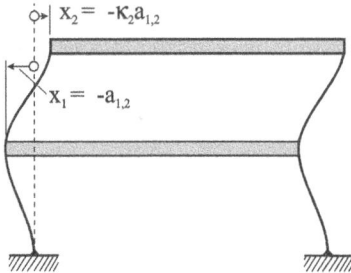

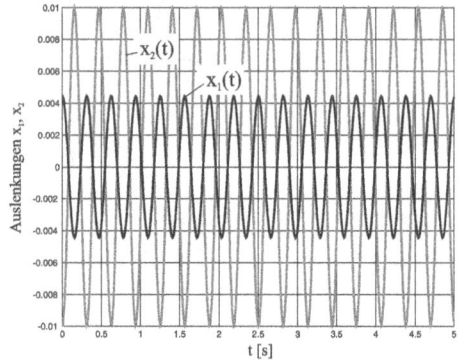

Abb. 13.12   *Antimetrische Synchronbewegung*   ***Abb. 13.13***   *Schwingung in Gegenphase, $a_{1,2} = 0,01m$*

Hinweis: Die Lösungen $x_1(t)$ und $x_2(t)$ sind bekanntlich nur dann periodisch, wenn die beiden Eigenkreisfrequenzen ω_1 und ω_2 ein rationales Verhältnis bilden.

Im Hinblick auf die Lösung von Systemen mit einer größeren Anzahl von Freiheitsgraden, wollen wir im Folgenden den vorher beschrittenen Lösungsweg kompakter notieren. Wir bedienen uns dazu der Vektor- und Matrizenschreibweise. Das Differenzialgleichungssystem (13.1) erscheint dann in der Form

$$\begin{bmatrix} m_1 & 0 \\ 0 & m_2 \end{bmatrix}\begin{bmatrix} \ddot{x}_1 \\ \ddot{x}_2 \end{bmatrix} + \begin{bmatrix} k_1 + k_2 & -k_2 \\ -k_2 & k_2 \end{bmatrix}\begin{bmatrix} x_1 \\ x_2 \end{bmatrix} = \begin{bmatrix} 0 \\ 0 \end{bmatrix}$$

oder symbolisch

$$\mathbf{M} \cdot \ddot{\mathbf{x}} + \mathbf{K} \cdot \mathbf{x} = \mathbf{0} \tag{13.23}$$

mit $\mathbf{M} = \begin{bmatrix} m_1 & 0 \\ 0 & m_2 \end{bmatrix} = \mathrm{diag}(m_1, m_2)$ und $\mathbf{K} = \begin{bmatrix} k_1 + k_2 & -k_2 \\ -k_2 & k_2 \end{bmatrix}$. Die Massenmatrix $\mathbf{M}$ erweist

sich hier als Diagonalmatrix und die Steifigkeitsmatrix $\mathbf{K}$ ist symmetrisch. Die Kopplung der beiden skalaren Gleichungen erfolgt über die Steifigkeitsmatrix. Zur Lösung des obigen Gleichungssystems machen wir in Anlehnung an (13.4) den Eigenfunktionsansatz

$$\mathbf{x} = \mathbf{a}\cos(\omega t - \alpha) \quad \text{mit } \mathbf{x}^{\mathrm{T}} = [x_1 \quad x_2], \ \mathbf{a}^{\mathrm{T}} = [a_1 \quad a_2] \tag{13.24}$$

Beachten wir diesen Ansatz in (13.23), dann führt das auf das allgemeine Eigenwertproblem

$$(\mathbf{K} - \omega^2 \mathbf{M}) \cdot \mathbf{a} = \mathbf{0} \tag{13.25}$$

was nur dann eine nichttriviale Lösung $\mathbf{a}$ besitzt, wenn

$$D = \det(\mathbf{K} - \omega^2 \mathbf{M}) = (\omega^2)^2 - (\lambda_1^2 + \lambda_2^2)\omega^2 + \lambda_2^2(\lambda_1^2 - \frac{k_2}{m_1}) = 0$$

erfüllt ist. Diese Frequenzgleichung entspricht (13.7), wenn wir noch die Abkürzung (13.2) beachten. Die symmetrische Matrix $\mathbf{K_D} = \mathbf{K} - \omega^2\mathbf{M}$ wird auch dynamische Steifigkeitsmatrix genannt. Die Frequenzgleichung liefert entsprechend (13.10) die beiden positiven und reellen Eigenkreisfrequenzen ω_1 und ω_2. Da wir zwei Eigenwerte ermitteln, können wir (13.24) konkreter angeben

$$\mathbf{x} = \mathbf{a_1}\cos(\omega_1 t - \alpha_1) + \mathbf{a_2}\cos(\omega_2 t - \alpha_2) = \begin{bmatrix} a_{1,1} \\ a_{2,1} \end{bmatrix}\cos(\omega_1 t - \alpha_1) + \begin{bmatrix} a_{1,2} \\ a_{2,2} \end{bmatrix}\cos(\omega_2 t - \alpha_2)$$

Mit bekannten Eigenkreisfrequenzen erhalten wir aus (13.25) ein lineares homogenes Gleichungssystem zur Bestimmung der Koordinaten der Eigenvektoren $\mathbf{a_1}$ und $\mathbf{a_2}$. Den zum 1. Eigenwert ω_1 gehörenden Eigenvektor bestimmen wir aus $(\mathbf{K} - \omega_1^2\mathbf{M})\cdot\mathbf{a_1} = \mathbf{0}$, also

$$\left\{ \begin{bmatrix} k_1+k_2 & -k_2 \\ -k_2 & k_2 \end{bmatrix} - \omega_1^2 \begin{bmatrix} m_1 & 0 \\ 0 & m_2 \end{bmatrix} \right\}\cdot\begin{bmatrix} a_{1,1} \\ a_{2,1} \end{bmatrix} = \begin{bmatrix} k_1+k_2-\omega_1^2 m_1 & -k_2 \\ -k_2 & k_2-\omega_1^2 m_2 \end{bmatrix}\cdot\begin{bmatrix} a_{1,1} \\ a_{2,1} \end{bmatrix} = \begin{bmatrix} 0 \\ 0 \end{bmatrix}$$

oder ausmultipliziert $(k_1+k_2-\omega_1^2 m_1)\,a_{1,1} - k_2 a_{2,1} = 0$, $-k_2 a_{1,1} + (k_2-\omega_1^2 m_2)\,a_{2,1} = 0$. Beide Gleichungen sind linear abhängig. Lösen wir beispielsweise die 1. Gleichung nach $a_{2,1}$ auf, dann erhalten wir $a_{2,1} = \dfrac{m_1}{k_2}\left(\dfrac{k_1+k_2}{m_1} - \omega_1^2\right) a_{1,1} = \dfrac{m_1}{k_2}(\lambda_1^2 - \omega_1^2)\,a_{1,1}$, und somit den Eigenvektor $\mathbf{a_1}$ zum ersten Eigenwert ω_1

$$\mathbf{a_1} = \begin{bmatrix} a_{1,1} \\ a_{2,1} \end{bmatrix} = a_{1,1}\begin{bmatrix} 1 \\ \dfrac{m_1}{k_2}(\lambda_1^2 - \omega_1^2) \end{bmatrix} = a_{1,1}\begin{bmatrix} 1 \\ \kappa_1 \end{bmatrix}$$

der allerdings nur bis auf eine freie Konstante bestimmt ist. Eine entsprechende Rechnung liefert den Eigenvektor $\mathbf{a_2}$ zum zweiten Eigenwert ω_2

$$\mathbf{a_2} = \begin{bmatrix} a_{1,2} \\ a_{2,2} \end{bmatrix} = a_{1,2}\begin{bmatrix} 1 \\ \dfrac{m_1}{k_2}(\lambda_1^2 - \omega_2^2) \end{bmatrix} = a_{1,2}\begin{bmatrix} 1 \\ \kappa_2 \end{bmatrix}$$

Die allgemeine Lösung des Problems setzen wir jetzt als Linearkombination der beiden Eigenfunktionen mit beliebigen Konstanten A_1 und A_2 an

$$\mathbf{x}(t) = \sum_{j=1}^{2} \mathbf{a_j}\cos(\omega_j t - \alpha_j) = A_1\begin{bmatrix} 1 \\ \kappa_1 \end{bmatrix}\cos(\omega_1 t - \alpha_1) + A_2\begin{bmatrix} 1 \\ \kappa_2 \end{bmatrix}\cos(\omega_2 t - \alpha_2),$$

die offensichtlich identisch ist mit der Lösung (13.14).

Übungsvorschlag 13-1:

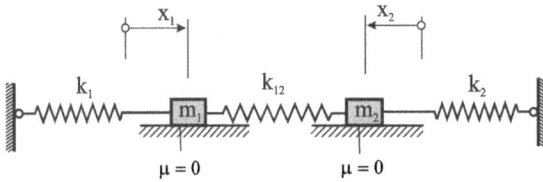

Abb. 13.14 *Gekoppeltes System mit zwei Freiheitsgraden*

Die Massen m_1 und m_2 in Abb. 13.14 sind über eine Feder (Federsteifigkeit k_{12}) miteinander gekoppelt. Notieren Sie die Bewegungsgleichungen unter Anwendung des Newtonschen Grundgesetzes sowie der Lagrangeschen Bewegungsgleichungen. Ermitteln Sie die Eigenwerte und Eigenvektoren des Systems. Untersuchen Sie die Fälle $m_1 = m_2 = m$, $k_1 = k_2 = k$ sowie die Sonderfälle $k_{12} = 0$, $k_{12} \rightarrow \infty$, $k_{12} = k_1 = k_2 = k$.

Beispiel 13-2:

Der in Abb. 13.15 skizzierte starre Balken (Masse m, Massenträgheitsmoment Θ_S) ist auf zwei Federn (Federsteifigkeiten k_1, k_2) elastisch gelagert. Unter der Voraussetzung kleiner Auslenkungen sind für den Fall der ebenen Bewegung die Bewegungsgleichungen aufzustellen. Dazu sind

1.) die beiden Koordinaten x_s (vertikale Auslenkung des Schwerpunktes) und φ (Drehung um eine Achse senkrecht zur Bewegungsebene (Abb. 13.15, links) und

2.) die Koordinaten x_1 und x_2 der vertikalen Federkopfverschiebungen (Abb. 13.15, rechts) zu verwenden.

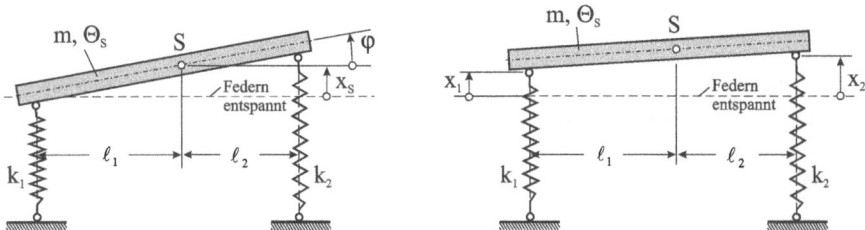

Abb. 13.15 *Auf zwei Federn gelagerter starrer Balken*

<u>Lösung</u>: Zur Herleitung der Bewegungsgleichungen verwenden wir die Lagrangeschen Bewegungsgleichungen, also

$$\frac{d}{dt}\left(\frac{\partial E}{\partial \dot{q}_i}\right) - \frac{\partial E}{\partial q_i} = -\frac{\partial U}{\partial q_i} \qquad (i = 1, 2)$$

Wir benötigen die kinetische Energie E und die potenzielle Energie U des Systems als Funktion der generalisierten Koordinaten q_i (i = 1, 2). Da wir den Balken als starren Körper betrachten, und nur kleine Auslenkungen zulassen, gilt folgender kinematischer Sachverhalt:

$$x_1 = x_s - \varphi \ell_1, \qquad x_2 = x_s + \varphi \ell_2.$$

Wir wählen im ersten Schritt x_s und φ als unabhängige Koordinaten.

Kinetische Energie: $\qquad E = \frac{1}{2}m\dot{x}_s^2 + \frac{1}{2}\Theta_s\dot{\varphi}^2$

Potenzielle Energie: $\qquad U = mgx_s + \frac{1}{2}k_1(x_s - \varphi\ell_1)^2 + \frac{1}{2}k_2(x_s + \varphi\ell_2)^2$

Die Auswertung der Lagrangeschen Bewegungsgleichungen ergibt

$$\frac{d}{dt}\left(\frac{\partial E}{\partial \dot{x}_s}\right) = m\ddot{x}_s, \qquad \frac{\partial U}{\partial x_s} = mg + k_1(x_s - \varphi\ell_1) + k_2(x_s + \varphi\ell_2),$$

$$\frac{d}{dt}\left(\frac{\partial E}{\partial \dot{\varphi}}\right) = \Theta_s\ddot{\varphi}, \qquad \frac{\partial U}{\partial \varphi} = -k_1\ell_1(x_s - \varphi\ell_1) + k_2\ell_2(x_s + \varphi\ell_2).$$

Damit folgen die Bewegungsgleichungen

$$m\ddot{x}_s + mg + k_1(x_s - \varphi\ell_1) + k_2(x_s + \varphi\ell_2) = 0$$
$$\Theta_s\ddot{\varphi} - k_1\ell_1(x_s - \varphi\ell_1) + k_2\ell_2(x_s + \varphi\ell_2) = 0$$

oder kompakter in Matrizenschreibweise

$$\underbrace{\begin{bmatrix} m & 0 \\ 0 & \Theta_s \end{bmatrix}}_{\mathbf{M}} \cdot \underbrace{\begin{bmatrix} \ddot{x}_s \\ \ddot{\varphi} \end{bmatrix}}_{\ddot{\mathbf{q}}} + \underbrace{\begin{bmatrix} k_1 + k_2 & k_2\ell_2 - k_1\ell_1 \\ k_2\ell_2 - k_1\ell_1 & k_1\ell_1^2 + k_2\ell_2^2 \end{bmatrix}}_{\mathbf{K}} \cdot \underbrace{\begin{bmatrix} x_s \\ \varphi \end{bmatrix}}_{\mathbf{q}} = -\underbrace{\begin{bmatrix} mg \\ 0 \end{bmatrix}}_{\mathbf{g}}$$

sowie auch in symbolischer Form $\mathbf{M} \cdot \ddot{\mathbf{q}} + \mathbf{K} \cdot \mathbf{q} = -\mathbf{g}$. Die Massenmatrix $\mathbf{M}$ ist eine Diagonalmatrix, und die symmetrische Steifigkeitsmatrix $\mathbf{K}$ ist voll besetzt. Eine Kopplung der Bewegungsgleichungen erfolgt bei dieser Wahl der Koordinaten über die Steifigkeitsmatrix allein. Dieser Sachverhalt wird auch als Steifigkeitskopplung bezeichnet. Der auf der rechten Seite stehende Vektor $\mathbf{g}$ enthält in der ersten Zeile die Gewichtskraft G des Balkens, er wird Totlastvektor genannt.

Beschreiben wir die Bewegung in den generalisierten Koordinaten x_1 und x_2, dann müssen die Lagrangeschen Bewegungsgleichungen nicht noch einmal ausgewertet werden. Führen wir nämlich mit $\tilde{\mathbf{q}} = [x_1 \quad x_2]^T$ den Vektor der neuen Koordinaten ein, dann gilt folgender Zusammenhang zwischen den neuen und alten Koordinaten

$$\underbrace{\begin{bmatrix} x_1 \\ x_2 \end{bmatrix}}_{\tilde{\mathbf{q}}} = \underbrace{\begin{bmatrix} 1 & -\ell_1 \\ 1 & \ell_2 \end{bmatrix}}_{\mathbf{T}^{-1}} \cdot \underbrace{\begin{bmatrix} x_S \\ \varphi \end{bmatrix}}_{\mathbf{q}} \quad \leftrightarrow \quad \underbrace{\begin{bmatrix} x_S \\ \varphi \end{bmatrix}}_{\mathbf{q}} = \underbrace{\frac{1}{\ell_1 + \ell_2} \begin{bmatrix} \ell_2 & \ell_1 \\ -1 & 1 \end{bmatrix}}_{\mathbf{T}} \cdot \underbrace{\begin{bmatrix} x_1 \\ x_2 \end{bmatrix}}_{\tilde{\mathbf{q}}}$$

Berücksichtigen wir dies, dann erhalten wir $\mathbf{M} \cdot \mathbf{T} \cdot \ddot{\tilde{\mathbf{q}}} + \mathbf{K} \cdot \mathbf{T} \cdot \tilde{\mathbf{q}} = -\mathbf{g}$. Durch Linksmultiplikation mit $\mathbf{T}^T$ erhalten wir $\underbrace{\mathbf{T}^T \cdot \mathbf{M} \cdot \mathbf{T}}_{\tilde{\mathbf{M}}} \cdot \ddot{\tilde{\mathbf{q}}} + \underbrace{\mathbf{T}^T \cdot \mathbf{K} \cdot \mathbf{T}}_{\tilde{\mathbf{K}}} \cdot \tilde{\mathbf{q}} = \underbrace{-\mathbf{T}^T \cdot \mathbf{g}}_{\tilde{\mathbf{g}}}$ oder zusammengefasst:

$$\tilde{\mathbf{M}} \cdot \ddot{\tilde{\mathbf{q}}} + \tilde{\mathbf{K}} \cdot \tilde{\mathbf{q}} = -\tilde{\mathbf{g}} \quad \text{mit} \quad \tilde{\mathbf{M}} = \frac{1}{(\ell_1 + \ell_2)} \begin{bmatrix} m\ell_2^2 + \Theta_S & m\ell_1\ell_2 - \Theta_S \\ m\ell_1\ell_2 - \Theta_S & m\ell_1^2 + \Theta_S \end{bmatrix} = \tilde{\mathbf{M}}^T, \quad \tilde{\mathbf{K}} = \begin{bmatrix} k_1 & 0 \\ 0 & k_2 \end{bmatrix},$$

sowie $\tilde{\mathbf{g}} = \mathbf{T}^T \cdot \mathbf{g}$. Offensichtlich ist bei dieser Wahl der Koordinaten die Massenmatrix voll besetzt und die Steifigkeitsmatrix eine Diagonalmatrix. Man spricht in diesem Fall auch von einer Massenkopplung. In welcher Form sich eine Kopplung der Bewegungsgleichungen ergibt (Massen- oder Steifigkeitskopplung), ist demnach keine Systemeigenschaft, sondern hängt lediglich von der Wahl der das Problem beschreibenden Koordinaten ab. Es existieren im Übrigen auch Koordinatenkombinationen, bei denen sich Kopplungen der Bewegungsgleichungen sowohl über die Massen- als auch über die Steifigkeitsmatrix einstellen.

Hinweis. Durch die Linksmultiplikation mit $\mathbf{T}^T$ ist sichergestellt, dass bei symmetrischen Matrizen $\mathbf{M}$ und $\mathbf{K}$ auch $\tilde{\mathbf{M}}$ und $\tilde{\mathbf{K}}$ symmetrisch sind.

13.2 Freie ungedämpfte Schwingungen mit allgemein n Freiheitsgraden

Wir verwenden im Folgenden zweckmäßigerweise die Vektor- und Matrizenschreibweise. Dazu werden wir in einem ersten Schritt die n Freiheitsgrade des Systems im Freiheitsgradvektor $\mathbf{q}(t) = [q_1(t) \quad \cdots \quad q_n(t)]^T$ mit den generalisierten Koordinaten $q_j(t)$ (j = 1,..., n) zusammenfassen. Die potenzielle Federenergie kann immer als Bilinearform[1]

$$U_F = \frac{1}{2} \mathbf{q}^T \cdot \mathbf{K} \cdot \mathbf{q} = \frac{1}{2} \sum_{j,k=1}^{n} k_{jk} q_j q_k$$

geschrieben werden, wobei die symmetrische Feder- oder auch Steifigkeitsmatrix

---

[1]   Im Falle symmetrischer Matrizen heißen die Bilinearformen auch quadratische Formen

$$\mathbf{K} = \mathbf{K}^T = \begin{bmatrix} k_{11} & k_{12} & \cdots & k_{1n} \\ k_{21} & k_{22} & \cdots & k_{2n} \\ \vdots & \vdots & \vdots & \vdots \\ k_{n1} & \cdots & \cdots & k_{nn} \end{bmatrix} \qquad k_{jk} = k_{kj} = \frac{\partial^2 U_F}{\partial q_j \partial q_k}$$

eingeführt wurde. Entsprechend lässt sich die kinetische Energie des Systems immer als Bilinearform der generalisierten Geschwindigkeiten $\dot{\mathbf{q}}$ darstellen

$$E = \frac{1}{2}\dot{\mathbf{q}}^T \cdot \mathbf{M} \cdot \dot{\mathbf{q}} = \frac{1}{2}\sum_{j,k=1}^{n} m_{jk}\dot{q}_j\dot{q}_k$$

wobei

$$\mathbf{M} = \mathbf{M}^T = \begin{bmatrix} m_{11} & m_{12} & \cdots & m_{1n} \\ m_{21} & m_{22} & \cdots & m_{2n} \\ \vdots & \vdots & \vdots & \vdots \\ m_{n1} & \cdots & \cdots & m_{nn} \end{bmatrix}, \qquad m_{jk} = m_{kj} = \frac{\partial^2 E}{\partial \dot{q}_j \partial \dot{q}_k}$$

die symmetrische Massenmatrix bezeichnet. Die potenzielle Lageenergie (etwa von Gewichtskräften) führen wir als lineare Funktion der Freiheitsgradparameter q_j ein

$$U_L = \mathbf{q}^T \cdot \mathbf{g}$$

Darin bezeichnet

$$\mathbf{g} = \begin{bmatrix} g_1, \cdots, g_n \end{bmatrix}^T \qquad g_j = \frac{\partial U_L}{\partial q_j} \qquad j = 1,\ldots, n$$

den Totlastvektor. Aus

$$E + U = E + U_F + U_L = \frac{1}{2}\dot{\mathbf{q}}^T \cdot \mathbf{M} \cdot \dot{\mathbf{q}} + \frac{1}{2}\mathbf{q}^T \cdot \mathbf{K} \cdot \mathbf{q} + \mathbf{q}^T \cdot \mathbf{g}$$

erhalten wir mit dem Energie-Erhaltungssatz

$$\dot{E} + \dot{U} = \dot{\mathbf{q}}^T \cdot (\mathbf{M} \cdot \ddot{\mathbf{q}} + \mathbf{K} \cdot \mathbf{q} + \mathbf{g}) = 0 \qquad (13.26)$$

wobei zur Darstellung von (13.26) die Symmetrie von $\mathbf{M}$ und $\mathbf{K}$ vorausgesetzt wurde. Für beliebige Geschwindigkeiten $\dot{\mathbf{q}}$ ist (13.26) nur dann erfüllt, wenn

$$\mathbf{M} \cdot \ddot{\mathbf{q}} + \mathbf{K} \cdot \mathbf{q} = -\mathbf{g} \qquad (13.27)$$

gilt. Befindet sich das System mit $\mathbf{q}(t) = \mathbf{q}_{st}$ in (relativer) Ruhe, dann ist $\ddot{\mathbf{q}}(t) = \mathbf{0}$ und aus (13.27) folgt die statischen Ruhelage $\mathbf{q}_{st} = -\mathbf{K}^{-1} \cdot \mathbf{g}$. Setzen wir $\mathbf{q}(t) = \mathbf{q}_{st} + \hat{\mathbf{q}}(t)$, so verbleibt die homogene Bewegungsgleichung

$$\mathbf{M} \cdot \ddot{\hat{\mathbf{q}}} + \mathbf{K} \cdot \hat{\mathbf{q}} = \mathbf{0} \tag{13.28}$$

Der Vektor $\hat{\mathbf{q}}$ beschreibt die Bewegung um die statische Ruhelage. Zur Lösung wird der Ansatz

$$\hat{\mathbf{q}} = \mathbf{a} \cos(\omega t - \alpha) \tag{13.29}$$

mit konstantem Amplitudenvektor $\mathbf{a}$ gemacht. Einsetzen in (13.28) führt auf

$$(\mathbf{K} - \omega^2 \mathbf{M}) \cdot \mathbf{a} = \mathbf{0} \tag{13.30}$$

Dieses lineare homogene Gleichungssystem kann nur dann nichttriviale Lösungen $\mathbf{a}_j$ liefern, wenn

$$\det(\mathbf{K} - \omega^2 \mathbf{M}) = 0 \tag{13.31}$$

erfüllt ist. Diese Eigenwertgleichung liefert genau n reelle und positive Eigenkreisfrequenzen ω_ℓ $(\ell = 1, \ldots, n)$, womit wir dann (13.29) mit

$$\hat{\mathbf{q}} = \mathbf{a}_\ell \cos(\omega_\ell t - \alpha_\ell) \tag{13.32}$$

weiter konkretisieren können. Die Eigenkreisfrequenzen ω_ℓ legen diejenigen Eigenformen $\mathbf{a}_\ell$ des Mehrmassenschwingers fest, die während der Bewegung ihre Konfiguration nur proportional ändern. Wegen (13.31) können die Konstanten $\mathbf{a}_{j,\ell}$ (j = 1,..., n) nicht unabhängig voneinander sein. Wie wir nämlich bereits beim Schwinger mit zwei Freiheitsgraden gesehen haben, stehen die Koordinaten der Eigenvektoren in dem festen Verhältnis

$$\frac{a_{j,\ell}}{a_{k,\ell}} = \kappa_{jk}(\omega_\ell, \mathbf{K}, \mathbf{M}) \,,$$

das vom jeweiligen Eigenwert ω_ℓ und der Steifigkeits- und Massenverteilung des Systems abhängt. Der ℓ-te Eigenvektor lässt sich dann letztlich immer in der Form

$$\mathbf{a}_\ell = A_\ell \, \mathbf{e}_\ell \tag{13.33}$$

mit einer beliebigen Konstante A_ℓ darstellen. Die passend normierten Eigenvektoren

$$\mathbf{e}_\ell = \begin{bmatrix} e_{1,\ell} \\ \vdots \\ e_{n,\ell} \end{bmatrix} = h(\omega_\ell, \mathbf{K}, \mathbf{M}) \tag{13.34}$$

etwa mit $|\mathbf{e}_\ell| = 1$, sind dabei Funktionen, die vom jeweiligen Eigenwert ω_ℓ und den Systemwerten $\mathbf{K}$ und $\mathbf{M}$ abhängen. Sie besitzen übrigens die wichtigen Orthogonalitätseigenschaften

$$\mathbf{e}_\ell^T \cdot \mathbf{M} \cdot \mathbf{e_m} = 0 \qquad (\ell \neq m) \tag{13.35}$$

und

$$\mathbf{e}_\ell^T \cdot \mathbf{K} \cdot \mathbf{e_m} = 0 \qquad (\ell \neq m) \tag{13.36}$$

Wie bereits beim Zweimassenschwinger nachgewiesen wurde, lässt sich auch beim Mehrmassenschwinger eine durch die Anfangswerte

$$\hat{\mathbf{q}}(t = 0) = \hat{\mathbf{q}}_0, \quad \dot{\hat{\mathbf{q}}}(t = 0) = \dot{\hat{\mathbf{q}}}_0 \tag{13.37}$$

eingeleitete freie Schwingung durch Superposition der Synchronbewegungen[1] darstellen

$$\hat{\mathbf{q}}(t) = \sum_{\ell=1}^{n} \mathbf{a}_\ell \cos(\omega_\ell t - \alpha_\ell) = \sum_{\ell=1}^{n} A_\ell \mathbf{e}_\ell \cos(\omega_\ell t - \alpha_\ell)$$

$$\dot{\hat{\mathbf{q}}}(t) = -\sum_{\ell=1}^{n} \mathbf{a}_\ell \omega_\ell \sin(\omega_\ell t - \alpha_\ell) = -\sum_{\ell=1}^{n} A_\ell \omega_\ell \mathbf{e}_\ell \sin(\omega_\ell t - \alpha_\ell)$$

Sie besitzen zum Zeitpunkt t = 0 die Anfangswerte

$$\hat{\mathbf{q}}_0 = \sum_{\ell=1}^{n} A_\ell \mathbf{e}_\ell \cos\alpha_\ell, \quad \dot{\hat{\mathbf{q}}}_0 = \sum_{\ell=1}^{n} A_\ell \omega_\ell \mathbf{e}_\ell \sin\alpha_\ell$$

Multiplizieren wir diese Beziehungen von links mit $\mathbf{e}_j^T \cdot \mathbf{M}$ und beachten (13.35), dann erhalten wir

$$\cos\alpha_j = \frac{1}{A_j} \frac{\mathbf{e}_j^T \cdot \mathbf{M} \cdot \hat{\mathbf{q}}_0}{\mathbf{e}_j^T \cdot \mathbf{M} \cdot \mathbf{e}_j}, \quad \sin\alpha_j = \frac{1}{A_j \omega_j} \frac{\mathbf{e}_j^T \cdot \mathbf{M} \cdot \dot{\hat{\mathbf{q}}}_0}{\mathbf{e}_j^T \cdot \mathbf{M} \cdot \mathbf{e}_j} \tag{13.38}$$

und damit

$$A_j = \frac{\sqrt{(\mathbf{e}_j^T \cdot \mathbf{M} \cdot \hat{\mathbf{q}}_0)^2 + 1/\omega_j^2 (\mathbf{e}_j^T \cdot \mathbf{M} \cdot \dot{\hat{\mathbf{q}}}_0)^2}}{\mathbf{e}_j^T \cdot \mathbf{M} \cdot \mathbf{e}_j} \tag{13.39}$$

Abschließend soll noch gezeigt werden, dass die Eigenvektoren tatsächlich den Orthogonalitätsbedingungen genügen, wobei sich der folgende Beweis auf (13.35) beschränkt. Mit (13.30) ist nämlich

$$\mathbf{K} \cdot \mathbf{e}_\ell = \omega_\ell^2 \, \mathbf{M} \cdot \mathbf{e}_\ell \tag{13.40}$$

---

[1] das ist der wichtige Entwicklungssatz der Vektorrechnung, der besagt, dass sich ein beliebiger n-dimensionaler Vektor immer als Linearkombination der Eigenvektoren einer n-reihigen reellen Matrix darstellen lässt.

und für einen anderen Eigenvektor

$$\mathbf{K} \cdot \mathbf{e_m} = \omega_m^2 \ \mathbf{M} \cdot \mathbf{e_m} \qquad (13.41)$$

Multiplizieren wir (13.40) von links mit $\mathbf{e_m^T}$ sowie (13.41) mit $\mathbf{e_\ell^T}$, also

$$\mathbf{e_m^T} \cdot \mathbf{K} \cdot \mathbf{e_\ell} = \omega_\ell^2 \ \mathbf{e_m^T} \cdot \mathbf{M} \cdot \mathbf{e_\ell}$$

$$\mathbf{e_\ell^T} \cdot \mathbf{K} \cdot \mathbf{e_m} = \omega_m^2 \ \mathbf{e_\ell^T} \cdot \mathbf{M} \cdot \mathbf{e_m} = \mathbf{e_m^T} \cdot \mathbf{K} \cdot \mathbf{e_\ell} = \omega_m^2 \ \mathbf{e_m^T} \cdot \mathbf{M} \cdot \mathbf{e_\ell}$$

und ziehen beide Gleichungen voneinander ab, dann erhalten wir

$$(\omega_\ell^2 - \omega_m^2) \, \mathbf{e_m^T} \cdot \mathbf{M} \cdot \mathbf{e_\ell} = 0$$

was für $\omega_\ell \neq \omega_m$ offensichtlich nur dann möglich ist, wenn (13.35) besteht.

Berechnen wir die Eigenkreisfrequenzen mittels (13.30) aus $\mathbf{e_\ell^T} \cdot (\mathbf{K} - \omega_\ell^2 \ \mathbf{M}) \cdot \mathbf{e_\ell} = 0$, also

$$\omega_\ell^2 = \frac{\mathbf{e_\ell^T} \cdot \mathbf{K} \cdot \mathbf{e_\ell}}{\mathbf{e_\ell^T} \cdot \mathbf{M} \cdot \mathbf{e_\ell}} > 0 \qquad (13.42)$$

dann sehen wir, dass aufgrund der positiv definiten Matrizen $\mathbf{M}$ und $\mathbf{K}$ die Eigenwerte alle reell und positiv sein müssen. Eine Matrix $\mathbf{A}$ heißt übrigens positiv definit, wenn für beliebige Vektoren $\mathbf{p^T} = [p_1, ..., p_n]$ die Beziehung $\mathbf{p^T} \cdot \mathbf{A} \cdot \mathbf{p} > 0$ erfüllt ist.

Die Berechnung von ω_ℓ^2 aus (13.42) wird Rayleighscher Quotient genannt, er liefert zum ℓ-ten Eigenvektor das Quadrat der ℓ-ten Eigenkreisfrequenz. Dieser Quotient kann zur näherungsweisen Berechnung der Eigenkreisfrequenzen benutzt werden, wenn bei vorgegebenen Systemwerten $\mathbf{K}$ und $\mathbf{M}$ für den entsprechenden Eigenvektor eine brauchbare Abschätzung möglich ist.

Beispiel 13-3:

Für die Schwingerkette in Abb. 13.1 sind folgende Systemwerte gegeben:

$$\mathbf{M} = m_0 \begin{bmatrix} 4 & 0 \\ 0 & 1 \end{bmatrix}, \ \mathbf{K} = k_0 \begin{bmatrix} 3 & -1 \\ -1 & 1 \end{bmatrix}, \ m_0 = 10^4 \, \text{kg}, \ k_0 = 10^7 \, \text{kg/s}^2.$$

Das System startet aus der Ruhelage mit $\hat{\mathbf{x}}_0^T = [0{,}02 \quad 0{,}01] \, [\text{m}]$. Gesucht sind die Auslenkungen $\hat{\mathbf{x}}^T(t) = [x_1(t) \quad x_2(t)]$.

<u>Lösung:</u>

1.) Berechnung der Eigenwerte

$$\det(\mathbf{K} - \lambda \mathbf{M}) = 2k_0^2 - 7\lambda k_0 m_0 + 4\lambda^2 m_0^2 = 0 \ \text{ mit}$$

$$\lambda_1 = \frac{1}{8}\kappa_0(7-\sqrt{17}) = 359,612\ s^{-2}, \quad \omega_1 = 18,96\ s^{-1}, \quad f_1 = \frac{\omega_1}{2\pi} = 3,02\ Hz$$

$$\lambda_2 = \frac{1}{8}\kappa_0(7+\sqrt{17}) = 1390,388\ s^{-2}, \quad \omega_2 = 37,29\ s^{-1}, \quad f_2 = \frac{\omega_2}{2\pi} = 5,94\ Hz$$

2.) Eigenvektor zum 1. Eigenwert $\lambda_1 = 359,612\ s^{-2}$

Aus $(\mathbf{K} - \lambda_1\mathbf{M})\cdot\mathbf{a_1} = \mathbf{0}$ folgt mit $\kappa_0 = k_0/m_0 = 10^3\ s^{-2}$

$$\left\{ \begin{bmatrix} 3k_0 & -k_0 \\ -k_0 & k_0 \end{bmatrix} - \lambda_1 \begin{bmatrix} 4m_0 & 0 \\ 0 & m_0 \end{bmatrix} \right\} \begin{bmatrix} a_{1,1} \\ a_{2,1} \end{bmatrix} = \begin{bmatrix} 3\kappa_0 - 4\lambda_1 & -\kappa_0 \\ -\kappa_0 & \kappa_0 - \lambda_1 \end{bmatrix} \begin{bmatrix} a_{1,1} \\ a_{2,1} \end{bmatrix} = \begin{bmatrix} 0 \\ 0 \end{bmatrix}$$

Setzen wir $a_{1,1} = 1$, dann folgt $a_{2,1} = 3 - 4\dfrac{\lambda_1}{\kappa_0} = 1,562$ und damit $\mathbf{a_1} = \begin{bmatrix} 1 \\ 1,562 \end{bmatrix}$.

Der auf den Betrag 1 normierte 1. Eigenvektor ist $\mathbf{e_1} = \begin{bmatrix} 0,539 \\ 0,842 \end{bmatrix}$.

3.) Eigenvektor zum 2. Eigenwert $\lambda_2 = 1390,388\ s^{-2}$

Aus $(\mathbf{K} - \lambda_2\mathbf{M})\cdot\mathbf{a_2} = \mathbf{0}$ folgt

$$\left\{ \begin{bmatrix} 3k_0 & -k_0 \\ -k_0 & k_0 \end{bmatrix} - \lambda_2 \begin{bmatrix} 4m_0 & 0 \\ 0 & m_0 \end{bmatrix} \right\} \begin{bmatrix} a_{1,2} \\ a_{2,2} \end{bmatrix} = \begin{bmatrix} 3\kappa_0 - 4\lambda_2 & -\kappa_0 \\ -\kappa_0 & \kappa_0 - \lambda_2 \end{bmatrix} \begin{bmatrix} a_{1,2} \\ a_{2,2} \end{bmatrix} = \begin{bmatrix} 0 \\ 0 \end{bmatrix}$$

Setzen wir $a_{1,2} = 1$, dann folgt $a_{2,2} = 3 - 4\dfrac{\lambda_2}{\kappa_0} = -2,562$ und damit $\mathbf{a_2} = \begin{bmatrix} 1 \\ -2,562 \end{bmatrix}$.

Der auf den Betrag 1 normierte 2. Eigenvektor ist $\mathbf{e_2} = \begin{bmatrix} 0,364 \\ -0,932 \end{bmatrix}$.

Hinweis: Die Eigenvektoren besitzen die Orthogonalitätseigenschaften (13.35) und (13.36), sind aber wegen $\mathbf{e_1^T}\cdot\mathbf{e_2} = -0,589 \neq 0$ untereinander nicht orthogonal.

4.) Verschiebungen

Mit beliebigen Konstanten (A_1, A_2) und (α_1, α_2) erhalten wir allgemein

$$\begin{bmatrix} x_1(t) \\ x_2(t) \end{bmatrix} = A_1 \begin{bmatrix} 0,539 \\ 0,842 \end{bmatrix} \cos(18,96t - \alpha_1) + A_2 \begin{bmatrix} 0,364 \\ -0,932 \end{bmatrix} \cos(37,29t - \alpha_2)$$

5.) Lösung des Anfangswertproblems

Mit (13.39) erhalten wir $A_1 = \dfrac{\sqrt{(\mathbf{e_1^T}\cdot\mathbf{M}\cdot\hat{\mathbf{x}}_0)^2}}{\mathbf{e_1^T}\cdot\mathbf{M}\cdot\mathbf{e_1}} = 0,0275\ m$, $A_2 = \dfrac{\sqrt{(\mathbf{e_2^T}\cdot\mathbf{M}\cdot\hat{\mathbf{x}}_0)^2}}{\mathbf{e_2^T}\cdot\mathbf{M}\cdot\mathbf{e_2}} = 0,01416\ m$

und mit (13.38) folgen $\cos\alpha_j = 1$, $\sin\alpha_j = 0$, $\rightarrow \alpha_j = 0$ (j = 1,2)

Die Verschiebungen sind dann

$$\begin{bmatrix} x_1(t) \\ x_2(t) \end{bmatrix} = 0,0275\begin{bmatrix} 0,539 \\ 0,842 \end{bmatrix}\cos 18,96t + 0,01416\begin{bmatrix} 0,364 \\ -0,932 \end{bmatrix}\cos 37,29t\,[m]$$

und ausmultipliziert

$$\begin{bmatrix} x_1(t) \\ x_2(t) \end{bmatrix} = \begin{bmatrix} 0,01485 \\ 0,02319 \end{bmatrix}\cos 18,96t + \begin{bmatrix} 0,00515 \\ -0,01319 \end{bmatrix}\cos 37,29t\,[m]$$

Durch Ableitung nach der Zeit t erhalten wir daraus die Geschwindigkeiten

$$\begin{bmatrix} \dot{x}_1(t) \\ \dot{x}_2(t) \end{bmatrix} = \begin{bmatrix} -0,28162 \\ -0,43977 \end{bmatrix}\sin 18,96t + \begin{bmatrix} -0,19200 \\ +0,49183 \end{bmatrix}\sin 37,29t\,[ms^{-1}]$$

Für t = 0 liefern die obigen Gleichungen die vorgegebenen Anfangsbedingungen. Die Auslenkungen sowie die Geschwindigkeiten können Abb. 13.16 und Abb. 13.17 entnommen werden.

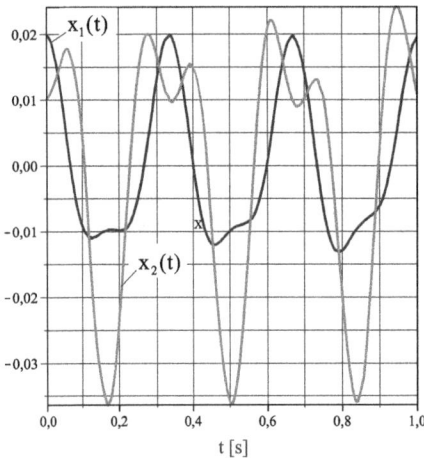

Abb. 13.16   *Auslenkungen [m]*   **Abb. 13.17**   *Geschwindigkeiten [m/s]*

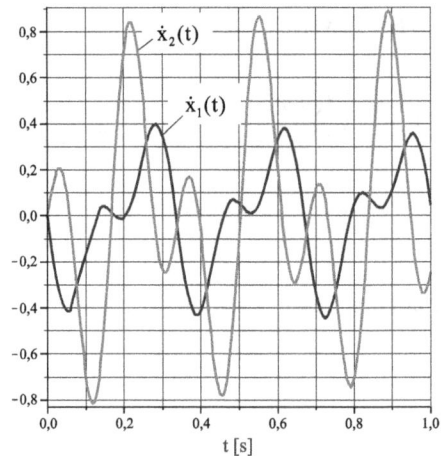

Aufschlussreich kann auch die Darstellung der Pfade in der (x_1,x_2)- bzw. $(\dot{x}_1,\dot{x}_2)$-Ebene sein (Abb. 13.18, Abb. 13.19). In diesen Darstellungen ist die Zeit ein Kurvenparameter und tritt nicht explizit auf.

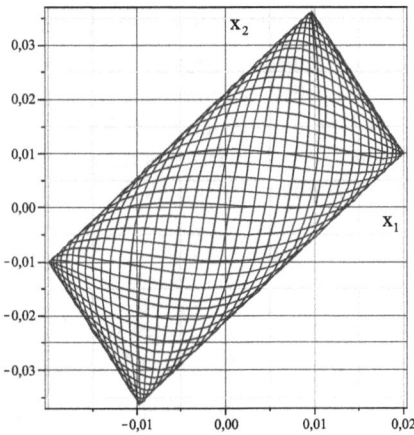

Abb. 13.18   *Pfad in der (x_1, x_2)-Ebene*

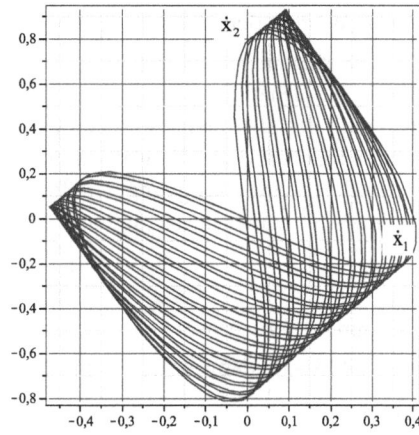

Abb. 13.19   *Pfad in der $(\dot{x}_1, \dot{x}_2)$-Ebene*

13.2.1   Das allgemeine und das spezielle Matrizen-Eigenwertproblem

In den vorangegangenen Untersuchungen haben wir die allgemeine Lösung der homogenen Bewegungsgleichung $\mathbf{M} \cdot \ddot{\mathbf{x}} + \mathbf{K} \cdot \mathbf{x} = 0$ für den ungedämpften Mehrmassenschwinger zur Verfügung gestellt. Dabei waren $\mathbf{M}$ und $\mathbf{K}$ symmetrische positiv definite Matrizen. Mit dem Eigenfunktionsansatz $\mathbf{x} = \mathbf{a}\cos(\omega t - \alpha)$ wurden wir auf das allgemeine Eigenwertproblem

$$(\mathbf{K} - \lambda \mathbf{M}) \cdot \mathbf{a} = 0 \tag{13.43}$$

geführt. Die Aufgabe bestand darin, dessen Eigenwerte und Eigenvektoren zu bestimmen. Viele Eigenwertlöser kommerzieller Programmsysteme erwarten als Eingabe jedoch nicht die Struktur (13.43), sondern die Aufbereitung als spezielles Eigenwertproblem

$$(\mathbf{A} - \lambda \mathbf{I}) \cdot \mathbf{v} = 0 \tag{13.44}$$

Darin ist $\mathbf{I} = \mathrm{diag}[1]$ die Einheitsmatrix. Eine naheliegende Vorgehensweise zur Erzeugung dieser Struktur besteht darin, (13.43) von links mit $\mathbf{M}^{-1}$ zu multiplizieren. Das führt zunächst auf $(\mathbf{M}^{-1} \cdot \mathbf{K} - \lambda \mathbf{I}) \cdot \mathbf{a} = 0$ und mit $\mathbf{A} = \mathbf{M}^{-1} \cdot \mathbf{K}$ auf ein spezielles Eigenwertproblem, allerdings mit einer unsymmetrischen Matrix $\mathbf{A}$, weshalb diese Aufgabe auch als unsymmetrisches Eigenwertproblem bezeichnet wird. Für die Systemwerte in Beispiel 13-3 würde das

$$\mathbf{A} = \mathbf{M}^{-1} \cdot \mathbf{K} = \frac{\kappa_0}{4} \begin{bmatrix} 1 & 0 \\ 0 & 4 \end{bmatrix} \begin{bmatrix} 3 & -1 \\ -1 & 1 \end{bmatrix} = \frac{\kappa_0}{4} \begin{bmatrix} 3 & -1 \\ -4 & 4 \end{bmatrix} \neq \mathbf{A}^\mathsf{T}$$

bedeuten. Wegen $\det[\mathbf{M}^{-1} \cdot (\mathbf{K} - \lambda \mathbf{M})] = 0 = \det(\mathbf{M}^{-1}) \det(\mathbf{K} - \lambda \mathbf{M}) = \det(\mathbf{K} - \lambda \mathbf{M})$ sind die Eigenwerte identisch mit denen aus (13.31). Das trifft auch auf die Eigenvektoren zu. Für die nummerische Behandlung wesentlich effektiver als der soeben beschriebene Weg, ist die Überführung des allgemeinen Eigenwertproblems (13.43) in ein spezielles der Form (13.44) mit symmetrischer Matrix $\mathbf{A}$, weshalb diese Aufgabe auch als symmetrisches Eigenwertproblem bezeichnet wird. Das gelingt wie folgt: Ist $\mathbf{M}$ symmetrisch und positiv definit, dann kann nach Cholesky[1] immer die Zerlegung

$$\mathbf{M} = \mathbf{L} \cdot \mathbf{L}^{\mathbf{T}} \qquad (13.45)$$

vorgenommen werden, wobei $\mathbf{L}$ eine untere Dreicksmatrix darstellt. Beachten wir diese Zerlegung in (13.43), dann erhalten wir $(\mathbf{K} - \lambda \mathbf{L} \cdot \mathbf{L}^{\mathbf{T}}) \cdot \mathbf{a} = 0 = (\mathbf{K} \cdot \mathbf{L}^{-\mathbf{T}} - \lambda \mathbf{L}) \cdot \mathbf{L}^{\mathbf{T}} \cdot \mathbf{a}$ und nach Linksmultiplikation mit $\mathbf{L}^{-1}$ folgt $(\underbrace{\mathbf{L}^{-1} \cdot \mathbf{K} \cdot \mathbf{L}^{-\mathbf{T}}}_{\mathbf{A}} - \lambda \mathbf{I}) \cdot \underbrace{\mathbf{L}^{\mathbf{T}} \cdot \mathbf{a}}_{\mathbf{v}} = 0$ das spezielle Eigenwertproblem $(\mathbf{A} - \lambda \mathbf{I}) \cdot \mathbf{v} = 0$. Wegen $\mathbf{A}^{\mathbf{T}} = (\mathbf{L}^{-1} \cdot \mathbf{K} \cdot \mathbf{L}^{-\mathbf{T}})^{\mathbf{T}} = \mathbf{L}^{-1} \cdot \mathbf{K} \cdot \mathbf{L}^{-\mathbf{T}} = \mathbf{A}$ ist einerseits die Matrix $\mathbf{A}$ symmetrisch, und andererseits sind die Eigenwerte identisch mit denjenigen aus (13.43), denn es gilt: $\det(\mathbf{A} - \lambda \mathbf{I}) = 0 = \det(\mathbf{L}^{-1}) \det(\mathbf{K} - \lambda \mathbf{M}) \det(\mathbf{L}^{-\mathbf{T}}) = \det(\mathbf{K} - \lambda \mathbf{M})$.

Die Eigenvektoren $\mathbf{a}_j$ errechnen wir mit bekannten $\mathbf{v}_j$ aus der Transformation $\mathbf{a}_j = \mathbf{L}^{-\mathbf{T}} \cdot \mathbf{v}_j$. Ist $\mathbf{M} = \text{diag}[m_{jj}]$ eine Diagonalmatrix, dann ist auch $\mathbf{L} = \mathbf{L}^{\mathbf{T}}$ eine Diagonalmatrix, was zu $\mathbf{M} = \mathbf{L}^2$ oder

$$\mathbf{L} = \text{diag}[\sqrt{m_{jj}}] = \mathbf{M}^{1/2} \qquad (j = 1, ..., n) \qquad (13.46)$$

führt. Auf der Hauptdiagonale der Matrix $\mathbf{L}$ stehen die positiven Wurzeln der Massen m_{jj}. Auch die Inverse von $\mathbf{L}$ ist dann eine Diagonalmatrix

$$\mathbf{L}^{-1} = \text{diag}[1/\sqrt{m_{jj}}] = (\mathbf{L}^{-1})^{\mathbf{T}} = \mathbf{M}^{-1/2} \qquad (j = 1, ..., n) \qquad (13.47)$$

Beispiel 13-4:

Das allgemeine Eigenwertproblem aus Beispiel 13-3 soll in ein spezielles übergeführt werden. $\mathbf{M}$ ist eine Diagonalmatrix. Wir erhalten unter Beachtung von

$$\mathbf{M}^{1/2} = \begin{bmatrix} 200 & 0 \\ 0 & 100 \end{bmatrix}, \quad \mathbf{M}^{-1/2} = \begin{bmatrix} 0{,}005 & 0 \\ 0 & 0{,}010 \end{bmatrix}$$

$$\mathbf{A} = \mathbf{L}^{-1} \cdot \mathbf{K} \cdot \mathbf{L}^{-\mathbf{T}} = \mathbf{M}^{-1/2} \cdot \mathbf{K} \cdot \mathbf{M}^{-1/2} = \frac{1}{4} \kappa_0 \begin{bmatrix} 3 & -2 \\ -2 & 4 \end{bmatrix} = \begin{bmatrix} 750 & -500 \\ -500 & 1000 \end{bmatrix}$$

Die Eigenwerte folgen aus der Frequenzgleichung $\det(\mathbf{A} - \lambda \mathbf{I}) = 0 = 2\kappa_0^2 - 7\lambda\kappa_0 + 4\lambda^2$ zu

---

[1]   André-Louis Cholesky, frz. Mathematiker, 1875-1918

$$\lambda_1 = \frac{1}{8}\kappa_0(7 - \sqrt{17}) = 359{,}612 \text{ s}^{-2} \quad \rightarrow \omega_1 = 18{,}96 \text{ s}^{-1}$$

$$\lambda_2 = \frac{1}{8}\kappa_0(7 + \sqrt{17}) = 1390{,}388 \text{ s}^{-2} \quad \rightarrow \omega_2 = 37{,}29 \text{ s}^{-1}$$

Die Eigenvektoren ermitteln wir aus der Gleichung $(\mathbf{A} - \lambda\mathbf{I}) \cdot \mathbf{v} = \mathbf{0}$, also

$$\begin{bmatrix} 750 - \lambda & -500 \\ -500 & 1000 - \lambda \end{bmatrix} \cdot \begin{bmatrix} v_1 \\ v_2 \end{bmatrix} = \begin{bmatrix} 0 \\ 0 \end{bmatrix}$$

1.) Eigenvektor zum ersten Eigenwert $\lambda_1 = 359{,}612 \text{s}^{-2}$ aus $(\mathbf{A} - \lambda_1\mathbf{I}) \cdot \mathbf{v_1} = \mathbf{0}$

$$\mathbf{v_1} = \begin{bmatrix} 1 \\ 0{,}781 \end{bmatrix} \text{ und normiert: } \mathbf{e_1} = \begin{bmatrix} 0{,}788 \\ 0{,}615 \end{bmatrix}.$$

2.) Eigenvektor zum zweiten Eigenwert $\lambda_2 = 1390{,}388 \text{s}^{-2}$ aus $(\mathbf{A} - \lambda_2\mathbf{I}) \cdot \mathbf{v_2} = \mathbf{0}$

$$\mathbf{v_2} = \begin{bmatrix} 1 \\ -1{,}281 \end{bmatrix} \text{ und normiert: } \mathbf{e_2} = \begin{bmatrix} 0{,}615 \\ -0{,}788 \end{bmatrix}.$$

<u>Hinweis</u>: Die Eigenvektoren $\mathbf{e_1}$ und $\mathbf{e_2}$ wurden auf den Betrag 1 normiert. Aufgrund der Symmetrie von $\mathbf{A}$ sind die Eigenwerte reell und die Eigenvektoren mit $\mathbf{e_1^T} \cdot \mathbf{e_2} = 0$ orthogonal. Wir sprechen deshalb von orthonormierten Eigenvektoren.

Die Eigenvektoren in physikalischen Koordinaten erhalten wir mit $\mathbf{a} = \mathbf{M}^{-1/2} \cdot \mathbf{v}$ zu

$$\mathbf{a_1} = \begin{bmatrix} 0{,}539 \\ 0{,}842 \end{bmatrix}, \quad \mathbf{a_2} = \begin{bmatrix} -0{,}364 \\ 0{,}932 \end{bmatrix},$$

und $\mathbf{a_1}$ und $\mathbf{a_2}$ sind angesichts $\mathbf{a_1^T} \cdot \mathbf{a_2} = (\mathbf{M}^{-1/2} \cdot \mathbf{v_1})^T \cdot (\mathbf{M}^{-1/2} \cdot \mathbf{v_2}) = \mathbf{v_1^T} \cdot \mathbf{M}^{-1} \cdot \mathbf{v_2} \neq 0$ i. Allg. nicht orthogonal.

In Beispiel 13-4 sind $\mathbf{M}^{1/2}$ und $\mathbf{M}^{-1/2}$ als Matrizenfunktionen zu verstehen, zu deren Berechnung bei allgemein unsymmetrischen Matrizen $\mathbf{M}$ deren Eigenwerte und Eigenvektoren aus dem speziellen Eigenwertproblem $(\mathbf{M} - m\mathbf{I}) \cdot \mathbf{e} = \mathbf{0}$ benötigt werden. Fassen wir die Eigenvektoren von $\mathbf{M}$ spaltenweise in der Eigenvektormatrix $\mathbf{\Phi}$ zusammen und bilden damit die Spektralmatrix $\mathbf{D} = \mathbf{\Phi}^{-1} \cdot \mathbf{M} \cdot \mathbf{\Phi} = \text{diag}[m_{jj}]$, dann stehen auf der Hauptdiagonale von $\mathbf{D}$ die Eigenwerte von $\mathbf{M}$. Damit ist

$$\mathbf{M} = \mathbf{\Phi} \cdot \mathbf{D} \cdot \mathbf{\Phi}^{-1} = \mathbf{M}^{1/2} \cdot \mathbf{M}^{1/2} = \mathbf{\Phi} \cdot \mathbf{D}^{1/2} \cdot \mathbf{D}^{1/2} \cdot \mathbf{\Phi}^{-1} = (\mathbf{\Phi} \cdot \mathbf{D}^{1/2} \cdot \mathbf{\Phi}^{-1}) \cdot (\mathbf{\Phi} \cdot \mathbf{D}^{1/2} \cdot \mathbf{\Phi}^{-1})$$

und der Koeffizientenvergleich ergibt

$$\mathbf{M}^{1/2} = \mathbf{\Phi} \cdot \mathbf{D}^{1/2} \cdot \mathbf{\Phi}^{-1} \tag{13.48}$$

Entsprechend erhalten wir

$$\mathbf{M}^{-1} = \mathbf{\Phi} \cdot \mathbf{D}^{-1} \cdot \mathbf{\Phi}^{-1} = \mathbf{M}^{-1/2} \cdot \mathbf{M}^{-1/2} = \mathbf{\Phi} \cdot \mathbf{D}^{-1/2} \cdot \mathbf{D}^{-1/2} \cdot \mathbf{\Phi}^{-1} = (\mathbf{\Phi} \cdot \mathbf{D}^{-1/2} \cdot \mathbf{\Phi}^{-1}) \cdot (\mathbf{\Phi} \cdot \mathbf{D}^{-1/2} \cdot \mathbf{\Phi}^{-1})$$

und damit

$$\mathbf{M}^{-1/2} = \mathbf{\Phi} \cdot \mathbf{D}^{-1/2} \cdot \mathbf{\Phi}^{-1} \tag{13.49}$$

wobei $\mathbf{D}^{1/2} = \mathrm{diag}\!\left[\sqrt{m_{jj}}\right]$ und $\mathbf{D}^{-1/2} = \mathrm{diag}\!\left[1/\sqrt{m_{jj}}\right]$ zu setzen sind.

Beispiel 13-5:

Gesucht ist $\mathbf{M}^{1/2}$ der symmetrischen Matrix $\mathbf{M} = \begin{bmatrix} 2 & 1 \\ 1 & 1 \end{bmatrix} = \mathbf{M}^{\mathbf{T}}$.

1.) Eigenwerte der Matrix $\mathbf{M}$: $m_1 = 0{,}382$, $m_2 = 2{,}618$

2.) Eigenvektormatrix: $\mathbf{\Phi} = \begin{bmatrix} 0{,}526 & -0{,}851 \\ -0{,}851 & 0{,}526 \end{bmatrix}$. Damit ist

3.) $\mathbf{D} = \mathbf{\Phi}^{-1} \cdot \mathbf{M} \cdot \mathbf{\Phi} = \mathbf{\Phi}^{\mathbf{T}} \cdot \mathbf{M} \cdot \mathbf{\Phi} = \begin{bmatrix} 0{,}382 & 0 \\ 0 & 2{,}618 \end{bmatrix}$, $\mathbf{D}^{1/2} = \begin{bmatrix} 0{,}618 & 0 \\ 0 & 1{,}618 \end{bmatrix}$,

4.) $\mathbf{M}^{1/2} = \mathbf{\Phi} \cdot \mathbf{D}^{1/2} \cdot \mathbf{\Phi}^{-1} = \begin{bmatrix} 1{,}342 & 0{,}447 \\ 0{,}447 & 0{,}894 \end{bmatrix}$. Kontrolle: $\mathbf{M}^{1/2} \cdot \mathbf{M}^{1/2} = \mathbf{M} = \begin{bmatrix} 2 & 1 \\ 1 & 1 \end{bmatrix}$.

Beispiel 13-6:

Gesucht ist $\mathbf{M}^{1/2}$ der nicht symmetrischen Matrix $\mathbf{M} = \begin{bmatrix} 4 & 4 \\ 1 & 2 \end{bmatrix} \neq \mathbf{M}^{\mathbf{T}}$

1.) Eigenwerte der Matrix $\mathbf{M}$: $m_1 = 5{,}236$, $m_2 = 0{,}764$,

2.) Eigenvektormatrix: $\mathbf{\Phi} = \begin{bmatrix} 0{,}955 & -0{,}936 \\ 0{,}295 & 0{,}757 \end{bmatrix}$,

3.) $\mathbf{D} = \mathbf{\Phi}^{-1} \cdot \mathbf{M} \cdot \mathbf{\Phi} = \begin{bmatrix} 5{,}236 & 0 \\ 0 & 0{,}764 \end{bmatrix}$, $\mathbf{D}^{1/2} = \begin{bmatrix} 2{,}288 & 0 \\ 0 & 0{,}874 \end{bmatrix}$,

4.) $\mathbf{M}^{1/2} = \mathbf{\Phi} \cdot \mathbf{D}^{1/2} \cdot \mathbf{\Phi}^{-1} = \begin{bmatrix} 1{,}897 & 1{,}265 \\ 0{,}316 & 1{,}265 \end{bmatrix}$. Kontrolle: $\mathbf{M}^{1/2} \cdot \mathbf{M}^{1/2} = \mathbf{M} = \begin{bmatrix} 4 & 4 \\ 1 & 2 \end{bmatrix}$.

13.2.2   Entkopplung der Bewegungsgleichungen

Wie die vorangegangenen Untersuchungen gezeigt haben, sind die Bewegungsgleichungen der freien ungedämpften Schwingungen eines Mehrmassenschwingers in den physikalischen Koordinaten $\hat{\mathbf{q}}$ gekoppelt. Das Ziel der folgenden Untersuchungen ist die Entkopplung der Bewegungsgleichungen. Gelingt dies, dann können sämtliche Lösungen des ungedämpften Schwingers mit einem Freiheitsgrad direkt übernommen werden. Die Berechnung der dazu erforderlichen Eigenwerte und Eigenvektoren wird Modalanalyse[1] genannt. Es sind grundsätzlich zwei Lösungswege möglich.

1. Lösungsweg

Das Einsetzen des Eigenfunktionsansatzes $\hat{\mathbf{q}} = \mathbf{a}\cos(\omega t - \alpha)$ in das Bewegungsgesetz

$\mathbf{M}\cdot\ddot{\hat{\mathbf{q}}} + \mathbf{K}\cdot\hat{\mathbf{q}} = \mathbf{0}$ führte auf das allgemeine Eigenwertproblem $(\mathbf{K} - \omega^2\mathbf{M})\cdot\mathbf{a} = \mathbf{0}$. Die Lösung liefert n reelle und positive Eigenwerte ω_j und die diesen Eigenwerten zugeordneten Eigenvektoren $\mathbf{e}_j$, die eine linear unabhängige Basis im n-dimensionalen Vektorraum bilden. Die Eigenvektoren werden in der regulären Matrix

$$\mathbf{P} = [\mathbf{e}_1, \mathbf{e}_2, \cdots, \mathbf{e}_n] \tag{13.50}$$

zusammengefasst. In der j-ten Spalte ($j = 1, \ldots, n$) steht der zum j-ten Eigenwert gehörende und auf den Betrag 1 normierte Eigenvektor $\mathbf{e}_j$. Die Eigenvektoren entsprechen den Eigenschwingungsformen des Systems, und die so zusammengestellte Matrix $\mathbf{P}$ heißt Eigenvektor- oder auch Modalmatrix. Mit Hilfe der Modalmatrix werden sodann die physikalischen Bewegungskoordinaten $\hat{\mathbf{q}}$ mittels

$$\hat{\mathbf{q}}(t) = \mathbf{P}\cdot\tilde{\mathbf{q}}(t) \tag{13.51}$$

in die Hauptkoordinaten $\tilde{\mathbf{q}}(t)$ transformiert, die auch Modalkoordinaten genannt werden. Die Bewegungsgleichung (13.28) geht dann über in $\mathbf{M}\cdot\mathbf{P}\cdot\ddot{\tilde{\mathbf{q}}} + \mathbf{K}\cdot\mathbf{P}\cdot\tilde{\mathbf{q}} = \mathbf{0}$, und nach Linksmultiplikation mit $\mathbf{P}^T$ erhalten wir $\mathbf{P}^T\cdot\mathbf{M}\cdot\mathbf{P}\cdot\ddot{\tilde{\mathbf{q}}} + \mathbf{P}^T\cdot\mathbf{K}\cdot\mathbf{P}\cdot\tilde{\mathbf{q}} = \mathbf{0}$. Mit den Abkürzungen

$$\tilde{\mathbf{M}} = \mathbf{P}^T\cdot\mathbf{M}\cdot\mathbf{P} = \text{diag}[\tilde{m}_{jj}], \quad \tilde{\mathbf{K}} = \mathbf{P}^T\cdot\mathbf{K}\cdot\mathbf{P} = \text{diag}[\tilde{k}_{jj}] \tag{13.52}$$

können wir dann kürzer $\tilde{\mathbf{M}}\cdot\ddot{\tilde{\mathbf{q}}} + \tilde{\mathbf{K}}\cdot\tilde{\mathbf{q}} = \mathbf{0}$ oder nach Linksmultiplikation mit $\tilde{\mathbf{M}}^{-1}$

$$\ddot{\tilde{\mathbf{q}}} + \tilde{\mathbf{\Omega}}^2\cdot\tilde{\mathbf{q}} = \mathbf{0} \tag{13.53}$$

schreiben. In (13.53) wurde die Spektralmatrix

---

[1]   Die Ermittlung der Eigenkreisfrequenzen, Eigenvektoren, modalen Massen und Steifigkeiten wird allgemein als Modalanalyse bezeichnet

$$\tilde{\mathbf{\Omega}}^2 = \tilde{\mathbf{M}}^{-1} \cdot \tilde{\mathbf{K}} = \text{diag}[\tilde{\omega}_j^2] = \text{diag}[\omega_j^2] \qquad (13.54)$$

eingeführt. $\tilde{\mathbf{M}}$ heißt modale Massenmatrix und $\tilde{\mathbf{K}}$ wird modale Steifigkeitsmatrix genannt. Da $\det(\tilde{\mathbf{K}} - \tilde{\omega}^2 \tilde{\mathbf{M}}) = 0 = \det[\mathbf{P}^T(\mathbf{K} - \tilde{\omega}^2 \mathbf{M})\mathbf{P}] = \det(\mathbf{P}^T)\det(\mathbf{K} - \tilde{\omega}^2 \mathbf{M})\det(\mathbf{P}) = \det(\mathbf{K} - \tilde{\omega}^2 \mathbf{M})$ gilt, besitzen (13.53) und (13.31) identische Eigenwerte $\tilde{\omega}_j = \omega_j$. Aufgrund der Orthogonalität der Eigenvektoren $\mathbf{e}_j$ im Sinne von (13.35) und (13.36), zeigen die Matrizen $\tilde{\mathbf{M}}$ und $\tilde{\mathbf{K}}$ Diagonalgestalt. Das trifft dann auch auf $\tilde{\mathbf{\Omega}}^2$ zu. Somit liegen n entkoppelte homogene Differenzialgleichungen 2. Ordnung der Form

$$\begin{bmatrix} \ddot{\tilde{q}}_1 \\ \ddot{\tilde{q}}_2 \\ \cdots \\ \ddot{\tilde{q}}_n \end{bmatrix} + \begin{bmatrix} \tilde{k}_{11}/\tilde{m}_{11} & 0 & \cdots & 0 \\ 0 & \tilde{k}_{22}/\tilde{m}_{22} & \cdots & 0 \\ \cdots & \cdots & \cdots & \cdots \\ 0 & 0 & \cdots & \tilde{k}_{nn}/\tilde{m}_{nn} \end{bmatrix} \cdot \begin{bmatrix} \tilde{q}_1 \\ \tilde{q}_2 \\ \cdots \\ \tilde{q}_n \end{bmatrix} = \begin{bmatrix} 0 \\ 0 \\ \cdots \\ 0 \end{bmatrix}$$

oder

$$\ddot{\tilde{q}}_j + \tilde{\omega}_j^2 \tilde{q}_j = 0 \qquad (j = 1, \ldots, n) \qquad (13.55)$$

vor, wobei

$$\tilde{\omega}_j = \sqrt{\tilde{k}_{jj}/\tilde{m}_{jj}} = \omega_j \qquad (j = 1, \ldots, n) \qquad (13.56)$$

die Eigenkreisfrequenzen des Systems bezeichnen. Die Lösungen von (13.55) sind mit $\tilde{q}_j = \tilde{A}_j \cos(\tilde{\omega}_j t - \tilde{\alpha}_j)$ und $\dot{\tilde{q}}_j = -\tilde{A}_j \tilde{\omega}_j \sin(\tilde{\omega}_j t - \tilde{\alpha}_j)$ bereits bekannt. Die noch freien Konstanten $\tilde{A}_j$ und $\tilde{\alpha}_j$ sind aus den Anfangswerten $\tilde{q}_{j0} = \tilde{A}_j \cos\tilde{\alpha}_j$ und $\dot{\tilde{q}}_{j0} = \tilde{A}_j \tilde{\omega}_j \sin\tilde{\alpha}_j$ zum Zeitpunkt t = 0 zu bestimmen, woraus $\tilde{A}_j = \sqrt{\tilde{q}_{j0}^2 + 1/\tilde{\omega}_j^2 \, \dot{\tilde{q}}_{j0}^2}$ folgt.

Zwischen den Anfangswerten in physikalischen Koordinaten und denjenigen in Hauptkoordinaten, besteht folgender Zusammenhang

$$\hat{q}(t=0) = \hat{q}_0 = \mathbf{P} \cdot \tilde{q}(t=0) = \mathbf{P} \cdot \tilde{q}_0; \quad \dot{\hat{q}}(t=0) = \dot{\hat{q}}_0 = \mathbf{P} \cdot \dot{\tilde{q}}(t=0) = \mathbf{P} \cdot \dot{\tilde{q}}_0$$

und damit

$$\tilde{q}_0 = \mathbf{P}^{-1} \cdot \hat{q}_0, \quad \dot{\tilde{q}}_0 = \mathbf{P}^{-1} \cdot \dot{\hat{q}}_0 \qquad (13.57)$$

wobei die Bildung der Inversen von $\mathbf{P}$ bei großen Systemen einen erheblichen Rechenaufwand erfordert. Die Rücktransformation auf die physikalischen Koordinaten gelingt mit (13.51).

Beispiel 13-7:

Wir erläutern das Vorgehen wieder am Beispiel 13-3. Massen- und Steifigkeitsmatrix sind

$$\mathbf{M} = \begin{bmatrix} 4 \cdot 10^4 & 0 \\ 0 & 10^4 \end{bmatrix}, \quad \mathbf{K} = \begin{bmatrix} 3 \cdot 10^7 & -10^7 \\ -10^7 & 10^7 \end{bmatrix}$$

Das System startet aus der Ruhelage mit $\hat{\mathbf{x}}_0 = [0,02\text{m} \quad 0,01\text{m}]^T$ und $\dot{\hat{\mathbf{x}}}_0 = \mathbf{0}$. Zur Lösung des Problems gehen wir in Schritten vor.

1.) Eigenwerte und Eigenvektoren des allgemeinen Eigenwertproblems $(\mathbf{K} - \omega^2 \mathbf{M}) \cdot \mathbf{a} = \mathbf{0}$. Dem Beispiel 13-3 entnehmen wir die bereits berechneten Teillösungen

$$\omega_1 = 18,96 \text{ s}^{-1}, \omega_2 = 37,29 \text{ s}^{-1}, \quad \mathbf{e}_1 = \begin{bmatrix} 0,539 \\ 0,842 \end{bmatrix}, \quad \mathbf{e}_2 = \begin{bmatrix} 0,364 \\ -0,932 \end{bmatrix}.$$ Diese Eigenvektoren legen die Eigenschwingungsformen fest.

2.) Aufstellen der Modalmatrix $\mathbf{P}$ und Berechnung ihrer Inversen $\mathbf{P}^{-1}$

$$\mathbf{P} = \begin{bmatrix} 0,539 & 0,364 \\ 0,842 & -0,932 \end{bmatrix}, \quad \mathbf{P}^{-1} = \begin{bmatrix} -1,152 & 0,450 \\ 1,041 & -0,667 \end{bmatrix}$$

In $\mathbf{P}$ stehen spaltenweise die Eigenformen, die Abb. 13.20 entnommen werden können.

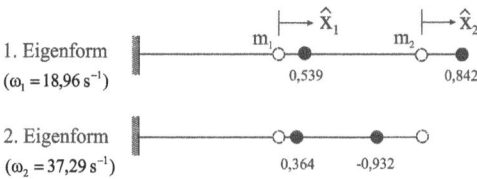

1. Eigenform ($\omega_1 = 18,96 \text{ s}^{-1}$)	$m_1 \to \hat{x}_1$ $m_2 \to \hat{x}_2$ 0,539 0,842
2. Eigenform ($\omega_2 = 37,29 \text{ s}^{-1}$)	0,364 -0,932

Abb. 13.20 *Eigenformen, Beispiel 13-7*

3.) Berechnung der modalen Massen- und Steifigkeitsmatrix sowie der Spektralmatrix

$$\tilde{\mathbf{M}} = \mathbf{P}^T \cdot \mathbf{M} \cdot \mathbf{P} = \begin{bmatrix} 18724,87 & 0 \\ 0 & 13967,44 \end{bmatrix}, \quad \tilde{\mathbf{K}} = \mathbf{P}^T \cdot \mathbf{M} \cdot \mathbf{P} = \begin{bmatrix} 0,673 \cdot 10^7 & 0 \\ 0 & 0,194 \cdot 10^8 \end{bmatrix},$$

$$\tilde{\boldsymbol{\Omega}}^2 = \tilde{\mathbf{M}}^{-1} \cdot \tilde{\mathbf{K}} = \begin{bmatrix} 359,611 & 0 \\ 0 & 1390,388 \end{bmatrix} = \begin{bmatrix} \omega_1^2 & 0 \\ 0 & \omega_2^2 \end{bmatrix}.$$

4.) Darstellung der Anfangsbedingungen in Hauptkoordinaten

$$\tilde{\mathbf{x}}_0 = \mathbf{P}^{-1} \cdot \hat{\mathbf{x}}_0 = \begin{bmatrix} -0,02753 \\ 0,01416 \end{bmatrix}, \quad \dot{\tilde{\mathbf{x}}}_0 = \begin{bmatrix} 0 \\ 0 \end{bmatrix}, \quad \begin{bmatrix} \tilde{A}_1 \\ \tilde{A}_2 \end{bmatrix} = \begin{bmatrix} 0,02753 \\ 0,01416 \end{bmatrix}$$

$\cos\tilde{\alpha}_1 = -1$, $\sin\tilde{\alpha}_1 = 0$, $\rightarrow \tilde{\alpha}_1 = \pi$, $\cos\tilde{\alpha}_2 = 1$, $\sin\tilde{\alpha}_2 = 0$, $\rightarrow \tilde{\alpha}_2 = 0$

$$\tilde{\mathbf{x}}(t) = \begin{bmatrix} 0{,}02753\cos(\omega_1 t - \pi) \\ 0{,}01416\cos(\omega_2 t) \end{bmatrix} = \begin{bmatrix} -0{,}02753\cos(18{,}96t) \\ 0{,}01416\cos(37{,}29t) \end{bmatrix}, \quad \dot{\tilde{\mathbf{x}}}(t) = \begin{bmatrix} 0{,}522\sin(18{,}96t) \\ -0{,}528\sin(37{,}29t) \end{bmatrix}$$

5.) Lösung in physikalischen Koordinaten

$$\hat{\mathbf{x}}(t) = \mathbf{P}\cdot\tilde{\mathbf{x}}(t) = \begin{bmatrix} 0{,}01485 \\ 0{,}02319 \end{bmatrix}\cos(18{,}96t) + \begin{bmatrix} 0{,}00515 \\ -0{,}01319 \end{bmatrix}\cos(37{,}29t) \quad [\text{m}]$$

$$\dot{\hat{\mathbf{x}}}(t) = \mathbf{P}\cdot\dot{\tilde{\mathbf{x}}}(t) - \begin{bmatrix} 0{,}28162 \\ 0{,}43977 \end{bmatrix}\sin(18{,}96t) - \begin{bmatrix} 0{,}19200 \\ -0{,}49183 \end{bmatrix}\sin(37{,}29t) \quad [\text{ms}^{-1}]$$

Der soeben dargestellte Lösungsweg zeigt zwei gravierende Nachteile. Erstens mussten die Eigenwerte und Eigenvektoren aus einem allgemeinen Eigenwertproblem berechnet werden, und zweitens benötigten wir zur Darstellung der Anfangswerte in den Hauptkoordinaten die Inverse der Modalmatrix $\mathbf{P}$. Bei großen Systemen erfordern beide Aufgaben einen beachtlichen nummerischen Aufwand, der beim folgenden Lösungsweg gemildert werden kann.

2. Lösungsweg
Wir führen dazu mit

$$\hat{\mathbf{q}}(t) = \mathbf{M}^{-1/2}\cdot\hat{\mathbf{p}}(t) \tag{13.58}$$

die neue Variable $\hat{\mathbf{p}}$ ein. Durch Linksmultiplikation mit $\mathbf{M}^{-1/2}$ geht dann $\mathbf{M}\cdot\ddot{\hat{\mathbf{q}}} + \mathbf{K}\cdot\hat{\mathbf{q}} = \mathbf{0}$ unter Beachtung von $\mathbf{M}^{-1/2}\cdot\mathbf{M}\cdot\mathbf{M}^{-1/2} = \mathbf{I}$ und $\mathbf{\Omega}^2 = \mathbf{M}^{-1/2}\cdot\mathbf{K}\cdot\mathbf{M}^{-1/2}$ über in

$$\ddot{\hat{\mathbf{p}}} + \mathbf{\Omega}^2\cdot\hat{\mathbf{p}} = \mathbf{0} \tag{13.59}$$

Die Matrix $\mathbf{\Omega}^2$ kann als massennormalisierte Steifigkeitsmatrix aufgefasst werden. Sie hat i. Allg. keine Diagonalgestalt, die Bewegungsgleichungen sind also noch nicht entkoppelt. Das Einsetzen des Eigenfunktionsansatzes $\hat{\mathbf{p}} = \mathbf{a}\cos(\omega t - \alpha)$ in das Bewegungsgesetz (13.59) führt auf das spezielle Eigenwertproblem $(\mathbf{\Omega}^2 - \omega^2\mathbf{I})\cdot\mathbf{a} = \mathbf{0}$. Da $\mathbf{\Omega}^2$ symmetrisch und positiv definit ist, sind alle n Eigenwerte ω_j reell und positiv. Die orthogonalen Eigenvektoren werden auf den Betrag 1 normiert, und damit liegen auch n orthonormale Eigenvektoren $\mathbf{e}_j$ vor. Mit diesen linear unabhängigen Eigenvektoren wird die reguläre Modalmatrix

$$\mathbf{\Phi} = [\mathbf{e}_1, \mathbf{e}_2, \ldots, \mathbf{e}_n] \tag{13.60}$$

gebildet. Für diese gilt die wichtige Beziehung[1]

---

[1] Matrizen mit diesen Eigenschaft heißen orthonormalen Matrizen. Sie stellen Kongruenzabbildungen dar, das sind Spiegelungen oder Drehungen

$$\mathbf{\Phi}^T = \mathbf{\Phi}^{-1} \tag{13.61}$$

Mit dieser Matrix werden sodann die bezogenen Bewegungskoordinaten $\hat{\mathbf{p}}(t)$ mittels

$$\hat{\mathbf{p}}(t) = \mathbf{\Phi} \cdot \tilde{\mathbf{q}}(t) \tag{13.62}$$

in die Hauptkoordinaten $\tilde{\mathbf{q}}$ transformiert, womit (13.59) übergeht in $\mathbf{\Phi} \cdot \ddot{\tilde{\mathbf{q}}} + \mathbf{\Omega}^2 \cdot \mathbf{\Phi} \cdot \tilde{\mathbf{q}} = \mathbf{0}$, und nach Linksmultiplikation mit $\mathbf{\Phi}^T$ unter Beachtung von $\mathbf{\Phi}^T \cdot \mathbf{\Phi} = \mathbf{I}$ erhalten wir $\ddot{\tilde{\mathbf{q}}} + \mathbf{\Phi}^T \cdot \mathbf{\Omega}^2 \cdot \mathbf{\Phi} \cdot \tilde{\mathbf{q}} = \mathbf{0}$. Die Matrix

$$\mathbf{\Phi}^T \cdot \mathbf{\Omega}^2 \cdot \mathbf{\Phi} = \tilde{\mathbf{\Omega}}^2 = \mathrm{diag}[\tilde{\omega}_j^2] \tag{13.63}$$

ist eine Diagonalmatrix, auf deren Hauptdiagonale die Quadrate der modalen Eigenkreisfrequenzen stehen, die mit den Eigenkreisfrequenzen in physikalischen Koordinaten übereinstimmen ($\tilde{\omega}_j = \omega_j$), womit wir dann kürzer

$$\ddot{\tilde{\mathbf{q}}} + \tilde{\mathbf{\Omega}}^2 \cdot \tilde{\mathbf{q}} = \mathbf{0} \tag{13.64}$$

schreiben können. Mit (13.64) liegen n entkoppelte homogene Differenzialgleichungen 2. Ordnung der Form

$$\begin{bmatrix} \ddot{\tilde{q}}_1 \\ \ddot{\tilde{q}}_2 \\ \cdots \\ \ddot{\tilde{q}}_n \end{bmatrix} + \begin{bmatrix} \tilde{\omega}_1^2 & 0 & \cdots & 0 \\ 0 & \tilde{\omega}_2^2 & \cdots & 0 \\ \cdots & \cdots & \cdots & \cdots \\ 0 & 0 & \cdots & \tilde{\omega}_n^2 \end{bmatrix} \cdot \begin{bmatrix} \tilde{q}_1 \\ \tilde{q}_2 \\ \cdots \\ \tilde{q}_n \end{bmatrix} = \begin{bmatrix} 0 \\ 0 \\ \cdots \\ 0 \end{bmatrix}$$

oder

$$\ddot{\tilde{q}}_j + \tilde{\omega}_j^2 \tilde{q}_j = 0 \qquad (j = 1, \ldots, n) \tag{13.65}$$

vor. Die Lösungen sind mit $\tilde{q}_j = \tilde{A}_j \cos(\tilde{\omega}_j t - \tilde{\alpha}_j)$ und $\dot{\tilde{q}}_j = -\tilde{A}_j \tilde{\omega}_j \sin(\tilde{\omega}_j t - \tilde{\alpha}_j)$ bekannt. Die noch freien Konstanten $\tilde{A}_j$ und $\tilde{\alpha}_j$ sind aus den Anfangswerten $\tilde{q}_{j0} = \tilde{A}_j \cos \tilde{\alpha}_j$ und $\dot{\tilde{q}}_{j0} = \tilde{A}_j \tilde{\omega}_j \sin \tilde{\alpha}_j$ zum Zeitpunkt t = 0 zu bestimmen, woraus

$$\tilde{A}_j = \sqrt{\tilde{q}_{j0}^2 + 1/\tilde{\omega}_j^2 \, \dot{\tilde{q}}_{j0}^2} \, , \quad \cos \tilde{\alpha}_j = \frac{\tilde{q}_{j0}}{\tilde{A}_j}, \quad \sin \tilde{\alpha}_j = \frac{\dot{\tilde{q}}_{j0}}{\tilde{A}_j \tilde{\omega}_j} \qquad (j = 1, \ldots, n) \tag{13.66}$$

folgen. Zur vollständigen Lösung des Problems sind noch die Anfangswerte zu transformieren. Für den weiteren Rechengang führen wir die Matrix

$$\mathbf{S} = \mathbf{M}^{-1/2} \cdot \mathbf{\Phi} \tag{13.67}$$

ein. Sie legt die Eigenformen fest, und ihre Inverse ist

$$\mathbf{S}^{-1} = \mathbf{\Phi}^{T} \cdot \mathbf{M}^{1/2} \tag{13.68}$$

Unter Beachtung von

$$\tilde{\mathbf{q}}(t) = \mathbf{\Phi}^{T} \cdot \hat{\mathbf{p}}(t) = \mathbf{\Phi}^{T} \cdot \mathbf{M}^{1/2} \cdot \hat{\mathbf{q}}(t) = \mathbf{S}^{-1} \cdot \hat{\mathbf{q}}(t) \tag{13.69}$$

erhalten wir die modalen Anfangsbedingungen

$$\tilde{\mathbf{q}}_0 = \mathbf{S}^{-1} \cdot \hat{\mathbf{q}}_0, \quad \dot{\tilde{\mathbf{q}}}_0 = \mathbf{S}^{-1} \cdot \dot{\hat{\mathbf{q}}}_0 \tag{13.70}$$

<u>Hinweis</u>: Diese Gleichung hat denselben Aufbau wie (13.57), allerdings mit dem großen nummerischen Vorteil, dass sich die Inverse von $\mathbf{S}$ entsprechend (13.68) aus einer einfachen Matrizenmultiplikation berechnen lässt.

Sind die Lösungen $\tilde{\mathbf{q}}(t)$ und $\dot{\tilde{\mathbf{q}}}(t)$ bekannt, dann erfolgt mittels

$$\hat{\mathbf{q}}(t) = \mathbf{S} \cdot \tilde{\mathbf{q}}(t), \quad \dot{\hat{\mathbf{q}}}(t) = \mathbf{S} \cdot \dot{\tilde{\mathbf{q}}}(t) \tag{13.71}$$

die Transformation der Bewegungsgleichungen in die physikalischen Koordinaten.

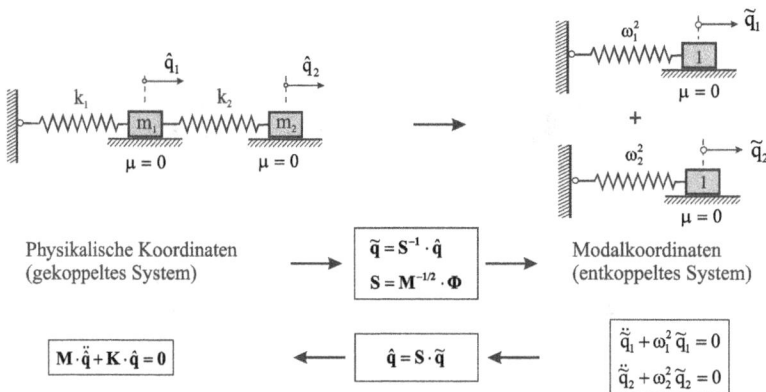

Abb. 13.21   *Entkoppelung der Bewegungsgleichungen, Modalanalyse*

Abb. 13.21 zeigt schematisch den Weg zur Entkopplung der Bewegungsgleichung mittels der Modalanalyse, der im folgenden Beispiel verdeutlicht wird.

Beispiel 13-8:

Wir erläutern den zweiten Lösungsweg wieder am System nach Beispiel 13-3.

1.) Berechnung der Matrizen $\mathbf{M}^{1/2}$ und $\mathbf{M}^{-1/2}$

$$\mathbf{M}^{1/2} = \begin{bmatrix} 200 & 0 \\ 0 & 100 \end{bmatrix}, \ \mathbf{M}^{-1/2} = \begin{bmatrix} 0{,}005 & 0 \\ 0 & 0{,}010 \end{bmatrix}$$

2.) Berechnung der normalisierten Steifigkeitsmatrix $\mathbf{\Omega}^2$

$$\mathbf{\Omega}^2 = \mathbf{M}^{-1/2} \cdot \mathbf{K} \cdot \mathbf{M}^{-1/2} = \frac{1}{4} \kappa_0 \begin{bmatrix} 3 & -2 \\ -2 & 4 \end{bmatrix} = \begin{bmatrix} 750 & -500 \\ -500 & 1000 \end{bmatrix}$$

3.) Lösung des speziellen Eigenwertproblems $(\mathbf{\Omega}^2 - \omega^2 \mathbf{I}) \cdot \mathbf{a} = \mathbf{0}$

$$\omega_1^2 = \frac{1}{8} \kappa_0 (7 - \sqrt{17}) = 359{,}612 \ \text{s}^{-2} \quad \rightarrow \omega_1 = 18{,}96 \ \text{s}^{-1}$$

$$\omega_2^2 = \frac{1}{8} \kappa_0 (7 + \sqrt{17}) = 1390{,}388 \ \text{s}^{-2} \quad \rightarrow \omega_2 = 37{,}29 \ \text{s}^{-1}$$

$$\mathbf{e_1} = \begin{bmatrix} 0{,}788 \\ 0{,}615 \end{bmatrix}, \ \mathbf{e_2} = \begin{bmatrix} -0{,}615 \\ 0{,}788 \end{bmatrix}$$

4.) Bildung der Eigenvektormatrix

$$\mathbf{\Phi} = \begin{bmatrix} 0{,}788 & -0{,}615 \\ 0{,}615 & 0{,}788 \end{bmatrix} \ \text{mit} \ \mathbf{\Phi}^{\mathbf{T}} = \mathbf{\Phi}^{-1}$$

5.) Berechnung von $\mathbf{S}$ und $\mathbf{S}^{-1}$

$$\mathbf{S} = \mathbf{M}^{-1/2} \cdot \mathbf{\Phi} = \begin{bmatrix} 0{,}005 & 0 \\ 0 & 0{,}010 \end{bmatrix} \cdot \begin{bmatrix} 0{,}788 & 0{,}615 \\ 0{,}615 & -0{,}788 \end{bmatrix} = \begin{bmatrix} 0{,}00394 & -0{,}00308 \\ 0{,}00615 & 0{,}00788 \end{bmatrix}$$

$$\mathbf{S}^{-1} = \mathbf{\Phi}^{\mathbf{T}} \cdot \mathbf{M}^{1/2} = \begin{bmatrix} 0{,}788 & 0{,}615 \\ 0{,}615 & -0{,}788 \end{bmatrix} \cdot \begin{bmatrix} 200 & 0 \\ 0 & 100 \end{bmatrix} = \begin{bmatrix} 155{,}641 & 61{,}541 \\ -123{,}082 & 78{,}821 \end{bmatrix}$$

6.) Berechnung der modalen Anfangsbedingungen

$$\widetilde{\mathbf{x}}_0 = \mathbf{S}^{-1} \cdot \hat{\mathbf{x}}_0 = \begin{bmatrix} 155{,}641 & 61{,}541 \\ -123{,}082 & 78{,}821 \end{bmatrix} \begin{bmatrix} 0{,}02 \\ 0{,}01 \end{bmatrix} = \begin{bmatrix} 3{,}768 \\ -1{,}673 \end{bmatrix},$$

$$\dot{\widetilde{\mathbf{x}}}_0 = \mathbf{S}^{-1} \cdot \dot{\hat{\mathbf{x}}}_0 = \begin{bmatrix} 0 \\ 0 \end{bmatrix}$$

7.) Lösung der Bewegungsgleichung in Modalkoordinaten

$$\widetilde{A}_1 = \sqrt{\widetilde{x}_{10}^2} = 3{,}768, \ \cos \widetilde{\alpha}_1 = 1, \ \sin \widetilde{\alpha}_1 = 0 \ \rightarrow \widetilde{\alpha}_1 = 0,$$

$$\widetilde{A}_2 = \sqrt{\widetilde{x}_{20}^2} = 1{,}673, \ \cos \widetilde{\alpha}_2 = -1, \ \sin \widetilde{\alpha}_2 = 0 \ \rightarrow \widetilde{\alpha}_2 = \pi,$$

$$\widetilde{\mathbf{x}}(t) = \begin{bmatrix} 3{,}768 \cos \widetilde{\omega}_1 t \\ 1{,}673 \cos(\widetilde{\omega}_2 t - \pi) \end{bmatrix} = \begin{bmatrix} 3{,}768 \cos 18{,}96 t \\ -1{,}673 \cos 37{,}29 t \end{bmatrix}$$

8.) Lösung der Bewegungsgleichung in physikalischen Koordinaten

$$\hat{x}(t) = S \cdot \tilde{x}(t) = \begin{bmatrix} 0,00394 & -0,00308 \\ 0,00615 & 0,00788 \end{bmatrix} \cdot \begin{bmatrix} 3,768\cos 18,96t \\ -1,673\cos 37,29t \end{bmatrix} =$$

$$= \begin{bmatrix} 0,01485 \\ 0,02319 \end{bmatrix} \cos 18,96t + \begin{bmatrix} 0,00515 \\ -0,01319 \end{bmatrix} \cos 37,29t\,[m]$$

Beispiel 13-9:

Der dreistöckige elastische Rahmen in Abb. 13.22 besitzt näherungsweise starre Riegel, die nur kleine Horizontalbewegungen ausführen. Dämpfung ist nicht vorhanden. Die Stiele können als dehnstarr angenommen werden. Gesucht wird das Bewegungsgesetz des Systems, wenn die Masse m_3 zum Zeitpunkt $t = 0$ um 3 cm ausgelenkt und der Rahmen dann sich selbst überlassen wird. Welche Anfangsauslenkungen müssen gegeben sein, damit das System nur in der kleinsten Eigenkreisfrequenz schwingt?

Geg.: $m_1 = 1,5m_0$, $m_2 = 1,2m_0$, $m_3 = m_0$, $k_1 = 2,5k_0$, $k_2 = 2k_0$, $k_3 = 0,8k_0$, $m_0 = 22500$ kg,

$k_0 = 90000$ N/cm.

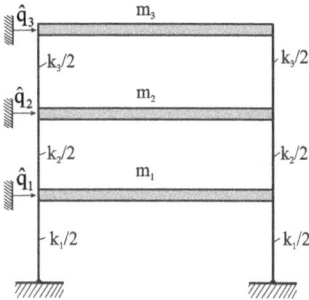

Abb. 13.22   *Dreistöckiger Rahmen, Modalanalyse*

Lösung:

a) Potentielle Federenergie und Steifigkeitsmatrix

$$U_F = \frac{1}{2}k_1 q_1^2 + \frac{1}{2}k_2(q_2 - q_1)^2 + \frac{1}{2}k_3(q_3 - q_2)^2$$

$$k_{11} = \frac{\partial^2 U_F}{\partial q_1^2} = k_1 + k_2, \quad k_{12} = k_{21} = \frac{\partial^2 U_F}{\partial q_1 \partial q_2} = -k_2, \quad k_{13} = k_{31} = \frac{\partial^2 U_F}{\partial q_1 \partial q_3} = 0$$

$$k_{22} = \frac{\partial^2 U_F}{\partial q_2^2} = k_2 + k_3, \quad k_{23} = k_{32} = \frac{\partial^2 U_F}{\partial q_2 \partial q_3} = -k_3, \quad k_{33} = \frac{\partial^2 U_F}{\partial q_3^2} = k_3$$

$$\mathbf{K} = \begin{bmatrix} k_1 + k_2 & -k_2 & 0 \\ -k_2 & k_2 + k_3 & -k_3 \\ 0 & -k_3 & k_3 \end{bmatrix} = k_0 \begin{bmatrix} 4,5 & -2,0 & 0 \\ -2,0 & 2,8 & -0,8 \\ 0 & -0,8 & 0,8 \end{bmatrix}$$

b) Kinetische Energie und Massenmatrix

$$E = \frac{1}{2} m_1 \dot{q}_1^{\,2} + \frac{1}{2} m_2 \dot{q}_2^{\,2} + \frac{1}{2} m_3 \dot{q}_3^{\,2}$$

$$m_{11} = \frac{\partial^2 E}{\partial \dot{q}_1 \partial \dot{q}_1} = m_1, \qquad m_{12} = m_{21} = \frac{\partial^2 E}{\partial \dot{q}_1 \partial \dot{q}_2} = 0, \quad m_{13} = m_{31} = \frac{\partial^2 E}{\partial \dot{q}_1 \partial \dot{q}_3} = 0$$

$$m_{22} = \frac{\partial^2 E}{\partial \dot{q}_2 \partial \dot{q}_2} = m_2, \qquad m_{23} = m_{32} = \frac{\partial^2 E}{\partial \dot{q}_2 \partial \dot{q}_3} = 0, \quad m_{33} = \frac{\partial^2 E}{\partial \dot{q}_3 \partial \dot{q}_3} = m_3$$

$$\mathbf{M} = \begin{bmatrix} m_1 & 0 & 0 \\ 0 & m_2 & 0 \\ 0 & 0 & m_3 \end{bmatrix} = m_0 \begin{bmatrix} 1,5 & 0 & 0 \\ 0 & 1,2 & 0 \\ 0 & 0 & 1 \end{bmatrix}$$

Damit erhalten wir die Bewegungsgleichung $\mathbf{M} \cdot \ddot{\hat{q}} + \mathbf{K} \cdot \hat{q} = 0$. Die Lösung erfolgt mittels Modalanalyse. Wir gehen wieder in Schritten vor.

1.) Berechnung von $\mathbf{M}^{1/2}$ und $\mathbf{M}^{-1/2}$

$$\mathbf{M}^{1/2} = \begin{bmatrix} 183,71 & 0 & 0 \\ 0 & 164,32 & 0 \\ 0 & 0 & 150,00 \end{bmatrix}, \ \mathbf{M}^{-1/2} = \begin{bmatrix} 0,00544 & 0 & 0 \\ 0 & 0,00608 & 0 \\ 0 & 0 & 0,00667 \end{bmatrix}$$

2.) Berechnung der normalisierten Steifigkeitsmatrix

$$\boldsymbol{\Omega}^2 = \mathbf{M}^{-1/2} \cdot \mathbf{K} \cdot \mathbf{M}^{-1/2} = \begin{bmatrix} 12,00 & -5,96 & 0 \\ & 9,33 & -2,92 \\ \text{sym.} & & 3,20 \end{bmatrix}$$

3.) Lösung des speziellen Eigenwertproblems $(\boldsymbol{\Omega}^2 - \omega^2 \mathbf{I}) \cdot \mathbf{a} = 0$. Das charakteristische Polynom der Matrix $\boldsymbol{\Omega}^2$ ist mit $\omega^2 = \lambda$:

$$\lambda^3 - 24,533\lambda^2 + 136,178\lambda - 142,222 = (\lambda - 1,3584)(\lambda - 6,149)(\lambda - 17,026) = 0.$$

Damit besitzt die Matrix $\boldsymbol{\Omega}^2$ die Eigenwerte

$$\omega_1 = 1,166\,\text{s}^{-1} \ (f_1 = 0,186\,\text{Hz}), \ \omega_2 = 2,480\,\text{s}^{-1} \ (f_2 = 0,395\,\text{Hz}), \ \omega_3 = 4,126\,\text{s}^{-1} \ (f_3 = 0,657\,\text{Hz})$$

und die orthogonalen Eigenvektoren

$$
\mathbf{e}_1 = \begin{bmatrix} 0,2863 \\ 0,5110 \\ 0,8105 \end{bmatrix}, \quad
\mathbf{e}_2 = \begin{bmatrix} -0,5865 \\ -0,5755 \\ 0,5700 \end{bmatrix}, \quad
\mathbf{e}_3 = \begin{bmatrix} 0,7577 \\ -0,6386 \\ 0,13492 \end{bmatrix};
$$

4.) Bildung der Eigenvektormatrix

$$
\mathbf{\Phi} = \begin{bmatrix} 0,2863 & -0,5865 & 0,7577 \\ 0,5110 & -0,5755 & -0,6386 \\ 0,8105 & 0,5700 & 0,13492 \end{bmatrix}
$$

5.) Berechnung von $\mathbf{S}$ und $\mathbf{S}^{-1}$

$$
\mathbf{S} = \mathbf{M}^{-1/2} \cdot \mathbf{\Phi} = \begin{bmatrix} 0,0015585 & -0,0031925 & 0,0041242 \\ 0,0031096 & -0,0035022 & -0,0038861 \\ 0,0054034 & 0,0037998 & 0,0008995 \end{bmatrix}
$$

$$
\mathbf{S}^{-1} = \mathbf{\Phi}^{\mathrm{T}} \cdot \mathbf{M}^{1/2} = \begin{bmatrix} 52,599 & 83,960 & 121,578 \\ -107,747 & -94,558 & 85,494 \\ 139,190 & -104,926 & 20,238 \end{bmatrix}
$$

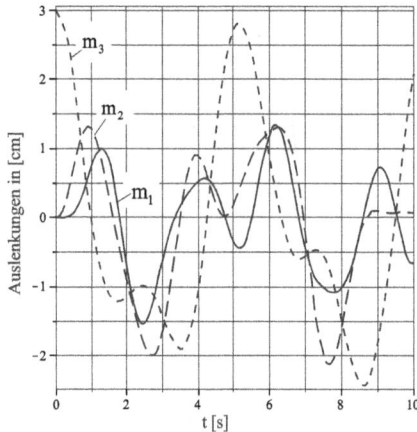

Abb. 13.23 *Auslenkungen des dreistöckigen Rahmens*

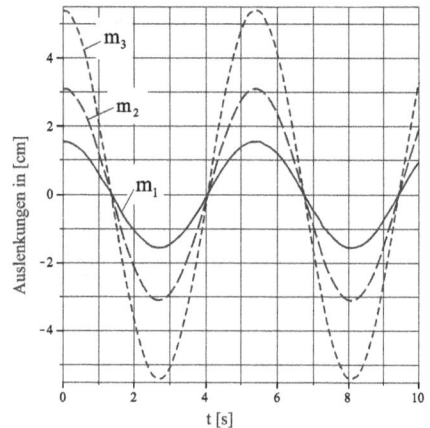

Abb. 13.24 *Symmetrische Synchronschwingung mit*
(f₁ = 0,186 Hz)

6.) Berechnung der modalen Anfangsbedingungen

$$
\tilde{\mathbf{q}}_0 = \mathbf{S}^{-1} \cdot \hat{\mathbf{q}}_0 = \begin{bmatrix} 52,599 & 83,960 & 121,578 \\ -107,747 & -94,558 & 85,494 \\ 139,190 & -104,926 & 20,238 \end{bmatrix} \cdot \begin{bmatrix} 0 \\ 0 \\ 3 \end{bmatrix} = \begin{bmatrix} 364,73 \\ 256,48 \\ 60,71 \end{bmatrix}.
$$

7.) Lösung der Bewegungsgleichung in Modalkoordinaten

Wegen $\sin\tilde{\alpha}_j = 0$ und $\cos\tilde{\alpha}_j = 1$ sind alle $\tilde{\alpha}_j = 0$ ($j = 1, 2, 3$).

$$\tilde{q}(t) = \begin{bmatrix} 364,73\cos\tilde{\omega}_1 t \\ 256,48\cos\tilde{\omega}_2 t \\ 60,71\cos\tilde{\omega}_3 t \end{bmatrix} = \begin{bmatrix} 364,73\cos 1,166t \\ 256,48\cos 2,480t \\ 60,71\cos 4,126t \end{bmatrix}$$

8.) Berechnung der Bewegungsgleichung in physikalischen Koordinaten

$$\hat{q}(t) = S \cdot \tilde{q}(t) = \begin{bmatrix} 0,0015585 & -0,0031925 & 0,0041242 \\ 0,0031096 & -0,0035022 & -0,0038861 \\ 0,0054034 & 0,0037998 & 0,0008995 \end{bmatrix} \cdot \begin{bmatrix} 364,73\cos 1,166t \\ 256,48\cos 2,480t \\ 60,71\cos 4,126t \end{bmatrix}$$

$$= \begin{bmatrix} 0,568 \\ 1,134 \\ 1,971 \end{bmatrix}\cos 1,166t + \begin{bmatrix} -0,819 \\ -0,898 \\ 0,975 \end{bmatrix}\cos 2,480t + \begin{bmatrix} 0,250 \\ -0,236 \\ 0,055 \end{bmatrix}\cos 4,126t \ [\text{cm}]$$

Die Verschiebungen der Riegel sind in Abb. 13.23 dargestellt. In der Matrix **S** stehen spaltenweise die Eigenschwingungsformen (Abb. 13.25). Mit der ersten Eigenform schwingen die Massen gleichphasig, mit der zweiten und dritten in Gegenphase.

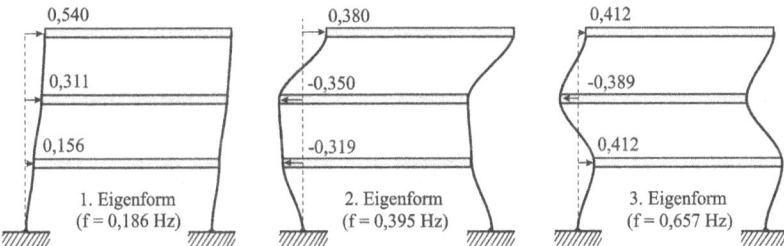

0,540   0,380   0,412

0,311   -0,350   -0,389

0,156   -0,319   0,412

1. Eigenform (f = 0,186 Hz)   2. Eigenform (f = 0,395 Hz)   3. Eigenform (f = 0,657 Hz)

Abb. 13.25 *Dreistöckiger Rahmen, Eigenformen und Frequenzen*

Wählen wir speziell die Anfangsbedingungen $\hat{q}_0^T = [1,56\,\text{cm} \quad 3,11\,\text{cm} \quad 5,40\,\text{cm}]$, dann

schwingt das System nach dem Bewegungsgesetz $\hat{q}(t) = \begin{bmatrix} 1,558 \\ 3,110 \\ 5,403 \end{bmatrix}\cos 1,166t\ [\text{cm}]$ nur in der

Grundeigenkreisfrequenz ω_1 mit der Frequenz $f_1 = 0,168\,\text{Hz}$. Hierbei handelt es sich um eine symmetrische Synchronschwingung. Alle drei Riegel schwingen mit derselben Eigenkreisfrequenz ω_1 in Phase (Abb. 13.24).

Beispiel 13-10:

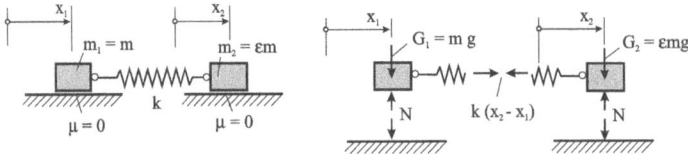

Abb. 13.26   *Schwingerkette mit Starrkörperbewegung*

Das System in Abb. 13.26 besteht aus zwei reibungsfrei gelagerten Massen $m_1 = m = 1\,\text{kg}$ und $m_2 = \varepsilon m$, die über eine Feder (Federsteifigkeit $k = 100\,\text{N/m}$) miteinander gekoppelt sind. Für $x_1 = 0$ und $x_2 = 0$ ist die Feder entspannt. Die Massen starten aus der Ruhelage mit $x_0^T = [1\,\text{cm} \quad 0\,\text{cm}]$. Gesucht sind die Bewegungsgleichungen.

Lösung: Im Vergleich zu Abb. 13.1 fehlt hier die Fesselung der Masse m_1 an den linken Rand. Zur Herleitung der Bewegungsgleichungen werden beide Massen freigeschnitten (Abb. 13.26) und anschließend für jede Masse das Newtonsche Grundgesetz angeschrieben. Wir erhalten $m\ddot{x}_1 = k(x_2 - x_1)$, $\varepsilon m\ddot{x}_2 = -k(x_2 - x_1)$ oder in Matrizenschreibweise

$$\begin{bmatrix} m & 0 \\ 0 & m\varepsilon \end{bmatrix}\begin{bmatrix} \ddot{x}_1 \\ \ddot{x}_2 \end{bmatrix} + \begin{bmatrix} k & -k \\ -k & k \end{bmatrix}\begin{bmatrix} x_1 \\ x_2 \end{bmatrix} = \begin{bmatrix} 0 \\ 0 \end{bmatrix}, \quad \mathbf{M} = \begin{bmatrix} m & 0 \\ 0 & m\varepsilon \end{bmatrix}, \quad \mathbf{K} = \begin{bmatrix} k & -k \\ -k & k \end{bmatrix} \quad (13.72)$$

Die Massenmatrix $\mathbf{M}$ hat die Eigenwerte $\lambda_1 = m$ und $\lambda_2 = \varepsilon m$. Sie ist positiv definit. Die Steifigkeitsmatrix $\mathbf{K}$ besitzt die Eigenwerte $\lambda_1 = 0$ und $\lambda_2 = 2k$. Ihre Determinante verschwindet, und ihre Inverse $\mathbf{K}^{-1}$ existiert damit nicht. Der Rang r von $\mathbf{K}$, das ist die Anzahl der nicht verschwindenden Reihen nach einer Gauß-Elimination, ist 1 und damit kleiner als $n = 2$. Man bezeichnet die Matrix $\mathbf{K}$ deshalb als positiv semidefinit vom Range 1. Zur mechanischen Deutung dieses Rangabfalls notieren wir die potenzielle Federenergie $U_F = 1/2(x_2 - x_1)^2$. Im Fall einer Starrkörperbewegung mit $x_1 = x_2 \neq 0$ ist $U_F = 0$, und der Rangabfall $d = n - r = 2 - 1 = 1$ ist gleich der Anzahl der möglichen unabhängigen Starrkörperbewegungen. Wir gehen wieder in Schritten vor.

1.) Berechnung der Matrizen $\mathbf{M}^{1/2}$ und $\mathbf{M}^{-1/2}$

$$\mathbf{M}^{1/2} = \begin{bmatrix} \sqrt{m} & 0 \\ 0 & \sqrt{\varepsilon m} \end{bmatrix}, \quad \mathbf{M}^{-1/2} = \begin{bmatrix} 1/\sqrt{m} & 0 \\ 0 & 1/\sqrt{\varepsilon m} \end{bmatrix}$$

2.) Berechnung der massennormalisierten Steifigkeitsmatrix

$$\boldsymbol{\Omega}^2 = \mathbf{M}^{-1/2} \cdot \mathbf{K} \cdot \mathbf{M}^{-1/2} = \begin{bmatrix} \dfrac{k}{m} & -\dfrac{k}{m\sqrt{\varepsilon}} \\ -\dfrac{k}{m\sqrt{\varepsilon}} & \dfrac{k}{\varepsilon m} \end{bmatrix}$$

3.) Lösung des speziellen Eigenwertproblems $(\boldsymbol{\Omega}^2 - \omega^2 \mathbf{I}) \cdot \mathbf{a} = \mathbf{0}$

$$\omega_1^2 = 0 \quad \rightarrow \omega_1 = 0, \quad \omega_2^2 = \frac{k}{m}\frac{1+\varepsilon}{\varepsilon} \quad \rightarrow \omega_2 = \sqrt{\frac{1+\varepsilon}{\varepsilon}}\sqrt{\frac{k}{m}}$$

$$\mathbf{e}_1 = \frac{1}{\sqrt{1+\varepsilon}}\begin{bmatrix} 1 \\ \sqrt{\varepsilon} \end{bmatrix}, \quad \mathbf{e}_2 = \frac{1}{\sqrt{1+\varepsilon}}\begin{bmatrix} -\sqrt{\varepsilon} \\ 1 \end{bmatrix}, \quad |\mathbf{e}_1| = |\mathbf{e}_2| = 1, \quad \mathbf{e}_1 \cdot \mathbf{e}_2 = 0$$

4.) Bildung der Eigenvektormatrix

$$\boldsymbol{\Phi} = \frac{1}{\sqrt{1+\varepsilon}}\begin{bmatrix} 1 & -\sqrt{\varepsilon} \\ \sqrt{\varepsilon} & 1 \end{bmatrix} \text{ mit } \boldsymbol{\Phi}^T = \boldsymbol{\Phi}^{-1} \text{ und } \tilde{\boldsymbol{\Omega}}^2 = \boldsymbol{\Phi}^T \cdot \boldsymbol{\Omega}^2 \cdot \boldsymbol{\Phi} = \begin{bmatrix} 0 & 0 \\ 0 & \dfrac{1+\varepsilon}{\varepsilon}\dfrac{k}{m} \end{bmatrix}$$

5.) Berechnung von $\mathbf{S}$

$$\mathbf{S} = \mathbf{M}^{-1/2} \cdot \boldsymbol{\Phi} = \begin{bmatrix} 1/\sqrt{m} & 0 \\ 0 & 1/\sqrt{\varepsilon m} \end{bmatrix} \cdot \frac{1}{\sqrt{1+\varepsilon}}\begin{bmatrix} 1 & -\sqrt{\varepsilon} \\ \sqrt{\varepsilon} & 1 \end{bmatrix} = \frac{1}{\sqrt{m(1+\varepsilon)}}\begin{bmatrix} 1 & -\sqrt{\varepsilon} \\ 1 & 1/\sqrt{\varepsilon} \end{bmatrix}$$

Die beiden Eigenbewegungen verlaufen demnach folgendermaßen:

a) Mit $\omega_1 = 0$ liegt eine Translation der gesamten Schwingerkette vor. Ein solcher Verschiebungszustand wird Starrkörperbewegung genannt.

b) Mit $\omega_2 = \sqrt{\dfrac{1+\varepsilon}{\varepsilon}}\sqrt{\dfrac{k}{m}}$ schwingt die Masse m_1 nach links (oder rechts) und die Masse m_2 mit dem Kehrwert des Ausschlages der Masse m_1 nach rechts (oder links). Für $\varepsilon \rightarrow \infty$, und damit $\omega_2 = \sqrt{k/m}$, bleibt die Masse m_2 in Ruhe.

6.) Berechnung der modalen Anfangsbedingungen

$$\tilde{\mathbf{x}}_0 = \mathbf{S}^{-1} \cdot \mathbf{x}_0 = \sqrt{\frac{m}{1+\varepsilon}}\begin{bmatrix} 1 & \varepsilon \\ -\sqrt{\varepsilon} & \sqrt{\varepsilon} \end{bmatrix} \cdot \begin{bmatrix} 1 \\ 0 \end{bmatrix} = \sqrt{\frac{m}{1+\varepsilon}}\begin{bmatrix} 1 \\ -\sqrt{\varepsilon} \end{bmatrix}$$

7.) Lösung der Bewegungsgleichung in Modalkoordinaten

Die Bewegungsgleichung für den Eigenwert $\omega_1 = 0$ lautet $\ddot{\tilde{x}}_1 = 0$ und damit wird

$\tilde{x}_1 = a + bt$. Mit $\tilde{x}_{10} = \tilde{x}_1(t=0) = a = \sqrt{\dfrac{m}{1+\varepsilon}}$ und $\dot{\tilde{x}}_{10} = 0 = b$ erhalten wir

$\tilde{x}_1 = a = \sqrt{\dfrac{m}{1+\varepsilon}} = \text{konst.}$ Die Lösung für den zweiten Eigenwert lautet

$\tilde{x}_2 = -\sqrt{\dfrac{\varepsilon m}{1+\varepsilon}} \cos \omega_2 t$, und damit erhalten wir insgesamt $\tilde{x}(t) = \sqrt{\dfrac{m}{1+\varepsilon}} \begin{bmatrix} 1 \\ -\sqrt{\varepsilon} \cos \omega_2 t \end{bmatrix}$

8.) Lösung der Bewegungsgleichung in physikalischen Koordinaten

$$x(t) = S \cdot \tilde{x}(t) = \frac{1}{\sqrt{m(1+\varepsilon)}} \begin{bmatrix} 1 & -\sqrt{\varepsilon} \\ 1 & \dfrac{1}{\sqrt{\varepsilon}} \end{bmatrix} \cdot \sqrt{\frac{m}{1+\varepsilon}} \begin{bmatrix} 1 \\ -\sqrt{\varepsilon} \cos \omega_2 t \end{bmatrix} = \frac{1}{1+\varepsilon} \left\{ \begin{bmatrix} 1 \\ 1 \end{bmatrix} + \begin{bmatrix} \varepsilon \cos \omega_2 t \\ -\cos \omega_2 t \end{bmatrix} \right\} \text{[cm]}$$

Bei einer sehr großen Masse m_2, im Grenzfall also $\varepsilon \rightarrow \infty$, ist die zweite Eigenkreisfrequenz

$\omega_2 = \sqrt{k/m}$ und damit $\mathbf{x}(t) = \begin{bmatrix} \cos \omega_2 t \\ 0 \end{bmatrix}$ [cm]. Die Masse m_2 bleibt in diesem Fall in Ruhe,

und die Masse m_1 führt harmonische Schwingungen mit der Eigenkreisfrequenz

$\omega_2 = \sqrt{k/m}$ aus. Beide Massen schwingen um den Mittelwert $q_m = \dfrac{1}{1+\varepsilon} = 0,091$. Für

$\varepsilon = 10$ sind die Amplituden $A_1 = \dfrac{\varepsilon}{1+\varepsilon} = 0,91\,\text{cm}$ und $A_2 = \dfrac{1}{1+\varepsilon} = 0,091\,\text{cm}$ (Abb. 13.27)

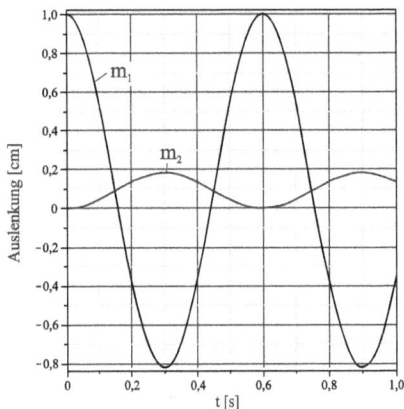

Abb. 13.27   *Bewegung der Massen m_1 und m_2 ($\varepsilon = 10$)*

Übungsvorschlag 13-2:

Stellen Sie die Bewegungsgleichungen für das System in Beispiel 13-10 mittels der Lagrangeschen Bewegungsgleichungen auf.

13.3 Erzwungene ungedämpfte Bewegungen

Sie werden entweder durch Kräfte oder Lagerverschiebungen verursacht, wobei im letzten Fall auch von Randerregungen gesprochen wird. Zur Formulierung des Problems wird der Arbeitssatz benötigt, den wir hier in der Form

$$\dot{A}_k = \dot{E} + \dot{U} \qquad (13.73)$$

notieren. $\dot{A}_k$ ist dabei die am System erbrachte Leistung der Erregerbelastung. Sie kann immer als Skalarprodukt

$$\dot{A}_k = \dot{q}^T(t) \cdot k(t) \qquad (13.74)$$

der Parametergeschwindigkeiten $\dot{q}(t)$ und der allgemeinen Erregerkraftfunktion

$$k^T(t) = [K_1(t),\ldots,K_n(t)], \quad K_j(t) = \frac{\partial \dot{A}_K}{\partial \dot{q}_j} \quad (j=1,\ldots,n) \qquad (13.75)$$

dargestellt werden. In Erweiterung zur freien ungedämpften Schwingung, erhalten wir die inhomogene Bewegungsgleichung

$$M \cdot \ddot{\hat{q}}(t) + K \cdot \hat{q}(t) = k(t) \qquad (13.76)$$

für die Bewegung um die statische Ruhelage. Die Lösung von (13.76) ist an die Anfangsbedingungen

$$\hat{q}(t=0) = \hat{q}_0, \quad \dot{\hat{q}}(t=0) = \dot{\hat{q}}_0 \qquad (13.77)$$

anzupassen.

13.3.1 Entwicklung der Lösung nach Eigenvektoren

Mit den normierten Eigenvektoren e_m des allgemeinen Eigenwertproblems (13.30) machen wir zur Lösung von (13.76) den Ansatz

$$\hat{q}(t) = \sum_{m=1}^{n} f_m(t) e_m \qquad (13.78)$$

mit zunächst noch unbekannten Zeitfunktionen $f_m(t)$. Damit erhalten wir

$$\sum_{m=1}^{n} [\ddot{f}_m(t) M \cdot e_m + f_m(t) K \cdot e_m] = k(t)$$

Durch Skalarmultiplikation von links mit e_j^T folgt

$$\sum_{m=1}^{n} [\ddot{f}_m(t) \, \mathbf{e}_j^T \cdot \mathbf{M} \cdot \mathbf{e_m} + f_m(t) \, \mathbf{e}_j^T \cdot \mathbf{K} \cdot \mathbf{e_m}] = \mathbf{e}_j^T \cdot \mathbf{k}(t)$$

Beachten wir die Orthogonalitätsrelationen (13.35) und (13.36), dann verbleibt lediglich der Term $\ddot{f}_j(t) \, \mathbf{e}_j^T \cdot \mathbf{M} \cdot \mathbf{e_j} + f_j(t) \, \mathbf{e}_j^T \cdot \mathbf{K} \cdot \mathbf{e_j} = \mathbf{e}_j^T \cdot \mathbf{k}(t)$. Berücksichtigen wir außerdem noch mit (13.42) $\mathbf{e}_j^T \cdot \mathbf{K} \cdot \mathbf{e_j} = \omega_j^2 \, \mathbf{e}_j^T \cdot \mathbf{M} \cdot \mathbf{e_j}$, dann erhalten wir die entkoppelten inhomogenen Bewegungsgleichungen für die gesuchten Zeitfunktionen $f_j(t)$

$$\ddot{f}_j(t) + \omega_j^2 \, f_j(t) = \overline{K}_j(t) \qquad (j = 1, \ldots, n) \tag{13.79}$$

mit den rechten Seiten

$$\overline{K}_j(t) = \frac{\mathbf{e}_j^T \cdot \mathbf{k}(t)}{\mathbf{e}_j^T \cdot \mathbf{M} \cdot \mathbf{e_j}} \qquad (j = 1, \ldots, n) \tag{13.80}$$

Die Lösung von (13.79) setzt sich wieder zusammen aus der Lösung der homogenen Differenzialgleichung (Index h) und einer partikulären Lösung (Index p) der inhomogenen Differenzialgleichung. Die vollständige Lösung kann sofort notiert werden

$$f_j(t) = f_{j,h}(t) + f_{j,p}(t) = \underbrace{A_j \cos(\omega_j t - \alpha_j)}_{\text{hom. Lösung}} + \underbrace{\frac{1}{\omega_j} \int_{\tau=0}^{t} \overline{K}_j(\tau) \sin \omega_j(t - \tau) d\tau}_{\text{part. Lösung}} \tag{13.81}$$

Die Konstanten A_j und α_j der homogenen Lösung bezeichnen Integrationskonstanten zur Erfüllung allgemeiner Anfangswerte. Die partikulären Lösungen $f_{j,p}(t)$ und $\dot{f}_{j,p}(t)$ verschwinden für $t = 0$, so dass im Falle homogener Anfangsbedingungen $\hat{\mathbf{q}}_0 = \dot{\hat{\mathbf{q}}}_0 = \mathbf{0}$ von (13.81) lediglich der partikuläre Lösungsanteil

$$f_j(t) = f_{j,p}(t) = \frac{1}{\omega_j} \int_{\tau=0}^{t} \overline{K}_j(\tau) \sin \omega_j(t - \tau) d\tau \tag{13.82}$$

verbleibt. Zur Erfüllung allgemeiner inhomogener Anfangsbedingungen werden also nur die homogenen Lösungen $f_{j,h}(t) = A_j \cos(\omega_j t - \alpha_j)$ und $\dot{f}_{j,h}(t) = -A_j \omega_j \sin(\omega_j t - \alpha_j)$ benötigt. Diese sind mit (13.78) an die Anfangsbedingungen

$$\hat{\mathbf{q}}_0 = \sum_{m=1}^{n} f_{m,h}(t = 0) \mathbf{e_m} = \sum_{m=1}^{n} A_m \cos \alpha_m \, \mathbf{e_m}$$

$$\dot{\hat{\mathbf{q}}}_0 = \sum_{m=1}^{n} \dot{f}_{m,h}(t = 0) \mathbf{e_m} = \sum_{m=1}^{n} A_m \omega_m \sin \alpha_m \, \mathbf{e_m}$$

anzupassen. Multiplizieren wir die obigen Gleichungen von links mit $\mathbf{e}_j^T \cdot \mathbf{M}$ und beachten (13.35), dann verbleiben von den Summen nur die Terme

$$A_j \cos\alpha_j = \frac{\mathbf{e}_j^T \cdot \mathbf{M} \cdot \hat{\mathbf{q}}_0}{\mathbf{e}_j^T \cdot \mathbf{M} \cdot \mathbf{e}_j}, \quad A_j \omega_j \sin\alpha_j = \frac{\mathbf{e}_j^T \cdot \mathbf{M} \cdot \dot{\hat{\mathbf{q}}}_0}{\mathbf{e}_j^T \cdot \mathbf{M} \cdot \mathbf{e}_j} \tag{13.83}$$

und damit

$$A_j = \frac{\sqrt{(\mathbf{e}_j^T \cdot \mathbf{M} \cdot \hat{\mathbf{q}}_0)^2 + 1/\omega_j^2 \, (\mathbf{e}_j^T \cdot \mathbf{M} \cdot \dot{\hat{\mathbf{q}}}_0)^2}}{\mathbf{e}_j^T \cdot \mathbf{M} \cdot \mathbf{e}_j} \tag{13.84}$$

Im Fall inhomogener Anfangsbedingungen ist dann die vollständige Lösung

$$\hat{\mathbf{q}}(t) = \sum_{m=1}^{n}\left[A_m \cos(\omega_m t - \alpha_m) + \frac{1}{\omega_m} \int_{\tau=0}^{t} \overline{K}_m(\tau) \sin\omega_m(t-\tau)d\tau \right] \mathbf{e}_m \tag{13.85}$$

Beispiel 13-11:

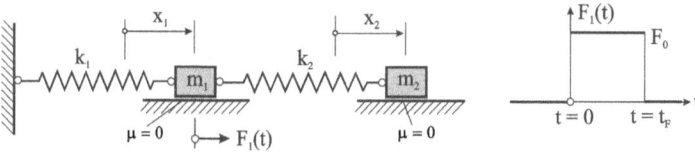

Abb. 13.28   Erzwungene Schwingungen, Schwingerkette mit zwei Freiheitsgraden

Der skizzierte Zweimassenschwinger in Abb. 13.28 wird durch eine an der Masse m_1 angreifende Kraft $F_1(t) = F_0[H(t) - H(t - t_F)]$ mit der Lastintensität $F_0 = 1\,\text{N}$ und der Einwirkungsdauer $t_F = 10\,\text{s}$ belastet. Die Darstellung dieser stückweise stetigen Funktion erfolgt mittels der Heaviside-Funktion $H(t)$. Weiterhin sind gegeben: $m_1 = 10\,\text{kg}$, $m_2 = 5\,\text{kg}$, $k_1 = 17\,\text{N/m}$, $k_2 = 3\,\text{N/m}$. Gesucht ist die Antwort des Systems, wenn beide Massen zum Zeitpunkt $t = 0$ in Ruhe waren.

Lösung:

1.) Aufstellen der Massen- und Steifigkeitsmatrix und des Kraftvektors

$$\mathbf{M} = \begin{bmatrix} m_1 & 0 \\ 0 & m_2 \end{bmatrix} = \begin{bmatrix} 10 & 0 \\ 0 & 5 \end{bmatrix}, \quad \mathbf{K} = \begin{bmatrix} k_1 + k_2 & -k_2 \\ -k_2 & k_2 \end{bmatrix} = \begin{bmatrix} 20 & -3 \\ -3 & 3 \end{bmatrix}, \quad \mathbf{k}(t) = \begin{bmatrix} F_1(t) \\ 0 \end{bmatrix}$$

2.) Lösen des allgemeinen Eigenwertproblems $(\mathbf{K} - \omega^2 \mathbf{M}) \cdot \mathbf{a} = \mathbf{0}$

$$\det(\mathbf{K} - \lambda\mathbf{M}) = \det\begin{bmatrix} 20-10\lambda & -3 \\ -3 & 3-5\lambda \end{bmatrix} = 0 = 50\lambda^2 - 130\lambda + 51$$

$$\lambda_1 = 2{,}1185 \qquad \rightarrow \omega_1 = 1{,}4555 \qquad \rightarrow f_1 = 0{,}232\,\text{Hz}$$
$$\lambda_2 = 0{,}4815 \qquad \rightarrow \omega_2 = 0{,}6939 \qquad \rightarrow f_2 = 0{,}110\,\text{Hz}$$

$$\mathbf{e_1} = \begin{bmatrix} 0{,}9300 \\ -0{,}3675 \end{bmatrix}, \quad \mathbf{e_2} = \begin{bmatrix} -0{,}1938 \\ -0{,}9810 \end{bmatrix};$$

3.) Berechnung der modalen Belastungen

$$\overline{K}_1(t) = \frac{\mathbf{e_1^T} \cdot \mathbf{k}(t)}{\mathbf{e_1^T} \cdot \mathbf{M} \cdot \mathbf{e_1}} = 0{,}0997[H(t) - H(t-10)], \quad \overline{K}_2(t) = \frac{\mathbf{e_2^T} \cdot \mathbf{k}(t)}{\mathbf{e_2^T} \cdot \mathbf{M} \cdot \mathbf{e_2}} = -0{,}0374[H(t) - H(t-10)]$$

Obwohl im Ausgangssystem nur die Masse m_1 mit der Kraft $F_1(t)$ beansprucht wird, greifen am entkoppelten System mit $\overline{K}_1(t)$ und $\overline{K}_2(t)$ an jeder Masse äußere Belastungen an.

4.) Beschaffung der Partikulären Lösungen

Da die Partikularintegrale bereits die geforderten Anfangsbedingungen erfüllen, entfällt der homogene Lösungsanteil und von (13.85) verbleiben

$$f_1(t) = \frac{1}{\omega_1} \int\limits_{\tau=0}^{t} \overline{K}_1(\tau) \sin\omega_1(t-\tau)d\tau$$
$$= 0{,}0471\,H(t)[1 - \cos(1{,}4555t)] - H(t-10)[0{,}0471 + 0{,}01911\cos(1{,}4555t) - 0{,}0430\sin(1{,}4555t)]$$

$$f_2(t) = \frac{1}{\omega_2} \int\limits_{\tau=0}^{t} \overline{K}_2(\tau) \sin\omega_2(t-\tau)d\tau$$
$$= -0{,}0776\,H(t)[1 - \cos 0{,}6939t] + H(t-10)[0{,}0776 - 0{,}0615\cos(0{,}6939t) - 0{,}0473\sin(0{,}6939t)]$$

5.) Berechnung der Verschiebungen nach (13.78)

$$\mathbf{x}(t) = f_1(t)\mathbf{e_1} + f_2(t)\mathbf{e_2} = \begin{bmatrix} 0{,}9300 \\ -0{,}3675 \end{bmatrix} f_1(t) + \begin{bmatrix} -0{,}1938 \\ -0{,}9810 \end{bmatrix} f_2(t)$$

und in Komponenten

$$x_1(t) = [0{,}0588 - 0{,}0150\cos(0{,}6939t) - 0{,}0438\cos(1{,}4555t)]H(t)$$
$$- [0{,}0588 - 0{,}0150\cos(0{,}6939t - 6{,}9388) - 0{,}04378\cos(1{,}4555t - 14{,}5551)]H(t-10)$$

$$x_2(t) = [0{,}0588 - 0{,}0761\cos(0{,}6939t) + 0{,}0173\cos(1{,}4555t)]H(t)$$
$$- [0{,}0588 - 0{,}0761\cos(0{,}6939t - 6{,}9388) + 0{,}0173\cos(1{,}4555t - 14{,}5551)]H(t-10)$$

Wie wir den obigen Gleichungen entnehmen können, führen beide Massen gleichzeitig zwei harmonische Eigenschwingungen mit den Eigenkreisfrequenzen ω_1 und ω_2 aus.

6.) Geschwindigkeiten

Die Geschwindigkeiten folgen aus den Verschiebungen durch Ableitung nach der Zeit t. Wir erhalten in Komponenten

$$\dot{x}_1(t) = [0,0104\sin(0,6939t) + 0,0637\sin(1,4555t)]H(t)$$
$$- [0,0637\sin(1,4555t - 14,5551) + 0,0104\sin(0,6939t - 6,9388)]H(t - 10)$$

$$\dot{x}_2(t) = [0,0528\sin(0,6939t) - 0,0252\sin(1,4555t)]H(t)$$
$$+ [0,0252\sin(1,4555t - 14,5551) - 0,0528\sin(0,6939t - 6,9388)]H(t - 10)$$

Wie leicht nachgeprüft werden kann, erfüllen die obigen Lösungen die geforderten homogenen Anfangswerte $\mathbf{x}(t = 0) = 0$ und $\dot{\mathbf{x}}(t = 0) = 0$.

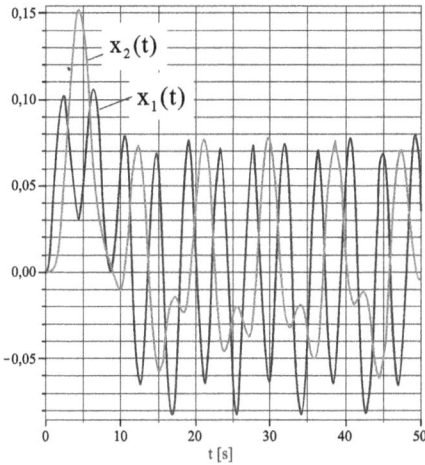

Abb. 13.29   *Auslenkungen [m]*

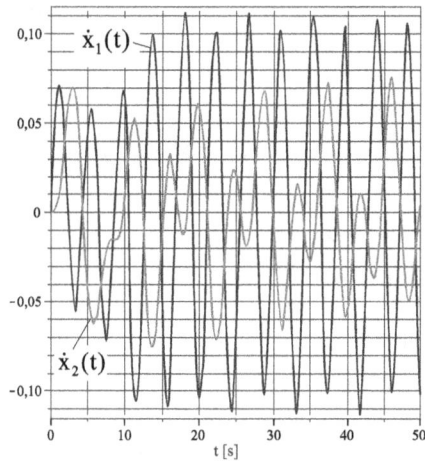

Abb. 13.30   *Geschwindigkeiten [m/s]*

Beispiel 13-12:

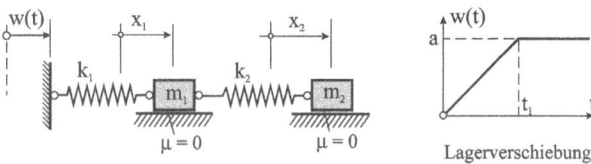

Abb. 13.31   *Anfahrvorgang eines Zweimassenschwingers, Lagerverschiebung w(t)*

Es soll das Anfahren eines Zweimassenschwingers aus der Ruhelage simuliert werden (Abb. 13.31). Dazu wird die linke Federhalterung im Zeitintervall [0, t₁] linear von null auf den

Wert a verschoben und anschließend konstant gehalten. Die aus dieser Lagerverschiebung resultierende Schwingung soll berechnet werden.

Weiterhin sind $m_1 = 10\,kg$, $m_2 = 5\,kg$, $k_1 = 17\,N/m$, $k_2 = 3\,N/m$, $a = 1\,m$, $t_1 = 10\,s$.

Lösung: Die Lagrangeschen Bewegungsgleichungen liefern mit $E = \dfrac{1}{2}m_1\dot{x}_1^2 + \dfrac{1}{2}m_2\dot{x}_2^2$ und

$U = \dfrac{1}{2}k_1(x_1 - w)^2 + \dfrac{1}{2}k_2(x_2 - x_1)^2$ die beiden Bewegungsgleichungen

$$\begin{bmatrix} m_1 & 0 \\ 0 & m_2 \end{bmatrix}\begin{bmatrix} \ddot{x}_1 \\ \ddot{x}_2 \end{bmatrix} + \begin{bmatrix} k_1 + k_2 & -k_2 \\ -k_2 & k_2 \end{bmatrix}\begin{bmatrix} x_1 \\ x_2 \end{bmatrix} = \begin{bmatrix} k_1 w \\ 0 \end{bmatrix}$$

Der Ausdruck $k_1 w(t)$ erscheint als Inhomogenität auf der rechten Seite und wird verallgemeinerte Kraft genannt. Zur anstehenden Integrationen wird die Funktion $w(t)$ über den gesamten Wertebereich von t mittels der Heaviside-Funktionen ausgedrückt, also

$$w(t) = \frac{at}{t_1}H(t) - a\left(\frac{t}{t_1} - 1\right)H(t - t_1)$$

Damit erhalten wir

$$\mathbf{M} = \begin{bmatrix} 10 & 0 \\ 0 & 5 \end{bmatrix},\ \mathbf{K} = \begin{bmatrix} 20 & -3 \\ -3 & 3 \end{bmatrix},\ \mathbf{k}(t) = \begin{bmatrix} 17w(t) \\ 0 \end{bmatrix}$$

Die Eigenwerte und Eigenvektoren stimmen mit denen aus Beispiel 13-11 überein. Wir beginnen mit

3.) Berechnung der modalen Belastungen

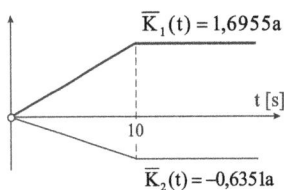

$$\overline{K}_1(t) = \frac{\mathbf{e}_1^T \cdot \mathbf{k}(t)}{\mathbf{e}_1^T \cdot \mathbf{M} \cdot \mathbf{e}_1} = 1{,}6955a\left[1 + \left(\frac{t}{t_1} - 1\right)H(t_1 - t)\right]$$

$$\overline{K}_2(t) = \frac{\mathbf{e}_2^T \cdot \mathbf{k}(t)}{\mathbf{e}_2^T \cdot \mathbf{M} \cdot \mathbf{e}_2} = -0{,}6351a\left[1 + \left(\frac{t}{t_1} - 1\right)H(t_1 - t)\right]$$

4.) Berechnung der partikulären Lösungen

$$f_1(t) = \frac{1}{\omega_1}\int_{\tau=0}^{t}\overline{K}_1(\tau)\sin\omega_1(t - \tau)d\tau$$

$$= 0{,}08t - 0{,}0550\sin 1{,}4555t - H(t - 10)[0{,}0800t - 0{,}0550\sin(1{,}4555t - 14{,}5552) - 0{,}8]$$

$$f_2(t) = \frac{1}{\omega_2} \int_{\tau=0}^{t} \overline{K}_2(\tau) \sin \omega_2 (t-\tau) d\tau$$

$$= -0,1319t + 0,1901\sin 0,6939t + H(t-10)[0,1319t - 0,1901\sin(1,4555t - 6,9388) - 1,3191]$$

5.) Berechnung der Verschiebungen

$$\mathbf{x}(t) = f_1(t)\mathbf{e_1} + f_2(t)\mathbf{e_2} = \begin{bmatrix} 0,9300 \\ -0,3675 \end{bmatrix} f_1(t) + \begin{bmatrix} -0,1938 \\ -0,9810 \end{bmatrix} f_2(t)$$

In Komponenten erhalten wir

$$x_1(t) = 0,1t - 0,0368\sin 0,6939t - 0,0511\sin 1,4555t +$$
$$[1 - 0,1t + 0,0368\sin(0,6939t - 6,9388) + 0,0511\sin(1,4555t - 14,5552)]H(t-10)$$

$$x_2(t) = 0,1t - 0,1865\sin 0,6939t + 0,0202\sin 1,4555t +$$
$$[1 - 0,1t + 0,1865\sin(0,6939t - 6,9388) - 0,0202\sin(1,4555t - 14,5552)]H(t-10)$$

Auf die formelmäßige Angabe der Geschwindigkeiten wird hier verzichtet.

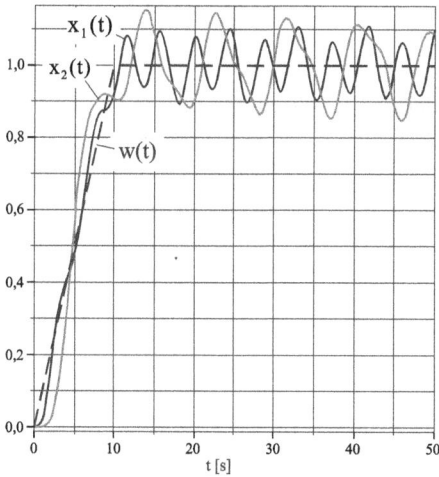

Abb. 13.32 *Verschiebungen [m] (t₁= 10 s)*

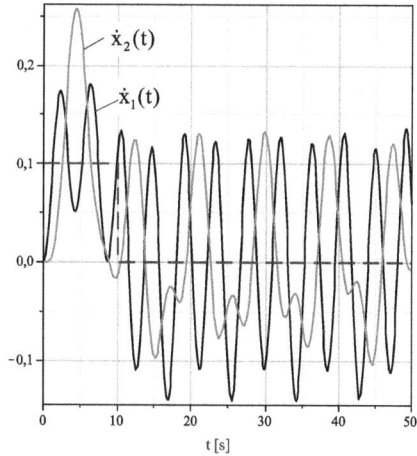

Abb. 13.33 *Geschwindigkeiten [m/s] (t₁= 10 s)*

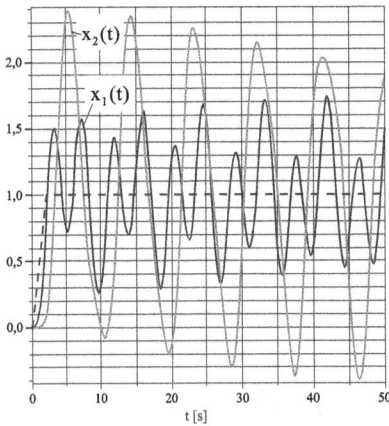

Abb. 13.34   *Verschiebungen [m] (t₁ = 2 s)*   **Abb. 13.35**   *Geschwindigkeiten [m/s] (t₁ = 2 s)*

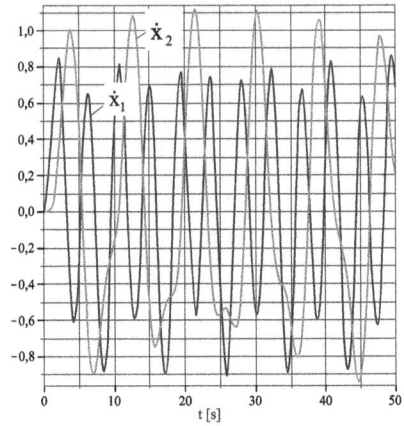

In Abb. 13.34 und Abb. 13.35 wurde das Zeitintervall t_1 auf 2 s verkürzt, was offensichtlich erhebliche Veränderungen in den Zustandsgrößen nach sich zieht.

13.3.2   Harmonische Belastungen

Handelt es sich bei den Erregerkräften speziell um harmonische Belastungen

$$K_i(t) = A_i \cos\Omega_i t + B_i \sin\Omega_i t \qquad (i = 1,...,n)$$

dann können wir die Erregerkraftfunktionen unter Einführung der Diagonalmatrizen $\mathbf{A} = \mathrm{diag}[A_i]$ und $\mathbf{B} = \mathrm{diag}[B_i]$ auch in folgende Form bringen

$$\mathbf{k}(t) = \underbrace{\begin{bmatrix} A_1 & & & \\ & A_2 & & \\ & & \ddots & \\ & & & A_n \end{bmatrix}}_{\mathbf{A}} \cdot \underbrace{\begin{bmatrix} \cos\Omega_1 t \\ \cos\Omega_2 t \\ \vdots \\ \cos\Omega_n t \end{bmatrix}}_{\mathbf{c}(t)} + \underbrace{\begin{bmatrix} B_1 & & & \\ & B_2 & & \\ & & \ddots & \\ & & & B_n \end{bmatrix}}_{\mathbf{B}} \cdot \underbrace{\begin{bmatrix} \sin\Omega_1 t \\ \sin\Omega_2 t \\ \vdots \\ \sin\Omega_n t \end{bmatrix}}_{\mathbf{s}(t)}$$

oder symbolisch $\mathbf{k}(t) = \mathbf{A} \cdot \mathbf{c}(t) + \mathbf{B} \cdot \mathbf{s}(t)$. Mit (13.80) erhalten wir dann die modalen Kräfte

$$\overline{K}_j(t) = \frac{\mathbf{e}_j^T \cdot \mathbf{k}(t)}{\mathbf{e}_j^T \cdot \mathbf{M} \cdot \mathbf{e}_j} = \frac{\mathbf{e}_j^T \cdot [\mathbf{A} \cdot \mathbf{c}(t) + \mathbf{B} \cdot \mathbf{s}(t)]}{\mathbf{e}_j^T \cdot \mathbf{M} \cdot \mathbf{e}_j} \tag{13.86}$$

Die partikulären Lösungen errechnen sich nach (13.82) zu

$$f_{j,p}(t) = \frac{1}{\omega_j} \int\limits_{\tau=0}^{t} \overline{K}_j(\tau) \sin\omega_j(t-\tau)d\tau$$

$$= \frac{e_j^T \cdot A}{e_j^T \cdot M \cdot e_j} \cdot \underbrace{\frac{1}{\omega_j} \int\limits_{\tau=0}^{t} c(\tau) \sin\omega_j(t-\tau)d\tau}_{\widetilde{c}_j(t)} + \frac{e_j^T \cdot B}{e_j^T \cdot M \cdot e_j} \cdot \underbrace{\frac{1}{\omega_j} \int\limits_{\tau=0}^{t} s(\tau) \sin\omega_j(t-\tau)d\tau}_{\widetilde{s}_j(t)}$$

In der obigen Darstellung für $\widetilde{c}_j(t)$ und $\widetilde{s}_j(t)$ treten Integrale der Form

$$\frac{1}{\omega_j} \int\limits_{\tau=0}^{t} \begin{bmatrix} \cos(\Omega_i\tau) \\ \sin(\Omega_i\tau) \end{bmatrix} \sin\omega_j(t-\tau)d\tau = \frac{1}{\Omega_i^2 - \omega_j^2} \begin{bmatrix} \cos\omega_j t - \cos\Omega_i t \\ (\Omega_i/\omega_j)\sin\omega_j t - \sin\Omega_i t \end{bmatrix} \qquad (13.87)$$

auf. Mit den Abkürzungen

$$\widetilde{c}_j(t) = \begin{bmatrix} \dfrac{\cos\omega_j t - \cos\Omega_1 t}{\Omega_1^2 - \omega_j^2} \\ \dfrac{\cos\omega_j t - \cos\Omega_2 t}{\Omega_2^2 - \omega_j^2} \\ \vdots \\ \dfrac{\cos\omega_j t - \cos\Omega_n t}{\Omega_n^2 - \omega_j^2} \end{bmatrix}, \quad \widetilde{s}_j(t) = \begin{bmatrix} \dfrac{(\Omega_1/\omega_j)\sin\omega_j t - \sin\Omega_1 t}{\Omega_1^2 - \omega_j^2} \\ \dfrac{(\Omega_2/\omega_j)\sin\omega_j t - \sin\Omega_2 t}{\Omega_2^2 - \omega_j^2} \\ \vdots \\ \dfrac{(\Omega_n/\omega_j)\sin\omega_j t - \sin\Omega_n t}{\Omega_n^2 - \omega_j^2} \end{bmatrix}$$

können wir dann kürzer schreiben

$$f_{j,p}(t) = \frac{e_j^T \cdot [A \cdot \widetilde{c}_j(t) + B \cdot \widetilde{s}_j(t)]}{e_j^T \cdot M \cdot e_j} \qquad (13.88)$$

Sind die Zeitfunktionen $f_{j,p}(t)$ bekannt, dann werden mit (13.78) die Verschiebungen $\hat{q}(t)$ berechnet. Mit (13.87) laufen wir in ein Problem, wenn die Erregerkreisfrequenz Ω_i die Eigenkreisfrequenz ω_j, erreicht, denn dann sind die Integrale wegen der unbestimmten Form 0/0 nicht direkt auswertbar. Nach der Regel von Bernoulli-L'Hospital können wir diese jedoch durch ihre Grenzwerte

$$\lim_{\Omega_i \to \omega_j} \frac{\cos\omega_j t - \cos\Omega_i t}{\Omega_i^2 - \omega_j^2} = \frac{\omega_j t \sin\omega_j t}{2\omega_j^2}$$

$$\lim_{\Omega_i \to \omega_j} \frac{(\Omega_i/\omega_j)\sin\omega_j t - \sin\Omega_i t}{\Omega_i^2 - \omega_j^2} = \frac{\sin\omega_j t - \omega_j t \cos\omega_j t}{2\omega_j^2}$$

ersetzen, also durch linear in t anwachsende Funktionen, was die Amplituden mit zunehmender Zeit über alle Grenzen wachsen lässt. Wir sprechen dann vom Resonanzfall.

Beispiel 13-13:

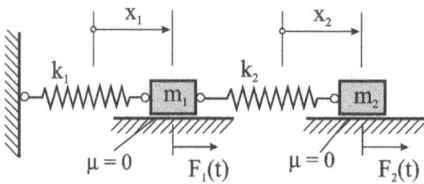

Abb. 13.36   *Erzwungene Schwingungen*

Der skizzierte Zweimassenschwinger in Abb. 13.36 wird durch die an den Massen m_1 und m_2 angreifenden harmonischen Kräfte $F_1(t) = F_{10}\cos(t - \pi/6)$ und $F_2(t) = F_{20}\sin(2t)$ belastet. Gesucht ist die Antwort des Systems, wenn beide Massen zum Zeitpunkt $t = 0$ in Ruhe waren.

Geg.: $F_{10} = 5\,N$, $F_{20} = 2\,N$, $m_1 = 10\,kg$, $m_2 = 5\,kg$, $k_1 = 17\,N/m$, $k_2 = 3\,N/m$.

Lösung: Die in Beispiel 13-11 erzielten Ergebnisse können für die Schritte 1 und 2 übernommen werden. Dort waren $\omega_1 = 1,456\,s^{-1}$, $\omega_2 = 0,694\,s^{-1}$, und die zugehörigen normierten Eigenvektoren ergaben sich zu $\mathbf{e_1} = \begin{bmatrix} 0,9300 \\ -0,3675 \end{bmatrix}$, $\mathbf{e_2} = \begin{bmatrix} -0,1938 \\ -0,9810 \end{bmatrix}$. Wir setzen dann bei 3.) wieder neu an.

3.) Berechnung der modalen Belastungen

Unter Beachtung von $F_1(t) = 5\cos(t - \pi/6) = 4,33\cos t + 2,5\sin t$ und $F_2(t) = 2\sin(2t)$ erhalten wir $\mathbf{c} = \begin{bmatrix} \cos t \\ 0 \end{bmatrix}$, $\mathbf{s} = \begin{bmatrix} \sin t \\ \sin 2t \end{bmatrix}$, $\mathbf{A} = diag[4,33 \quad 0]$, $\mathbf{B} = diag[2,5 \quad 2]$ und damit

$$\overline{K}_1(t) = \frac{\mathbf{e_1^T} \cdot [\mathbf{A} \cdot \mathbf{c}(t) + \mathbf{B} \cdot \mathbf{s}(t)]}{\mathbf{e_1^T} \cdot \mathbf{M} \cdot \mathbf{e_1}} = 0,4319\cos t + 0,2493\sin t - 0,0788\sin 2t$$

$$\overline{K}_2(t) = \frac{\mathbf{e_2^T} \cdot [\mathbf{A} \cdot \mathbf{c}(t) + \mathbf{B} \cdot \mathbf{s}(t)]}{\mathbf{e_2^T} \cdot \mathbf{M} \cdot \mathbf{e_2}} = -0,1618\cos t - 0,0934\sin t - 0,3782\sin 2t$$

4.) Berechnung der partikulären Lösungen

$$\widetilde{\mathbf{c}}_1 = \begin{bmatrix} 0,8940(\cos t - \cos 1,456t) \\ 0,5315(\cos 1,456t - \cos 2t) \end{bmatrix}, \qquad \widetilde{\mathbf{c}}_2 = \begin{bmatrix} 1,9285(\cos 0,694t - \cos t) \\ 0,2842(\cos 0,694t - \cos 2t) \end{bmatrix}$$

$$\widetilde{\mathbf{s}}_1 = \begin{bmatrix} 0,8940\sin t - 0,6142\sin 1,456t \\ 0,7303\sin 1,456t - 0,532\sin 2t \end{bmatrix}, \qquad \widetilde{\mathbf{s}}_2 = \begin{bmatrix} 2,7793\sin 0,694t - 1,929\sin t \\ 0,8192\sin 0,694t - 0,284\sin 2t \end{bmatrix}$$

$$f_{1,p}(t) = \frac{\mathbf{e_1^T} \cdot [\mathbf{A} \cdot \widetilde{\mathbf{c}}_1(t) + \mathbf{B} \cdot \widetilde{\mathbf{s}}_1(t)]}{\mathbf{e_1^T} \cdot \mathbf{M} \cdot \mathbf{e_1}}$$

$$= 0,3861(\cos t - \cos 1,456t) - 0,2107\sin 1,456t + 0,223\sin t + 0,042\sin 2t$$

$$f_{2,p}(t) = \frac{\mathbf{e}_2^T \cdot [\mathbf{A} \cdot \tilde{\mathbf{c}}_2(t) + \mathbf{B} \cdot \tilde{\mathbf{s}}_2(t)]}{\mathbf{e}_2^T \cdot \mathbf{M} \cdot \mathbf{e}_2}$$

$$= 0{,}3120(\cos t - \cos 0{,}694t) - 0{,}5694\sin 0{,}694t + 0{,}1801\sin t + 0{,}1075\sin 2t$$

5.) Berechnung der Verschiebungen

$$\mathbf{x}(t) = f_{1,p}(t)\mathbf{e}_1 + f_{2,p}(t)\mathbf{e}_2 = \begin{bmatrix} 0{,}9300 \\ -0{,}3675 \end{bmatrix} f_{1,p}(t) + \begin{bmatrix} -0{,}1938 \\ -0{,}9810 \end{bmatrix} f_{2,p}(t)$$

$$\mathbf{x}(t) = \begin{bmatrix} -0{,}3591 \\ 0{,}1419 \end{bmatrix} \cos 1{,}456t + \begin{bmatrix} 0{,}2986 \\ -0{,}4479 \end{bmatrix} \cos t + \begin{bmatrix} -0{,}1960 \\ 0{,}0774 \end{bmatrix} \sin 1{,}456t + \begin{bmatrix} 0{,}1724 \\ -0{,}2586 \end{bmatrix} \sin t$$

$$+ \begin{bmatrix} 0{,}0181 \\ -0{,}1208 \end{bmatrix} \sin 2t + \begin{bmatrix} 0{,}0605 \\ 0{,}3061 \end{bmatrix} \cos 0{,}694t + \begin{bmatrix} 0{,}1104 \\ 0{,}5586 \end{bmatrix} \sin 0{,}694t$$

Auf die formelmäßige Angabe der Geschwindigkeiten wird verzichtet, sie können Abb. 13.38 entnommen werden.

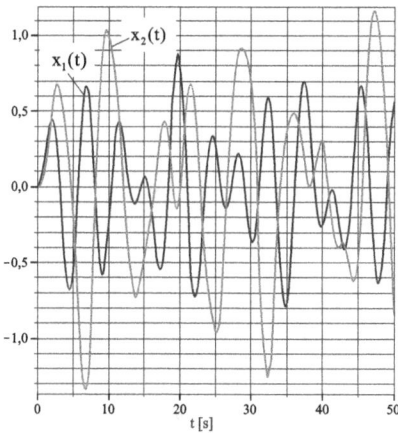

Abb. 13.37 Auslenkungen [m]

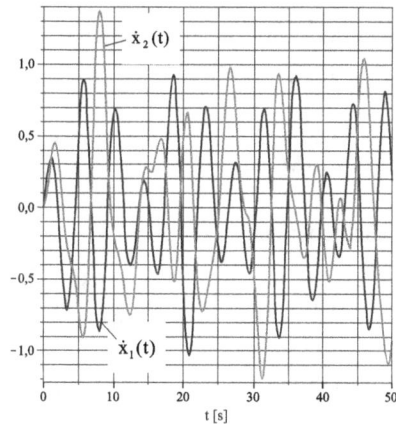

Abb. 13.38 Geschwindigkeiten [m/s]

Beispiel 13-14:

Wir betrachten wieder das Beispiel 13-11, jedoch diesmal nur mit der harmonischen Kraft $F_2(t) = 5\sin(1{,}456t)$, deren Erregerkreisfrequenz Ω_2 mit der Eigenkreisfrequenz ω_1 übereinstimmt, es ist also $\Omega_2 = \omega_1$. Die im Beispiel 13-11 erzielten Ergebnisse können für die Schritte 1 und 2 übernommen werden. Dort waren

$$\omega_1 = 1{,}456\,\mathrm{s}^{-1}, \quad \omega_2 = 0{,}694\,\mathrm{s}^{-1}, \quad \mathbf{e}_1 = \begin{bmatrix} 0{,}9300 \\ -0{,}3675 \end{bmatrix}, \quad \mathbf{e}_2 = \begin{bmatrix} -0{,}1938 \\ -0{,}9810 \end{bmatrix}.$$

Wir setzen dann bei 3.) wieder neu an.

3.) Berechnung der modalen Belastungen

Wegen $F_1(t) = 0$ und $F_2(t) = 5\sin(1{,}455t)$ verbleibt

$$\mathbf{k}(t) = \mathbf{B} \cdot \mathbf{s}(t) \text{ mit } \mathbf{B} = \mathrm{diag}[0 \quad 5] \text{ und } \mathbf{s}(t) = \begin{bmatrix} 0 \\ \sin 1{,}455t \end{bmatrix}. \text{ Damit sind}$$

$$\overline{K}_1(t) = \frac{\mathbf{e}_1^T \cdot \mathbf{B} \cdot \mathbf{s}(t)}{\mathbf{e}_1^T \cdot \mathbf{M} \cdot \mathbf{e}_1} = -0{,}1970\sin 1{,}456t, \quad \overline{K}_2(t) = \frac{\mathbf{e}_2^T \cdot \mathbf{B} \cdot \mathbf{s}(t)}{\mathbf{e}_2^T \cdot \mathbf{M} \cdot \mathbf{e}_2} = -0{,}9455\sin 1{,}456t$$

4.) Berechnung der partikulären Lösungen

$$\tilde{\mathbf{c}}_1 = \begin{bmatrix} 0{,}4720 - 0{,}4720\cos 1{,}456t \\ 0{,}3435t\sin 1{,}456t \end{bmatrix}, \qquad \tilde{\mathbf{c}}_2 = \begin{bmatrix} 2{,}0770(1-\cos 0{,}694t) \\ 0{,}6108(\cos 0{,}694t - \cos 1{,}456t) \end{bmatrix}$$

$$\tilde{\mathbf{s}}_1 = \begin{bmatrix} 0 \\ 0{,}2360\sin 1{,}456t - 0{,}3435\cos 1{,}456t \end{bmatrix}, \quad \tilde{\mathbf{s}}_2 = \begin{bmatrix} 0 \\ 1{,}2814\sin 0{,}694t - 0{,}6108\sin 1{,}456t \end{bmatrix}$$

$$f_{1,p}(t) = \frac{\mathbf{e}_1^T \cdot \mathbf{B} \cdot \tilde{\mathbf{s}}_1(t)}{\mathbf{e}_1^T \cdot \mathbf{M} \cdot \mathbf{e}_1} = -0{,}0465\sin 1{,}456t + 0{,}0677t\cos 1{,}456t$$

$$f_{2,p}(t) = \frac{\mathbf{e}_2^T \cdot \mathbf{B} \cdot \tilde{\mathbf{s}}_2(t)}{\mathbf{e}_2^T \cdot \mathbf{M} \cdot \mathbf{e}_2} = -1{,}2115\cdot\sin 0{,}694t + 0{,}5776\cdot\sin 1{,}456t$$

5.) Verschiebungen

$$\mathbf{x}(t) = f_{1,p}(t)\mathbf{e}_1 + f_{2,p}(t)\mathbf{e}_2 = \begin{bmatrix} 0{,}9300 \\ -0{,}3675 \end{bmatrix} f_{1,p}(t) + \begin{bmatrix} -0{,}1938 \\ -0{,}9810 \end{bmatrix} f_{2,p}(t)$$

$$\mathbf{x}(t) = \begin{bmatrix} -0{,}1552 \\ -0{,}5495 \end{bmatrix}\sin(1{,}456t) + \begin{bmatrix} 0{,}0630t \\ -0{,}0249t \end{bmatrix}\cos(1{,}456t) + \begin{bmatrix} 0{,}2348 \\ 1{,}1886 \end{bmatrix}\sin(0{,}694t) \text{ [m]}$$

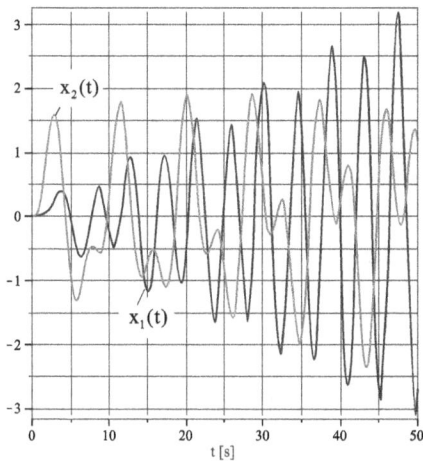

Abb. 13.39 Auslenkungen ($\Omega_2 = \omega_1$)   *Abb. 13.40* Auslenkungen ($\Omega_2 = \omega_2$)

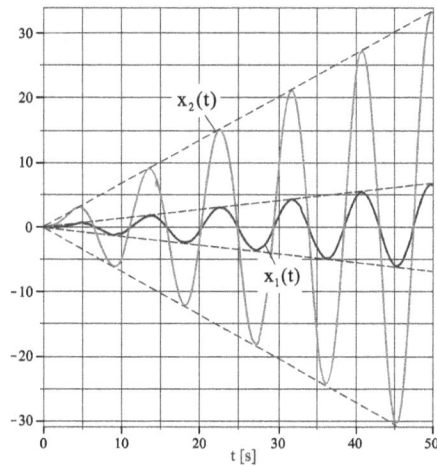

6.) Geschwindigkeiten

Die Geschwindigkeiten folgen aus den Verschiebungen durch Ableitung nach der Zeit t.

$$\dot{\mathbf{x}}(t) = \begin{bmatrix} -0,1629 \\ -0,8247 \end{bmatrix} \cos(1,456t) + \begin{bmatrix} -0,0916t \\ 0,0362t \end{bmatrix} \sin(1,456t) + \begin{bmatrix} 0,1629 \\ 0,8247 \end{bmatrix} \cos(0,694t) \ [\text{m/s}]$$

Wie leicht nachgeprüft werden kann, erfüllen die obigen Lösungen die homogenen Anfangswerte $\mathbf{x}(t = 0) = 0$ und $\dot{\mathbf{x}}(t = 0) = 0$.

Die Verschiebungen für den Fall $\Omega_2 = \omega_1$ können Abb. 13.39 entnommen werden, und Abb. 13.40 zeigt die Auslenkungen beider Massen im Fall $\Omega_2 = \omega_2$. Speziell in dieser Darstellung kann das lineare Anwachsen der Amplituden mit zunehmender Zeit t gut beobachtet werden.

13.3.3   Periodische Belastungen

Handelt es sich bei den Erregerkraftgrößen mit $\mathbf{k}(t) = \mathbf{k}(t + T_F)$ speziell um periodische Lasten mit der Periode T_F, dann können diese immer als Fourier-Entwicklung

$$\mathbf{k}(t) = \sum_{k=1}^{\infty} (\mathbf{a}_k \cos \Omega_k t + \mathbf{b}_k \sin \Omega_k t) \qquad (\Omega_k = k\Omega = k\frac{2\pi}{T_F}) \qquad (13.89)$$

mit den Koeffizienten

$$\mathbf{a}_k = \frac{2}{T_F} \int\limits_{t=0}^{T_F} \mathbf{k}(t)\cos\Omega_k t \, dt, \quad \mathbf{b}_k = \frac{2}{T_F} \int\limits_{t=0}^{T_F} \mathbf{k}(t)\sin\Omega_k t \, dt$$

dargestellt werden. Berücksichtigen wir in (13.85) die Form (13.89), dann treten Integrale nach (13.87) auf, und die partikuläre Lösung errechnet sich zu

$$\hat{\mathbf{q}}_p(t) = \sum_{m=1}^{n}\left[\int\limits_{\tau=0}^{t} \frac{\mathbf{e}_m^T \cdot \mathbf{k}(\tau)}{\omega_m \, \mathbf{e}_m^T \cdot \mathbf{M}\cdot\mathbf{e}_m}\sin\omega_m(t-\tau)d\tau\right]\mathbf{e}_m$$

$$= \sum_{m=1}^{n}\left[\int\limits_{\tau=0}^{t} \frac{\mathbf{e}_m^T \cdot \sum\limits_{k=1}^{\infty}(\mathbf{a}_k\cos\Omega_k t + \mathbf{b}_k\sin\Omega_k t)}{\omega_m \, \mathbf{e}_m^T \cdot \mathbf{M}\cdot\mathbf{e}_m}\sin\omega_m(t-\tau)d\tau\right]\mathbf{e}_m$$

$$= \sum_{m=1}^{n}\left[\sum_{k=1}^{\infty}\int\limits_{\tau=0}^{t} \frac{\mathbf{e}_m^T \cdot \mathbf{a}_k\cos\Omega_k t + \mathbf{e}_m^T\cdot\mathbf{b}_k\sin\Omega_k t}{\omega_m \, \mathbf{e}_m^T \cdot \mathbf{M}\cdot\mathbf{e}_m}\sin\omega_m(t-\tau)d\tau\right]\mathbf{e}_m$$

Nach Durchführung der Integration erhalten wir

$$\hat{\mathbf{q}}_p(t) = \sum_{m=1}^{n}\left\{\sum_{k=1}^{\infty} \frac{\mathbf{e}_m^T \cdot \mathbf{a}_k(\cos\omega_m t - \cos\Omega_k t) + \mathbf{e}_m^T\cdot\mathbf{b}_k(\Omega_k/\omega_m\sin\omega_m t - \sin\Omega_k t)}{\mathbf{e}_m^T \cdot \mathbf{M}\cdot\mathbf{e}_m(\Omega_k^2 - \omega_m^2)}\right\}\mathbf{e}_m$$

Dieser Beziehung entnehmen wir, dass $\hat{\mathbf{q}}_p(t)$ immer dann über alle Grenzen wachsen kann, wenn einerseits $\Omega_k = \omega_m$ ist, wenn also ein ganzzahliges Vielfaches der Erregerkraftfrequenz Ω mit einer Eigenkreisfrequenz ω_m übereinstimmt, und nicht gleichzeitig die Erregerkraftamplituden $\mathbf{a}_k$ und $\mathbf{b}_k$ zum m-ten Eigenvektor $\mathbf{e}_m$ orthogonal sind, d.h. sofern nicht gleichzeitig die Skalarprodukte $\mathbf{e}_m^T \cdot \mathbf{a}_k = 0$ und $\mathbf{e}_m^T \cdot \mathbf{b}_k = 0$ verschwinden. Wir sprechen dann vom Resonanzfall.

13.3.4   Anwendung der Modalanalyse

Zur Lösung des Problems der erzwungenen ungedämpften Schwingungen mittels der Modalanalyse führen wir mit $\hat{\mathbf{q}}(t) = \mathbf{M}^{-1/2}\cdot\hat{\mathbf{p}}(t)$ entsprechend (13.58) eine neue Variable $\hat{\mathbf{p}}$ ein. Durch Linksmultiplikation mit $\mathbf{M}^{-1/2}$ geht dann (13.76) unter Beachtung von $\mathbf{M}^{-1/2}\cdot\mathbf{M}\cdot\mathbf{M}^{-1/2} = \mathbf{I}$ und $\mathbf{\Omega}^2 = \mathbf{M}^{-1/2}\cdot\mathbf{K}\cdot\mathbf{M}^{-1/2}$ über in

$$\ddot{\hat{\mathbf{p}}} + \mathbf{\Omega}^2\cdot\hat{\mathbf{p}} = \mathbf{M}^{-1/2}\cdot\mathbf{k}(t) \tag{13.90}$$

Bezeichnet $\mathbf{\Phi}$ die Eigenvektormatrix nach (13.60), dann transformieren wir die bezogenen Bewegungskoordinaten $\hat{\mathbf{p}}(t)$ mittels $\hat{\mathbf{p}}(t) = \mathbf{\Phi}\cdot\tilde{\mathbf{q}}(t)$ in die Hauptkoordinaten $\tilde{\mathbf{q}}$. (13.90) geht dann über in $\boldsymbol{\Phi} \cdot \ddot{\tilde{\mathbf{q}}} + \boldsymbol{\Omega}^2 \cdot \boldsymbol{\Phi} \cdot \tilde{\mathbf{q}} = \mathbf{M}^{-1/2} \cdot \mathbf{k}(t)$, und nach Linksmultiplikation mit $\boldsymbol{\Phi}^T$ unter Beachtung von $\boldsymbol{\Phi}^T \cdot \boldsymbol{\Phi} = \mathbf{I}$ erhalten wir $\ddot{\tilde{\mathbf{q}}} + \boldsymbol{\Phi}^T \cdot \boldsymbol{\Omega}^2 \cdot \boldsymbol{\Phi} \cdot \tilde{\mathbf{q}} = \boldsymbol{\Phi}^T \cdot \mathbf{M}^{-1/2} \cdot \mathbf{k}(t)$. Auf der Hauptdiagonale der Spektralmatrix $\boldsymbol{\Phi}^T \cdot \boldsymbol{\Omega}^2 \cdot \boldsymbol{\Phi} = \tilde{\boldsymbol{\Omega}}^2 = \text{diag}[\tilde{\omega}_j^2]$ stehen die Quadrate der modalen Eigenkreisfrequenzen, die mit denjenigen in physikalischen Koordinaten übereinstimmen ($\omega_j = \tilde{\omega}_j$). Setzen wir noch für die rechte Seite

$$\boldsymbol{\Phi}^T \cdot \mathbf{M}^{-1/2} \cdot \mathbf{k}(t) = \tilde{\mathbf{k}}(t) \tag{13.91}$$

dann folgt

$$\ddot{\tilde{\mathbf{q}}} + \tilde{\boldsymbol{\Omega}}^2 \cdot \tilde{\mathbf{q}} = \tilde{\mathbf{k}}(t) \tag{13.92}$$

Mit (13.92) liegen n entkoppelte inhomogene Differenzialgleichungen 2. Ordnung der Form

$$\begin{bmatrix} \ddot{\tilde{q}}_1 \\ \ddot{\tilde{q}}_2 \\ \cdots \\ \ddot{\tilde{q}}_n \end{bmatrix} + \begin{bmatrix} \tilde{\omega}_1^2 & 0 & \cdots & 0 \\ 0 & \tilde{\omega}_2^2 & \cdots & 0 \\ \cdots & \cdots & \cdots & \cdots \\ 0 & 0 & \cdots & \tilde{\omega}_n^2 \end{bmatrix} \cdot \begin{bmatrix} \tilde{q}_1 \\ \tilde{q}_2 \\ \cdots \\ \tilde{q}_n \end{bmatrix} = \begin{bmatrix} \tilde{k}_1 \\ \tilde{k}_2 \\ \cdots \\ \tilde{k}_n \end{bmatrix}$$

oder

$$\ddot{\tilde{q}}_j + \tilde{\omega}_j^2 \tilde{q}_j = \tilde{k}_j \qquad (j = 1, \ldots, n) \tag{13.93}$$

vor, deren Lösungen

$$\tilde{q}_j(t) = \tilde{q}_{j,h}(t) + \tilde{q}_{j,p}(t) = \underbrace{\tilde{A}_j \cos(\tilde{\omega}_j t - \tilde{\alpha}_j)}_{\text{hom. Lösung}} + \underbrace{\frac{1}{\tilde{\omega}_j} \int_{\tau=0}^{t} \tilde{k}_j(\tau) \sin \tilde{\omega}_j(t - \tau) d\tau}_{\text{part. Lösung}}$$

(13.81) entsprechen. Die Amplituden $\tilde{A}_j$ und Phasenwinkel $\tilde{\alpha}_j$ in der homogenen Lösung $\tilde{q}_{j,h}$ bezeichnen wieder Integrationskonstanten zur Erfüllung allgemeiner Anfangswerte. Die partikulären Lösungen $\tilde{q}_{j,p}$ sowie $\dot{\tilde{q}}_{j,p}$ verschwinden an der Stelle $t = 0$, so dass im Falle homogener Anfangsbedingungen $\hat{\mathbf{q}}_0 = \dot{\hat{\mathbf{q}}}_0 = \mathbf{0}$ lediglich

$$\tilde{q}_j(t) = \frac{1}{\tilde{\omega}_j} \int_{\tau=0}^{t} \tilde{k}_j(\tau) \sin \tilde{\omega}_j(t - \tau) d\tau \tag{13.94}$$

verbleibt. Zur Erfüllung allgemeiner inhomogener Anfangsbedingungen werden also nur die Lösungen der homogenen Bewegungsgleichung

$$\tilde{q}_{j,h}(t) = \tilde{A}_j \cos(\tilde{\omega}_j t - \tilde{\alpha}_j) \text{ und } \dot{\tilde{q}}_{j,h}(t) = -\tilde{A}_j \tilde{\omega}_j \sin(\tilde{\omega}_j t - \tilde{\alpha}_j)$$

benötigt. Zur Beschreibung der Anfangswerte ist mit (13.67) die Matrix der Eigenformen $\mathbf{S} = \mathbf{M}^{-1/2} \cdot \mathbf{\Phi}$ zu bilden. Unter Beachtung von $\hat{\mathbf{q}}(t) = \mathbf{M}^{-1/2} \cdot \mathbf{p}(t) = \mathbf{M}^{-1/2} \cdot \mathbf{\Phi} \cdot \tilde{\mathbf{q}}(t) = \mathbf{S} \cdot \tilde{\mathbf{q}}(t)$ folgt $\tilde{\mathbf{q}}(t) = \mathbf{S}^{-1} \cdot \hat{\mathbf{q}}(t)$ und damit die modalen Anfangsbedingungen zum Zeitpunkt t = 0

$$\tilde{\mathbf{q}}_0 = \mathbf{S}^{-1} \cdot \hat{\mathbf{q}}_0, \quad \dot{\tilde{\mathbf{q}}}_0 = \mathbf{S}^{-1} \cdot \dot{\hat{\mathbf{q}}}_0$$

Sind die Lösungen $\tilde{\mathbf{q}}(t)$ und $\dot{\tilde{\mathbf{q}}}(t)$ bekannt, dann erfolgt mittels

$$\hat{\mathbf{q}}(t) = \mathbf{S} \cdot \tilde{\mathbf{q}}(t), \quad \dot{\hat{\mathbf{q}}}(t) = \mathbf{S} \cdot \dot{\tilde{\mathbf{q}}}(t)$$

die Transformation der Verschiebungen in die physikalischen Koordinaten.

Beispiel 13-15:

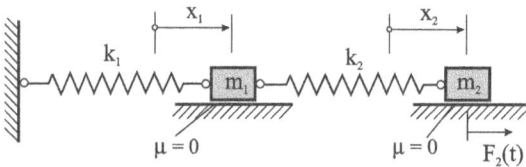

Abb. 13.41 *Erzwungene Schwingungen*

Der skizzierte Zweimassenschwinger in Abb. 13.41 wird durch die an der Masse m_2 angreifende harmonische Kraft $F_2(t) = F_{20} \sin(\Omega t)$ belastet. Gesucht ist die Antwort des Systems, wenn beide Massen zum Zeitpunkt t = 0 in Ruhe waren.

Geg.: $F_{20} = 5\,\text{N}$, $\Omega = 2\,\text{s}^{-1}$, $m_1 = 10\,\text{kg}$, $m_2 = 5\,\text{kg}$, $k_1 = 17\,\text{N}/\text{m}$, $k_2 = 3\,\text{N}/\text{m}$

Lösung: Wir gehen wieder in Schritten vor.

1.) Berechnung der Matrizen $\mathbf{M}^{1/2}$ und $\mathbf{M}^{-1/2}$

$$\mathbf{M}^{1/2} = \begin{bmatrix} 3,122 & 0 \\ 0 & 2,236 \end{bmatrix}, \quad \mathbf{M}^{-1/2} = \begin{bmatrix} 0,316 & 0 \\ 0 & 0,447 \end{bmatrix}$$

2.) Berechnung der massennormalisierten Steifigkeitsmatrix

$$\mathbf{\Omega}^2 = \mathbf{M}^{-1/2} \cdot \mathbf{K} \cdot \mathbf{M}^{-1/2} = \begin{bmatrix} 2,000 & -0,424 \\ -0,424 & 0,600 \end{bmatrix}$$

3.) Lösung des speziellen Eigenwertproblems $(\mathbf{\Omega}^2 - \omega^2 \mathbf{I}) \cdot \mathbf{a} = 0$

$$\omega_1^2 = 0,4815 \qquad \rightarrow \omega_1 = 0,6939 \qquad \rightarrow f_1 = 0,1104 \, \text{Hz}$$

$$\omega_2^2 = 2,1185 \qquad \rightarrow \omega_2 = 1,4555 \qquad \rightarrow f_2 = 0,2317 \, \text{Hz}$$

$$\mathbf{e}_1 = \begin{bmatrix} -0,2691 \\ -0,9631 \end{bmatrix}, \ \mathbf{e}_2 = \begin{bmatrix} -0,9631 \\ 0,2691 \end{bmatrix}$$

4.) Bildung der Eigenvektormatrix $\boldsymbol{\Phi}$ und der Spektralmatrix $\boldsymbol{\Omega}^2$

$$\boldsymbol{\Phi} = \begin{bmatrix} -0,2691 & -0,9631 \\ -0,9631 & 0,2691 \end{bmatrix}, \ \widetilde{\boldsymbol{\Omega}}^2 = \boldsymbol{\Phi}^T \cdot \boldsymbol{\Omega}^2 \cdot \boldsymbol{\Phi} = \begin{bmatrix} 0,4815 & 0 \\ 0 & 2,1185 \end{bmatrix}$$

5.) Berechnung von $\mathbf{S}$ und $\mathbf{S}^{-1}$

$$\mathbf{S} = \mathbf{M}^{-1/2} \cdot \boldsymbol{\Phi} = \begin{bmatrix} -0,0851 & -0,3046 \\ -0,4307 & 0,1203 \end{bmatrix}, \ \mathbf{S}^{-1} = \boldsymbol{\Phi}^T \cdot \mathbf{M}^{1/2} = \begin{bmatrix} -0,8509 & -2,1536 \\ -3,0456 & 0,6017 \end{bmatrix}$$

Die Eigenbewegungen können spaltenweise der Matrix $\mathbf{S}$ entnommen werden.

6.) Berechnung der modalen Belastungen

$$\widetilde{\mathbf{k}}(t) = \mathbf{S}^T \cdot \mathbf{k}(t) = \begin{bmatrix} -0,0851 & -0,4307 \\ -0,3046 & 0,1203 \end{bmatrix} \cdot \begin{bmatrix} 0 \\ 5\sin(2t) \end{bmatrix} = \begin{bmatrix} -2,1536\sin(2t) \\ 0,6017\sin(2t) \end{bmatrix}$$

7.) Partikuläre Lösungen

$$\widetilde{q}_1(t) = \frac{1}{\omega_1} \int\limits_{\tau=0}^{t} \widetilde{k}_1(\tau) \sin \omega_1 (t-\tau) d\tau = \frac{-2,1536}{0,6939} \int\limits_{\tau=0}^{t} \sin(2\tau) \sin 0,6939(t-\tau) d\tau$$

$$= -1,7764\sin(0,6939t) + 0,61207\sin(2t)$$

$$\widetilde{q}_2(t) = \frac{1}{\omega_2} \int\limits_{\tau=0}^{t} \widetilde{k}_2(\tau) \sin \omega_2 (t-\tau) d\tau = \frac{0,6017}{1,4555} \int\limits_{\tau=0}^{t} \sin(2\tau) \sin 1,4555(t-\tau) d\tau$$

$$= 0,4394\sin(1,4555t) - 0,3198\sin(2t)$$

8.) Verschiebungen

$$\mathbf{x}(t) = \mathbf{S} \cdot \widetilde{\mathbf{q}}(t) = \begin{bmatrix} -0,0851 & -0,4307 \\ -0,3046 & 0,1203 \end{bmatrix} \cdot \begin{bmatrix} -1,7764\sin 0,6939t + 0,6121\sin 2t \\ 0,4394\sin 1,4555t - 0,3198\sin 2t \end{bmatrix}$$

$$= \begin{bmatrix} -0,1338\sin 1,4555t + 0,0453\sin 2t + 0,1501\sin 0,6939t \\ 0,0529\sin 1,4555t - 0,3021\sin 2t + 0,7599\sin 0,6939t \end{bmatrix}$$

Auf die formelmäßige Angabe der Geschwindigkeiten wird hier verzichtet. Die Auslenkungen der Massen m_1 und m_2 sind in Abb. 13.42 dargestellt, und Abb. 13.43 zeigt die Pfaddarstellung der Massen m_1 und m_2 in der (x_1, x_2)-Ebene.

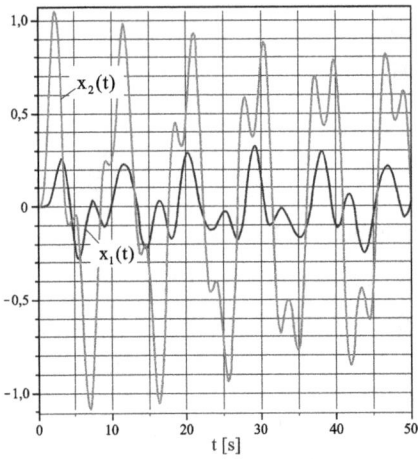

Abb. 13.42   *Auslenkungen [m]*

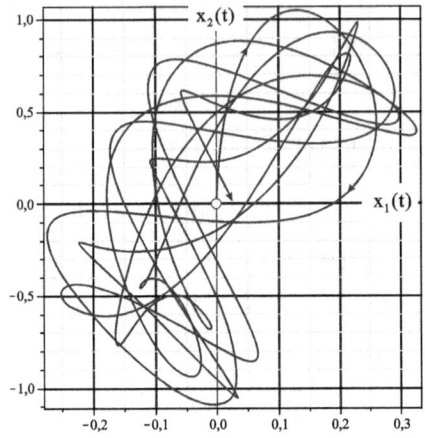

Abb. 13.43   *Pfad in der (x_1, x_2)-Ebene [m]*

14 Gedämpfte Bewegungen

Wir beschränken uns auf den Fall der linearen viskosen Dämpfung. Dann kann die Dissipationsleistung $\dot{R}$ immer als positiv-definite Bilinearform $\dot{R} = \dot{\mathbf{q}}^T \cdot \mathbf{C} \cdot \dot{\mathbf{q}}$ der Parametergeschwindigkeiten $\dot{\mathbf{q}}$ mit einer symmetrischen konstanten Dämpfungsmatrix

$$\mathbf{C} = \mathbf{C}^T = \begin{bmatrix} c_{11} & c_{12} & \cdots & c_{1n} \\ c_{21} & c_{22} & \cdots & c_{2n} \\ \vdots & \vdots & \vdots & \vdots \\ c_{n1} & \cdots & \cdots & c_{nn} \end{bmatrix} \qquad c_{jk} = c_{kj} = \frac{\partial^2 \dot{R}}{\partial \dot{q}_j \partial \dot{q}_k}$$

geschrieben werden. Bezeichnet E die kinetische Energie und $U = U_F + U_L$ die Feder- bzw. Lageenergie sowie $\dot{A}_k = \dot{\mathbf{q}}^T(t) \cdot \mathbf{k}(t)$ die Leistung der Erregerkräfte, dann lautet der Arbeitssatz $\dot{E} + \dot{U} + \dot{R} - \dot{A}_k = 0$ und wir erhalten $\dot{\mathbf{q}}^T \cdot [\mathbf{M} \cdot \ddot{\mathbf{q}} + \mathbf{C} \cdot \dot{\mathbf{q}} + \mathbf{K} \cdot \mathbf{q} + \mathbf{g} - \mathbf{k(t)}] = 0$. Diese Gleichung ist für beliebige Parametergeschwindigkeiten $\dot{\mathbf{q}}$ nur dann erfüllt, wenn die Bewegungsgleichung

$$\mathbf{M} \cdot \ddot{\mathbf{q}} + \mathbf{C} \cdot \dot{\mathbf{q}} + \mathbf{K} \cdot \mathbf{q} = -\mathbf{g} + \mathbf{k}(t) \qquad (14.1)$$

besteht.

14.1 Freie gedämpfte Bewegungen

Handelt es sich um freie gedämpfte Bewegungen, dann verbleibt von (14.1)

$$\mathbf{M} \cdot \ddot{\mathbf{q}} + \mathbf{C} \cdot \dot{\mathbf{q}} + \mathbf{K} \cdot \mathbf{q} = -\mathbf{g} \qquad (14.2)$$

Beziehen wir die Bewegung mit $\mathbf{q}(t) = \mathbf{q}_{st} + \hat{\mathbf{q}}(t)$ auf die statische Ruhelage $\mathbf{q}_{st} = -\mathbf{K}^{-1} \cdot \mathbf{g}$, so folgt die homogene Bewegungsgleichung

$$\mathbf{M} \cdot \ddot{\hat{\mathbf{q}}} + \mathbf{C} \cdot \dot{\hat{\mathbf{q}}} + \mathbf{K} \cdot \hat{\mathbf{q}} = \mathbf{0} \qquad (14.3)$$

Um hier zu einer Lösung zu kommen, wird die Auslenkung $\hat{\mathbf{q}}(t)$ mittels der Transformation

$$\hat{q}(t) = \mathbf{M}^{-1/2} \cdot \hat{\mathbf{p}}(t) \tag{14.4}$$

in $\hat{\mathbf{p}}(t)$ übergeführt. Einsetzen in (14.3) und Linksmultiplikation mit $\mathbf{M}^{-1/2}$ liefert die Bewegungsgleichung

$$\ddot{\hat{\mathbf{p}}} + 2\,\boldsymbol{\Delta} \cdot \dot{\hat{\mathbf{p}}} + \boldsymbol{\Omega}^2 \cdot \hat{\mathbf{p}} = \mathbf{0} \tag{14.5}$$

Zur Abkürzung wurden die symmetrischen Matrizen

$$\boldsymbol{\Delta} = \frac{1}{2}\mathbf{M}^{-1/2} \cdot \mathbf{C} \cdot \mathbf{M}^{-1/2}, \quad \boldsymbol{\Omega}^2 = \mathbf{M}^{-1/2} \cdot \mathbf{K} \cdot \mathbf{M}^{-1/2} \tag{14.6}$$

eingeführt. Sollen von (14.5) wieder Synchronlösungen gesucht werden, dann wird folgender Ansatz gemacht

$$\hat{\mathbf{p}}(t) = \mathbf{c}\exp(\zeta t) \quad \rightarrow \dot{\hat{\mathbf{p}}}(t) = \mathbf{c}\,\zeta\exp(\zeta t) \tag{14.7}$$

Einsetzen von (14.7) in (14.5) liefert

$$(\zeta^2\mathbf{I} + 2\,\zeta\boldsymbol{\Delta} + \boldsymbol{\Omega}^2) \cdot \mathbf{c} = \mathbf{0} \tag{14.8}$$

Die noch unbekannten charakteristischen Exponenten ζ_j ($j = 1,..., 2n$) sind aus

$$\det(\zeta^2\mathbf{I} + 2\,\zeta\boldsymbol{\Delta} + \boldsymbol{\Omega}^2) = 0 \tag{14.9}$$

und die den 2n Eigenwerten charakteristischen 2n Eigenvektoren $\mathbf{e}_k$ aus

$$(\zeta_k^2\mathbf{I} + 2\,\zeta_k\boldsymbol{\Delta} + \boldsymbol{\Omega}^2) \cdot \mathbf{e}_k = \mathbf{0} \tag{14.10}$$

mit einer passenden Normierungsbedingung (etwa $\mathbf{e}_k^2 = 1$) zu berechnen.

Hinweis: Im Vergleich zum ungedämpften Fall enthält die charakteristische Gleichung jetzt auch ungerade Potenzen von ζ. Damit gibt es genau 2n Eigenwerte, die aufgrund der reellen Koeffizienten des charakteristischen Polynoms entweder reell oder paarweise konjugiert komplex sind.

Die Lösungen (14.7) können dann entsprechend

$$\hat{\mathbf{p}}(t) = \sum_{k=1}^{2n} a_k \exp(\zeta_k t)\,\mathbf{e}_k\,, \quad \dot{\hat{\mathbf{p}}}(t) = \sum_{k=1}^{2n} a_k \zeta_k \exp(\zeta_k t)\,\mathbf{e}_k \tag{14.11}$$

verallgemeinert werden, wobei die skalaren Konstanten a_k ($k = 1,..., 2n$) noch aus den Anfangsbedingungen

$$\hat{\mathbf{p}}(t=0) = \hat{\mathbf{p}}_0 = \sum_{k=1}^{2n} a_k\,\mathbf{e}_k\,, \quad \dot{\hat{\mathbf{p}}}(t=0) = \dot{\hat{\mathbf{p}}}_0 = \sum_{k=1}^{2n} a_k \zeta_k \mathbf{e}_k \tag{14.12}$$

zu bestimmen sind. Zur Lösung dieses Anfangswertproblems beschaffen wir uns folgende Orthogonalitätsbedingungen. Einerseits folgt aus (14.10) durch Linksmultiplikation mit $\mathbf{e}_j^T$

$$\mathbf{e}_j^T \cdot (\zeta_k^2 \mathbf{I} + 2\,\zeta_k\,\mathbf{\Delta} + \mathbf{\Omega}^2) \cdot \mathbf{e}_k = \zeta_k^2 \mathbf{e}_j^T \cdot \mathbf{e}_k + 2\,\zeta_k \mathbf{e}_j^T \cdot \mathbf{\Delta} \cdot \mathbf{e}_k + \mathbf{e}_j^T \cdot \mathbf{\Omega}^2 \cdot \mathbf{e}_k = 0 \qquad (14.13)$$

Vertauschen wir in der obigen Gleichung j mit k und ziehen diese unter Beachtung von

$$\mathbf{e}_k^T \cdot \mathbf{\Delta} \cdot \mathbf{e}_j = \mathbf{e}_j^T \cdot \mathbf{\Delta} \cdot \mathbf{e}_k \quad \text{und} \quad \mathbf{e}_k^T \cdot \mathbf{\Omega}^2 \cdot \mathbf{e}_j = \mathbf{e}_j^T \cdot \mathbf{\Omega}^2 \cdot \mathbf{e}_k$$

von (14.13) ab, dann erhalten wir nach dem Herauskürzen von $\zeta_j - \zeta_k \neq 0$

$$(\zeta_j + \zeta_k)\,\mathbf{e}_j^T \cdot \mathbf{e}_k + 2\,\mathbf{e}_j^T \cdot \mathbf{\Delta} \cdot \mathbf{e}_k = 0 \qquad (\zeta_j \neq \zeta_k) \qquad (14.14)$$

Andererseits folgt durch Linksmultiplikation von (14.10) mit $1/\zeta_k\,\mathbf{e}_j^T$

$$\frac{1}{\zeta_k}\mathbf{e}_j^T \cdot (\zeta_k^2 \mathbf{I} + 2\,\zeta_k\,\mathbf{\Delta} + \mathbf{\Omega}^2) \cdot \mathbf{e}_k = \zeta_k \mathbf{e}_j^T \cdot \mathbf{e}_k + 2\,\mathbf{e}_j^T \cdot \mathbf{\Delta} \cdot \mathbf{e}_k + \frac{1}{\zeta_k}\mathbf{e}_j^T \cdot \mathbf{\Omega}^2 \cdot \mathbf{e}_k = 0 \qquad (14.15)$$

Vertauschen wir auch hier j mit k und ziehen diese von (14.15) ab, dann erhalten wir

$$\zeta_j \zeta_k \mathbf{e}_j^T \cdot \mathbf{e}_k - \mathbf{e}_j^T \cdot \mathbf{\Omega}^2 \cdot \mathbf{e}_k = 0 \qquad (\zeta_j \neq \zeta_k) \qquad (14.16)$$

Zur Berechnung der Konstanten a_k werten wir nun die folgende Bedingung aus

$$\mathbf{\Omega}^2 \cdot \hat{\mathbf{p}}_0 - \zeta_j \dot{\hat{\mathbf{p}}}_0 = \sum_{k=1}^{2n} a_k (\mathbf{\Omega}^2 \cdot \mathbf{e}_k - \zeta_j \zeta_k \mathbf{e}_k) \qquad (j=1,...,2n) \qquad (14.17)$$

Skalarmultiplikation von links mit $\mathbf{e}_j^T$ ergibt unter Beachtung von (14.16)

$$a_k = \frac{\mathbf{e}_k^T \cdot \mathbf{\Omega}^2 \cdot \hat{\mathbf{p}}_0 - \zeta_k \mathbf{e}_k^T \cdot \dot{\hat{\mathbf{p}}}_0}{\mathbf{e}_k^T \cdot \mathbf{\Omega}^2 \cdot \mathbf{e}_k - \zeta_k^2 \mathbf{e}_k^2} = \frac{\mathbf{e}_k^T \cdot \mathbf{\Omega}^2 \cdot \hat{\mathbf{p}}_0 - \zeta_k \mathbf{e}_k^T \cdot \dot{\hat{\mathbf{p}}}_0}{2\mathbf{e}_k^T \cdot (\zeta_k \mathbf{\Delta} + \mathbf{\Omega}^2) \cdot \mathbf{e}_k} \qquad (14.18)$$

Die zweite Beziehung folgt aus (14.10) durch Skalarmultiplikation von links mit $\mathbf{e}_k^T$, also $\mathbf{e}_k^T \cdot (\zeta_k^2 \mathbf{I} + 2\,\zeta_k\,\mathbf{\Delta} + \mathbf{\Omega}^2) \cdot \mathbf{e}_k = 0$ oder $-\zeta_k^2 \mathbf{e}_k^2 = 2\,\zeta_k\,\mathbf{e}_k^T \cdot \mathbf{\Delta} \cdot \mathbf{e}_k + \mathbf{e}_k^T \cdot \mathbf{\Omega}^2 \cdot \mathbf{e}_k$. Damit sind die freien Bewegungen eines gedämpften Mehrmassenschwingers bekannt und es gilt

$$\hat{\mathbf{p}}(t) = \sum_{k=1}^{2n} a_k \exp(\zeta_k t)\,\mathbf{e}_k = \sum_{k=1}^{2n} \frac{\mathbf{e}_k^T \cdot \mathbf{\Omega}^2 \cdot \hat{\mathbf{p}}_0 - \zeta_k \mathbf{e}_k^T \cdot \dot{\hat{\mathbf{p}}}_0}{\mathbf{e}_k^T \cdot \mathbf{\Omega}^2 \cdot \mathbf{e}_k - \zeta_k^2 \mathbf{e}_k^2} \exp(\zeta_k t)\,\mathbf{e}_k \qquad (14.19)$$

oder kürzer

$$\hat{\mathbf{p}}(t) = \mathbf{Z}_0(t) \cdot \hat{\mathbf{p}}_0 + \mathbf{Z}_1(t) \cdot \dot{\hat{\mathbf{p}}}_0 \qquad (14.20)$$

mit

$$Z_0 = Z_0(\Delta, \Omega^2, t) = \left[\sum_{k=1}^{2n} \frac{e_k \otimes e_k}{e_k^T \cdot \Omega^2 \cdot e_k - \zeta_k^2 e_k^2} \exp(\zeta_k t) \right] \cdot \Omega^2$$

$$Z_1 = Z_1(\Delta, \Omega^2, t) = -\sum_{k=1}^{2n} \frac{\zeta_k e_k \otimes e_k}{e_k^T \cdot \Omega^2 \cdot e_k - \zeta_k^2 e_k^2} \exp(\zeta_k t) = -\frac{dZ_0}{dt} \cdot \Omega^{-2}$$

(14.21)

Hinweis: Das dyadische Produkt $D = a \otimes b$ zweier Vektoren a und b ist ein Spezialfall des Tensors 2. Stufe. Die Komponentenmatrix von D ergibt sich als Matrizenprodukt von a mit b^T, das auch äußeres Produkt genannt wird (s.h. auch Kap. 16, Fundamentschwingungen).

Unter Beachtung von (14.5) genügen die Funktionen Z_0 und Z_1 den homogenen Differenzialgleichungen

$$\ddot{Z}_0 + 2\Delta \cdot \dot{Z}_0 + \Omega^2 \cdot Z_0 = 0, \quad \ddot{Z}_1 + 2\Delta \cdot \dot{Z}_1 + \Omega^2 \cdot Z_1 = 0$$

(14.22)

und als Folge der Anfangsbedingungen (14.12) müssen

$$Z_0(\Delta, \Omega^2, t = 0) = I; \qquad \dot{Z}_0\big|_{t=0} = 0$$

$$Z_1(\Delta, \Omega^2, t = 0) = 0; \qquad \dot{Z}_1\big|_{t=0} = I$$

(14.23)

erfüllt sein.

Ist $\hat{p}(t)$ berechnet, dann folgt mit (14.4) die Rücktransformation $\hat{q}(t) = M^{-1/2} \cdot \hat{p}(t)$ in physikalische Koordinaten.

Beispiel 14-1:

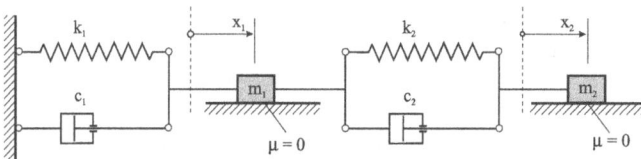

Abb. 14.1   Gedämpfter Zweimassenschwinger

Für die Schwingerkette in Abb. 14.1 sind die Auslenkungen und die Geschwindigkeiten zu ermitteln, wenn die Massen m_1 und m_2 aus der Ruhelage um jeweils 5 cm ausgelenkt und dann sich selbst überlassen werden.

Geg.: $m_1 = 27 \text{ kg}$, $m_2 = 22,5 \text{ kg}$, $c_1 = c_2 = 21,6 \text{ kg/s}$, $k_1 = 6800 \text{ kg/s}^2$, $k_2 = 2800 \text{ kg/s}^2$.

Lösung: Wenden wir das Newtonsche Grundgesetz auf die freigeschnittenen Massen m_1 und m_2 an, dann erhalten wir die beiden Bewegungsgleichungen

$$m_1\ddot{x}_1 = -k_1x_1 - c_1\dot{x}_1 + k_2(x_2 - x_1) + c_2(\dot{x}_2 - \dot{x}_1)$$
$$m_2\ddot{x}_2 = -k_2(x_2 - x_1) - c_2(\dot{x}_2 - \dot{x}_1)$$

Mit dem Verschiebungsvektor $\quad \mathbf{x}^T = \begin{bmatrix} x_1 & x_2 \end{bmatrix}$

der Massenmatrix $\qquad\qquad \mathbf{M} = \begin{bmatrix} m_1 & 0 \\ 0 & m_2 \end{bmatrix} = \begin{bmatrix} 27 & 0 \\ 0 & 22{,}5 \end{bmatrix}$

der Dämpfungsmatrix $\qquad \mathbf{C} = \begin{bmatrix} c_1 + c_2 & -c_2 \\ -c_2 & c_2 \end{bmatrix} = \begin{bmatrix} 43{,}2 & -21{,}6 \\ -21{,}6 & 21{,}6 \end{bmatrix}$

und der Steifigkeitsmatrix $\qquad \mathbf{K} = \begin{bmatrix} k_1 + k_2 & -k_2 \\ -k_2 & k_2 \end{bmatrix} = \begin{bmatrix} 9600 & -2800 \\ -2800 & 2800 \end{bmatrix}$

folgt symbolisch $\qquad\qquad \mathbf{M} \cdot \ddot{\mathbf{x}} + \mathbf{C} \cdot \dot{\mathbf{x}} + \mathbf{K} \cdot \mathbf{x} = \mathbf{0}$

1.) Berechnung von $\mathbf{M}^{1/2}$ und $\mathbf{M}^{-1/2}$

$$\mathbf{M}^{1/2} = \begin{bmatrix} 5{,}196 & 0 \\ 0 & 4{,}743 \end{bmatrix}, \quad \mathbf{M}^{-1/2} = \begin{bmatrix} 0{,}192 & 0 \\ 0 & 0{,}211 \end{bmatrix}$$

2.) Berechnung von Δ und Ω^2

$$\Delta = \frac{1}{2}\mathbf{M}^{-1/2} \cdot \mathbf{C} \cdot \mathbf{M}^{-1/2} = \begin{bmatrix} 0{,}800 & -0{,}438 \\ -0{,}438 & 0{,}480 \end{bmatrix}, \quad \Omega^2 = \mathbf{M}^{-1/2} \cdot \mathbf{K} \cdot \mathbf{M}^{-1/2} = \begin{bmatrix} 355{,}555 & -113{,}602 \\ -113{,}602 & 124{,}444 \end{bmatrix}$$

Hinweis: Die Matrizen Δ und Ω^2 haben nicht dieselben Eigenvektoren.

3.) Berechnung der Eigenwerte

$$\det(\zeta^2\mathbf{I} + 2\,\zeta\Delta + \Omega^2) = 0 = (\zeta^2 + 2{,}122\zeta + 401{,}845)(\zeta^2 + 0{,}437\zeta + 77{,}994)$$

$$\zeta_{1,2} = -0{,}219 \mp i \cdot 8{,}829, \quad \zeta_{3,4} = -1{,}061 \mp i \cdot 20{,}018\,.$$

Die Eigenwerte $\zeta_{1,2}$ und $\zeta_{3,4}$ sind jeweils konjugiert komplex. Sie haben die Struktur $\zeta_k = -\delta_k \mp i\overline{\lambda}_k$ mit $\overline{\lambda}_k = \sqrt{\omega_k^2 - \delta_k^2}$. Die Realteile δ_k beschreiben das Abklingverhalten der Lösung, und die Imaginärteile $\overline{\lambda}_k$ entsprechen den Eigenkreisfrequenzen des gedämpften Systems.

4.) Berechnung der Eigenvektoren

Aus $(\zeta_k^2\mathbf{I} + 2\,\zeta_k\Delta + \Omega^2) \cdot \mathbf{e}_k = \mathbf{0}$ folgen

$$\mathbf{e}_{1,2} = \begin{bmatrix} 0{,}0553 \\ -0{,}0221 \end{bmatrix} \pm i \begin{bmatrix} 0{,}0196 \\ -0{,}0096 \end{bmatrix}, \quad \mathbf{e}_{3,4} = \begin{bmatrix} 0{,}0150 \\ 0{,}0392 \end{bmatrix} \pm i \begin{bmatrix} 0{,}0327 \\ 0{,}0787 \end{bmatrix}$$

Damit sind auch die Eigenvektoren jeweils paarweise konjugiert komplex.

5.) Berechnung der Anfangswerte

$$\mathbf{x_0} = \begin{bmatrix} 0,05\mathrm{m} \\ 0,05\mathrm{m} \end{bmatrix}, \quad \hat{\mathbf{p}}_0 = \mathbf{M}^{1/2} \cdot \mathbf{x_0} = \begin{bmatrix} 0,260 \\ 0,237 \end{bmatrix}, \quad \dot{\hat{\mathbf{p}}}_0 = \mathbf{M}^{1/2} \cdot \dot{\mathbf{x}}_0 = \begin{bmatrix} 0 \\ 0 \end{bmatrix}$$

6.) Berechnung der Matrix $\mathbf{Z_0}$

$$\mathbf{Z_0} = \left[\sum_{j=1}^{4} \frac{\mathbf{e_j} \otimes \mathbf{e_j}}{\mathbf{e_j^T} \cdot \mathbf{\Omega^2} \cdot \mathbf{e_j} - \zeta_j^2 \mathbf{e_j^2}} \exp(\zeta_j t) \right] \cdot \mathbf{\Omega^2} \quad \text{und in Komponenten}$$

$$Z_0[1,1] = e^{-1,061t}[0,856\cos(20,02t) + 0,056\sin(20,02t)] +$$
$$e^{-0,219t}[0,144\cos(8,82t) - 0,020\sin(8,82t)]$$

$$Z_0[1,2] = e^{-1,061t}[-0,351\cos(20,02t) - 0,018\sin(20,02t)] +$$
$$e^{-0,219t}[0,351\cos(8,83t) + 0,007\sin(8,83t)]$$

$$Z_0[2,1] = e^{-1,061t}[-0,353\cos(20,02t) + 0,002\sin(20,02t)] +$$
$$e^{-0,219t}[0,353\cos(8,83t) - 0,038\sin(8,83t)]$$

$$Z_0[2,2] = e^{-1,061t}[0,145\cos(20,02t) - 0,003\sin(20,02t)] +$$
$$e^{-0,219t}[0,856\cos(8,83t) + 0,045\sin(8,83t)]$$

Die Matrix $\mathbf{Z_0}$ ist unsymmetrisch. Da das System aus der Ruhelage ohne Anfangsgeschwindigkeiten startet, wird $\mathbf{Z_1}$ nicht benötigt.

7.) Berechnung von $\hat{\mathbf{p}}(t)$

$$\hat{\mathbf{p}}(t) = \mathbf{Z_0}(t) \cdot \hat{\mathbf{p}}_0 = e^{-1,061t} \left\{ \begin{bmatrix} 0,1392 \\ -0,0574 \end{bmatrix} \cos(20,02t) + \begin{bmatrix} 0,0102 \\ -0,0002 \end{bmatrix} \sin(20,02t) \right\} +$$
$$e^{-0,219t} \left\{ \begin{bmatrix} 0,1206 \\ 0,2946 \end{bmatrix} \cos(8,83t) + \begin{bmatrix} -0,0034 \\ 0,0008 \end{bmatrix} \sin(8,83t) \right\}$$

8.) Rücktransformation in physikalische Koordinaten

$$\mathbf{x}(t) = \begin{bmatrix} x_1(t) \\ x_2(t) \end{bmatrix} = \mathbf{M}^{-1/2} \cdot \hat{\mathbf{p}}(t) = e^{-1,061t} \left\{ \begin{bmatrix} 0,0268 \\ -0,0121 \end{bmatrix} \cos(20,02t) + \begin{bmatrix} 0,0020 \\ 0,0000 \end{bmatrix} \sin(20,02t) \right\} +$$
$$e^{-0,219t} \left\{ \begin{bmatrix} 0,0232 \\ 0,0621 \end{bmatrix} \cos(8,83t) + \begin{bmatrix} -0,0007 \\ 0,0002 \end{bmatrix} \sin(8,83t) \right\}$$

9.) Berechnung der Geschwindigkeiten

Durch Ableitung von $\mathbf{x}(t)$ nach der Zeit t folgt

$$\dot{\mathbf{x}}(t) = \begin{bmatrix} \dot{x}_1(t) \\ \dot{x}_2(t) \end{bmatrix} = e^{-1,061t} \left\{ \begin{bmatrix} 0,0109 \\ 0,0122 \end{bmatrix} \cos(20,02t) + \begin{bmatrix} -0,5383 \\ 0,2424 \end{bmatrix} \sin(20,02t) \right\} -$$

$$e^{-0,219t} \left\{ \begin{bmatrix} 0,0109 \\ 0,0122 \end{bmatrix} \cos(8,83t) + \begin{bmatrix} 0,2048 \\ 0,5483 \end{bmatrix} \sin(8,83t) \right\}$$

Abb. 14.2 und Abb. 14.3 zeigen die Auslenkungen und Geschwindigkeiten beider Massen, wobei in beiden Abbildungen deutlich der Einfluss der Dämpfung zu erkennen ist.

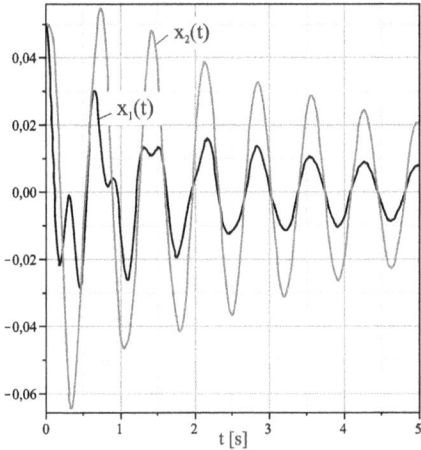

Abb. 14.2 *Auslenkungen [m]*

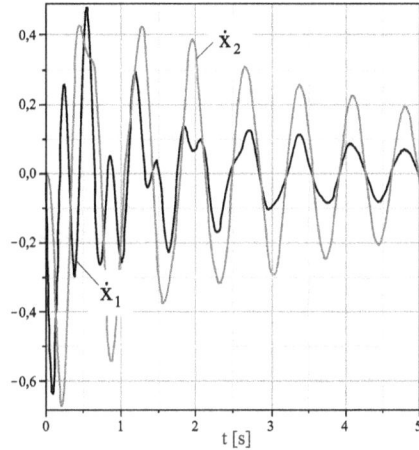

Abb. 14.3 *Geschwindigkeiten [m/s]*

14.1.1   Transformation in ein System 1. Ordnung

Im Zusammenhang mit der nummerischen Abarbeitung der zuvor hergeleiteten Beziehungen sind noch einige Umformungen von Interesse. Da in kommerziellen Programmsystemen vorwiegend Integrationsalgorithmen und Eigenwertlöser für Differenzialgleichungssysteme 1. Ordnung zur Verfügung stehen, sind wir bestrebt, das System 2. Ordnung (14.5)

$$\ddot{\hat{\mathbf{p}}}(t) + 2\,\mathbf{\Delta} \cdot \dot{\hat{\mathbf{p}}}(t) + \mathbf{\Omega}^2 \cdot \hat{\mathbf{p}}(t) = \mathbf{0}$$

in ein solches 1. Ordnung zu überführen. Allgemein ist festzustellen, dass sich jede Differenzialgleichung n-ter Ordnung in n Differenzialgleichungen 1. Ordnung überführen lässt. Dazu werden die Hilfsfunktionen

$$\hat{\mathbf{z}}_1(t) = \hat{\mathbf{p}}(t), \quad \hat{\mathbf{z}}_2(t) = \dot{\hat{\mathbf{p}}}(t) \tag{14.24}$$

eingeführt, womit (14.5) in das äquivalente Differenzialgleichungssystem 1. Ordnung

$$\begin{bmatrix} \dot{\hat{z}}_1(t) \\ \dot{\hat{z}}_2(t) \end{bmatrix} = \begin{bmatrix} \hat{z}_2(t) \\ -2\,\Delta\cdot\hat{z}_2(t) - \Omega^2\cdot\hat{z}_1(t) \end{bmatrix} \tag{14.25}$$

transformiert wird. Mit

$$\hat{z} = \underbrace{\begin{bmatrix} \hat{z}_1(t) \\ \hat{z}_2(t) \end{bmatrix}}_{2n\times1}, \quad \hat{A} = \underbrace{\begin{bmatrix} 0 & I \\ -\Omega^2 & -2\Delta \end{bmatrix}}_{2n\times2n}, \quad \hat{z}_0 = \underbrace{\begin{bmatrix} \hat{z}_{10} \\ \hat{z}_{20} \end{bmatrix} = \begin{bmatrix} \hat{p}_0 \\ \dot{\hat{p}}_0 \end{bmatrix}}_{2n\times1} \tag{14.26}$$

können wir (14.25) auch kürzer in symbolischer Form

$$\dot{\hat{z}}(t) = \hat{A}\cdot\hat{z}(t) \tag{14.27}$$

schreiben. Da die Auslenkungen $\hat{z}_1(t) = \hat{p}(t)$ und die Geschwindigkeiten $\hat{z}_2(t) = \dot{\hat{p}}(t)$ den physikalischen Zustand des Systems vollständig beschreiben, wird (14.27) auch Darstellung der Bewegungsgleichung im Zustandsraum genannt.

Zum Auffinden von Synchronlösungen probieren wir in Anlehnung an (14.7) den Ansatz

$$\hat{z}(t) = \exp(\zeta t)\hat{c} \qquad \rightarrow \dot{\hat{z}}(t) = \zeta\exp(\zeta t)\hat{c} \tag{14.28}$$

Mit (14.28) geht (14.27) über in das spezielle Eigenwertproblem

$$\left\{ \begin{bmatrix} 0 & I \\ -\Omega^2 & -2\Delta \end{bmatrix} - \zeta \begin{bmatrix} I & 0 \\ 0 & I \end{bmatrix} \right\}\cdot\begin{bmatrix} \hat{c}_1 \\ \hat{c}_2 \end{bmatrix} = \begin{bmatrix} 0 \\ 0 \end{bmatrix} \tag{14.29}$$

oder symbolisch

$$(\hat{A} - \zeta\,\hat{I})\cdot\hat{c} = \hat{0} \qquad \hat{I} = \begin{bmatrix} I & 0 \\ 0 & I \end{bmatrix}, \quad \hat{c} = \begin{bmatrix} c_1 \\ c_2 \end{bmatrix}, \quad \hat{0} = \begin{bmatrix} 0 \\ 0 \end{bmatrix} \tag{14.30}$$

Sind die charakteristischen Exponenten ζ_k sowie die Eigenvektoren e_k aus

$$\det(\hat{A} - \zeta\,\hat{I}) = 0 \quad \text{und} \quad (\hat{A} - \zeta_k\hat{I})\cdot e_k = 0 \tag{14.31}$$

berechnet, dann kann (14.28) verallgemeinert werden. Dazu fassen wir vorab die Eigenwerte in der Diagonalmatrix

$$Z = \text{diag}[\zeta_k], \qquad (k = 1,...,2n) \tag{14.32}$$

zusammen und bilden damit die Exponentialmatrix[1]

---

[1] $\quad \exp(Zt) := \sum_{k=0}^{\infty} \dfrac{1}{k!}(Zt)^k = I + \dfrac{Zt}{1!} + \dfrac{(Zt)^2}{2!} + \dfrac{(Zt)^3}{3!} + ...$

$$\hat{\mathbf{E}}(t) = \exp(\mathbf{Z}\,t)\,, \qquad \hat{\mathbf{E}}(t = 0) = \hat{\mathbf{I}} \tag{14.33}$$

Schreiben wir die Eigenvektoren und Eigenwerte in die Eigenvektormatrix

$$\hat{\mathbf{\Phi}} = \left[\begin{array}{c|c|c|c} \mathbf{e}_1 & \mathbf{e}_2 & \cdots & \mathbf{e}_{2n} \\ \hline \zeta_1\mathbf{e}_1 & \zeta_2\mathbf{e}_2 & \cdots & \zeta_{2n}\mathbf{e}_{2n} \end{array} \right] \tag{14.34}$$

dann kann (14.28) wie folgt verallgemeinert werden

$$\hat{\mathbf{z}}(t) = \hat{\mathbf{\Phi}} \cdot \hat{\mathbf{E}}(t) \cdot \hat{\mathbf{c}} \tag{14.35}$$

Berücksichtigen wir zum Zeitpunkt $t = 0$ die Anfangsbedingungen (14.12), dann erhalten wir

$$\hat{\mathbf{z}}_0 = \hat{\mathbf{z}}(t = 0) = \hat{\mathbf{\Phi}} \cdot \hat{\mathbf{c}} \tag{14.36}$$

Aus dieser Gleichung folgt

$$\hat{\mathbf{c}} = \hat{\mathbf{\Phi}}^{-1} \cdot \hat{\mathbf{z}}_0 \qquad\qquad (\hat{\mathbf{\Phi}}^{-1} \neq \hat{\mathbf{\Phi}}^{\mathsf{T}}) \tag{14.37}$$

und mit (14.35) ist dann

$$\hat{\mathbf{z}}(t) = \hat{\mathbf{\Phi}} \cdot \hat{\mathbf{E}}(t) \cdot \hat{\mathbf{\Phi}}^{-1} \cdot \hat{\mathbf{z}}_0 \tag{14.38}$$

womit das Problem als gelöst gelten kann. Allerdings muss bei dieser Vorgehensweise die komplexwertige Matrix $\hat{\mathbf{\Phi}}$ invertiert werden, was bei großen Systemen einen erheblichen nummerischen Mehraufwand im Vergleich zu Lösung (14.18) bedeutet, bei der lediglich Matrizenmultiplikationen durchzuführen sind.

Hinweis: Im ungedämpften Fall ($\mathbf{\Delta} = \mathbf{0}$) ist (14.27) entkoppelt. Die Matrix $\mathbf{A}$ ist zwar immer noch unsymmetrisch, aber ihre Eigenwerte sind konjugiert rein imaginär und die Eigenvektoren reell.

Wir hätten selbstverständlich (14.27) durch Trennung der Veränderlichen, also

$$\frac{d\hat{\mathbf{z}}}{\hat{\mathbf{z}}} = \hat{\mathbf{A}}\,dt \quad \rightarrow \ln\hat{\mathbf{z}} = \hat{\mathbf{A}}t + \hat{\mathbf{a}} \quad \rightarrow \hat{\mathbf{z}} = \exp(\hat{\mathbf{A}}\,t) \cdot \hat{\mathbf{c}}$$

auch direkt integrieren können, und mit der Anfangsbedingung $\hat{\mathbf{z}}(t = 0) = \hat{\mathbf{z}}_0 = \hat{\mathbf{c}}$ folgt

$$\hat{\mathbf{z}}(t) = \exp(\hat{\mathbf{A}}\,t) \cdot \hat{\mathbf{z}}_0 \tag{14.39}$$

Vergleichen wir diese Lösung mit (14.38), dann ist offensichtlich

$$\exp(\hat{\mathbf{A}}\,t) = \hat{\mathbf{\Phi}} \cdot \hat{\mathbf{E}}(t) \cdot \hat{\mathbf{\Phi}}^{-1} \tag{14.40}$$

Im nachfolgenden Beispiel soll (14.38) zur Lösung des Problems in Beispiel 14-1 angewandt werden.

Beispiel 14-2:

Wir übernehmen die bereits in Beispiel 14-1 erzielten Ergebnisse.

$$\mathbf{M} = \begin{bmatrix} 27 & 0 \\ 0 & 22{,}5 \end{bmatrix}, \ \mathbf{C} = \begin{bmatrix} 43{,}2 & -21{,}6 \\ -21{,}6 & 21{,}6 \end{bmatrix}, \ \mathbf{K} = \begin{bmatrix} 9600 & -2800 \\ -2800 & 2800 \end{bmatrix}$$

$$\mathbf{M}^{1/2} = \begin{bmatrix} 5{,}196 & 0 \\ 0 & 4{,}743 \end{bmatrix}, \ \mathbf{M}^{-1/2} = \begin{bmatrix} 0{,}192 & 0 \\ 0 & 0{,}211 \end{bmatrix}$$

$$\mathbf{\Delta} = \begin{bmatrix} 0{,}800 & -0{,}438 \\ -0{,}438 & 0{,}480 \end{bmatrix}, \ \mathbf{\Omega}^2 = \begin{bmatrix} 355{,}555 & -113{,}602 \\ -113{,}602 & 124{,}444 \end{bmatrix}$$

1.) Aufstellen der Matrix $\hat{\mathbf{A}}$ (14.26)

$$\hat{\mathbf{A}} = \left[\begin{array}{c|c} \mathbf{0} & \mathbf{I} \\ \hline -\mathbf{\Omega}^2 & -2\mathbf{\Delta} \end{array}\right] = \left[\begin{array}{cc|cc} 0 & 0 & 1 & 0 \\ 0 & 0 & 0 & 1 \\ -355{,}555 & 113{,}602 & -1{,}600 & 0{,}876 \\ 113{,}602 & -124{,}444 & 0{,}876 & -0{,}960 \end{array}\right]$$

2.) Berechnung der Eigenwerte (14.31)

$$\zeta_{1,2} = -0{,}219 \mp i \cdot 8{,}829, \quad \zeta_{3,4} = -1{,}061 \mp i \cdot 20{,}018$$

3.) Berechnung der Eigenvektoren und Aufbau der Eigenvektormatrix $\hat{\mathbf{\Phi}}$

Aus $(\hat{\mathbf{A}} - \zeta_k \hat{\mathbf{I}}) \cdot \mathbf{e}_k = \mathbf{0}$ folgen

$$\mathbf{e}_{1,2} = \begin{bmatrix} -0{,}0534 \\ 0{,}0216 \\ 0{,}3147 \\ -0{,}1597 \end{bmatrix} \pm i \begin{bmatrix} -0{,}0129 \\ 0{,}0068 \\ -1{,}0557 \\ 0{,}4242 \end{bmatrix}, \ \mathbf{e}_{3,4} = \begin{bmatrix} -0{,}0189 \\ -0{,}0434 \\ -0{,}3138 \\ -0{,}7790 \end{bmatrix} \pm i \begin{bmatrix} 0{,}0360 \\ 0{,}0893 \\ -0{,}1747 \\ -0{,}4023 \end{bmatrix}$$

Auch die Eigenvektoren sind jeweils konjugiert komplex. Damit folgen

$$\hat{\mathbf{\Phi}} = \begin{bmatrix} -0{,}0534 & -0{,}0534 & -0{,}0189 & -0{,}0189 \\ 0{,}0216 & 0{,}0216 & -0{,}0434 & -0{,}0434 \\ 0{,}3147 & 0{,}3147 & -0{,}3138 & -0{,}3138 \\ -0{,}1597 & -0{,}1597 & -0{,}7790 & -0{,}7790 \end{bmatrix} + i \begin{bmatrix} -0{,}0129 & 0{,}0129 & 0{,}0360 & -0{,}0360 \\ 0{,}0068 & -0{,}0068 & 0{,}0893 & -0{,}0893 \\ -1{,}0557 & 1{,}0557 & -0{,}1747 & 0{,}1747 \\ 0{,}4242 & -0{,}4242 & -0{,}4023 & 0{,}4023 \end{bmatrix}$$

$$\hat{\mathbf{\Phi}}^{-1} = \begin{bmatrix} -7{,}4518 & 3{,}0645 & 0{,}0989 & -0{,}0297 \\ -7{,}4518 & 3{,}0645 & 0{,}0989 & -0{,}0297 \\ -0{,}6045 & -2{,}0847 & -0{,}1820 & -0{,}4378 \\ -0{,}6045 & -2{,}0847 & -0{,}1820 & -0{,}4378 \end{bmatrix} + i \begin{bmatrix} 2{,}3202 & -0{,}9083 & 0{,}3762 & -0{,}1573 \\ -2{,}3202 & 0{,}9083 & -0{,}3762 & 0{,}1573 \\ -1{,}6825 & -3{,}7776 & 0{,}0834 & 0{,}2174 \\ 1{,}6825 & 3{,}7776 & -0{,}0834 & -0{,}2174 \end{bmatrix}$$

4.) Berechnung der Anfangswerte mit (14.4) und (14.36)

$$\mathbf{x}_0 = \begin{bmatrix} 0{,}05m \\ 0{,}05m \end{bmatrix}, \; \hat{\mathbf{p}}_0 = \mathbf{M}^{1/2} \cdot \mathbf{x}_0 = \begin{bmatrix} 0{,}260 \\ 0{,}237 \end{bmatrix}, \; \dot{\hat{\mathbf{p}}}_0 = \mathbf{M}^{1/2} \cdot \dot{\mathbf{x}}_0 = \begin{bmatrix} 0 \\ 0 \end{bmatrix}, \; \hat{\mathbf{z}}_0 = \begin{bmatrix} \hat{\mathbf{p}}_0 \\ \dot{\hat{\mathbf{p}}}_0 \end{bmatrix} = \begin{bmatrix} 0{,}260 \\ 0{,}237 \\ 0 \\ 0 \end{bmatrix}$$

5.) Berechnung der Konstanten $\hat{\mathbf{c}}$ (14.37)

$$\hat{\mathbf{c}} = \hat{\mathbf{\Phi}}^{-1} \cdot \hat{\mathbf{z}}_0 = \begin{bmatrix} -1{,}209 \\ -1{,}209 \\ -0{,}651 \\ -0{,}651 \end{bmatrix} \pm i \begin{bmatrix} 0{,}387 \\ -0{,}387 \\ -1{,}333 \\ 1{,}333 \end{bmatrix}$$

6.) Berechnung von $\hat{\mathbf{z}}(t)$ (14.38)

$$\hat{\mathbf{z}}(t) = \hat{\mathbf{\Phi}} \cdot \hat{\mathbf{E}}(t) \cdot \hat{\mathbf{\Phi}}^{-1} \cdot \hat{\mathbf{z}}_0 = e^{-1{,}061t} \left\{ \begin{bmatrix} 0{,}1392 \\ -0{,}0574 \\ 0{,}0568 \\ 0{,}0576 \end{bmatrix} \cos(20{,}02t) + \begin{bmatrix} 0{,}0102 \\ -0{,}0002 \\ -2{,}7970 \\ 1{,}1496 \end{bmatrix} \sin(20{,}02t) \right\} +$$

$$e^{-0{,}219t} \left\{ \begin{bmatrix} 0{,}1206 \\ 0{,}2946 \\ -0{,}0568 \\ -0{,}0576 \end{bmatrix} \cos(8{,}83t) + \begin{bmatrix} -0{,}0034 \\ 0{,}0008 \\ -1{,}0642 \\ -2{,}6010 \end{bmatrix} \sin(8{,}83t) \right\}$$

7.) Rücktransformation in physikalische Koordinaten

$$\begin{bmatrix} \mathbf{x} \\ \dot{\mathbf{x}} \end{bmatrix} = \begin{bmatrix} \mathbf{M}^{-1/2} & 0 \\ 0 & \mathbf{M}^{-1/2} \end{bmatrix} \cdot \hat{\mathbf{z}}(t) = e^{-1{,}061t} \left\{ \begin{bmatrix} 0{,}0268 \\ -0{,}0121 \\ 0{,}0109 \\ 0{,}0122 \end{bmatrix} \cos(20{,}02t) + \begin{bmatrix} 0{,}0020 \\ 0{,}0000 \\ -0{,}5383 \\ 0{,}2424 \end{bmatrix} \sin(20{,}02t) \right\} +$$

$$e^{-0{,}219t} \left\{ \begin{bmatrix} 0{,}0232 \\ 0{,}0621 \\ -0{,}0109 \\ -0{,}0122 \end{bmatrix} \cos(8{,}83t) + \begin{bmatrix} -0{,}0007 \\ 0{,}0002 \\ -0{,}2048 \\ -0{,}5483 \end{bmatrix} \sin(8{,}83t) \right\}$$

14.1.2 Entkopplung der Bewegungsgleichungen

Eine Entkopplung der homogenen Bewegungsgleichung (14.5) gelingt immer dann, wenn die symmetrischen Matrizen $\mathbf{\Delta}$ und $\mathbf{\Omega}^2$ gleiche Eigenvektoren besitzen, also koaxial sind.

Hinweis: Jede normale ($n \times n$)-Matrix $\mathbf{C}$, das kann eine symmetrische, eine schiefsymmetrische, eine Diagonalmatrix oder auch eine orthogonale Matrix sein, ist einer Diagonalmatrix $\boldsymbol{\Lambda} = \mathrm{diag}[\lambda_1, \lambda_2, ..., \lambda_n] = \boldsymbol{\Phi}^{-1} \cdot \mathbf{C} \cdot \boldsymbol{\Phi}$ ähnlich. Damit zwei Matrizen $\mathbf{A} = \boldsymbol{\Phi} \cdot \boldsymbol{\Lambda}_A \cdot \boldsymbol{\Phi}^{-1}$ und $\mathbf{B} = \boldsymbol{\Phi} \cdot \boldsymbol{\Lambda}_B \cdot \boldsymbol{\Phi}^{-1}$ gleiche Eigenvektoren besitzen, muss $\mathbf{A} \cdot \mathbf{B} = \boldsymbol{\Phi} \cdot \boldsymbol{\Lambda}_A \cdot \boldsymbol{\Lambda}_B \cdot \boldsymbol{\Phi}^{-1} = \mathbf{B} \cdot \mathbf{A}$ erfüllt sein, wobei $\boldsymbol{\Phi}$ die Eigenvektormatrix bezeichnet.

Sind $\boldsymbol{\Delta}$ und $\boldsymbol{\Omega}^2$ koaxial, dann wird von modaler Dämpfung gesprochen. Die Eigenschwingungsformen des ungedämpften Systems bleiben dann erhalten, womit ein erheblicher Vorteil bei der mathematischen Behandlung des Problems gegenüber dem allgemeinen Fall vorliegt, da sich alle Eigenwerte und Eigenvektoren als reell erweisen. Koaxialität der Matrizen $\boldsymbol{\Delta}$ und $\boldsymbol{\Omega}^2$ ist dann mit dem obigen Hinweis gegeben, wenn

$$\boldsymbol{\Delta} \cdot \boldsymbol{\Omega}^2 = \boldsymbol{\Omega}^2 \cdot \boldsymbol{\Delta} \tag{14.41}$$

erfüllt ist, und für die Matrizen $\mathbf{M}$, $\mathbf{C}$ und $\mathbf{K}$ muss

$$\mathbf{C} \cdot \mathbf{M}^{-1} \cdot \mathbf{K} = \mathbf{K} \cdot \mathbf{M}^{-1} \cdot \mathbf{C}$$
$$\mathbf{M} \cdot \mathbf{K}^{-1} \cdot \mathbf{C} = \mathbf{C} \cdot \mathbf{K}^{-1} \cdot \mathbf{M} \tag{14.42}$$
$$\mathbf{M} \cdot \mathbf{C}^{-1} \cdot \mathbf{K} = \mathbf{K} \cdot \mathbf{C}^{-1} \cdot \mathbf{M}$$

gefordert werden. Betrachten wir die durch

$$(\boldsymbol{\Delta} - \delta \mathbf{I}) \cdot \hat{\mathbf{e}} = \mathbf{0}, \qquad (\boldsymbol{\Omega}^2 - \omega^2 \mathbf{I}) \cdot \hat{\mathbf{e}} = \mathbf{0} \tag{14.43}$$

definierten speziellen Eigenwertprobleme, dann liefern diese genau n reelle Eigenwerte δ_j bzw. ω_j^2 sowie n reelle Eigenvektoren $\hat{\mathbf{e}}_j$, die aufgrund der vorausgesetzten Koaxialität für beide Eigenwertprobleme identisch und im Sinne von

$$\hat{\mathbf{e}}_j^T \cdot \hat{\mathbf{e}}_k = \hat{\mathbf{e}}_j^T \cdot \boldsymbol{\Delta} \cdot \hat{\mathbf{e}}_k = \hat{\mathbf{e}}_j^T \cdot \boldsymbol{\Omega}^2 \cdot \hat{\mathbf{e}}_k = 0 \qquad (j \neq k) \tag{14.44}$$

orthogonal sind. Fassen wir die Eigenvektoren spaltenweise in der orthonormalen Modalmatrix $\boldsymbol{\Phi}$ zusammen und führen mit

$$\hat{\mathbf{p}}(t) = \boldsymbol{\Phi} \cdot \tilde{\mathbf{q}}(t) \tag{14.45}$$

die Modalkoordinaten $\tilde{\mathbf{q}}$ ein, dann folgt aus (14.5) nach Linksmultiplikation mit $\boldsymbol{\Phi}^T = \boldsymbol{\Phi}^{-1}$

$$\ddot{\tilde{\mathbf{q}}} + 2 \, \boldsymbol{\Phi}^T \cdot \boldsymbol{\Delta} \cdot \boldsymbol{\Phi} \cdot \dot{\tilde{\mathbf{q}}} + \boldsymbol{\Phi}^T \cdot \boldsymbol{\Omega}^2 \cdot \boldsymbol{\Phi} \cdot \tilde{\mathbf{q}} = \mathbf{0} \tag{14.46}$$

Die Matrizen

$$\tilde{\boldsymbol{\Delta}} = \boldsymbol{\Phi}^T \cdot \boldsymbol{\Delta} \cdot \boldsymbol{\Phi} = \mathrm{diag}[\delta_k] \,, \quad \tilde{\boldsymbol{\Omega}}^2 = \boldsymbol{\Phi}^T \cdot \boldsymbol{\Omega}^2 \cdot \boldsymbol{\Phi} = \mathrm{diag}[\omega_k^2] \qquad (k = 1, ..., n) \tag{14.47}$$

besitzen Diagonalgestalt. Auf ihren Hauptdiagonalen stehen die modalen Abklingkonstanten δ_k bzw. die Quadrate der modalen Eigenkreisfrequenzen ω_k und (14.46) schreibt sich dann

$$\ddot{\tilde{\mathbf{q}}} + 2\,\tilde{\boldsymbol{\Delta}}\cdot\dot{\tilde{\mathbf{q}}} + \tilde{\boldsymbol{\Omega}}^2\cdot\tilde{\mathbf{q}} = 0 \qquad (14.48)$$

Damit liegen n entkoppelte homogene Differenzialgleichungen 2. Ordnung der Form

$$\ddot{\tilde{q}}_k + 2\delta_k\dot{\tilde{q}}_k + \omega_k^2\tilde{q}_k = 0 \qquad (k=1,...,n) \qquad (14.49)$$

vor. Zu deren Lösung wird der Ansatz

$$\tilde{q}_k(t) = c_k\exp(\zeta t) \qquad (14.50)$$

gemacht. Das führt auf die charakteristischen Gleichungen

$$\zeta^2 + 2\delta_k\zeta + \omega_k^2 = 0 \qquad (k=1,...,n) \qquad (14.51)$$

mit den 2n Eigenwerten

$$\zeta_{k1,2} = -\delta_k \pm \lambda_k, \quad \lambda_k = \sqrt{\delta_k^2 - \omega_k^2} \qquad (k=1,...,n) \qquad (14.52)$$

Zu jedem Eigenvektor gehören jetzt zwei Eigenwerte, die sich im Vorzeichen vor dem Wurzelausdruck unterscheiden. Damit kann (14.50) weiter konkretisiert werden

$$\tilde{q}_k(t) = c_{k1}\exp(\zeta_{k1}t) + c_{k2}\exp(\zeta_{k2}t) \qquad (k=1,...,n) \qquad (14.53)$$

Die noch unbekannten Koeffizienten c_{k1} und c_{k2} werden aus den Anfangsbedingungen

$$\tilde{q}_k(t=0) = \tilde{q}_{k0} = c_{k1} + c_{k2}, \qquad \dot{\tilde{q}}_k(t=0) = \dot{\tilde{q}}_{k0} = c_{k1}\zeta_{k1} + c_{k2}\zeta_{k2} \qquad (14.54)$$

ermittelt. Wir erhalten

$$c_{k1} = \frac{(\lambda_k + \delta_k)\tilde{q}_{k0} + \dot{\tilde{q}}_{k0}}{2\lambda_k}, \; c_{k2} = \frac{(\lambda_k - \delta_k)\tilde{q}_{k0} - \dot{\tilde{q}}_{k0}}{2\lambda_k} \qquad (14.55)$$

und damit

$$\tilde{q}_k(t) = \left\{ \begin{array}{l} \dfrac{\tilde{q}_{k0}[(\lambda_k + \delta_k)\exp(\lambda_k t) + (\lambda_k - \delta_k)\exp(-\lambda_k t)]}{2\lambda_k} + \\[2mm] \dfrac{\dot{\tilde{q}}_{k0}[\exp(\lambda_k t) - \exp(-\lambda_k t)]}{2\lambda_k} \end{array} \right\}\exp(-\delta_k t) \qquad (14.56)$$

Führen wir die Matrizen $\mathbf{S} = \mathbf{M}^{-1/2}\cdot\boldsymbol{\Phi}$ und $\mathbf{S}^{-1} = \boldsymbol{\Phi}^T\cdot\mathbf{M}^{1/2}$ ein, dann können wir die modalen Anfangsbedingungen in der Form

$$\tilde{\mathbf{q}}_0 = \mathbf{S}^{-1}\cdot\hat{\mathbf{q}}_0\,, \qquad \dot{\tilde{\mathbf{q}}}_0 = \mathbf{S}^{-1}\cdot\dot{\hat{\mathbf{q}}}_0 \qquad (14.57)$$

notieren. Liegt die Lösung in Modalkoordinaten vor, dann erfolgt mit

$$\hat{q}(t) = S \cdot \tilde{q}(t) , \qquad \dot{\hat{q}}(t) = S \cdot \dot{\tilde{q}}(t) \tag{14.58}$$

die Rücktransformation in physikalische Koordinaten. Es lassen sich für die synchronen Teillösungen $\tilde{q}_k(t)$ einige Sonderfälle betrachten.

1.) Der ungedämpfte Fall

tritt dann ein, wenn $\delta_k = 0$ und $\lambda_k = i\omega_k$ ist. Von (14.56) verbleibt zunächst

$$\tilde{q}_k(t) = \frac{\tilde{q}_{k0}[\exp(i\omega_k t) + \exp(-i\omega_k t)]}{2} + \frac{\dot{\tilde{q}}_{k0}[\exp(i\omega_k t) - \exp(-i\omega_k t)]}{2i\omega_k}$$

und mit $\exp(i\omega_k t) + \exp(-i\omega_k t) = 2\cos\omega_k t$ sowie $\exp(i\omega_k t) - \exp(-i\omega_k t) = i2\sin\omega_k t$ folgt

$$\tilde{q}_k(t) = \tilde{q}_{k0}\cos\omega_k t + \frac{\dot{\tilde{q}}_{k0}}{\omega_k}\sin\omega_k t$$

2.) Der schwach gedämpfte Fall

Ist die synchrone Teillösung schwach gedämpft, dann ist $\omega_k^2 > \delta_k^2$ und damit $\lambda_k = i\overline{\lambda}_k$ mit $\overline{\lambda}_k = \sqrt{\omega_k^2 - \delta_k^2}$, und von (14.56) verbleibt

$$\tilde{q}_k(t) = \left[\tilde{q}_{k0}\left(\cos\overline{\lambda}_k t + \frac{\delta_k}{\overline{\lambda}_k}\sin\overline{\lambda}_k t\right) + \frac{\dot{\tilde{q}}_{k0}}{\overline{\lambda}_k}\sin\overline{\lambda}_j t\right]\exp(-\delta_k t)$$

3.) Der stark gedämpfte Fall

Im Fall der starken Dämpfung ist $\delta_k^2 > \omega_k^2$ und damit $\lambda_k = \sqrt{\delta_k^2 - \omega_k^2}$ reell. Es gilt dann die bereits reellwertig angegebene Lösung (14.56).

4.) Der Grenzfall

Dieser Fall tritt auf, wenn für eine Eigenform (etwa diejenige mit dem Index $k = j$) $\lambda_k = \lambda_j = 0$ erfüllt ist. Dann ist zunächst mit

$$\tilde{q}_j(t) = \left\{\frac{\tilde{q}_{j0}[(\lambda_j + \omega_j)\exp(\lambda_j t) + (\lambda_j - \omega_j)\exp(-\lambda_j t)]}{2\lambda_j} + \frac{\dot{\tilde{q}}_{j0}[\exp(\lambda_j t) - \exp(-\lambda_j t)]}{2\lambda_j}\right\}\exp(-\omega_j t)$$

wegen der Unbestimmtheit 0/0 eine Auswertung nicht möglich. Nach der Regel von Bernoulli-L'Hospital erhalten wir die Grenzwerte

$$\lim_{\lambda_j \to 0} \frac{(\lambda_j + \omega_j)\exp(\lambda_j t) + (\lambda_j - \omega_j)\exp(-\lambda_j t)}{\lambda_j} = \lim_{\lambda_j \to 0} \frac{\dfrac{d}{d\lambda_j}[(\lambda_j + \omega_j)\exp(\lambda_j t) + (\lambda_j - \omega_j)\exp(-\lambda_j t)]}{\dfrac{d}{d\lambda_j}(\lambda_j)} =$$

$$\lim_{\lambda_j \to 0}[1 + (\lambda_j + \omega_j)t]\exp(\lambda_j t) + [1 - (\lambda_j - \omega_j)t]\exp(-\lambda_j t) = 2(1 + \omega_j t)$$

$$\lim_{\lambda_j \to 0} \frac{\exp(\lambda_j t) - \exp(-\lambda_j t)}{\lambda_j} = \lim_{\lambda_j \to 0} \frac{\dfrac{d}{d\lambda_j}[\exp(\lambda_j t) - \exp(-\lambda_j t)]}{\dfrac{d}{d\lambda_j}(\lambda_j)} = 2t$$

und damit

$$\tilde{q}_j(t) = [\tilde{q}_{j0}(1 + \omega_j t) + \dot{\tilde{q}}_{j0} t]\exp(-\omega_j t) .$$

5.) Die allgemeine Kriechbewegung

Bei einer allgemeinen Kriechbewegung ist $\mathbf{K} = \mathbf{0}$ was für alle $\omega_k = 0$ bzw. $\lambda_k = \delta_k$ ($k = 1, ..., n$) zur Folge hat, und von (14.56) verbleibt

$$\tilde{q}_k(t) = \tilde{q}_{k0} + \frac{\dot{\tilde{q}}_{k0}}{2\delta_k}[1 - \exp(-2\delta_k t)]$$

Beispiel 14-3:

Für das System in Abb. 14.1 sind die Zustandsgrößen $\mathbf{x}(t)$ und $\dot{\mathbf{x}}(t)$ zu berechnen.

Geg.: $m_1 = 10000\,\text{kg}$, $m_2 = 20000\,\text{kg}$, $c_{11} = 98000\,\text{kg}/\text{s}$ $c_{12} = c_{21} = -32000\,\text{kg}/\text{s}$,

$c_{22} = 36000\,\text{kg}/\text{s}$, $k_{11} = 120000\,\text{kg}/\text{s}^2$, $k_{12} = k_{21} = -40000\,\text{kg}/\text{s}^2$, $k_{22} = 40000\,\text{kg}/\text{s}^2$.

Damit folgen $\mathbf{M} = \begin{bmatrix} 10000 & 0 \\ 0 & 20000 \end{bmatrix}$, $\mathbf{C} = \begin{bmatrix} 98000 & -32000 \\ -32000 & 36000 \end{bmatrix}$, $\mathbf{K} = \begin{bmatrix} 120000 & -40000 \\ -40000 & 40000 \end{bmatrix}$.

Die Anfangsbedingungen sind $\mathbf{x}_0(t) = \begin{bmatrix} 1\text{m} \\ 0 \end{bmatrix}$ und $\dot{\mathbf{x}}_0(t) = \begin{bmatrix} 0 \\ 1\text{m}/\text{s} \end{bmatrix}$.

Lösung: Wir gehen wieder in Schritten vor.

1.) Berechnung von $\mathbf{M}^{1/2}$ und $\mathbf{M}^{-1/2}$

$$\mathbf{M}^{1/2} = \begin{bmatrix} 100 & 0 \\ 0 & 141{,}421 \end{bmatrix}, \mathbf{M}^{-1/2} = \begin{bmatrix} 0{,}01000 & 0 \\ 0 & 0{,}00707 \end{bmatrix}$$

2.) Berechnung von Δ und Ω^2

$$\Delta = \frac{1}{2} M^{-1/2} \cdot C \cdot M^{-1/2} = \begin{bmatrix} 4,9000 & -1,1314 \\ -1,1314 & 0,9000 \end{bmatrix}, \; \Omega^2 = M^{-1/2} \cdot K \cdot M^{-1/2} = \begin{bmatrix} 12,0000 & -2,8284 \\ -2,8284 & 2,0000 \end{bmatrix}$$

Mit $\Delta \cdot \Omega^2 = \begin{bmatrix} 62,000 & -16,122 \\ -16,122 & 5,000 \end{bmatrix} = \Omega^2 \cdot \Delta$ sind Δ und Ω^2 koaxial.

3.) Lösung des Eigenwertproblems für Δ

$$(\Delta - \delta I) \cdot e = 0, \; \delta_1 = 0,6022, \; \delta_2 = 5,1978, \qquad\qquad e_1 = \begin{bmatrix} -0,255 \\ -0,967 \end{bmatrix}, e_2 = \begin{bmatrix} -0,967 \\ 0,255 \end{bmatrix}$$

4.) Lösung des Eigenwertproblems für Ω^2

$$(\Omega^2 - \omega^2 I) \cdot e = 0, \; \omega_1^2 = 1,2554, \; \omega_2^2 = 12,7446, \qquad e_1 = \begin{bmatrix} -0,255 \\ -0,967 \end{bmatrix}, e_2 = \begin{bmatrix} -0,967 \\ 0,255 \end{bmatrix}$$

Die reellen Eigenvektoren von Δ sind identisch mit denen von Ω^2. Die Eigenkreisfrequenzen ergeben sich zu $\omega_1 = 1,1205, \; \omega_2 = 3,5670$.

5.) Aufbau der Eigenvektormatrix

$$\Phi = \begin{bmatrix} -0,255 & -0,967 \\ -0,967 & 0,255 \end{bmatrix} = \Phi^T$$

6.) Berechnung der Matrizen S und S^{-1}

$$S = M^{-1/2} \cdot \Phi = \begin{bmatrix} 0,01000 & 0 \\ 0 & 0,00707 \end{bmatrix} \cdot \begin{bmatrix} -0,2546 & -0,9671 \\ -0,9671 & 0,2546 \end{bmatrix} = \begin{bmatrix} -0,00255 & -0,00967 \\ -0,00967 & 0,00180 \end{bmatrix}$$

$$S^{-1} = \Phi^T \cdot M^{1/2} = \begin{bmatrix} -0,2546 & -0,9671 \\ -0,9671 & 0,2546 \end{bmatrix} \cdot \begin{bmatrix} 100 & 0 \\ 0 & 141,421 \end{bmatrix} = \begin{bmatrix} -25,4570 & -136,7621 \\ -96,7054 & 36,0016 \end{bmatrix}$$

7.) Berechnung der modalen Anfangsbedingungen

$$\tilde{q}_0 = S^{-1} \cdot x_0 = \begin{bmatrix} -25,4570 & -136,7621 \\ -96,7054 & 36,0016 \end{bmatrix} \cdot \begin{bmatrix} 1 \\ 0 \end{bmatrix} = \begin{bmatrix} -25,4570 \\ -96,7054 \end{bmatrix}$$

$$\dot{\tilde{q}}_0 = S^{-1} \cdot \dot{x}_0 = \begin{bmatrix} -25,4570 & -136,7621 \\ -96,7054 & 36,0016 \end{bmatrix} \cdot \begin{bmatrix} 0 \\ 1 \end{bmatrix} = \begin{bmatrix} -136,7621 \\ 36,0016 \end{bmatrix}$$

8.) Lösung in Modalkoordinaten

$\omega_1^2 = 1{,}2554$, $\delta_1 = 0{,}6022$, $\delta_1^2 = 0{,}3626$. Wegen $\omega_1^2 > \delta_1^2$ liegt in dieser Modalkoordinate

eine schwache Dämpfung vor: $\lambda_1 = i\overline{\lambda}_1$, $\overline{\lambda}_1 = \sqrt{\omega_1^2 - \delta_1^2} = 0{,}9449$.

$\tilde{q}_1(t) = [-25{,}457\cos(0{,}9449t) - 160{,}9618\sin(0{,}9449t)]\exp(-0{,}6022t)$

$\omega_2^2 = 12{,}7446$; $\delta_2 = 5{,}1978$, $\delta_2^2 = 27{,}0171$. Wegen $\delta_2^2 > \omega_2^2$ liegt in dieser Modalkoordinate

eine starke Dämpfung vor: $\lambda_2 = \sqrt{\delta_2^2 - \omega_2^2} = 3{,}778$.

$\tilde{q}_2(t) = -110{,}1134\exp(-1{,}4199t) + 13{,}4080\exp(-8{,}97576t)$

9.) Transformation in physikalische Koordinaten

$$\mathbf{x}(t) = \mathbf{S} \cdot \tilde{\mathbf{q}}(t) = \begin{bmatrix} -0{,}00255 & -0{,}00967 \\ -0{,}00967 & 0{,}00180 \end{bmatrix} \cdot \begin{bmatrix} \tilde{q}_1(t) \\ \tilde{q}_2(t) \end{bmatrix}$$

Wir erhalten (Abb. 14.4)

$$\mathbf{x}(t) = \left\{ \begin{bmatrix} 0{,}0648 \\ 0{,}1741 \end{bmatrix} \cos(0{,}945t) + \begin{bmatrix} 0{,}4098 \\ 1{,}1007 \end{bmatrix} \sin(0{,}945t) \right\} e^{-0{,}6022t} +$$

$$\begin{bmatrix} 1{,}0649 \\ -0{,}1982 \end{bmatrix} e^{-1{,}4199t} + \begin{bmatrix} -0{,}1297 \\ 0{,}0241 \end{bmatrix} e^{-8{,}9758t}$$

Die Geschwindigkeiten (Abb. 14.5) folgen aus den Verschiebungen durch Ableitung nach der Zeit t

$$\dot{\mathbf{x}}(t) = \left\{ \begin{bmatrix} 0{,}3482 \\ 0{,}9352 \end{bmatrix} \cos(0{,}945t) - \begin{bmatrix} 0{,}3080 \\ 0{,}8273 \end{bmatrix} \sin(0{,}945t) \right\} e^{-0{,}6022t} +$$

$$\begin{bmatrix} -1{,}5120 \\ 0{,}2814 \end{bmatrix} e^{-1{,}4199t} + \begin{bmatrix} 1{,}1638 \\ -0{,}2166 \end{bmatrix} e^{-8{,}9758t}$$

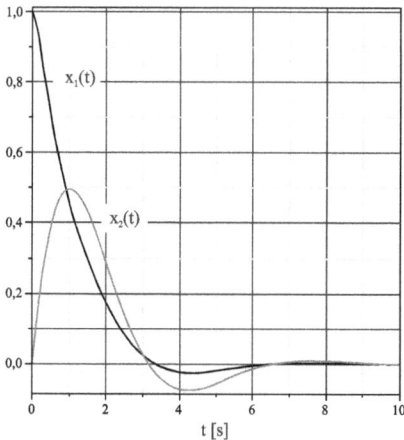

Abb. 14.4 *Auslenkungen [m]*

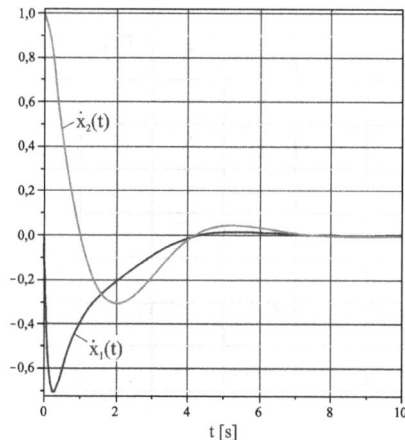

Abb. 14.5 *Geschwindigkeiten [m/s]*

Entscheiden wir uns im Fall der Koaxialität für die Darstellung nach (14.19), dann ist mit (14.56) und jeweils zwei Lösungen $\zeta_{k1,2} = -\delta_k \pm \lambda_k$

$$\hat{\mathbf{p}}(t) = \sum_{k=1}^{n} \frac{\hat{\mathbf{e}}_k^T \cdot \mathbf{\Omega}^2 \cdot \hat{\mathbf{p}}_0 - \zeta_{k1,2} \hat{\mathbf{e}}_k^T \cdot \dot{\hat{\mathbf{p}}}_0}{\hat{\mathbf{e}}_k^T \cdot \mathbf{\Omega}^2 \cdot \mathbf{e}_k - \zeta_{k1,2}^2 \hat{\mathbf{e}}_k^2} \exp(\zeta_{k1,2} t)\, \hat{\mathbf{e}}_k$$

Aus (14.43) ermitteln wir $\hat{\mathbf{e}}_k^T \cdot \mathbf{\Omega}^2 = \omega_k^2 \hat{\mathbf{e}}_k^T$ und damit

$$\hat{\mathbf{p}}(t) = \sum_{k=1}^{n} \frac{\omega_k^2 \hat{\mathbf{e}}_k^T \cdot \hat{\mathbf{p}}_0 - \zeta_{k1,2} \hat{\mathbf{e}}_k^T \cdot \dot{\hat{\mathbf{p}}}_0}{\hat{\mathbf{e}}_k^2 (\omega_k^2 - \zeta_{k1,2}^2)} \exp(\zeta_{k1,2} t)\, \hat{\mathbf{e}}_k$$

Für den weitere Rechengang sind noch

$$\frac{\omega_k^2}{\omega_k^2 - \zeta_k^2} = \frac{\zeta_k + 2\delta_k}{2(\zeta_k + \delta_k)}, \quad \frac{\zeta_k}{\omega_k^2 - \zeta_k^2} = -\frac{1}{2(\zeta_k + \delta_k)}$$

festzustellen, was dann zu

$$\hat{\mathbf{p}}(t) = \sum_{k=1}^{n} \left\{ \begin{array}{l} \dfrac{\hat{\mathbf{e}}_k^T \cdot \hat{\mathbf{p}}_0}{2\hat{\mathbf{e}}_k^2}\left[\left(1 + \dfrac{\delta_k}{\lambda_k}\right)\exp(\lambda_k t) + \left(1 - \dfrac{\delta_k}{\lambda_k}\right)\exp(-\lambda_k t)\right] + \\[2mm] \dfrac{\hat{\mathbf{e}}_k^T \cdot \dot{\hat{\mathbf{p}}}_0}{2\lambda_k \hat{\mathbf{e}}_k^2}(\exp(\lambda_k t) - \exp(-\lambda_k t)) \end{array} \right\} \exp(-\lambda_k t)\, \hat{\mathbf{e}}_k \qquad (14.59)$$

oder abkürzend

$$\hat{\mathbf{p}}(t) = \mathbf{Z}_0 \cdot \hat{\mathbf{p}}_0 + \mathbf{Z}_1 \cdot \dot{\hat{\mathbf{p}}}_0 \qquad (14.60)$$

mit

$$\mathbf{Z}_0(\mathbf{\Delta}, \mathbf{\Omega}^2, t) = \frac{1}{2} \sum_{k=1}^{n} \frac{\hat{\mathbf{e}}_k \otimes \hat{\mathbf{e}}_k}{\hat{\mathbf{e}}_k^2} \left[\begin{array}{l} (1 + \delta_k / \lambda_k)\exp(\lambda_k t) + \\ (1 - \delta_k / \lambda_k)\exp(-\lambda_k t) \end{array} \right] \exp(-\delta_k t)$$

$$\mathbf{Z}_1(\mathbf{\Delta}, \mathbf{\Omega}^2, t) = \frac{1}{2} \sum_{k=1}^{n} \frac{\hat{\mathbf{e}}_k \otimes \hat{\mathbf{e}}_k}{\lambda_k \hat{\mathbf{e}}_k^2} [\exp(\lambda_k t) - \exp(-\lambda_k t)]\exp(-\delta_k t) \qquad (14.61)$$

$$= -\frac{d\mathbf{Z}_0}{dt} \cdot \mathbf{\Omega}^{-2}$$

führt. Die Rücktransformation in den Originalraum erfolgt mit (14.4), wozu $\mathbf{M}^{1/2}$ und $\mathbf{M}^{-1/2}$ benötigt werden. Auf deren Berechnung kann übrigens verzichtet werden, wenn wir zur Lösung der Eigenwertprobleme (14.43) einen anderen Weg beschreiten. Beachten wir (14.6), dann erhalten wir $(\mathbf{\Delta} - \delta\mathbf{I}) \cdot \hat{\mathbf{e}} = \mathbf{M}^{-1/2} \cdot (\mathbf{C}/2 - \delta\mathbf{M}) \cdot \mathbf{M}^{-1/2} \cdot \hat{\mathbf{e}} = \mathbf{0}$ und damit die Eigenwertgleichung

$$(\mathbf{C} - 2\delta\mathbf{M}) \cdot \tilde{\mathbf{e}} = \mathbf{0} \qquad (14.62)$$

wobei jetzt Eigenvektoren

$$\tilde{\mathbf{e}} = \mathbf{M}^{-1/2} \cdot \hat{\mathbf{e}} \quad \Leftrightarrow \quad \hat{\mathbf{e}} = \mathbf{M}^{1/2} \cdot \tilde{\mathbf{e}} \qquad (14.63)$$

eingeführt wurden. Weiterhin folgt aus $(\mathbf{\Omega}^2 - \omega^2\mathbf{I}) \cdot \hat{\mathbf{e}} = \mathbf{M}^{-1/2} \cdot (\mathbf{K} - \omega^2\mathbf{M}) \cdot \mathbf{M}^{-1/2} \cdot \hat{\mathbf{e}} = \mathbf{0}$ und damit

$$(\mathbf{K} - \omega^2\mathbf{M}) \cdot \tilde{\mathbf{e}} = \mathbf{0} \qquad (14.64)$$

Beachten wir die Determinantenregel $\det(\mathbf{A} \cdot \mathbf{B}) = \det(\mathbf{A})\det(\mathbf{B})$, dann liefern die Eigenwertprobleme (14.62) und (14.64) wegen

$$\det(\mathbf{\Delta} - \delta\mathbf{I}) = 0 = \det[\mathbf{M}^{-1/2} \cdot (\mathbf{C} - 2\delta\mathbf{M}) \cdot \mathbf{M}^{-1/2}] = \det(\mathbf{C} - 2\delta\mathbf{M})$$

und

$$\det(\mathbf{\Omega}^2 - \omega^2\mathbf{I}) = 0 = \det[\mathbf{M}^{-1/2} \cdot (\mathbf{K} - \omega^2\mathbf{M}) \cdot \mathbf{M}^{-1/2}] = \det(\mathbf{K} - \omega^2\mathbf{M})$$

dieselben Eigenwerte δ_j und ω_j^2 wie (14.43). Die Eigenvektoren $\tilde{\mathbf{e}}_j$ sind nun untereinander nicht mehr orthogonal. Im Sinne von (14.44) erhalten wir in diesem Fall die Orthogonalitätsrelationen

$$\tilde{\mathbf{e}}_j^T \cdot \mathbf{M} \cdot \tilde{\mathbf{e}}_k = \tilde{\mathbf{e}}_j^T \cdot \mathbf{C} \cdot \tilde{\mathbf{e}}_k = \tilde{\mathbf{e}}_j^T \cdot \mathbf{K} \cdot \tilde{\mathbf{e}}_k = \mathbf{0} \qquad (14.65)$$

Sind die Eigenwertprobleme (14.62) und (14.64) gelöst, dann stehen die Eigenwerte

$$\delta_k = \frac{1}{2} \frac{\tilde{\mathbf{e}}_k^T \cdot \mathbf{C} \cdot \tilde{\mathbf{e}}_k}{\tilde{\mathbf{e}}_k^T \cdot \mathbf{M} \cdot \tilde{\mathbf{e}}_k}, \qquad \omega_k^2 = \frac{\tilde{\mathbf{e}}_k^T \cdot \mathbf{K} \cdot \tilde{\mathbf{e}}_k}{\tilde{\mathbf{e}}_k^T \cdot \mathbf{M} \cdot \tilde{\mathbf{e}}_k} \qquad (14.66)$$

und die Eigenvektoren $\tilde{\mathbf{e}}_k$ $(k = 1,...,n)$ zur Verfügung. Zur Entkopplung der Bewegungsgleichung fassen wir die Eigenvektoren in der regulären Matrix

$$\mathbf{P} = [\tilde{\mathbf{e}}_1, \tilde{\mathbf{e}}_2,..., \tilde{\mathbf{e}}_n] \qquad (14.67)$$

zusammen, mit deren Hilfe sodann die physikalischen Bewegungskoordinaten $\hat{\mathbf{q}}$ mittels

$$\hat{\mathbf{q}}(t) = \mathbf{P} \cdot \tilde{\mathbf{q}}(t) \qquad (14.68)$$

in die Modalkoordinaten $\tilde{\mathbf{q}}(t)$ transformiert werden. Die Bewegungsgleichung (14.3) geht dann über in $\mathbf{M} \cdot \mathbf{P} \cdot \ddot{\tilde{\mathbf{q}}} + 2\mathbf{C} \cdot \mathbf{P} \cdot \dot{\tilde{\mathbf{q}}} + \mathbf{K} \cdot \mathbf{P} \cdot \tilde{\mathbf{q}} = \mathbf{0}$ und nach Linksmultiplikation mit $\mathbf{P}^T$ erhalten wir zunächst $\mathbf{P}^T \cdot \mathbf{M} \cdot \mathbf{P} \cdot \ddot{\tilde{\mathbf{q}}} + 2\mathbf{P}^T \cdot \mathbf{C} \cdot \mathbf{P} \cdot \dot{\tilde{\mathbf{q}}} + \mathbf{P}^T \cdot \mathbf{K} \cdot \mathbf{P} \cdot \tilde{\mathbf{q}} = \mathbf{0}$. Mit

$$\widetilde{\mathbf{M}} = \mathbf{P}^{\mathbf{T}} \cdot \mathbf{M} \cdot \mathbf{P} = \text{diag}[\widetilde{m}_{kk}]$$

$$\widetilde{\mathbf{C}} = \mathbf{P}^{\mathbf{T}} \cdot \mathbf{C} \cdot \mathbf{P} = \text{diag}[\widetilde{c}_{kk}] \qquad (14.69)$$

$$\widetilde{\mathbf{K}} = \mathbf{P}^{\mathbf{T}} \cdot \mathbf{K} \cdot \mathbf{P} = \text{diag}[\widetilde{k}_{kk}]$$

und Linksmultiplikation mit $\widetilde{\mathbf{M}}^{-1}$ können wir dann

$$\widetilde{\ddot{\mathbf{q}}} + 2\,\widetilde{\boldsymbol{\Delta}} \cdot \widetilde{\dot{\mathbf{q}}} + \widetilde{\boldsymbol{\Omega}}^2 \cdot \widetilde{\mathbf{q}} = \mathbf{0} \qquad (14.70)$$

notieren, wobei in (14.70) zur Abkürzung

$$\widetilde{\boldsymbol{\Delta}} = \widetilde{\mathbf{M}}^{-1} \cdot \widetilde{\mathbf{C}} = \text{diag}[\delta_k], \quad \widetilde{\boldsymbol{\Omega}}^2 = \widetilde{\mathbf{M}}^{-1} \cdot \widetilde{\mathbf{K}} = \text{diag}[\omega_k^2] \quad (k = 1, \dots, n) \qquad (14.71)$$

gesetzt wurde. Unter Beachtung von (14.62) und (14.4) geht dann (14.59) über in

$$\hat{\mathbf{q}}(t) = \sum_{k=1}^{n} \left\{ \frac{\widetilde{\mathbf{e}}_k^{\mathbf{T}} \cdot \mathbf{M} \cdot \hat{\mathbf{q}}_0}{2\widetilde{\mathbf{e}}_k^{\mathbf{T}} \cdot \mathbf{M} \cdot \widetilde{\mathbf{e}}_k} \left[\begin{array}{l} \left(1 + \dfrac{\delta_k}{\lambda_k}\right)\exp(\lambda_k t) + \\[2mm] \left(1 - \dfrac{\delta_k}{\lambda_k}\right)\exp(-\lambda_k t) \end{array} \right] + \frac{\widetilde{\mathbf{e}}_k^{\mathbf{T}} \cdot \mathbf{M} \cdot \hat{\dot{\mathbf{q}}}_0}{2\lambda_k \widetilde{\mathbf{e}}_k^{\mathbf{T}} \cdot \mathbf{M} \cdot \widetilde{\mathbf{e}}_k}(\exp(\lambda_k t) - \exp(-\lambda_k t)) \right\} \exp(-\delta_k t)\,\widetilde{\mathbf{e}}_k \qquad (14.72)$$

Zur Lösung von (14.72) werden also lediglich die Eigenwerte δ_k und ω_k sowie die Eigenvektoren $\widetilde{\mathbf{e}}_k$ aus (14.62) oder (14.64) benötigt. Die Werte λ_k ergeben sich dann aus (14.52).

Eine Entkoppelung der Bewegungsgleichung kann übrigens immer erreicht werden, wenn die Dämpfungsmatrix als Linearkombination von Massen- und Steifigkeitsmatrix mit reellen Konstanten α und β in der Form

$$\mathbf{C} = \alpha \mathbf{M} + \beta \mathbf{K} \qquad (14.73)$$

angesetzt wird. Der erste Summand ist proportional zu $\mathbf{M}$ und der zweite proportional zu $\mathbf{K}$, weshalb diese Form der Dämpfung auch proportionale Dämpfung oder Rayleigh-Dämpfung genannt wird. Mit (14.6) erhalten wir

$$2\boldsymbol{\Delta} = \mathbf{M}^{-1/2} \cdot \mathbf{C} \cdot \mathbf{M}^{-1/2} = \mathbf{M}^{-1/2} \cdot (\alpha \mathbf{M} + \beta \mathbf{K}) \cdot \mathbf{M}^{-1/2} = \alpha \mathbf{I} + \beta \boldsymbol{\Omega}^2 \qquad (14.74)$$

Wegen $\boldsymbol{\Delta} \cdot \boldsymbol{\Omega}^2 = \boldsymbol{\Omega}^2 \cdot \boldsymbol{\Delta}$ erweisen sich $\boldsymbol{\Delta}$ und $\boldsymbol{\Omega}^2$ als koaxial. Sind die Eigenwerte ω_k $(k = 1, \dots, n)$ des Eigenwertproblems $(\boldsymbol{\Omega}^2 - \omega^2 \mathbf{I}) \cdot \hat{\mathbf{e}} = \mathbf{0}$ beschafft, dann kennen wir wegen

$$(\boldsymbol{\Delta} - \delta \mathbf{I}) \cdot \hat{\mathbf{e}} = \mathbf{0} = [(\alpha \mathbf{I} + \beta \boldsymbol{\Omega}^2) - 2\delta \mathbf{I}] \cdot \hat{\mathbf{e}} = [\boldsymbol{\Omega}^2 - \underbrace{1/\beta\,(2\delta - \alpha)}_{\omega^2} \mathbf{I}] \cdot \hat{\mathbf{e}} \text{ auch die Abklingkonstanten}$$

$$2\delta_k = \alpha + \beta \omega_k^2 \qquad (k = 1, \dots, n) \qquad (14.75)$$

des entkoppelten Systems nach (14.49), und mit $\delta_k = D_k \omega_k$ können wir für (14.75) auch

$$2D_k = \frac{\alpha}{\omega_k} + \beta\omega_k \qquad (k = 1,...,n) \qquad (14.76)$$

schreiben. Über die Parameter α und β kann noch verfügt werden. Wird beispielsweise $\alpha = 0$ gewählt, dann ist $2D_k = \beta\omega_k$, womit der Dämpfungsgrad des k-ten Freiheitsgrades proportional zur k-ten Eigenkreisfrequenz des zugeordneten ungedämpften Systems ist. Wir sprechen in diesem Fall von steifigkeitsproportionaler Dämpfung, und die Dämpfungsmatrix erscheint in der Form $C = \beta K$. Im Fall $\beta = 0$ wird von massenproportionaler Dämpfung gesprochen, und wir erhalten entsprechend (14.75) für jede Teillösung dieselbe Abklingkonstante $2\delta_k = \alpha$. Die Dämpfungsmatrix ist in diesem Fall $C = \alpha M$. Soll also eine Dämpfungsmatrix aufgebaut werden, die eine Entkopplung der Bewegungsgleichungen ermöglicht, dann kann bei Beschränkung auf den Zweimassenschwinger wie folgt vorgegangen werden:

1.) Unter Vernachlässigung der Dämpfung werden mit geschätzten Massen und Steifigkeiten die beiden Eigenkreisfrequenzen ω_1 und ω_2 berechnet.

2.) Zu diesen Freiheitsgraden werden modale Dämpfungsgrade D_1 und D_2 gewählt. Daraus ergeben sich mit (14.76) die Parameter

$$\alpha = \frac{2\omega_1\omega_2(D_2\omega_1 - D_1\omega_2)}{\omega_1^2 - \omega_2^2}, \quad \beta = \frac{2(D_1\omega_1 - D_2\omega_2)}{\omega_1^2 - \omega_2^2} \qquad (14.77)$$

und mit (14.73) die Dämpfungsmatrix $C = \alpha M + \beta K$. Sollen beide Teillösungen mit $D_1 = D_2 = D$ denselben Dämpfungsgrad D aufweisen, dann sind

$$\alpha = \frac{2D\omega_1\omega_2}{\omega_1 + \omega_2}, \quad \beta = \frac{2D}{\omega_1 + \omega_2} \qquad (14.78)$$

zu wählen.

Beispiel 14-4:

Für einen Schwinger mit zwei Freiheitsgraden soll im Sinne der Rayleigh-Dämpfung eine Dämpfungsmatrix C aufgebaut werden. Massen- und Steifigkeitsmatrix

$$M = \begin{bmatrix} 2 & 0 \\ 0 & 1 \end{bmatrix}, \quad K = \begin{bmatrix} 24 & -8 \\ -8 & 8 \end{bmatrix}$$

sind aus Vorbetrachtungen bekannt. Damit folgen

$$M^{-1/2} = \begin{bmatrix} 0,707 & 0 \\ 0 & 1,000 \end{bmatrix}, \quad \Omega^2 = M^{-1/2} \cdot K \cdot M^{-1/2} = \begin{bmatrix} 12,000 & -5,657 \\ -5,657 & 8,000 \end{bmatrix}$$

Wir beschaffen uns die Eigenwerte und Eigenvektoren des allgemeinen Eigenwertproblems $(\mathbf{K} - \omega^2 \mathbf{M}) \cdot \mathbf{a} = \mathbf{0}$. Die Eigenwerte sind $\omega_1 = 2$, $\omega_2 = 4$, und die reellen orthogonalen Eigenvektoren werden in der Modalmatrix $\boldsymbol{\Phi} = \begin{bmatrix} -0{,}5773 & -0{,}8165 \\ -0{,}8165 & 0{,}5773 \end{bmatrix}$ zusammengefasst. Wir wählen die modalen Dämpfungsgrade $D_1 = 0{,}15$ und $D_2 = 0{,}1$. Mit (14.77) folgen die Parameter $\alpha = 0{,}533$ sowie $\beta = 0{,}0167$ und damit die Dämpfungsmatrix

$$\mathbf{C} = \alpha \mathbf{M} + \beta \mathbf{K} = \begin{bmatrix} 1{,}4667 & -0{,}1333 \\ -0{,}1333 & 0{,}6667 \end{bmatrix}.$$

Zum Nachweis, dass sich die Bewegungsgleichung $\ddot{\mathbf{p}} + 2\,\boldsymbol{\Delta} \cdot \dot{\mathbf{p}} + \boldsymbol{\Omega}^2 \cdot \hat{\mathbf{p}} = \mathbf{0}$ nach (14.5) mit der oben berechneten Dämpfungsmatrix $\mathbf{C}$ entkoppeln lässt, transformieren wir auf Hauptkoordinaten und erhalten mit (14.48): $\ddot{\tilde{\mathbf{q}}} + 2\,\tilde{\boldsymbol{\Delta}} \cdot \dot{\tilde{\mathbf{q}}} + \tilde{\boldsymbol{\Omega}}^2 \cdot \tilde{\mathbf{q}} = \mathbf{0}$. Wir benötigen

$$\boldsymbol{\Delta} = \frac{1}{2} \mathbf{M}^{-1/2} \cdot \mathbf{C} \cdot \mathbf{M}^{-1/2} = \begin{bmatrix} 0{,}3667 & -0{,}0471 \\ -0{,}0471 & 0{,}3333 \end{bmatrix}, \quad \tilde{\boldsymbol{\Delta}} = \boldsymbol{\Phi}^T \cdot \boldsymbol{\Delta} \cdot \boldsymbol{\Phi} = \mathrm{diag}[\delta_k] = \begin{bmatrix} 0{,}3 & 0 \\ 0 & 0{,}4 \end{bmatrix} \quad \text{und}$$

$$\tilde{\boldsymbol{\Omega}}^2 = \boldsymbol{\Phi} \cdot \boldsymbol{\Omega}^2 \cdot \boldsymbol{\Phi} = \begin{bmatrix} 4 & 0 \\ 0 & 16 \end{bmatrix} = \begin{bmatrix} \omega_1^2 & 0 \\ 0 & \omega_2^2 \end{bmatrix}.$$

Damit liegen zwei entkoppelte Bewegungsgleichungen $\ddot{\tilde{q}}_k + 2\delta_k\,\dot{\tilde{q}}_k + \omega_k^2 \tilde{q}_k = 0$ ($k = 1{,}2$) vor, deren Lösungen bekannt sind. In $\delta_1 = D_1\omega_1 = 0{,}3$ und damit $D_1 = 0{,}3/2 = 0{,}15$ sowie $\delta_2 = D_2\omega_2 = 0{,}4$ bzw. $D_2 = 0{,}4/4 = 0{,}1$ erkennen wir die vorab gewählten Dämpfungsgrade wieder.

14.1.3   Näherungsweise Berücksichtigung der Dämpfung

Die bisherigen Ausführungen haben gezeigt, dass die Berücksichtigung der Dämpfung im Vergleich zu ungedämpften Bewegungen einen erheblichen mathematischen Mehraufwand bedeutet. Das trifft insbesondere auf Bewegungsgleichungen zu, deren Matrizen nicht koaxial sind. Außerdem ist die Wahl eines Dämpfungsgesetzes bei vielen Konstruktionen mit Unsicherheiten behaftet. Zusätzlich kommt hinzu, dass wir es bei realen Konstruktionen mit äußeren und inneren Dämpfungseinflüssen zu tun haben, deren direkte Bestimmung aufgrund der Komplexität des Problems ohnehin nicht möglich ist. Unter Beachtung dieser Umstände ist es sicherlich gerechtfertigt, Näherungsverfahren zu benutzen, von denen hier zwei vorgestellt werden sollen.

Verfahren 1
Wir unterstellen nichtkoaxiale Systemmatrizen $\mathbf{M}$, $\mathbf{C}$ und $\mathbf{K}$. Der Näherungscharakter dieses Verfahrens besteht darin, die modale Dämpfungsmatrix $\tilde{\boldsymbol{\Delta}}$ zwangsweise zu diagonalisieren. Wir setzen bei der transformierten Bewegungsgleichung (14.5) an und beachten (14.6). Un-

ter Vernachlässigung des Dämpfungsanteils lösen wir zunächst das Eigenwertproblem $(\Omega^2 - \omega^2 \mathbf{I}) \cdot \mathbf{a} = \mathbf{0}$. Die daraus resultierenden reellen Eigenvektoren werden spaltenweise in der Eigenvektormatrix $\boldsymbol{\Phi}$ mit $\boldsymbol{\Phi}^T = \boldsymbol{\Phi}^{-1}$ geschrieben. Durch die Transformation $\hat{\mathbf{p}}(t) = \boldsymbol{\Phi} \cdot \tilde{\mathbf{q}}(t)$ geht dann (14.5) über in $\boldsymbol{\Phi} \cdot \ddot{\tilde{\mathbf{q}}} + 2\boldsymbol{\Delta} \cdot \boldsymbol{\Phi} \cdot \dot{\tilde{\mathbf{q}}} + \boldsymbol{\Omega}^2 \cdot \boldsymbol{\Phi} \cdot \tilde{\mathbf{q}} = \mathbf{0}$ und nach Linksmultiplikation mit $\boldsymbol{\Phi}^T$ unter Beachtung von $\boldsymbol{\Phi}^T \cdot \boldsymbol{\Phi} = \mathbf{I}$ erhalten wir

$$\ddot{\tilde{\mathbf{q}}} + 2\boldsymbol{\Phi}^T \cdot \boldsymbol{\Delta} \cdot \boldsymbol{\Phi} \cdot \dot{\tilde{\mathbf{q}}} + \boldsymbol{\Phi}^T \cdot \boldsymbol{\Omega}^2 \cdot \boldsymbol{\Phi} \cdot \tilde{\mathbf{q}} = \mathbf{0} \,.$$

Die Matrix $\boldsymbol{\Phi}^T \cdot \boldsymbol{\Omega}^2 \cdot \boldsymbol{\Phi} = \tilde{\boldsymbol{\Omega}}^2 = \text{diag}[\omega_k^2]$ ist eine Diagonalmatrix, auf deren Hauptdiagonale die Quadrate der Eigenkreisfrequenzen des ungedämpften Systems stehen. Dagegen wird die modale Dämpfungsmatrix $\tilde{\boldsymbol{\Delta}} = \boldsymbol{\Phi}^T \cdot \boldsymbol{\Delta} \cdot \boldsymbol{\Phi}$ i. Allg. keine Diagonalmatrix sein. Der Näherungscharakter dieses Verfahrens besteht nun darin, die Matrix $\tilde{\boldsymbol{\Delta}}$ durch die Diagonalmatrix $\overline{\boldsymbol{\Delta}}$ zu ersetzen, die wir auf einfachste Weise aus $\tilde{\boldsymbol{\Delta}}$ durch Streichen der Nebendiagonalglieder erhalten, was zu

$$\ddot{\tilde{\mathbf{q}}} + 2\overline{\boldsymbol{\Delta}} \cdot \dot{\tilde{\mathbf{q}}} + \tilde{\boldsymbol{\Omega}}^2 \cdot \tilde{\mathbf{q}} = \mathbf{0} \tag{14.79}$$

führt. Mit (14.79) liegen n entkoppelte homogene Bewegungsgleichungen der Form

$$\ddot{\tilde{q}}_k + 2\overline{\delta}_k \dot{\tilde{q}}_k + \tilde{\omega}_k^2 \tilde{q}_k = 0 \qquad\qquad (k = 1,...,n) \tag{14.80}$$

vor, deren Lösungen mit $\lambda_k = \sqrt{\overline{\delta}_k^2 - \omega_k^2}$ sofort notiert werden können

$$\tilde{q}_k(t) = \left\{ \begin{array}{l} \dfrac{\tilde{q}_{k0}[(\lambda_k + \overline{\delta}_k)\exp(\lambda_k t) + (\lambda_k - \overline{\delta}_k)\exp(-\lambda_k t)]}{2\lambda_k} + \\[2ex] \dfrac{\dot{\tilde{q}}_{k0}[\exp(\lambda_k t) - \exp(-\lambda_k t)]}{2\lambda_k} \end{array} \right\} \exp(-\overline{\delta}_k t) \tag{14.81}$$

Zur Transformation der Anfangswerte benötigen wir die Matrix $\mathbf{S} = \mathbf{M}^{-1/2} \cdot \boldsymbol{\Phi}$ und deren Inverse $\mathbf{S}^{-1} = \boldsymbol{\Phi}^T \cdot \mathbf{M}^{1/2}$. Unter Beachtung von

$$\tilde{\mathbf{q}}(t) = \boldsymbol{\Phi}^T \cdot \hat{\mathbf{p}}(t) = \boldsymbol{\Phi}^T \cdot \mathbf{M}^{1/2} \cdot \hat{\mathbf{q}}(t) = \mathbf{S}^{-1} \cdot \hat{\mathbf{q}}(t)$$

folgen damit die modalen Anfangsbedingungen $\tilde{\mathbf{q}}_0 = \mathbf{S}^{-1} \cdot \hat{\mathbf{q}}_0$ und $\dot{\tilde{\mathbf{q}}}_0 = \mathbf{S}^{-1} \cdot \dot{\hat{\mathbf{q}}}_0$. Sind die Lösungen $\tilde{\mathbf{q}}(t)$ und $\dot{\tilde{\mathbf{q}}}(t)$ bekannt, dann erfolgt mittels $\hat{\mathbf{q}}(t) = \mathbf{S} \cdot \tilde{\mathbf{q}}(t)$ bzw. $\dot{\hat{\mathbf{q}}}(t) = \mathbf{S} \cdot \dot{\tilde{\mathbf{q}}}(t)$ die Transformation der Bewegungsgleichungen in die physikalischen Koordinaten.

Beispiel 14-5:

Für einen Zweimassenschwinger sind folgende Systemwerte gegeben:

$m_1 = 1\,\text{kg}$, $m_2 = 2\,\text{kg}$, $c_1 = 0,25\,\text{kg}/\text{s}$, $c_2 = 0,25\,\text{kg}/\text{s}$, $k_1 = 2\,\text{kg}/\text{s}^2$, $k_2 = 1\,\text{kg}/\text{s}^2$.

$$\mathbf{M} = \begin{bmatrix} 1 & 0 \\ 0 & 2 \end{bmatrix}, \quad \mathbf{C} = \begin{bmatrix} 0{,}50 & -0{,}25 \\ -0{,}25 & 0{,}25 \end{bmatrix}, \quad \mathbf{K} = \begin{bmatrix} 3 & -1 \\ -1 & 1 \end{bmatrix}.$$

Die Anfangsbedingungen sind $\mathbf{x}_0^T(t) = \begin{bmatrix} 1\,\text{cm} & 0 \end{bmatrix}$ und $\dot{\mathbf{x}}_0^T(t) = \begin{bmatrix} 0 & 1\,\text{cm/s} \end{bmatrix}$. Die Matrizen $\mathbf{M}$, $\mathbf{C}$ und $\mathbf{K}$ erweisen sich als nicht koaxial. Zur näherungsweisen Berücksichtigung der Dämpfung ist Verfahren 1 anzuwenden.

Lösung:

1.) Berechnung von $\mathbf{M}^{1/2}$ und $\mathbf{M}^{-1/2}$

$$\mathbf{M}^{1/2} = \begin{bmatrix} 1 & 0 \\ 0 & 1{,}4142 \end{bmatrix}, \quad \mathbf{M}^{-1/2} = \begin{bmatrix} 1 & 0 \\ 0 & 0{,}7071 \end{bmatrix}$$

2.) Berechnung von $\boldsymbol{\Delta}$ und $\boldsymbol{\Omega}^2$

$$\boldsymbol{\Delta} = \frac{1}{2} \mathbf{M}^{-1/2} \cdot \mathbf{C} \cdot \mathbf{M}^{-1/2} = \begin{bmatrix} 0{,}2500 & -0{,}0884 \\ -0{,}0884 & 0{,}0625 \end{bmatrix}, \quad \boldsymbol{\Omega}^2 = \mathbf{M}^{-1/2} \cdot \mathbf{K} \cdot \mathbf{M}^{-1/2} = \begin{bmatrix} 3{,}0000 & -0{,}7071 \\ -0{,}7071 & 0{,}5000 \end{bmatrix}$$

3.) Lösung des Eigenwertproblems für $\boldsymbol{\Omega}^2$

$$(\boldsymbol{\Omega}^2 - \omega^2 \mathbf{I}) \cdot \mathbf{e} = 0, \quad \omega_1^2 = 0{,}3139, \quad \omega_2^2 = 3{,}1861, \quad \mathbf{e}_1 = \begin{bmatrix} -0{,}2546 \\ -0{,}9671 \end{bmatrix}, \quad \mathbf{e}_2 = \begin{bmatrix} -0{,}9671 \\ 0{,}2546 \end{bmatrix}$$

4.) Aufbau der Eigenvektormatrix

$$\boldsymbol{\Phi} = \begin{bmatrix} -0{,}2546 & -0{,}9671 \\ -0{,}9671 & 0{,}2546 \end{bmatrix} = \boldsymbol{\Phi}^T$$

5.) Berechnung von $\widetilde{\boldsymbol{\Delta}}$, $\overline{\boldsymbol{\Delta}}$ und $\widetilde{\boldsymbol{\Omega}}^2$

$$\widetilde{\boldsymbol{\Delta}} = \boldsymbol{\Phi}^T \cdot \boldsymbol{\Delta} \cdot \boldsymbol{\Phi} = \begin{bmatrix} 0{,}0311 & -0{,}0308 \\ -0{,}0308 & 0{,}2814 \end{bmatrix}, \qquad \rightarrow \overline{\boldsymbol{\Delta}} = \begin{bmatrix} 0{,}0311 & 0 \\ 0 & 0{,}2814 \end{bmatrix}$$

$$\widetilde{\boldsymbol{\Omega}}^2 = \boldsymbol{\Phi}^T \cdot \boldsymbol{\Omega}^2 \cdot \boldsymbol{\Phi} = \begin{bmatrix} 0{,}3139 & 0 \\ 0 & 3{,}1861 \end{bmatrix}$$

Zum Vergleich: Die Eigenwerte von $\boldsymbol{\Delta}$ sind $\delta_1 = 0{,}0274$ und $\delta_2 = 0{,}2851$.

6.) Berechnung der Matrizen $\mathbf{S}$ und $\mathbf{S}^{-1}$

$$\mathbf{S} = \mathbf{M}^{-1/2} \cdot \boldsymbol{\Phi} = \begin{bmatrix} 1 & 0 \\ 0 & 0{,}7071 \end{bmatrix} \cdot \begin{bmatrix} -0{,}2546 & -0{,}9671 \\ -0{,}9671 & 0{,}2546 \end{bmatrix} = \begin{bmatrix} -0{,}2546 & -0{,}9671 \\ -0{,}6838 & 0{,}1800 \end{bmatrix}$$

$$\mathbf{S}^{-1} = \mathbf{\Phi}^{T} \cdot \mathbf{M}^{1/2} = \begin{bmatrix} -0,2546 & -0,9671 \\ -0,9671 & 0,2546 \end{bmatrix} \cdot \begin{bmatrix} 1 & 0 \\ 0 & 1,4142 \end{bmatrix} = \begin{bmatrix} -0,2546 & -1,3676 \\ -0,9671 & 0,3600 \end{bmatrix}$$

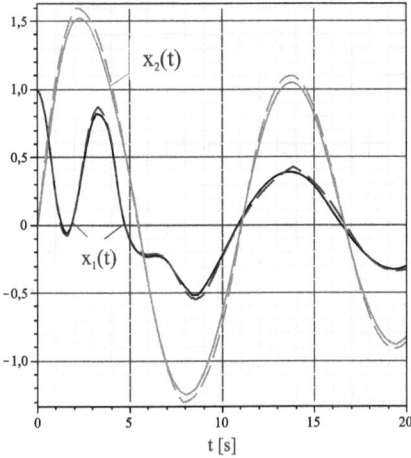

Abb. 14.6   *Auslenkungen [cm]*

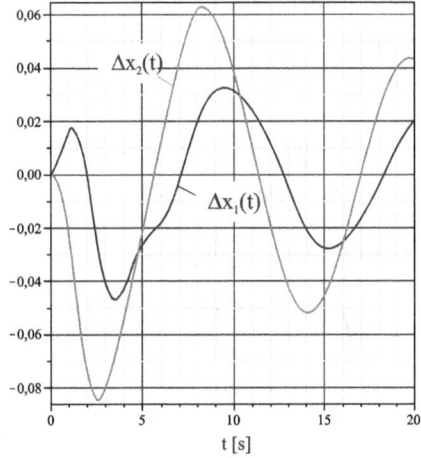

Abb. 14.7   *Auslenkungsdifferenzen [cm]*

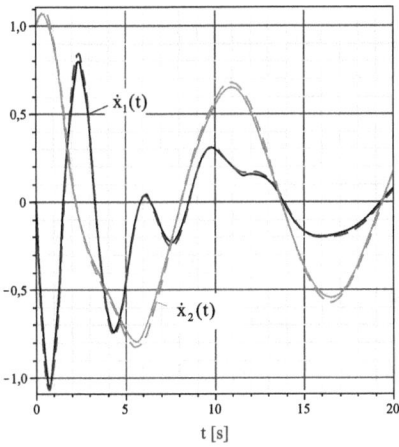

Abb. 14.8   *Geschwindigkeiten [cm/s]*

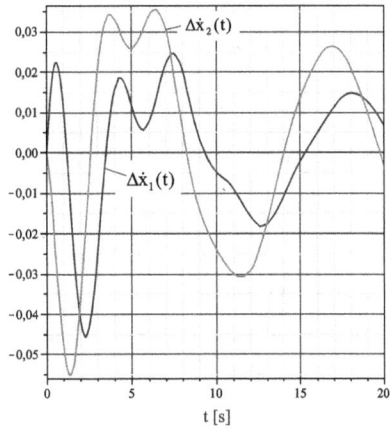

Abb. 14.9   *Geschwindigkeitsdifferenzen [cm/s]*

7.) Berechnung der modalen Anfangsbedingungen

$$\tilde{\mathbf{q}}_{0} = \mathbf{S}^{-1} \cdot \mathbf{x}_{0} = \begin{bmatrix} -0,2546 & -1,3676 \\ -0,9671 & 0,3600 \end{bmatrix} \cdot \begin{bmatrix} 1 \\ 0 \end{bmatrix} = \begin{bmatrix} -0,2546 \\ -0,9671 \end{bmatrix}$$

$$\tilde{\dot{q}}_0 = S^{-1} \cdot \dot{x}_0 = \begin{bmatrix} -0,2546 & -1,3676 \\ -0,9671 & 0,3600 \end{bmatrix} \cdot \begin{bmatrix} 0 \\ 1 \end{bmatrix} = \begin{bmatrix} -1,3676 \\ 0,3600 \end{bmatrix}$$

8.) Lösung in Modalkoordinaten

$\omega_1^2 = 0,3139$, $\bar{\delta}_1 = 0,0311$. Wegen $\omega_1^2 > \bar{\delta}_1^2$ liegt in dieser Modalkoordinate eine schwache Dämpfung vor: $\tilde{q}_1(t) = [-0,2546\cos(0,5594t) - 2,4591\sin(0,5594t)]e^{-0,0311t}$.

$\omega_2^2 = 3,1861$, $\bar{\delta}_2 = 0,2814$. Wegen $\omega_2^2 > \bar{\delta}_2^2$ liegt auch in dieser Modalkoordinate eine schwache Dämpfung vor: $\tilde{q}_2(t) = [-0,9671\cos(1,7627t) + 0,0499\sin(1,7627t)]e^{-0,2814t}$.

9.) Transformation in physikalische Koordinaten

$$x(t) = S \cdot \tilde{q}(t) = \begin{bmatrix} -0,00255 & -0,00967 \\ -0,00967 & 0,00180 \end{bmatrix} \cdot \begin{bmatrix} \tilde{q}_1(t) \\ \tilde{q}_2(t) \end{bmatrix}$$

$$x(t) = \left\{ \begin{bmatrix} 0,0648 \\ 0,1741 \end{bmatrix} \cos(0,5594t) + \begin{bmatrix} 0,6260 \\ 1,6816 \end{bmatrix} \sin(0,5594t) \right\} e^{-0,0311t} +$$
$$\left\{ \begin{bmatrix} 0,9352 \\ 0,1741 \end{bmatrix} \cos(1,7627t) + \begin{bmatrix} -0,0482 \\ 0,0090 \end{bmatrix} \sin(1,7627t) \right\} e^{-0,2814t}$$

Die Geschwindigkeiten erhalten wir durch Ableitung der Auslenkungen nach der Zeit t.

$$\dot{x}(t) = \left\{ \begin{bmatrix} -0,0557 \\ -0,1497 \end{bmatrix} \sin(0,5594t) + \begin{bmatrix} 0,3482 \\ 0,9352 \end{bmatrix} \cos(0,5594t) \right\} e^{-0,0311t} +$$
$$\left\{ \begin{bmatrix} -1,6349 \\ 0,3043 \end{bmatrix} \sin(1,7627t) + \begin{bmatrix} -0,3482 \\ 0,0648 \end{bmatrix} \cos(1,7627t) \right\} e^{-0,2814t}$$

In Abb. 14.6 sind die Auslenkungen $x_1(t)$ und $x_2(t)$ und in Abb. 14.8 die Geschwindigkeiten $\dot{x}_1(t)$ und $\dot{x}_2(t)$ beider Massen m_1 und m_2 dargestellt. Zum Vergleich wurden die im Sinne der Theorie exakten Lösungen mit durchgezogenen und die Näherungslösungen mit gestrichelten Linien abgebildet. In Abb. 14.7 sind zur besseren Beurteilung der Näherung zusätzlich die Verschiebungsdifferenzen $\Delta x_k(t) = \Delta x_{k,nä} - \Delta x_{k,ex}$ und in Abb. 14.9 die Geschwindigkeitsdifferenzen $\Delta \dot{x}_k(t) = \Delta \dot{x}_{k,nä} - \Delta \dot{x}_{k,ex}$ (k = 1,2) von Näherung und exakter Lösung aufgezeigt.

Verfahren 2

Bei diesem Verfahren werden auf modaler Ebene die Dämpfungswerte direkt zugewiesen. Es wird zunächst wieder nur das ungedämpfte Problem betrachtet. Wir gehen von der transformierten Bewegungsgleichung $\ddot{p} + \Omega^2 \cdot p = 0$ mit $\Omega^2 = M^{-1/2} \cdot K \cdot M^{-1/2}$ aus. Die Lösung des Eigenwertproblems $(\Omega^2 - \omega^2 I) \cdot a = 0$ liefert die reellen Eigenwerte ω_k und Eigenvektoren

e_k ($k = 1,...,n$), mit denen wir die Eigenvektormatrix $\boldsymbol{\Phi}$ bilden, für die $\boldsymbol{\Phi}^T = \boldsymbol{\Phi}^{-1}$ gilt. Mit der Transformation $\hat{\mathbf{p}}(t) = \boldsymbol{\Phi} \cdot \tilde{\mathbf{q}}(t)$ geht dann $\ddot{\hat{\mathbf{p}}} + \boldsymbol{\Omega}^2 \cdot \hat{\mathbf{p}} = \mathbf{0}$ über in $\boldsymbol{\Phi} \cdot \ddot{\tilde{\mathbf{q}}} + \boldsymbol{\Omega}^2 \cdot \boldsymbol{\Phi} \cdot \tilde{\mathbf{q}} = \mathbf{0}$ und nach Linksmultiplikation mit $\boldsymbol{\Phi}^T$ unter Beachtung von $\boldsymbol{\Phi}^T \cdot \boldsymbol{\Phi} = \mathbf{I}$ erhalten wir die bereits bekannte Bewegungsgleichung in Modalkoordinaten

$$\ddot{\tilde{\mathbf{q}}} + \tilde{\boldsymbol{\Omega}}^2 \cdot \tilde{\mathbf{q}} = \mathbf{0} \, .$$

Die Matrix $\boldsymbol{\Phi}^T \cdot \boldsymbol{\Omega}^2 \cdot \boldsymbol{\Phi} = \tilde{\boldsymbol{\Omega}}^2 = \mathrm{diag}[\omega_k^2]$ ist eine Diagonalmatrix, auf deren Hauptdiagonale die Quadrate der modalen Eigenkreisfrequenzen des ungedämpften Systems stehen. Damit liegen n entkoppelte homogene Bewegungsgleichungen 2. Ordnung der Form

$$\ddot{\tilde{q}}_k + \omega_k^2 \, \tilde{q}_k = 0 \qquad (k = 1,...,n)$$

vor. Wir erweitern nun diese modalen Bewegungsgleichungen um die Dämpfungsterme. Dann lauten die entkoppelten Bewegungsgleichungen

$$\ddot{\tilde{q}}_k + 2\delta_k \dot{\tilde{q}}_k + \omega_k^2 \, \tilde{q}_k = 0 \qquad (k = 1,...,n)$$

deren Lösungen

$$\tilde{q}_k(t) = \left\{ \begin{array}{l} \dfrac{\tilde{q}_{k0}[(\lambda_k + \delta_k)\exp(\lambda_k t) + (\lambda_k - \delta_k)\exp(-\lambda_k t)]}{2\lambda_k} + \\[3mm] \dfrac{\dot{\tilde{q}}_{k0}[\exp(\lambda_k t) - \exp(-\lambda_k t)]}{2\lambda_k} \end{array} \right\} \exp(-\delta_k t)$$

wir sofort notieren können. Die Abklingkonstanten $\delta_k = D_k \omega_k$, und damit $\lambda_k = \sqrt{\delta_k^2 - \omega_k^2}$, werden nach ingenieurmäßigen Kriterien festgelegt. Es sind noch die Anfangswerte zu transformieren. Dazu benötigen wir die Matrix $\mathbf{S} = \mathbf{M}^{-1/2} \cdot \boldsymbol{\Phi}$ und ihre Inverse $\mathbf{S}^{-1} = \boldsymbol{\Phi}^T \cdot \mathbf{M}^{1/2}$. Unter Beachtung von $\tilde{\mathbf{q}}(t) = \boldsymbol{\Phi}^T \cdot \hat{\mathbf{p}}(t) = \boldsymbol{\Phi}^T \cdot \mathbf{M}^{1/2} \cdot \hat{\mathbf{q}}(t) = \mathbf{S}^{-1} \cdot \hat{\mathbf{q}}(t)$ folgen die modalen Anfangsbedingungen $\tilde{\mathbf{q}}_0 = \mathbf{S}^{-1} \cdot \hat{\mathbf{q}}_0$ und $\dot{\tilde{\mathbf{q}}}_0 = \mathbf{S}^{-1} \cdot \dot{\hat{\mathbf{q}}}_0$. Sind die Lösungen $\tilde{\mathbf{q}}(t)$ und $\dot{\tilde{\mathbf{q}}}(t)$ bekannt, dann erfolgt mittels $\hat{\mathbf{q}}(t) = \mathbf{S} \cdot \tilde{\mathbf{q}}(t)$ bzw. $\dot{\hat{\mathbf{q}}}(t) = \mathbf{S} \cdot \dot{\tilde{\mathbf{q}}}(t)$ die Rücktransformation der Bewegungsgleichungen in die physikalischen Koordinaten.

Beispiel 14-6:

Zur Berechnung der Schwingerkette in Abb. 14.10 mit den Systemwerten $m_1 = 10\,\mathrm{kg}$, $m_2 = 50\,\mathrm{kg}$, $m_3 = 200\,\mathrm{kg}$, $k_1 = 20\,\mathrm{kN/m}$, $k_2 = 2\,\mathrm{kN/m}$ und $k_3 = 10\,\mathrm{kN/m}$ soll das Verfahren 2 zur Anwendung kommen, indem auf modaler Ebene Dämpfungswerte zugewiesen werden. Die Anfangsbedingungen sind $\mathbf{x}_0^T = \begin{bmatrix} 1\,\mathrm{cm} & 1\,\mathrm{cm} & 0 \end{bmatrix}$ und $\dot{\mathbf{x}}_0^T = \begin{bmatrix} 0 & 1\,\mathrm{cm/s} & 1\,\mathrm{cm/s} \end{bmatrix}$.

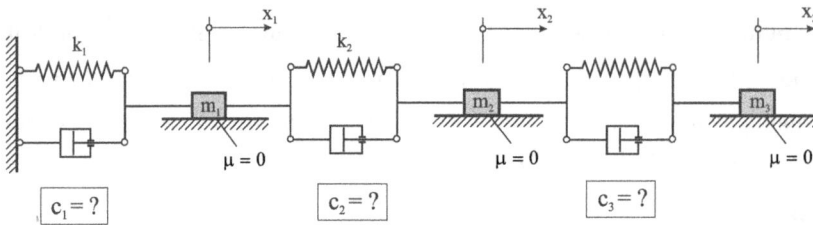

Abb. 14.10   *Gedämpfter Dreimassenschwinger, Zuweisung von modalen Dämpfungswerten*

Es ergeben sich die folgenden Systemmatrizen:

$$\mathbf{M} = \begin{bmatrix} 10 & 0 & 0 \\ 0 & 50 & 0 \\ 0 & 0 & 200 \end{bmatrix}, \mathbf{K} = \begin{bmatrix} k_1 + k_2 & -k_2 & 0 \\ -k_2 & k_2 + k_3 & -k_3 \\ 0 & -k_3 & k_3 \end{bmatrix} = \begin{bmatrix} 22000 & -2000 & 0 \\ -2000 & 12000 & -10000 \\ 0 & -10000 & 10000 \end{bmatrix}$$

Lösung: Wir gehen wieder in Schritten vor.

1.) Berechnung von $\mathbf{M}^{1/2}$ und $\mathbf{M}^{-1/2}$

$$\mathbf{M}^{1/2} = \begin{bmatrix} 3,162 & 0 & 0 \\ 0 & 7,071 & 0 \\ 0 & 0 & 14,142 \end{bmatrix}, \mathbf{M}^{-1/2} = \begin{bmatrix} 0,3162 & 0 & 0 \\ 0 & 0,1414 & 0 \\ 0 & 0 & 0,0707 \end{bmatrix}$$

2.) Berechnung der massennormalisierten Steifigkeitsmatrix

$$\mathbf{\Omega}^2 = \mathbf{M}^{-1/2} \cdot \mathbf{K} \cdot \mathbf{M}^{-1/2} = \begin{bmatrix} 2200,000 & -89,443 & 0 \\ -89,443 & 240,000 & -100,000 \\ 0 & -100,000 & 50,000 \end{bmatrix}$$

3.) Lösung des speziellen Eigenwertproblems $(\mathbf{\Omega}^2 - \omega^2 \mathbf{I}) \cdot \mathbf{a} = 0$

$\omega_1^2 = 6,495$, $\omega_1 = 2,549$, $\omega_2^2 = 279,422$, $\omega_2 = 16,716$, $\omega_3^2 = 2204,083$, $\omega_3 = 46,948$.

$$\mathbf{e_1} = \begin{bmatrix} -0,0163 \\ -0,3989 \\ -0,9169 \end{bmatrix}, \quad \mathbf{e_2} = \begin{bmatrix} 0,0427 \\ 0,9159 \\ -0,3992 \end{bmatrix}, \quad \mathbf{e_3} = \begin{bmatrix} 0,9990 \\ -0,0456 \\ 0,0021 \end{bmatrix}$$

4.) Bildung der Eigenvektormatrix

$$\mathbf{\Phi} = \begin{bmatrix} -0,0163 & 0,0427 & 0,9990 \\ -0,3989 & 0,9159 & -0,0456 \\ -0,9169 & -0,3992 & 0,0021 \end{bmatrix} \text{ mit } \mathbf{\Phi}^T = \mathbf{\Phi}^{-1}$$

5.) Modale Bewegungsgleichungen für das ungedämpfte System

$$\ddot{\tilde{x}}_1(t) + 6{,}495\,\tilde{x}_1(t) = 0, \quad \ddot{\tilde{x}}_2(t) + 279{,}422\,\tilde{x}_2(t) = 0, \quad \ddot{\tilde{x}}_3(t) + 2204{,}083\,\tilde{x}_3(t) = 0$$

6.) Berechnung von $\mathbf{S}$ und $\mathbf{S}^{-1}$

$$\mathbf{S} = \mathbf{M}^{-1/2} \cdot \boldsymbol{\Phi} = \begin{bmatrix} -0{,}00514 & 0{,}01349 & 0{,}31589 \\ -0{,}05641 & 0{,}12952 & -0{,}00645 \\ -0{,}06483 & -0{,}02822 & 0{,}00015 \end{bmatrix}$$

$$\mathbf{S}^{-1} = \boldsymbol{\Phi}^T \cdot \mathbf{M}^{1/2} = \begin{bmatrix} -0{,}0514 & -2{,}8205 & -12{,}9663 \\ 0{,}1349 & 6{,}4762 & -5{,}6456 \\ 3{,}1590 & -0{,}3224 & 0{,}0299 \end{bmatrix}$$

7.) Berechnung der modalen Anfangsbedingungen

$$\tilde{\mathbf{x}}_0 = \mathbf{S}^{-1} \cdot \mathbf{x}_0 = \begin{bmatrix} -0{,}0514 & -2{,}8205 & -12{,}9663 \\ 0{,}1349 & 6{,}4762 & -5{,}6456 \\ 3{,}1590 & -0{,}3224 & 0{,}0299 \end{bmatrix} \cdot \begin{bmatrix} 0 \\ 0 \\ 1 \end{bmatrix} = \begin{bmatrix} -12{,}9663 \\ -5{,}6456 \\ 0{,}0299 \end{bmatrix}, \quad \dot{\tilde{\mathbf{x}}}_0 = \mathbf{S}^{-1} \cdot \dot{\mathbf{x}}_0 = \begin{bmatrix} 0 \\ 0 \\ 0 \end{bmatrix}$$

8.) Wahl der Abklingkonstanten $\delta_j = D_j \omega_j$

Aufgrund ingenieurmäßiger Überlegungen werden folgende Abklingkonstanten gewählt:

$$D_1 = 0{,}05 \qquad \rightarrow \delta_1 = D_1 \omega_1 = 0{,}05 \cdot 2{,}549 = 0{,}127,$$

$$D_2 = 0{,}10 \qquad \rightarrow \delta_2 = D_2 \omega_2 = 0{,}10 \cdot 16{,}716 = 1{,}672,$$

$$D_3 = 0{,}05 \qquad \rightarrow \delta_3 = D_3 \omega_3 = 0{,}05 \cdot 46{,}948 = 2{,}347,$$

9.) Modale Bewegungsgleichungen und deren Lösungen für das gedämpfte System

$$\ddot{\tilde{x}}_1(t) + 0{,}2548\,\dot{\tilde{x}}_1(t) + 6{,}495\,\tilde{x}_1(t) = 0,$$

$$\ddot{\tilde{x}}_2(t) + 3{,}3432\,\dot{\tilde{x}}_2(t) + 279{,}422\,\tilde{x}_2(t) = 0,$$

$$\ddot{\tilde{x}}_3(t) + 4{,}6948\,\dot{\tilde{x}}_3(t) + 2204{,}083\,\tilde{x}_3(t) = 0,$$

$$\tilde{x}_1(t) = [-12{,}9663\cos 2{,}545t - 0{,}6491\sin 2{,}545t]\exp(-0{,}127t),$$

$$\tilde{x}_2(t) = [-5{,}6456\cos 16{,}632t - 0{,}5674\sin 16{,}632t]\exp(-1{,}672t),$$

$$\tilde{x}_3(t) = [0{,}0299\cos 46{,}889t + 0{,}0015\sin 46{,}889t]\exp(-2{,}347t).$$

10.) Berechnung der Auslenkungen in physikalischen Koordinaten ($\mathbf{x} = \mathbf{S} \cdot \tilde{\mathbf{x}}$)

$$\mathbf{x}(t) = \left\{ \begin{bmatrix} 0,0667 \\ 0,7314 \\ 0,8406 \end{bmatrix} \cos 2,545t + \begin{bmatrix} 0,0033 \\ 0,0366 \\ 0,0421 \end{bmatrix} \sin 2,545t \right\} \exp(-0,127t) +$$

$$\left\{ \begin{bmatrix} -0,0761 \\ -0,7312 \\ 0,1594 \end{bmatrix} \cos 16,632t + \begin{bmatrix} 0,0077 \\ -0,0735 \\ 0,0160 \end{bmatrix} \sin 16,632t \right\} \exp(-1,672t) +$$

$$\left\{ \begin{bmatrix} 9,5 \cdot 10^{-3} \\ -2,0 \cdot 10^{-4} \\ 4,5 \cdot 10^{-6} \end{bmatrix} \cos 46,889t + \begin{bmatrix} 50,0 \cdot 10^{-5} \\ -9,7 \cdot 10^{-6} \\ 2,2 \cdot 10^{-7} \end{bmatrix} \sin 46,889t \right\} \exp(-2,347t)$$

Auf die formelmäßige Wiedergabe der Geschwindigkeiten wird verzichtet und dagegen auf Abb. 14.12 verwiesen.

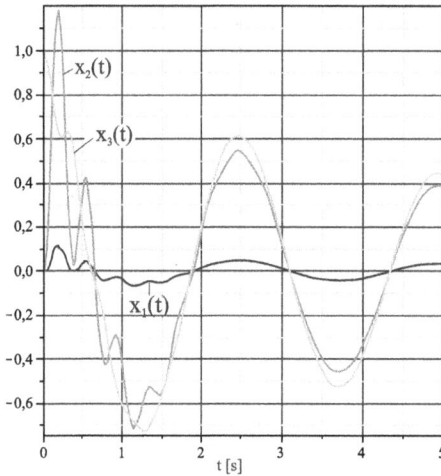

Abb. 14.11   *Auslenkungen [cm]*   *Abb. 14.12*   *Geschwindigkeiten [cm/s]*

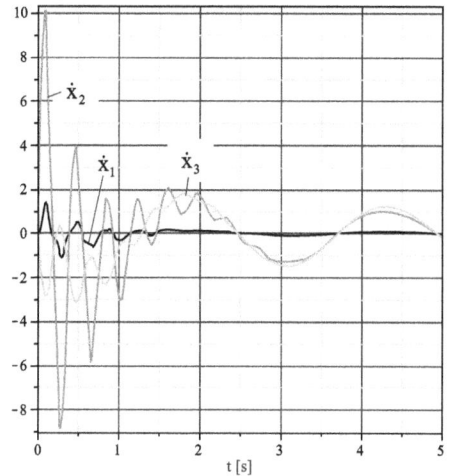

14.2   Erzwungene gedämpfte Bewegungen

Fassen wir die an den Massen m_i angreifenden Kräfte $K_i(t)$ ($i = 1,\dots,n$) in der Erregerkraftfunktion

$$\mathbf{k}^T(t) = [K_1(t),\dots,K_n(t)] \tag{14.82}$$

zusammen und betrachten Bewegungen um die statische Ruhelage, dann erhalten wir in Erweiterung zu (14.3) die inhomogene Bewegungsgleichung

$$\mathbf{M} \cdot \ddot{\hat{\mathbf{q}}}(t) + \mathbf{C} \cdot \dot{\hat{\mathbf{q}}}(t) + \mathbf{K} \cdot \hat{\mathbf{q}}(t) = \mathbf{k}(t) \tag{14.83}$$

Die Auslenkungen $\hat{\mathbf{q}}(t)$ werden mittels der Transformation

$$\hat{\mathbf{q}}(t) = \mathbf{M}^{-1/2} \cdot \hat{\mathbf{p}}(t) \tag{14.84}$$

in $\hat{\mathbf{p}}(t)$ übergeführt. Einsetzen in (14.83) und Linksmultiplikation mit $\mathbf{M}^{-1/2}$ liefert

$$\ddot{\hat{\mathbf{p}}}(t) + 2\,\Delta \cdot \dot{\hat{\mathbf{p}}}(t) + \mathbf{\Omega}^2 \cdot \hat{\mathbf{p}}(t) = \hat{\mathbf{k}}(t) \tag{14.85}$$

mit den Abkürzungen

$$\Delta = \frac{1}{2}\mathbf{M}^{-1/2} \cdot \mathbf{C} \cdot \mathbf{M}^{-1/2}, \quad \mathbf{\Omega}^2 = \mathbf{M}^{-1/2} \cdot \mathbf{K} \cdot \mathbf{M}^{-1/2}, \quad \hat{\mathbf{k}}(t) = \mathbf{M}^{-1/2} \cdot \mathbf{k}(t) \tag{14.86}$$

Die Lösung von (14.85) setzt sich aus der Lösung $\hat{\mathbf{p}}_h(t)$ der homogenen und einer partikulären Lösung $\hat{\mathbf{p}}_p(t)$ der inhomogenen Differenzialgleichung zusammen. Mit beliebigen Konstanten $\mathbf{c}_0$ und $\mathbf{c}_1$ lautet die Lösung der homogenen Differenzialgleichung

$$\hat{\mathbf{p}}_h(t) = \mathbf{Z}_0(t) \cdot \mathbf{c}_0 + \mathbf{Z}_1(t) \cdot \mathbf{c}_1 \tag{14.87}$$

und die partikuläre Lösung ist

$$\hat{\mathbf{p}}_p(t) = \int_{\tau=0}^{t} \mathbf{Z}_1(\Delta, \mathbf{\Omega}^2, t - \tau) \cdot \hat{\mathbf{k}}(\tau)\, d\tau \tag{14.88}$$

die den Anfangsbedingungen $\hat{\mathbf{p}}_p(t=0) = 0$ und $\dot{\hat{\mathbf{p}}}_p(t=0) = 0$ genügt. Damit lautet die vollständige Lösung

$$\hat{\mathbf{p}}(t) = \mathbf{Z}_0(t) \cdot \mathbf{c}_0 + \mathbf{Z}_1(t) \cdot \mathbf{c}_1 + \int_{\tau=0}^{t} \mathbf{Z}_1(\Delta, \mathbf{\Omega}^2, t - \tau) \cdot \hat{\mathbf{k}}(\tau)\, d\tau \tag{14.89}$$

Startet das System nicht aus der Ruhelage, dann kann mit den Konstanten $\mathbf{c}_0$ und $\mathbf{c}_1$ die Lösung an allgemeine Anfangsbedingungen angepasst werden.

Beispiel 14-7:

Der zweistöckige Rahmen in Abb. 14.13 wird aus der Ruhelage durch eine harmonische Kraft $F_2(t) = F_0 \sin 2t$ beansprucht. Es sind folgende Systemwerte gegeben:

$m_1 = 27000\,\text{kg}$, $m_2 = 22500\,\text{kg}$, $k_1 = 6800\,\text{kN}/\text{m}$, $k_2 = 2800\,\text{kN}/\text{m}$, $c_1 = 21600\,\text{kg}/\text{s}$, $c_2 = c_1$. Die Lastamplitude beträgt $F_0 = 30\,\text{kN}$.

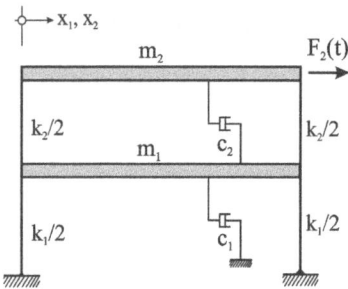

Abb. 14.13   *Zweistöckiger Rahmen mit äußerer Belastung $F_2(t)$*

Lösung: Die Anwendung des Newtonschen Grundgesetzes auf jede Teilmasse liefert die Bewegungsgleichung $\mathbf{M} \cdot \ddot{\mathbf{x}} + \mathbf{C} \cdot \dot{\mathbf{x}} + \mathbf{K} \cdot \mathbf{x} = \mathbf{k}(t)$. Nach entsprechender Normierung folgen

$$\mathbf{M} = \begin{bmatrix} 27,0 & 0 \\ 0 & 22,5 \end{bmatrix}, \mathbf{C} = \begin{bmatrix} 43,2 & -21,6 \\ -21,6 & 21,6 \end{bmatrix}, \mathbf{K} = \begin{bmatrix} 9600 & -2800 \\ -2800 & 2800 \end{bmatrix}, \mathbf{x} = \begin{bmatrix} x_1 \\ x_2 \end{bmatrix}, \mathbf{k} = \begin{bmatrix} 0 \\ 30\sin 2t \end{bmatrix}$$

Die Matrizen $\mathbf{M}$, $\mathbf{C}$ und $\mathbf{K}$ stimmen mit denjenigen aus Beispiel 14-1 überein. Dort waren

$$\mathbf{M}^{1/2} = \begin{bmatrix} 5,196 & 0 \\ 0 & 4,743 \end{bmatrix}, \mathbf{M}^{-1/2} = \begin{bmatrix} 0,192 & 0 \\ 0 & 0,211 \end{bmatrix}, \Delta = \begin{bmatrix} 0,800 & -0,438 \\ -0,438 & 0,480 \end{bmatrix}$$

$$\Omega^2 = \begin{bmatrix} 355,555 & -113,602 \\ -113,602 & 124,444 \end{bmatrix}$$

1.) Eigenwerte: $\zeta_{1,2} = -1,061 \mp i \cdot 20,018, \quad \zeta_{3,4} = -0,219 \mp i \cdot 8,829$

2.) Eigenvektoren: $\mathbf{e}_{1,2} = \begin{bmatrix} 0,0553 \\ -0,0221 \end{bmatrix} \pm i \begin{bmatrix} 0,0196 \\ -0,0096 \end{bmatrix}, \mathbf{e}_{3,4} = \begin{bmatrix} 0,0150 \\ 0,0392 \end{bmatrix} \pm i \begin{bmatrix} 0,0327 \\ 0,0787 \end{bmatrix}$

3.) Berechnung von $\hat{\mathbf{k}}(t)$

$$\hat{\mathbf{k}} = \mathbf{M}^{-1/2} \cdot \mathbf{k} = \begin{bmatrix} 0,192 & 0 \\ 0 & 0,211 \end{bmatrix} \cdot \begin{bmatrix} 0 \\ F_2(t) \end{bmatrix} = \begin{bmatrix} 0 \\ 6,32\sin 2t \end{bmatrix}$$

4.) Berechnung der Matrix $\mathbf{Z}_1$

Da die partikuläre Lösung bereits die geforderten homogenen Anfangsbedingungen erfüllt, liegt mit $\hat{\mathbf{p}}(t) = \int_{\tau=0}^{t} \mathbf{Z}_1(\Delta, \Omega^2, t-\tau) \cdot \hat{\mathbf{k}}(\tau)\, d\tau$ die vollständige Lösung vor. Wir benötigen also

nur die Matrix $\mathbf{Z}_1 = -\sum_{k=1}^{4} \dfrac{\zeta_k\, \mathbf{e}_k \otimes \mathbf{e}_k}{\mathbf{e}_k^T \cdot \Omega^2 \cdot \mathbf{e}_k - \zeta_k^2 \mathbf{e}_k^2}\, \exp(\zeta_k t)$. In Komponenten erhalten wir:

$$Z_1[1,1] = e^{-1,0613t}[-0,0009\cos(20,02t) + 0,04275\sin(20,02t)] +$$
$$e^{-0,2187t}[0,0009\cos(8,83t) + 0,0163\sin(8,83t)]$$

$$Z_1[1,2] = e^{-1,0613t}[-0,0009\cos(20,02t) - 0,0176\sin(20,02t)] +$$
$$e^{-0,2187t}[0,0009\cos(8,83t) + 0,0397\sin(8,83t)]$$

$$Z_1[2,1] = e^{-1,0613t}[-0,0009\cos(20,02t) - 0,0176\sin(20,02t)] +$$
$$e^{-0,2187t}[0,0009\cos(8,83t) + 0,0397\sin(8,83t)]$$

$$Z_1[2,2] = e^{-1,0613t}[0,0009\cos(20,02t) + 0,0072\sin(20,02t)] +$$
$$e^{-0,2187t}[-0,0009\cos(8,83t) + 0,0971\sin(8,83t)]$$

Die Matrix $\mathbf{Z_1}$ ist symmetrisch.

5.) Berechnung der partikulären Lösung

$$\hat{\mathbf{p}}_\mathbf{p}(t) = \int_{\tau=0}^{t} \mathbf{Z_1}(\mathbf{\Delta},\mathbf{\Omega}^2, t-\tau) \cdot \hat{\mathbf{k}}(\tau)\, d\tau =$$

$$= -\begin{bmatrix} 0,0172 \\ 0,1011 \end{bmatrix}\cos(2t) + \begin{bmatrix} 2,4406 \\ 7,5516 \end{bmatrix}\sin(2t)$$

$$-\left\{\begin{bmatrix} 0,0032 \\ 0,0003 \end{bmatrix}\cos(20,02t) + \begin{bmatrix} -0,0558 \\ 0,0230 \end{bmatrix}\sin(20,02t)\right\}e^{-1,0613t}$$

$$+\left\{\begin{bmatrix} 0,0204 \\ 0,1014 \end{bmatrix}\cos(8,83t) - \begin{bmatrix} 0,6793 \\ 1,6560 \end{bmatrix}\sin(8,83t)\right\}e^{-0,2187t}$$

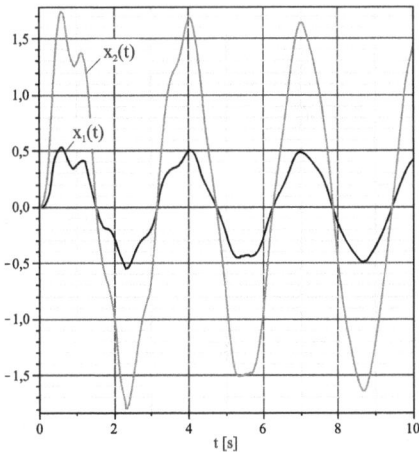

Abb. 14.14 Auslenkungen [cm]

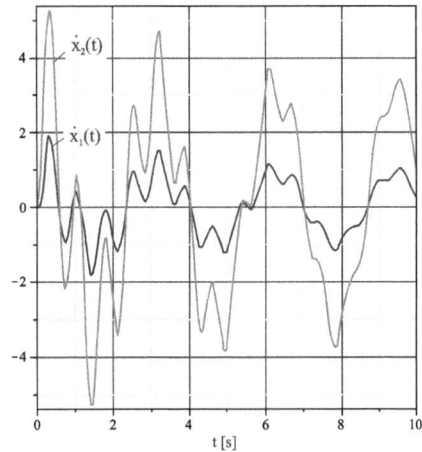

Abb. 14.15 Geschwindigkeiten [cm/s]

6.) Transformation in physikalische Koordinaten

$$\mathbf{x}(t) = \mathbf{M}^{-1/2} \cdot \hat{\mathbf{p}}_p(t) =$$

$$= -\begin{bmatrix} 0{,}0033 \\ 0{,}0213 \end{bmatrix} \cos(2t) + \begin{bmatrix} 0{,}4697 \\ 1{,}5920 \end{bmatrix} \sin(2t)$$

$$-\left\{ \begin{bmatrix} 0{,}0006 \\ 6{,}54 \cdot 10^{-5} \end{bmatrix} \cos(20{,}02t) + \begin{bmatrix} 0{,}0107 \\ -0{,}0048 \end{bmatrix} \sin(20{,}02t) \right\} e^{-1{,}0613t}$$

$$+\left\{ \begin{bmatrix} 0{,}0039 \\ 0{,}0214 \end{bmatrix} \cos(8{,}83t) - \begin{bmatrix} 0{,}1307 \\ 0{,}3491 \end{bmatrix} \sin(8{,}83t) \right\} e^{-0{,}2187t}$$

14.2.1   Transformation in ein System 1. Ordnung

Mit den Hilfsfunktionen (14.24) geht in Erweiterung zu (14.27) die inhomogene Bewegungsgleichung (14.85) mit der äußeren Kraftanregung

$$\hat{\mathbf{y}}(t) = \begin{bmatrix} \mathbf{0} \\ \hat{\mathbf{k}}(t) \end{bmatrix} \tag{14.90}$$

über in

$$\dot{\hat{\mathbf{z}}}(t) = \hat{\mathbf{A}} \cdot \hat{\mathbf{z}}(t) + \hat{\mathbf{y}}(t) \tag{14.91}$$

Die Lösung der homogenen Differenzialgleichung ist bereits bekannt. Wir konzentrieren uns deshalb auf das Aufsuchen eines Partikularintegrals und benutzen dazu die Methode der Variation der Konstanten. Dazu setzen wir die partikuläre Lösung

$$\hat{\mathbf{z}}_p(t) = \exp(\hat{\mathbf{A}}t) \cdot \mathbf{u}(t) \tag{14.92}$$

in einer zu (14.27) analogen Form an, wobei die Funktion $\mathbf{u}(t)$ noch zu bestimmen ist. Einsetzen von (14.92) in (14.91) erfordert

$$\dot{\mathbf{u}}(t) = \exp(-\hat{\mathbf{A}}t) \cdot \mathbf{y}(t) \quad \rightarrow \mathbf{u}(t) = \int_{\tau=0}^{t} \exp(-\hat{\mathbf{A}}\tau) \cdot \mathbf{y}(\tau)\, d\tau \tag{14.93}$$

Dabei haben wir das unbestimmte Integral durch ein bestimmtes mit variabler oberer Grenze ersetzt. Berücksichtigen wir $\mathbf{u}(t)$ in (14.92), dann folgt nach Zusammenfassung

$$\hat{\mathbf{z}}_p(t) = \exp(\hat{\mathbf{A}}t) \cdot \int_{\tau=0}^{t} \exp(-\hat{\mathbf{A}}\tau) \cdot \mathbf{y}(\tau)\, d\tau = \int_{\tau=0}^{t} \exp[(-\hat{\mathbf{A}}(\tau - t)] \cdot \mathbf{y}(\tau)\, d\tau \tag{14.94}$$

Sind allgemeine inhomogene Anfangsbedingungen zu erfüllen, so ist (14.94) eine Lösung der homogenen Bewegungsgleichung hinzuzufügen.

14.2.2   Entkopplung der Bewegungsgleichungen

Nach Kap. 14.1.2 gelingt eine Entkoppelung der Bewegungsgleichung (14.83) immer dann, wenn die Matrizen $\mathbf{M}$, $\mathbf{C}$, und $\mathbf{K}$ koaxial sind, was wir im Folgenden unterstellen wollen. Wir beginnen unsere Untersuchungen mit der Lösung der beiden Eigenwertprobleme (14.43), die uns die reellen Eigenwerte δ_k bzw. ω_k^2 sowie die reellen Eigenvektoren $\hat{\mathbf{e}}_k$ ($k = 1, ..., n$) liefern. Mit diesen Eigenvektoren bilden wir die orthonormale Eigenvektormatrix $\mathbf{\Phi}$ und führen mit $\hat{\mathbf{p}}(t) = \mathbf{\Phi} \cdot \tilde{\mathbf{q}}(t)$ die Modalkoordinaten $\tilde{\mathbf{q}}(t)$ ein. Nach Linksmultiplikation mit $\mathbf{\Phi}^{\mathbf{T}} = \mathbf{\Phi}^{-1}$ folgt

$$\ddot{\tilde{\mathbf{q}}}(t) + 2\,\mathbf{\Phi}^{\mathbf{T}} \cdot \mathbf{\Delta} \cdot \mathbf{\Phi} \cdot \dot{\tilde{\mathbf{q}}}(t) + \mathbf{\Phi}^{\mathbf{T}} \cdot \mathbf{\Omega}^2 \cdot \mathbf{\Phi} \cdot \tilde{\mathbf{q}}(t) = \mathbf{\Phi}^{\mathbf{T}} \cdot \hat{\mathbf{k}}(t) = \mathbf{\Phi}^{\mathbf{T}} \cdot \mathbf{M}^{-1/2} \cdot \mathbf{k}(t)$$

Mit den Abkürzungen

$$\tilde{\mathbf{\Delta}} = \mathbf{\Phi}^{\mathbf{T}} \cdot \mathbf{\Delta} \cdot \mathbf{\Phi} = \mathrm{diag}[\delta_k], \quad \tilde{\mathbf{\Omega}}^2 = \mathbf{\Phi}^{\mathbf{T}} \cdot \mathbf{\Omega}^2 \cdot \mathbf{\Phi} = \mathrm{diag}[\omega_k^2], \quad \tilde{\mathbf{k}}(t) = \mathbf{\Phi}^{\mathbf{T}} \cdot \mathbf{M}^{-1/2} \cdot \mathbf{k}(t)$$

erhalten wir

$$\ddot{\tilde{\mathbf{q}}}(t) + 2\,\tilde{\mathbf{\Delta}} \cdot \dot{\tilde{\mathbf{q}}}(t) + \tilde{\mathbf{\Omega}}^2 \cdot \tilde{\mathbf{q}}(t) = \tilde{\mathbf{k}}(t) \tag{14.95}$$

Damit liegen n entkoppelte inhomogene Differenzialgleichungen 2. Ordnung der Form

$$\ddot{\tilde{q}}_k + 2\delta_k \dot{\tilde{q}}_k + \omega_k^2 \tilde{q}_k = \tilde{k}_k(t) \quad (k = 1, ..., n) \tag{14.96}$$

vor. Die vollständige Lösung setzt sich aus der Lösung der homogenen Differenzialgleichung (Index h)

$$\tilde{q}_{k,h}(t) = \left\{ \begin{array}{l} \dfrac{\tilde{q}_{k0}[(\lambda_k + \delta_k)\exp(\lambda_k t) + (\lambda_k - \delta_k)\exp(-\lambda_k t)]}{2\lambda_k} + \\[2mm] \dfrac{\dot{\tilde{q}}_{k0}(\exp(\lambda_k t) - \exp(-\lambda_k t))}{2\lambda_k} \end{array} \right\} \exp(-\delta_k t)$$

und einer partikulären Lösung (Index p)

$$\tilde{q}_{k,p}(t) = \frac{1}{2\lambda_k} \int\limits_{\tau=0}^{t} \{\exp[-(t-\tau)(\delta_k - \lambda_k)] - \exp[-(t-\tau)(\delta_k + \lambda_k)]\}\, \tilde{k}_k(\tau)\,d\tau$$

der inhomogenen Differenzialgleichung zusammen. Zur vollständigen Lösung des Anfangswertproblems benötigen wir noch die modalen Anfangsbedingungen. Mit den Matrizen $\mathbf{S} = \mathbf{M}^{-1/2} \cdot \mathbf{\Phi}$ und $\mathbf{S}^{-1} = \mathbf{\Phi}^{\mathbf{T}} \cdot \mathbf{M}^{1/2}$ können wir diese in der vektoriellen Form

$$\tilde{\mathbf{q}}_0 = \mathbf{S}^{-1} \cdot \hat{\mathbf{q}}_0, \qquad \dot{\tilde{\mathbf{q}}}_0 = \mathbf{S}^{-1} \cdot \dot{\hat{\mathbf{q}}}_0 \tag{14.97}$$

notieren. Liegt die Lösung in Modalkoordinaten vor, dann erfolgt mit

$$\hat{\mathbf{q}}(t) = \mathbf{S} \cdot \widetilde{\mathbf{q}}(t) , \qquad \dot{\hat{\mathbf{q}}}(t) = \mathbf{S} \cdot \dot{\widetilde{\mathbf{q}}}(t) \tag{14.98}$$

die Rücktransformation in physikalische Koordinaten.

Beispiel 14-8:

Wir betrachten wieder den zweistöckigen Rahmen nach Abb. 14.13 mit der harmonischen Kraft $F_2(t) = F_0 \sin 2t$ am oberen Riegel sowie:

$$m_1 = 27000 \, \text{kg} , m_2 = 22500 \, \text{kg} , \ k_1 = 6800000 \, \text{kg} / \text{s}^2 , \ k_2 = 2800000 \, \text{kg} / \text{s}^2 ,$$

$$c_1 = 68000 \, \text{kg} / \text{s} , \ c_2 = 28000 \, \text{kg} / \text{s} . \ \text{Die Lastamplitude beträgt } F_0 = 30 \, \text{kN} .$$

Lösung:

Nach entsprechender Normierung erhalten wir

$$\mathbf{M} = \begin{bmatrix} 27 & 0 \\ 0 & 22,5 \end{bmatrix}, \ \mathbf{C} = \begin{bmatrix} 96 & -28 \\ -28 & 28 \end{bmatrix}, \ \mathbf{K} = \begin{bmatrix} 9600 & -2800 \\ -2800 & 2800 \end{bmatrix}, \ F_2(t) = 3000 \sin 2t .$$

Hier liegt offensichtlich der Fall der steifigkeitsproportionalen Dämpfung mit $\beta = 0,01$ vor.

1.) Berechnung von $\mathbf{M}^{1/2}$ und $\mathbf{M}^{-1/2}$

$$\mathbf{M}^{1/2} = \begin{bmatrix} 5,1962 & 0 \\ 0 & 4,7434 \end{bmatrix}, \ \mathbf{M}^{-1/2} = \begin{bmatrix} 0,1925 & 0 \\ 0 & 0,2108 \end{bmatrix}$$

2.) Berechnung von $\boldsymbol{\Delta}$ und $\boldsymbol{\Omega}^2$

$$\boldsymbol{\Delta} = \begin{bmatrix} 1,7778 & -0,5680 \\ -0,5680 & 0,6222 \end{bmatrix}, \ \boldsymbol{\Omega}^2 = \begin{bmatrix} 355,5555 & -113,6017 \\ -113,6017 & 124,4444 \end{bmatrix}$$

Mit $\boldsymbol{\Delta} \cdot \boldsymbol{\Omega}^2 = \boldsymbol{\Omega}^2 \cdot \boldsymbol{\Delta}$ erweisen sich die Matrizen $\boldsymbol{\Delta}$ und $\boldsymbol{\Omega}^2$ als koaxial.

3.) Lösung des Eigenwertproblems für $\boldsymbol{\Delta}$

$$(\boldsymbol{\Delta} - \delta \mathbf{I}) \cdot \mathbf{e} = 0 , \ \delta_1 = 0,3898 , \ \delta_2 = 2,0102 , \ \mathbf{e_1} = \begin{bmatrix} -0,3787 \\ -0,9255 \end{bmatrix}, \mathbf{e_2} = \begin{bmatrix} -0,9255 \\ 0,3787 \end{bmatrix}$$

4.) Berechnung der Eigenwerte von $\boldsymbol{\Omega}^2$

$$(\boldsymbol{\Omega}^2 - \omega^2 \mathbf{I}) \cdot \mathbf{e} = 0 , \ \omega_1^2 = 77,9555, \ \omega_2^2 = 402,0446$$

Die reellen Eigenvektoren von $\boldsymbol{\Delta}$ sind identisch mit denen von $\boldsymbol{\Omega}^2$. Die Eigenkreisfrequenzen ergeben sich zu $\omega_1 = 8,829$, $\omega_2 = 20,051$.

5.) Aufbau der Eigenvektormatrix

$$\boldsymbol{\Phi} = \begin{bmatrix} -0,3787 & -0,9255 \\ -0,9255 & 0,3787 \end{bmatrix} = \boldsymbol{\Phi}^T$$

6.) Berechnungen der modalen Erregerkräfte

$$\tilde{\mathbf{k}}(t) = \boldsymbol{\Phi}^T \cdot \mathbf{M}^{-1/2} \cdot \mathbf{k}(t)$$

$$= \begin{bmatrix} -0,3787 & -0,9255 \\ -0,9255 & 0,3787 \end{bmatrix} \cdot \begin{bmatrix} 0,1925 & 0 \\ 0 & 0,2108 \end{bmatrix} \cdot \begin{bmatrix} 0 \\ 3000\sin 2t \end{bmatrix} = \begin{bmatrix} -585,34\sin 2t \\ 239,54\sin 2t \end{bmatrix}$$

7.) Berechnung der Matrizen $\mathbf{S}$ und $\mathbf{S}^{-1}$

$$\mathbf{S} = \mathbf{M}^{-1/2} \cdot \boldsymbol{\Phi} = \begin{bmatrix} -0,00255 & -0,00967 \\ -0,00967 & 0,00180 \end{bmatrix}, \quad \mathbf{S}^{-1} = \boldsymbol{\Phi}^T \cdot \mathbf{M}^{1/2} = \begin{bmatrix} -25,4570 & -136,7621 \\ -96,7054 & 36,0016 \end{bmatrix}$$

8.) Berechnung der modalen Anfangsbedingungen

Wegen $\mathbf{x}_0 = 0$ und $\dot{\mathbf{x}}_0 = 0$ verbleiben nur die Partikularintegrale, die dann die vollständige Lösung darstellen.

9.) Lösung der modalen Bewegungsgleichungen

$\omega_1^2 = 77,9555$, $\delta_1^2 = 0,1519$. Wegen $\omega_1^2 > \delta_1^2$ liegt in dieser Modalkoordinate eine schwache Dämpfung vor: $\lambda_1 = i\overline{\lambda}_1$, $\overline{\lambda}_1 = \sqrt{\omega_1^2 - \delta_1^2} = 8,8206$.

$$\tilde{q}_{1,p}(t) = \frac{1}{2\overline{\lambda}_1} \int\limits_{\tau=0}^{t} \{\exp[-(t-\tau)(\delta_1 - \lambda_1)] - \exp[-(t-\tau)(\delta_1 + \lambda_1)]\} \, \tilde{k}_1(\tau)\, d\tau$$

$$= \exp(-0,39t)[1,7864\sin(8,821t) - 0,1668\cos(8,821t)] - 7,9112\sin(2t) + 0,1668\cos(2t)]$$

$\omega_2^2 = 20,0510$, $\delta_2^2 = 4,0410$. Wegen $\omega_2^2 > \delta_2^2$ liegt auch in dieser Modalkoordinate eine schwache Dämpfung vor: $\lambda_2 = i\overline{\lambda}_2$, $\overline{\lambda}_2 = \sqrt{\omega_2^2 - \delta_2^2} = 19,95$.

$$\tilde{q}_{2,p}(t) = \frac{1}{2\overline{\lambda}_2} \int\limits_{\tau=0}^{t} \{\exp[-(t-\tau)(\delta_2 - \lambda_2)] - \exp[-(t-\tau)(\delta_2 + \lambda_2)]\} \, \tilde{k}_2(\tau)\, d\tau$$

$$= \exp(-2,01t)[-0,0591\sin(19,95t) + 0,0122\cos(19,95t)] + 0,6015\sin(2t) - 0,0122\cos(2t)]$$

10). Transformation in physikalische Koordinaten

$$\mathbf{x}(t) = \mathbf{S} \cdot \tilde{\mathbf{q}}_p(t) = \begin{bmatrix} 0,4695 \\ 1,5916 \end{bmatrix} \sin(2t) - \begin{bmatrix} 0,0100 \\ 0,0335 \end{bmatrix} \cos(2t) +$$

$$\left\{ \begin{bmatrix} -0,1302 \\ -0,3486 \end{bmatrix} \sin(8,82t) + \begin{bmatrix} 0,0122 \\ 0,0325 \end{bmatrix} \cos(8,82t) \right\} \exp(-0,39t) +$$

$$\left\{ \begin{bmatrix} 0,0105 \\ -0,0047 \end{bmatrix} \sin(19,95t) + \begin{bmatrix} -0,0022 \\ 0,0010 \end{bmatrix} \cos(19,95t) \right\} \exp(-2,01t)$$

Die Geschwindigkeiten folgen aus den Verschiebungen durch Ableitung nach der Zeit t. Wir verzichten auf deren explizite Angabe und verweisen auf Abb. 14.17.

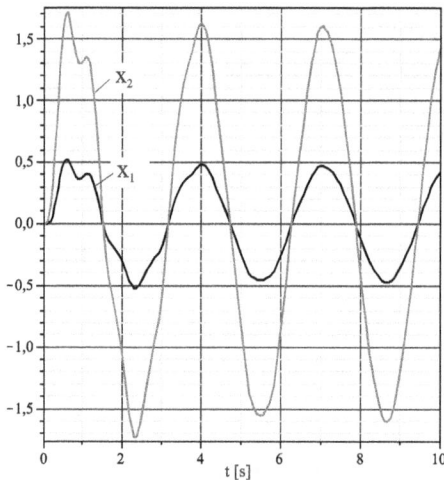

Abb. 14.16   *Auslenkungen [cm]*

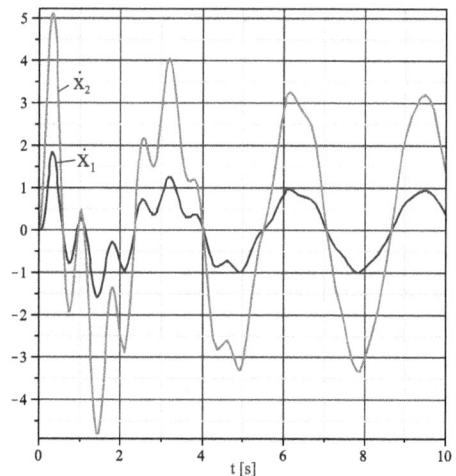

Abb. 14.17   *Geschwindigkeiten [cm/s]*

14.2.3   Periodische Erregerbelastungen

Handelt es sich bei den Erregerbelastungen $\mathbf{k}(t)$ speziell um periodische Beanspruchungen mit der Periode $T_E = 2\pi / \omega_E$, dann können diese nach Fourier durch Überlagerung periodischer Funktionen mit derselben Periode angenähert werden, also

$$\mathbf{k}(t) = \sum_{k=1}^{\infty} \mathbf{k}_k(t) = \sum_{k=1}^{\infty} (\mathbf{a}_k \cos \omega_{Ek} t + \mathbf{b}_k \sin \omega_{Ek} t) , \quad \omega_{Ek} = k\omega_E = k\frac{2\pi}{T_E} \qquad (14.99)$$

und damit

$$\hat{\mathbf{k}}(t) = \mathbf{M}^{-1/2} \cdot \mathbf{k}(t) = \sum_{k=1}^{\infty} (\hat{\mathbf{a}}_k \cos \omega_{Ek} t + \hat{\mathbf{b}}_k \sin \omega_{Ek} t) \quad (k = 1, ..., \infty) \qquad (14.100)$$

Die Fourierkoeffizienten

$$\hat{\mathbf{a}}_k = \mathbf{M}^{-1/2} \cdot \mathbf{a}_k , \ \hat{\mathbf{b}}_k = \mathbf{M}^{-1/2} \cdot \mathbf{b}_k \qquad (14.101)$$

ermitteln wir wie folgt

$$\hat{\mathbf{a}}_k = \frac{2}{T_E} \int_{(T_E)} \hat{\mathbf{k}}(t) \cos\omega_{Ek} t \, dt , \ \hat{\mathbf{b}}_k = \frac{2}{T_E} \int_{(T_E)} \hat{\mathbf{k}}(t) \sin\omega_{Ek} t \, dt \qquad (14.102)$$

Zur Beschaffung einer partikulären Lösung der inhomogenen Differenzialgleichung

$$\ddot{\hat{\mathbf{p}}}_\mathbf{p}(t) + 2\,\mathbf{\Delta} \cdot \dot{\hat{\mathbf{p}}}_\mathbf{p}(t) + \mathbf{\Omega}^2 \cdot \hat{\mathbf{p}}_\mathbf{p}(t) = \hat{\mathbf{k}}(t)$$

ersetzen wir zunächst die rechte Seite durch (14.100), also

$$\ddot{\hat{\mathbf{p}}}_\mathbf{p}(t) + 2\,\mathbf{\Delta} \cdot \dot{\hat{\mathbf{p}}}_\mathbf{p}(t) + \mathbf{\Omega}^2 \cdot \hat{\mathbf{p}}_\mathbf{p}(t) = \sum_{k=1}^{\infty} (\hat{\mathbf{a}}_k \cos\omega_{Ek} t + \hat{\mathbf{b}}_k \sin\omega_{Ek} t) \qquad (14.103)$$

und machen mit

$$\hat{\mathbf{p}}_\mathbf{p}(t) = \sum_{k=1}^{\infty} \hat{\mathbf{p}}_{\mathbf{p}k}(t) = \sum_{k=1}^{\infty} (\hat{\mathbf{a}}_{\mathbf{p}k} \cos\omega_{Ek} t + \hat{\mathbf{b}}_{\mathbf{p}k} \sin\omega_{Ek} t) \qquad (14.104)$$

einen gleichartigen Ansatz für die gesuchte Funktion $\hat{\mathbf{p}}_\mathbf{p}(t)$. Setzen wir diesen Ansatz in (14.103) ein, dann erhalten wir nach Zusammenfassung

$$\left[(\mathbf{\Omega}^2 - \omega_{Ek}^2 \mathbf{I}) \cdot \hat{\mathbf{a}}_{\mathbf{p}k} + 2\omega_{Ek}\,\mathbf{\Delta} \cdot \hat{\mathbf{b}}_{\mathbf{p}k} - \hat{\mathbf{a}}_k \right] \cos\omega_{Ek} t +$$
$$\left[(\mathbf{\Omega}^2 - \omega_{Ek}^2 \mathbf{I}) \cdot \hat{\mathbf{b}}_{\mathbf{p}k} - 2\omega_{Ek}\,\mathbf{\Delta} \cdot \hat{\mathbf{a}}_{\mathbf{p}k} - \hat{\mathbf{b}}_k \right] \sin\omega_{Ek} t = \mathbf{0}$$

Aufgrund der linearen Unabhängigkeit der trigonometrischen Funktionen kann die obige Gleichung nur dann bestehen, wenn die Ausdrücke in den eckigen Klammern je für sich verschwinden. Das erfordert

$$\hat{\mathbf{a}}_k = (\mathbf{\Omega}^2 - \omega_{Ek}^2 \mathbf{I}) \cdot \hat{\mathbf{a}}_{\mathbf{p}k} + 2\omega_{Ek}\,\mathbf{\Delta} \cdot \hat{\mathbf{b}}_{\mathbf{p}k}$$
$$\hat{\mathbf{b}}_k = (\mathbf{\Omega}^2 - \omega_{Ek}^2 \mathbf{I}) \cdot \hat{\mathbf{b}}_{\mathbf{p}k} - 2\omega_{Ek}\,\mathbf{\Delta} \cdot \hat{\mathbf{a}}_{\mathbf{p}k}$$

und aufgelöst nach $\hat{\mathbf{a}}_{\mathbf{p}k}$ und $\hat{\mathbf{b}}_{\mathbf{p}k}$

$$\hat{\mathbf{a}}_{\mathbf{p}k} = \left[\mathbf{\Omega}^2 - \omega_{Ek}^2 \mathbf{I} + 4\omega_{Ek}^2 \mathbf{\Delta} \cdot (\mathbf{\Omega}^2 - \omega_{Ek}^2 \mathbf{I})^{-1} \cdot \mathbf{\Delta} \right]^{-1} \cdot \left[\hat{\mathbf{a}}_k - 2\omega_{Ek}\mathbf{\Delta} \cdot (\mathbf{\Omega}^2 - \omega_{Ek}^2 \mathbf{I})^{-1} \cdot \hat{\mathbf{b}}_k \right]$$
$$\hat{\mathbf{b}}_{\mathbf{p}k} = \left[\mathbf{\Omega}^2 - \omega_{Ek}^2 \mathbf{I} + 4\omega_{Ek}^2 \mathbf{\Delta} \cdot (\mathbf{\Omega}^2 - \omega_{Ek}^2 \mathbf{I})^{-1} \cdot \mathbf{\Delta} \right]^{-1} \cdot \left[\hat{\mathbf{b}}_k + 2\omega_{Ek}\mathbf{\Delta} \cdot (\mathbf{\Omega}^2 - \omega_{Ek}^2 \mathbf{I})^{-1} \cdot \hat{\mathbf{a}}_k \right]$$

Die vollständige Lösung ist dann

$$\hat{p}(t) = Z_0(t) \cdot c_0 + Z_1(t) \cdot c_1 + \hat{p}_p(t)$$

$$\dot{\hat{p}}(t) = \dot{Z}_0(t) \cdot c_0 + \dot{Z}_1(t) \cdot c_1 + \dot{\hat{p}}_p(t) \tag{14.105}$$

mit Z_0 und Z_1 nach (14.21) und

$$\dot{\hat{p}}_p(t) = \sum_{k=1}^{\infty} \dot{\hat{p}}_{pk}(t) = \sum_{k=1}^{\infty} \omega_{Ek}(-\hat{a}_{pk} \sin \omega_{Ek} t + \hat{b}_{pk} \cos \omega_{Ek} t)$$

Die partikulären Lösungen (14.104) nehmen zum Zeitpunkt t = 0 folgende Werte an

$$\hat{p}_{p0} = \hat{p}_p(t=0) = \sum_{k=1}^{\infty} \hat{a}_{pk}, \quad \dot{\hat{p}}_{p0} = \dot{\hat{p}}_p(t=0) = \sum_{k=1}^{\infty} \omega_{Ek} \hat{b}_{pk}$$

Durch spezielle Wahl der beiden Konstanten c_0 und c_1 können nun beliebige Anfangsbedingungen erfüllt werden

$$\hat{p}_0 = \hat{p}(t=0) = c_0 + \hat{p}_{p0} \qquad \rightarrow c_0 = \hat{p}_0 - \hat{p}_{p0}$$

$$\dot{\hat{p}}_0 = \dot{\hat{p}}(t=0) = c_1 + \dot{\hat{p}}_{p0} \qquad \rightarrow c_1 = \dot{\hat{p}}_0 - \dot{\hat{p}}_{p0}$$

Überschaubarer wird das Problem, wenn die Matrizen Δ und Ω^2 koaxial sind. Wir beschaffen uns dazu eine partikuläre Lösung der Differenzialgleichung

$$\ddot{\tilde{q}}_p + 2 \tilde{\Delta} \cdot \dot{\tilde{q}}_p + \tilde{\Omega}^2 \cdot \tilde{q}_p = \tilde{k}$$

Damit liegen n entkoppelte inhomogene Differenzialgleichungen 2. Ordnung der Form

$$\ddot{\tilde{q}}_{pj} + 2\delta_j \dot{\tilde{q}}_{pj} + \omega_j^2 \tilde{q}_{pj} = \tilde{k}_j \quad (j=1,\ldots,n) \tag{14.106}$$

vor. Zur Lösung der obigen Gleichungen setzen wir für die rechte Seite

$$\tilde{k}_j(t) = \sum_{k=1}^{\infty} (\tilde{a}_{k,j} \cos \omega_{Ek} t + \tilde{b}_{k,j} \sin \omega_{Ek} t) = \sum_{k=1}^{\infty} \tilde{A}_{k,j}(\cos \omega_{Ek} t - \varphi_{Ek,j})$$

$$\tilde{A}_{k,j} = \sqrt{\tilde{a}_{k,j}^2 + \tilde{b}_{k,j}^2}, \quad \sin \varphi_{Ek,j} = \frac{\tilde{b}_{k,j}}{\tilde{A}_{k,j}}, \quad \cos \varphi_{Ek,j} = \frac{\tilde{a}_{k,j}}{\tilde{A}_{k,j}} \tag{14.107}$$

und für die Bewegung $\tilde{q}_{pj}(t)$ machen wir den gleichartigen Ansatz

$$\tilde{q}_{pj}(t) = \sum_{k=1}^{\infty} (\tilde{a}_{pk,j} \cos \omega_{Ek} t + \tilde{b}_{pk,j} \sin \omega_{Ek} t) = \sum_{k=1}^{\infty} \tilde{A}_{pk,j} \cos(\omega_{Ek} t - \varphi_{Ek,j} - \Delta\varphi_{k,j})$$

$$\tilde{A}_{pk,j} = \sqrt{\tilde{a}_{pk,j}^2 + \tilde{b}_{pk,j}^2}, \quad \sin(\varphi_{Ek,j} + \Delta\varphi_{k,j}) = \frac{\tilde{b}_{pk,j}}{\tilde{A}_{pk,j}}, \quad \cos(\varphi_{Ek,j} + \Delta\varphi_{k,j}) = \frac{\tilde{b}_{pk,j}}{\tilde{A}_{pk,j}} \tag{14.108}$$

Ein Koeffizientenvergleich in den trigonometrischen Funktionen und die anschließende Auflösung nach $\tilde{a}_{pk,j}$ und $\tilde{b}_{pk,j}$ führt mit $\eta_{k,j} = \omega_{Ek}/\omega_j$ auf

$$\tilde{a}_{pk,j} = \frac{1}{\omega_j^2} \frac{(1-\eta_{k,j}^2)\tilde{a}_{k,j} - 2(\delta_j/\omega_j)\eta_{k,j}\tilde{b}_{k,j}}{(1-\eta_{k,j}^2)^2 + (2\delta_j/\omega_j)^2\eta_{k,j}^2},$$

$$\tilde{b}_{pk,j} = \frac{1}{\omega_j^2} \frac{(1-\eta_{k,j}^2)\tilde{b}_{k,j} + 2(\delta_j/\omega_j)\eta_{k,j}\tilde{a}_{k,j}}{(1-\eta_{k,j}^2)^2 + (2\delta_j/\omega_j)^2\eta_{k,j}^2}$$

(14.109)

Der Zusammenhang zwischen der Bewegungsamplitude $\tilde{A}_{pk,j}$ und der Belastungsamplitude $\tilde{A}_{pk,j} = \tilde{A}_{k,j}V_{k,j}$ in der Form $\tilde{A}_{pk,j} = \tilde{A}_{k,j}V_{k,j}$, wird durch die Vergrößerungsfunktion

$$V_{k,j} = V(\delta_j, \omega_j, \omega_{Ek}) = \frac{1}{\omega_j^2\sqrt{(1-\eta_{k,j}^2)^2 + (2D_j\eta_{k,j})^2}} \qquad (D_j = \delta_j/\omega_j)$$

beschrieben. Der Phasenverschiebungswinkel $\Delta\varphi_{k,j}$, um den die Teilharmonische der Bewegung $\tilde{A}_{pk,j}\cos(\omega_{Ek}t - \varphi_{Ek,j} - \Delta\varphi_{k,j})$ der entsprechenden Erregerbelastung $\tilde{A}_{k,j}(\cos\omega_{Ek}t - \varphi_{Ek,j})$ nachläuft, errechnet sich zu

$$\tan\Delta\varphi_{k,j} = \frac{2D_j\eta_{k,j}}{1-\eta_{k,j}^2}$$

(14.110)

<u>Hinweis:</u> Bei Annäherung der Erregerkreisfrequenz ω_{Ek} an die Eigenkreisfrequenz ω_j wird $\eta_{k,j} = \omega_{Ek}/\omega_j \approx 1$. Die Vergrößerungsfunktion $V_{k,j}$ wächst in diesem Fall rasch an. Wie wir bereits wissen, tritt die sich dabei einstellende Resonanz nur bei schwacher Dämpfung deutlich in Erscheinung. Ob alle möglichen Resonanzsituationen auch tatsächlich eintreten, hängt entscheidend von den Erregerbelastungen ab.

Zur Erfüllung allgemeiner Anfangsbedingungen ist dem Partikularintegral eine Lösung der homogenen Differenzialgleichung hinzuzufügen. Anschließend erfolgt in bekannter Weise die Rücktransformation in die physikalischen Koordinaten.

Beispiel 14-9:

Wir betrachten wieder den zweistöckigen Rahmen nach Abb. 14.13 mit der am oberen Riegel angreifenden harmonischen Kraft $F_2(t) = F_0\sin 2t$ und beschränken uns auf die Beschaffung der stationären Lösung. Die Systemwerte entnehmen wir Beispiel 14-8 und beginnen mit den dort erzielten Ergebnissen bei

6.) Berechnung der modalen Erregerkräfte

$$\tilde{k}(t) = \mathbf{\Phi}^T \cdot \mathbf{M}^{-1/2} \cdot k(t)$$

$$= \begin{bmatrix} -0,3787 & -0,9255 \\ -0,9255 & 0,3787 \end{bmatrix} \cdot \begin{bmatrix} 0,1925 & 0 \\ 0 & 0,2108 \end{bmatrix} \cdot \begin{bmatrix} 0 \\ 3000\sin 2t \end{bmatrix} = \begin{bmatrix} -585,34\sin 2t \\ 239,54\sin 2t \end{bmatrix}$$

und damit $\tilde{k}_1(t) = -585,34\sin 2t$, $\tilde{k}_2(t) = 239,54\sin 2t$. Von der Summe in (14.107) verbleibt nur der Term mit $k = 1$. Die Fourierkoeffizienten können direkt abgelesen werden: $\tilde{a}_{1,1} = 0$, $\tilde{b}_{1,1} = -585,34$, $\tilde{a}_{1,2} = 0$, $\tilde{b}_{1,2} = 239,54$.

7.) Ermittlung der partikulären Lösung

$$\delta_1 = 0,3898, \quad \omega_1 = 8,8292, \quad D_1 = \delta_1 / \omega_1 = 0,044, \quad \omega_{E1} = 2\,s^{-1}, \quad \eta_{1,1} = \omega_{E1} / \omega_1 = 0,2265$$

$$\tilde{a}_{p1,1} = \frac{1}{\omega_1^2} \frac{-2D_1\eta_{1,1}\tilde{b}_{1,1}}{(1-\eta_{1,1}^2)^2 + (2D_1\eta_{1,1})^2} = 0,1668, \quad \tilde{b}_{p1,1} = \frac{1}{\omega_1^2} \frac{(1-\eta_{1,j}^2)\tilde{b}_{1,1}}{(1-\eta_{1,1}^2)^2 + (2D_1\eta_{1,1})^2} = -7,9112$$

$$\delta_2 = 2,0102, \quad \omega_2 = 20,0510, \quad D_2 = \delta_2 / \omega_2 = 0,100, \quad \omega_{E1} = 2\,s^{-1}, \quad \eta_{1,2} = \omega_{E1} / \omega_2 = 0,09975$$

$$\tilde{a}_{p1,2} = \frac{1}{\omega_2^2} \frac{-2D_2\eta_{1,2}\tilde{b}_{1,2}}{(1-\eta_{1,2}^2)^2 + (2D_2\eta_{1,2})^2} = -0,0122, \quad \tilde{b}_{p1,2} = \frac{1}{\omega_2^2} \frac{(1-\eta_{1,2}^2)\tilde{b}_{1,2}}{(1-\eta_{1,2}^2)^2 + (2D_2\eta_{1,2})^2} = 0,6015$$

Mit (14.106) folgt dann die partikuläre Lösung in Modalkoordinaten

$$\tilde{q}_{p1}(t) = \tilde{a}_{p1,1}\cos\omega_{Ek}t + \tilde{b}_{p1,1}\sin\omega_{E1}t = 0,1668\cos 2t - 7,9112\sin 2t$$

$$\tilde{q}_{p2}(t) = \tilde{a}_{p1,2}\cos\omega_{Ek}t + \tilde{b}_{p1,2}\sin\omega_{E1}t = -0,0122\cos 2t + 0,6015\sin 2t$$

oder in Vektorschreibweise:

$$\tilde{\mathbf{q}}_p(t) = \begin{bmatrix} 0,1668 \\ -0,0122 \end{bmatrix}\cos 2t + \begin{bmatrix} -7,9112 \\ 0,6015 \end{bmatrix}\sin 2t$$

$$\dot{\tilde{\mathbf{q}}}_p(t) = \begin{bmatrix} -0,3336 \\ 0,0243 \end{bmatrix}\sin 2t + \begin{bmatrix} -15,8226 \\ 1,2031 \end{bmatrix}\cos 2t$$

Wie leicht nachgeprüft werden kann, erfüllen die Lösungen $\tilde{q}_{p1}(t)$ und $\tilde{q}_{p2}(t)$ die inhomogene Differenzialgleichung (14.106). Sie genügen den Anfangsbedingungen

$$\tilde{\mathbf{q}}_{p0} = \tilde{\mathbf{q}}_p(t = 0) = \begin{bmatrix} 0,1668 \\ -0,0122 \end{bmatrix}, \quad \dot{\tilde{\mathbf{q}}}_{p0} = \dot{\tilde{\mathbf{q}}}_p(t = 0) = \begin{bmatrix} -15,8226 \\ 1,2031 \end{bmatrix}$$

8.) Transformation in physikalische Koordinaten

$$\mathbf{x_p}(t) = \mathbf{S} \cdot \widetilde{\mathbf{q}}_\mathbf{p}(t) = \begin{bmatrix} 0,4695 \\ 1,5916 \end{bmatrix} \sin(2t) - \begin{bmatrix} 0,0100 \\ 0,0335 \end{bmatrix} \cos(2t)$$

Die Geschwindigkeiten folgen aus den Verschiebungen durch Ableitung nach der Zeit t.

14.3   Schwingerketten

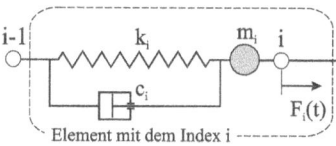

Abb. 14.18   Element einer Schwingerkette

Als Schwingerkette wird ein System bezeichnet, das aus einer Reihenschaltung gleichartiger Elemente besteht. Abb. 14.18 zeigt ein solches Element, bestehend aus einer geradlinig bewegten Masse m_i, die an eine Feder (Federkonstante k_i) und einen Dämpfer (Dämpferkonstante c_i) gekoppelt ist, wobei Feder und Dämpfer parallel geschaltet sind (Kelvin-Material). Die Länge des entspannten Elementes ist ℓ_i. Die Elementgrenzen heißen Knoten, hier mit i und i+1 bezeichnet. Die Knoten sind masselos. An ihnen greifen die äußeren eingeprägten Kräfte $F_i(t)$ an. Im Rahmen einer Modellbildung sind andersartig vorgegebene Belastungen konsistent auf die Knoten zu verteilen. Der Knoten und das links vom Knoten liegende Element haben denselben Index i. Werden nun mehrere dieser Elemente kettenähnlich verbunden, dann ergibt sich ein System nach Abb. 14.19. Solche Systeme besitzen eine große baupraktische Bedeutung.

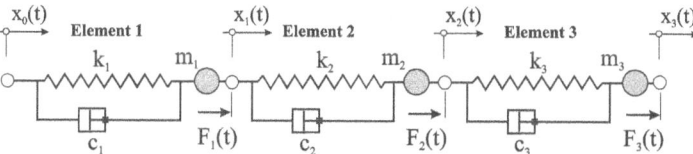

Abb. 14.19   Schwingerkette, bestehend aus drei gleichartigen Elementen

Um die mechanischen Zusammenhänge zwischen den einzelnen Elementen aufzudecken, beschaffen wir uns die Bewegungsgleichung für eine innerhalb der Kette liegende Masse m_i.

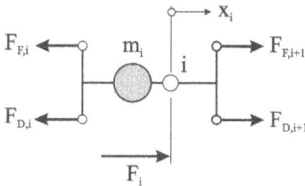

Abb. 14.20   Freigeschnittene Masse m_i

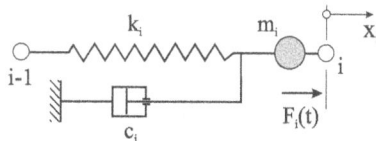

Abb. 14.21   Dämpfer mit festem Fußpunkt

Wir schneiden dazu gedanklich die Masse aus der Kette heraus und bringen dann die Schnittlasten als äußere Kräfte an (Abb. 14.20). Die Bezugslage für die Knotenverschiebung x_i ist die entspannte Systemlage. Notieren wir für dieses Teilsystem das Newtonsche Grundgesetz, dann folgt

$$m_i \ddot{x}_i = -(F_{F,i} + F_{D,i}) + F_{F,i+1} + F_{D,i+1} + F_i$$

Unter Beachtung der Werkstoffgesetze ergeben sich die Schnittgrößen zu

$$F_{F,i} = k_i(x_i - x_{i-1}), \quad F_{D,i} = c_i(\dot{x}_i - \dot{x}_{i-1}),$$

$$F_{F,i+1} = k_{i+1}(x_{i+1} - x_i), \quad F_{D,i+1} = c_{i+1}(\dot{x}_{i+1} - \dot{x}_i),$$

was zur Knotengleichung

$$m_i \ddot{x}_i = -k_i(x_i - x_{i-1}) - c_i(\dot{x}_i - \dot{x}_{i-1}) + k_{i+1}(x_{i+1} - x_i) + c_{i+1}(\dot{x}_{i+1} - \dot{x}_i) + F_i \qquad (14.111)$$

führt. Wirkt der Dämpfer c_i gegen einen raumfesten Punkt (Abb. 14.21), dann verbleibt

$$m_i \ddot{x}_i = -k_i(x_i - x_{i-1}) - c_i \dot{x}_i + k_{i+1}(x_{i+1} - x_i) + c_{i+1}(\dot{x}_{i+1} - \dot{x}_i) + F_i \qquad (14.112)$$

Die auf der rechten Seite in (14.111) stehenden Feder- und Dämpferkräfte resultieren aus den Relativverschiebungen der links ($i-1$) und rechts ($i+1$) angrenzenden Knoten. Die Schnittlastgrößen lassen sich also berechnen, wenn die Zustandsgrößen x und $\dot{x}$ vom Nachfolger- und Vorgängerelement bekannt sind. Gleichung (14.111) ist nun für jeden Knoten anzuschreiben. Das führt auf das gekoppelte Gleichungssystem

$$m_1 \ddot{x}_1 + k_1(x_1 - x_0) + c_1(\dot{x}_1 - \dot{x}_0) - k_2(x_2 - x_1) - c_2(\dot{x}_2 - \dot{x}_1) = F_1$$
$$m_2 \ddot{x}_2 + k_2(x_2 - x_1) + c_2(\dot{x}_2 - \dot{x}_1) - k_3(x_3 - x_2) - c_3(\dot{x}_3 - \dot{x}_2) = F_2$$
$$\vdots \qquad\qquad\qquad\qquad\qquad\qquad\qquad\qquad\qquad\qquad (14.113)$$
$$m_n \ddot{x}_n + k_n(x_n - x_{n-1}) + c_n(\dot{x}_n - \dot{x}_{n-1}) = F_n$$

Die in der ersten Gleichung stehenden Zustandsgrößen x_0 und $\dot{x}_0$ können sofort eliminiert werden. Sind nämlich die Anfangsbedingungen mit $x_0 = u_0$ und $\dot{x}_0 = v_0$ vorgegeben, dann sind diese bekannt und müssen deshalb auch nicht mehr berechnet werden. Wir schlagen sie der rechten Seite zu und erhalten

$$m_1 \ddot{x}_1 + k_1 x_1 + c_1 \dot{x}_1 - k_2(x_2 - x_1) - c_2(\dot{x}_2 - \dot{x}_1) = F_1 + k_1 u_0 + c_1 v_0$$

Ist der Knoten frei gelagert, dann sind $F_{F,1} = 0$ und $F_{D,1} = 0$ und es verbleibt

$$m_1 \ddot{x}_1 - k_2(x_2 - x_1) - c_2(\dot{x}_2 - \dot{x}_1) = F_1$$

Für den rechten Rand gilt folgendes: Sind $x_n = u_n$ und $\dot{x}_n = v_n$ vorgegeben, dann ist

$$m_n \ddot{x}_n - k_n x_{n-1} - c_n \dot{x}_{n-1} = F_n - k_n u_n - c_n v_n$$

Hinweis: Für den Fall, dass innerhalb der Kette Knotenverschiebungen und/oder Knotenge-
schwindigkeiten vorgegeben sind, ist der Belastungs- und Verschiebungszustand entsprechend zu reduzieren. Das erfordert eine geschickte Umsortierung des Gleichungssystems,
worauf hier nicht näher eingegangen wird.

Für den weiteren Rechengang führen wir folgende Vektoren und Matrizen ein

Knotenverschiebungsvektor: $\mathbf{x}^T = \begin{bmatrix} x_1 & x_2 & \cdots & x_n \end{bmatrix}$

Knotenlastvektor: $\mathbf{F}^T = \begin{bmatrix} F_1 & F_2 & \cdots & F_n \end{bmatrix}$

Massenmatrix: $\mathbf{M} = \mathrm{diag}\begin{bmatrix} m_1 & m_2 & \cdots & m_n \end{bmatrix}$

Dämpfungsmatrix:
$$\mathbf{C} = \begin{bmatrix} c_1+c_2 & -c_2 & 0 & \cdots & 0 \\ -c_2 & c_2+c_3 & -c_3 & \cdots & 0 \\ 0 & -c_3 & c_3+c_4 & \cdots & 0 \\ \vdots & \vdots & \vdots & \ddots & \vdots \\ 0 & 0 & 0 & \cdots & c_n \end{bmatrix}$$

Steifigkeitsmatrix:
$$\mathbf{K} = \begin{bmatrix} k_1+k_2 & -k_2 & 0 & \cdots & 0 \\ -k_2 & k_2+k_3 & -k_3 & \cdots & 0 \\ 0 & -k_3 & k_3+k_4 & \cdots & 0 \\ \vdots & \vdots & \vdots & \ddots & \vdots \\ 0 & 0 & 0 & \cdots & k_n \end{bmatrix}$$

Die Massenmatrix stellt eine Diagonalmatrix dar, und Dämpfungs- und Steifigkeitsmatrix
sind symmetrische Tridiagonalmatrizen. Damit können wir statt (14.113) auch symbolisch

$$\mathbf{M} \cdot \ddot{\mathbf{x}} + \mathbf{C} \cdot \dot{\mathbf{x}} + \mathbf{K} \cdot \mathbf{x} = \mathbf{F} \tag{14.114}$$

schreiben. Eine sehr allgemeine Darstellung der Wirkungsweise des Elementes in Abb. 14.18
erhalten wir, wenn wir den mechanischen Sachverhalt in einer black box (Abb. 14.22) verschwinden lassen und links und rechts jeweils einen Ein- bzw. Ausgang zur Verfügung stellen. Das von links einlaufende Signal E heißt Eingangssignal und das aus der Box auslaufen-
de Signal A wird Ausgangssignal genannt.

E A

Abb. 14.22   Black Box

Kommerzielle grafische Simulationssysteme[1] gestatten die
Abbildung von Bewegungsgleichungen in Form von Block-
schaltbildern, die dann unmittelbar zur nummerischen Simulation verwendet werden können. Um die Erstellung eines solchen Blocks für ein **Feder-Masse-Dämpfer**-System (FMD-
Block) entsprechend Abb. 14.18 aufzuzeigen, sind einige Vor-
arbeiten erforderlich. Zunächst fassen wir die aus dem Nachfol-

---

[1] etwa MATLAB®/Simulink® oder MapleSim®

gerelement (Abb. 14.20) kommenden Schnittkräfte zur resultierenden Kraft

$$R_{i+1} = F_{F,i+1} + F_{D,i+1} = k_{i+1}(x_{i+1} - x_i) + c_{i+1}(\dot{x}_{i+1} - \dot{x}_i) \tag{14.115}$$

zusammen. Damit geht (14.111) über in

$$\ddot{x}_i = \frac{1}{m_i}[-(F_{F,i} + F_{D,i}) + R_{i+1} + F_i] \tag{14.116}$$

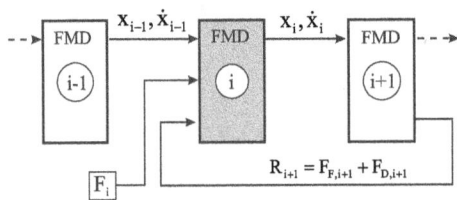

Abb. 14.23   *Blockschaltbild, FMD-Elemente*

Um nun (14.116) integrieren zu können, sind an den Block mit dem Index i folgende Größen zu übergeben:

1.) Die resultierende Kraft R_{i+1} des Nachfolgerblocks (engl. successor)

2.) Die Zustandsgrößen x_{i-1} und $\dot{x}_{i-1}$ des Vorgängerblocks (engl. predecessor) zur Berechnung der Kräfte $F_{F,i} = k_i(x_i - x_{i-1})$ und $F_{D,i} = c_i(\dot{x}_i - \dot{x}_{i-1})$ und

3.) Die äußere eingeprägte Knotenkraft F_i.

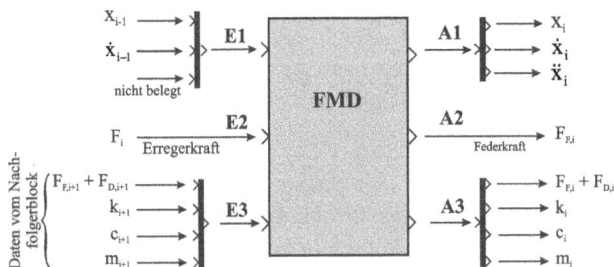

Abb. 14.24   *Belegung der Ein- und Ausgabeports für den FMD-Block*

In einem Blockschaltbild würde sich dieser Sachverhalt wie in Abb. 14.23 darstellen. Mit diesen Informationen können innerhalb des Blocks mit dem Index i die Zustandsgrößen x_i

und $\dot{x}_i$ berechnet und an den Nachfolgerblock weitergegeben werden. In Abb. 14.24 ist eine mögliche Belegung der Ein- und Ausgabeports für den FMD-Block dargestellt[1].

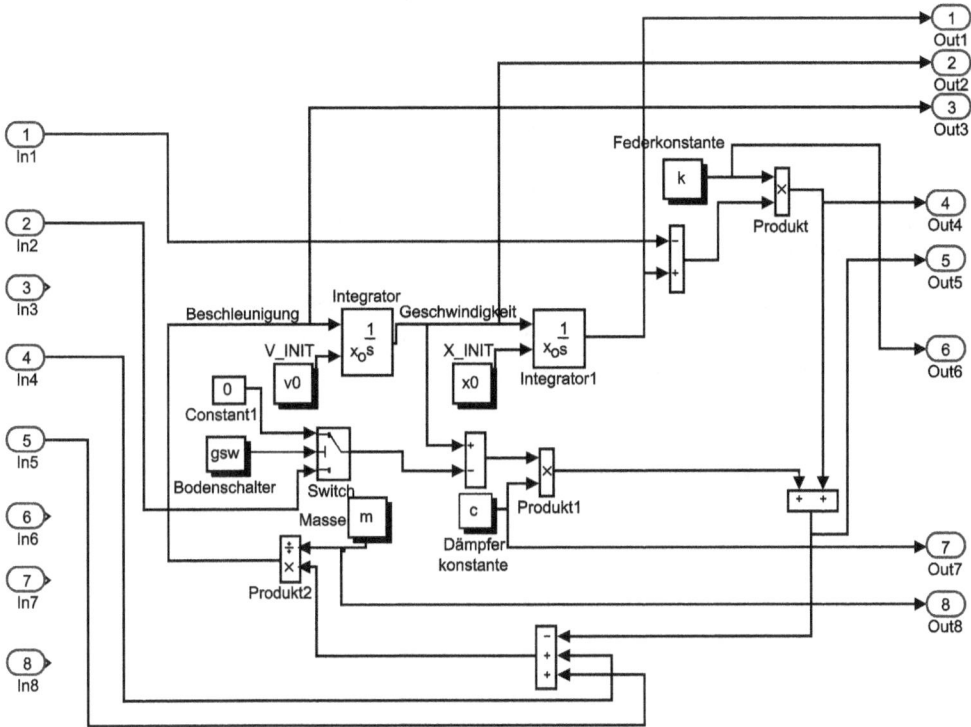

Abb. 14.25   *Schaltbild für den Block FMD in Abb. 14.24*

Eingabe:

E1	Vektor(3)	E1(1)	Verschiebung des Vorgängers
		E1(2)	Geschwindigkeit des Vorgängers
		E1(3)	nicht belegt
E2	Skalar	Äußere Erregerkraft	
E3	Vektor(4)	Rückführung der Daten des Nachfolgerblocks	
		E3(1)	Feder- und Dämpferkraft
		E3(2)	Federkonstante
		E3(3)	Dämpferkonstante
		E3(4)	Masse

---

[1]   s.h. Handbuch MECHMACS der Fa. Bausch-Gall GmbH München

Ausgabe:

A1   Vektor(3)   A1(1)   Verschiebung der Masse

                     A1(2)   Geschwindigkeit der Masse

                     A1(3)   Beschleunigung der Masse

A2   Skalar   Federkraft

A3   Vektor(4)   A3(1)   Feder- und Dämpferkraft

                     A3(2)   Federkonstante

                     A3(3)   Dämpferkonstante

                     A3(4)   Masse

Über eine zusätzliche Eingabemaske können die erforderlichen Parameter (k: Federkonstante, c: Dämpferkonstante, m: Masse, x_0: Anfangsauslenkung, v_0: Anfangsgeschwindigkeit) für den aktuellen Block festgelegt werden.

Unter der Maske enthält der FMD-Block aus Abb. 14.24 das in Abb. 14.25 dargestellte Schaltbild. Über einen Schalter (switch) kann auch die Wirkung des Dämpfers gegen einen raumfesten Punkt behandelt werden.

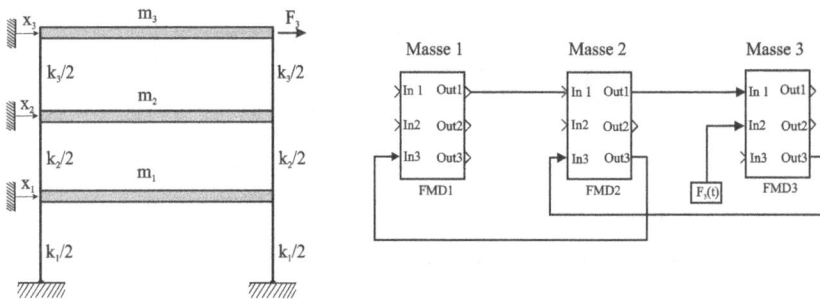

Abb. 14.26   *Dreistöckiger Rahmen mit Blockschaltbild*

Dieser einmal programmierte Block ist dann in vielfältiger Weise verwendbar. Abb. 14.26 zeigt als Beispiel einen dreistöckigen Rahmen, der im oberen Stockwerk durch die Kraft $F_3(t)$ zu Schwingungen angeregt wird. Rechts daneben befindet sich das zugehörige Blockschaltbild.

15 Schwingungsabsorption

Die zuvor behandelten Maßnahmen zur Schwingungs- oder auch Stoßisolation dienten hauptsächlich der Minderung der auftretenden Lagerkräfte. Eine weitere Möglichkeit, Systeme vor unerwünschten Schwingungen zu schützen, und insbesondere die Verschiebungswege zu minimieren, besteht in der Anbringung eines Absorbers an die Hauptkonstruktion. Ein Absorber ist ein schwingungsfähiges Zusatzsystem, das im einfachsten Fall aus einem Feder-Masse-System besteht. Wir sprechen in diesem Fall von einem einfachen Tilger. Enthält der Absorber zusätzlich einen Dämpfer, dann wird dieses Zusatzsystem auch Schwingungsdämpfer genannt. Bei den hier vorgestellten Absorbern handelt es sich um passive Systeme, zu deren Aktivierung Schwingungen der Absorbermasse erforderlich sind. Die Methoden der aktiven Schwingungskontrolle werden hier nicht behandelt. Durch Optimierung des Absorbers kann die Hauptkonstruktion erheblich beruhigt oder bei spezieller Beanspruchung sogar vollständig unterdrückt und damit gänzlich getilgt werden. Das Prinzip der Schwingungsabsorption wird vorwiegend bei schlanken und weichen Konstruktionen wie Brücken, Stegen, Bühnen, freitragenden Treppen oder Stadiondächern aber auch bei schlanken hohen Bauten, beispielsweise Schornsteinen, Sendemasten und Fernsehtürmen, angewandt. Aufgrund ihrer besonderen Bauweise besitzen diese Bauwerke in der Regel niedrige Eigenfrequenzen und eine geringe Dämpfung.

15.1 Der Tilger

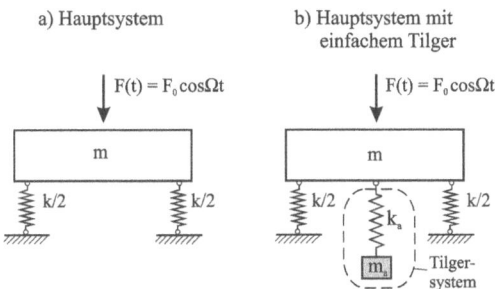

Abb. 15.1 *Der einfache Tilger*

Ein Absorber, der nur aus einem Feder-Masse-System besteht, wird Tilger genannt. Zur Erläuterung des Prinzips der Schwingungstilgung betrachten wir das Hauptsystem (Abb. 15.1, links) mit einer Masse m, die über zwei Federn (Federsteifigkeiten k/2) abgestützt ist. Das System wird durch eine harmonische Kraft $F(t) = F_0 \cos \Omega t$ mit der Erregerkreisfrequenz Ω zu harmonischen Schwingungen angeregt. Das Hauptsystem besitzt die Eigenkreisfrequenz $\omega = \sqrt{k/m}$ und die partikuläre Lösung $x_p(t) = A \cos \Omega t$ mit der Konstanten $A = x_0/(1-\eta^2)$, wobei $x_0 = F_0/k$ die statische Auslenkung der Masse m unter der konstanten Last F_0 und $\eta = \Omega/\omega = \Omega/\sqrt{k/m}$ die Abstimmung des Hauptsystems bezeichnet. Im Fall $\eta = 1$ tritt Resonanz auf. Das Vermeiden dieser Resonanzstelle geschieht durch Hinzufügen eines einfachen Tilgers (Abb. 15.1, rechts).

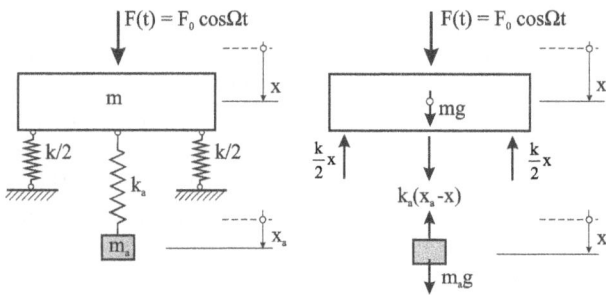

Abb. 15.2 *Der einfache Tilger, freigeschnittenes System*

Der einfache Tilger besteht aus einer Feder mit der Federsteifigkeit k_a und einer Tilgermasse m_a (Abb. 15.2). Wir beschaffen uns zunächst die Bewegungsgleichungen. Die Anwendung des Newtonschen Grundgesetzes auf die freigeschnittene Hauptmasse m und die Tilgermasse m_a liefert, wenn wir x und x_a aus den entspannten Federlagen messen,

$$m\ddot{x} = F + mg - kx + k_a(x_a - x)$$
$$m_a\ddot{x}_a = m_a g - k_a(x_a - x)$$

(15.1)

Führen wir die Abkürzungen

$$\lambda^2 = \frac{k+k_a}{m}, \ \lambda_a^2 = \frac{k_a}{m_a} = \omega_a^2, \ \mu = \frac{m_a}{m}$$

(15.2)

ein, dann können wir (15.1) auch in Matrizenschreibweise

$$\begin{bmatrix} 1 & 0 \\ 0 & \mu \end{bmatrix} \cdot \begin{bmatrix} \ddot{x} \\ \ddot{x}_a \end{bmatrix} + \begin{bmatrix} \lambda^2 & -\mu\lambda_a^2 \\ -\mu\lambda_a^2 & \mu\lambda_a^2 \end{bmatrix} \cdot \begin{bmatrix} x \\ x_a \end{bmatrix} = \begin{bmatrix} F(t)/m \\ 0 \end{bmatrix} + \begin{bmatrix} g \\ \mu g \end{bmatrix}$$

oder symbolisch in der Form

$$\mathbf{M} \cdot \ddot{\mathbf{x}} + \mathbf{K} \cdot \mathbf{x} = \mathbf{f} + \mathbf{g} \tag{15.3}$$

mit

$$\mathbf{x} = \begin{bmatrix} x \\ x_a \end{bmatrix}, \mathbf{M} = \begin{bmatrix} 1 & 0 \\ 0 & \mu \end{bmatrix}, \mathbf{K} = \begin{bmatrix} \lambda^2 & -\mu\lambda_a^2 \\ -\mu\lambda_a^2 & \mu\lambda_a^2 \end{bmatrix}, \mathbf{f} = \begin{bmatrix} F(t)/m \\ 0 \end{bmatrix}, \mathbf{g} = \begin{bmatrix} g \\ \mu g \end{bmatrix} \tag{15.4}$$

notieren. Den Totlastvektor $\mathbf{g}$ bringen wir durch die Koordinatentransformation $\mathbf{x} = \mathbf{x}_{st} + \hat{\mathbf{x}}$
mit

$$\mathbf{x}_{st} = \begin{bmatrix} x_{st} \\ x_{a,st} \end{bmatrix} = \mathbf{K}^{-1} \cdot \mathbf{g} = \begin{bmatrix} \dfrac{m+m_a}{k}g \\ \left(\dfrac{m+m_a}{k} + \dfrac{m_a}{k_a}\right)g \end{bmatrix} \tag{15.5}$$

zum Verschwinden. Die Bewegungsgleichung (15.3) geht dann über in

$$\mathbf{M} \cdot \ddot{\hat{\mathbf{x}}} + \mathbf{K} \cdot \hat{\mathbf{x}} = \mathbf{f} \tag{15.6}$$

Dieses gewöhnliche inhomogene Differenzialgleichungssystem 2. Ordnung setzt sich zusammen aus der Lösung $\hat{\mathbf{x}}_h$ der homogenen und einem Partikularintegral der inhomogenen Differenzialgleichung. Wir beschränken uns im Folgenden auf die Bereitstellung der partikulären Lösung. Mit dem Verschiebungsansatz

$$\hat{\mathbf{x}}_{\mathbf{p}}(t) = \begin{bmatrix} \hat{x}_p \\ \hat{x}_{a,p} \end{bmatrix} = \hat{\mathbf{V}} \cos\Omega t = \begin{bmatrix} \hat{V} \\ \hat{V}_a \end{bmatrix} \cos\Omega t \qquad \rightarrow \ddot{\hat{\mathbf{x}}}_{\mathbf{p}}(t) = -\Omega^2 \hat{\mathbf{x}}_{\mathbf{p}}(t)$$

folgt aus (15.6)

$$(\mathbf{K} - \Omega^2 \mathbf{M}) \cdot \hat{\mathbf{V}} \cos\Omega t = \hat{\mathbf{f}} \cos\Omega t \text{ mit } \hat{\mathbf{f}} = \begin{bmatrix} x_0 k/m \\ 0 \end{bmatrix} = \begin{bmatrix} x_0 \omega^2 \\ 0 \end{bmatrix} \text{ und } \omega^2 = \frac{k}{m}.$$

Diese Gleichung ist für alle Zeiten t nur dann erfüllt, wenn

$$\hat{\mathbf{V}} = (\mathbf{K} - \Omega^2 \mathbf{M})^{-1} \cdot \hat{\mathbf{f}} = \frac{\omega^2 x_0}{D} \begin{bmatrix} \lambda_a^2 - \Omega^2 \\ \lambda_a^2 \end{bmatrix} \tag{15.7}$$

gilt, wobei abkürzend

$$D = (\lambda^2 - \Omega^2)(\lambda_a^2 - \Omega^2) - \mu\lambda_a^4 = (\Omega^2 - \Omega_1^2)(\Omega^2 - \Omega_2^2) \tag{15.8}$$

gesetzt wurde. In (15.8) sind

$$\left.\begin{matrix} \Omega_1^2 \\ \Omega_2^2 \end{matrix}\right\} = \frac{1}{2}[(\lambda^2 + \lambda_a^2) \mp \sqrt{(\lambda^2 - \lambda_a^2)^2 + 4\mu\lambda_a^4}] \tag{15.9}$$

die Nullstellen von D. Mit den Abkürzungen

$$\eta_1 = \frac{\Omega_1}{\omega}, \; \eta_2 = \frac{\Omega_2}{\omega}, \; \alpha^2 = \frac{\lambda_a^2}{\omega^2} = \frac{\omega_a^2}{\omega^2} \tag{15.10}$$

können wir für (15.8) auch

$$D = \omega^4 [(1 - \eta^2)(\alpha^2 - \eta^2) - \mu\alpha^2\eta^2] = \omega^4 (\eta^2 - \eta_1^2)(\eta^2 - \eta_2^2) \tag{15.11}$$

schreiben, womit dann abschließend aus (15.7) die bezogenen Amplitudenfunktionen

$$\tilde{V} = \frac{\hat{V}}{x_0} = \frac{\alpha^2 - \eta^2}{(1 - \eta^2)(\alpha^2 - \eta^2) - \mu\alpha^2\eta^2} = \frac{\alpha^2 - \eta^2}{(\eta^2 - \eta_1^2)(\eta^2 - \eta_2^2)}$$

$$\tilde{V}_a = \frac{\hat{V}_a}{x_0} = \frac{\alpha^2}{(1 - \eta^2)(\alpha^2 - \eta^2) - \mu\alpha^2\eta^2} = \frac{\alpha^2}{(\eta^2 - \eta_1^2)(\eta^2 - \eta_2^2)} \tag{15.12}$$

folgen.

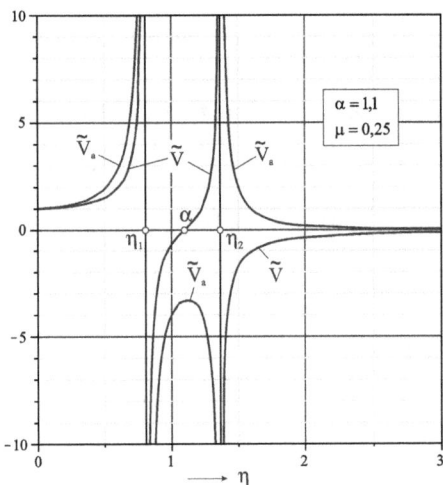

Abb. 15.3 *Amplitudenfunktionen $\tilde{V}$ und $\tilde{V}_a$*

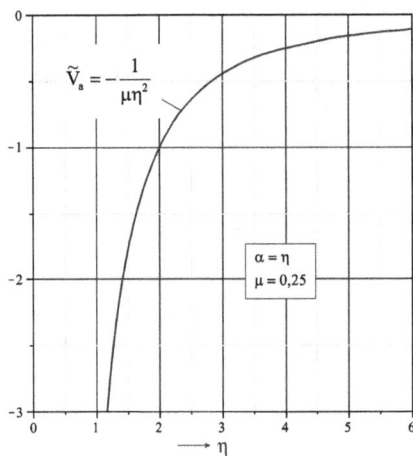

Abb. 15.4 *Amplitudenfunktion $\tilde{V}_a$*

In Abb. 15.3 sind $\tilde{V}$ und $\tilde{V}_a$ in Abhängigkeit von η dargestellt. Es können folgende Sachverhalte festgestellt werden:

1.) Aufgrund des zusätzlichen Freiheitsgrades besitzt das System mit Ω_1 und Ω_2 nun zwei Eigenkreisfrequenzen und damit auch zwei Resonanzstellen. In der Umgebung von $\eta = \eta_1$ schwingen beide Massen in Phase, da dort die Amplitudenfunktionen dasselbe Vorzeichen besitzen und in der Nähe von $\eta = \eta_2$ in Gegenphase, denn $\tilde{V}$ und $\tilde{V}_a$ haben hier unterschiedliche Vorzeichen.

2.) Beide Amplitudenfunktionen starten bei $\eta = 0$ mit dem Funktionswert eins und einer horizontalen Tangente. Für $\eta \to \infty$ nähern sich beide Funktionen asymptotisch dem Wert null.

3.) Für $\alpha^2 = \eta^2$ oder $\lambda_a^2 = k_a / m_a = \Omega^2$ und damit

$$k_a = m_a \Omega^2 = \mu\eta^2 k \qquad (15.13)$$

folgt aus (15.12)

$$\widetilde{V} = 0, \quad \widetilde{V}_a = -\frac{1}{\mu\eta^2} \qquad (15.14)$$

Die Amplitude $\widetilde{V}$ wird in diesem Fall offensichtlich vollständig getilgt. Das passiert immer dann, wenn die Erregerkreisfrequenz Ω mit der Eigenkreisfrequenz ω_a des Tilgersystems übereinstimmt. Die Hauptmasse bleibt dabei in vollständiger Ruhe, und genau dieser Effekt wird zur Konstruktion von Schwingungstilgern genutzt. Die Amplitudenfunktion $\widetilde{V}_a = -1/(\mu\eta^2)$ kann für das Massenverhältnis $\mu = 0,25$ Abb. 15.4 entnommen werden. Für die stationäre Bewegung der Tilgermasse folgt dann

$$x_{a,p} = \hat{V}_a \cos\Omega t = -\frac{F_0}{k_a} \cos\Omega t = -x_0 \frac{k}{k_a} \cos\Omega t \qquad (15.15)$$

Von praktischem Interesse ist nun derjenige Fall, bei dem das Hauptsystem mit der Erregung in Resonanz ist und nachträglich ein Tilger eingebaut werden soll. Dann ist $\eta = 1$ und mit (15.13) folgt einerseits die Tilgersteifigkeit

$$k_a = \mu k \qquad (15.16)$$

und andererseits mit (15.14) die bezogene Amplitudenfunktion der Tilgermasse

$$\widetilde{V}_a = \frac{\hat{V}_a}{x_0} = -\frac{1}{\mu} \qquad (15.17)$$

Da sich die Hauptmasse in Ruhe befindet, muss die auf sie einwirkende resultierende Kraft R verschwinden, was mit $R = F(t) + mg - kx + k_a(x_a - x) = 0$ (s.h. Abb. 15.2) leicht nachgewiesen werden kann.

Eine sinnvolle Annahme zur Tilgerbemessung ist die Beschränkung der Amplitudenfunktion $\widetilde{V}$ auf Werte $|\widetilde{V}| \leq 1$. Aus (15.12) erhalten wir mit der Forderung $|\widetilde{V}| = 1$ die hier interessierenden Bereichsgrenzen

$$\overline{\eta}_1(\alpha,\mu) = \frac{\sqrt{2}}{2}\sqrt{2+\alpha^2(1+\mu)-\sqrt{4[1-\alpha^2(1-\mu)]+\alpha^4(1+\mu)^2}}$$

$$\overline{\eta}_2(\alpha,\mu) = \alpha\sqrt{1+\mu}$$

(15.18)

und insbesondere folgt für $\alpha = 1$ (Abb. 15.5)

$$\overline{\eta}_1(\mu) = \frac{\sqrt{2}}{2}\sqrt{3+\mu-\sqrt{1+6\mu+\mu^2}} = 1-\frac{1}{2}\mu+\frac{7}{8}\mu^2+O(\mu^3)$$

$$\overline{\eta}_2(\mu) = \sqrt{1+\mu} = 1+\frac{1}{2}\mu-\frac{1}{8}\mu^2+O(\mu^3)$$

(15.19)

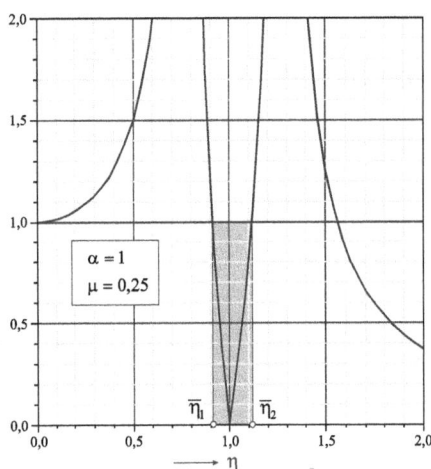

Abb. 15.5 *Amplitude* $|\tilde{V}|$

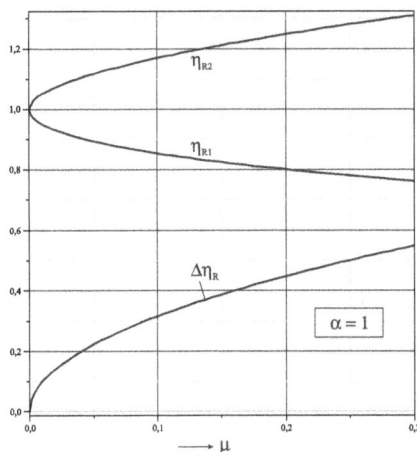

Abb. 15.6 *Abstand der Resonanzstellen* ($\alpha = 1$)

Solange sich die Abstimmung $\eta = \Omega/\omega$ im Bereich $\overline{\eta}_1 \le \eta \le \overline{\eta}_2$ befindet, ist $|\tilde{V}| \le 1$ erfüllt. Die Resonanzfrequenzen ergeben sich aus den Nullstellen der Nennerfunktion, also aus $(1-\eta^2)(\alpha^2-\eta^2)-\mu\alpha^2\eta^2 = 0$ zu

$$\left.\begin{array}{r}\eta_{R1}(\alpha,\mu)\\ \eta_{R2}(\alpha,\mu)\end{array}\right\} = \frac{\sqrt{2}}{2}\sqrt{1+\alpha^2(1+\mu)\mp\sqrt{(\alpha^2+\mu\alpha^2+2\alpha+1)(\alpha^2+\mu\alpha^2-2\alpha+1)}}$$

(15.20)

und speziell für $\alpha = 1$ (Abb. 15.6) sind

$$\left.\begin{array}{r}\eta_{R1}(\mu)\\\eta_{R2}(\mu)\end{array}\right\} = \frac{\sqrt{2}}{2}\sqrt{2+\mu\mp\sqrt{\mu(4+\mu)}} = 1+\frac{1}{8}\mu\mp\frac{1}{2}\sqrt{\mu}+O(\mu^2) \qquad (15.21)$$

Der Abstand beider Resonanzstellen errechnet sich damit zu

$$\Delta\eta_R = \eta_{R2}-\eta_{R1} = \sqrt{\mu} \qquad (15.22)$$

Mit wachsendem Massenverhältnis μ vergrößert sich demnach der Einsatzbereich des Tilgers. Kleine Massenverhältnisse führen zu einer Situation, bei der die Eigenkreisfrequenz des Hauptsystems unmittelbar einer Eigenkreisfrequenz des Systems benachbart ist. In diesen Fällen versagt das Tilgerkonzept.

Beispiel 15-1:

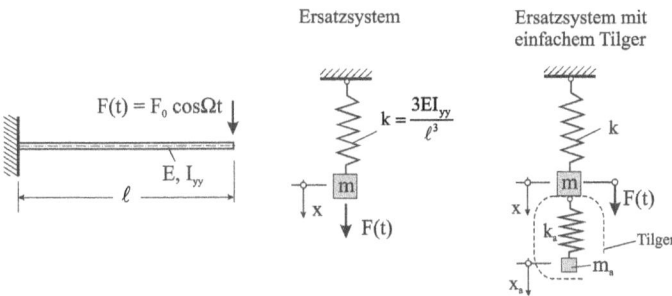

Abb. 15.7 *Kragträger mit periodischer Erregerkraft, Ersatzsystem mit einfachem Tilger*

Der in Abb. 15.7 skizzierte Stahlträger wird durch den Betrieb einer Maschine mit der periodischen Kraft $F(t) = F_0\cos\Omega t$ belastet. Im stationären Zustand stellen sich infolge dieser Belastung unvertretbar große Auslenkungen ein. Um diese zu vermindern, wird ein einfacher Tilger eingebaut, den es zu bemessen gilt.

Geg.: $E = 21000\,\mathrm{kN/cm^2}$, $I_{yy} = 541\,\mathrm{cm^4}$, $\ell = 6\,\mathrm{m}$, $F_0 = 100\,\mathrm{N}$, $\Omega = 28,50\,\mathrm{s^{-1}}$.

<u>Lösung</u>: Wir ersetzen zunächst den Kragbalken durch seinen äquivalenten Einmassenschwinger (Abb. 15.7, Mitte). Die Ersatzmasse m, bestehend aus der anteiligen Balkenmasse und der Masse der Maschine, wird bauseitig mit 19,35 kg angegeben. Die Federsteifigkeit ergibt sich zu $k = 3EI_{yy}/\ell^3 = 157,8\,\mathrm{N/cm}$, und für die Eigenkreisfrequenz des Ersatzsystems folgt $\omega = \sqrt{k/m} = 28,56\,\mathrm{s^{-1}}$, womit die Erregerkreisfrequenz mit $\eta = \Omega/\omega = 0,998 \approx 1$ in unmittelbarer Nähe der Eigenkreisfrequenz liegt. Für $x = 0$ sei die Feder entspannt. Die Anwendung des Newtonschen Grundgesetzes auf die freigeschnittene Masse m liefert die Bewegungsgleichung $m\ddot{x} + kx = mg + F_0\cos\Omega t$. Nach Division mit m und der Koordinatentransformation $x = x_{st} + \hat{x}$ erhalten wir $\ddot{\hat{x}} + \omega^2\hat{x} = f_0\cos\Omega t$. Zur Abkürzung wurden die

bezogene Kraft $f_0 = F_0/m$ und die statische Auslenkung $x_{st} = g/\omega^2 = gm/k$ der Masse m

eingeführt. Die stationäre Lösung ist mit $\hat{x} = x_0 \dfrac{1}{1-\eta^2}\cos\Omega t$ sowie $x_0 = F_0/k = 0,634\,cm$

bereits bekannt. Wir rechnen im Folgenden in guter Näherung mit $\eta = 1$.

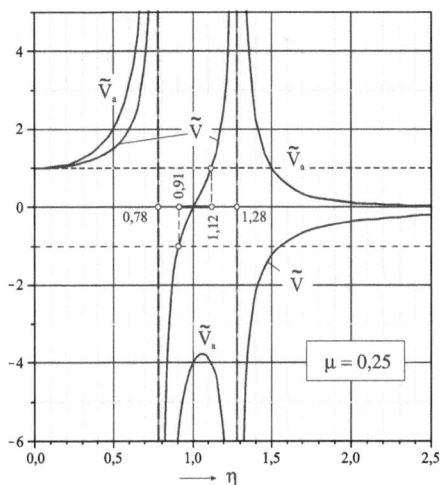

Abb. 15.8   *Vergrößerungsfunktionen $\widetilde{V}$ und $\widetilde{V}_a$*

Um die Hauptmasse m zu beruhigen, wird ein Tilger eingebaut. Wir wählen das Massenverhältnis $\mu = m_a/m = 0,25$. Damit liegen die Tilgermasse $m_a = \mu m = 4,84\,kg$ und mit (15.16) auch die Federsteifigkeit $k_a = \mu k = 39,4\,N/cm$ fest. Die normierten Amplituden ergeben sich zu $\widetilde{V} = 0$ und $\widetilde{V}_a = -1/\mu = -4,0$. Mit (15.21) erhalten wir die beiden Resonanzstellen $\eta_{R1} = 0,78$ und $\eta_{R2} = 1,28$. Deren Abstand beträgt $\Delta\eta_R = \sqrt{\mu} = 0,5$. Die Erregerkreisfrequenz Ω muss also im Betriebszustand immer weit genug von den beiden Resonanzfrequenzen $\Omega_1 = 0,78\omega = 22,30\,s^{-1}$ und $\Omega_2 = 1,28\omega = 36,57\,s^{-1}$ entfernt sein.

Soll die Vergrößerungsfunktion $\widetilde{V}$ auf $|\widetilde{V}| \le 1$ begrenzt werden, dann ist nach (15.19) mit $\mu = 0,25$ für die Abstimmung $0,91 \le \eta \le 1,12$ oder $25,93\,s^{-1} \le \Omega \le 31,93\,s^{-1}$ zu fordern. Zur Berechnung der Verschiebungen benötigen wir noch die statischen Auslenkungen beider Massen. Rechnen wir mit der Erdbeschleunigung $g = 10\,m/s^2$, dann erhalten wir

$$x_{st} = \frac{m(1+\mu)}{k}g = 1,53\,cm, \quad x_{a,st} = x_{st} + \frac{m_a}{k_a}g = 2,76\,cm$$

und damit: $x(t) = x_{st} = 1,53$ cm, $x_a(t) = x_{a,st} + \hat{V}_a \cos\Omega t = 2,76 - 2,54\cos 28,56t$ [cm],

wobei $\hat{V}_a = x_0\tilde{V}_a = -0,634 \cdot 4,0 = -2,54$ cm berücksichtigt wurde.

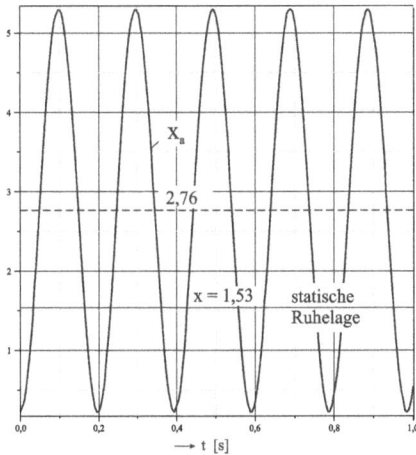

Abb. 15.9   *Auslenkungen in [cm]*

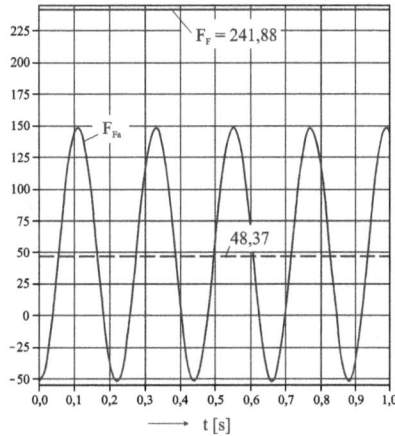

Abb. 15.10   *Federkräfte in [N]*

Die größte Auslenkung der Tilgermasse m_a beträgt $x_{a,max} = 2,76$ cm $+ 2,54$ cm $= 5,30$ cm (Abb. 15.9). Von Interesse sind noch die Federkräfte (Abb. 15.10)

$F_F = kx = k\,x_{st} = 241,88$ N $=$ konst., $\quad F_{F,a} = k_a(x_a - x) = 48,37 - 100\cos 28,56t$ [N].

Im Folgenden betrachten wir noch die beiden Grenzfälle, für die $|\tilde{V}| = 1$ erfüllt ist. Die Hauptmasse m erfährt nun eine Auslenkung aus der statischen Ruhelage. Für den linken Grenzwert folgt mit $\overline{\eta}_1 = 0,91$ bzw. $\Omega = 25,93\,\mathrm{s}^{-1}$

$$\tilde{V} = \frac{1-\overline{\eta}_1^2}{(1-\overline{\eta}_1^2)^2 - \mu\overline{\eta}_1^2} = -1, \qquad \tilde{V}_a = \frac{1}{(1-\overline{\eta}_1^2)^2 - \mu\overline{\eta}_1^2} = -5,70$$

und somit $x(t) = 1,53 - 0,63\cos 25,93t$ [cm], $\quad x_2(t) = 2,76 - 3,61\cos 25,93t$ [cm].

Beide Massen schwingen in Phase. Die größte Auslenkung der Tilgermasse m_a beträgt in diesem Fall $x_{a,max} = 6,37$ cm (Abb. 15.11), und die Federkräfte (Abb. 15.12) errechnen sich zu $F_F = k\,x = 241,88 - 100\cos 25,93t$ [N], $\quad F_{F,a} = k_a(x_a - x) = 48,37 - 117,54\cos 25,93t$ [N]

Für den rechten Grenzwert $\overline{\eta}_2 = 1,12$ und damit $\Omega = 31,93\,\mathrm{s}^{-1}$ erhalten wir entsprechend

$$\tilde{V} = \frac{1 - \overline{\eta}_2^2}{(1 - \overline{\eta}_2^2)^2 - \mu\overline{\eta}_2^2} = 1, \quad \tilde{V}_a = \frac{1}{(1 - \overline{\eta}_2^2)^2 - \mu\overline{\eta}_2^2} = -4,0 \ .$$

Damit folgen die Auslenkungen

$$x(t) = 1{,}53 + 0{,}63\cos 31{,}93t \ [cm], \quad x_a(t) = 2{,}76 - 2{,}53\cos 31{,}93t \ [cm]$$

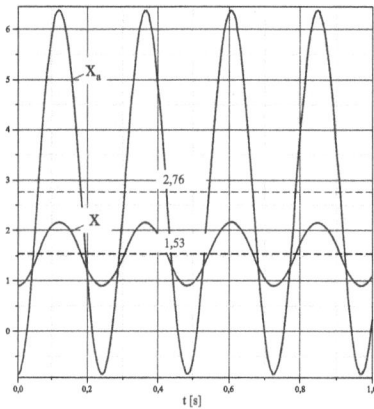

Abb. 15.11 *Auslenkungen in [cm] ($\overline{\eta} = 0{,}91$)*

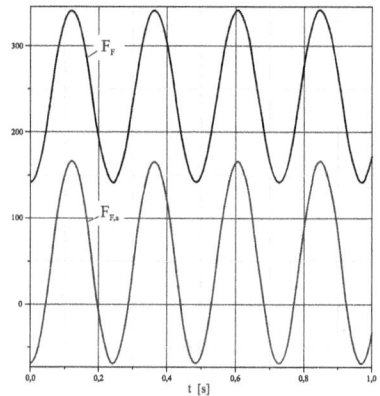

Abb. 15.12 *Federkräfte in [N] ($\overline{\eta} = 0{,}91$)*

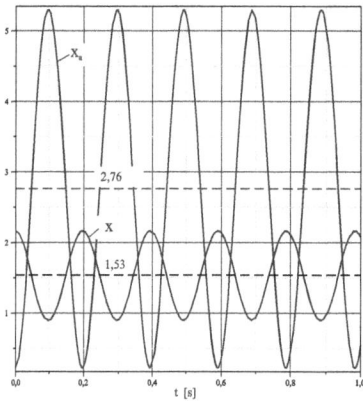

Abb. 15.13 *Auslenkungen in [cm] ($\overline{\eta} = 1{,}12$)*

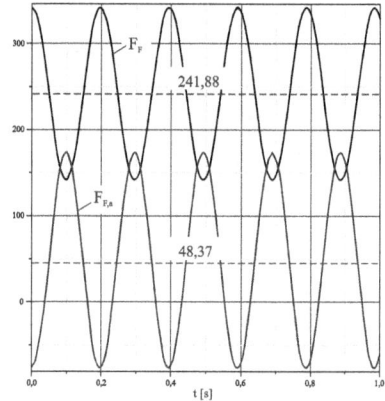

Abb. 15.14 *Federkräfte in [N] ($\overline{\eta} = 1{,}12$)*

Die Massen schwingen in Gegenphase (Abb. 15.13), und die größte Auslenkung der Tilgermasse m_a ist $x_{a,max} = 5{,}29$ cm. Die Federkräfte errechnen sich zu (Abb. 15.14)

$$F_F = k\,x = 241{,}88 + 100\cos 31{,}93t \ [N], \quad F_{F,a} = k_a(x_a - x) = 48{,}37 - 125\cos 31{,}93t \ [N] \ .$$

In der hier beschriebenen Form ist der einfache Tilger sehr gut geeignet, wenn die Last nahezu mit einer konstanten Frequenz Ω einwirkt. Dann stellt dieses System eine ausgezeichnete Lösung zur Verminderung der Schwingungen dar. Für den in der Praxis häufig vorkommenden Fall, dass die Erregerkreisfrequenz Ω in einem größeren Bereich Schwankungen unterworfen ist, und somit die Gefahr besteht, dass die Erregerkreisfrequenz in die Nähe einer Eigenkreisfrequenz des Systems kommt, empfiehlt es sich, das Tilgersystem zusätzlich zu dämpfen.

15.2   Der Schwingungsdämpfer

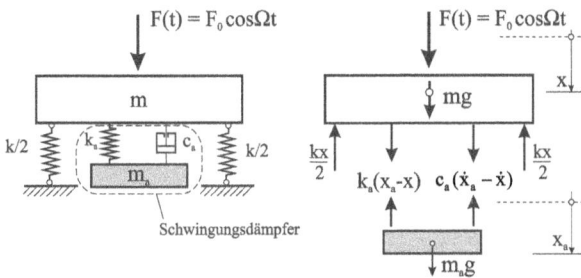

Abb. 15.15   Der Schwingungsdämpfer, freigeschnittenes System

In Erweiterung zum einfachen Tilger wird an die zu beruhigende Masse m ein Schwingungsdämpfer angebracht (Abb. 15.15), der aus einer Masse m_a, einem Dämpfer (Dämpfungskoeffizient c_a) und einer Feder (Federsteifigkeit k_a) besteht. Die Hauptmasse m ist hier lediglich federnd gelagert. Im Sonderfall $c_a = 0$ liegt der einfache Tilger vor.

Das Newtonsche Grundgesetz, angewandt auf die Hauptmasse m und die Dämpfermasse m_a, liefert bei Bezugnahme auf die statische Ruhelage das gekoppelte Differenzialgleichungssystem

$$m\ddot{\hat{x}} + c_a\dot{\hat{x}} - c_a\dot{\hat{x}}_a + (k + k_a)\hat{x} - k_a\hat{x}_a = F(t)$$
$$m_a\ddot{\hat{x}}_a - c_a\dot{\hat{x}} + c_a\dot{\hat{x}}_a - k_a\hat{x} + k_a\hat{x}_a = 0$$

bzw. in Matrizenschreibweise

$$\begin{bmatrix} m & 0 \\ 0 & m_a \end{bmatrix}\begin{bmatrix} \ddot{\hat{x}}_1 \\ \ddot{\hat{x}}_a \end{bmatrix} + \begin{bmatrix} c_a & -c_a \\ -c_a & c_a \end{bmatrix}\begin{bmatrix} \dot{\hat{x}} \\ \dot{\hat{x}}_a \end{bmatrix} + \begin{bmatrix} k + k_a & -k_a \\ -k_a & k_a \end{bmatrix}\begin{bmatrix} \hat{x} \\ \hat{x}_a \end{bmatrix} = \begin{bmatrix} F(t) \\ 0 \end{bmatrix}$$

oder symbolisch

$$\mathbf{M}\cdot\ddot{\hat{x}} + \mathbf{C}\cdot\dot{\hat{x}} + \mathbf{K}\cdot\hat{x} = \mathbf{F} \qquad\qquad (15.23)$$

mit

$$\mathbf{M} = \begin{bmatrix} m & 0 \\ 0 & m_a \end{bmatrix}, \quad \mathbf{C} = \begin{bmatrix} c_a & -c_a \\ -c_a & c_a \end{bmatrix}, \quad \mathbf{K} = \begin{bmatrix} k+k_a & -k_a \\ -k_a & k_a \end{bmatrix}, \quad \mathbf{F} = \begin{bmatrix} F_0 \\ 0 \end{bmatrix} \cos\Omega t$$

Wir beschränken uns wieder auf die Herleitung einer partikulären Lösung der inhomogenen Differenzialgleichung. Dazu probieren wir den Lösungsansatz

$$\hat{\mathbf{x}}_p(t) = \begin{bmatrix} B\cos\Omega t + C\sin\Omega t \\ B_a \cos\Omega t + C_a \sin\Omega t \end{bmatrix} = \begin{bmatrix} V\cos(\Omega t - \varphi) \\ V_a \cos(\Omega t - \varphi_a) \end{bmatrix}$$

Die Amplituden und Phasenverschiebungswinkel sind

$$\begin{aligned} V &= \sqrt{B^2 + C^2}, & \sin\varphi &= C/V, & \cos\varphi &= B/V \\ V_a &= \sqrt{B_a^2 + C_a^2}, & \sin\varphi_a &= C_a/V_a, & \cos\varphi_a &= B_a/V_a \end{aligned} \qquad (15.24)$$

Wir benötigen noch die Ableitungen

$$\dot{\hat{\mathbf{x}}}_p(t) = -\Omega\begin{bmatrix} B\sin\Omega t - C\cos\Omega t \\ B_a \sin\Omega t - C_a \cos\Omega t \end{bmatrix}, \quad \ddot{\hat{\mathbf{x}}}_p(t) = -\Omega^2\hat{\mathbf{x}}_p(t) \qquad (15.25)$$

Berücksichtigung von (15.25) in (15.23) liefert das lineare Gleichungssystem

$$\begin{bmatrix} -m\Omega^2+k+k_a & c_a\Omega & -k_a & -c_a\Omega \\ -c_a\Omega & -m\Omega^2+k+k_a & c_a\Omega & -k_a \\ -k_a & -c_a\Omega & -m_a\Omega^2+k_a & c_a\Omega \\ c_a\Omega & -k_a & -c_a\Omega & -m_a\Omega^2+k_a \end{bmatrix} \cdot \begin{bmatrix} B \\ C \\ B_a \\ C_a \end{bmatrix} = \begin{bmatrix} F_0 \\ 0 \\ 0 \\ 0 \end{bmatrix}$$

Mit den Abkürzungen

$$\omega^2 = \frac{k}{m}, \quad \omega_a^2 = \frac{k_a}{m_a}, \quad \eta = \frac{\Omega}{\omega}, \quad \mu = \frac{m_a}{m}, \quad \alpha^2 = \frac{\omega_a^2}{\omega^2}, \quad \zeta = \frac{c_a}{2m_a\omega}, \quad x_0 = \frac{F_0}{k}$$

erhalten wir

$$\begin{bmatrix} 1+\mu\alpha^2-\eta^2 & 2\mu\zeta\eta & -\mu\alpha^2 & -2\mu\zeta\eta \\ -2\mu\zeta\eta & 1+\mu\alpha^2-\eta^2 & 2\mu\zeta\eta & -\mu\alpha^2 \\ -\alpha^2 & -2\zeta\eta & \alpha^2-\eta^2 & 2\zeta\eta \\ 2\zeta\eta & -\alpha^2 & -2\zeta\eta & \alpha^2-\eta^2 \end{bmatrix} \cdot \begin{bmatrix} B \\ C \\ B_a \\ C_a \end{bmatrix} = \begin{bmatrix} x_0 \\ 0 \\ 0 \\ 0 \end{bmatrix} \qquad (15.26)$$

Das Gleichungssystem (15.26) zeigt, dass die Auslenkung der Hauptmasse m durch die vier Größen

μ: Verhältnis von Dämpfermasse m_a zur Hauptmasse m

α: Verhältnis der Eigenkreisfrequenzen des entkoppelten Systems

ζ: Verhältnis der Absorberdämpfung c_a zu $2m_a\omega$

η: Verhältnis von Erregerkreisfrequenz zur Eigenkreisfrequenz des Hauptsystems
charakterisiert ist. In der praktischen Anwendung kommt es darauf an, diese Größen möglichst optimal zu wählen. Die Lösungen von (15.26) sind

$$B = x_0 \frac{[(1-\eta^2)(\alpha^2-\eta^2)-\mu\alpha^2\eta^2](\alpha^2-\eta^2)+4\zeta^2\eta^2[1-(1+\mu)\eta^2]}{D},$$

$$B_a = x_0 \frac{[(1-\eta^2)(\alpha^2-\eta^2)-\mu\alpha^2\eta^2]\alpha^2+4\zeta^2\eta^2[1-(1+\mu)\eta^2]}{D}, \qquad (15.27)$$

$$C = x_0 \frac{2\mu\zeta\eta^5}{D}, \qquad C_a = x_0 \frac{2\zeta\eta^3(1-\eta^2)}{D},$$

wobei in (15.27)

$$D = [(1-\eta^2)(\alpha^2-\eta^2)-\mu\alpha^2\eta^2]^2 + 4\zeta^2\eta^2[1-(1+\mu)\eta^2]^2 \qquad (15.28)$$

die Determinante der Koeffizientenmatrix aus (15.26) bedeutet. Speziell gilt für $\eta = 1$

$$B = x_0 \frac{\alpha^2(1-\alpha^2)-4\zeta^2}{\mu(\alpha^4+4\zeta^2)}, \qquad B_a = -\frac{x_0}{\mu}$$

$$\qquad (15.29)$$

$$C = x_0 \frac{2\zeta}{\mu(\alpha^4+4\zeta^2)}, \qquad C_a = 0$$

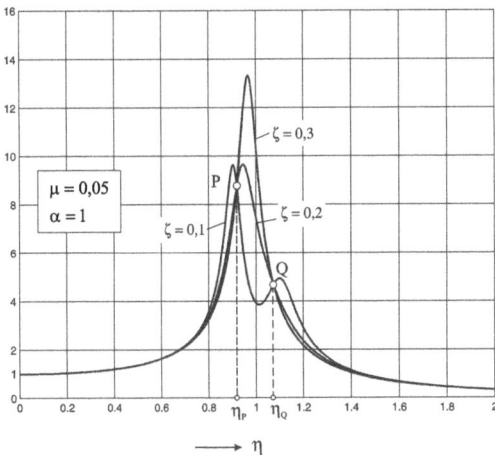

Abb. 15.16 *Normierte Amplituden $\tilde{V}$*

Mit diesen frequenzabhängigen Konstanten können nach (15.24) die Amplituden V und V_a sowie die Phasenverschiebungswinkel φ und φ_a berechnet werden. Abb. 15.16 zeigt den Verlauf der normierten Amplitude $\tilde{V} = V / x_0$ bei Variation der bezogenen Dämpfung ζ. Wir stellen fest, dass

1.) $\tilde{V}$ nicht mehr verschwindet. Damit kann die Hauptmasse nicht vollständig zur Ruhe gebracht werden, wie das beim einfachen Tilger der Fall war,

2.) $\tilde{V}$ nur endliche Werte besitzt und damit keine ausgeprägten Resonanzstellen auftreten,

3.) bei der hier dargestellten größten bezogenen Dämpfung $\zeta = 0{,}3$ offensichtlich nicht die kleinste Amplitude $\tilde{V}$ zu beobachten ist, und

4.) unabhängig von der Dämpfung ζ, sämtliche Kurven durch die Punkte P und Q verlaufen.

Zur Bestimmung der Abstimmungen $\eta_{P,Q}$ der ausgezeichneten Punkte P und Q ist es rechentechnisch günstig, folgende Grenzfälle der Dämpfung zu betrachten:

1. $\zeta = 0$

Das System ist ungedämpft. Aus (15.27) folgen die Konstanten (s.h. auch $\tilde{V}$ in (15.12))

$$B(\zeta = 0) = x_0 \frac{\alpha^2 - \eta^2}{(1 - \eta^2)(\alpha^2 - \eta^2) - \mu\alpha^2\eta^2}, \quad C(\zeta = 0) = 0$$

2. $\zeta \to \infty$

Bei unendlich großer Dämpfung kann keine Relativverschiebung zwischen der Hauptmasse m und der Dämpfermasse m_a auftreten. Das blockierte System besitzt dann nur noch einen Freiheitsgrad. Dieser Grenzfall kann einerseits aus der Lösung für den Einmassenschwinger gewonnen werden, indem dort m durch $m + m_a$ ersetzt wird, oder schneller aus (15.27), wenn wir dort den Grenzübergang $\zeta \to \infty$ durchführen. Das Ergebnis ist

$$\lim_{\zeta \to \infty} B = x_0 \frac{1}{1 - (1 + \mu)\eta^2}, \quad \lim_{\zeta \to \infty} C = 0 \tag{15.30}$$

Wir ermitteln zunächst die beiden Abstimmungen η_P und η_Q (Abb. 15.16). Nach etwas längerer Rechnung erhalten wir

$$\eta_{P,Q}^2(\mu, \alpha) = \frac{1}{2 + \mu}\left[1 + (1 + \mu)\alpha^2 \mp \sqrt{(1 + \alpha)^2(1 - \alpha)^2 - \mu\alpha^4(2 + \mu)}\right] \tag{15.31}$$

wobei

$$\eta_P^2 + \eta_Q^2 = 2\frac{1 + (1 + \mu)\alpha^2}{2 + \mu}, \quad \eta_P^2\,\eta_Q^2 = \frac{2\alpha^2}{2 + \mu} \tag{15.32}$$

zu beachten sind. Eine von mehreren Möglichkeiten der Optimierung des Dämpfers, besteht in der Forderung nach Gleichheit der Amplituden V an den Stellen P und Q. Für die beiden Grenzfälle der Dämpfung $\zeta = 0$ und $\zeta \to \infty$ ist dann zu fordern

$$V(\eta_P, \zeta = 0) = V(\eta_Q, \zeta = 0), \quad V(\eta_P, \zeta \to \infty) = V(\eta_Q, \zeta \to \infty) \tag{15.33}$$

Werten wir die letzte Beziehung in (15.33) aus, dann muss $\dfrac{1}{1-(1+\mu)\eta_P^2} = \dfrac{1}{(1+\mu)\eta_Q^2 - 1}$ oder

aber $1-(1+\mu)\eta_P^2 = (1+\mu)\eta_Q^2 - 1$ erfüllt sein, was $\eta_P^2 + \eta_Q^2 = \dfrac{2}{1+\mu}$ erfordert. Unter Berück-

sichtigung von (15.32) erhalten wir mit $2\dfrac{1+(1+\mu)\alpha^2}{2+\mu} = \dfrac{2}{1+\mu}$ eine Gleichung zur Berech-

nung von α. Die Auflösung ergibt

$$\alpha = \frac{1}{1+\mu}. \tag{15.34}$$

Beachten wir noch das Frequenzverhältnis $\alpha^2 = \dfrac{\omega_a^2}{\omega^2} = \dfrac{k_a}{\mu k} = \dfrac{1}{(1+\mu)^2}$, dann folgt bei bekann-

tem Massenverhältnis μ die Federsteifigkeit des Schwingungsdämpfers zu

$$k_a = \frac{\mu}{(1+\mu)^2}k \tag{15.35}$$

Einsetzen von (15.34) in (15.31) liefert

$$\eta_{P,Q}^2(\alpha = \frac{1}{1+\mu}) = \frac{1}{1+\mu}\left(1 \mp \sqrt{\frac{\mu}{2+\mu}}\right) \tag{15.36}$$

Mit (15.30) erhalten wir für den so optimierten Schwingungsdämpfer die Amplituden

$$V(\eta_P) = V(\eta_Q) = x_0\sqrt{1+2/\mu} \tag{15.37}$$

die offensichtlich umso kleiner ausfallen, je größer das Massenverhältnis μ gewählt wird. In Abb. 15.17 sind für das Massenverhältnis $\mu = 0,25$ und damit $\alpha = 0,8$ nach (15.34) die normierten Amplituden $\tilde{V}$ bei Variation des Parameters ζ dargestellt. Die Punkte P und Q besitzen jetzt mit $\tilde{V} = \sqrt{1+2/\mu} = 3,0$ dieselben Ordinaten, allerdings verlaufen die Kurven zwischen beiden Punkten noch sehr unruhig. Dieser Sachverhalt kann gemildert werden, wenn es gelingt, die Dämpfung, und damit ζ, so einzustellen, dass die Tangente an die Kurve $\tilde{V}$ in den Punkten P und Q möglichst flach verläuft. Dazu werden an den Punkten P und Q die Ableitungen von $\tilde{V}$ nach ζ gebildet und dort zu null gesetzt. Mit festem α nach (15.34) und $\eta = \eta_P$ bzw. $\eta = \eta_Q$ folgen

$$\zeta_{opt,P} = \sqrt{\frac{\mu[3 - \sqrt{\mu/(\mu-2)}\,]}{8(1+\mu)^3}} \ , \quad \zeta_{opt,Q} = \sqrt{\frac{\mu[3 + \sqrt{\mu/(\mu-2)}\,]}{8(1+\mu)^3}}$$

Es macht nun Sinn, den Mittelwert von $\zeta_{opt,P}$ und $\zeta_{opt,Q}$, also

$$\zeta_{opt} = \sqrt{\frac{3\mu}{8(1+\mu)^3}} \qquad\qquad (15.38)$$

als optimale Dämpfung für den Fall der günstigsten Abstimmung $\alpha = 1/(1+\mu)$ anzusehen. Für diesen Fall sind die Auslenkungen der zu beruhigenden Masse m in einem breiten Bereich der Erregerfrequenz relativ gleichmäßig, wie Abb. 15.18 zeigt.

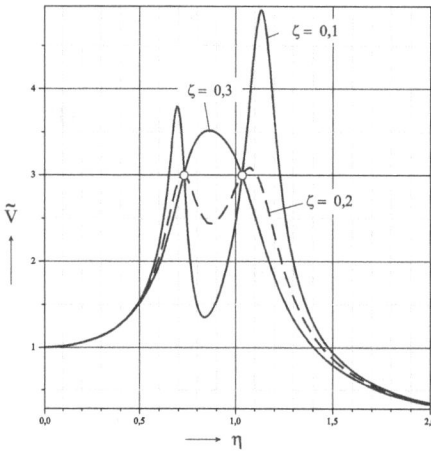

Abb. 15.17 *Normierte Amplituden $\tilde{V}$*

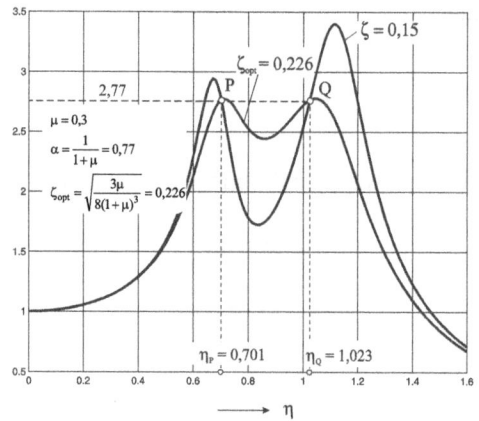

Abb. 15.18 *Amplitudenfunktionen $\tilde{V}$*

Ausgehend von den Systemwerten des Hauptsystems mit m, k und damit $\omega = \sqrt{k/m}$, kann somit der Entwurf des Schwingungsdämpfers wie folgt vorgenommen werden:

1.) Wahl eines Massenverhältnisses μ. Damit liegt $m_a = \mu m$ fest
2.) Berechnung des Frequenzverhältnisses α nach (15.34)
3.) Berechnung der Federsteifigkeit k_a nach (15.35)
4.) Berechnung von ζ_{opt} nach (15.38)

In Abb. 15.19 ist neben $\tilde{V}$ auch die normierte Amplitude $\tilde{V}_a$ der Dämpfermasse m_a für das Massenverhältnis $\mu = 0,3$ bei optimaler Dämpfung dargestellt. Von Interesse sind noch die maximalen Amplituden $\max \tilde{V}$ der Hauptmasse m und $\max \tilde{V}_a$ der Dämpfermasse m_a. Bei Vorgabe des Massenverhältnisses μ liegen das Frequenzverhältnis α und ζ_{opt} nach (15.38) fest. Damit sind die Konstanten in (15.27), und somit auch die normierten Amplituden $\tilde{V}$

und $\tilde{V}_a$, nur noch Funktionen der Abstimmung η. Dabei ist zu beachten, dass mit konstantem Massenverhältnis μ die Maxima in Abb. 15.20 bei unterschiedlichen Abstimmungsgraden η auftreten. Muss beispielsweise aus konstruktiven Gründen $\max \tilde{V}_a \le 10$ erfüllt sein, dann ist dazu ein Massenverhältnis $\mu \ge 0{,}14$ erforderlich, womit dann m_a, ζ und nach (15.35) auch die Federsteifigkeit k_a ermittelt werden können.

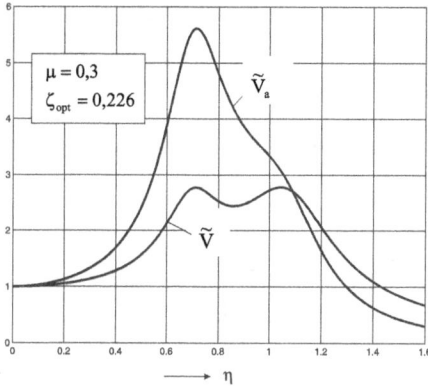

Abb. 15.19 *Amplitudenfunktionen $\tilde{V}$ und $\tilde{V}_a$*

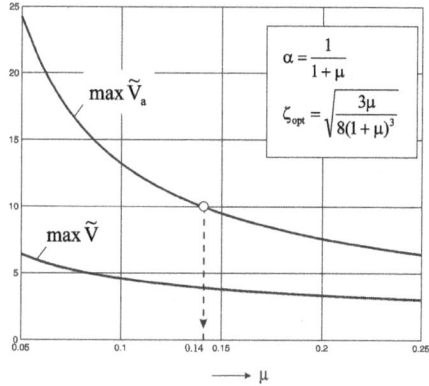

Abb. 15.20 *Bemessungsdiagramm*

Beispiel 15-2:

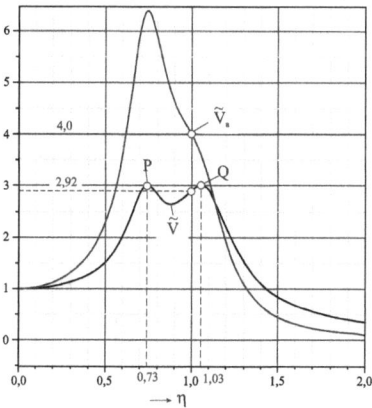

Abb. 15.21 *Bezogene Amplituden $\tilde{V}$ und $\tilde{V}_a$*

In diesem Beispiel soll in Abänderung zu Beispiel 15-1 der dort skizzierte einfache Tilger durch einen Schwingungsdämpfer ersetzt und dieser dann optimiert werden. Wir übernehmen mit $m = 19,35\,kg$, $k = 157,8\,N/cm$ und $\omega = 28,56\,s^{-1}$ die Werte des Hauptsystems und wählen wieder das Massenverhältnis $\mu = 0,25$. Damit liegen dann auch die Dämpfermasse $m_a = \mu m = 4,84\,kg$ und die Federsteifigkeit $k_a = \dfrac{\mu}{(1+\mu)^2} k = 0,16\,k = 25,25\,N/cm$

sowie $\alpha = \dfrac{1}{1+\mu} = 0,8$ fest. Nach (15.38) folgt mit $\zeta = \zeta_{opt} = \sqrt{\dfrac{3\mu}{8(1+\mu)^3}} = 0,22$ der Dämpfungskoeffizient $c_a = 2m_a\omega\zeta = 60,55\,kg/s$. Die bezogenen Amplituden können Abb. 15.21 entnommen werden.

Wir nähern die Abstimmung wieder ausreichend genau mit $\eta = 1$ an, und erhalten mit (15.29) unter Beachtung von $x_0 = 0,634\,cm$ die Amplituden

$$B = 0,255 x_0 = 0,16\,cm,\ C = 2,913 x_0 = 1,85\,cm,\ B_a = -4,0 x_0 = -2,54\,cm,\ C_a = 0$$

und mit (15.24) $V = \sqrt{B^2 + C^2} = 2,92 x_0 = 1,85\,cm$, $V_a = \sqrt{B_a^2 + C_a^2} = 4,0 x_0 = 2,54\,cm$

Die bezogenen Amplituden sind dann $\widetilde{V} = V/x_0 = 2,92$, $\widetilde{V}_a = V_a/x_0 = 4,00$.

Für die Phasenverschiebungswinkel folgt:

$$\sin\varphi = C/V = 0,966\,,\ \cos\varphi = B/V = 0,087 \qquad \rightarrow \varphi = 1,48$$

$$\sin\varphi_a = C_a/V_a = 0\,,\ \cos\varphi_a = B_a/V_a = -1\,, \qquad \rightarrow \varphi_a = \pi$$

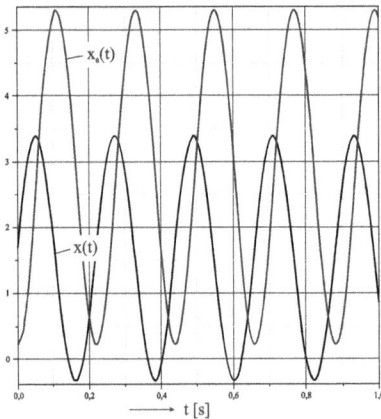

Abb. 15.22   *Auslenkungen in [cm] ($\eta = 1$)*   **Abb. 15.23**   *Federkräfte in [N] ($\eta = 1$)*

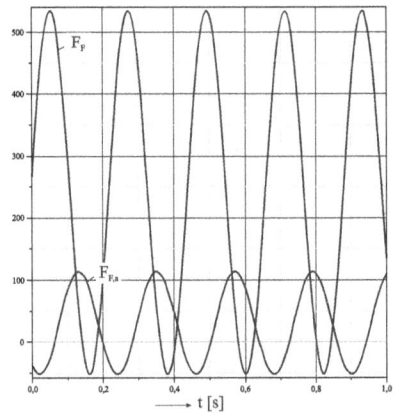

Damit liegen die Weg-Zeit-Gesetze für beide Massen vor (Abb. 15.22)

$$x(t) = x_{st} + \hat{x}(t) = x_{st} + V\cos(\Omega t - \varphi) = 1,53 + 1,85\cos(28,56t - 1,48)\ [cm]$$

$$x_a(t) = x_{a,st} + \hat{x}_a(t) = x_{a,st} + V_a \cos(\Omega t - \varphi_a) = 2{,}76 - 2{,}54 \cos(28{,}56t) \ [\text{cm}]$$

Die Federkräfte errechnen sich zu (Abb. 15.23)

$$F_F = k\,x = 241{,}88 + 25{,}54 \cos(28{,}56t) + 291{,}47 \sin(28{,}56t)\,[\text{N}];$$
$$F_{F,a} = k_a(x_a - x) = 30{,}96 - 68{,}12 \cos(28{,}56t) - 46{,}64 \sin(28{,}56t)\,[\text{N}]$$

15.3 Der viskose Dämpfer

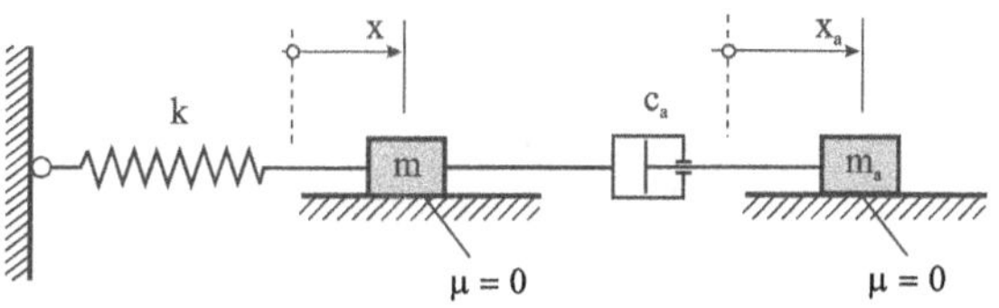

Abb. 15.24 *Hauptsystem mit viskosem Dämpfer*

Der Dämpfer in Abb. 15.24 besitzt keine elastische Komponente. Er besteht nur aus einer Masse m_a, die über einen viskosen Dämpfer mit der Konstanten c_a an die Hauptmasse m angekoppelt ist. Er wird deshalb viskoser Dämpfer genannt. Dämpfer dieser Art werden vorzugsweise zur Reduzierung von Torsionsschwingungen rotierender Wellen eingesetzt. In den kinematischen Grundgleichungen treten dann anstelle von Verschiebungen Drehwinkel auf.

Setzen wir in (15.27) die Steifigkeit $k_a = 0$, dann erhalten wir mit den Koordinaten nach Abb. 15.24

$$\begin{bmatrix} m & 0 \\ 0 & m_a \end{bmatrix}\begin{bmatrix} \ddot{x} \\ \ddot{x}_a \end{bmatrix} + \begin{bmatrix} c_a & -c_a \\ -c_a & c_a \end{bmatrix}\begin{bmatrix} \dot{x} \\ \dot{x}_a \end{bmatrix} + \begin{bmatrix} k & 0 \\ 0 & 0 \end{bmatrix}\begin{bmatrix} x \\ x_a \end{bmatrix} = \begin{bmatrix} F(t) \\ 0 \end{bmatrix} \tag{15.39}$$

Wegen $k_a = 0$ und damit auch $\alpha = 0$ verbleiben von (15.27)

$$B = x_0 \frac{(1-\eta^2)\eta^2 + 4\zeta^2[1-(1+\mu)\eta^2]}{D}, \qquad B_a = x_0 \frac{4\zeta^2[1-(1+\mu)\eta^2]}{D}$$

$$C = x_0 \frac{2\mu\zeta\eta^3}{D} \qquad\qquad\qquad C_a = x_0 \frac{2\zeta\eta(1-\eta^2)}{D} \tag{15.40}$$

mit

$$D = (1-\eta^2)^2\eta^2 + 4\zeta^2[1-(1+\mu)\eta^2]^2 \qquad (15.41)$$

und somit

$$\tilde{V} = \frac{V}{x_0} = \sqrt{\frac{4\zeta^2 + \eta^2}{(1-\eta^2)^2\eta^2 + 4\zeta^2[1-(1+\mu)\eta^2]^2}}$$

$$\tilde{V}_a = \frac{V_a}{x_0} = \frac{2\zeta}{\sqrt{(1-\eta^2)^2\eta^2 + 4\zeta^2[1-(1+\mu)\eta^2]^2}} \qquad (15.42)$$

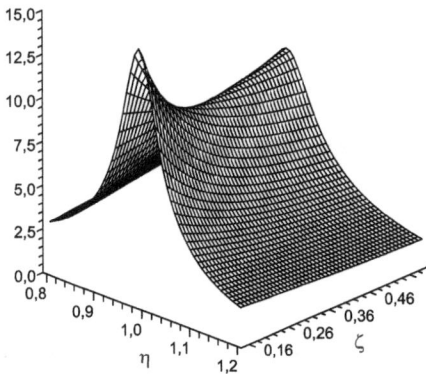

Abb. 15.25 Amplitude $\tilde{V}(\eta,\zeta)$, $\mu = 0{,}25$

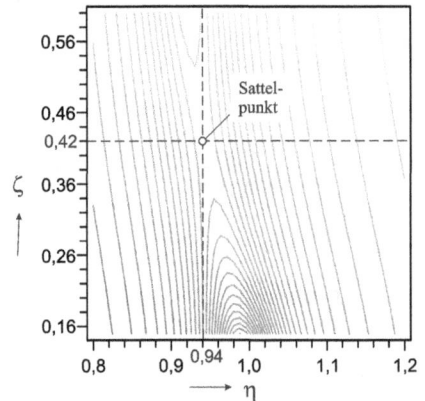

Abb. 15.26 Höhenlinien, $\tilde{V}(\eta,\zeta)$, $\mu = 0{,}25$

Bei vorgegebenem Massenverhältnis μ hängen $\tilde{V}$ und $\tilde{V}_a$ nur noch von den beiden Variablen η und ζ ab. Tragen wir $\tilde{V}(\eta,\zeta)$ über der (η,ζ)-Ebene auf, dann erhalten wir die Darstellung nach Abb. 15.25. Es zeigt sich, dass die Funktion $\tilde{V}(\eta,\zeta)$ die Form einer Sattelfläche besitzt. Aus der Differenzialgeometrie ist bekannt, dass eine solche Funktion innerhalb des offenen Gebietes keinen Extremwert (Maximum, Minimum) besitzt. Die Höhenliniendarstellung in Abb. 15.26 verdeutlicht die Lage des Sattelpunktes in der (η,ζ)-Ebene. Dessen Bedeutung wird klar, wenn wir uns den Betrieb einer Maschine in einem größeren Abstimmungsbereich von η vorstellen. Wählen wir nämlich ζ identisch mit der Koordinate des Sattelpunktes, dann kann sichergestellt werden, dass $\tilde{V}$ den dortigen Wert nicht überschreitet. Es sind also zunächst die (η,ζ)-Koordinaten des Sattelpunktes aus dem Verschwinden des Gradienten von $\tilde{V}$ zu berechnen. Aus $\dfrac{\partial V(\eta,\zeta)}{\partial\zeta} = 0 = \eta_{opt}^2(2+\mu) - 2$ folgt die positive Lösung

$$\eta_{opt} = \sqrt{\frac{2}{2+\mu}} = 1 - \frac{1}{4}\mu + \frac{3}{32}\mu^2 + O(\mu^3) \tag{15.43}$$

und mit (15.43) aus $\left.\dfrac{\partial V(\eta,\zeta)}{\partial\eta}\right|_{\eta=\eta_{opt}} = 0 = \zeta^2(2\mu^2 + 6\mu + 4) - 1$ die ebenfalls positive Lösung

$$\zeta_{opt} = \frac{1}{\sqrt{2(2+\mu)(1+\mu)}} = \frac{1}{2} - \frac{3}{8}\mu + \frac{19}{64}\mu^2 + O(\mu^3) \tag{15.44}$$

Am Sattelpunkt nehmen die bezogenen Amplituden folgende Werte an

$$\tilde{V}(\eta_{opt},\zeta_{opt}) = \frac{1}{\mu}(2+\mu), \quad \tilde{V}_a(\eta_{opt},\zeta_{opt}) = \frac{1}{\mu}\sqrt{2+\mu} \tag{15.45}$$

Abschließend soll noch geprüft werden, ob mit $\tilde{V}(\eta_{opt},\zeta_{opt})$ tatsächlich ein Sattelpunkt vorliegt. Das kann beispielsweise durch Bestimmung der Definitheit der Hesse-Matrix[1]

$$\mathbf{H} = \begin{bmatrix} \dfrac{\partial^2\tilde{V}}{\partial\eta^2} & \dfrac{\partial^2\tilde{V}}{\partial\eta\partial\zeta} \\[2mm] \dfrac{\partial^2\tilde{V}}{\partial\eta\partial\zeta} & \dfrac{\partial^2\tilde{V}}{\partial\zeta^2} \end{bmatrix} \rightarrow \mathbf{H}(\eta_{opt},\zeta_{opt},\mu=0{,}25) = \begin{bmatrix} -2880 & -402{,}5 \\ -402{,}5 & 0 \end{bmatrix}$$

erfolgen. Die Matrix $\mathbf{H}$ besitzt für das Massenverhältnis $\mu = 0{,}25$ mit $\kappa_1 = -2935{,}19$ und $\kappa_2 = 55{,}19$ einen negativen und einen positiven Eigenwert. Die Eigenwerte der Hesse-Matrix entsprechen übrigens den linearen Hauptkrümmungen und ihre Eigenvektoren den Hauptkrümmungsachsen. Sie ist damit indefinit[2], was auf einen Sattelpunkt schließen lässt. Die Richtungen der Hauptkrümmungen werden durch die orthogonalen Eigenvektoren

$$\mathbf{\Phi} = \begin{bmatrix} 0{,}991 & -0{,}136 \\ 0{,}136 & 0{,}991 \end{bmatrix}$$

festgelegt (Abb. 15.26).

Beispiel 15-3:

Die bezogene Amplitude $\tilde{V}(\eta,\zeta)$ der Hauptmasse m des Schwingers in Abb. 15.24 soll den Wert $\tilde{V}^*$ nicht überschreiten. Nach (15.45) ist dazu ein Massenverhältnis $\mu \geq \dfrac{2}{\tilde{V}^*-1}$ zu wählen, was beispielsweise für $\tilde{V}^* = 5$ $\mu \geq 0{,}5$ erfordert. Entscheiden wir uns für $\mu = 0{,}5$,

---

[1] Ludwig Otto Hesse, deutsch. Mathematiker, 1811-1874

[2] Eine Matrix heißt indefinit, wenn sie weder positiv noch negativ semidefinit ist.

dann liefert (15.44) $\zeta_{opt} = \dfrac{1}{\sqrt{2(2+\mu)(1+\mu)}} = 0,365$. Tragen wir die bezogenen Amplituden

$\tilde{V}$ und $\tilde{V}_a$ über η auf, dann erhalten wir die Darstellungen nach Abb. 15.27, und wir sehen,

dass $\tilde{V}$ den geforderten Wert $\tilde{V}^* = 5$ an keiner Stelle überschreitet.

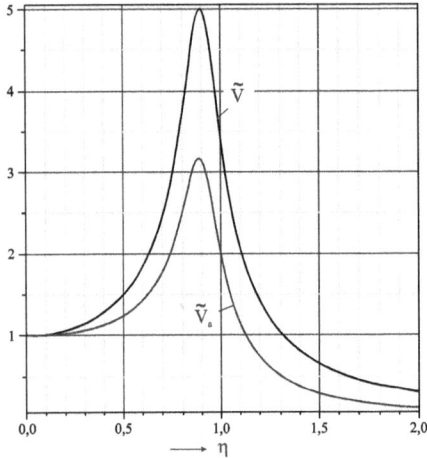

Abb. 15.27   *Bezogene Amplituden ($\mu = 0,5$)*

16 Fundamentschwingungen

Wir betrachten den auf Stäben gelagerten starren Körper in Abb. 16.1. Hierbei kann es sich um ein Blockfundament oder auch die Rostplatte eines Pfahlrostes handeln. Pfahlroste sind eine spezielle Form der Tiefgründung. Sie bestehen aus einer Anzahl von Pfählen oder Pfahlgruppen, die an ihren Kopfpunkten durch eine Rostplatte verbunden sind und so zu einer gemeinsam tragenden Gründung herangezogen werden. Auf der Rostplatte wird dann das eigentliche Bauwerk errichtet. Früher wurden Holzpfähle verwendet, daher auch die Bezeichnung Pfahlrost.

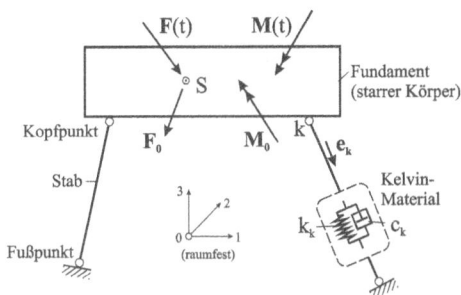

Abb. 16.1   *Starrer Fundamentkörper auf Stäben gelagert*

16.1   Die Bewegungsgleichungen

Wir nehmen an, dass sämtliche Stäbe aus Kelvin-Material bestehen, also aus der Parallel-schaltung von linearer Feder (Federsteifigkeit k_k) und viskosem Dämpfer (Dämpferkonstante c_k). Die Fußpunkte der Stäbe seien unverschieblich gelagert. Wenn wir von einer Querbelastung absehen, und eine drehbare Lagerung der Kopf- und Fußpunkte unterstellen, dann können die Stäbe nur Normalkräfte (Zug oder Druck) übertragen.

Wir zerlegen die auf den Schwerpunkt S des Fundamentkörpers reduzierte äußere Belastung in statische Lasten $[\mathbf{F_0}, \mathbf{M_0}]$ und zeitabhängige Lasten $[\mathbf{F}(t), \mathbf{M}(t)]$. Im Kraftvektor $\mathbf{F_0}$ steht beispielsweise auch das Eigengewicht $\mathbf{G}$ des Fundamentes. Das Fundament betrachten wir näherungsweise als starren Körper, der im Raum sechs Freiheitsgrade besitzt, das sind drei

Verschiebungen $\mathbf{w}_S$ des Körperschwerpunktes und drei Verdrehungen, die im Drehwinkel-vektor $\boldsymbol{\phi}$ zusammengefasst werden. Diese Verformungsgrößen, die es im Folgenden zu be-rechnen gilt, sollen voraussetzungsgemäß klein sein im Vergleich zu den Fundamentabmes-sungen, sodass Linearisierungen der anfallenden Gleichungen gerechtfertigt sind.

Bei kleinen Verformungen setzt sich im Sinne von Euler die Bewegung eines starren Körpers additiv aus einer Translation und einer Rotation zusammen.

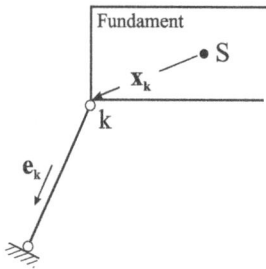

Abb. 16.2   *Fundament mit angeschlossenem Stab*   **Abb. 16.3**   *Verschiebung des Pfahlkopfes*

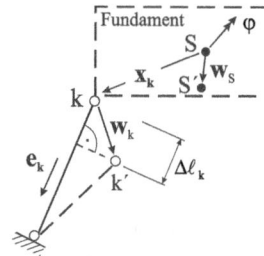

Ist $\mathbf{w}_S(t)$ die Verschiebung des Schwerpunktes S und $\boldsymbol{\phi}(t)$ der freie Vektor der Fundament-drehung, dann gilt für die Verschiebung des Stabkopfes mit dem Index k (Abb. 16.3)

$$\mathbf{w}_k = \mathbf{w}_S + \boldsymbol{\phi} \times \mathbf{x}_k \tag{16.1}$$

Der Einheitsvektor $\mathbf{e}_k$ legt die Orientierung des betreffenden Stabes fest (Abb. 16.2). Sind $\alpha_k, \beta_k, \gamma_k$ die Neigungswinkel der Stabachse gegenüber den Koordinatenachsen, dann ist

$$\mathbf{e}_k^T = [\cos\alpha_k; \cos\beta_k; \cos\gamma_k] \tag{16.2}$$

Infolge der Verschiebung des Stabkopfpunktes ändert sich die Stablänge näherungsweise um das Maß $\Delta\ell_k$ (Abb. 16.3), wofür mit dem Verschiebungsvektor $\mathbf{w}_k$ nach (16.1)

$$\Delta\ell_k = \mathbf{w}_k \cdot \mathbf{e}_k = (\mathbf{w}_S + \boldsymbol{\phi} \times \mathbf{x}_k) \cdot \mathbf{e}_k = \mathbf{w}_S \cdot \mathbf{e}_k + (\boldsymbol{\phi} \times \mathbf{x}_k) \cdot \mathbf{e}_k \tag{16.3}$$

notiert werden kann, und für die zeitliche Änderung $\Delta\dot\ell_k = \dot{\mathbf{w}}_k \cdot \mathbf{e}_k + \mathbf{w}_k \cdot \dot{\mathbf{e}}_k$ folgt dann bei Vernachlässigung von $\dot{\mathbf{e}}_k$

$$\Delta\dot\ell_k = \dot{\mathbf{w}}_k \cdot \mathbf{e}_k \tag{16.4}$$

Damit gilt für die Stabkraft (als Druckkraft positiv)

$$S_k = k_k \Delta\ell_k + c_k \Delta\dot\ell_k \tag{16.5}$$

Beachten wir noch (16.3) und (16.4), so erhalten wir

$$S_k = k_k \mathbf{w}_k \cdot \mathbf{e}_k + c_k \dot{\mathbf{w}}_k \cdot \mathbf{e}_k \tag{16.6}$$

Für die vom Stab auf das Fundament ausgeübte Kraft folgt nach dem Reaktionsprinzip

$$\mathbf{S_k} = -S_k \mathbf{e_k} = -(k_k \mathbf{w_k} \cdot \mathbf{e_k} + c_k \dot{\mathbf{w}}_k \cdot \mathbf{e_k}) \mathbf{e_k} \tag{16.7}$$

und unter Beachtung von (16.1)

$$\begin{aligned} -\mathbf{S_k} &= (k_k \mathbf{w_k} \cdot \mathbf{e_k} + c_k \dot{\mathbf{w}}_k \cdot \mathbf{e_k}) \mathbf{e_k} \\ &= [k_k (\mathbf{w_S} + \boldsymbol{\varphi} \times \mathbf{x_k}) \cdot \mathbf{e_k} + c_k (\dot{\mathbf{w}}_S + \dot{\boldsymbol{\varphi}} \times \mathbf{x_k} + \boldsymbol{\varphi} \times \dot{\mathbf{x}}_k) \cdot \mathbf{e_k}] \mathbf{e_k} \end{aligned} \tag{16.8}$$

Da die zeitliche Änderung des Vektors $\mathbf{x_k}$ nur aus einer reinen Drehung besteht, für die $\dot{\mathbf{x}}_k = \dot{\boldsymbol{\varphi}} \times \mathbf{x_k}$ geschrieben werden kann, wird der damit entstehende nichtlineare Term

$$\boldsymbol{\varphi} \times \dot{\mathbf{x}}_k = \boldsymbol{\varphi} \times (\dot{\boldsymbol{\varphi}} \times \mathbf{x_k}) = \dot{\boldsymbol{\varphi}} (\boldsymbol{\varphi} \cdot \mathbf{x_k}) - \mathbf{x_k} (\boldsymbol{\varphi} \cdot \dot{\boldsymbol{\varphi}})$$

vernachlässigt. Dann verbleibt

$$-\mathbf{S_k} = [k_k (\mathbf{w_S} + \boldsymbol{\varphi} \times \mathbf{x_k}) \cdot \mathbf{e_k} + c_k (\dot{\mathbf{w}}_S + \dot{\boldsymbol{\varphi}} \times \mathbf{x_k}) \cdot \mathbf{e_k}] \mathbf{e_k} = -(\mathbf{S_{k,F}} + \mathbf{S_{k,D}}) \tag{16.9}$$

Die Stabkraft setzt sich somit aus zwei Anteilen zusammen, der Federkraft

$$-\mathbf{S_{k,F}} = k_k [(\mathbf{w_S} + \boldsymbol{\varphi} \times \mathbf{x_k}) \cdot \mathbf{e_k}] \mathbf{e_k} \tag{16.10}$$

und der Dämpferkraft

$$-\mathbf{S_{k,D}} = c_k [(\dot{\mathbf{w}}_S + \dot{\boldsymbol{\varphi}} \times \mathbf{x_k}) \cdot \mathbf{e_k}] \mathbf{e_k} \tag{16.11}$$

Wir schreiben beide Anteile im Sinne der Matrizenschreibweise noch etwas um und beginnen mit dem Anteil der Federkraft, wobei in den folgenden Rechnungen von der aus der Tensoralgebra bekannten Rechenregel $(\mathbf{a} \cdot \mathbf{b}) \mathbf{c} = \mathbf{a} \cdot (\mathbf{b} \otimes \mathbf{c}) = \mathbf{a} \cdot \mathbf{D}$ mehrfach Gebrauch gemacht wird. In kartesischen Koordinaten kann die lineare Dyade $\mathbf{D} = \mathbf{b} \otimes \mathbf{c}$ als 3×3-Matrix in folgender Form angeschrieben werden

$$\mathbf{D} = \mathbf{b} \otimes \mathbf{c} = \begin{array}{c|ccc} & c_1 & c_2 & c_3 \\ \hline b_1 & b_1 c_1 & b_1 c_2 & b_1 c_3 \\ b_2 & b_2 c_1 & b_2 c_2 & b_2 c_3 \\ b_3 & b_3 c_1 & b_3 c_2 & b_3 c_3 \end{array}$$

Damit erhalten wir die Federkräfte

$$\begin{aligned} -\sum_{k=1}^{n} \mathbf{S_{k,F}} &= \sum_{k=1}^{n} [k_k (\mathbf{w_S} + \boldsymbol{\varphi} \times \mathbf{x_k}) \cdot \mathbf{e_k}] \mathbf{e_k} = \sum_{k=1}^{n} k_k [\mathbf{e_k} \cdot \mathbf{w_S} + (\mathbf{x_k} \times \mathbf{e_k}) \cdot \boldsymbol{\varphi}] \mathbf{e_k} \\ &= \sum_{k=1}^{n} k_k \{(\mathbf{e_k} \otimes \mathbf{e_k}) \cdot \mathbf{w_S} + [\mathbf{e_k} \otimes (\mathbf{x_k} \times \mathbf{e_k})] \cdot \boldsymbol{\varphi}\} \end{aligned} \tag{16.12}$$

Entsprechend folgt für die Dämpferkräfte

$$-\sum_{k=1}^{n} \mathbf{S}_{k,D} = \sum_{k=1}^{n} c_k \{(\mathbf{e}_k \otimes \mathbf{e}_k) \cdot \dot{\mathbf{w}}_S + [\mathbf{e}_k \otimes (\mathbf{x}_k \times \mathbf{e}_k)] \cdot \dot{\boldsymbol{\varphi}}\} \tag{16.13}$$

Führen wir noch die Matrizen

$$\mathbf{A}_k = k_k (\mathbf{e}_k \otimes \mathbf{e}_k), \qquad\qquad \mathbf{B}_k = k_k \, \mathbf{e}_k \otimes (\mathbf{x}_k \times \mathbf{e}_k)$$

$$\mathbf{E}_k = c_k (\mathbf{e}_k \otimes \mathbf{e}_k), \qquad\qquad \mathbf{H}_k = c_k \, \mathbf{e}_k \otimes (\mathbf{x}_k \times \mathbf{e}_k) \tag{16.14}$$

ein und ziehen die Verformungsgrößen $\mathbf{w}_S$ und $\boldsymbol{\varphi}$ aus den Summen heraus, dann können wir auch abkürzend

$$-\sum_{k=1}^{n} \mathbf{S}_{k,F} = \underbrace{\left(\sum_{k=1}^{n} \mathbf{A}_k\right)}_{\mathbf{A}} \cdot \mathbf{w}_S + \underbrace{\left(\sum_{k=1}^{n} \mathbf{B}_k\right)}_{\mathbf{B}} \cdot \boldsymbol{\varphi} = \mathbf{A} \cdot \mathbf{w}_S + \mathbf{B} \cdot \boldsymbol{\varphi}$$

$$-\sum_{k=1}^{n} \mathbf{S}_{k,D} = \underbrace{\left(\sum_{k=1}^{n} \mathbf{E}_k\right)}_{\mathbf{E}} \cdot \dot{\mathbf{w}}_S + \underbrace{\left(\sum_{k=1}^{n} \mathbf{H}_k\right)}_{\mathbf{H}} \cdot \dot{\boldsymbol{\varphi}} = \mathbf{E} \cdot \dot{\mathbf{w}}_S + \mathbf{H} \cdot \dot{\boldsymbol{\varphi}} \tag{16.15}$$

schreiben, wobei zu beachten ist, dass $\mathbf{A}$ und $\mathbf{E}$ symmetrisch sind. Mit den berechneten Stab-kräften werten wir nun den Schwerpunktsatz

$$m\ddot{\mathbf{w}}_S(t) - \sum_{k=1}^{n} \mathbf{S}_k(t) = \mathbf{F}_0 + \mathbf{F}(t) \tag{16.16}$$

aus. Ersetzen wir in (16.16) die Stabkräfte durch (16.15), dann erhalten wir

$$m\ddot{\mathbf{w}}_S(t) + \mathbf{A} \cdot \mathbf{w}_S(t) + \mathbf{B} \cdot \boldsymbol{\varphi}(t) + \mathbf{E} \cdot \dot{\mathbf{w}}_S(t) + \mathbf{H} \cdot \dot{\boldsymbol{\varphi}}(t) = \mathbf{F}_0 + \mathbf{F}(t) \tag{16.17}$$

Darin bezeichnet $\ddot{\mathbf{w}}_S(t)$ die Beschleunigung des Fundamentschwerpunktes S. Es verbleibt die Auswertung des Drallsatzes. Bei Benutzung einer körperfesten Basis mit Ursprung im beliebig bewegten Schwerpunkt, lautet der Drallsatz für den starren Körper

$$\dot{\mathbf{D}}_S = \sum_{k=1}^{n} \mathbf{x}_k \times \mathbf{S}_k + \mathbf{M}_0 + \mathbf{M}(t) \tag{16.18}$$

Für die Ableitung des Drallvektors in körperfesten Koordinaten gilt die Differenziationsregel

$$\dot{\mathbf{D}}_S = \frac{d}{dt}\mathbf{D}_S = \overset{\circ}{\mathbf{D}}_S + \dot{\boldsymbol{\varphi}} \times \mathbf{D}_S$$

Vernachlässigen wir den nichtlinearen Term $\dot{\boldsymbol{\varphi}} \times \mathbf{D}_S$, dann verbleibt

$$\dot{\mathbf{D}}_S = \overset{\circ}{\mathbf{D}}_S = \frac{d}{dt}(\mathbf{\Theta} \cdot \dot{\boldsymbol{\varphi}}) = \mathbf{\Theta} \cdot \ddot{\boldsymbol{\varphi}} \tag{16.19}$$

In (16.19) bezeichnet

$$\mathbf{\Theta} = \begin{bmatrix} \Theta_{11} & -\Theta_{12} & -\Theta_{13} \\ -\Theta_{12} & \Theta_{22} & -\Theta_{23} \\ -\Theta_{13} & -\Theta_{23} & \Theta_{33} \end{bmatrix} \tag{16.20}$$

die Matrix des Massenträgheitsmomententensors in kartesischen Koordinaten. Damit lautet der Drallsatz

$$\mathbf{\Theta} \cdot \ddot{\boldsymbol{\varphi}} - \sum_{k=1}^{n} \mathbf{x_k} \times \mathbf{S_k} = \mathbf{M_0} + \mathbf{M}(t) \tag{16.21}$$

Zur Konkretisierung der obigen Gleichung benötigen wir die Momente der Stabkräfte bezüglich des Schwerpunktes S. Es gilt

$$-\sum_{k=1}^{n} \mathbf{x_k} \times \mathbf{S_k} = -\sum_{k=1}^{n} \mathbf{x_k} \times (\mathbf{S_{k,F}} + \mathbf{S_{k,D}})$$

$$= \sum_{k=1}^{n} \mathbf{x_k} \times [k_k(\mathbf{w_S} + \boldsymbol{\varphi} \times \mathbf{x_k}) \cdot \mathbf{e_k}]\mathbf{e_k} + \sum_{k=1}^{n} \mathbf{x_k} \times [c_k(\dot{\mathbf{w}}_S + \dot{\boldsymbol{\varphi}} \times \mathbf{x_k}) \cdot \mathbf{e_k}]\mathbf{e_k}$$

Beachten wir

$$-\sum_{k=1}^{n} \mathbf{x_k} \times \mathbf{S_{k,F}} = \sum_{k=1}^{n} \mathbf{x_k} \times [k_k(\mathbf{w_S} + \boldsymbol{\varphi} \times \mathbf{x_k}) \cdot \mathbf{e_k}]\mathbf{e_k}$$

$$= \sum_{k=1}^{n} k_k\{[(\mathbf{x_k} \times \mathbf{e_k}) \otimes \mathbf{e_k}] \cdot \mathbf{w_S} + (\mathbf{x_k} \times \mathbf{e_k}) \otimes (\mathbf{x_k} \times \mathbf{e_k})] \cdot \boldsymbol{\varphi}\}$$

dann folgen in Analogie zur obigen Beziehung die Momente der Dämpferkräfte

$$-\sum_{k=1}^{n} \mathbf{x_k} \times \mathbf{S_{k,D}} = \sum_{k=1}^{n} c_k\{[(\mathbf{x_k} \times \mathbf{e_k}) \otimes \mathbf{e_k}] \cdot \dot{\mathbf{w}}_S + (\mathbf{x_k} \times \mathbf{e_k}) \otimes (\mathbf{x_k} \times \mathbf{e_k})] \cdot \dot{\boldsymbol{\varphi}}\}$$

Führen wir noch die Matrizen

$$\mathbf{L_k} = k_k(\mathbf{x_k} \times \mathbf{e_k}) \otimes \mathbf{e_k}, \qquad \mathbf{N_k} = k_k(\mathbf{x_k} \times \mathbf{e_k}) \otimes (\mathbf{x_k} \times \mathbf{e_k})$$

$$\mathbf{Q_k} = c_k(\mathbf{x_k} \times \mathbf{e_k}) \otimes \mathbf{e_k}, \qquad \mathbf{T_k} = c_k(\mathbf{x_k} \times \mathbf{e_k}) \otimes (\mathbf{x_k} \times \mathbf{e_k}) \tag{16.22}$$

ein, dann können wir auch abkürzend

$$-\sum_{k=1}^{n}\mathbf{x}_k\times\mathbf{S}_{k,F}=\underbrace{\left(\sum_{k=1}^{n}\mathbf{L}_k\right)}_{\mathbf{L}=\mathbf{B}^T}\cdot\mathbf{w}_S+\underbrace{\left(\sum_{k=1}^{n}\mathbf{N}_k\right)}_{\mathbf{N}}\cdot\boldsymbol{\varphi}=\mathbf{L}\cdot\mathbf{w}_S+\mathbf{N}\cdot\boldsymbol{\varphi}$$

$$-\sum_{k=1}^{n}\mathbf{x}_k\times\mathbf{S}_{k,D}=\underbrace{\left(\sum_{k=1}^{n}\mathbf{Q}_k\right)}_{\mathbf{Q}=\mathbf{H}^T}\cdot\dot{\mathbf{w}}_S+\underbrace{\left(\sum_{k=1}^{n}\mathbf{T}_k\right)}_{\mathbf{T}}\cdot\dot{\boldsymbol{\varphi}}=\mathbf{Q}\cdot\dot{\mathbf{w}}_S+\mathbf{T}\cdot\dot{\boldsymbol{\varphi}}$$

$$(16.23)$$

schreiben. Die Matrizen $\mathbf{N}$ und $\mathbf{T}$ sind symmetrisch. Der Drallsatz lautet dann

$$\Theta\cdot\ddot{\boldsymbol{\varphi}}+\mathbf{B}^T\cdot\mathbf{w}_S+\mathbf{N}\cdot\boldsymbol{\varphi}+\mathbf{H}^T\cdot\dot{\mathbf{w}}_S+\mathbf{T}\cdot\dot{\boldsymbol{\varphi}}=\mathbf{M}_0+\mathbf{M}(t)\qquad(16.24)$$

Führen wir mit

$$\mathbf{x}=\begin{bmatrix}\mathbf{w}_S\\\hline\boldsymbol{\varphi}\end{bmatrix}\qquad(16.25)$$

den neuen Vektor der Unbekannten ein, dann können wir unter Beachtung von $\mathbf{L}=\mathbf{B}^T$ sowie $\mathbf{Q}=\mathbf{H}^T$ für (16.17) und (16.24) auch

$$\underbrace{\begin{bmatrix}m\mathbf{I}&0\\\hline0&\Theta\end{bmatrix}}_{\mathbf{M}}\cdot\begin{bmatrix}\ddot{\mathbf{w}}_S\\\hline\ddot{\boldsymbol{\varphi}}\end{bmatrix}+\underbrace{\begin{bmatrix}\mathbf{E}&\mathbf{H}\\\hline\mathbf{H}^T&\mathbf{T}\end{bmatrix}}_{\mathbf{C}}\cdot\begin{bmatrix}\dot{\mathbf{w}}_S\\\hline\dot{\boldsymbol{\varphi}}\end{bmatrix}+\underbrace{\begin{bmatrix}\mathbf{A}&\mathbf{B}\\\hline\mathbf{B}^T&\mathbf{N}\end{bmatrix}}_{\mathbf{K}}\cdot\begin{bmatrix}\mathbf{w}_S\\\hline\boldsymbol{\varphi}\end{bmatrix}=\underbrace{\begin{bmatrix}\mathbf{F}_0\\\hline\mathbf{M}_0\end{bmatrix}}_{\mathbf{g}}+\underbrace{\begin{bmatrix}\mathbf{F}(t)\\\hline\mathbf{M}(t)\end{bmatrix}}_{\mathbf{f}(t)}\qquad(16.26)$$

oder symbolisch

$$\mathbf{M}\cdot\ddot{\mathbf{x}}(t)+\mathbf{C}\cdot\dot{\mathbf{x}}(t)+\mathbf{K}\cdot\mathbf{x}(t)=\mathbf{g}+\mathbf{f}(t)\qquad(16.27)$$

schreiben. Den Totlastvektor $\mathbf{g}$ eliminieren wir durch die Transformation $\mathbf{x}=\hat{\mathbf{x}}+\mathbf{x}_{st}$ mit $\mathbf{x}_{st}=\mathbf{K}^{-1}\cdot\mathbf{g}$. Es verbleibt dann die inhomogene Bewegungsgleichung

$$\mathbf{M}\cdot\ddot{\hat{\mathbf{x}}}(t)+\mathbf{C}\cdot\dot{\hat{\mathbf{x}}}(t)+\mathbf{K}\cdot\hat{\mathbf{x}}(t)=\mathbf{f}(t)\qquad(16.28)$$

wobei $\hat{\mathbf{x}}(t)$ nun aus der statischen Ruhelage zählt. Eine Entkopplung dieser Gleichung ist i. Allg. nicht möglich. Reagieren die Stäbe rein elastisch, dann ist $\mathbf{C}=0$ und es verbleibt

$$\mathbf{M}\cdot\ddot{\hat{\mathbf{x}}}(t)+\mathbf{K}\cdot\hat{\mathbf{x}}(t)=\mathbf{f}(t)\qquad(16.29)$$

Sind aus (16.28) die Verschiebungen $\mathbf{w}_S$ und die Drehwinkel $\boldsymbol{\varphi}$ ermittelt, dann können mit (16.9) auch die Stabkräfte berechnet werden, womit das Problem als gelöst gelten kann.

Beispiel 16-1:

Grundriß

Anlenk-punkt	x_1 [m]	x_2 [m]	x_3 [m]
1	-1,50	-0,75	-0,50
2	1,50	-0,75	-0,50
3	1,50	0,75	-0,50
4	-1,50	0,75	-0,50

Feder	Anlenk-punkt	Feder-orientierung	Federkon-stante k [N/m]
1	1	$-e_3$	$2 \cdot 10^7$
2	2	$-e_3$	$2 \cdot 10^7$
3	2	e_1	$0,2 \cdot 10^7$
4	2	e_2	$0,5 \cdot 10^7$
5	3	$-e_3$	$2 \cdot 10^7$
6	4	$-e_3$	$2 \cdot 10^7$
7	4	e_2	$0,5 \cdot 10^7$

Anlenkpunkte der Translationsfedern

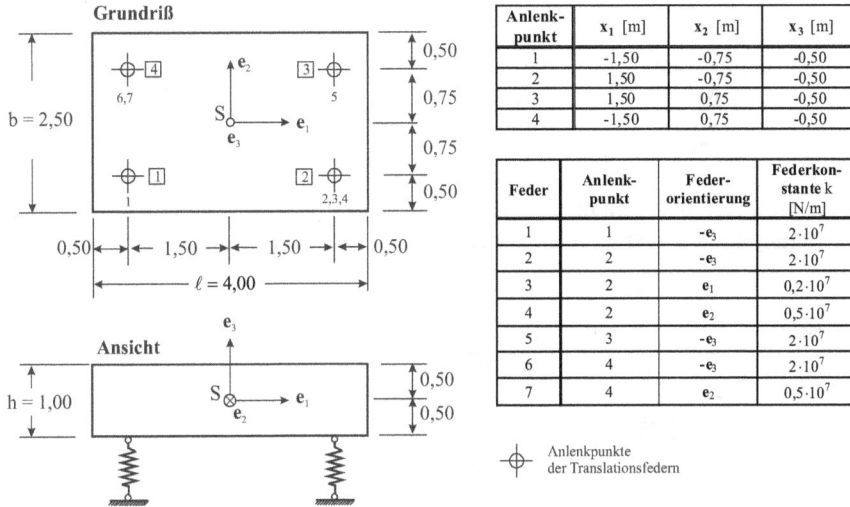

Abb. 16.4 *Blockfundament, Federlagen, Maße in [m]*

Das für einen Bauteilprüfstand gefertigte Blockfundament aus Stahlbeton in Abb. 16.4 wird elastisch auf Translationsfedern gelagert. Die Dämpfung soll so gering sein, dass sie vernachlässigt werden kann. Das Fundament wird neben der Gewichtskraft $G = mg$ durch die statischen Kräften P_1 und P_2 (Abb. 16.5) belastet. Gesucht werden die Eigenkreisfrequenzen, die Eigenschwingungsformen und die Bewegung des Fundamentes infolge der Anfangswerte $w_{S,0} = [-0,01\,m; -0,01\,m; -0,01\,m]^T$ und $\varphi_0 = 0$. Außerdem ist die Frage zu beantworten, wie die Steifigkeitsverhältnisse der Translationsfedern gewählt werden müssen, damit das Fundament unter der angegebenen statischen Beanspruchung ohne Verdrehung lediglich eine Verschiebung in vertikaler Richtung erfährt.

Lösung: Die körperfesten Achsen (1, 2, 3) mit Ursprung im Schwerpunkt S stellen die Hauptzentralachsen (HZA) des Fundamentkörpers dar. Damit verschwinden sämtliche Deviationsmomente.

Fundamentmasse: $m = \rho V = 2500\,kg/m^3 \cdot 4,00\,m \cdot 2,50\,m \cdot 1,00\,m = 25000\,kg$

Massenträgheitsmomente: $\Theta_{11} = \frac{m}{12}(b^2 + h^2) = 15104,2\,kg\,m^2$,

$\Theta_{22} = \frac{m}{12}(\ell^2 + h^2) = 35416,7\,kg\,m^2$, $\Theta_{33} = \frac{m}{12}(\ell^2 + b^2) = 46354,2\,kg\,m^2$

Aufgrund der fehlenden Dämpfung verbleibt von (16.26) mit $C = 0$

$$\underbrace{\begin{bmatrix} m\mathbf{I} & \mathbf{0} \\ \hline \mathbf{0} & \boldsymbol{\Theta} \end{bmatrix}}_{\mathbf{M}} \cdot \begin{bmatrix} \ddot{\mathbf{w}}_S \\ \ddot{\boldsymbol{\varphi}} \end{bmatrix} + \underbrace{\begin{bmatrix} \mathbf{A} & \mathbf{B} \\ \hline \mathbf{B}^T & \mathbf{N} \end{bmatrix}}_{\mathbf{K}} \cdot \begin{bmatrix} \mathbf{w}_S \\ \boldsymbol{\varphi} \end{bmatrix} = \underbrace{\begin{bmatrix} \mathbf{F}_0 \\ \mathbf{M}_0 \end{bmatrix}}_{\mathbf{g}} + \underbrace{\begin{bmatrix} \mathbf{F}(t) \\ \mathbf{M}(t) \end{bmatrix}}_{\mathbf{f}(t)} \qquad \backslash$$

Wir beginnen mit dem Zusammenbau der Matrix $\mathbf{M}$. Da die Matrix des Massenträgheits-momententensors Diagonalgestalt hat, ist auch

$$\mathbf{M} = 10^4 \mathrm{diag}[2{,}5\,\mathrm{kg} \quad 2{,}5\,\mathrm{kg} \quad 2{,}5\,\mathrm{kg} \mid 1{,}5104\,\mathrm{kgm}^2 \quad 3{,}5417\,\mathrm{kgm}^2 \quad 4{,}6354\,\mathrm{kgm}^2]$$

eine Diagonalmatrix. Zur Berechnung der Steifigkeitsmatrix müssen die Teilmatrizen $\mathbf{A}$, $\mathbf{B}$ und $\mathbf{N}$ zur Verfügung gestellt werden. Wir geben hier nur die Endergebnisse an. Es sind

$$\mathbf{A} = \sum_{k=1}^{7} \mathbf{A}_k = 10^7 \mathrm{kgs}^{-2} \begin{bmatrix} 0{,}2 & 0 & 0 \\ 0 & 1{,}0 & 0 \\ 0 & 0 & 8{,}0 \end{bmatrix}, \quad \mathbf{B} = \sum_{k=1}^{7} \mathbf{B}_k = 10^7 \mathrm{kgms}^{-2} \begin{bmatrix} 0 & -0{,}1 & 0{,}15 \\ 0{,}5 & 0 & 0 \\ 0 & 0 & 0 \end{bmatrix}$$

$$\mathbf{N} = \sum_{k=1}^{7} \mathbf{N}_k = 10^7 \mathrm{kgm}^2\mathrm{s}^{-2} \begin{bmatrix} 4{,}75 & 0 & 0 \\ 0 & 18{,}05 & -0{,}075 \\ 0 & -0{,}075 & 2{,}363 \end{bmatrix}.$$

Damit folgen die Steifigkeitsmatrix und ihre Inverse

$$\mathbf{K} = 10^7 \left[\begin{array}{ccc|ccc} 0{,}2 & 0 & 0 & 0 & -0{,}10 & 0{,}15 \\ & 1{,}0 & 0 & 0{,}50 & 0 & 0 \\ & & 8{,}0 & 0 & 0 & 0 \\ \hline & & & 4{,}75 & 0 & 0 \\ & & & & 18{,}05 & -0{,}08 \\ \mathrm{sym.} & & & & & 2{,}36 \end{array}\right], \quad \mathbf{K}^{-1} = 10^{-7} \left[\begin{array}{ccc|ccc} 5{,}26 & 0 & 0 & 0 & 0{,}03 & -0{,}33 \\ & 1{,}06 & 0 & -0{,}11 & 0 & 0 \\ & & 0{,}13 & 0 & 0 & 0 \\ \hline & & & 0{,}22 & 0 & 0 \\ & & & & 0{,}06 & 0 \\ \mathrm{sym.} & & & & & 0{,}44 \end{array}\right]$$

Der Totlastvektor $\mathbf{g}$ enthält, neben dem Fundamenteigengewicht $G = mg$, die ebenfalls in negativer 3-Richtung wirkenden Kräfte $P_1 = 25\,\mathrm{kN}$ und $P_2 = 10\,\mathrm{kN}$, deren Angriffspunkte in der (1,2)-Ebene der Abb. 16.5 entnommen werden können. Wir reduzieren dieses Kräftesystem auf den Schwerpunkt S und erhalten:

$$\mathbf{M}_1 = \mathbf{r}_1 \times \mathbf{P}_1 = P_1[-0{,}75 \quad 1{,}5 \quad 0], \quad \mathbf{M}_2 = \mathbf{r}_2 \times \mathbf{P}_2 = P_2[-0{,}75 \quad -1{,}5 \quad 0]$$

was zu $\mathbf{g}^T = [0;\ 0;\ -(G+P_1+P_2);\ -0{,}75(P_1+P_2);\ 1{,}5(P_1-P_2);\ 0]$ führt. Mit den Werten des Beispiels ist $\mathbf{g}^T = [0;\ 0;\ -2{,}85\cdot 10^5\,\mathrm{N};\ -2{,}625\cdot 10^4\,\mathrm{Nm};\ 2{,}25\cdot 10^4\,\mathrm{Nm};\ 0]$. Damit liegt auch die rechte Seite des Gleichungssystems fest. Wir berechnen zunächst die statische Auslenkung und erhalten

$$\mathbf{x}_{st} = \mathbf{K}^{-1} \cdot \mathbf{g} = \left[6{,}25\cdot 10^{-5}\,\mathrm{m} \quad 2{,}92\cdot 10^{-4}\,\mathrm{m} \quad -3{,}563\cdot 10^{-3}\,\mathrm{m} \mid -5{,}83\cdot 10^{-4} \quad 1{,}25\cdot 10^{-4} \quad 0\right]^T$$

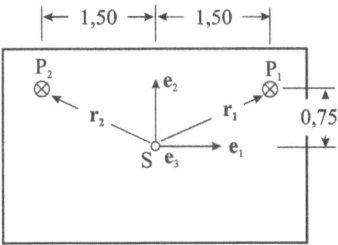

Abb. 16.5 *Angriffspunkte der Lasten P₁ und P₂*

Im nächsten Schritt sollen die Eigenwerte und die Eigenvektoren beschafft werden. Dazu transformieren wir die Gleichung $\mathbf{M} \cdot \ddot{\mathbf{x}} + \mathbf{K} \cdot \mathbf{x} = \mathbf{g}$ zunächst auf die statische Ruhelage, was auf die homogene Bewegungsgleichung $\mathbf{M} \cdot \ddot{\hat{\mathbf{x}}}(t) + \mathbf{K} \cdot \hat{\mathbf{x}}(t) = \mathbf{0}$ führt. Zur Entkopplung dieser Gleichung gehen wir in Schritten vor.

1.) Berechnung der Matrizen $\mathbf{M}^{1/2}$ und $\mathbf{M}^{-1/2}$

$$\mathbf{M}^{1/2} = \text{diag}[158,11; 158,11; 158,11; 122,90; 188,19; 215,30]$$

$$\mathbf{M}^{-1/2} = 10^{-2}\,\text{diag}[0,632; 0,632; 0,632; 0,814; 0,531; 0,464]$$

2.) Berechnung der normalisierten Steifigkeitsmatrix $\mathbf{\Omega}^2$

$$\mathbf{\Omega}^2 = \mathbf{M}^{-1/2} \cdot \mathbf{K} \cdot \mathbf{M}^{-1/2} = \begin{bmatrix} 80,00 & 0 & 0 & 0 & -33,61 & 44,06 \\ & 400,00 & 0 & 257,31 & 0 & 0 \\ & & 3200,00 & 0 & 0 & 0 \\ & & & 3144,82 & 0 & 0 \\ & & & & 5096,47 & -18,51 \\ \text{sym.} & & & & & 509,66 \end{bmatrix}$$

3.) Lösung des speziellen Eigenwertproblems $(\mathbf{\Omega}^2 - \omega^2 \mathbf{I}) \cdot \mathbf{a} = \mathbf{0}$, Berechnung der Eigenwerte ω_j und der Eigenvektormatrix $\mathbf{\Phi}$

$\omega_1^2 = 75,33\ \text{s}^{-2} \quad \to \omega_1 = 8,68\ \text{s}^{-1}$ \qquad $\omega_2^2 = 376,09\ \text{s}^{-2} \quad \to \omega_2 = 19,39\ \text{s}^{-1}$

$\omega_3^2 = 514,03\ \text{s}^{-2} \quad \to \omega_3 = 22,67\ \text{s}^{-1}$ \qquad $\omega_4^2 = 3168,73\ \text{s}^{-2} \to \omega_4 = 56,29\ \text{s}^{-1}$

$\omega_5^2 = 3200,00\ \text{s}^{-2} \to \omega_5 = 56,57\ \text{s}^{-1}$ \qquad $\omega_6^2 = 5096,77\ \text{s}^{-2} \to \omega_6 = 71,39\ \text{s}^{-1}$

$$\Phi = \left[\begin{array}{cc|cc|c|c} 0,9949 & 0 & 0,1006 & 0 & 0 & -0,0067 \\ 0 & 0,9957 & 0 & -0,0925 & 0 & 0 \\ 0 & 0 & 0 & 0 & 1 & 0 \\ \hline 0 & -0,0925 & 0 & -0,9957 & 0 & 0 \\ 0,0063 & 0 & 0,0048 & 0 & 0 & 0,9999 \\ -0,1007 & 0 & 0,9949 & 0 & 0 & -0,0041 \end{array}\right]$$

4.) Berechnung von $\mathbf{S}$ und $\mathbf{S}^{-1}$

$$\mathbf{S} = \mathbf{M}^{-1/2} \cdot \mathbf{\Phi} = 10^{-4} \left[\begin{array}{cccccc} 62,923 & 0 & 6,365 & 0 & 0 & -0,426 \\ 0 & 62,974 & 0 & -5,852 & 0 & 0 \\ 0 & 0 & 0 & 0 & 63,246 & 0 \\ 0 & -7,529 & 0 & -81,018 & 0 & 0 \\ 0,33411 & 0 & 0,2528 & 0 & 0 & 53,135 \\ -4,6756 & 0 & 46,210 & 0 & 0 & -0,190 \end{array}\right]$$

$$\mathbf{S}^{-1} = \mathbf{\Phi}^T \cdot \mathbf{M}^{1/2} = \left[\begin{array}{cccccc} 157,308 & 0 & 0 & 0 & 1,183 & -21,673 \\ 0 & 157,435 & 0 & -11,372 & 0 & 0 \\ 15,912 & 0 & 0 & 0 & 0,895 & 214,205 \\ 0 & -14,631 & 0 & -122,372 & 0 & 0 \\ 0 & 0 & 158,114 & 0 & 0 & 0 \\ -1,065 & 0 & 0 & 0 & 188,187 & -0,883 \end{array}\right]$$

Hinweis: Die Matrix $\mathbf{S}$ legt die Eigenformen fest. Der Eigenvektor zum 5. Eigenwert ($\omega_5 = 56{,}57\,\text{s}^{-1}$, $f_5 = 9{,}0\,\text{Hz}$) enthält nur in der dritten Zeile einen Wert ungleich null, womit die 3-Richtung eine Hauptschwingungsrichtung darstellt.

5.) Berechnung der modalen Anfangsbedingungen

$$\mathbf{x}_0 = \left[\mathbf{w}_{S,0} \mid \boldsymbol{\varphi}_0\right]^T = [-0{,}01\,\text{m} \quad -0{,}01\,\text{m} \quad -0{,}01\,\text{m} \mid 0 \quad 0 \quad 0]^T,$$

$$\hat{\mathbf{x}}_0 = \mathbf{x}_0 - \mathbf{x}_{st} = 10^{-2}[-1{,}006\,\text{m} \quad -1{,}029\,\text{m} \quad -0{,}644\,\text{m} \mid 0{,}058 \quad -0{,}013 \quad 0]^T,$$

$$\tilde{\mathbf{q}}_0 = \mathbf{S}^{-1} \cdot \hat{\mathbf{x}}_0 = [-1{,}583 \quad -1{,}627 \quad -0{,}160 \quad 0{,}079 \quad -1{,}018 \quad -0{,}013]^T,$$

$$\dot{\tilde{\mathbf{q}}}_0 = \mathbf{S}^{-1} \cdot \dot{\hat{\mathbf{x}}}_0 = \mathbf{0}$$

6.) Lösung der Bewegungsgleichungen in Modalkoordinaten

$$\tilde{\mathbf{q}}(t) = \begin{bmatrix} \tilde{q}_{01}\cos\tilde{\omega}_1 t \\ \tilde{q}_{02}\cos\tilde{\omega}_2 t \\ \tilde{q}_{03}\cos\tilde{\omega}_3 t \\ \tilde{q}_{04}\cos\tilde{\omega}_4 t \\ \tilde{q}_{05}\cos\tilde{\omega}_5 t \\ \tilde{q}_{06}\cos\tilde{\omega}_6 t \end{bmatrix} = \begin{bmatrix} -1{,}583\cos 8{,}68t \\ -1{,}627\cos 19{,}39t \\ -0{,}160\cos 22{,}67t \\ 0{,}079\cos 56{,}29t \\ -1{,}018\cos 56{,}57t \\ -0{,}013\cos 71{,}39t \end{bmatrix}$$

$$\hat{\mathbf{x}}(t) = \mathbf{M}^{-1/2}\cdot\mathbf{\Phi}\cdot\tilde{\mathbf{q}}(t) = \mathbf{S}\cdot\tilde{\mathbf{q}}(t) =$$

$$= 10^{-2}\begin{bmatrix} -0{,}996 \\ 0 \\ 0 \\ 0 \\ -0{,}005 \\ 0{,}074 \end{bmatrix}\cos 8{,}68t + 10^{-2}\begin{bmatrix} 0 \\ -1{,}024 \\ 0 \\ 0{,}122 \\ 0 \\ 0 \end{bmatrix}\cos 19{,}39t + 10^{-2}\begin{bmatrix} -0{,}010 \\ 0 \\ 0 \\ 0 \\ 0 \\ -0{,}074 \end{bmatrix}\cos 22{,}67t$$

$$+ 10^{-2}\begin{bmatrix} 0 \\ -0{,}005 \\ 0 \\ -0{,}064 \\ 0 \\ 0 \end{bmatrix}\cos 56{,}29t + 10^{-2}\begin{bmatrix} 0 \\ 0 \\ -0{,}644 \\ 0 \\ 0 \\ 0 \end{bmatrix}\cos 56{,}57t + 10^{-2}\begin{bmatrix} 0 \\ 0 \\ 0 \\ 0 \\ -0{,}007 \\ 0 \end{bmatrix}\cos 71{,}39t$$

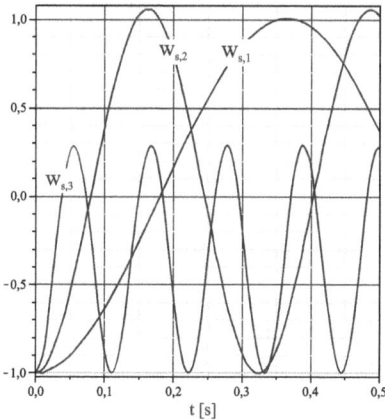

Abb. 16.6 *Verschiebungen x(t) [cm]*

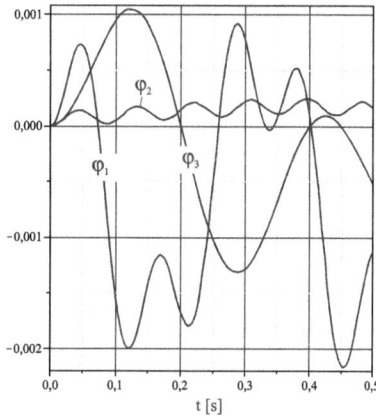

Abb. 16.7 *Drehwinkel φ(t)*

Die Auslenkungen aus der entspannten Federlage (Abb. 16.6, Abb. 16.7) errechnen sich dann zu $\mathbf{x}(t) = \hat{\mathbf{x}}(t) + \mathbf{x}_{st}$.

Zur Ermittlung der Federkräfte ist (16.9) auszuwerten. Beispielsweise folgt für die Kraft in der Feder 1 (als Druckkraft positiv)

$$S_{1,F} = k_1 \Delta \ell_1 = k_1 [(\mathbf{w_S} + \varphi \times \mathbf{x_1}) \cdot \mathbf{e_1}]$$
$$= 58750{,}00 + 1586{,}77 \cos 8{,}68t + 18374{,}18 \cos 19{,}39t + 121{,}50 \cos 22{,}67t -$$
$$- 9624{,}18 \cos 56{,}29t + 128750{,}00 \cos 56{,}57t + 2041{,}73 \cos 71{,}39t$$

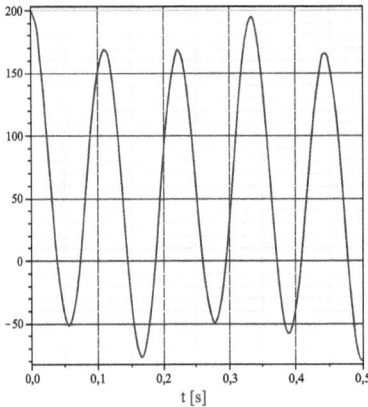

Abb. 16.8 *Kraft in der Feder 1 [kN]*

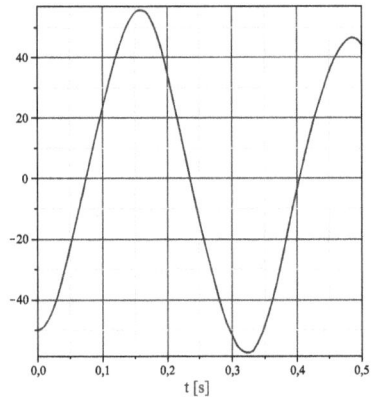

Abb. 16.9 *Kraft in der Feder 4 [kN]*

Soll sich das Fundament unter den statischen Lasten **G**, **P₁** und **P₂** ohne Verdrehung lediglich in negativer 3-Richtung verschieben, also mit $\mathbf{x_H} = [0 \quad 0 \quad -w_0 \mid 0 \quad 0 \quad 0]^T$ in horizontaler Lage verbleiben, dann ist mit allgemeinen Steifigkeiten k_k das lineare Gleichungssystem $\mathbf{K}(k_k) \cdot \mathbf{x_H} = \mathbf{g}$, oder in Matrizenschreibweise

$$\begin{bmatrix} -1 & -1 & -1 & -1 \\ 0{,}75 & 0{,}75 & -0{,}75 & -0{,}75 \\ -1{,}5 & 1{,}5 & 1{,}5 & -1{,}5 \end{bmatrix} \cdot \begin{bmatrix} k_1 \\ k_2 \\ k_5 \\ k_6 \end{bmatrix} = -\frac{1}{w_0} \begin{bmatrix} 285000 \\ 26250 \\ -22500 \end{bmatrix}$$

zu lösen. Wir erhalten: $k_1 = \dfrac{135000}{w_0} - k_6$, $k_2 = -\dfrac{10000}{w_0} + k_6$ und $k_5 = \dfrac{160000}{w_0} - k_6$.

Beispielsweise resultieren aus der Wahl $w_0 = 4{,}0 \cdot 10^{-3}$ m und $k_6 = 1{,}375 \cdot 10^7$ N/m die dann eindeutigen Lösungen

$$k_1 = 2{,}0 \cdot 10^7 \, \text{N/m}, \quad k_2 = 1{,}125 \cdot 10^7 \, \text{N/m}, \quad k_5 = 2{,}625 \cdot 10^7 \, \text{N/m}.$$

Die verbleibenden Federn beeinflussen die Verschiebung in 3-Richtung nicht, weshalb über deren Steifigkeiten keine Aussage getroffen wird.

Im Sonderfall der planaren Fundamentbewegung (Index p), etwa in der (1,2)-Ebene, verbleibt von (16.26)

$$\underbrace{\begin{bmatrix} m\mathbf{I}_p & 0 \\ \hline 0 & \Theta_3 \end{bmatrix}}_{\mathbf{M}_p} \cdot \begin{bmatrix} \ddot{\mathbf{w}}_{S,p} \\ \ddot{\varphi}_3 \end{bmatrix} + \underbrace{\begin{bmatrix} \mathbf{E}_p & \mathbf{h}_p \\ \hline \mathbf{h}_p^T & t_p \end{bmatrix}}_{\mathbf{C}_p} \cdot \begin{bmatrix} \dot{\mathbf{w}}_{S,p} \\ \dot{\varphi}_3 \end{bmatrix} + \underbrace{\begin{bmatrix} \mathbf{A}_p & \mathbf{b}_p \\ \hline \mathbf{b}_p^T & n_p \end{bmatrix}}_{\mathbf{K}_p} \cdot \begin{bmatrix} \mathbf{w}_{S,p} \\ \varphi_3 \end{bmatrix} = \underbrace{\begin{bmatrix} \mathbf{F}_{0,p} \\ M_{0,3} \end{bmatrix}}_{\mathbf{g}_p} + \underbrace{\begin{bmatrix} \mathbf{F}_p(t) \\ M_3(t) \end{bmatrix}}_{\mathbf{f}_p(t)} \quad (16.30)$$

Sämtliche Kraft- und Verschiebungsvektoren liegen in einer zur (1,2)-Ebene parallelen Ebene. Die aus den Stabkräften resultierenden Momente und der Momentenvektor aus äußerer Belastung sowie auch der Verdrehungsvektor besitzen dann nur eine Komponente in 3-Richtung. Das führt auf folgende Matrizen und Vektoren

$$\mathbf{x}_p = \begin{bmatrix} w_{S,1} \\ w_{S,2} \\ \varphi_3 \end{bmatrix}; \quad \mathbf{I}_p = \begin{bmatrix} 1 & 0 \\ 0 & 1 \end{bmatrix}, \quad \mathbf{E}_p = \sum_{k=1}^{n} c_k \begin{bmatrix} e_{k,1}^2 & e_{k,1}e_{k,2} \\ e_{k,1}e_{k,2} & e_{k,2}^2 \end{bmatrix}, \quad \mathbf{A}_p = \sum_{k=1}^{n} k_k \begin{bmatrix} e_{k,1}^2 & e_{k,1}e_{k,2} \\ e_{k,1}e_{k,2} & e_{k,2}^2 \end{bmatrix}$$

$$\mathbf{h}_p = \sum_{k=1}^{n} c_k \begin{bmatrix} e_{k,1}(x_{k,1}e_{k,2} - x_{k,2}e_{k,1}) \\ e_{k,2}(x_{k,1}e_{k,2} - x_{k,2}e_{k,1}) \end{bmatrix}, \quad \mathbf{b}_p = \sum_{k=1}^{n} k_k \begin{bmatrix} e_{k,1}(x_{k,1}e_{k,2} - x_{k,2}e_{k,1}) \\ e_{k,2}(x_{k,1}e_{k,2} - x_{k,2}e_{k,1}) \end{bmatrix}$$

$$t_p = \sum_{k=1}^{n} c_k (x_{k,1}e_{k,2} - x_{k,2}e_{k,1})^2, \quad n_p = \sum_{k=1}^{n} k_k (x_{k,1}e_{k,2} - x_{k,2}e_{k,1})^2$$

$$\mathbf{g}_p = \begin{bmatrix} F_{0,1} \\ F_{0,2} \\ M_{0,3} \end{bmatrix}, \quad \mathbf{f}_p = \begin{bmatrix} F_1(t) \\ F_2(t) \\ M_3(t) \end{bmatrix}$$

Beispiel 16-2:

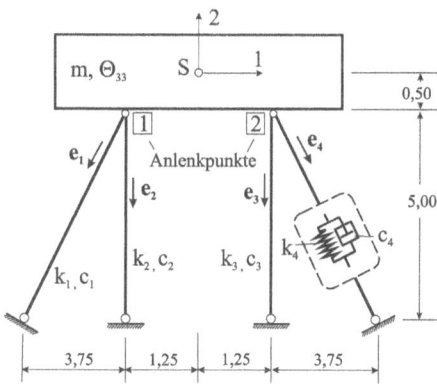

Abb. 16.10 Ebene Bewegung einer Pfahlrostplatte

Die Pfahlrostplatte in Abb. 16.10 lagert auf 4 viskoelastischen Stahlbetonpfählen. Für den Fall der ebenen Bewegung in der (1,2)-Ebene sind die Eigenkreisfrequenzen, die Eigenvektoren und die Bewegungsgleichungen zu berechnen. Der Elastizitätsmodul des für die Pfähle verwendeten Betons ist $E_b = 3,4 \cdot 10^{10} \, \text{N}/\text{m}^2$. Sämtliche Pfähle besitzen die Querschnittsfläche $A = 0,09 \, \text{m}^2$. Die Masse der Pfahlrostplatte beträgt $m = 40000 \, \text{kg}$, und das Massenträgheitsmoment bezüglich einer Achse durch den Schwerpunkt senkrecht zur Bewegungsebene wird mit $\Theta_{33} = 216667 \, \text{kgm}^2$ angegeben. Die Materialdämpfung kann näherungsweise proportional zur Steifigkeit angenommen werden, womit die Eigenschwingungsformen des ungedämpften Systems erhalten bleiben. Gesucht wird die Bewegung der Pfahlrostplatte, wenn diese zum Zeitpunkt $t = 0$ ohne Anfangsgeschwindigkeit aus der statischen Ruhelage um $\hat{\mathbf{x}}_{p,0}^T = \begin{bmatrix} 0,01\,m & -0,01\,m & 0 \end{bmatrix}$ verschoben und dann sich selbst überlassen wird.

Lösung:

Pfahllängen:
$$\ell_1 = \ell_4 = \sqrt{5,00^2 + 3,75^3} = 6,25\,m\;;\; \ell_2 = \ell_3 = 5,00\,m$$

Pfahleinheitsvektoren:
$$\mathbf{e}_1 = \frac{1}{\ell_1}\begin{bmatrix} -3,75 \\ -5,00 \end{bmatrix} = \begin{bmatrix} -0,60 \\ -0,80 \end{bmatrix},\, \mathbf{e}_4 = \begin{bmatrix} 0,60 \\ -0,80 \end{bmatrix},\, \mathbf{e}_2 = \mathbf{e}_3 = \begin{bmatrix} 0 \\ -1 \end{bmatrix}$$

Anlenkpunkte der Pfähle:
$$\mathbf{x}_1 = \mathbf{x}_2 = \begin{bmatrix} -1,25\,m \\ -0,50\,m \end{bmatrix},\, \mathbf{x}_3 = \mathbf{x}_4 = \begin{bmatrix} 1,25\,m \\ -0,50\,m \end{bmatrix}$$

Federsteifigkeiten ($k_k = E_{b,k}A_k / \ell_k$)

$$k_1 = k_4 = \frac{34000\cdot 0,09}{6,25} = 489,6\,MN\,/\,m\,,\; k_2 = k_3 = \frac{34000\cdot 0,09}{5,00} = 612,0\,MN\,/\,m$$

Massenmatrix: $\mathbf{M}_p = \begin{bmatrix} m & 0 & 0 \\ 0 & m & 0 \\ 0 & 0 & \Theta_{33} \end{bmatrix} = 10^4 \begin{bmatrix} 4,00 & 0 & 0 \\ 0 & 4,00 & 0 \\ 0 & 0 & 21,67 \end{bmatrix}$

Submatrizen zum Aufbau der Steifigkeitsmatrix:

$$\mathbf{A}_p = \sum_{k=1}^4 k_k \begin{bmatrix} e_{k,1}^2 & e_{k,1}e_{k,2} \\ e_{k,1}e_{k,2} & e_{k,2}^2 \end{bmatrix} = 10^9 \begin{bmatrix} 0,353 & 0 \\ 0 & 1,851 \end{bmatrix}$$

$$\mathbf{b}_p = \sum_{k=1}^4 k_k \begin{bmatrix} e_{k,1}(x_{k,1}e_{k,2} - x_{k,2}e_{k,1}) \\ e_{k,2}(x_{k,1}e_{k,2} - x_{k,2}e_{k,1}) \end{bmatrix} = 10^9 \begin{bmatrix} -0,411 \\ 0 \end{bmatrix}$$

$$n_p = \sum_{k=1}^4 k_k (x_{k,1}e_{k,2} - x_{k,2}e_{k,1})^2 = 0,2392\cdot 10^{10}$$

Steifigkeitsmatrix:

$$\mathbf{K}_p = \begin{bmatrix} \mathbf{A}_p & \mathbf{b}_p \\ \mathbf{b}_p^T & n_p \end{bmatrix} = 10^9 \begin{bmatrix} 0,353 & 0 & -0,411 \\ 0 & 1,851 & 0 \\ -0,411 & 0 & 2,392 \end{bmatrix},\, \mathbf{K}_p^{-1} = 10^{-9} \begin{bmatrix} 3,548 & 0 & 0,610 \\ 0 & 0,540 & 0 \\ 0,610 & 0 & 0,523 \end{bmatrix}$$

Die Dämpfungsmatrix

$$\mathbf{C_p} = 10^6 \left[\begin{array}{cc|c} 0,353 & 0 & -0,411 \\ 0 & 1,851 & 0 \\ \hline -0,411 & 0 & 2,392 \end{array} \right]$$

wird proportional zur Steifigkeitsmatrix angesetzt.

Totlastvektor (hier nur Eigengewicht): $\mathbf{g_p} = \left[\begin{array}{c} 0 \\ -mg \\ 0 \end{array} \right] = 10^5 \left[\begin{array}{c} 0 \\ -4,0\ \text{N} \\ 0 \end{array} \right]$

Statische Ruhelage: $\mathbf{x_{p,st}} = \mathbf{K_p^{-1}} \cdot \mathbf{g_p} = 10^{-4} \left[\begin{array}{c} 0 \\ -2,161\ \text{m} \\ 0 \end{array} \right]$

Bewegungsgleichung: $\mathbf{M_p} \cdot \ddot{\hat{\mathbf{x}}}_\mathbf{p} + \mathbf{C_p} \cdot \dot{\hat{\mathbf{x}}}_\mathbf{p} + \mathbf{K_p} \cdot \hat{\mathbf{x}}_\mathbf{p} = \mathbf{0}$

Wir gehen weiter in Schritten vor:

1.) Berechnung von $\mathbf{M_p^{1/2}}$ und $\mathbf{M_p^{-1/2}}$

$$\mathbf{M_p^{1/2}} = 10^2 \left[\begin{array}{cc|c} 2,00 & 0 & 0 \\ 0 & 2,00 & 0 \\ \hline 0 & 0 & 4,65 \end{array} \right], \ \mathbf{M_p^{-1/2}} = 10^{-3} \left[\begin{array}{cc|c} 5,0 & 0 & 0 \\ 0 & 5,0 & 0 \\ \hline 0 & 0 & 2,15 \end{array} \right]$$

2.) Berechnung von $\mathbf{\Delta}$ und $\mathbf{\Omega}^2$

$$\mathbf{\Delta} = \frac{1}{2} \mathbf{M_p^{-1/2}} \cdot \mathbf{C_p} \cdot \mathbf{M_p^{-1/2}} = \left[\begin{array}{cc|c} 4,41 & 0 & -2,21 \\ 0 & 23,13 & 0 \\ \hline -2,21 & 0 & 5,52 \end{array} \right]$$

$$\mathbf{\Omega}^2 = \mathbf{M_p^{-1/2}} \cdot \mathbf{K_p} \cdot \mathbf{M_p^{-1/2}} = 10^3 \left[\begin{array}{cc|c} 8,81 & 0 & -4,42 \\ 0 & 46,27 & 0 \\ \hline -4,42 & 0 & 11,04 \end{array} \right]$$

Hinweis: Die Matrizen $\mathbf{\Delta}$ und $\mathbf{\Omega}^2$ sind koaxial.

3.) Lösung des Eigenwertproblems $(\mathbf{\Delta} - \delta\mathbf{I}) \cdot \mathbf{e} = \mathbf{0}$

$$\delta_1 = 2,67,\ \delta_2 = 7,24,\ \delta_3 = 23,13,\ \mathbf{e_1} = \left[\begin{array}{c} 0,789 \\ 0 \\ \hline 0,615 \end{array} \right], \mathbf{e_2} = \left[\begin{array}{c} -0,615 \\ 0 \\ \hline 0,789 \end{array} \right], \mathbf{e_3} = \left[\begin{array}{c} 0 \\ 1 \\ 0 \end{array} \right]$$

4.) Lösung des Eigenwertproblems $(\mathbf{\Omega}^2 - \omega^2 \mathbf{I}) \cdot \mathbf{e} = \mathbf{0}$

$\omega_1^2 = 5371{,}05$, $\omega_2^2 = 14483{,}15$, $\omega_3^2 = 46267{,}20$, $\omega_1 = 73{,}29$, $\omega_2 = 120{,}35$, $\omega_3 = 215{,}10$.

Die Eigenvektoren von $\mathbf{\Delta}$ sind identisch mit denen von $\mathbf{\Omega}^2$.

5.) Aufbau der Eigenvektormatrix

$$\mathbf{\Phi} = \begin{bmatrix} 0{,}789 & -0{,}615 & 0 \\ 0 & 0 & 1 \\ 0{,}615 & 0{,}789 & 0 \end{bmatrix}, \; \mathbf{\Phi}^{-1} = \begin{bmatrix} 0{,}789 & 0 & 0{,}615 \\ -0{,}615 & 0 & 0{,}789 \\ 0 & 1 & 0 \end{bmatrix} = \mathbf{\Phi}^{\mathbf{T}}$$

6.) Berechnung der Matrizen $\mathbf{S}$ und $\mathbf{S}^{-1}$

$$\mathbf{S} = \mathbf{M}_{\mathbf{p}}^{-1/2} \cdot \mathbf{\Phi} = 10^{-3} \begin{bmatrix} 3{,}944 & -3{,}073 & 0 \\ 0 & 0 & 5{,}000 \\ 1{,}320 & 1{,}694 & 0 \end{bmatrix};$$

$$\mathbf{S}^{-1} = \mathbf{\Phi}^{\mathbf{T}} \cdot \mathbf{M}_{\mathbf{p}}^{1/2} = 10^2 \begin{bmatrix} 1{,}578 & 0 & 2{,}861 \\ -1{,}229 & 0 & 3{,}672 \\ 0 & 2{,}000 & 0 \end{bmatrix}$$

7.) Berechnung der modalen Anfangsbedingungen

$$\tilde{\mathbf{q}}_0 = \mathbf{S}^{-1} \cdot \hat{\mathbf{x}}_{\mathbf{p},0} = 10^2 \begin{bmatrix} 1{,}578 & 0 & 2{,}861 \\ -1{,}229 & 0 & 3{,}672 \\ 0 & 2{,}000 & 0 \end{bmatrix} \cdot 10^{-2} \begin{bmatrix} 1 \\ -1 \\ 0 \end{bmatrix} = \begin{bmatrix} 1{,}578 \\ -1{,}229 \\ -2{,}000 \end{bmatrix}, \; \dot{\tilde{\mathbf{q}}}_0 = \mathbf{S}^{-1} \cdot \dot{\mathbf{x}}_{\mathbf{p},0} = \begin{bmatrix} 0 \\ 0 \\ 0 \end{bmatrix}$$

8.) Lösung in Modalkoordinaten

Wegen $\omega_j^2 > \delta_j$ ($j = 1, 2, 3$) liegt in jeder Modalkoordinate eine schwache Dämpfung vor. Im Einzelnen erhalten wir:

$$\lambda_1 = i\overline{\lambda}_1, \; \overline{\lambda}_1 = \sqrt{\omega_1^2 - \delta_1^2} = \sqrt{5371{,}05^2 - 2{,}685^2} = 73{,}24$$

$$\tilde{q}_1(t) = \tilde{q}_{1,0} \left(\cos \overline{\lambda}_1 t + \frac{\delta_1}{\overline{\lambda}_1} \sin \overline{\lambda}_1 t \right) \exp(-\delta_1 t) = 1{,}578 (\cos 73{,}24t + 0{,}03 \sin 73{,}24t) \exp(-2{,}685t)$$

$$\lambda_2 = i\overline{\lambda}_2, \; \overline{\lambda}_2 = \sqrt{\omega_2^2 - \delta_2^2} = \sqrt{14483{,}15^2 - 7{,}242^2} = 120{,}13$$

$$\tilde{q}_2(t) = \tilde{q}_{20} \left(\cos \overline{\lambda}_2 t + \frac{\delta_2}{\overline{\lambda}_2} \sin \overline{\lambda}_2 t \right) \exp(-\delta_2 t) = -1{,}229 (\cos 120{,}13t + 0{,}06 \sin 120{,}13t) \exp(-7{,}242t)$$

$$\lambda_3 = i\overline{\lambda}_3, \; \overline{\lambda}_3 = \sqrt{\omega_3^2 - \delta_3^2} = \sqrt{46267{,}2^2 - 23{,}134^2} = 213{,}85$$

$$\tilde{q}_3(t) = \tilde{q}_{30}\left(\cos\overline{\lambda}_3 t + \frac{\delta_3}{\overline{\lambda}_3}\sin\overline{\lambda}_3 t\right)\exp(-\delta_3 t) = -2{,}0[\cos(213{,}85t) + 0{,}108\sin(213{,}85t)]\exp(-23{,}134t)$$

9.) Transformation in physikalische Koordinaten

$$\hat{\mathbf{x}}_\mathbf{p}(t) = \begin{bmatrix}\hat{w}_{S,1} \\ \hat{w}_{S,2} \\ \hat{\varphi}_3\end{bmatrix} = \mathbf{S}\cdot\tilde{\mathbf{q}}(t) = 10^{-3}\begin{bmatrix}3{,}944 & -3{,}073 & 0 \\ 0 & 0 & 5{,}0 \\ 1{,}320 & 1{,}694 & 0\end{bmatrix}\begin{bmatrix}\tilde{q}_1(t) \\ \tilde{q}_2(t) \\ \tilde{q}_3(t)\end{bmatrix}$$

In Komponenten erhalten wir

$$\hat{w}_{S,1}(t) = (6{,}222\cdot10^{-3}\cos73{,}24t + 2{,}282\cdot10^{-4}\sin73{,}24t)\exp(-2{,}686t)$$
$$+ (3{,}777\cdot10^{-3}\cos120{,}13t + 2{,}277\cdot10^{-4}\sin120{,}13t)\exp(-7{,}242t)$$

$$\hat{w}_{S,2}(t) = -(1{,}000\cdot10^{-2}\cos213{,}85t + 1{,}082\cdot10^{-3}\sin213{,}85t)\exp(-23{,}134t)$$

$$\hat{\varphi}_3(t) = (2{,}083\cdot10^{-3}\cos73{,}24t + 7{,}638\cdot10^{-5}\sin73{,}24t)\exp(-2{,}686t)$$
$$- (2{,}083\cdot10^{-3}\cos120{,}13t + 1{,}256\cdot10^{-4}\sin120{,}13t)\exp(-7{,}242t)$$

Die Geschwindigkeiten folgen aus $\hat{\mathbf{x}}_\mathbf{p}(t)$ durch Ableitung nach der Zeit t.

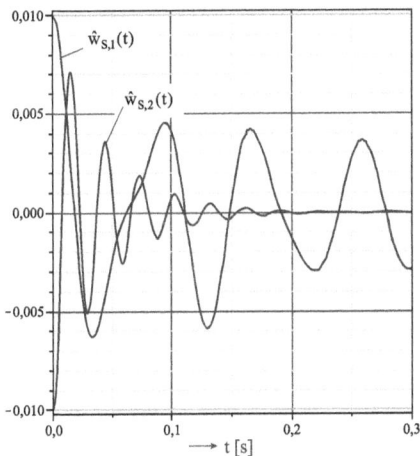

Abb. 16.11 Auslenkungen [m]

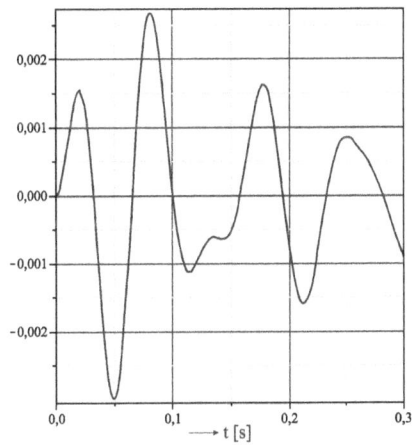

Abb. 16.12 Drehwinkel φ_3

Die drei Eigenschwingungsformen des Systems entnehmen wir spaltenweise der Matrix **S**. Eine Normierung der Eigenformvektoren auf die Länge 1 ergibt

$$
\mathbf{s_1} = \begin{bmatrix} 0{,}948 \\ 0 \\ 0{,}317 \end{bmatrix}, \quad \mathbf{s_2} = \begin{bmatrix} -0{,}876 \\ 0 \\ 0{,}483 \end{bmatrix}, \quad \mathbf{s_3} = \begin{bmatrix} 0 \\ 1 \\ 0 \end{bmatrix}
$$

Die dritte Eigenform hat augenscheinlich nur eine Komponente in 2-Richtung, die damit eine Hauptschwingungsrichtung darstellt, wohingegen die ersten beiden Eigenformen in der ersten und dritten Koordinate gekoppelt sind.

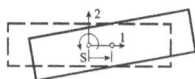   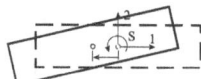   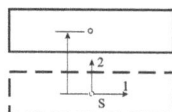

1. Eigenform   2. Eigenform   3. Eigenform
$\omega_1 = 73{,}29 \ \mathrm{s^{-1}}$ $\omega_2 = 120{,}35 \ \mathrm{s^{-1}}$ $\omega_3 = 215{,}10 \ \mathrm{s^{-1}}$
$f_1 = 11{,}66 \ \mathrm{Hz}$ $f_2 = 19{,}15 \ \mathrm{Hz}$ $f_3 = 34{,}23 \ \mathrm{Hz}$

Abb. 16.13   *Eigenschwingungsformen*

17 Näherungsverfahren für den Balken

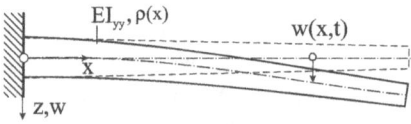

Abb. 17.1 *Durchbiegung eines Balkens*

Bei einem Balken sind Masse und Steifigkeit kontinuierlich verteilt. Die Lösung solcher Schwingungsprobleme erfordert die Integration partieller Differentialgleichungen unter Beachtung spezieller Anfangs- und Randbedingungen. Bei komplizierten Systemen gestaltet sich deren Lösung recht aufwendig, und für viele praktische Fälle kann eine geschlossene Lösung gar nicht angegeben werden. In solchen Fällen sind wir auf nummerische Verfahren angewiesen. Im Folgenden soll ein Verfahren vorgestellt werden, das sehr vielseitig einsetzbar ist und als elementarer Vorläufer der Methode der Finiten Elemente (FEM) angesehen werden kann.

17.1 Ein einfaches Diskretisierungsverfahren

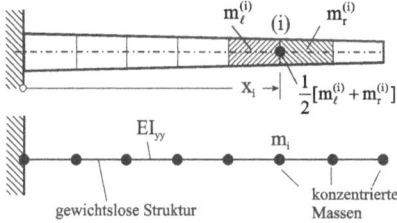

Abb. 17.2 *Diskretisierter Balken*

Wir betrachten dazu den Balken in Abb. 17.1. Die Transversalbewegung dieses Tragwerks wird in der Kontinuumstheorie in Form einer orts- und zeitabhängigen Verschiebungsfunktion $w(x,t)$ angegeben. Da das Kontinuumsmodell unendlich viele Freiheitsgrade besitzt, liefert die Analyse selbstverständlich auch unendlich viele Eigenfrequenzen und Eigenformen. Die Grundidee besteht nun darin, das Kontinuumsmodell mit unendlich vielen Freiheitsgraden in einen Schwinger mit endlich vielen Freiheitsgraden zu überführen. Dazu teilen wir den Stab in n Abschnitte, die Elemente genannt werden. Die Aufteilung kann bei einfachen Systemen äquidistant erfolgen. Existieren Unstetigkeiten in der Belastung, der Geometrie oder auch der Materialverteilung, dann liegen die Elementgrenzen an diesen Unstetigkeitsstellen. Als Folge der Elementierung entstehen an den Elementgrenzen x_i ($i = 0,...,n$) genau $n + 1$ Knoten. Wir ersetzen nun die kontinuierlich verteilte Balkenmasse durch konzentrierte, an den diskreten Stellen x_i angebrachte Einzelmassen (engl. lumped-mass-procedure), also Punktmassen ohne Ausdehnung. Den Stab selbst betrachten wir fortan als masselos mit der Biegesteifigkeit $B = EI_{yy}$.

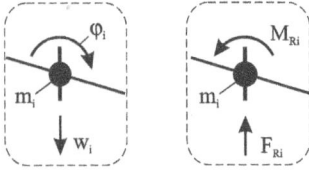

Abb. 17.3 *Knotenfreiheitsgrade und Rückstelllasten*

An einem innen liegenden Knoten wird die Knotenmasse m_i aus dem Mittelwert der angrenzenden Elementmassen gebildet. Auf die Randknoten entfällt dann jeweils nur der halbe Anteil der entsprechenden Elementmassen. Die Anzahl der Knoten ist entscheidend für den zu leistenden Rechenaufwand. Mit wachsender Knotenzahl erwarten wir selbstverständlich eine Verbesserung der Ergebnisse. Jedem Knoten des diskretisierten Systems werden Knotenfreiheitsgrade zugeordnet. Das sind Verschiebungen w_i und Verdrehungen φ_i. Die aus dem Verbund der Elemente resultierenden Rückstellkräfte F_{Ri} und Rückstellmomente M_{Ri} werden als äußere Kräfte auf die Knoten aufgebracht (Abb. 17.3). Als Reaktionsgrößen wirken sie entgegengesetzt zu den positiv eingeführten Knotenfreiwerten. Für jede Teilmasse m_i werden nun die *Sätze* angeschrieben, wobei wir uns im Folgenden auf die freien Schwingungen konzentrieren

1. Schwerpunktsatz: $m_i \ddot{w}_i = -F_{Ri}$

2. Drallsatz: $\Theta_i \ddot{\varphi}_i = -M_{Ri}$

Da für praktische Anwendungen der Balkentheorie der Einfluss der Drehträgheit der Massen auf das Schwingungsverhalten des Systems i. Allg. vernachlässigt werden kann, wird lediglich der translatorische Anteil betrachtet. Für das Gesamtsystem folgt dann in Matrizenschreibweise

$$
\begin{bmatrix}
m_1 & 0 & 0 & 0 & 0 \\
0 & \ddots & 0 & 0 & 0 \\
0 & 0 & m_i & 0 & 0 \\
0 & 0 & 0 & \ddots & 0 \\
0 & 0 & 0 & 0 & m_n
\end{bmatrix}
\cdot
\begin{bmatrix}
\ddot{w}_1 \\
\vdots \\
\ddot{w}_i \\
\vdots \\
\ddot{w}_n
\end{bmatrix}
= -
\begin{bmatrix}
F_{R1} \\
\vdots \\
F_{Ri} \\
\vdots \\
F_{Rn}
\end{bmatrix}
$$

oder symbolisch

$$\mathbf{M} \cdot \ddot{\mathbf{w}} = -\mathbf{F_R} \tag{17.1}$$

$\mathbf{M}$:   Massenmatrix (Diagonalmatrix)

$\ddot{\mathbf{w}}$:   Beschleunigungsvektor der Massepunkte

$\mathbf{F_R}$:   Vektor der resultierenden Rückstellkräfte

Es verbleibt noch die Bestimmung des Vektors der Rückstellkräfte $\mathbf{F_R}$. Nach Abb. 17.4 erzeugt eine Kraft F_1 am Knoten 1 die Verschiebung $w_1 = \alpha_{11}F_1$ und am Knoten j die Verschiebung $w_j = \alpha_{j1}F_1$. Umgekehrt verursacht eine Kraft F_j am Knoten j die Verschiebung $w_j = \alpha_{jj}F_j$ und entsprechend am Knoten 1 die Verschiebung $w_1 = \alpha_{1j}F_j$. Betrachten wir ein System, das unter der Einwirkung von n äußeren Kräften F_j ($j = 1,...,n$) im Gleichgewicht steht, dann gilt zwischen den Kräften F_j und den Verschiebungen w_i der folgende Zusammenhang

$$w_1 = \alpha_{11}F_1 + \alpha_{12}F_2 + ... + \alpha_{1n}F_n = \sum_{j=1}^{n} \alpha_{1j}F_j$$

$$w_2 = \alpha_{21}F_1 + \alpha_{22}F_2 + ... + \alpha_{2n}F_n = \sum_{j=1}^{n} \alpha_{2j}F_j \qquad (17.2)$$

$$\vdots$$

$$w_n = \alpha_{n1}F_1 + \alpha_{n2}F_2 + ... + \alpha_{nn}F_n = \sum_{j=1}^{n} \alpha_{nj}F_j$$

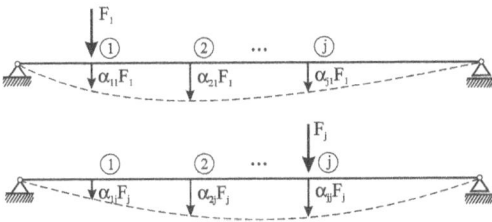

Abb. 17.4 *Definition der Einflusszahlen α_{ij}*

Die Einflüsse auf die Verschiebung w_i infolge Lasten an den Stellen j ergeben sich bei elastischen Systemen nach Maxwell[1] und Betti[2] durch Superposition. Die Zahlen $\alpha_{ij} = \alpha_{ji}$ heißen Einflusszahlen. Sie werden nach bekannten baustatischen Verfahren berechnet oder Tabellen der Ingenieurliteratur entnommen und beschreiben allgemein den Einfluss der Verformung (Verschiebung oder Verdrehung) an der Stelle i infolge einer Lastgröße (Kraft oder Moment) an der Stelle j.

Fassen wir die Einflusszahlen in der Matrix **A** zusammen, dann erhalten wir mit (17.2) für die Verschiebungen

$$\mathbf{w} = \mathbf{A} \cdot \mathbf{F_R} \qquad (17.3)$$

und aufgelöst nach den Rückstellkräften

---

[1]   James Clerk Maxwell, britischer Physiker, 1831-1879

[2]   Enrico Betti, italien. Mathematiker, 1823-1892

$$F_R = A^{-1} \cdot w = K \cdot w \tag{17.4}$$

A: Matrix der Einflusszahlen (symmetrisch)

K: Steifigkeitsmatrix (symmetrisch)

Einsetzen von (17.4) in (17.1) liefert

$$M \cdot \ddot{w} + K \cdot w = 0 \tag{17.5}$$

Die Lösung von (17.5) ist bekannt.

Beispiel 17-1:

The Spire of Dublin[1], ein bekanntes Denkmal der irischen Hauptstadt, besteht aus einer $h = 120\,m$ hohen Stahlnadel ($\rho = 7850\,kg/m^3$, $E = 2,1 \cdot 10^{11}\,N/m^2$), die an ihrem Fuße einen mittleren Durchmesser von $d_u = 3,00\,m$ und an der Spitze einen solchen von $d_o = 0,15\,m$ besitzt. Der Durchmesser $d(x)$ ist linear mit der Höhe veränderlich (Abb. 17.5). Die Blechdicke beträgt einheitlich $t = 2,5\,cm$. Für dieses Tragwerk sind näherungsweise die Eigenfrequenzen und die Eigenformen zu berechnen. Etwa vorhandene Dämpfungseffekte können vernachlässigt werden.

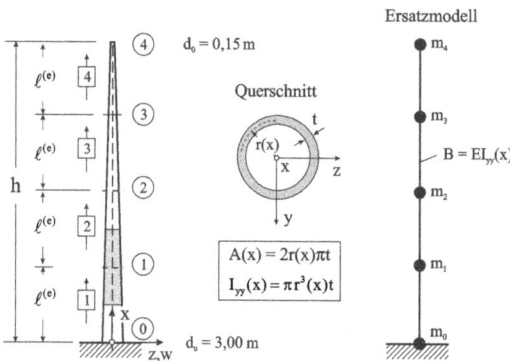

Abb. 17.5   *The Spire of Dublin, Ersatzmodell (n = 4 Elemente)*

Lösung: Das statische System entspricht einem Kragträger mit veränderlicher Masse und Biegesteifigkeit, den wir in n gleichlange Elemente der Länge $\ell^{(e)} = h/n$ teilen. Mit dem in Abb. 17.5 eingeführten Koordinatensystem liegen die Elementknoten an den Stellen $x_i = i\,\ell^{(e)}$ ($i = 1,...,n$). Der Knoten 0 ist an der Einspannstelle festgehalten und kann sofort eliminiert werden. Im Einzelnen erhalten wir

---

[1]   heißt offiziell *Monument of Light* und steht in der O'Connell Street

Durchmesser: $\quad d = d_u + \dfrac{d_o - d_u}{h} x = d_u(1 - \delta\xi) \quad (\delta = 1 - d_o/d_u, \ \xi = x/\ell)$

Volumen: $\quad dV(x) = d(x)\pi t\, dx, \ V = \int dV = 1/2\,\pi h t (d_u + d_o) = 14{,}84 \text{ m}^3$

Gesamtmasse: $\quad m = \rho V = 116525{,}6 \text{ kg}$.

Das Element mit dem Index i besitzt die untere Elementgrenze $x_u = (i-1)\ell^{(e)}$. Sein Volumen ist $V_i = \pi t \displaystyle\int\limits_{x_u}^{x_u+\ell^{(e)}} d(x)dx = \dfrac{\pi h t d_u}{2n^2}[2n - (2i-1)\delta]$, und seine Masse ermitteln wir zu

$m_i^{(e)} = \rho V_i = \dfrac{\rho\pi h t d_u}{2n^2}[2n - (2i-1)\delta]$. Bei einer Teilung mit $n = 4$ sind die Elementmassen

$m_1^{(e)} = 48899{,}14 \text{ kg}$, $m_2^{(e)} = 13508{,}36 \text{ kg}$, $m_3^{(e)} = 22542{,}15 \text{ kg}$, $m_4^{(e)} = 9363{,}66 \text{ kg}$, die nun auf die Knoten zu verteilen sind. Auf innere Knoten i ($i = 1,\ldots, n-1$) entfällt die Knotenmasse $m_i^{(k)} = \dfrac{1}{2}(m_i^{(e)} + m_{i+1}^{(e)}) = \dfrac{\rho\pi h t d_u}{n^2}(n - i\delta)$, und der Endknoten ($i = n$) bekommt die Hälfte

der Masse des Elementes $i = n$, also $m_n^{(k)} = \dfrac{1}{2}m_n^{(e)} = \dfrac{\rho\pi h t d_u}{4n^2}[2n(1-\delta) + \delta]$. Für die Teilung $n = 4$ errechnen wir die Knotenmassen

$m_1^{(k)} = 42309{,}89 \text{ kg}, m_2^{(k)} = 29131{,}40 \text{ kg}, m_3^{(k)} = 15952{,}91 \text{ kg}, m_4^{(k)} = 4681{,}83 \text{ kg}$, die in der Massenmatrix $\mathbf{M} = \text{diag}[42309{,}89 \quad 29131{,}40 \quad 15952{,}91 \quad 4681{,}83]$ angeordnet werden.

Zur Berechnung der Einflusszahlen benötigen wir die Auslenkung des Kragträgers infolge einer Kraft $F_j = 1$ an der Stelle $x = a$. Dazu ist die Differenzialgleichung der Biegelinie

$$\frac{d^2w(x)}{dx^2} = \frac{-M_y(x)}{EI_{yy}(x)} \qquad w(x = 0) = 0, \ \left.\frac{dw(x)}{dx}\right|_{x=0} \qquad (17.6)$$

unter den Randbedingungen einer Einspannung bei $x = 0$ zu integrieren. Das Schnittlastmoment $M_y = \begin{cases} -(a-x) & \text{für} \quad 0 \le x \le a \\ 0 & \text{sonst} \end{cases}$

folgt bei diesem statisch bestimmten System aus dem Momentengleichgewicht am freigeschnittenen System allein. Da sich der Durchmesser $d(x)$ linear mit x verändert, ist nun auch das Flächenträgheitsmoment $I_{yy}(x) = \dfrac{\pi d^3(x)t}{8}$ eine Funktion von x. Dieser Sachverhalt ist bei der Integration der Differenzialgleichung (17.6) zu beachten. Mit der neuen Variablen

$$z = 1 - \delta\xi \qquad (17.7)$$

sowie $\alpha = a/h$ ist das Biegemoment $M_y = -(a-x) = -h(\alpha-\xi) = -\dfrac{h}{\delta}(\delta\alpha-1+z)$ und die

Biegesteifigkeit $B = EI_{yy} = B_u z^3$, $B_u = (E\pi d_u^3 t)/8$. Unter Beachtung der Ableitungsregel

$\dfrac{d^2}{dx^2} = \dfrac{\delta^2}{h^2}\dfrac{d^2}{dz^2}$ und der Abkürzung $\eta = \dfrac{h^3}{B_u \delta^3}$ geht (17.6) über in

$$\frac{d^2 w(z)}{dz^2} = \eta\frac{\alpha\delta-1+z}{z^3} \qquad w(z=1) = 0 \qquad \frac{dw(z)}{dz}\bigg|_{z=1} = 0 \qquad (17.8)$$

Die Lösung ist

$$w(z) = \frac{\eta}{2z}\{2z\ln z + (z-1)[z(\alpha\delta+1)-\alpha\delta+1)]\}, \qquad \frac{dw}{dz} = \frac{\eta}{2z^2}(z-1)[z(\alpha\delta+1)+\alpha\delta-1)]$$

und die Rücktransformation mit (17.7) liefert

$$w(\xi) = \frac{\eta}{2(1-\delta\xi)}\{2(1-\delta\xi)\ln(1-\delta\xi) - \delta\xi[(1-\delta\xi)(\alpha\delta+1)-\alpha\delta+1)]\}$$

$$\frac{dw}{d\xi} = \frac{\eta\delta^2\xi}{2(1-\delta\xi)^2}[(1-\delta\xi)(\alpha\delta+1)+\alpha\delta-1)] \qquad (17.9)$$

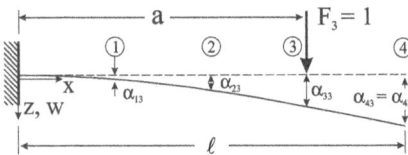

Abb. 17.6 *Kragträger mit $F_3 = 1$ an der Stelle $x = a$*

Unterhalb der Last ist $w(\xi = \alpha) = -1/2\eta[\alpha\delta(\alpha\delta+2)+2\ln(1-\alpha\delta)]$. Für den über die Höhe h konstanten Radius ($\delta = 0$) folgt mit $d_o = d_u = d$ aus einer Grenzwertbetrachtung

$$w(\xi) = \frac{h^3\xi^2(3\alpha-\xi)}{6B} \qquad\qquad B = (E\pi d^3 t)/8 \qquad (17.10)$$

Mit der Verschiebungsfunktion $w(\xi)$ aus (17.9) können nun die Einflusszahlen ermittelt werden. Wir stellen dazu nacheinander die Kraft $F_j = 1$ an die Stelle x_j und berechnen dazu die Verschiebungen an den Knoten x_i ($i = 1,...,j$). Abb. 17.6 zeigt die Laststellung $F_3 = 1$ und die Interpretation der zugehörigen Einflusszahlen. Die Einflusszahl $\alpha_{43} = \alpha_{34}$ wird aus der Laststellung $F_4 = 1$ berechnet. Das Ergebnis ist in Tab. 17.1 zusammengestellt.

Tab. 17.1 *Einflusszahlen für den Kragträger in Abb. 17.5*

Last am Knoten j	$x_1 = 0,25\ell$	$x_2 = 0,5\ell$	$x_3 = 0,75\ell$	$x_4 = \ell$
1	$\alpha_{11} = 0,1973 \cdot 10^{-6}$			**sym.**
2	$\alpha_{12} = 0,5154 \cdot 10^{-6}$	$\alpha_{22} = 0,2047 \cdot 10^{-5}$		
3	$\alpha_{13} = 0,8334 \cdot 10^{-6}$	$\alpha_{23} = 0,3895 \cdot 10^{-5}$	$\alpha_{33} = 0,1015 \cdot 10^{-4}$	
4	$\alpha_{14} = 0,1151 \cdot 10^{-5}$	$\alpha_{24} = 0,5743 \cdot 10^{-5}$	$\alpha_{34} = 0,1773 \cdot 10^{-4}$	$\alpha_{44} = 0,5773 \cdot 10^{-4}$

Damit liegt die Matrix **A** der Einflusszahlen fest, auf deren Wiedergabe hier verzichtet wird. Durch Invertierung von **A** erhalten wir die Steifigkeitsmatrix

$$\mathbf{K} = 10^6 \begin{bmatrix} 16,8199 & -6,0505 & 1,0273 & -0,0492 \\ & 4,1402 & -1,2605 & 0,0961 \\ & & 0,6800 & -0,1040 \\ \mathbf{sym.} & & & 0,0407 \end{bmatrix}$$

Die homogene Bewegungsgleichung $\mathbf{M} \cdot \ddot{\mathbf{w}} + \mathbf{K} \cdot \mathbf{w} = \mathbf{0}$ geht mit dem Eigenfunktionsansatz $\mathbf{w} = \mathbf{a}\cos(\omega t - \alpha)$ in das allgemeine Eigenwertproblem $(\mathbf{K} - \omega^2\mathbf{M}) \cdot \mathbf{a} = \mathbf{0}$ über. Aus der Eigenwertgleichung $\det(\mathbf{K} - \omega^2\mathbf{M}) = 0$ resultieren genau 4 reelle und positive Eigenkreisfrequenzen ω_j $(j = 1, \dots, 4)$ und ebenso viele reelle Eigenvektoren.

1. Eigenwerte:

$$\omega_1 = 1,56\,\text{s}^{-1} \quad \rightarrow f_1 = 0,25\,\text{s}^{-1}, \qquad \omega_2 = 3,67\,\text{s}^{-1} \quad \rightarrow f_2 = 0,58\,\text{s}^{-1}$$

$$\omega_3 = 9,06\,\text{s}^{-1} \quad \rightarrow f_3 = 1,44\,\text{s}^{-1}, \qquad \omega_4 = 22,20\,\text{s}^{-1} \quad \rightarrow f_4 = 3,53\,\text{s}^{-1}$$

2. Eigenvektoren:

$$\mathbf{e_1} = \begin{bmatrix} -0,0323 \\ -0,1499 \\ -0,4052 \\ -1,0000 \end{bmatrix}, \quad \mathbf{e_2} = \begin{bmatrix} -0,0909 \\ -0,3336 \\ -0,4796 \\ 1,0000 \end{bmatrix}, \quad \mathbf{e_3} = \begin{bmatrix} -0,4565 \\ -0,8331 \\ 1,0000 \\ -0,4701 \end{bmatrix}, \quad \mathbf{e_4} = \begin{bmatrix} 1,0000 \\ -0,6238 \\ 0,2533 \\ -0,0598 \end{bmatrix}$$

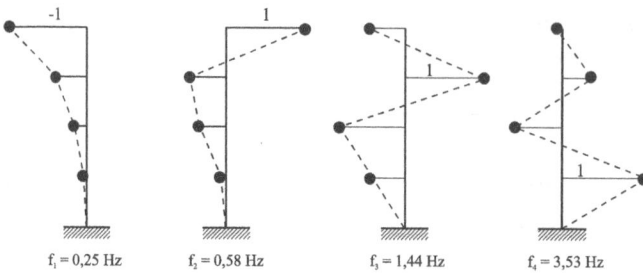

f₁ = 0,25 Hz   f₂ = 0,58 Hz   f₃ = 1,44 Hz   f₄ = 3,53 Hz

Abb. 17.7   *Eigenformen des diskretisierten Systems (n = 4 Elemente)*

Zum Vergleich der Lösung mit der Teilung $n = 4$, wurden Vergleichsrechnungen mit $n = 2$ und einer verfeinerten Elementierung bis $n = 128$ durchgeführt. Die Ergebnisse sind in Tab. 17.2 zusammengestellt. Um hier zu einem brauchbaren Ergebnis auch für die höheren Eigenfrequenzen zu kommen, ist offensichtlich eine hinreichend feine Elementierung erforderlich.

Tab. 17.2   *Eigenfrequenzen f [Hz] für verschiedene Elementteilungen*

n	f_1	f_2	f_3	f_4	f_5	f_6	f_7	f_8
2	0,16	0,55	-	-	-	-	-	-
4	0,25	0,58	1,44	3,53	-	-	-	-
8	0,28	0,77	1,49	2,68	4,56	7,37	11,54	18,31
16	0,29	0,86	1,74	2,96	4,55	6,59	9,17	12,35
32	0,30	0,88	1,84	3,18	4,91	7,05	9,59	12,53
64	0,30	0,89	1,86	3,23	5,03	7,26	9,92	13,00
128	0,30	0,89	1,86	3,25	5,06	7,32	10,01	13,14

17.2   Näherungsweise Berechnung der Eigenfrequenzen nach Rayleigh-Ritz

Dieses auf dem Energieerhaltungssatz basierende Verfahren gestattet die Berechnung der ersten Eigenkreisfrequenz, ohne die Verformung des Systems genau zu kennen. Wir gehen von einer dämpfungsfreien Bewegung aus und wählen für die zeit- und ortsabhängige Verschiebung des Balkens den Produktansatz

$$w(x,t) = f(x)\,u(t) = f(x)\cos(\omega t - \alpha) \tag{17.11}$$

der einer ungedämpften Bewegung mit der gesuchten Eigenkreisfrequenz ω und der Phasenverschiebung α entspricht. Über die Ortsfunktion $f(x)$ muss noch sinnvoll verfügt werden. Die maximale Auslenkung $w_{max} = \max w(x,t) = f(x)$ folgt aus (17.11), wenn wir dort $\cos(\omega t - \alpha) = 1$ setzen. Ausgehend vom Energieerhaltungssatz in der Form

$$E + U = E + W = \text{konst.} = E_{max} = U_{max} = W_{max} \qquad (17.12)$$

ist $U_{max} = U(w_{max})$ diejenige potenzielle Energie des Trägers, die sich bei der maximalen Auslenkung w(x,t) einstellt. Die potenzielle Energie U entspricht der Formänderungsenergie W, die bei reiner Biegung eines Balkens aus (hier ohne Beweis)

$$U = W = \frac{1}{2} \int\limits_{(\ell)} EI_{yy}(x)\left(\frac{\partial^2 w(x,t)}{\partial x^2}\right)^2 dx = \frac{1}{2}\cos^2(\omega t - \alpha) \int\limits_{(\ell)} EI_{yy}(x)f''^2(x)\,dx \qquad (17.13)$$

berechnet wird. Die Ableitung nach x wurde mit ( )′ abgekürzt. Damit folgt

$$U_{max} = W_{max} = \frac{1}{2}\int\limits_{(\ell)} EI_{yy}(x)f''^2(x)\,dx \qquad (17.14)$$

Die kinetische Energie des Systems ist

$$E = \frac{1}{2}\int\limits_{(m)} v^2 dm = \frac{1}{2}\cos^2(\omega t - \alpha)\int\limits_{(\ell)} \rho(x)A(x)dx\left(\frac{\partial w(x,t)}{\partial t}\right)^2$$

$$= \frac{1}{2}\omega^2\sin^2(\omega t - \alpha)\int\limits_{(\ell)} \rho(x)A(x)f^2(x)dx$$

mit ihrem Maximum

$$E_{max} = \frac{1}{2}\omega^2\int\limits_{(\ell)} \rho(x)A(x)f^2(x)dx \qquad (17.15)$$

Führen wir noch die bezogene kinetische Energie

$$\overline{E} = \frac{E_{max}}{\omega^2} \qquad (17.16)$$

ein, dann erhalten wir mit (17.12)

$$\omega^2 = \frac{U_{max}}{\overline{E}} = \frac{W_{max}}{\overline{E}} = \frac{\int\limits_{(\ell)} EI_{yy}(x)f''^2(x)\,dx}{\int\limits_{(\ell)} \rho(x)A(x)f^2(x)dx} \qquad (17.17)$$

Die Auswertung dieser als Rayleigh-Ritz-Formel bezeichneten Beziehung, erfordert die Konkretisierung der Funktion f(x). Dabei ist auf Folgendes zu achten: Die Funktion f(x) muss mit den kinematischen Lagerungsbedingungen verträglich sein, sie muss also mindestens die geometrischen Randbedingungen erfüllen. In der Regel werden die Ansatzfunktionen aus der Erfahrung heraus gewählt. Allgemein kann hinsichtlich der Güte der mit (17.17) erzielten Approximation gesagt werden, dass diese um so besser ist, je vollständiger mit der Ansatzfunktion $f(x)$ die Randbedingungen und die Massenverteilung des Systems erfüllt werden. Bei unserer Problemstellung ist mit der Auswahl von $f(x)$ darauf zu achten, dass diese möglichst wenig gekrümmt ist, denn nach (17.17) wird die kleinste Eigenkreisfrequenz dann berechnet, wenn der Zähler möglichst klein gehalten wird.

Beispiel 17-2:

Es soll für das System in Beispiel 17-1 näherungsweise die erste Eigenfrequenz unter Anwendung der Rayleigh-Ritz-Formel (17.17) mit den beiden Ansatzfunktionen

1.) $f_1 = c\xi^2(6 - 4\xi + \xi^2)$

2.) $f_2 = f_1(1 + \delta\xi) = c\xi^2(6 - 4\xi + \xi^2)(1 + \delta\xi)$

berechnet werden. Wir verwenden weiterhin die Abkürzungen

$$\delta = 1 - d_o/d_u, \quad B = EI_{yy} = B_u(1 - \delta\xi)^3, \quad B_u = (E\pi d_u^3 t)/8, \quad \xi = x/\ell.$$

In beiden Verschiebungsansätzen bedeutet c eine dimensionsbehaftete Konstante. Die Querschnittsfläche des Balkens $A = A_u(1 - \delta\xi)$, mit $A_u = d_u\pi t$, ändert sich linear.

Die Funktion f_1 entspricht der Auslenkung eines Kragträgers mit konstantem Flächenträgheitsmoment unter Gleichstreckenlast. Sie erfüllt mit

$$f_1 = c\xi^2(6 - 4\xi + \xi^2), \qquad f_1' = \frac{4c}{h}\xi(3 - 3\xi + \xi^2)$$

die kinematischen Randbedingungen der Einspannung bei $\xi = 0$ und wegen

$$f_1'' = \frac{12c}{h^2}(1 - 2\xi + \xi^2), \qquad f_1''' = -\frac{24c}{h^3}(1 - \xi)$$

auch die dynamischen Randbedingungen der Momenten- und Querkraftfreiheit bei $\xi = 1$, wobei zu beachten ist, dass die Querkraft nicht proportional zu f_1''' ist. Im Einzelnen sind

$$W_{max} = \frac{1}{2}\int_{(\ell)} EI_{yy}(x)f_1''^2(x)dx = \frac{9B_u c^2}{35h^3}(56 - 28\delta + 8\delta^2 - \delta^3)$$

$$\overline{E} = \frac{1}{2}\rho\int_{x=0}^{h} A(x)f_1^2(x)dx = \frac{4h\rho A_u}{315}(91 - 73\delta), \quad \omega^2 = \frac{W_{max}}{\overline{E}} = \frac{81B_u(\delta^3 - 8\delta^2 + 28\delta - 56)}{4h^4\rho A_u(73\delta - 91)}$$

Mit den Werten des Beispiels folgen $\omega^2 = 4,85\,s^{-2}$, $\omega = 2,20\,s^{-1}$ und damit die Eigenfrequenz $f = 0,35\,s^{-1}$, die um 16 % größer ausfällt, als im Fall der Elementteilung mit $n = 32$ nach Tab. 17.2.

Die Verschiebungsfunktion $f_2 = f_1(1 + \delta\xi)$ berücksichtigt mit dem Faktor $1 + \delta\xi$ die zur Spitze hin abnehmende Steifigkeit. Für $\delta = 0$ (konstanter Querschnitt) sind beide Ansätze identisch. Die entsprechende Rechnung für f_2 liefert etwas aufwendiger

$$W_{max} = -\frac{2B_u c^2(445\delta^5 - 1686\delta^4 + 2079\delta^3 - 408\delta^2 - 714\delta - 756)}{105h^3}$$

$$\overline{E} = -\frac{h\rho A_u c^2(18333\delta^3 + 21412\delta^2 - 25696\delta - 32032)}{27720}$$

$$\omega^2 = \frac{528B_u}{h^4\rho A_u} \frac{445\delta^5 - 1686\delta^4 + 2079\delta^3 - 408\delta^2 - 714\delta - 756}{18333\delta^3 + 21412\delta^2 - 25696\delta - 32032}$$

und mit den Werten des Beispiels sind $\omega^2 = 3,76\,\mathrm{s}^{-2}$, $\omega = 1,94\,\mathrm{s}^{-1}$, $f = 0,31\,\mathrm{s}^{-1}$. Dieses Ergebnis kommt der Lösung in Tab. 17.2 bei einer Teilung $n = 32$ schon recht nahe.

Hinweis: Ist der Querschnitt über die Höhe h konstant ($\delta = 0$), dann liefern beide Verschiebungsansätze $\omega^2 = \frac{162B_u}{13h^4\rho A_u}$ und damit $\omega = 3,53\sqrt{\frac{B_u}{h^4\rho A_u}}$, einen mit der Lösung der Kontinuumstheorie übereinstimmenden Wert.

17.3 Näherungslösung mit dem d'Alembertschen Prinzip

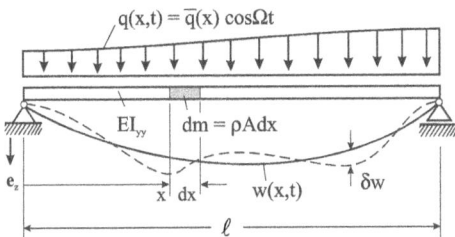

Abb. 17.8 *Träger auf zwei Stützen mit Querlast q(x,t)*

Im Folgenden sollen mittels des d'Alembertschen Prinzips in der Lagrangeschen Fassung Näherungslösungen für stationäre erzwungene Transversalschwingungen am elastischen Balken zur Verfügung gestellt werden. Wir betrachten dazu den Träger in Abb. 17.8, der durch die orts- und zeitabhängige Belastung

$$q(x,t) = \overline{q}(x)\cos\Omega t \qquad\qquad\qquad\qquad\qquad\qquad (17.18)$$

beansprucht wird. Die Biegesteifigkeit $B = EI_{yy}$, die Dichte ρ und auch die Querschnittsfläche A werden als mit der Ortskoordinate x veränderlich angenommen. In Abb. 17.8 bezeichnet w(x,t) die wirklich eintretende Verschiebung und δw deren Variation.

Nach Kap 4.6 erfordert das Prinzip $\delta_u A_{av} = \delta_u A_a - \int\limits_{(m)} dm\, \mathbf{b}\cdot\delta\mathbf{u} = \delta_u W$. Unter Beachtung

von $dA_a = q(x,t)dx\, w(x,t)$ ist $\delta_u A_a = \delta_w \int dA_a = \delta_w \int\limits_{x=0}^{\ell} q(x,t)w(x,t)dx$. Die Auslenkung

des Balkens findet nur in z-Richtung statt, und damit ist $\int\limits_{(m)} dm\, \mathbf{b}\cdot\delta\mathbf{u} = \int\limits_{x=0}^{\ell} \rho A dx \dfrac{\partial^2 w}{\partial t^2}\delta w$.

Zur Auswertung der virtuellen Spannungsarbeit $\delta_u W$ benötigen wir auch hier die Formänderungsenergie eines Biegebalkens nach (17.13). Damit lautet das Prinzip

$$\delta_w \int\limits_{x=0}^{\ell} \overline{q}\cos(\Omega t) w\, dx - \int\limits_{x=0}^{\ell} \rho A dx \frac{\partial^2 w}{\partial t^2}\delta w = \delta_w \int\limits_{x=0}^{\ell} \frac{EI_{yy}}{2}\left(\frac{\partial^2 w}{\partial x^2}\right)^2 dx \qquad (17.19)$$

Für die unbekannte Funktion w(x,t) wählen wir einen zur Belastung gleichartigen Produktansatz der Form

$$w(x,t) = \overline{w}(x)\cos\Omega t \qquad\qquad\qquad\qquad\qquad\qquad (17.20)$$

Unter Beachtung von

$$\frac{\partial^2 w}{\partial t^2}\delta w(x,t) = -\overline{w}(x)\Omega^2\cos(\Omega t) - \delta\overline{w}\cos(\Omega t) = -\frac{1}{2}\Omega^2\cos^2(\Omega t)\delta_{\overline{w}}(\overline{w}^2)$$

$$\frac{\partial^2 w}{\partial x^2} = \overline{w}''\cos(\Omega t)$$

folgt dann nach dem Kürzen mit $\cos^2\Omega t$

$$\delta_{\overline{w}}\left[\int\limits_{x=0}^{\ell}\frac{EI_{yy}}{2}(\overline{w}'')^2 dx - \Omega^2 \int\limits_{x=0}^{\ell}\frac{\rho A}{2}\overline{w}^2 dx - \int\limits_{x=0}^{\ell}\overline{q}\,\overline{w}\,dx \right] = 0 \qquad (17.21)$$

Führen wir mit

$$\Pi = \Pi\langle\overline{w}\rangle = \int\limits_{x=0}^{\ell}\frac{EI_{yy}}{2}(\overline{w}'')^2 dx - \Omega^2 \int\limits_{x=0}^{\ell}\frac{\rho A}{2}\overline{w}^2 dx - \int\limits_{x=0}^{\ell}\overline{q}\,\overline{w}\,dx = 0 \qquad (17.22)$$

das elastische Potenzial ein, dann können wir für (17.21) auch kürzer

$$\delta_{\overline{w}}\Pi\langle\overline{w}(x)\rangle = 0 \qquad (17.23)$$

schreiben. In Worten besagt die obige Beziehung, dass von allen denkbaren Verschiebungszuständen $\overline{w}(x)$ des Balkens derjenige wirklich eintritt, für den die Energiegröße Π einen stationären Wert (Maximum oder Minimum) annimmt.

Zur Beschaffung einer Näherungslösung wird in (17.21) im Sinne von Ritz[1] mit

$$\overline{w}(x) = \sum_{k=1}^{n} c_k \overline{w}_k(x) \qquad (17.24)$$

ein Näherungsansatz für $\overline{w}(x)$ gemacht, wobei die $\overline{w}_k(x)$ bekannte Funktionen von x darstellen. Bei der Auswahl der Funktionen ist das im Zusammenhang mit der Anwendung der Rayleigh-Ritz-Formel Gesagte zu beachten. Einsetzen von (17.24) in (17.22) ergibt den Näherungswert

$$\Pi\langle\overline{w}\rangle \approx \hat{\Pi}(c_k)$$

$$= \int_{x=0}^{\ell} \frac{EI_{yy}}{2}\left(\sum_{k=1}^{n} c_k \overline{w}_k''\right)^2 dx - \Omega^2 \int_{x=0}^{\ell} \frac{\rho A}{2}\left(\sum_{k=1}^{n} c_k \overline{w}_k\right)^2 dx - \int_{x=0}^{\ell} \overline{q}\left(\sum_{k=1}^{n} c_k \overline{w}_k\right) dx = 0 \qquad (17.25)$$

Sind die Ansatzfunktionen $\overline{w}_k(x)$ gewählt, dann ist $\hat{\Pi} = \hat{\Pi}(c_k)$ nur noch eine Funktion der Ritz-Parameter c_k. Damit ist das funktionalkinematisch unbestimmte Problem zur Ermittlung der Durchbiegung $\overline{w}(x)$ auf ein algebraisches zur Ermittlung der n Unbekannten c_k zurückgeführt, was die Problemlösung erheblich vereinfacht.

Da $\hat{\Pi}$ ein Extremum des Variationsintegrals ist, muss $\delta\hat{\Pi} = \sum_{j=1}^{n} \frac{\partial\hat{\Pi}}{\partial c_j}\delta c_j = 0$ erfüllt sein, und

wegen der Beliebigkeit der δc_j folgt $\frac{\partial\hat{\Pi}}{\partial c_j} = 0$ $(j = 1,...,n)$. Mit (17.25) erhalten wir

$$\frac{\partial\hat{\Pi}}{\partial c_j} = \int_{x=0}^{\ell} EI_{yy}\left(\sum_{k=1}^{n} c_k \overline{w}_k''\right)\overline{w}_j'' dx - \Omega^2 \int_{x=0}^{\ell} \rho A\left(\sum_{k=1}^{n} c_k \overline{w}_k\right)\overline{w}_j dx - \int_{x=0}^{\ell} \overline{q}\,\overline{w}_j dx = 0$$

Führen wir die Abkürzungen

---

[1] Walter Ritz, schweizer. Mathematiker und Physiker, 1878-1909

$$k_{jk} = \int\limits_{x=0}^{\ell} EI_{yy}\overline{w}_k'' \,\overline{w}_j'' dx, \quad m_{jk} = \int\limits_{x=0}^{\ell} \rho A\overline{w}_k \,\overline{w}_j dx, \quad f_{j0} = \int\limits_{x=0}^{\ell} \overline{q}\,\overline{w}_j dx \qquad (17.26)$$

ein, dann können wir dafür auch kürzer

$$\sum_{k=1}^{n} c_k k_{jk} - \Omega^2 \sum_{k=1}^{n} c_k m_{jk} - f_{j0} = 0 \qquad (j=1,...,n) \qquad (17.27)$$

schreiben. Das sind n lineare Gleichungen zur Bestimmung der n unbekannten Koeffizienten c_k. Fassen wir die Werte k_{jk} und m_{jk} in den symmetrischen Matrizen **K** und **M** sowie die unbekannten Ritzparameter c_k im Vektor **c** und die Lastanteile f_{j0} im Vektor der rechten Seite **f** zusammen, also

$$\mathbf{K} = \mathbf{K}^T = \begin{bmatrix} k_{11} & k_{12} & \cdots & k_{1n} \\ k_{21} & k_{22} & \cdots & k_{2n} \\ \vdots & \vdots & \ddots & \vdots \\ k_{n1} & k_{n2} & \cdots & k_{nn} \end{bmatrix}, \ \mathbf{M} = \mathbf{M}^T = \begin{bmatrix} m_{11} & m_{12} & \cdots & m_{1n} \\ m_{21} & m_{22} & \cdots & m_{2n} \\ \vdots & \vdots & \ddots & \vdots \\ m_{n1} & m_{n2} & \cdots & m_{nn} \end{bmatrix}, \ \mathbf{c} = \begin{bmatrix} c_1 \\ c_2 \\ \vdots \\ c_n \end{bmatrix}, \mathbf{f} = \begin{bmatrix} f_{10} \\ f_{20} \\ \vdots \\ f_{n0} \end{bmatrix}$$

dann kann das Gleichungssystem (17.27) auch in der Form

$$(\mathbf{K} - \Omega^2 \mathbf{M}) \cdot \mathbf{c} = \mathbf{f} \qquad (17.28)$$

geschrieben werden. Eine eindeutige Lösung für die Ritz-Parameter c_k ist immer dann gegeben, wenn $\det(\mathbf{K} - \Omega^2 \mathbf{M}) \neq 0$ erfüllt ist. Verschwindet mit

$$\det(\mathbf{K} - \Omega^2 \mathbf{M}) = 0 \qquad (17.29)$$

die Determinante, dann existiert keine stationäre Lösung, und es tritt der Resonanzfall ein. Wird insbesondere ein eingliedriger Ritzansatz $\overline{w}(x) = c_1\overline{w}_1(x)$ gewählt, dann verbleibt von (17.28)

$$(k_{11} - \Omega^2 m_{11})c_1 = f_{10}, \qquad \rightarrow c_1 = \frac{f_{10}}{k_{11} - \Omega^2 m_{11}} \qquad (17.30)$$

Fassen wir (17.29) als Bestimmungsgleichung zur Berechnung der Eigenkreisfrequenzen des Systems auf, dann erhalten wir im Rahmen der Näherungsrechnung auch genau n Näherungswerte der Eigenkreisfrequenzen für den transversal schwingenden Balken. Bei einem eingliedrigen Ritzansatz ist das

$$\omega_1^2 = \frac{k_{11}}{m_{11}} = \frac{\int\limits_{x=0}^{\ell} EI_{yy} \overline{w}_1''^2 dx}{\int\limits_{x=0}^{\ell} \rho A \overline{w}_1^2 dx} \qquad (17.31)$$

ein Ergebnis, das mit der Rayleigh-Ritz-Formel (17.17) übereinstimmt.

Beispiel 17-3:

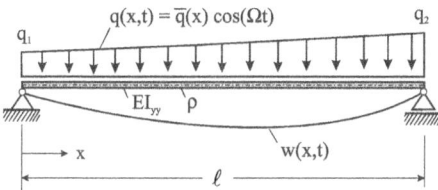

Abb. 17.9 *Balken mit pulsierender Belastung*

Der Balken in Abb. 17.9 wird durch eine linear veränderliche pulsierende Streckenlast q(x,t) beansprucht. Er besteht aus einheitlichem Material (Dichte ρ) und konstanter Biegesteifigkeit $B = EI_{yy}$. Für die angegebene Belastung soll die stationäre Transversalschwingung mit dem d'Alembertschen Prinzip in der Lagrangeschen Fassung bestimmt werden. Dazu ist der zweigliedrige Verschiebungsansatz $\overline{w}(x) = c_1 \overline{w}_1(x) + c_2 \overline{w}_2(x)$ mit den beiden Ansatzfunktionen

$$\overline{w}_1(x) = \sin\frac{\pi x}{\ell} \quad \text{und} \quad \overline{w}_2(x) = \sin\frac{2\pi x}{\ell} \quad \text{zu verwenden.}$$

<u>Lösung</u>: Wie leicht nachgeprüft werden kann, erfüllen die Funktionen $\overline{w}_1(x)$ und $\overline{w}_2(x)$ neben den geometrischen auch die dynamischen Randbedingungen. Man spricht in diesem Fall von Vergleichsfunktionen, die ein besonders gutes Ergebnis erhoffen lassen.

Mit $\Delta q = q_2 - q_1$ können wir für die linear veränderliche Belastung $\overline{q}(x) = q_1 + \Delta q \, x / \ell$ schreiben. Zur Auswertung der Integrale benötigen wir die Ableitungen

$$\overline{w}_1'' = -\left(\frac{\pi}{\ell}\right)^2 \sin\frac{\pi x}{\ell} \quad \text{und} \quad \overline{w}_2'' = -\left(\frac{2\pi}{\ell}\right)^2 \sin\frac{2\pi x}{\ell} \, . \text{ Damit sind}$$

$$k_{11} = B \int\limits_{x=0}^{\ell} \overline{w}_1''^2 dx = \frac{B\pi^4}{2\ell^3}, \quad k_{22} = B \int\limits_{x=0}^{\ell} \overline{w}_2''^2 dx = \frac{8B\pi^4}{\ell^3}, \quad k_{12} = k_{21} = 0,$$

$$m_{11} = \rho A \int_{x=0}^{\ell} \overline{w}_1^2 dx = \frac{\rho A \ell}{2} \,,\; m_{22} = \rho A \int_{x=0}^{\ell} \overline{w}_2^2 dx = \frac{\rho A \ell}{2} \,,\; m_{12} = m_{21} = 0 \,,$$

$$f_{10} = \int_{x=0}^{\ell} \overline{q}\,\overline{w}_1 dx = \frac{(2q_1 + \Delta q)\ell}{\pi} \,,\; f_{20} = \int_{x=0}^{\ell} \overline{q}\,\overline{w}_2 dx = -\frac{\Delta q \ell}{2\pi} \,.$$

Die Lösung des Gleichungssystems (17.28) liefert die Ritz-Parameter

$$c_1 = \frac{2(2q_1 + \Delta q)}{\pi \rho A \left(\dfrac{B\pi^4}{\rho A \ell^4} - \Omega^2 \right)} \,,\; c_2 = -\frac{\Delta q}{\pi \rho A \left(\dfrac{16 B\pi^4}{\rho A \ell^4} - \Omega^2 \right)}$$

und damit

$$w(x,t) = \overline{w}(x)\cos(\Omega t) = [c_1 \overline{w}_1(x) + c_2 \overline{w}_2(x)]\cos(\Omega t) \,.$$

In den Fällen $\Omega_1 = \pi^2 \sqrt{\dfrac{B}{\rho A \ell^4}}$ und $\Omega_2 = 4\pi^2 \sqrt{\dfrac{B}{\rho A \ell^4}}$ tritt Resonanz auf.

18 Nummerische Behandlung der Bewegungsgleichungen

Wie wir in den vorangegangenen Kapiteln gesehen haben, sind in der Strukturdynamik Anfangswertprobleme (AWP) in Form von Differenzialgleichungen oder Systeme von Differenzialgleichungen 2. Ordnung zu lösen. Dabei können die Gleichungen linear oder auch nichtlinear sein. Eine analytische Lösung ist nur in seltenen Fällen möglich, das gilt insbesondere für die nichtlinearen Anfangswertprobleme. Ein Beispiel für eine hochgradig nichtlineare Differenzialgleichung ist die Bewegungsgleichung des mathematischen Pendels

$$\ddot{\varphi}(t) + \omega^2 \sin \varphi(t) = 0, \qquad \varphi(t = t_0) = \varphi_0, \quad \dot{\varphi}(t = t_0) = \dot{\varphi}_0 \tag{18.1}$$

die durch Anfangsbedingungen zum Zeitpunkt $t = t_0$ ergänzt wird. In der Regel kommen für derartige Aufgaben nummerische Verfahren zum Einsatz. Sie liefern eine Näherung für die im Sinne der Theorie exakte Lösung, falls eine solche überhaupt existiert. Die Güte des Ergebnisses ist vom Benutzer durch Auswahl geeigneter Verfahren und Festlegung der verfahrensbedingten Parameter beeinflussbar.

Bevor wir die für die Strukturdynamik interessanten Verfahren vorstellen, sollen noch einige Vorbetrachtungen angestellt werden. Wie bereits erwähnt wurde, lässt sich jede Differenzialgleichung n-ter Ordnung in n Differenzialgleichungen 1. Ordnung überführen. Durch Einführung der Hilfsfunktionen

$$z_1(t) = \varphi(t), \quad z_2(t) = \dot{\varphi}(t) \tag{18.2}$$

wird beispielsweise (18.1) in das äquivalente Differenzialgleichungssystem 1. Ordnung

$$\begin{bmatrix} \dot{z}_1(t) \\ \dot{z}_2(t) \end{bmatrix} = \begin{bmatrix} z_2(t) \\ f[t, z_1(t), z_2(t)] \end{bmatrix} \tag{18.3}$$

übergeführt. Mit den Vektoren

$$\mathbf{z} = \begin{bmatrix} z_1(t) \\ z_2(t) \end{bmatrix}, \qquad \mathbf{f} = \begin{bmatrix} z_2(t) \\ f[t, z_1(t), z_2(t)] \end{bmatrix}, \qquad \mathbf{z_0} = \begin{bmatrix} z_{10} \\ z_{20} \end{bmatrix} = \begin{bmatrix} \varphi_0 \\ \dot{\varphi}_0 \end{bmatrix} \tag{18.4}$$

können wir (18.3) auch kürzer in der Form

$$\dot{\mathbf{z}}(t) = \mathbf{f}(t, \mathbf{z}(t)), \qquad \mathbf{z}(t = t_0) = \mathbf{z_0} \tag{18.5}$$

schreiben. Die Lösung ist

$$z(t) = z_0 + \int_{\tau=t_0}^{\tau=t} f(\tau, z(\tau)) d\tau \tag{18.6}$$

Damit lassen sich alle Verfahren zur Lösung von Anfangswertproblemen 1. Ordnung auch auf AWP für Differenzialgleichungen n-ter Ordnung anwenden.

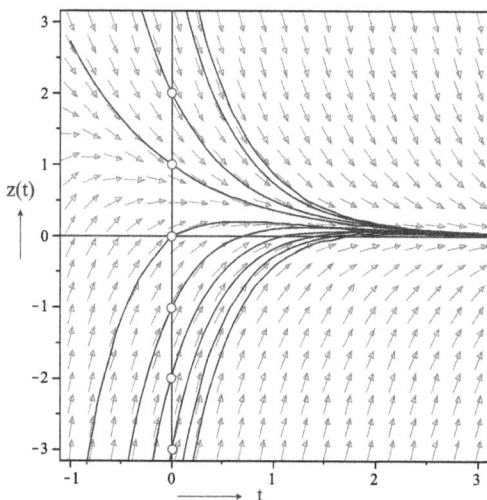

Abb. 18.1   *Richtungsfeld einer gewöhnliche Differenzialgleichung 1. Ordnung*

Eine Differenzialgleichung 1. Ordnung $\dot{z}(t) = f(t, z(t))$ ordnet jedem Punkt $(t, z(t))$ der Ebene einen Vektor $[1, f(t, z(t))]$ mit der Steigung $f(t, z(t))$ zu. Durch Festlegung des Anfangswertes $z(t = t_0) = z_0$ wird aus der Fülle der Integralkurven genau eine Lösung herausgefiltert. Abb. 18.1 zeigt das Richtungsfeld und einige Lösungskurven der Differenzialgleichung $\dot{z}(t) = f(t) = e^{-t} - 2z(t)$.

Ein unerlässlicher Schritt bei der Entwicklung nummerischer Verfahren besteht zunächst darin, die unabhängige Variable t zu diskretisieren (Abb. 18.2). Erstreckt sich das Lösungsgebiet beispielsweise über den endlichen Zeitraum $t_0 \le t \le t_E$, dann zerlegen wir dieses Gebiet in n Subintervalle $[t_i, t_{i+1}]$ $(i = 0, \ldots, n-1)$. Die Schrittweite $\Delta t = t_{i+1} - t_i$ wird dabei gewöhnlich konstant gewählt. Die diskreten Werte $t_i = t_0 + i\,\Delta t$ heißen Stützpunkte. An den Stützpunkten nimmt die zu berechnende Funktion z(t) die Stützwerte $z(t = t_i) = z_i$ an. Die Lösung wird also nicht kontinuierlich für jeden Zeitpunkt t berechnet, sondern lediglich an diskreten Stellen.

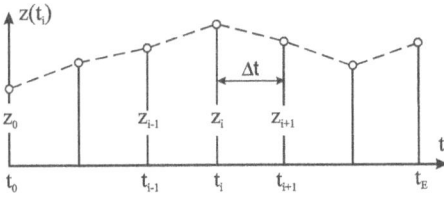

Abb. 18.2 *Diskretisierung des Lösungsgebietes*

Wir beschaffen uns nun eine Vorschrift zur näherungsweisen Berechnung von z_{i+1}, wenn die Lösung z_i vorliegt. Dazu integrieren wir (18.5) zwischen den Zeitpunkten t_i und t_{i+1} und erhalten

$$z_{i+1} - z_i = \int_{t_i}^{t_{i+1}} f(t, z(t))\, dt \tag{18.7}$$

Da die Funktion $f(t, z(t))$ im Intervall $[t_i, t_{i+1}]$ nicht bekannt ist, kann die Integration nur näherungsweise durchgeführt werden, und genau in diesem Punkt unterscheiden sich im Wesentlichen die verschiedenen Lösungsverfahren.

In der Nummerik der Anfangswertaufgaben wird zwischen expliziten und impliziten Integrationsverfahren unterschieden. In einem expliziten Verfahren werden zur Berechnung der Näherungslösung nur Werte herangezogen, die zeitlich vor der zu berechnenden Größe liegen, wohingegen bei impliziten Verfahren der zu berechnende Wert selbst benutzt wird, was in einem jeden Schritt die Lösung eines linearen oder auch nichtlinearen Gleichungssystems erfordert. Wird die Näherungslösung z_{i+1} im Stützpunkt t_{i+1} allein aus der des Punktes t_i gewonnen, dann wird dieses Verfahren als Einschrittverfahren bezeichnet. Im Gegensatz dazu verwenden die Mehrschrittverfahren zur Berechnung von z_{i+1} die Informationen der vorhergehenden Stützstellen $t_{i-1}, t_{i-2}, \ldots, t_{i-m}$.

Wir bezeichnen im Folgenden die Näherungslösungen an den diskreten Gitterpunkten t_i mit

$$\widetilde{z}(t_i) = \widetilde{z}_i \approx z(t_i) = z_i \tag{18.8}$$

Die Differenz

$$\varepsilon_{i+1} = z(t_{i+1}) - \widetilde{z}(t_{i+1}) \tag{18.9}$$

heißt lokaler Verfahrensfehler an der Stelle t_{i+1}, der bei der Integration der Differenzialgleichung über das Intervall $[t_i, t_{i+1}]$ entsteht. Der globale Verfahrensfehler

$$e_{i+1} = z(t_{i+1}) - \widetilde{z}(t_{i+1}) \tag{18.10}$$

an der Stelle t_{i+1} ist derjenige Fehler, der sich ergibt, wenn bei der Integration über das Intervall $[t_i, t_{i+1}]$ alle vorangegangenen Fehler berücksichtigt werden. Hinsichtlich der Fehlerbetrachtungen wird auf die Spezialliteratur verwiesen.

18.1   Differenzenquotienten

Zur Herleitung einiger wichtiger Differenzenquotienten entwickeln wir die skalarwertige Funktion f(t) in eine Taylor-Reihe. Es gilt allgemein

$$f(t) = f(t_0) + \frac{\dot{f}(t_0)}{1!}(t - t_0)^1 + \frac{\ddot{f}(t_0)}{2!}(t - t_0)^2 + \ldots \tag{18.11}$$

Der Punkt t_0 heißt Entwicklungspunkt. Mit $t = t_{i+1}$ und $t_0 = t_i$ folgt aus (18.11) unter Beachtung von $t_{i+1} - t_i = \Delta t$ in Kurzschreibweise

$$f_{i+1} = f_i + \Delta t\, \dot{f}_i + \frac{(\Delta t)^2}{2}\ddot{f}_i + O((\Delta t)^3) \qquad (i = 0, \ldots, n-1) \tag{18.12}$$

Entwickeln wir dagegen an der Stelle $t = t_{i-1}$, dann ist

$$f_{i-1} = f_i - \Delta t\, \dot{f}_i + \frac{(\Delta t)^2}{2}\ddot{f}_i + O((\Delta t)^3) \qquad (i = 0, \ldots, n-1) \tag{18.13}$$

Brechen wir nach den linearen Termen in Δt ab, dann folgt aus (18.12) der vorwärts genommene Differenzenquotient (VDQ)

$$\dot{f}_i \approx \tilde{\dot{f}}_i = \frac{f_{i+1} - f_i}{\Delta t} \tag{18.14}$$

Entsprechend folgt aus (18.13) der rückwärts genommene Differenzenquotient (RDQ)

$$\dot{f}_i \approx \tilde{\dot{f}}_i = \frac{f_i - f_{i-1}}{\Delta t} \tag{18.15}$$

Da wir zur Herleitung des vorwärts und rückwärts genommenen Differenzenquotienten in der Reihenentwicklung nach dem linearen Glied abgeschnitten haben, spricht man in diesen Fällen von einer Genauigkeit 1. Ordnung. Wir können die Genauigkeit der 1. Ableitung erhöhen, wenn wir (18.13) von (18.12) subtrahieren

$$\left.\begin{array}{l} f_{i+1} = \quad f_i + \Delta t\, \dot{f}_i + \dfrac{(\Delta t)^2}{2}\ddot{f}_i + O((\Delta t)^3) \\[3mm] -f_{i-1} = -f_i + \Delta t\, \dot{f}_i - \dfrac{(\Delta t)^2}{2}\ddot{f}_i + O((\Delta t)^3) \end{array}\right\} \rightarrow f_{i+1} - f_{i-1} = 2\Delta t\, \dot{f}_i + O((\Delta t)^3)$$

Aus der letzten Gleichung erhalten wir den zentralen Differenzenquotienten (ZDQ)

$$\dot{f}_i \approx \tilde{\dot{f}}_i = \frac{1}{2\Delta t}(f_{i+1} - f_{i-1}) \tag{18.16}$$

Da wir in der Reihenentwicklung alle quadratischen Glieder berücksichtigt haben, ist der zentrale Differenzenquotient von der Genauigkeit 2. Ordnung und damit um eine Ordnung höher als vorwärts und rückwärts genommener Differenzenquotient. Abb. 18.3 zeigt einen Vergleich der lokalen Ableitung $\dot{f} = df/dt$ im Punkte t_i (durchgezogene Linie) mit den aus den finiten Differenzen berechneten Differenzenquotienten (unterbrochene Linien).

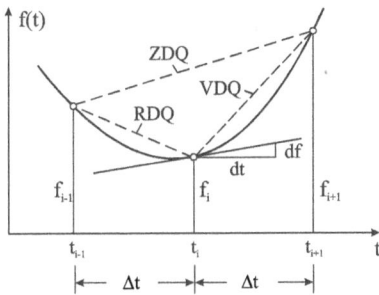

Abb. 18.3 *Differenzenquotienten*

Addieren wir (18.12) und (18.13), dann erhalten wir eine Näherung für die zweite Ableitung von f_i

$$\left.\begin{array}{l} f_{i+1} = f_i + \Delta t\,\dot{f}_i + \dfrac{(\Delta t)^2}{2}\ddot{f}_i + O((\Delta t)^3) \\[2mm] f_{i-1} = f_i - \Delta t\,\dot{f}_i + \dfrac{(\Delta t)^2}{2}\ddot{f}_i + O((\Delta t)^3) \end{array}\right\} \rightarrow f_{i+1} + f_{i-1} = 2f_i + (\Delta t)^2\ddot{f}_i + O((\Delta t)^3)$$

Bei Vernachlässigung der Terme mit $O((\Delta t)^3)$ folgt

$$\ddot{f}_i \approx \tilde{\ddot{f}}_i = \frac{1}{(\Delta t)^2}(f_{i+1} - 2f_i + f_{i-1}) \tag{18.17}$$

Dieser Differenzenquotient ist von der Genauigkeit 2. Ordnung. Wir integrieren nun (18.5) zwischen den Zeitpunkten t_i und t_{i+1} und erhalten

$$\mathbf{z}_{i+1} - \mathbf{z}_i = \int_{t_i}^{t_{i+1}} \mathbf{f}(t, \mathbf{z}(t))\, dt \tag{18.18}$$

Ersetzen wir in (18.7) die Funktion f durch ihre Taylor-Reihe, also

$$\mathbf{f}(t) = \mathbf{f_i} + \dot{\mathbf{f}}_\mathbf{i}(t - t_i) + \frac{1}{2}\ddot{\mathbf{f}}_\mathbf{i}(t - t_i)^2 + \cdots$$

und integrieren über t, dann folgt

$$\mathbf{z}_{i+1} = \mathbf{z}_i + \mathbf{f_i}\,\Delta t + \frac{1}{2}\dot{\mathbf{f}}_\mathbf{i}(\Delta t)^2 + \mathbf{O}((\Delta t)^3) \qquad (18.19)$$

18.2   Das Eulersche Polygonzugverfahren

Brechen wir die Taylor-Reihe (18.19) nach dem linearen Glied in Δt ab und bezeichnen die Näherungslösung von $\mathbf{z}_{i+1}$ zum Zeitpunkt $t_{i+1} = t_i + \Delta t$ mit $\widetilde{\mathbf{z}}_{i+1}$, dann erhalten wir die Rekursionsformel

$$\widetilde{\mathbf{z}}_{i+1} = \widetilde{\mathbf{z}}_i + \Delta t\,\widetilde{\mathbf{f}}_\mathbf{i} \qquad (i = 0, \ldots, n-1) \qquad (18.20)$$

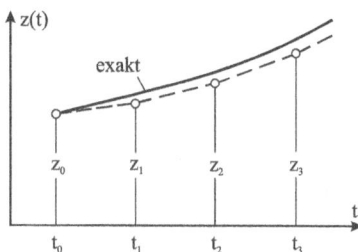

Abb. 18.4   *Polygonzugverfahren von Euler*

Dieses Verfahren wird wegen seiner anschaulichen geometrischen Deutung (Abb. 18.4) Eulersches Polygonzugverfahren[1] oder auch Euler-Vorwärts-Verfahren genannt und in die Klasse der expliziten Verfahren eingeordnet. Man erhält die Näherung im Stützpunkt t_{i+1} allein aus der des Punktes t_i, womit auch die Bezeichnung Einschrittverfahren gerechtfertigt ist. Da die Reihenentwicklung nach dem linearen Glied abgebrochen wurde, handelt es sich hier um ein Verfahren der Genauigkeit 1. Ordnung. Die Steigung

$$\dot{\widetilde{\mathbf{z}}} = \frac{\widetilde{\mathbf{z}}_{i+1} - \widetilde{\mathbf{z}}_i}{\Delta t} = \widetilde{\mathbf{f}}_\mathbf{i} \qquad (18.21)$$

wird allein aus dem Funktionswert $\widetilde{\mathbf{f}}_\mathbf{i}$ am linken Rand berechnet. Um ein akzeptables Ergebnis zu erreichen, muss deshalb die Schrittweite Δt sehr klein gewählt werden, was den prak-

---

[1]   Leonhard Euler, Institutiones Calculi Integralis. Volumen Primum, Opera Omnia XI, 1768

tischen Nutzen dieses Verfahrens erheblich einschränkt. Außerdem verhält es sich bei großen Schrittweiten instabil.

Algorithmus 18-1: Das Eulersche Polygonzugverfahren
<u>Eingabe</u>: Funktion $F(t_0,..., t_{n-1})$, Masse m, Dämpferkonstante c, Federkonstante k, Schrittweite Δt, Anfangswert $\tilde{z}_0$.

<u>Setze i = 0</u>
① Berechne den Zustandsvektor $\tilde{z}_{i+1} = \tilde{z}_i + \Delta t\, f(t, \tilde{z}_i)$

falls $i = n - 1$ gehe zu **Ausgabe**
<u>Setze i = i + 1</u>
Gehe zu ①
Ausgabe: Näherungslösung $\tilde{z}_i$ (i = 0,..., n-1)

Wir wenden das Eulersche Polygonzugverfahren auf den gedämpften Einmassenschwinger

$$m\,\ddot{x}(t) + c\,\dot{x}(t) + k\,x(t) = F(t)$$

an und beschaffen uns zunächst die Zustandsraumdarstellung ($z_1 = x$, $z_2 = \dot{x}$)

$$\begin{bmatrix} \dot{z}_1 \\ \dot{z}_2 \end{bmatrix} = \begin{bmatrix} 0 & 1 \\ -k/m & -c/m \end{bmatrix} \cdot \begin{bmatrix} z_1 \\ z_2 \end{bmatrix} + \begin{bmatrix} 0 \\ F/m \end{bmatrix} \qquad (18.22)$$

oder symbolisch

$$\dot{z}(t) = A \cdot z(t) + b(t) = f(t, z(t)) \qquad (18.23)$$

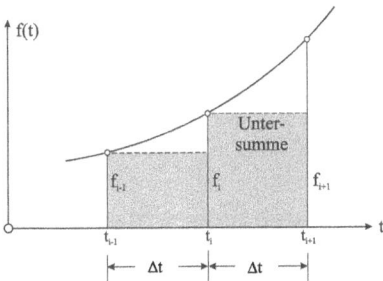

Abb. 18.5   Euler-Vorwärts-Verfahren   *Abb. 18.6   Euler-Rückwärts-Verfahren*

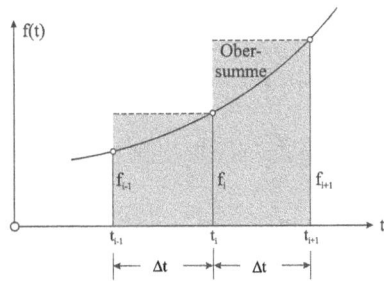

Die Formel (18.20) approximiert das Integral $\int_{t_i}^{t_{i+1}} f(t, z(t))\, dt$ auf eine sehr einfache Weise

durch die Untersumme (Abb. 18.5). Der Quadraturfehler entspricht anschaulich den dreieckförmigen Zwickelflächen. Wird das Integral durch die Obersumme (Abb. 18.6) approximiert, dann erhalten wir das implizite Eulerverfahren

$$\tilde{z}_{i+1} = \tilde{z}_i + \tilde{f}_{i+1}\, \Delta t \qquad (i = 0, \dots, n-1) \tag{18.24}$$

Wegen $\tilde{f}_{i+1} = \tilde{f}(t_{i+1}, \tilde{z}(t_{i+1}))$ steht die noch unbekannte Funktion $\tilde{z}_{i+1}$ auch im Argument von f, was die Lösung einer nichtlinearen Gleichung erfordert. Auch dieses Verfahren, das Euler-Rückwärts-Verfahren genannt wird, ist aufgrund der geringen Genauigkeit für die praktische Anwendung wenig geeignet.

Eine Steigerung der Genauigkeit des einfachen Polygonzugverfahrens kann durch eine gegenüber (18.21) verbesserte Annäherung der Steigung $\dot{z}$ im Intervall $[t_i, t_{i+1}]$ erreicht werden, etwa durch die Steigung $\dot{z}_{i+1/2}$ in Intervallmitte. Dieser Wert kann zwar nicht exakt berechnet werden, allerdings können wir uns eine Näherung beschaffen. Dazu ersetzen wir im Ausdruck $\dot{z}(t_i + \Delta t/2) = f(t_i + \Delta t/2, z(t_i + \Delta t/2))$ die Funktion $z(t_i + \Delta t/2)$ im Argument von f durch den nach der einfachen Eulerschen Polygonzugmethode ermittelten Wert $z(t_i + \Delta t/2) \approx \tilde{z}_i + \dfrac{\Delta t}{2} f(t_i, \tilde{z}(t_i))$. Auf diese Weise erhalten wir das verbesserte Eulerverfahren

$$\tilde{z}_{i+1} = \tilde{z}_i + \Delta t\, \tilde{f}\!\left(t_i + \frac{\Delta t}{2}, \tilde{z}_i + \frac{\Delta t}{2}\, \tilde{f}(t_i, \tilde{z}_i)\right) \tag{18.25}$$

Dieses Verfahren (s.h. Algorithmus 18-2) hat die Fehlerordnung $O((\Delta t)^2)$.

Algorithmus 18-2: Das verbesserte Eulersche Polygonzugverfahren
Eingabe: Funktion F($t_0, \dots, t_{n-1}$), Masse m, Dämpferkonstante c, Federkonstante k, Schrittweite Δt, Anfangswert $\tilde{z}_0$.

Setze i = 0

① Berechne $\mathbf{k}_1 = \tilde{z}_i + \dfrac{\Delta t}{2}\, \tilde{f}(t_i, \tilde{z}_i)$

Berechne den Zustandsvektor $\tilde{z}_{i+1} = \tilde{z}_i + \Delta t\, \tilde{f}(t_i + \dfrac{\Delta t}{2}, \mathbf{k}_1)$

falls $i = n-1$ gehe zu **Ausgabe**
Setze $i = i + 1$
Gehe zu ①
Ausgabe: Näherungslösung $\tilde{z}_i$ (i = 0,..., n-1)

Beispiel 18-1:

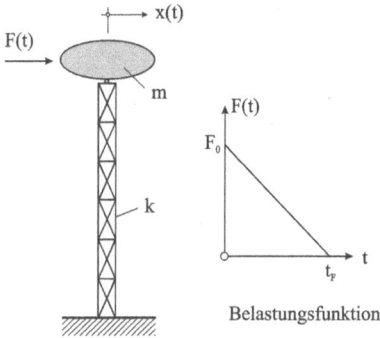

Abb. 18.7 Sendemast mit Impulsbelastung F(t)

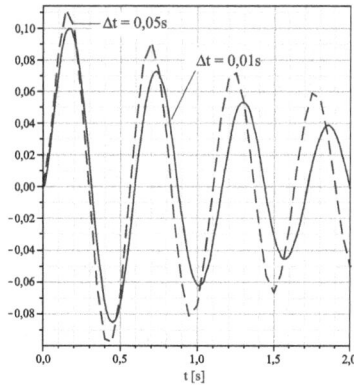

Abb. 18.8 Näherungslösungen x(t) [m]

Wir wenden das verbesserte Eulersche Polygonzugverfahren auf den Sendemast in Abb. 18.7 an. Der Mast wird im Intervall $0 \le t \le t_F$ durch einen Dreieckimpuls F(t) belastet, der mittels der Heaviside-Funktion $F(t) = F_0(1 - t/t_F)[H(t) - H(t - t_F)]$ dargestellt werden kann. Der Dämpfungsgrad ist D = 0,05. Gesucht wird die dynamische Antwort, wenn sich das System zum Zeitpunkt $t_0 = 0$ in Ruhe befand.

Geg.: $m = 400\,kg$, $k = 50\,kN/m$, $D = 0,05 \rightarrow c = 447,21\,kg/s$, $t_F = 0,1s$, $F_0 = 10\,kN$.

Lösung: Die dem Problem zugeordnete Differenzialgleichung 2. Ordnung mit konstanten Koeffizienten (m: Masse, c: Dämpfungskoeffizient, k: Federsteifigkeit) hat die Zustandsraumdarstellung

$$\mathbf{z}(t) = \begin{bmatrix} z_1(t) \\ z_2(t) \end{bmatrix}, \quad \mathbf{A} = \begin{bmatrix} 0 & 1 \\ -k/m & -c/m \end{bmatrix}, \quad \mathbf{b}(t) = \begin{bmatrix} 0 \\ 1/mF(t) \end{bmatrix}, \quad \mathbf{z_0} = \begin{bmatrix} x_0 \\ v_0 \end{bmatrix}$$

oder symbolisch $\dot{\mathbf{z}}(t) = \mathbf{f}(t, \mathbf{z}(t)) = \mathbf{A} \cdot \mathbf{z}(t) + \mathbf{b}(t)$ $\mathbf{z}(t = t_0) = \mathbf{z_0}$.

Abb. 18.5 zeigt die mit dem Algorithmus 18-2 erzielten Ergebnisse für die Zeitschrittweiten $\Delta t = 0,05\,s$ (Rechenzeit 0,125 s) und $\Delta t = 0,01\,s$ (Rechenzeit 0,311 s). Die Rechenzeiten wurden auf einem handelsüblichen Laptop gemessen. Beide Lösungen unterscheiden sich erheblich voneinander. Die Lösung zur kleineren Schrittweite $\Delta t = 0,01\,s$ kommt dem theoretisch exakten Verlauf (nicht dargestellt) schon recht nahe. Die mit der größeren Schrittweite erzielten Ergebnisse sind dagegen unbrauchbar.

18.3   Die Sehnen-Trapezregel (Verfahren von Heun)

Eine wesentliche Verbesserung des expliziten Eulerschen Polygonzugverfahrens kann erreicht werden, wenn die Taylor-Reihe in (18.19) erst nach dem quadratischen Glied in Δt abgebrochen wird, was zu

$$\widetilde{z}_{i+1} = \widetilde{z}_i + \widetilde{f}_i \, \Delta t + \frac{1}{2} \dot{\widetilde{f}}_i \, (\Delta t)^2$$

führt. Die Zeitableitung $\dot{\widetilde{f}}_i$ ersetzen wir durch den vorwärts genommenen Differenzenquotienten $\dot{\widetilde{f}}_i = \dfrac{\widetilde{f}_{i+1} - \widetilde{f}_i}{\Delta t}$. Damit entsteht die Rekursionsformel

$$\widetilde{z}_{i+1} = \widetilde{z}_i + \frac{1}{2} \Delta t [\widetilde{f}(t_i, \widetilde{z}_i) + \widetilde{f}(t_{i+1}, \widetilde{z}_{i+1})] \tag{18.26}$$

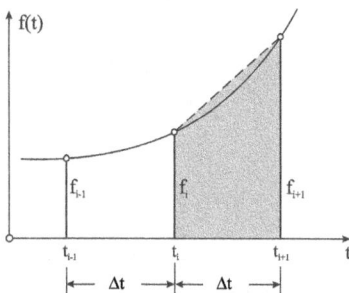

Abb. 18.9   *Sehnen-Trapezregel*

Geometrisch entspricht die Quadratur in (18.26) der Fläche des der Kurve f(t) eingeschriebenen Sehnentrapezes (Abb. 18.9). Wie wir (18.26) entnehmen, erscheint die zu berechnende Größe $\widetilde{z}_{i+1}$ auch auf der rechten Seite im Argument von $\widetilde{f}(t_{i+1}, \widetilde{z}_{i+1})$. Diese implizite Gleichung muss i. Allg. iterativ gelöst werden. Dazu benötigen wir einen Startwert, der entweder null gesetzt oder aber als Praediktor[1] nach dem einfachen Eulerschen Polygonzugverfahren (18.20) berechnet wird, also

$$\widetilde{z}_{i+1}^{(0)} = \widetilde{z}_i + \Delta t \, \widetilde{f}(t_i, \widetilde{z}_i)$$

Diese erste Näherung wird dann durch den Korrektor

---

[1]   zu lat. praedictus ›vorhersagen‹

$$\tilde{z}_{i+1}^{(\nu+1)} = \tilde{z}_i + \frac{\Delta t}{2}[\tilde{f}(t_i, \tilde{z}_i) + \tilde{f}(t_{i+1}, \tilde{z}_{i+1}^{(\nu)})] \qquad (\nu = 0, 1, 2, \dots) \qquad (18.27)$$

verbessert. Bei hinreichend kleiner Schrittweite Δt reichen meist zwei Iterationsschritte. Der globale Verfahrensfehler ist von der Größenordnung $O((\Delta t)^2)$.

Algorithmus 18-3: Die Sehnen-Trapezregel (Verfahren von Heun)

<u>Eingabe:</u>
Funktion $F(t_0, \dots, t_{n-1})$, Masse m, Dämpferkonstante c, Federkonstante k,
Schrittweite Δt, Anfangswert $\tilde{z}_0$

<u>Setze i = 0</u>

①   1. Schritt: Berechne $\tilde{z}_{i+1}^{(0)} = \tilde{z}_i + \Delta t\, \tilde{f}(t_i, \tilde{z}_i)$

     2. Schritt: Berechne $\tilde{z}_{i+1}^{(\nu+1)} = \tilde{z}_i + \frac{\Delta t}{2}\left[\tilde{f}(t_i, \tilde{z}_i) + \tilde{f}(t_{i+1}, \tilde{z}_{i+1}^{(\nu)})\right]$ für $\nu = 0,1$

     Setze nach der 2. Iteration $\tilde{z}_{i+1} = \tilde{z}_{i+1}^{(2)}$

     falls $i = n - 1$ gehe zu **Ausgabe**

<u>Setze i = i + 1</u>
Gehe zu ①
Ausgabe: Näherungslösung $\tilde{z}_i$ (i = 0, ..., n-1)

Bei Differenzialgleichungen mit konstanten Koeffizienten kann $\tilde{z}_{i+1}$ in jedem Schritt direkt berechnet werden. In diesem Fall ist $\tilde{z}_{i+1} = \tilde{z}_i + \frac{\Delta t}{2}[\mathbf{A} \cdot \tilde{z}_i + b_i + \mathbf{A} \cdot \tilde{z}_{i+1} + b_{i+1}]$ und aufgelöst

$$\tilde{z}_{i+1} = \mathbf{B}^{-1} \cdot \left[\mathbf{C} \cdot \tilde{z}_i + \frac{\Delta t}{2}(b_i + b_{i+1}) \right], \quad \mathbf{B} = \mathbf{I} - \frac{\Delta t}{2}\mathbf{A}, \quad \mathbf{C} = \mathbf{I} + \frac{\Delta t}{2}\mathbf{A} \qquad (18.28)$$

18.4   Das klassische Runge-Kutta-Verfahren

Das klassische Verfahren von Runge[1] und Kutta[2], das auch zu den Einschrittverfahren gehört, kombiniert mehrere explizite Schritte, um so ein Verfahren möglichst hoher Ordnung zu konstruieren. Auf die Herleitung dieses Verfahrens gehen wir hier nicht näher ein und verweisen auf die in den Fußnoten angegebenen Originalarbeiten. Es zeichnet sich durch seine einfache Programmierung und hohe Genauigkeit aus. Die Fehlerordnung ist $O(\Delta t)^4$.
Das Runge-Kutta-Verfahren vierter Ordnung hat die Gestalt

---

[1]   Carl David Tolmé Runge, Math. An. Bd. 46 (1895) S. 167-178

[2]   Martin Wilhelm Kutta, Z. Math. Phys. Bd. 46 (1901) S. 435-453

$$\widetilde{z}_{i+1} = \widetilde{z}_i + \Delta t\, k(t_i, \widetilde{z}_i)$$

$$k(t_i, \widetilde{z}_i) = \frac{1}{6}\left[k_{1,i} + 2(k_{2,i} + k_{3,i}) + k_{4,i}\right] \tag{18.29}$$

mit den Koeffizienten

$$k_{1,i} = f(t_i, \widetilde{z}_i), \qquad\qquad k_{2,i} = f\left(t_i + \frac{\Delta t}{2}, \widetilde{z}_i + \frac{\Delta t}{2} k_{1,i}\right)$$

$$k_{3,i} = f\left(t_i + \frac{\Delta t}{2}, \widetilde{z}_i + \frac{\Delta t}{2} k_{2,i}\right), \qquad k_{4,i} = f\left(t_i + \Delta t, \widetilde{z}_i + \Delta t k_{3,i}\right) \tag{18.30}$$

Algorithmus 18-4: Das klassische Runge-Kutta-Verfahren

Eingabe: Funktion $F(t_0, ..., t_{n-1})$, Masse m, Dämpferkonstante c, Federkonstante k
Schrittweite Δt, Anfangswert $\widetilde{z}_0$

Setze i = 0

①   Berechne $k_{j,i}$ (j = 1...4)

     Berechne $k(t_i, \widetilde{z}_i) = \frac{1}{6}\left[k_{1,i} + 2(k_{2,i} + k_{3,i}) + k_{4,i}\right]$

     Berechne $\widetilde{z}_{i+1} = \widetilde{z}_i + \Delta t\, k(t_i, \widetilde{z}_i)$

     falls i = n – 1   gehe zu **Ausgabe**

Setze i = i + 1

Gehe zu ①

Ausgabe: Näherungslösung $\widetilde{z}_i$ (i = 0, ..., n-1)

Das Runge-Kutta-Verfahren erfordert in jedem Zeitschritt vier Auswertungen der Funktion **f**. Aufgrund der hohen Genauigkeit kann dieser Zeitnachteil jedoch durch eine größere Schrittweite kompensiert werden. Da die Fehlerordnung des Verfahrens von vierter Ordnung ist, nimmt der Fehler bei einer Schrittweitenverkleinerung rasch ab und im Gegenzug bei einer Schrittweitenvergrößerung entsprechend stark zu, was die Ergebnisse bei zu großer Schrittweite unbrauchbar werden lässt. Es ist deshalb von Vorteil, nicht mit einer konstanten Schrittweite zu rechnen, sondern diese im Verlaufe des Rechenprozesses zu steuern. Zur Berechnung einer genauen Fehlerabschätzung beim klassischen Runge-Kutta-Verfahren wird auf die Spezialliteratur verwiesen.

Beispiel 18-2:

Die linearisierten Bewegungsgleichungen des mathematischen Doppelpendels sind

$$\begin{bmatrix} \ell_1 & \mu\ell_2 \\ \ell_1 & \ell_2 \end{bmatrix}\begin{bmatrix} \ddot{\varphi}_1 \\ \ddot{\varphi}_2 \end{bmatrix} + \begin{bmatrix} g & 0 \\ 0 & g \end{bmatrix}\begin{bmatrix} \varphi_1 \\ \varphi_2 \end{bmatrix} = \begin{bmatrix} 0 \\ 0 \end{bmatrix} \tag{18.31}$$

oder mit

$$\boldsymbol{\varphi} = \begin{bmatrix} \varphi_1 \\ \varphi_2 \end{bmatrix}, \quad \boldsymbol{\Phi} = \frac{g}{\ell_1(\mu-1)} \begin{bmatrix} -1 & \mu \\ \lambda & -\lambda \end{bmatrix} \qquad (\mu \neq 1) \tag{18.32}$$

in Matrizenschreibweise

$$\ddot{\boldsymbol{\varphi}} + \boldsymbol{\Phi} \cdot \boldsymbol{\varphi} = \mathbf{0} \tag{18.33}$$

Um (18.33) in ein Differenzialgleichungssystem 1. Ordnung zu überführen, führen wir den Zustandsvektor

$$\mathbf{z} = \begin{bmatrix} \mathbf{z}_1 \\ \mathbf{z}_2 \end{bmatrix} = \begin{bmatrix} \boldsymbol{\varphi} \\ \dot{\boldsymbol{\varphi}} \end{bmatrix} = \begin{bmatrix} \varphi_1 \\ \varphi_2 \\ \dot{\varphi}_1 \\ \dot{\varphi}_2 \end{bmatrix}$$

ein, dann können wir (18.33) in der Form

$$\dot{\mathbf{z}}(t) = \mathbf{A} \cdot \mathbf{z}(t) \tag{18.34}$$

mit

$$\mathbf{A} = \begin{bmatrix} \mathbf{0} & \mathbf{I} \\ -\boldsymbol{\Phi} & \mathbf{0} \end{bmatrix} \tag{18.35}$$

notieren. Im Folgenden rechnen wir mit den Systemgrößen $\ell_1 = \ell_2 = 1$, $\mu = 9/25$ und $g = 10$. Damit bekommen wir

$$\mathbf{A} = \begin{bmatrix} 0 & 0 & 1 & 0 \\ 0 & 0 & 0 & 1 \\ -15{,}625 & 5{,}625 & 0 & 0 \\ 15{,}625 & -15{,}625 & 0 & 0 \end{bmatrix}$$

Die Anfangsgeschwindigkeiten $\dot{\varphi}_{1,0}$ und $\dot{\varphi}_{2,0}$ werden null gesetzt. Für die Anfangslagen wählen wir $\varphi_{1,0} = 1/15$, $\varphi_{2,0} = 1/9$. Die analytische Lösung dieses Anfangswertproblems ist

$$\varphi_1(t) = \frac{1}{15} \cos\left(\frac{5}{2}t\right), \qquad \varphi_2(t) = \frac{1}{9} \cos\left(\frac{5}{2}t\right)$$

Abb. 18.10 und Abb. 18.11 zeigen die mit dem klassischen Runge-Kutta-Verfahren erzielten Näherungslösungen $\tilde{\varphi}_1(t)$ und $\tilde{\varphi}_2(t)$ bei Wahl unterschiedlicher Schrittweiten. In beiden Grafiken wurden zum Vergleich auch die analytischen Lösungen $\varphi_1(t)$ und $\varphi_2(t)$ dargestellt. Bei einer Schrittweite von $\Delta t = 0{,}1\,\text{s}$ sind die Näherungen praktisch identisch mit den analytischen Lösungen.

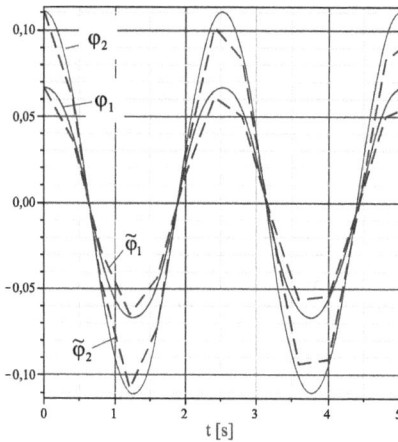

Abb. 18.10 *Das math. Doppelpendel (Δt = 0,4 s)*

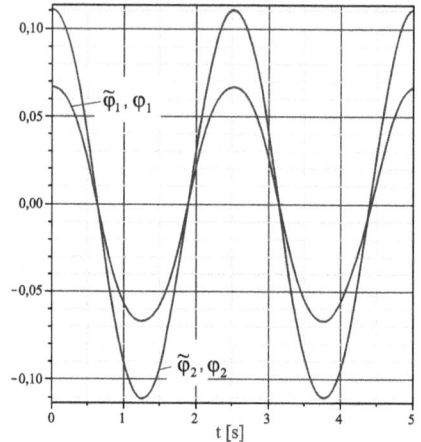

Abb. 18.11 *Das math. Doppelpendel (Δt = 0,1 s)*

18.5   Das Verfahren der finiten Differenzen für Differenzialgleichungen 2. Ordnung

Wir beschränken uns im Folgenden auf das Anfangswertproblem

$$m\ddot{x}(t) + c\dot{x}(t) + kx(t) = F(t), \quad x(t = t_0) = x_0, \quad \dot{x}(t = t_0) = v_0 \tag{18.36}$$

Die Ableitungen $\ddot{x}(t)$ und $\dot{x}(t)$ werden durch geeignete Differenzenquotienten ersetzt. Mit (18.16) ist der ZDQ

$$\dot{x}_i \approx \tilde{\dot{x}}_i = \frac{1}{2\Delta t}(q_{i+1} - q_{i-1}) \tag{18.37}$$

Die zweite Ableitung ersetzen wir nach (18.17) durch

$$\ddot{x}_i \approx \tilde{\ddot{x}}_i = \frac{1}{(\Delta t)^2}(x_{i+1} - 2x_i + x_{i-1}) \tag{18.38}$$

Wir fügen nun diese Differenzenquotienten in (18.36) ein und erhalten

$$m\frac{1}{(\Delta t)^2}(x_{i+1} - 2x_i + x_{i-1}) + c\frac{1}{2\Delta t}(x_{i+1} - x_{i-1}) + kx_i = F_i, (i = 0, \ldots, n-1) \tag{18.39}$$

Die Gleichung (18.39) gilt zunächst nicht für $i = 0$, denn dann ist

$$m\frac{1}{(\Delta t)^2}(x_1 - 2x_0 + x_{-1}) + c\frac{1}{2\Delta t}(x_1 - x_{-1}) + kx_0 = F_0 \tag{18.40}$$

Der Funktionswert x_{-1} liegt außerhalb des Lösungsgebietes. Er lässt sich jedoch durch den zentralen Differenzenquotienten (18.37) eliminieren, wenn wir daraus

$$x_{-1} = x_1 - 2\Delta t\dot{x}_0 \tag{18.41}$$

ermitteln. Damit folgt $\dfrac{2m}{(\Delta t)^2}(x_1 - x_0 - \dot{x}_0\Delta t) = F_0 - c\dot{x}_0 - kx_0$ und aufgelöst nach x_1

$$x_1 = x_0 + \Delta t\,\dot{x}_0 + \frac{(\Delta t)^2}{2}\underbrace{\frac{1}{m}(F_0 - c\dot{x}_0 - kx_0)}_{\ddot{x}_0} = x_0 + \Delta t\,\dot{x}_0 + \frac{(\Delta t)^2}{2}\ddot{x}_0 \tag{18.42}$$

Algorithmus 18-5: Das Finite-Differenzen-Verfahren

Eingabe: Funktion $F(t_0,...,t_{n-1})$, Masse m, Dämpferkonstante c, Federkonstante k, Schrittweite Δt, Anfangswerte $x_0, \dot{x}_0$.

Startphase: $\ddot{x}_0 = \dfrac{1}{m}[F_0 - c\dot{x}_0 - kx_0]$ $\rightarrow x_1 = x_0 + \Delta t\dot{x}_0 + \dfrac{(\Delta t)^2}{2}\ddot{x}_0$

Setze i = 1

① Berechne Verschiebung x_{i+1} aus

$$[1 + D\omega\Delta t]x_{i+1} = f_i(\Delta t)^2 + [2 - (\omega\Delta t)^2]x_i + [D\omega\Delta t - 1]x_{i-1}$$

Berechne Geschwindigkeit $\dot{x}_i = \dfrac{1}{2\Delta t}[x_{i+1} - x_{i-1}]$

Berechne Beschleunigung $\ddot{x}_i = \dfrac{1}{(\Delta t)^2}[x_{i+1} - 2x_i + x_{i-1}]$

falls i = n – 1   gehe zu **Ausgabe**

Setze i = i + 1

Gehe zu ①

Ausgabe: Näherungslösungen $x_i, \dot{x}_i, \ddot{x}_i$ (i = 0,..., n-1)

In einer Startphase ist also zunächst der Wert x_1 nach (18.42) zu berechnen. Für die Folgeschritte i > 0 gilt dann

$$\left[\frac{1}{(\Delta t)^2}m + \frac{1}{2\Delta t}c\right]x_{i+1} + \left[k - \frac{2}{(\Delta t)^2}m\right]x_i + \left[\frac{1}{(\Delta t)^2}m - \frac{1}{2\Delta t}c\right]x_{i-1} = F_i$$

Nach Multiplikation mit $(\Delta t)^2$ und Division mit m erhalten wir

$$\left[1 + \frac{c}{2m}\Delta t\right]x_{i+1} = f_i(\Delta t)^2 + \left[2 - \frac{k}{m}(\Delta t)^2\right]x_i + \left[\frac{c}{2m}\Delta t - 1\right]x_{i-1}$$

und abschließend unter Beachtung von $\omega^2 = k/m$, $c/(2m) = D\omega$, $f_i = F_i/m$

$$\underbrace{[1 + D\omega\Delta t]}_{= a}x_{i+1} = \underbrace{f_i(\Delta t)^2 + [2 - (\omega\Delta t)^2]x_i + [D\omega\Delta t - 1]x_{i-1}}_{= b} \qquad (18.43)$$

Aus dieser Gleichung kann sofort $x_{i+1} = b/a$ berechnet werden, da x_i und x_{i-1} bekannt sind.

18.6   Das Newmark-Verfahren

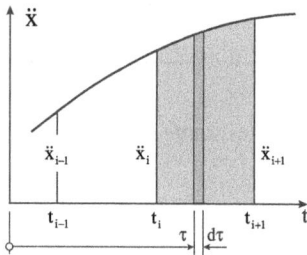

Abb. 18.12 *Beschleunigungsverlauf*

Der Grundgedanke dieses Verfahrens besteht in der Vorgabe des Beschleunigungsverlaufes $\ddot{x}(t)$ im Zeitintervall $t_i \leq t \leq t_{i+1}$ (Abb. **18.12**). Die Geschwindigkeiten und Verschiebungen erhalten wir dann durch Integration. Im Folgenden wird mit einer konstanten Schrittweite $\Delta t = t_{i+1} - t_i$ gerechnet.

In Vorbereitung auf die Herleitung des eigentlichen Newmark-Verfahrens[1] sollen zwei Ansätze für die Beschleunigungen im Intervall Δt verfolgt werden, die sich dann später als Sonderfälle des allgemeinen Verfahrens identifizieren lassen:

Näherung 1: Konstanter Beschleunigungsverlauf (Abb. 18.13)

Näherung 2: Linear veränderlicher Beschleunigungsverlauf (Abb. 18.14)

Wir untersuchen zuerst Näherung 1 und nehmen als konstante Beschleunigung den Mittelwert aus den beiden Beschleunigungen an den Intervallgrenzen

$$\ddot{x}(t) = \frac{1}{2}(\ddot{x}_i + \ddot{x}_{i+1}) = \text{konst.} \qquad (18.44)$$

Die unbekannten Geschwindigkeiten folgen dann durch Integration

$$\dot{x}(t) = \dot{x}_i + \int_{\tau=t_i}^{\tau=t}\ddot{x}(\tau)d\tau = \dot{x}_i + \ddot{x}\int_{\tau=t_i}^{\tau=t}d\tau = \dot{x}_i + \frac{1}{2}(\ddot{x}_i + \ddot{x}_{i+1})(t - t_i) \qquad (18.45)$$

---

[1] Newmark, N. M.: A Method of Computation for Structural Dynamics, A.S.C.E. Journal of Engineering Mechanics Division, Vol. 85, 1959, pp. 67-94

Nochmalige Integration liefert die Verschiebung

$$x(t) = x_i + \int_{\tau=t_i}^{\tau=t} \dot{x}(\tau)d\tau = x_i + \dot{x}_i(t-t_i) + \frac{1}{4}(\ddot{x}_i + \ddot{x}_{i+1})(t-t_i)^2 \tag{18.46}$$

Für den rechten Rand mit $t = t_{i+1}$ und $t_{i+1} - t_i = \Delta t$ sind dann

$$\dot{x}_{i+1} = \dot{x}_i + \frac{\Delta t}{2}(\ddot{x}_i + \ddot{x}_{i+1})$$

$$x_{i+1} = x_i + \dot{x}_i\Delta t + \frac{(\Delta t)^2}{4}(\ddot{x}_i + \ddot{x}_{i+1}) \tag{18.47}$$

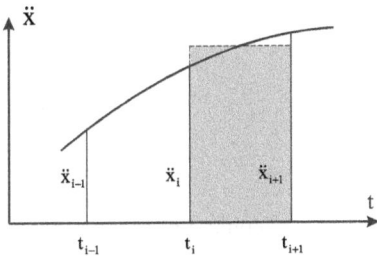

Abb. 18.13 Konstante Beschleunigung

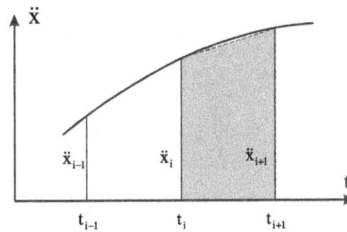

Abb. 18.14 Linear veränderliche Beschleunigung

Im Fall der Näherung 2 wird zwischen den Zeitpunkten t_i und t_{i+1} die linear veränderliche Beschleunigung

$$\ddot{x}(t) = \ddot{x}_i + \frac{\ddot{x}_{i+1} - \ddot{x}_i}{\Delta t}(t-t_i) \tag{18.48}$$

gewählt. Die Integration führt auf

$$\dot{x}(t) = \dot{x}_i + \ddot{x}_i(t-t_i) + \frac{\ddot{x}_{i+1} - \ddot{x}_i}{2\Delta t}(t-t_i)^2$$

$$x(t) = x_i + \dot{x}_i(t-t_i) + \frac{\ddot{x}_i}{2}(t-t_i)^2 + \frac{\ddot{x}_{i+1} - \ddot{x}_i}{6\Delta t}(t-t_i)^3 \tag{18.49}$$

Werten wir die obige Gleichung für den rechten Rand mit $t = t_{i+1}$ aus, dann folgt

$$\dot{x}_{i+1} = \dot{x}_i + \frac{\Delta t}{2}(\ddot{x}_i + \ddot{x}_{i+1})$$

$$x_{i+1} = x_i + \dot{x}_i\Delta t + \frac{(\Delta t)^2}{6}(2\ddot{x}_i + \ddot{x}_{i+1}) \tag{18.50}$$

Beide Näherungen ergeben am rechten Rand dieselben Geschwindigkeiten, doch in den Verschiebungen unterscheiden sie sich.

Zur Konkretisierung des Problems betrachten wir das AWP

$$\ddot{x}(t) = \frac{1}{m}[F(t) - c\dot{x}(t) - kx(t)], \quad x(t = t_0) = x_0, \quad \dot{x}(t = t_0) = v_0$$

und schreiben die Bewegungsgleichung zur Zeit $t = t_{i+1}$ an

$$\ddot{x}_{i+1} = \frac{1}{m}[F_{i+1} - c\dot{x}_{i+1} - kx_{i+1}] \tag{18.51}$$

Setzen wir beispielsweise die Ergebnisse der Näherung 2 (linear veränderliche Beschleunigung) aus (18.50) in (18.51) ein, dann erhalten wir

$$\left(m + c\frac{\Delta t}{2} + k\frac{(\Delta t)^2}{6}\right)\ddot{x}_{i+1} = F_{i+1} - c\tilde{v}_{i+1} - k\tilde{x}_{i+1}$$

$$\tilde{v}_{i+1} = \dot{x}_i + \frac{\Delta t}{2}\ddot{x}_i, \quad \tilde{x}_{i+1} = x_i + \dot{x}_i\Delta t + \frac{(\Delta t)^2}{3}\ddot{x}_i \tag{18.52}$$

Eine identische Rechnung für die Näherung 1 (konstante Beschleunigung) ergibt

$$\left(m + c\frac{\Delta t}{2} + k\frac{(\Delta t)^2}{4}\right)\ddot{x}_{i+1} = F_{i+1} - c\tilde{v}_{i+1} - k\tilde{x}_{i+1}$$

$$\tilde{v}_{i+1} = \dot{x}_i + \frac{\Delta t}{2}\ddot{x}_i, \quad \tilde{x}_{i+1} = x_i + \dot{x}_i\Delta t + \frac{(\Delta t)^2}{4}\ddot{x}_i \tag{18.53}$$

Das ursprüngliche Newmark-Verfahren verwendet für die Geschwindigkeiten und Verschiebungen die folgenden Ansätze

$$\dot{x}_{i+1} = \dot{x}_i + [(1-\delta)\ddot{x}_i + \delta\ddot{x}_{i+1}]\Delta t$$

$$x_{i+1} = x_i + \dot{x}_i\Delta t + [(1/2 - \beta)\ddot{x}_i + \beta\ddot{x}_{i+1}](\Delta t)^2 \tag{18.54}$$

Darin sind δ und β noch freie Parameter, die sinnvoll zu wählen sind. So approximieren wir im Zeitintervall $t_i \leq t \leq t_{i+1}$ die Beschleunigung mit

$\delta = 0$ und $\beta = 0$:   Konstante Beschleunigung $\ddot{x}(t) = \ddot{x}_i$ (Untersumme) und

$\delta = 1$ und $\beta = 1/2$:   Konstante Beschleunigung $\ddot{x}(t) = \ddot{x}_{i+1}$ (Obersumme)

Bei der Wahl von $\delta = 1/2$ geht (18.54) über in

$$\dot{x}_{i+1} = \dot{x}_i + (\ddot{x}_i + \ddot{x}_{i+1})\frac{\Delta t}{2}$$

$$x_{i+1} = x_i + \dot{x}_i\,\Delta t + [(1/2 - \beta)\ddot{x}_i + \beta\ddot{x}_{i+1}](\Delta t)^2 \qquad (18.55)$$

und aus (18.55) ergeben sich dann im Zeitintervall $t_i \le t \le t_{i+1}$ folgende Approximationen für die Beschleunigungen

$\beta = 1/4$: Konstante Beschleunigung entsprechend Näherung 1

$\beta = 1/6$: Linear veränderliche Beschleunigung entsprechend Näherung 2

Berücksichtigen wir die Ansätze (18.54) in (18.51), dann erhalten wir die Formel von Newmark

$$[m + c\delta\Delta t + k\beta(\Delta t)^2]\ddot{x}_{i+1} = F_{i+1} - c\widetilde{v}_{i+1} - k\widetilde{x}_{i+1}$$

$$\widetilde{v}_{i+1} = \dot{x}_i + (1-\delta)\Delta t\,\ddot{x}_i \qquad (18.56)$$

$$\widetilde{x}_{i+1} = x_i + \dot{x}_i\Delta t + (1/2 - \beta)(\Delta t)^2\ddot{x}_i$$

Algorithmus 18-6: Das Newmark-Verfahren

Eingabe: Funktion $F(t_0,..., t_{n-1})$, Masse m, Dämpferkonstante c, Federkonstante k, Schrittweite Δt, Anfangswerte $x_0, \dot{x}_0$, ($\ddot{x}_0$ aus der Differenzialgleichung).
Wahl der Newmark-Parameter δ und β
Setze i = 0
①   Berechne $\widetilde{v}_{i+1} = \dot{x}_i + (1-\delta)\Delta t\,\ddot{x}_i$; $\widetilde{x}_{i+1} = x_i + \dot{x}_i\Delta t + (1/2 - \beta)(\Delta t)^2\ddot{x}_i$
      Berechne Beschleunigung $\ddot{x}_{i+1}$ aus

      $[m + c\delta\Delta t + k\beta(\Delta t)^2]\ddot{x}_{i+1} = F_{i+1} - c\widetilde{v}_{i+1} - k\widetilde{x}_{i+1}$

      Berechne Geschwindigkeit aus
      $\dot{x}_{i+1} = \dot{x}_i + [(1-\delta)\ddot{x}_i + \delta\ddot{x}_{i+1}]\Delta t$
Berechne Verschiebung
      $x_{i+1} = x_i + \dot{x}_i\,\Delta t + [(1/2 - \beta)\ddot{x}_i + \beta\ddot{x}_{i+1}](\Delta t)^2$
      falls i = n – 1   gehe zu **Ausgabe**
Setze i = i + 1
Gehe zu ①
Ausgabe: Näherungslösungen $x_i, \dot{x}_i, \ddot{x}_i$ (i = 0,..., n-1)

Nähere Untersuchungen zeigen, dass für die Parameterkombination $\delta = 1/2$ und $\beta = 1/4$ Stabilität des Verfahrens vorliegt. Bei hinreichend kleiner Schrittweite lassen sich damit ausreichend genaue Ergebnisse erzeugen. Das Newmark-Verfahren besitzt jedoch einige Eigenarten, die im folgenden Beispiel deutlich gemacht werden sollen.

Beispiel 18-3:

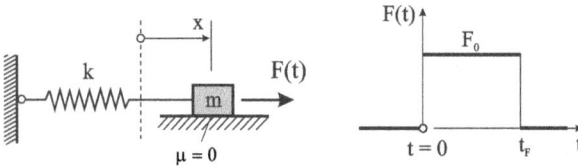

Abb. 18.15 *Stoßbelastung auf einen ungedämpften Einmassenschwinger*

Für das skizzierte System in Abb. 18.15 sind die Verschiebungen x(t) infolge eines Rechteckstoßes der Intensität F_0 mit dem Newmark-Verfahren zu berechnen.

Geg.: $m = 5000\ kg$, $k = 998740\ N/m$, $t_F = 0,5\ s$, $F_0 = 50\ kN$.

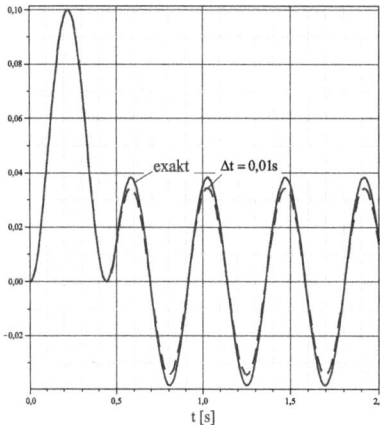

Abb. 18.16 *Newmark-Verfahren ($\delta = 0,5$; $\beta = 0,25$)*   ***Abb. 18.17*** *Newmark-Verfahren ($\delta = 0,6$; $\beta = 0,4$)*

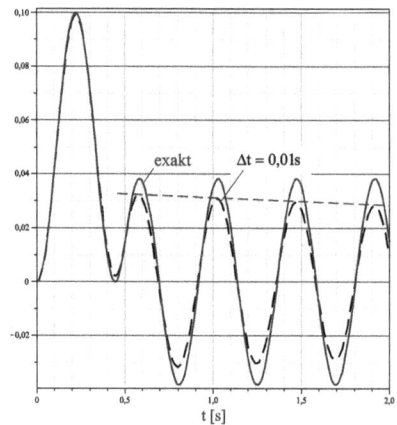

Abb. 18.16 zeigt die mit dem Newmark-Verfahren berechneten Auslenkungen x(t) in [m] für die Parameterkombination $\delta = 0,6$ und $\beta = 0,4$. Ein Vergleich mit der exakten Lösung zeigt:

1.) Innerhalb der kurzen Belastungszeit ist die Lösung nach Newmark nahezu identisch mit der analytischen Lösung

2.) Nach der Entlastung liefert die nummerische Lösung kleinere Amplituden als die analytische.

3.) Bei der Parameterkombination $\delta = 0,6$ und $\beta = 0,4$ (Abb. 18.17) nehmen die Amplituden sogar mit der Zeit ab. Dieser Effekt wird nummerische Dämpfung genannt.

18.7   Das Verfahren von Adams-Bashforth

Dieses Verfahren gehört in die Klasse der Mehrschrittverfahren. Ausgangspunkt ist (18.18), also

$$\mathbf{z}_{i+1} - \mathbf{z}_i = \int\limits_{t_i}^{t_{i+1}} \mathbf{f}(t, \mathbf{z}(t))\, dt \qquad\qquad (18.57)$$

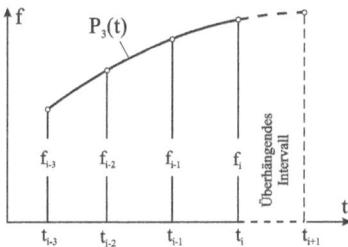

Abb. 18.18   *Verfahren von Adams-Bashforth, Polynomfortsetzung*

Zur Auswertung des Integrals legen wir durch die vier Stützpunkte (t_{i-3}, f_{i-3}), (t_{i-2}, f_{i-2}), (t_{i-1}, f_{i-1}) und (t_i, f_i) im Sinne von Lagrange das Interpolationspolynom 3. Grades

$$\mathbf{P}_3(t) = \sum_{k=0}^{3} \tilde{\mathbf{f}}_{i-k}\, L_{i-k}(t) = \tilde{\mathbf{f}}_i\, L_i + \tilde{\mathbf{f}}_{i-1}\, L_{i-1} + \tilde{\mathbf{f}}_{i-2}\, L_{i-2} + \tilde{\mathbf{f}}_{i-3}\, L_{i-3} \qquad (18.58)$$

Die Stützstellenverteilung $t_{i-k} = t_i - k\,\Delta t$ ($k = 0, 1, 2, 3$) wird konstant angenommen (Abb. 18.18). In (18.58) sind

$$L_i(t) = \frac{t - t_{i-3}}{t_i - t_{i-3}}\, \frac{t - t_{i-2}}{t_i - t_{i-2}}\, \frac{t - t_{i-1}}{t_i - t_{i-1}}\,, \qquad L_{i-1}(t) = \frac{t - t_{i-3}}{t_{i-1} - t_{i-3}}\, \frac{t - t_{i-2}}{t_{i-1} - t_{i-2}}\, \frac{t - t_i}{t_{i-1} - t_i}$$

$$L_{i-2}(t) = \frac{t - t_{i-3}}{t_{i-2} - t_{i-3}}\, \frac{t - t_{i-1}}{t_{i-2} - t_{i-1}}\, \frac{t - t_i}{t_{i-2} - t_i}\,, \qquad L_{i-3}(t) = \frac{t - t_{i-2}}{t_{i-3} - t_{i-2}}\, \frac{t - t_{i-1}}{t_{i-3} - t_{i-1}}\, \frac{t - t_i}{t_{i-3} - t_i}$$

die Lagrangeschen Interpolationspolynome. Zur Approximation des Integrals im überhängenden Zeitintervall $t_i \leq t \leq t_{i+1}$ wird das Polynom $\mathbf{P}_3$ in diesen Bereich fortgesetzt (Abb. 18.18). Dann erhalten wir

$$\tilde{\mathbf{z}}_{i+1} = \tilde{\mathbf{z}}_i + \sum_{k=0}^{3} \tilde{\mathbf{f}}_{i-k} \int\limits_{t_i}^{t_{i+1}} L_{i-k}(t)\, dt \qquad\qquad (18.59)$$

Die Auswertung der elementaren Integrale erfolgt analytisch. Im Einzelnen ergeben sich mit $t = t_i + \Delta t\,\tau$ ($0 \le \tau \le 1$) und $dt = \Delta t\,d\tau$

$$I_i = \int_{t=t_i}^{t_{i+1}} L_i(t)dt = \Delta t \int_{\tau=0}^{1} L_i(t)d\tau = \frac{\Delta t}{6} \int_{\tau=0}^{1} (\tau+3)(\tau+3)(\tau+1)d\tau = \frac{55}{24}\Delta t$$

$$I_{i-1} = \int_{t=t_i}^{t_{i+1}} L_{i-1}(t)dt = \Delta t \int_{\tau=0}^{1} L_{i-1}(t)d\tau = -\frac{\Delta t}{2} \int_{\tau=0}^{1} (\tau+3)(\tau+2)\tau\,d\tau = -\frac{59}{24}\Delta t$$

$$I_{i-2} = \int_{t=t_i}^{t_{i+1}} L_{i-2}(t)dt = \Delta t \int_{\tau=0}^{1} L_{i-2}(t)d\tau = \frac{\Delta t}{2} \int_{\tau=0}^{1} (\tau+3)(\tau+1)\tau\,d\tau = \frac{37}{24}\Delta t$$

$$I_{i-3} = \int_{t=t_i}^{t_{i+1}} L_{i-3}(t)dt = \Delta t \int_{\tau=0}^{1} L_{i-3}(t)d\tau = -\frac{\Delta t}{6} \int_{\tau=0}^{1} (\tau+2)(\tau+1)\tau\,d\tau = -\frac{3}{8}\Delta t$$

und damit

$$\widetilde{z}_{i+1} = \widetilde{z}_i + \frac{\Delta t}{24}(55\,\widetilde{f}_i - 59\,\widetilde{f}_{i-1} + 37\,\widetilde{f}_{i-2} - 9\,\widetilde{f}_{i-3}) \tag{18.60}$$

Algorithmus 18-7: Das 4-Schrittverfahren von Adams-Bashforth

<u>Eingabe</u>: Funktion $F(t_0,..., t_{n-1})$, Masse m, Dämpferkonstante c, Federkonstante k, Schrittweite Δt, Anfangswerte z_0 .

      Berechne Startwerte n, z_1, z_2, z_3 mit dem klassischem Runge-Kutta-Verfahren

<u>Setze i = 3</u>

①   Berechne $\widetilde{z}_{i+1} = \widetilde{z}_i + \dfrac{\Delta t}{24}(55\widetilde{f}_i - 59\widetilde{f}_{i-1} + 37\widetilde{f}_{i-2} - 9\widetilde{f}_{i-3})$

falls i = n – 1   gehe zu **Ausgabe**

<u>Setze i = i + 1</u>

Gehe zu ①

Ausgabe: Näherungslösungen $\widetilde{z}_i$ (i = 0,..., n-1)

Da zur Berechnung des Näherungswertes z_{i+1} die Werte von **f** an vier Stellen linear kombiniert werden, wird (18.60) als explizites lineares 4-Schrittverfahren bezeichnet. Ein großer Vorteil dieses Verfahrens besteht darin, dass für jeden Integrationsschritt mit $\widetilde{f}_i$ nur eine Funktionsauswertung an der Stelle t_i erforderlich wird, da die vorhergehenden Werte $\widetilde{f}_{i-1}$, $\widetilde{f}_{i-2}$ und $\widetilde{f}_{i-3}$ bereits bekannt sind. Um das 4-Schrittverfahren anwenden zu können, sind neben den Anfangsbedingungen $z(t_0) = z_0$ noch drei weitere Startwerte z_1, z_2, z_3 erforderlich. Diese Werte sind so zu berechnen, dass ihre Fehler der Ordnung des verwendeten

Mehrschrittverfahrens nach Adams-Bashforth entsprechen. Zur Beschaffung dieser Größen eignet sich beispielsweise das klassische Runge-Kutta-Verfahren.

Hinweis: Ein Vergleich der Genauigkeit des lokalen Fehlers zeigt, dass das Adams-Bashforth-Verfahren dem expliziten Runge-Kutta-Verfahren unterlegen ist. Um vergleichbare Fehler zu erhalten, ist darum beim Mehrschrittverfahren immer eine kleinere Schrittweite erforderlich.

Durch Veränderung der zurückliegenden Stützstellen können weitere Methoden hergeleitet werden. Wird zur angenäherten Berechnung des Integrals in (18.57) neben den vier Stützpunkten (t_{i-3}, f_{i-3}), (t_{i-2}, f_{i-2}), (t_{i-1}, f_{i-1}) und (t_i, f_i) zusätzlich noch der Wert f_{i+1} an der Stelle t_{i+1} verwendet, dann kann durch die fünf Stützwerte f_{i-3}, f_{i-2}, f_{i-1}, f_i und f_{i+1} ein Polynom 4. Grades gelegt werden. Nach Auswertung der Integrale folgt die Methode von Adams-Moulton

$$\widetilde{z}_{i+1} = \widetilde{z}_i + \frac{\Delta t}{720} \left(251 \widetilde{f}(t_{i+1}, \widetilde{z}_{i+1}) + 646 \widetilde{f}_i - 264 \widetilde{f}_{i-1} + 106 \widetilde{f}_{i-2} - 19 \widetilde{f}_{i-3} \right) \qquad (18.61)$$

Mit (18.61) liegt eine implizite 4-Schrittmethode vor.

Literaturverzeichnis

/ 1 /   Bachmann, H.; Ammann, W.: Schwingungsprobleme bei Bauwerken – Durch Menschen und Maschinen induzierte Schwingungen. Structural Eng. Documents, 3d, IABSE-AIPC-IVBH. Zürich, ETH-Hönggerberg 1987

/ 2 /   Bachmann, H.: Erdbebensicherung von Bauwerken. Birkhäuser Verlag, Basel, Boston, Berlin 1995

/ 3 /   Bachmann, H. (Ed.): Handbook on Dynamics. Rep. CEB

/ 4 /   Bachmann, H. et. al.: Vibration Problems in Structures: Practical guidelines. Birkhäuser Verlag, Basel, Boston, Berlin 1995

/ 5 /   Bachmann, H.; Ammann, W.: Schwingungsprobleme bei Bauwerken. IABSE, ETH-Hönggerberg, 1987

/ 6 /   Becker, E.: Technische Strömungslehre. Teubner Studienbücher Mechanik, Stuttgart 1977

/ 7 /   Clough, R.W.; Penzien, J.: Dynamics of Structures. McGraw-Hill Inc., New York 1975

/ 8 /   Collatz, L.: Eigenwertprobleme und ihre numerische Behandlung. Akademische Verlagsgesellschaft, Leipzig 1945

/ 9 /   Collatz, L.: Numerische Behandlung von Differentialgleichungen. Grundlehren der mathematischen Wissenschaften, Bd. 60, Springer, Berlin, Göttingen, Heidelberg, 2. Auflage 1955

/ 10 /   Cooley, J.W.; Tukey, J.W.: An Algorithm for the Machine Computation of the Complex Fourier Series. Mathematics of Computation, Vol. 19, April 1965, pp. 297-301

/ 11 /   Davenport, A.G.: The relationship of wind structure to wind loading. Proc. Symp. Wind Effects on Buildings and Structures, Teddington 1963

/ 12 /   Den Hartog , J.P.: Mechanical vibrations. Mc Graw-Hill, New York 1956

/ 13 /   Der Ingenieurbau: Grundwissen/[Hrsg.: Gerhard Mehlhorn] [5] Baustatik, Baudynamik. Ernst & Sohn Berlin 1995

/ 14 /   Doetsch, G.: Einführung Theorie und Anwendung der Laplace-Transformation. Birkhäuser Verlag, Basel, Stuttgart 1976

/ 15 /   Duhamel, P.; Vetterli, M.: Fast Fourier Transforms: A Tutorial Review and a State of the Art. Signal Processing, Vol. 19, April 1990, pp. 259-299

/ 16 /   Eggert, H.; Kauschke,W.: Lager im Bauwesen. Ernst & Sohn Berlin 1995

/ 17 /   Eibl, J.; Henseleit, O.; Schlüter, F.H.: Baudynamik, Betonkalender 1988. Ernst & Sohn, Berlin S. 665-774

/ 18 /   Eicher, N.: Einführung in die Berechnung parametererregter Schwingungen. TU Berlin – Dokumentation Weiterbildung, 1981

/ 19 / Fertis, D. G.: Dynamics and Vibration of Structures. J. Wiley and Sons, New York, London, Sydney, Toronto 1973

/ 20 / FFTW (http://www.fftw.org)

/ 21 / Fischer u. Bausch - Gall: Ingenieurbüro.

/ 22 / Flesch, Baudynamik praxisgerecht. Bauverlag, Wiesbaden, Berlin: Band 1 Berechnungsgrundlagen 1993, Band 2 Anwendungen und Beispiele 1997

/ 23 / Fleßner, H.: Ein Beitrag zur Ermittlung von Querschnittswerten mit Hilfe elektronischer Rechenanlagen. Der Bauingenieur 37 (1962), S. 146-149

/ 24 / Frigo, M.; Johnson, S.G.: FFTW: An Adaptive Software Architecture for the FFT. Proceedings of the International Conference on Acoustics, Speech, and Signal Processing, Vol. 3, 1998, pp. 1381-1384

/ 25 / Gasch, R.; Pfützner, H.: Rotordynamik. Springer Verlag, Berlin, Göttingen, Heidelberg 1975

/ 26 / Gasch, R; Knothe, K.: Strukturdynamik, Band 1: Diskrete Systeme. Springer Verlag, Berlin, Göttingen, Heidelberg 1987

/ 27 / Gasch, R; Knothe, K.: Strukturdynamik, Band 2: Kontinua und ihre Diskretisierung. Springer Verlag Berlin, Göttingen, Heidelberg 1989

/ 28 / Gasch, R.: Windkraftanlagen. B.G. Teubner Verlag, 4. Auflage 2005

/ 29 / Grigorieff, R.D.: Numerik gewöhnlicher Differentialgleichungen Bd. 1. B.G. Teubner Verlag, 1. Auflage 1972

/ 30 / Grigorieff, R.D.: Numerik gewöhnlicher Differentialgleichungen, Bd. 2 Mehrschrittverfahren. B.G. Teubner Verlag, 1. Auflage 1977

/ 31 / Hamel, G.: Theoretische Mechanik. Springer Verlag, Berlin, Göttingen, Heidelberg 1949

/ 32 / Harris, C. M.; Crede , C. E.: Shock and Vibration Handbook. McGraw-Hill Book Company, New York 1976

/ 33 / Hayduk, J.; Osiecki, J.: Zugsysteme – Theorie und Berechnung. VEB Fachbuchverlag, Leipzig 1978

/ 34 / Hollburg, U.: Maschinendynamik. Oldenbourg Verlag, München, Wien 2007

/ 35 / Hurty, W.C.; Rubinstein, M.F.: Dynamics of Structures. Prentice-Hall Inc., Englewood Cliffs 1964

/ 36 / Kauderer, H.: Nichtlineare Mechanik. Springer Verlag, Berlin, Göttingen, Heidelberg 1958

/ 37 / Klöppel-Thiele: Modellversuche im Windkanal. Stahlbau 36, Heft 12, Dez. 1967

/ 38 / Klotter, K.: Technische Schwingungslehre. Bd. 1: Einfache Schwinger, Teil A Lineare Schwingungen, Teil B Nichtlineare Schwingungen, Bd. 2: Schwinger von mehreren Freiheitsgraden. Springer-Verlag, Berlin, Heidelberg, New York, Tokyo 1981

/ 39 / Kolousek, V.: Dynamik der Baukonstruktionen. VEB Verlag f. Bauwesen, Berlin 1962

/ 40 / Korenev, B.G.; Rabinovic, I.M.: Baudynamik, Handbuch. VEB Verlag f. Bauwesen, Berlin 1980

/ 41 / Korenev, B.G.; Rabinovic, I.M.: Bau-Dynamik-Konstruktionen unter spezifischen Einwirkungen. VEB Verlag f. Bauwesen, Berlin 1985

/ 42 /   Krämer, E.: Maschinendynamik. Springer Verlag, Berlin, Heidelberg, New York, Tokyo 1984

/ 43 /   Krawietz, A.: Materialtheorie. Springer-Verlag, Berlin, Heidelberg, New York, Tokyo 1986

/ 44 /   Lehmann, T.: Elemente der Mechanik IV: Schwingungen, Variationsprinzipe. Friedr. Vieweg & Sohn, Wiesbaden, Braunschweig 1979

/ 45 /   Lighthill, M.J.: Einführung in die Theorie der Fourier-Analysis und der verallgemeinerten Funktionen. BI Hochschultaschenbücher , Band 139, 1966

/ 46 /   Link, M.: Finite Elemente in der Statik und Dynamik. B.G. Teubner, Stuttgart 1989

/ 47 /   Lipinski, J.: Fundamente und Tragkonstruktionen für Maschinen. Bauverlag, Wiesbaden 1972

/ 48 /   Lippmann, H.: Schwingungslehre. Bibliographisches Institut AG , Mannheim 1968

/ 49 /   Lorenz, H.: Grundbau-Dynamik. Springer Verlag, Berlin, Göttingen, Heidelberg 1960

/ 50 /   Luz, E.: Schwingungsprobleme im Bauwesen. expert verlag, Kontakt & Studium, Band 397,1992

/ 51 /   Magnus, K.: Schwingungen. B. G. Teubner Verlags-Gesellschaft, Stuttgart 1976

/ 52 /   Magnus, K.; Popp, E.; Sextro, W.: Schwingungen. Vieweg + Teubner Verlag, Wiesbaden 2008

/ 53 /   Meirovich, L.: Computational Methods in Structural Dynamics. Sijthoff & Noordhoff, Alphen aan den Rijn, Rockvile 1980

/ 54 /   Müller, F.P.: Baudynamik. Betonkalender 1978. Ernst & Sohn, Berlin S. 745-962

/ 55 /   Müller, F.P.; Keintzel, E.: Erdbebensicherung von Hochbauten. Verlag Ernst & Sohn, Berlin 1984

/ 56 /   Müller, P.C.; Schiehlen, W.O.: Lineare Schwingungen – Theoretische Behandlung von mehrfachen Schwingern. Akademische Verlags-Gesellschaft, Wiesbaden 1976

/ 57 /   Natke, H.G.: Baudynamik. B.G. Teubner 1989

/ 58 /   Natke, H.G.: Einführung in Theorie und Praxis der Zeitreihen und Modalanalyse. Friedr. Vieweg & Sohn, Braunschweig, Wiesbaden 1988

/ 59 /   Nayfeh, A.H.: Pertubation Methods, John Wiley & Sons, NewYork, 1973

/ 60 /   Newmark, N.M.: A Method of Computation for Structural Dynamics. ASCE, Journal of the Engineering Mechanics Division 85 (1959), S. 67-94

/ 61 /   Newmark, N.M.; Rosenblueth, E.: Fundamentals of Earthquake Engineering. Prentice-Hall, Englewood Cliffs, N. J. 1971

/ 62 /   Niemann, H.-J.; Hölscher, N.: Böenerregte Schwingungen. 7. Dresdner Baustatik-Seminar, Technische Universität Dresden, 2003

/ 63 /   Niemann, H.-J.; Peil, U.: Windlasten auf Bauwerke. Stahlbaukalender 2003, Verlag Ernst & Sohn, Berlin 2003

/ 64 /   Nowacki, W.: Baudynamik. Springer-Verlag, Wien, New York 1974

/ 65 /   Oppenheim, A.V.; Schafer, R.W.: Discrete-Time Signal Processing. Prentice-Hall 1989, p. 611

/ 66 /   Oppenheim, A.V.; Schafer, R.W.: Discrete-Time Signal Processing. Prentice-Hall 1989, p. 619

/ 67 /   Petersen, C.: Dynamik der Baukonstruktionen. Vieweg & Sohn, Braunschweig,
          Wiesbaden 1996

/ 68 /   Petersen, C.: Statik und Stabilität der Baukonstruktionen. Vieweg & Sohn, Braun-
          schweig, Wiesbaden 1982

/ 69 /   Pestel, E.C.; Leckie, F.A.: Matrix Methods in Elastomechanics. McGraw-Hill, New
          York 1963

/ 70 /   Prediger, H.: Zur Berechnung von Massenträgheitsmomenten durch ein Computer-
          Programm. Der Stahlbau 1 (1981), S. 21-24

/ 71 /   Prediger, H.: Aufbereitung von Volumenintegralen in der Starrkörpermechanik zur
          programmierten Berechnung. ZAMM 60 (1980), 635-636

/ 72 /   Rader, C.M.: Discrete Fourier Transforms when the Number of Data Samples Is
          Prime. Proceedings of the IEEE, Vol. 56, June 1968, pp. 1107-1108

/ 73 /   Reckling, K.-A.: Mechanik III, Kinetik, Schwingungslehre. Vieweg & Sohn, Braun-
          schweig 1970

/ 74 /   Schiehlen, W.: Technische Dynamik. Teubner, Stuttgart 1968

/ 75 /   Schmidt, G.: Parametererregte Schwingungen.VEB Deutscher Verlag der Wissen-
          schaften, Berlin 1975

/ 76 /   Schwarz, H.R.: Numerische Mathematik. Teubner, Stuttgart 1997

/ 77 /   Seidel, J.: Schwingungsberechnung im Allgemeinen, Fußgängerbrücken im Beson-
          deren. Wissenschaft u. Praxis 18, Stahlbauseminar 1996 Fachhochschule Biberach

/ 78 /   Sneddon, I.N.: The use of integral transforms. McGraw-Hill Book Company, New
          York 1972

/ 79 /   Sneddon, I.N.: Tables of integral transforms, Vol. I u. Vol. II. McGraw-Hill Book
          Company, New York 1954

/ 80 /   Starossek, U.: Brückendynamik, winderregte Schwingungen von Seilbrücken.
          Friedr. Vieweg & Sohn 1992

/ 81 /   Stephan, W.; Postl R.: Schwingungen elastischer Kontinua. B. G. Teubner, Stuttgart
          1995

/ 82 /   Szabó, I.: Einführung in die Technische Mechanik. Springer-Verlag, Berlin, Göttin-
          gen, Heidelberg, 7. Auflage 1966

/ 83 /   Szabó, I.: Höhere Technische Mechanik. Springer-Verlag, Berlin, Heidelberg, New
          York, 5. Auflage 1977

/ 84 /   Tilly, G.P. (Ed.): Dynamic Behaviour of Concrete Structures. Rep. RILEM 65
          MDB Committee, Elsevier, Amsterdam, Oxford, New York, Tokyo 1986

/ 85 /   Trostel, R.: Mechanik II, Grundlagen der klassischen Kinetik, Universitätsbiblio-
          thek der TU Berlin, 1978

/ 86 /   Uhrig, R.: Elastostatik und Elastokinetik in Matrizenschreibweise. Springer-Verlag,
          Berlin, Heidelberg, New York 1973

/ 87 /   Waller, H.; Krings, W.: Matrizenmethoden in der Maschinen- und Bauwerksdy-
          namik. Bibliographisches Institut, Mannheim, Wien, Zürich 1975

/ 88 /   Waller, H.; Krings, W.: Schwingungslehre für Ingenieure, Bibliographisches Insti-
          tut, Mannheim, Wien, Zürich 1989

/ 89 /   Weigand, A.: Einführung in die Berechnung mechanischer Schwingungen. Bd. I
          (1955), Bd. II (1958), Bd. III (1962), VEB Verlag Technik Berlin

/ 90 /   Werner, D.: Baudynamik, VEB Verlag für Bauwesen, Berlin 1989

/ 91 /   Werner, M.: Digitale Signalverarbeitung mit MATLAB, Friedr. Vieweg & Sohn, Braunschweig, Wiesbaden 2001

/ 92 /   Wieghardt, K.: Theoretische Strömungslehre, Teubner Studienbücher Mechanik, Stuttgart 1974

/ 93 /   Wittenburg, J.: Dynamics of Systems of Rigid Bodies. B. G. Teubner, Stuttgart 1977

/ 94 /   Wolf, J.P.: Dynamic Soil-Structure Interactions. Prentice-Hall Inc., Englewood Cliffs, N. J. 1985

/ 95 /   Wolf, J.P.: Soil-Structure-Interaction Analysis in Time Domain. Prentice-Hall Inc., Englewood Cliffs, N. J. 1988

/ 96 /   Zurmühl, R.: Praktische Mathematik für Ingenieure und Physiker, Springer-Verlag, Berlin, 5. Auflage 1965

/ 97 /   Zurmühl, R.; Falk, S.: Matrizen, Springer-Verlag, Berlin, 5. Auflage 1984

Normen und Richtlinien		Ausgabe
DIN 1055/4	Lastannahmen und Ber. 1. Ausg. März 2006	2005-03
DIN 1055/4	Lastannahmen	1986-08
DIN EN 1055/4	Einwirkungen auf Tragwerke, Teil 4: Windlasten	2001-03
DIN 1056	Freistehende Schornsteine in Massivbauart, Berechnung und Ausführung	2009-01
DIN 1072	Straßen- und Wegbrücken,; Lastannahmen	1985-12
DIN 1072	Beiblatt 1, Straßen- und Wegbrücken; Lastannahmen	1988-05
DIN 1311	Schwingungslehre	
	Bl. 1 Kinematische Begriffe	2000-02
	Bl. 2 Einfache Schwinger	2000-08
	Bl. 3 Schwingungssysteme mit endlich vielen Freiheitsgraden	2000-02
	Bl. 4 Schwingende Kontinua, Wellen	1974-02
DIN 1319	Grundlagen der Meßtechnik	
	Teil 1 Grundbegriffe	1995-01
	Teil 2 Begriffe für die Anwendung von Meßgeräten	1980-01
	Teil 3 Auswertung von Messungen einer einzelnen Meßgröße, Meßunsicherheit	1996-05
	Teil 4 Auswertung von Messungen, Meßunsicherheit	1999-02
DIN 4024	Maschinenfundamente	
	Bl. 1 Elastische Stützkonstruktionen für Maschinen mit rotierenden Massen	1988-04
	Bl. 2 Steife (starre) Stützkonstruktionen für Maschinen mit periodischer Erregung	1991-04
DIN 4024EErl NW, DIN 4024 Stützkonstruktionen für rotierende Maschinen (vorzugsweise Tisch-Fundamente für Dampfturbinen)		1955-08
DIN 4103	Nichttragende innere Trennwände; Anforderungen, Nachweise	1984-07
DIN 4112	Fliegende Bauten. Richtlinie für Bemessung und Ausführung	1983-02
DIN 4112EEerl ND Bauaufsicht; Technische Baubestimmungen;		1985-03
DIN 4131	Antennentragwerke aus Stahl. Berechnung und Ausführung	1991-11

DIN 4131EErl ND Bauaufsicht; Technische Baubestimmungen   1994-03
DIN 4132   Kranbahnen, Stahltragwerke. Grundsätze für Berechnung,   1981-02
              bauliche Durchführung und Ausführung
              Beiblatt 1 Erläuterungen   1981-02
DIN 4132EErl ND 1982 Bauaufsicht; Technische Baubestimmungen   1982-08
DIN 4133   Schornsteine aus Stahl. Statische Berechnung und Ausführung   1991-11
DIN 4133EErl ND Bauaufsicht; Technische Baubestimmungen;   1994-03
DIN V 4141-1 Lager im Bauwesen; Teil 1 Allgemeine Regelungen   2003-05
DIN 4141-2   Lager im Bauwesen; Lagerung für Ingenieurbauwerke im Zuge
              von Verkehrswegen (Brücken) mit Änderung A1   2003-05
DIN 4141-3   Lager im Bauwesen, Lagerung für Hochbauten   1984-09
DIN 4141-13 Lager im Bauwesen - Festhaltekonstruktionen und Horizontal-
              kraftlager - Bauliche Durchbildung und Bemessung   1994-10
DIN 4141-14 Lager im Bauwesen - Bewehrte Elastomerlager -
              Bauliche Durchbildung und Bemessung   1985-09
DIN 4141-15 Lager im Bauwesen - Unbewehrte Elastomerlager -
              Bauliche Durchbildung und Bemessung   1991-01
DIN 4141-140 Lager im Bauwesen - Bewehrte Elastomerlager -
              Baustoffe, Anforderungen, Prüfungen und Überwachung   1991-01
DIN 4149   Bauten in deutschen Erdbebengebieten   2002-10
              Teil 1 Lastannahmen, Bemessung und Ausführung
              üblicher Hochbauten   1981-04
              Beiblatt 1 zu DIN 4149, Teil 1: Zuordnung von Verwaltungs-
              gebieten zu den Erdbebenzonen   1981-04
DIN 4150   Erschütterungen im Bauwesen
              Teil 1 Grundsätze, Vorermittlung und Messung von
              Schwingungsgrößen   2001-06
              Teil 2 Einwirkungen auf Menschen in Gebäuden   1999-06
              Teil 3 Einwirkungen auf bauliche Anlagen   1999-02
DIN 4178   Glockentürme. Berechnung und Ausführung   1978-08
DIN 4178   (Norm-Entwurf), Glockentürme   2003-08
DIN 4178EErl ND 1982   Bauaufsicht: Technische Baubestimmungen;   1982-08
DIN 4228 EERL ND, Werkmäßig hergestellte Betonmaste   1990-02
DIN 4420   Arbeits- und Schutzgerüste
              Teil 1 Schutzgerüste-Leistungsanforderungen, Entwurf,
              Konstr. und Bemessung   2004-03
DIN 5483   Zeitabhängige Größen
              Teil 1 Benennung der Zeitabhängigkeit   1983-06
              Teil 2 Formelzeichen   1982-09
              Teil 3 Komplexe Darstellung sinusförmig zeitabhängiger Größen 1994-09
DIN EN 13906 Zylindrische Schraubendruckfedern aus runden Drähten
              und Stäben, Berechnung und Konstruktion
              Teil 1 Druckfedern   2002-07
              Teil 2 Zugfedern   2002-07
              Teil 3 Drehfedern   2002-07

DIN 25445   Auslegung von Kernkraftwerken gegen seismische Einwirkungen;
             Seismische Instrumentierung;
             Sicherheitstechnische Anforderungen   1978-02
DIN 25449   Auslegung der Stahlbetonbauwerke von Kernkraftwerken unter
             Belastung aus inneren Störfällen   1987-05
DIN 45661   Schwingungsmeßeinrichtungen, Begriffe   1998-06
DIN 45662   Schwingungsmeßeinrichtungen, Allgemeine Anforderungen
             und Prüfung   1996-12
DIN 45667   Klassierverfahren für das Erfassen regelloser Schwingungen   1969-10
DIN 45669   Messung von Schwingungsimmissionen
             Teil 1 Schwingungsmesser; Anforderungen, Prüfung   1995-06
             Teil 2 Meßverfahren;   1995-06
DIN 45672-1 Schwingungsmessung in der Umgebung von Schienenverkehrswegen;
             Meßverfahren   1991-09
DIN 45672-2 Schwingungsmessung in der Umgebung von Schienenverkehrswegen;
             Auswerteverfahren   1995-07
DIN 55303-2 Statistische Auswertung von Daten; Testverfahren und Vertrauensbereiche
             für Erwartungswerte und Varianzen   1984-05
DIN 55303-2 Beiblatt 1, Statistische Auswertung von Daten; Operationscharakteristiken
             von Tests für Erwartungswerte und Varianzen   1984-05
DIN 55303-5 Statistische Auswertung von Daten; Bestimmung eines
             statistischen Anteilsbereichs   1987-02
DIN 55303-7 Statistische Auswertung von Daten; Schätz- und Testverfahren bei
             zweiparametriger Weibull-Verteilung   1996-03
DIN EN 60651 Schallpegelmesser   1994-05
             Änderungen   2003-03
DIN 45671   Messung mechanischer Schwingungen am Arbeitsplatz
             Teil 1 Schwingungsmesser; Anforderungen, Prüfung   1990-09
             Teil 2 Messverfahren; Änderung   1997-10
DIN 50100   Werkstoffprüfung; Dauerschwingversuch,
             Begriffe, Zeichen, Durchführung, Auswertung   1978-02

VDI, Technische Regeln u. Richtlinien   **Ausgabe**
VDI 2057   Einwirkung mechanischer Schwingungen auf den Menschen
             Bl. 1 Ganzkörper-Schwingungen   2002-09
             Bl. 2 Hand-Arm Schwingungen   2002-09
             Bl. 3 Beurteilung (zurückgezogen)   1987-05
             Bl. 4.1 Messg. und Beurteilung von Arbeitsplätzen in Gebäuden   1987-05
             Bl. 4.2 Messung und Bewertung von Arbeitsplätzen auf
             Landfahrzeugen   1987-05
             Bl. 4.3 Messung und Beurteilung für
             Wasserfahrzeuge (zurückgezogen)   1987-05
VDI 2059   Bl.1: Wellenschwingungen von Turbosätzen;
             Grundlagen für die Messung und Beurteilung   1981-11

	Bl.3: Wellenschwingungen von Industrieturbosätzen; Messung und Beurteilung	1985-10
VDI 2236	Staubbrände und Staubexplosionen; Gefahren, Beurteilungen, Schutzmaßnahmen	1992-05
VDI 3673	Druckentlastung von Staubexplosionen	2002-11
VDI 2062	Schwingungsisolierung	
	Bl. 1 Begriffe und Methoden	1976-01
	Bl. 2 Isolierelemente	1976-01
VDI 2149	Blatt 1, Getriebedynamik - Starrkörper-Mechanismen	1999-11
VDI 3830	Werkstoff- und Bauteildämpfung	
	Bl. 1 Einteilung und Übersicht	2004-08
	Bl. 2 Dämpfung von festen Stoffen	2004-10
	Bl. 3 Dämpfung von Baugruppen	2004-07
	Bl. 4 Modelle für gedämpfte Strukturen	2005-05
	Bl. 5 Versuchstechniken zur Ermittlung von Dämpfungskenngrößen	2005-11
VDI 3831	Schutzmaßnahmen gegen die Einwirkung mechanischer Schwingungen auf den Menschen, allgem. Schutzmaßnahmen, Beispiele	1985-11
VDI 3831	Schutzmaßnahmen gegen die Einwirkung mechanischer Schwingungen auf den Menschen	2003-07
VDI 3833	Dämpfer	
	Bl. 1 Begriffe und Kenngrößen - Realisierung, Anwendung	2001-06
VDI 3839	Schwingungen von Maschinen	
	Bl. 1 Allgemeine Grundlagen	
	Bl. 2 Schwingungsbilder für Anregungen aus Unwuchten, Montagefehlern, Lagerungsstörungen und Schäden an rotierenden Bauteilen	2003-05
	Bl. 5 Typische Schwingungsbilder bei elektrischen Maschinen	2001-09
	Bl. 8 Typische Schwingungsbilder bei Kolbenmaschinen	2002-11
VDI 3840	Schwingungen von Wellensträngen; Erforderliche Berechnungen	1989-01
VDI 3840	Schwingungstechnische Berechnungen	2002-09
VDI 3841	Schwingungsüberwachung von Maschinen; Erforderliche Messungen	2002-11
VDI 3842	Schwingungen in Rohrleitungssystemen	2002-09

VDI Berichte

VDI Berichte 627: Dämpfung von Schwingungen bei Maschinen und Bauwerken: Tagung, Nürnberg, Düsseldorf: VDI-Verlag, 1987

Groß, V.:   Numerische Simulation des Seiltanzens von Hochspannungs-Freileitungen. Fortschr.-Ber. VDI-Reihe 11 Nr. 285. Düsseldorf: VDI Verlag 2000.

KTA-Regeln   **Ausgabe**

KTA 2201   (Kerntechnische Anlagen): Auslegung von Kernkraftwerken gegen seismische Einwirkungen

	Teil 1 Grundsätze	1975-06
	Teil 2 Baugrund	1982-11
	Teil 4 Auslegung der maschinenelektrotechnischen Anlagenteile	1983-11
	Teil 5 Seismische Instrumentierung	1977-01

KTA 2202   Schutz von Kernkraftwerken gegen Flugzeugabsturz, Grundsätze und Annahmen

KTA 2203   Schutz von Kernkraftwerken gegen Flugzeugabsturz, Auslegung und bauliche Annahmen

DIN-Fachberichte

DIN Fachbericht 101	Einwirkungen auf Brücken	2001
DIN Fachbericht 102	Betonbrücken	2001
DIN Fachbericht 103	Stahlbrücken	2002
DIN Fachbericht 104	Verbundbrücken	2002

Internationale Regelwerke

OENORM B 4014-1 Belastungsannahmen im Bauwesen   1993-10
   Beiblatt 1 ‚Statische Windwirkungen (nicht-schwingungsanfällige Bauwerke) Berechnungsbeispiele

OENORM B 4014-1 AC 1, Belastungsannahmen im Bauwesen   1998-07
   Statische Windwirkungen (nicht schwingungsanfällige Bauwerke), Berichtigung

OENORM EN 40-3-2, Lichtmaste: 2002-07
   Teil 3-2: Bemessung und Nachweis - Nachweis durch Prüfung

Sachverzeichnis

www.ingramcontent.com/pod-product-compliance
Lightning Source LLC
Chambersburg PA
CBHW081221220326
41598CB00037B/6855